女人的
韩式毛衣
世界2180

谭阳春 主编

辽宁科学技术出版社

· 沈阳 ·

本书编委会

主 编 谭阳春

编 委 罗 超 贺 丹 李玉栋 贺梦瑶

图书在版编目（CIP）数据

女人的韩式毛衣世界 2180 / 谭阳春主编. — 沈阳：
辽宁科学技术出版社，2012.9
ISBN 978-7-5381-7644-5

I. ①女… II. ①谭… III. ①女服—毛衣—编织—图
集 IV. ① TS941.763.2-64

中国版本图书馆 CIP 数据核字（2012）第 196347 号

如有图书质量问题，请电话联系
湖南攀辰图书发行有限公司
地　　址：长沙市车站北路 236 号芙蓉国土局 B
　　　　　栋 1401 室
邮　　编：410000
网　　址：www.penqen.cn
电　　话：0731-82276692　82276693

出版发行：辽宁科学技术出版社
　　　　　（地址：沈阳市和平区十一纬路 29 号　邮编：110003）
印 刷 者：湖南新华精品印务有限公司
经 销 者：各地新华书店
幅面尺寸：210mm × 285mm
印　　张：20
字　　数：120 千字
出版时间：2012 年 9 月第 1 版
印刷时间：2012 年 9 月第 1 次印刷
责任编辑：卢山秀　攀　辰
封面设计：多米诺设计·咨询　吴颖辉　黄凯妮
版式设计：攀辰图书
责任校对：合　力

书　　号：ISBN 978-7-5381-7644-5
定　　价：39.80 元

联系电话：024-23284376
邮购热线：024-23284502
淘宝商城：http://lkjcbs.tmall.com
E-mail：lnkjc@126.com
http://www.lnkj.com.cn
本书网址：www.lnkj.cn/uri.sh/7644

0001

0002

0003

0004

0005

0006

0007

0008

4

0009

0010

0011

0012

0013

0014

0015

0016

0017

0018

0019

0020

0021

0022

0023

0024

0025

0026

0027

0028

0029

0030

0031

0032

0033

0034

0035

0036

0037

0038

0039

0040

0041

0042

0043

0044

0045

0046

0047

0048

0049

0050

0051

0052

0053

0054

0055

0056

0057

0058

0059

0060

0061

0062

0063

0064

0065

0066

0067

0068

0069

0070

0071

0072

0073

0074

0075

0076

0077

0078

0079

0080

0081

0082

0083

0084

0085

0086

0087

0088

0089

0090

0091

0092

0093

0094

0095

0096

0097

0098

0099

0100

0101

0102

0103

0104

0105

0106

0107

0108

0109

0110

0111

0112

0113

0114

0115

0116

0117

0118

0119

0120

0121

0122

0123

0124

0125

0126

0127

0128

0129

0130

0131

0132

0133

0134

0135

0136

0137

0138

0139

0140

0141

0142

0143

0144

0145

0146

0147

0148

0149

0150

0151

0152

0153

0154

0155

0156

0157

0158

0159

0160

0161

0162

0163

0164

0165

0166

0167

0168

0169

0170

0171

0172

0173

0174

0175

0176

0177

0178

0179

0180

0181

0182

0183

0184

0185

0186

0187

0188

0189

0190

0191

0192

0193

0194

0195

0196

0197

0198

0199

0200

0201

0202

0203

0204

0205

0206

0207

0208

0209

0210

0211

0212

0213

0214

0215

0216

0217

0218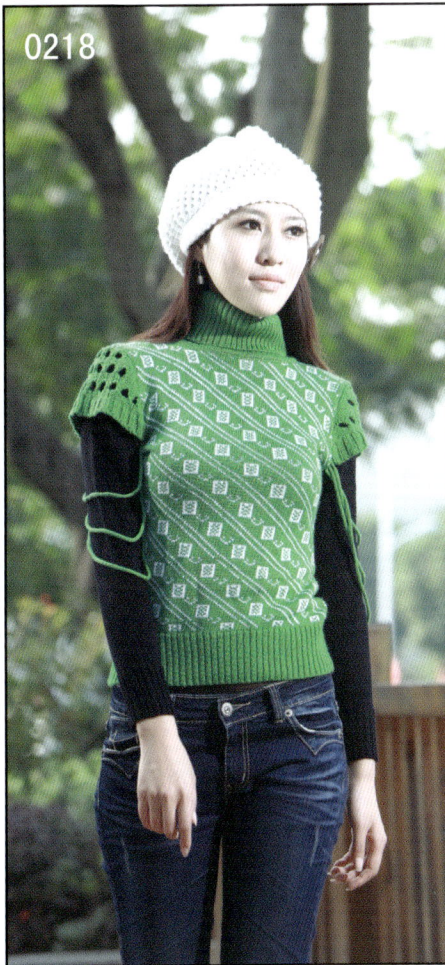

0219

0220

0221

0222

0223

0224

0225

0226

0227

0228

0229

0230

0231

0232

0233

0234

0235

0236

0237

0238

0239

0240

0241

0242

0243

0244

0245

0246

0247

0248

0249

0250

0251

0252

0253

0254

0255

0256

0257

0258

0259

0260

0261

0262

0263

0264

0265

0266

0267

0268

0269

0270

0271

0272

0273

0274

0275

0276

0277

0278

0279

0280

0281

0282

0283

0284

0285

0286

0287

0288

0289

0290

0291

0292

0293

0294

0295

0296

0297

0298

0299

0300

0301

0302

0303

0304

0305

0306

0307

0308

0309

0310

0311

0312

0313

0314

0315

0316

0317

0318

0319

0320

0321

0322

0323

0324

0325

0326

0327

0328

0329

0330

0331

0332

0333

0334

0335

0336

0337

0338

0339

0340

0341

0342

0343

0344

0345

0346

0347

0348

0349

0350

0351

0352

0353

0354

0355

0356

0357

0358

0359

0360

0361

0362

0363

0364

0365

0366

0367

0368

0369

0370

0371

0372

0373

0374

0375

0376

0377

0378

0379

0380

0381

0382

0383

0384

0385

0386

0387

0388

0389

0390

0391

0392

0393

0394

0395

0396

0397

0398

0399

0400

0401

0402

0403

0404

0405

0406

0407

0408

0409

0410

0411

0412

0413

0414

0415

0416

0417

0418

0419

0420

0421

0422

0423

0424

0425

0426

0427

0428

0429

0430

0431

0432

0433

0434

0435

0436

0437

0438

0439

0440

0441

0442

0443

0444

0445

0446

0447

0448

0449

0450

0451

0452

0453

0454

0455

0456

0457

0458

0459

0460

0461

0462

0463

0464

0465

0466

0467

0468

0469

0470

0471

0472

0473

0474

0475

0476

0477

0478

0479

0480

0481

0482

0483

0484

0485

0486

0487

0488

0489

0490

0491

0492

0493

0494

0495

0496

0497

0498

0499

0500

0501

0502

0503

0504

0505

0506

0507

0508

0509

0510

0511

0512

0513

0514

0515

0516

0517

0518

0519

0520

0521

0522

0523

0524

0525

0526

0527

0528

0529

0530

0531

0532

0533

0534

0535

0536

0537

0538

0539

0540

0541

0542

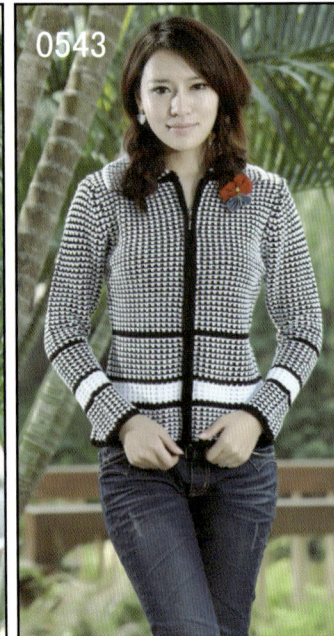
0543

0544

0545

0546

0547

0548

0549

0550

0551

0552

0553

0554

0555

0556

0557

0558

0559

0560

0561

0562

0563

0564

0565

0566

0567

0568

0569

0570

0571

0572

0573

0574

0575

0576

0577

0578

0579

0580

0581

0582

0583

0584

0585

0586

0587

0588

0589

0590

0591

0592

0593

0594

0595

0596

0597

0598

0599

0600

0601

0602

0603

0604

0605

0606

0607

0608

0609

0610

0611

0612

0613

0614

0615

0616

0617

0618

0619

0620

0621

0622

0623

0624

0625

0626

0627

0628

0629

0630

0631

0632

0633

0634

0635

0636

0637

0638

0639

0640

0641

0642

0643

0644

0645

0646

0647

0648

0649

0650

0651

0652

0653

0654

0655

0656

0657

0658

0659

0660

0661

0662

0663

0664

0665

0666

0667

0668

0669

0670

0671

0672

0673

0674

0675

0676

0677

0678

0679

0680

0681

0682

0683

0684

0685

0686

0687

0688

0689

0690

0691

0692

0693

0694

0695

0696

0697

0698

0699

0700

0701

0702

0703

0704

0705

0706

0707

0708

0709

0710

0711

0712

0713

0714

0715

0716

0717

0718

0719

0720

0721

0722

0723

0724

0725

0726

0727

0728

0729

0730

0731

0732

0733

0734

0735

0736

0737

0738

0739

0740

0741

0742

0743

0744

0745

0746

0747

0748

0749

0750

0751

0752

0753

0754

0755

0756

0757

0758

0759

0760

0761

0762

0763

0764

0765

0766

0767

0768

0769

0770

0771

0772

0773

0774

0775

0776

0777

0778

0779

0780

0781

0782

0783

0784

0785

0786

0787

0788

0789

0790

0791

0792

0793

0794

0795

0796

0797

0798

0799

0800

0801

0802

0803

0804

0805

0806

0807

0808

0809

0810

0811

0812

0813

0814

0815

0816

0817

0818

0819

0820

0821

0822

0823

0824

0825

0826

0827

0828

0829

0830

0831

0832

0833

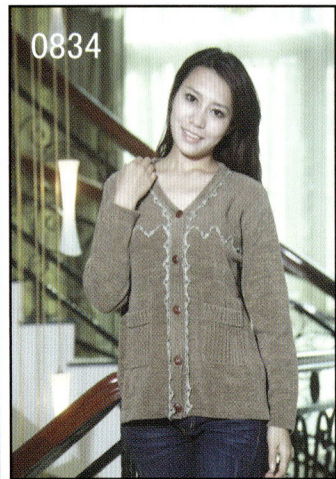
0834

0835

0836

0837

0838

0839

0840

0841

0842

0843

0844

0845

0846

0847

0848

0849

0850

0851

0852

0853

0854

0855

0856

0857
0858
0859
0860
0861
0862
0863
0864
0865
0866
0867
0868
0869
0870
0871
0872

0873

0874

0875

0876

0877

0878

0879

0880

0881

0882

0883

0884

0885

0886

0887

0888

0889

0890

0891

0892

0893

0894

0895

0896

0897

0898

0899

0900

0901

0902

0903

0904

0905

0906

0907

0908

0909

0910

0911

0912

0913

0914

0915

0916

0917

0918

0919

0920

0921

0922

0923

0924

0925

0926

0927

0928

0929

0930

0931

0932

0933

0934

0935

0936

0937

0938

0939

0940

0941

0942

0943

0944

0945

0946

0947

0948

0949

0950

0951

0952

0953

0954

0955

0956

0957

0958

0959

0960

0961

0962

0963

0964

0965

0966

0967

0968

0969

0970

0971

0972

0973

0974

0975

0976

0977

0978

0979

0980

0981

0982

0983

0984

0985

0986

0987

0988

0989

0990

0991

0992

0993

0994

0995

0996

0997

0998

0999

1000

0001

【成品规格】 见图
【工具】 2.5mm棒针
【材料】 白色纯羊毛线
【制作过程】 前片分左、右两片编织，按图起53针，织10cm双罗纹后，改织花样，侧缝按图示减针，织至22cm时加针，形成收腰，织至15cm时两边各平收5针，收袖窿，并同时收领窝，织至肩位余20针。同样方法织另一片。

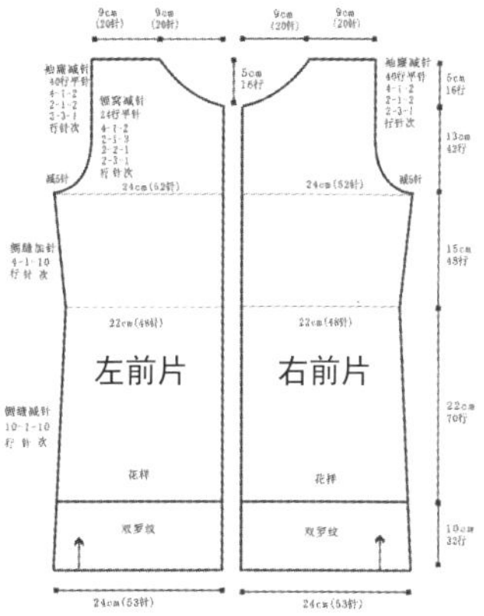

花样

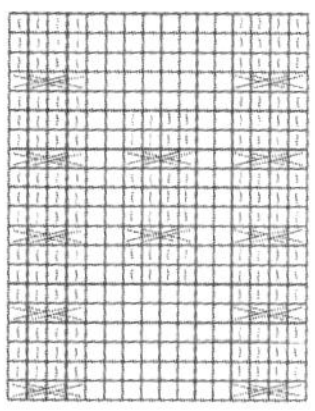

双罗纹

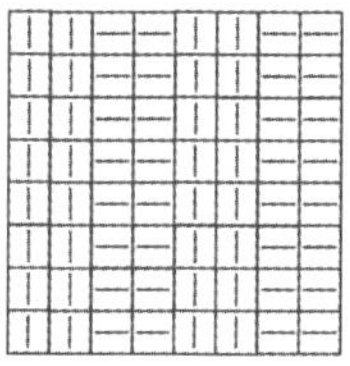

0002

【成品规格】 见图
【工具】 1.7mm棒针
【材料】 白色纯羊毛线
【制作过程】 前片分左、右两片编织，分别按图起针，织双罗纹5cm后，改织花样，门襟与前片一起织成。对称织出另一片。

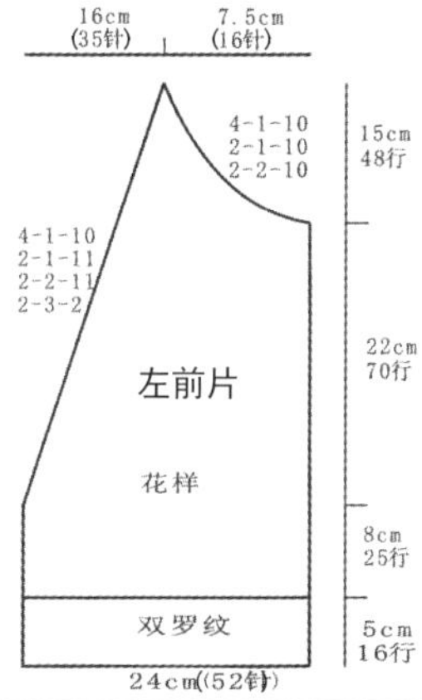

花样

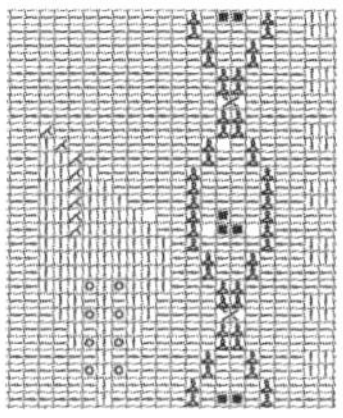

双罗纹

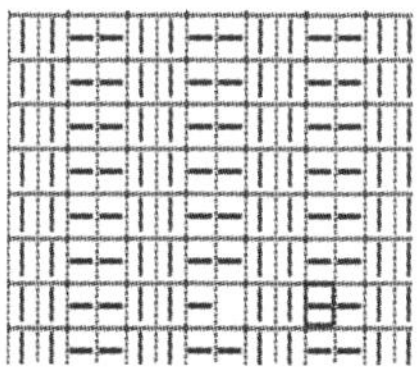

16cm (35针)　7.5cm (16针)

4-1-10
2-1-10
2-2-10

15cm 48行

4-1-10
2-1-11
2-2-11
2-3-2

左前片
花样

22cm 70行

8cm 25行

双罗纹

5cm 16行

24cm(52针)

0004

【成品规格】 见图
【工具】 3.5mm棒针
【材料】 白色粗毛线
【制作过程】 前片起45针编织花样，按结构图袖窿减针、前领窝减针，注意门襟一起编织，同样方法编织另一片。

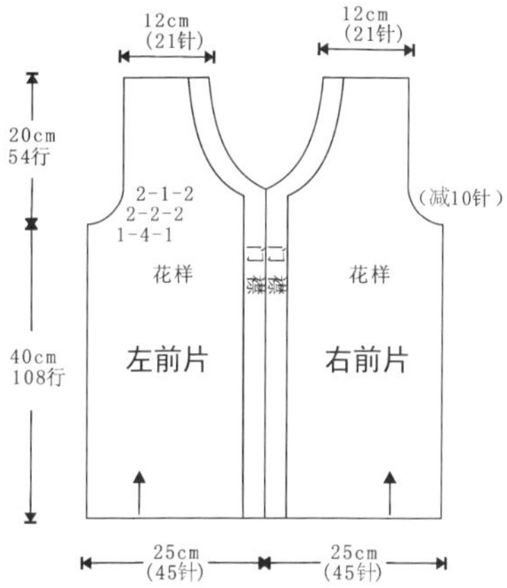

花样

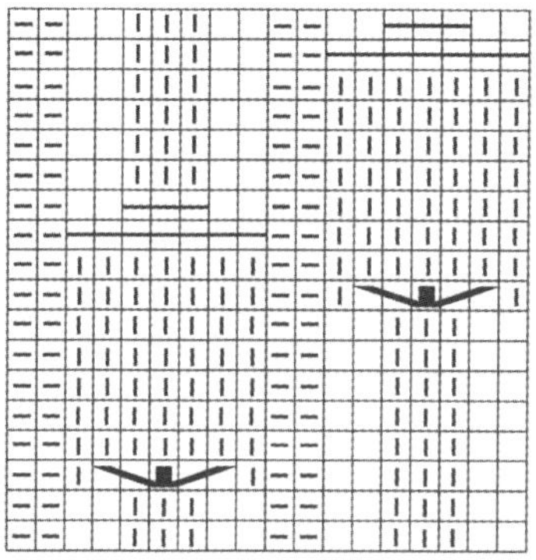

12cm (21针)　12cm (21针)

20cm 54行

2-1-2
2-2-2
1-4-1

(减10针)

花样　花样

左前片　右前片

40cm 108行

25cm (45针)　25cm (45针)

▭=上针　▯=下针　▦▦=平加3针
▨=1针里加出5针　▤▤=7针平收针

0003

【成品规格】 见图
【工具】 1.7mm棒针
【材料】 白色纯羊毛线
【制作过程】 前片分左、右两片，分别按图起针，织花样，衣摆圆角部分按图收针。对称织出另一片。

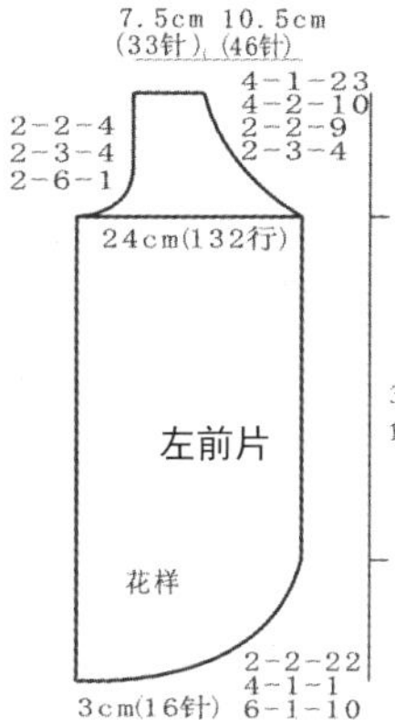

花样

7.5cm 10.5cm (33针) (46针)

4-1-23
4-2-10
2-2-9
2-3-4

2-2-4
2-3-4
2-6-1

10cm 55行

24cm(132行)

左前片
花样

35cm 192行

10cm 55行

2-2-22
6-1-10

3cm(16针)

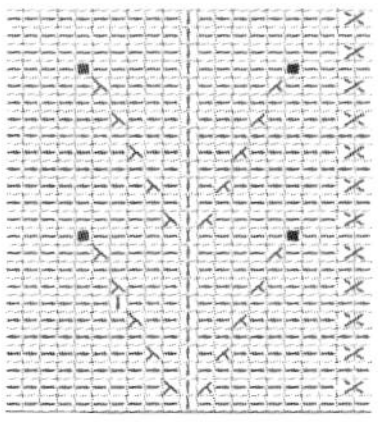

0005

【成品规格】 见图
【工具】 1.7mm棒针
【材料】 米白色纯羊毛线
【制作过程】 前片分左、右两片编织，分别按图起针，织花样，衣摆圆角部分按图收针。对称织出另一片。

花样

7.5cm 10.5cm (33针) (46针)

2-2-4
2-3-4
2-6-1

4-1-23
4-2-10
2-2-9
2-3-4

18cm 99行

24cm (105针)

15cm 82行

加 9-1-10

22cm (96针)

左前片
花样

减 19-1-10

42cm 165行

2-2-22
6-1-10
4-1-1

10cm(44针)

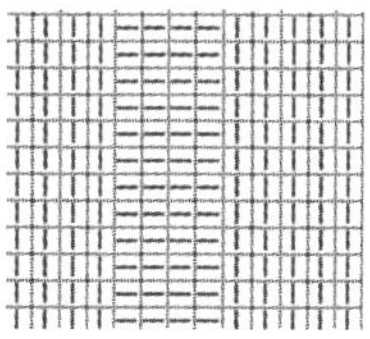

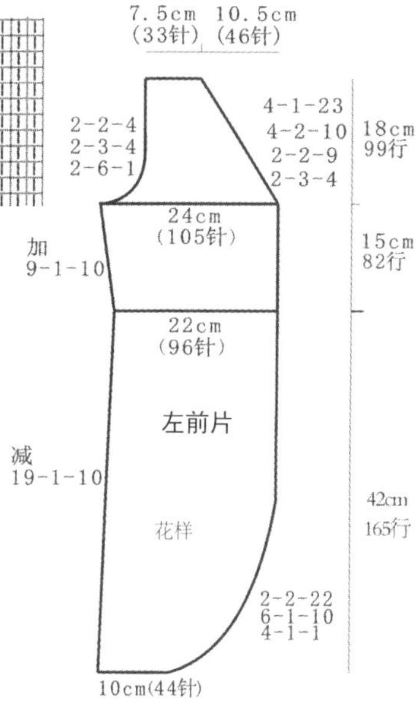

0006

【成品规格】 见图
【工具】 3.2mm棒针 2.0mm钩针
【材料】 白色中粗毛线
【制作过程】 分A和B两部分进行编织。A部分由下向上编织花样，按图示两边同时减针，织好后折叠，两条斜线为前门襟。B部分由左门襟下角挑针，按图纸逐渐加针，织到腋下开始平织，在织至41cm后逐渐减针，和左边对称。

花样

A斜线部分
减针方法
8-4-1
8-6-1
8-4-1
8-6-1
8-4-1
8-6-1
8-4-1
8-6-1

B左侧斜线部分加针方法
4-1-1
2-1-4
2-1-1
4-1-1
2-1-4
2-1-1
2-1-4
2-1-4
2-1-4
2-1-4
2-1-4
2-1-2
2-1-4
2-1-2

62cm(105针)

折线

A
花样
114cm(193针)

两边相缝合

B
花样

折线

两边相缝合

20.5cm(64行)   41cm(128行)   20.5cm(64行)

B右侧斜线部分减针方法
4-1-1
2-1-4
4-1-1
2-1-4
4-1-1
4-1-1
2-1-4
2-1-2
2-1-4
2-1-2
2-1-4
2-1-4
2-1-1

23cm
72行

23cm
40针

0007

【成品规格】 见图
【工具】 3.6mm棒针
【材料】 粉色丝光毛线 大红色开司米线
【制作过程】 起60针，前片编织下针，袖窿减针后身长织到44cm时进行前领窝减针，按图示减针后肩部余9cm。同样方法完成另一侧前片，减针方向相反。

9cm(22针) 18cm 9cm(22针)

22cm
70行

12cm
35行

2-1-2
2-2-9

2-1-2
2-2-4
1-6-1

加6-1-4

加6-1-4

34cm
108行

下针

左前片

减10-1-6

编织方向

24cm(60针)

下针

右前片

减10-1-6

编织方向

24cm(60针)

10cm(20针) 18cm 10cm(20针)

花样
2-1-2
2-1-2
1-6-1

12cm
25行

2-1-1
2-2-8
1-2-1

花样

向上织

向上织

22cm
53行

6cm
14行

24cm(52针)   24cm(52针)

前片

30cm
62行

62cm(130针)

花样
□=□ 下针 □ 上针   ∩ 延伸针

0008

【成品规格】 见图
【工具】 3.5mm棒针 小号钩针
【材料】 黄褐色马海毛线 纽扣3枚
【制作过程】 起52针编织一侧前片，编织到30cm时改织下针，按结构图减针，完成后收针断线。同样方法完成另一侧前片，减针方向相反。缝上纽扣。

10cm(20针) 18cm 10cm(20针)

2-1-2
2-2-2
1-6-1

6-2-5
4-2-2
1-1-3

22cm
53行

前   片

下针

衣襟边

向上织

下针

衣襟边

向上织

24cm(52针)   24cm(52针)

52cm

30cm
70行

钩边花样

领边装饰带

7cm
12针

160cm

下边装饰带

7cm
12针

180cm

0009

【成品规格】 见图
【工具】 3.5mm棒针
【材料】 粉色棉绒线 大纽扣1枚
【制作过程】 前上片起52针编织花样，编织到6cm时进行袖窿减针，共编织到16cm时进行前衣领减针，按结构图减完针后收针断线。同样方法完成另一侧前上片，减针方向相反。起130针编织下针前下片，不加减针共织30cm，收针断线。缝上大纽扣。

0010

【成品规格】 见图
【工具】 3.5mm棒针
【材料】 粉色乐谱线
【制作过程】 同样方法按花样编织前片，编织到45cm时同时进行袖窿、前领窝减针，按结构图减针，两侧减针方向相反。完成后收针断线。缝上纽扣。

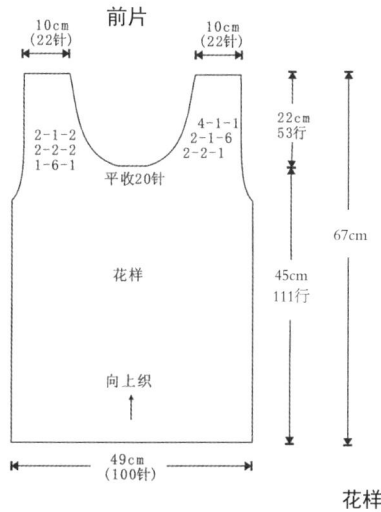

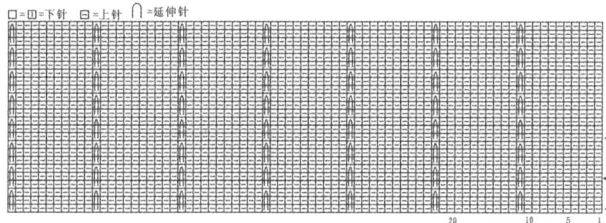

前片

10cm
(22针)
10cm
(22针)

2-1-2
2-2-2
1-6-1

4-1-1
2-1-6
2-2-1

平收20针

22cm
53行

花样

67cm

45cm
111行

向上织
↑

49cm
(100针)

花样

□=□=下针 目=上针 ∩=延伸针

20   10   5   1

0011

【成品规格】 见图
【工具】 3.0mm棒针
【材料】 粉色棉绒线520g 纽扣3枚
【制作过程】 前片分别按花样A、花样B编织，先单独完成花样A衣片，再沿边按图示挑织花样B左、右前片，完成后对应连接肩部、腋下缝合，注意前片编织时衣襟边不加减针，而且要留出扣眼位置。完成后缝好纽扣。

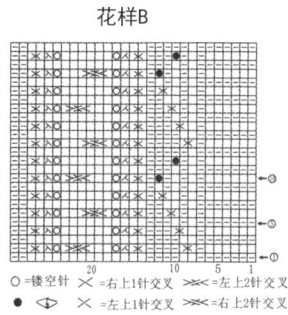

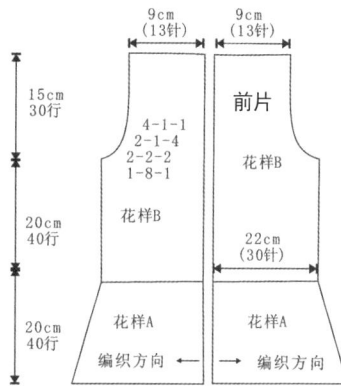

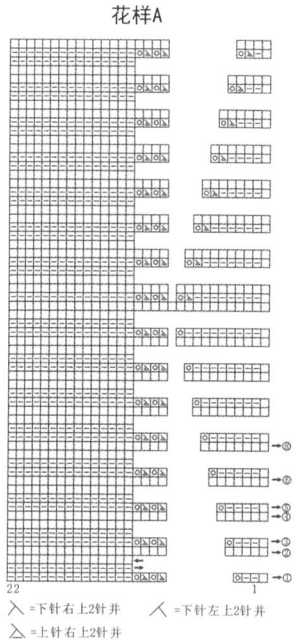

花样B

20   10   1

○=镂空针 ╲=右上1针交叉 ⟩⟩=左上2针交叉
●= ⟨⟩ ╳=左上1针交叉 ⟨⟨=右上2针交叉

花样A

22   1

∨=下针右上2针并 /=下针左上2针并
∧=上针右上2针并

9cm
(13针)
9cm
(13针)

15cm
30行

4-1-1
2-1-4
2-2-2
1-8-1

前片

花样B

花样B

22cm
(30针)

20cm
40行

20cm
40行

花样A

花样A

编织方向 ←   编织方向 ←

0012

【成品规格】 见图
【工具】 3.0mm、3.5mm棒针
【材料】 粉色马海毛线 纽扣4枚
【制作过程】 起100针编织10cm后，下针编织前片，编织到30cm时同时进行袖窿、前领窝减针，按结构图减针，两侧减针方向相反。完成后收针断线。缝上纽扣。

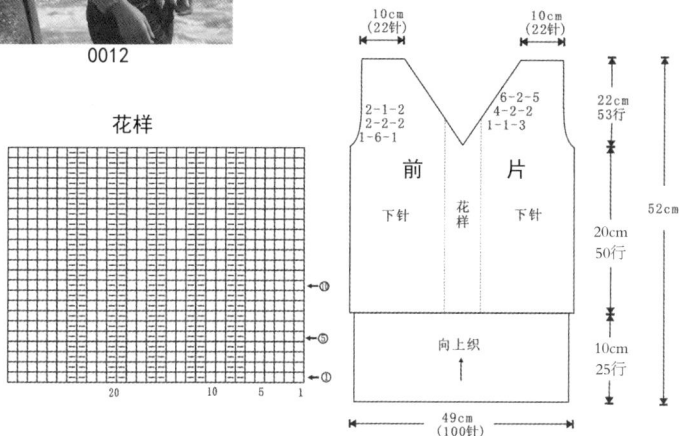

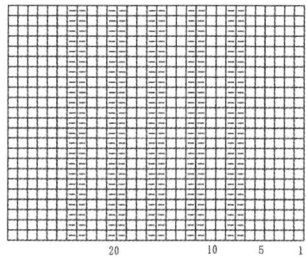

花样

20   10   5   1

10cm
(22针)
10cm
(22针)

2-1-2
2-2-2
1-6-1

6-2-5
4-2-2
1-1-3

前   片

下针   花样   下针

22cm
53行

52cm

20cm
50行

向上织
↑

10cm
25行

49cm
(100针)

0013

【成品规格】 见图
【工具】 1.7mm棒针
【材料】 橙红色纯羊毛线
【制作过程】 前片由上、下部分组成，下部分分别按图起针，织双罗纹，前片织花样，织至完成，上部分按编织方向织双罗纹，织至完成，前领部分用亮片打皱褶缝合。

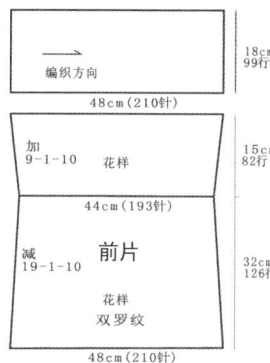

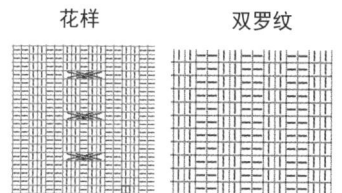

编织方向 →

18cm
99行

48cm(210针)

加
9-1-10

花样

15cm
82行

44cm(193针)

减
19-1-10

前片

花样
双罗纹

32cm
126行

48cm(210针)

花样

双罗纹

115

0014

【成品规格】 见图
【工具】 1.7mm棒针
【材料】 橙色纯羊毛线
【制作过程】 前片分左、右两片编织，分别按图起针，先织双罗纹8cm后，改织下针，织至完成。门襟为长矩形按图另织双罗纹，与前片缝合。对称织出另一片。

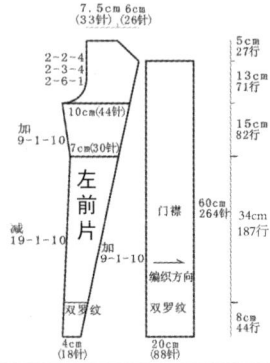

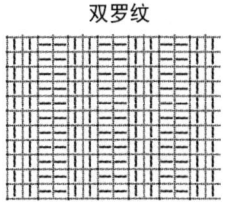

7.5cm 6cm
(33针)(26针)

2-2-4
2-3-4
2-6-1

5cm
27行

13cm
71行

10cm(44针)

加
9-1-10

7cm(30针)

15cm
82行

左前片

门襟

60cm
264行

34cm
187行

减
19-1-10

编织方向

双罗纹

双罗纹

8cm
44行

4cm
(18针)

20cm
(88针)

双罗纹

0015

【成品规格】 见图
【工具】 1.7mm棒针
【材料】 橙色纯羊毛线
【制作过程】 前片按图起针，编织双罗纹10cm后改织下针，织至完成。

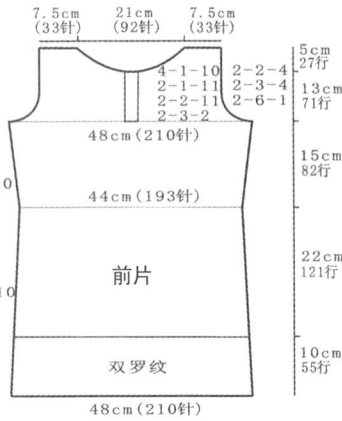

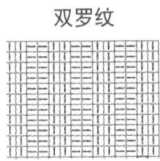

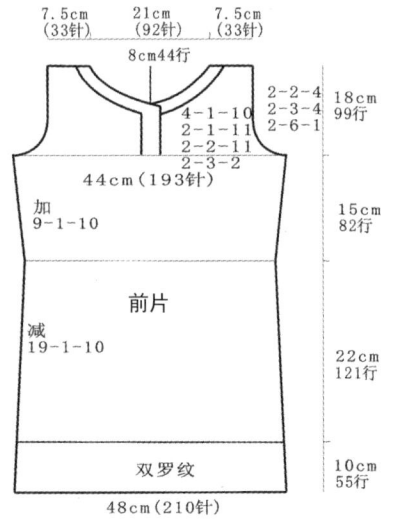

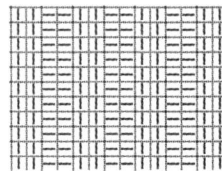

7.5cm 21cm 7.5cm
(33针)(92针)(33针)

4-1-10
2-1-11
2-2-11
2-3-2

2-2-4
2-3-4
2-6-1

5cm
27行

13cm
71行

48cm（210针）

15cm
82行

加
9-1-10

44cm（193针）

前片

22cm
121行

减
19-1-10

双罗纹

双罗纹

10cm
55行

48cm（210针）

0016

【成品规格】 见图
【工具】 1.7mm棒针
【材料】 橙色纯羊毛线
【制作过程】 前片按图起针，编织双罗纹10cm后改织下针，织至完成。

7.5cm 21cm 7.5cm
(33针)(92针)(33针)

8cm44行

4-1-10
2-1-11
2-2-11
2-3-2

2-2-4
2-3-4
2-6-1

18cm
99行

44cm（193针）

15cm
82行

加
9-1-10

前片

减
19-1-10

22cm
121行

双罗纹

双罗纹

10cm
55行

48cm（210针）

0017

【成品规格】 见图
【工具】 1.7mm棒针
【材料】 粉红色、白色纯羊毛线
【制作过程】 前片按图起针，织至10cm双罗纹后，再分左、右两片织下针，并间色，按图织至完成。

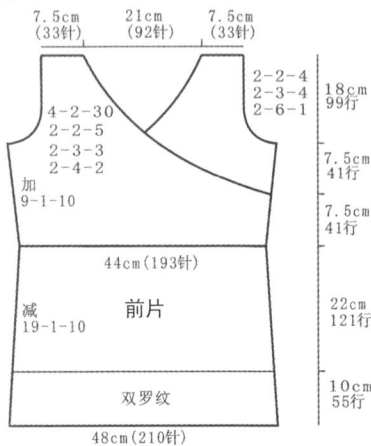

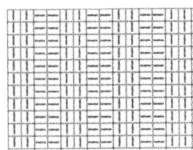

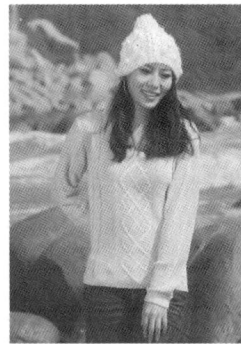

7.5cm 21cm 7.5cm
(33针)(92针)(33针)

2-2-4
2-3-4
2-6-1

18cm
99行

4-2-30
2-2-5
2-3-3
2-4-2

7.5cm
41行

加
9-1-10

7.5cm
41行

44cm（193针）

双罗纹

减
19-1-10

前片

22cm
121行

双罗纹

10cm
55行

48cm（210针）

0018

【成品规格】 见图
【工具】 1.7mm棒针
【材料】 浅黄色纯羊毛线
【制作过程】 前片按图起针，织双罗纹3cm后改织花样，织至完成。

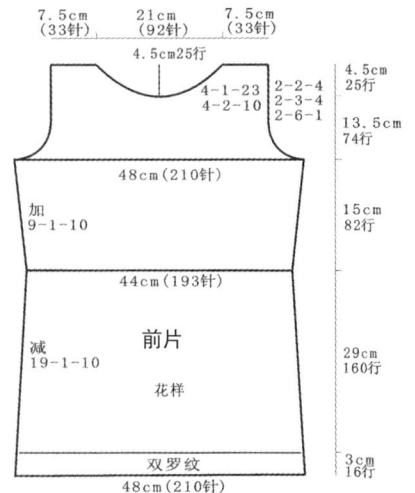

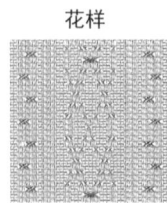

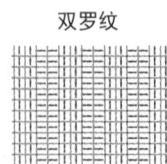

7.5cm 21cm 7.5cm
(33针)(92针)(33针)

4.5cm25行

4-1-23
4-2-10

2-2-4
2-3-4
2-6-1

4.5cm
25行

13.5cm
74行

48cm（210针）

15cm
82行

加
9-1-10

44cm（193针）

减
19-1-10

前片

29cm
160行

花样

花样

双罗纹

双罗纹

3cm
16行

48cm（210针）

0019

【成品规格】 见图
【工具】 1.7mm棒针
【材料】 粉红色纯羊毛线
【制作过程】 前片按图起针，织双罗纹，织至完成。

双罗纹

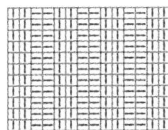

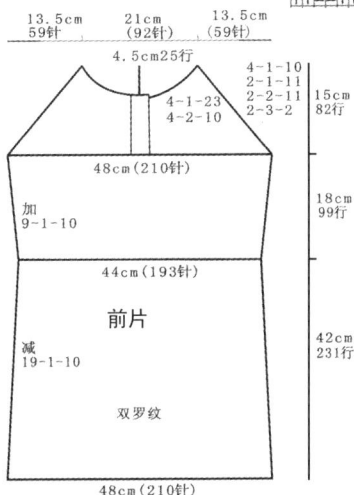

13.5cm 59针　21cm (92针)　13.5cm 59针

4.5cm25行

4-1-10
2-1-11
2-2-11
2-3-2　15cm 82行

4-1-23
4-2-10

48cm(210针)

加 9-1-10

18cm 99行

44cm(193针)

前片

减 19-1-10

42cm 231行

双罗纹

48cm(210针)

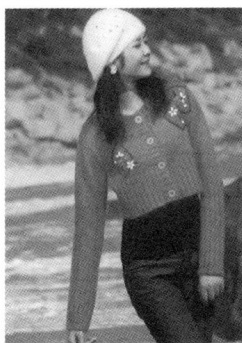

0020

【成品规格】 见图
【工具】 1.7mm棒针
【材料】 橙色纯羊毛线
【制作过程】 前片分左、右两片编织，分别按图起针，织双罗纹10cm后，改织下针。对称织出另一片。

双罗纹

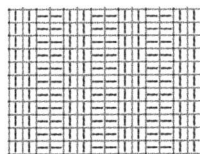

7.5cm (33针)　10.5cm (46针)

4-2-10
2-2-9
2-3-4　13cm 71行

2-2-4
2-3-4
2-6-1

加 9-1-10

24cm(105针)

5cm 27行

15cm 82行

左前片

双罗纹

10cm 55行

22cm(96针)

0023

【成品规格】 见图
【工具】 3.25mm、3.75mm棒针
【材料】 紫色毛线
【制作过程】 前片用3.25mm棒针起126针织底边花样A，织8cm后改用3.75mm棒针织花样B16cm，然后两侧各加56针继续织，肩部及领口减针如图。

0021

【成品规格】 见图
【工具】 2.5mm棒针
【材料】 米色球球线
【制作过程】 前片：分左、右两片编织，按图起53针，织花样，并按图示减针，织至32cm时加针，形成收腰，织至15cm时两边各平收5针，收袖窿，并同时收领窝，织至肩位余20针。同样方法织另一片。

花样

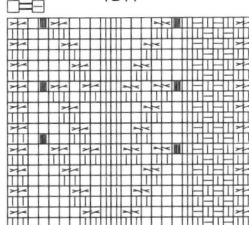

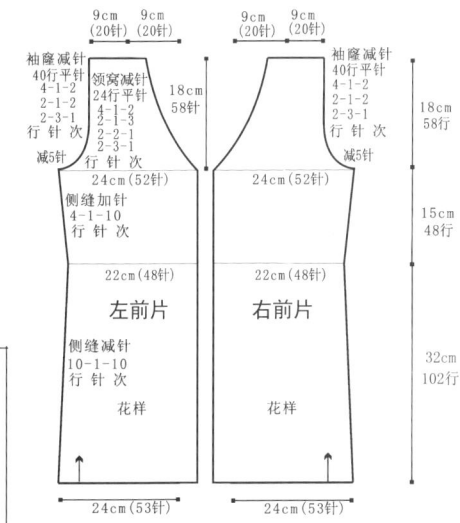

9cm (20针)　9cm (20针)　9cm (20针)　9cm (20针)

袖窿减针
40行平织
4-1-2
2-1-2
2-3-1
行 针 次

领窝减针
24行平织
4-1-2
2-1-1
2-1-2
2-3-1
行 针 次
减5针

18cm 58针

袖窿减针
40行平织
4-1-2
2-1-2
2-3-1
行 针 次
减5针

18cm 58行

24cm(52针)　24cm(52针)

15cm 48行

侧缝加针
4-1-10
行 针 次

22cm(48针)　22cm(48针)

左前片 花样　右前片 花样

32cm 102行

侧缝减针
10-1-10
行 针 次

24cm(53针)　24cm(53针)

0022

【成品规格】 见图
【工具】 3.0mm棒针
【材料】 灰黑色、白色、灰色毛线 纽扣11枚 装饰小花4朵
【制作过程】 前片配色从左到右依次为白灰白灰白灰。针数为图上所示，每两行不同色往前移1针。普通起针法起90针，上针编织2cm；配色并花样编织29cm，按袖窿减针及前领减针织出袖窿和前领。

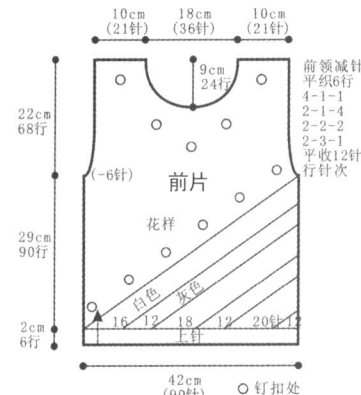

10cm (21针)　18cm (36针)　10cm (21针)

22cm 68行

9cm 24行

前领减针
平织6行
4-1-1
2-1-4
2-2-2
2-3-1
平收12针
行针次

(-6针)

前片 花样

29cm 90行

白色 灰色 上针

2cm 6行

16　12　12　12　20针

上针

42cm (90针)

○ 钉扣处

花样

延伸上针

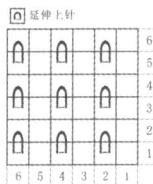

6 5 4 3 2 1

31cm(88针)　22cm(62针)　31cm(88针)

14cm 42行

8cm 24行

领口减针:
4-1-1
4-3-3
2-3-2
2-5-1
2-10-1

16cm 48行

前片 花样B

16cm 48行

8cm 24行

花样A

20cm(56针)　44cm(126针)　20cm(56针)

花样A

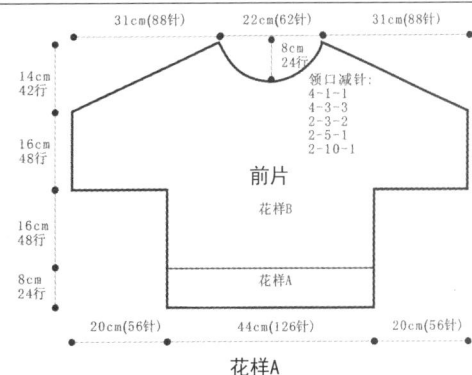

花样B

右上两针并一针　镂空针
左上两针并一针

上针　下针

0024

【成品规格】见图
【工具】4.5mm棒针
【材料】褐色粗羊毛线
【制作过程】前片起73针双罗纹针编织12cm，改织花样，织至47cm长按衣前片编织图减针成桃形领。

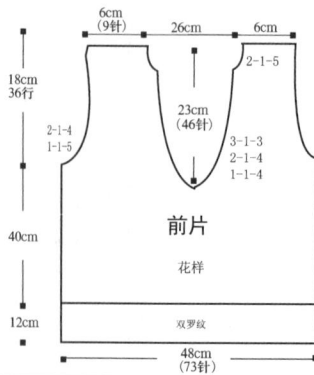

前片

花样

6cm
(9针)
26cm
6cm
2-1-5
18cm
36行
2-1-4
1-1-5
23cm
(46针)
3-1-3
2-1-4
1-1-4
40cm
花样
12cm
双罗纹
48cm
(73针)

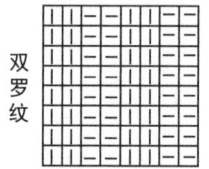

双罗纹

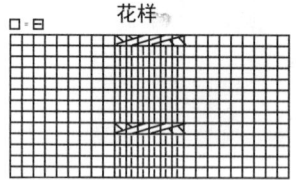

花样

0025

【成品规格】见图
【工具】3.5mm棒针
【材料】蓝色马海毛线
【制作过程】前片按图编织至51cm时，中间平收29针进行前衣领减针。

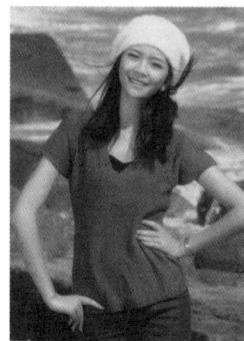

0026

【成品规格】见图
【工具】1.7mm棒针
【材料】灰色纯羊毛线 亮片若干
【制作过程】前片按图起针，织至8cm双罗纹后，改织下针，织至完成。缝上亮片。

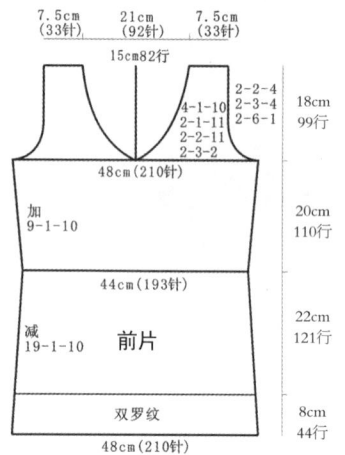

前片

7.5cm
(33针)
21cm
(92针)
7.5cm
(33针)
15cm82行
2-2-4
2-3-4
2-6-1
4-1-10
2-1-11
2-2-11
2-3-2
18cm
99行
48cm(210针)
加
9-1-10
20cm
110行
44cm(193针)
减
19-1-10
前片
22cm
121行
双罗纹
8cm
44行
48cm(210针)

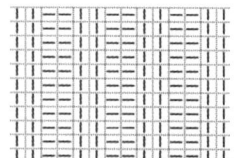

双罗纹

花样A

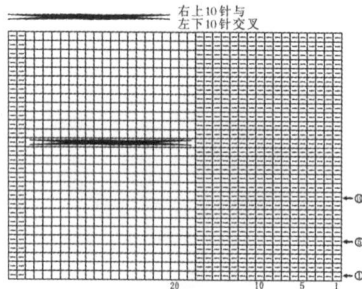

右上10针与
左下10针交叉

花样B

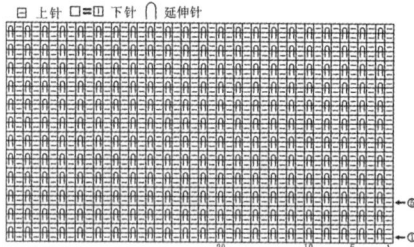

□ 上针 □=回 下针 ∩ 延伸针

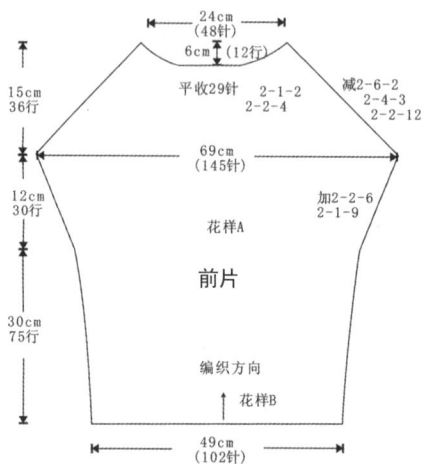

前片

24cm
(48针)
6cm (12行)
15cm
36行
平收29针
2-1-2
2-2-4
减2-6-2
2-4-3
2-2-12
69cm
(145针)
12cm
30行
加2-2-6
2-1-9
花样A
30cm
75行
编织方向
↑ 花样B
49cm
(102针)

【制作过程】起210针，编织10cm双罗纹后，改织25cm花样，再织20cm加出袖窿，按图减针收前领。

0027

【成品规格】见图
【工具】3.5mm棒针
【材料】蓝色马海毛线

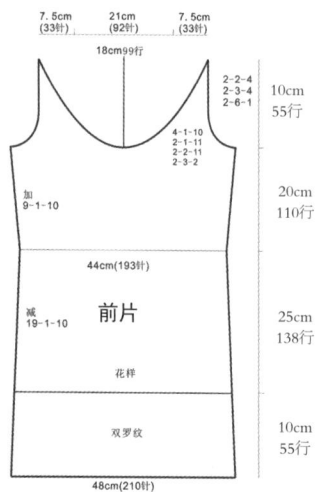

前片

7.5cm
(33针)
21cm
(92针)
7.5cm
(33针)
18cm99行
2-2-4
2-3-4
2-6-1
10cm
55行
4-1-10
2-1-11
2-2-11
2-3-2
加
9-1-10
20cm
110行
44cm(193针)
减
19-1-10
前片
25cm
138行
花样
双罗纹
10cm
55行
48cm(210针)

双罗纹

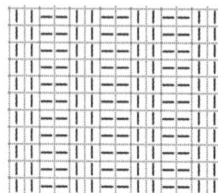

花样

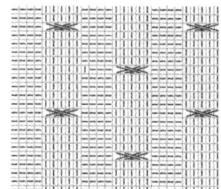

【成品规格】 见图
【工具】 1.7mm棒针
【材料】 黑色纯羊毛线 衬条和亮片若干
【制作过程】 前片按图起针，织单罗纹15cm后，改织下针，织至完成。衣领挑针，织单罗纹5cm，形成圆领。缝上衬条和亮片。

0028

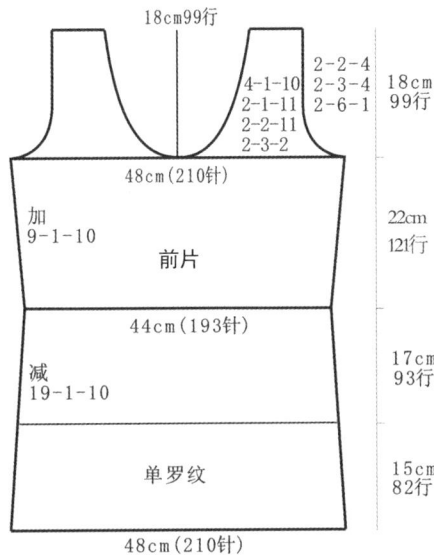

单罗纹

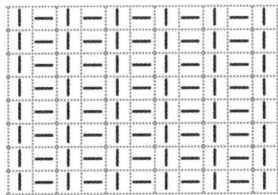

7.5cm（33针）　21cm（92针）　7.5cm（33针）

18cm99行

2-2-4
4-1-10　2-3-4
2-1-11　2-6-1
2-2-11
2-3-2

18cm
99行

48cm（210针）

加
9-1-10

前片

22cm
121行

44cm（193针）

减
19-1-10

17cm
93行

单罗纹

15cm
82行

48cm（210针）

【成品规格】 见图
【工具】 1.5mm钩针
【材料】 杏色腈纶线
【制作过程】 前片起92针，钩织萝卜丝长针，钩织16cm按图示袖窿加针，钩至24cm，两侧不加减针往上钩至40cm的高度，前领留起8针，两侧肩部按图示方法减针，前片共钩56cm长。

0029

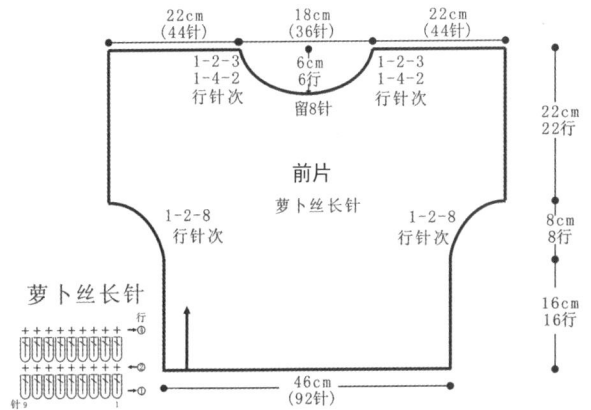

22cm（44针）　18cm（36针）　22cm（44针）

1-2-3　6cm
1-4-2　6行
行针次　留8针

1-2-3
1-4-2
行针次

22cm
22行

前片
萝卜丝长针

1-2-8
行针次

1-2-8
行针次

8cm
8行

16cm
16行

萝卜丝长针

46cm（92针）

【成品规格】 见图
【工具】 2.5mm棒针 小号钩针
【材料】 杏色纯羊毛线 织毛毛片的装饰线若干
【制作过程】 前片按图起针，织双罗纹20cm后，改织下针，织至完成。领圈用钩针钩边，并用装饰线钩毛毛片。

0030

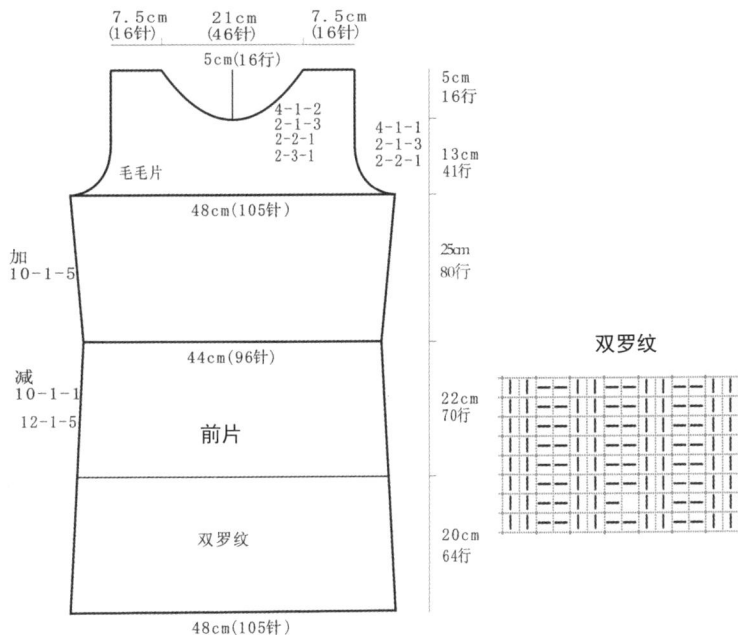

7.5cm（16针）　21cm（46针）　7.5cm（16针）

5cm（16行）

5cm
16行

4-1-2
2-1-3　4-1-1
2-2-1　2-2-1
2-3-1　2-2-1

13cm
41行

毛毛片

48cm（105针）

25cm
80行

加
10-1-5

44cm（96针）

22cm
70行

减
10-1-1
12-1-5

前片

双罗纹

20cm
64行

48cm（105针）

双罗纹

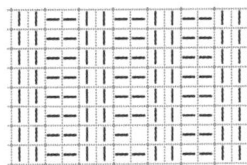

【成品规格】 见图
【工具】 5.0mm棒针
【材料】 红棕色毛线 翻毛面料 牛角扣3枚
【制作过程】 前上片起28针，编织平针15cm后收袖窿和前领，编织两片（其中一片门襟处留纽洞）。缝上毛领和牛角扣。

0031

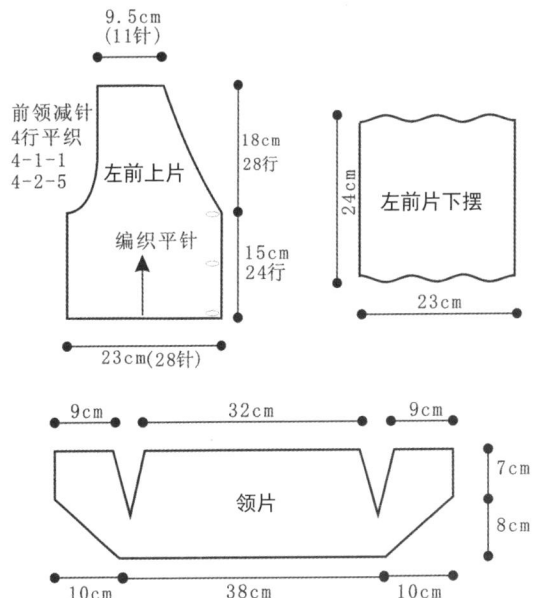

9.5cm（11针）

前领减针
4行平织
4-1-1
4-2-5

左前上片

18cm
28行

左前片下摆

24cm

编织平针

15cm
24行

23cm（28针）

23cm

9cm　32cm　9cm

领片

7cm

8cm

10cm　38cm　10cm

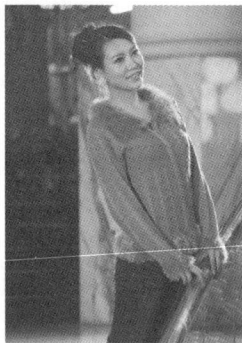

0032

【成品规格】 见图
【工具】 3.0mm棒针
【材料】 橘色毛线 松树纱线
【制作过程】 前片用松树纱线起40针编织6cm平针后开始织花样，如图所在相应的位置开始或结束花样编织，改织反针，编织31cm后收袖窿，再织至8cm后收前领。领用松树纱线挑86针，编织平针15cm，并按图收针。编织两片。

花样

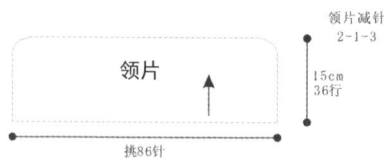

领片

挑86针

领片减针
2-1-3

15cm
36行

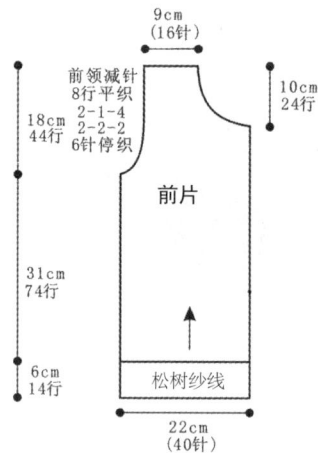

9cm
(16针)

前领减针
8行平织
2-1-4
2-2-2
6针停织

18cm
44行

10cm
24行

前片

31cm
74行

6cm
14行

松树纱线

22cm
(40针)

0033

【成品规格】 见图
【工具】 3.25mm、3.75mm棒针
【材料】 白色毛线 装饰扣若干
【制作过程】 前片按图示编织平针和花样，领口减针如图。前、后领口用3.25mm棒针共挑针71针。

花样B

16针一个花样

上针　　　下针

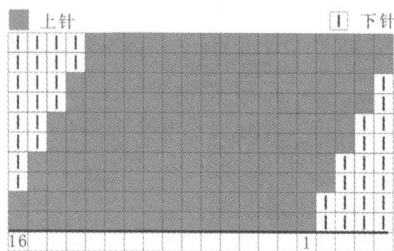

16　　　　　　　1

花样A

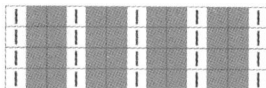

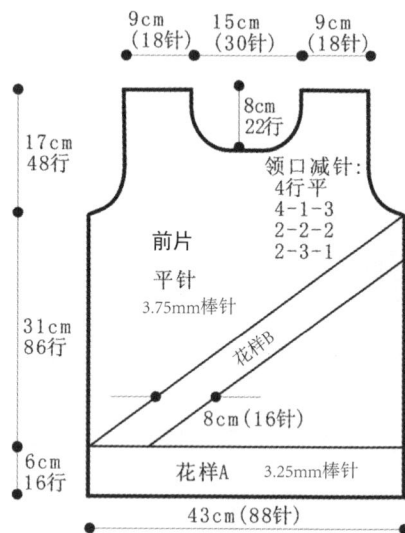

9cm
(18针)　　15cm
(30针)　　9cm
(18针)

8cm
22行

17cm
48行

领口减针:
4行平
4-1-3
2-2-2
2-3-1

前片

平针
3.75mm棒针

花样B

31cm
86行

8cm(16针)

6cm
16行

花样A　　3.25mm棒针

43cm(88针)

0034

花样

领子结构图

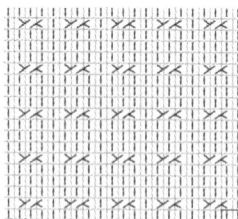

【成品规格】 见图
【工具】 1.7mm棒针 小号钩针
【材料】 蓝色、红色纯羊毛线 纽扣3枚
【制作过程】 前片分左、右两片编织，按图起针，织至15cm花样后，左、右两片合起来编织，织至完成。按领子结构图，形成翻领。缝上纽扣。

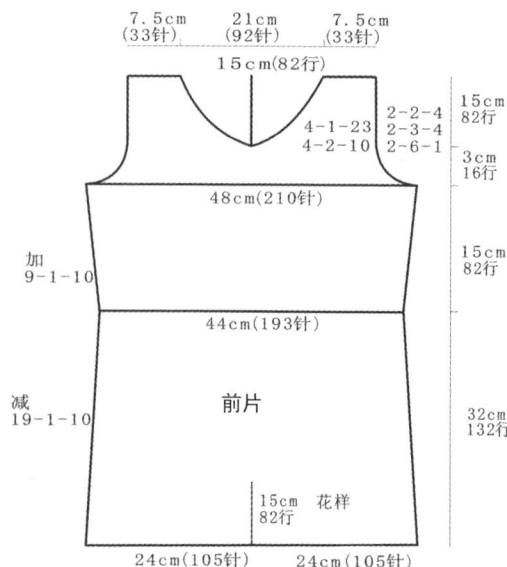

7.5cm
(33针)　　21cm
(92针)　　7.5cm
(33针)

15cm(82行)

4-1-23　　2-2-4
4-2-10　　2-3-4
　　　　　2-6-1

15cm
82行

3cm
16行

48cm(210针)

加
9-1-10

15cm
82行

44cm(193针)

减
19-1-10

前片

32cm
132行

15cm 花样
82行

24cm(105针)　　24cm(105针)

0035

【成品规格】见图
【工具】3.0mm棒针
【材料】驼色细毛线 纽扣8枚
【制作过程】左前片起68针，编织双罗纹8cm后改织花样，织至26cm后收袖窿，织至12cm处收前领，编织两片。领片起130针，编织花样35cm。缝上纽扣。

0036

【成品规格】见图
【工具】2.5mm棒针
【材料】灰色纯羊毛线 纽扣5枚
【制作过程】前片分左、右两片编织，按图起53针，织5cm双罗纹后，改织全下针，侧缝按图示减针，织至27cm时加针，形成收腰，织至15cm时两边平收5针，收袖窿，并同时收领窝，织至肩位余20针。同样方法织另一片。缝上纽扣。

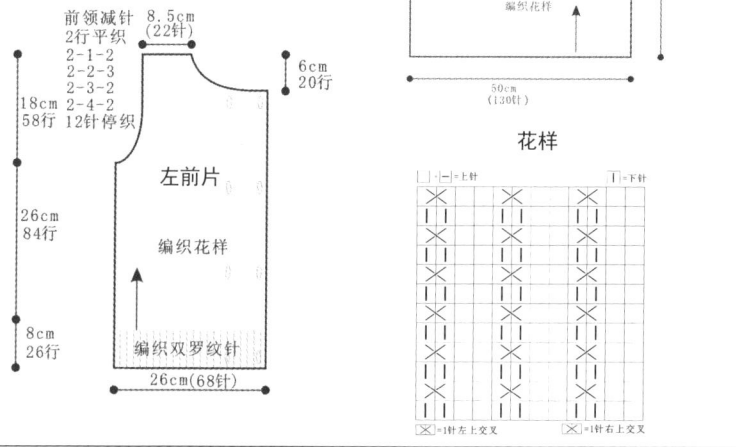

领片
35cm
112行

编织花样

50cm
(130针)

花样

│=│=│上针   │ │=下针

☒=1针左上交叉   ☒=1针右上交叉

前领减针   8.5cm
2行平织   (22针)
2-1-2
2-2-3   6cm
2-3-2   20行
2-4-2
18cm   12针停织
58行

左前片
编织花样

26cm
84行

8cm
26行
编织双罗纹针

26cm(68针)

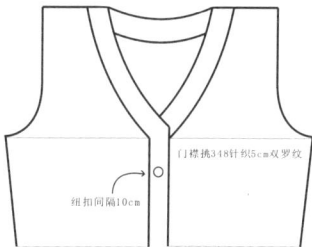

领子结构图

门襟挑318针织5cm双罗纹
纽扣间隔10cm

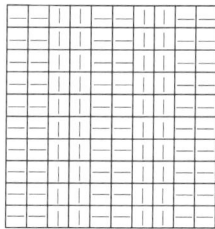

双罗纹

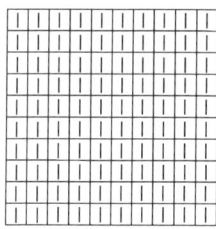

全下针

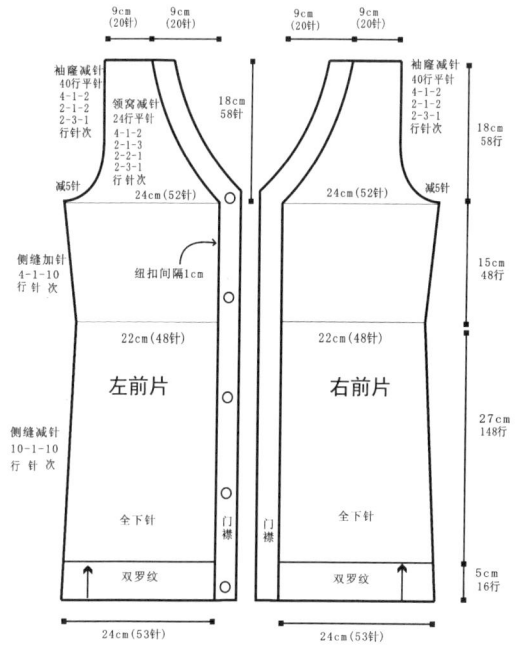

9cm   9cm   9cm   9cm
(20针) (20针)   (20针) (20针)

袖窿减针   袖窿减针
40行平织   领窝减针   40行平织
4-1-2   24行平织   18cm   4-1-2
2-1-2   4-1-2   58行   2-1-1
2-3-1   2-1-1   2-3-1
行针次   2-1-1   行针次
           2-2-1
减5针   2-3-1   18cm   减5针
           行针次   58行
24cm(52针)   24cm(52针)

侧缝加针   纽扣间隔1cm   15cm
4-1-10   48行
行针次

22cm(48针)   22cm(48针)

左前片   右前片   27cm
                                     148行

侧缝减针
10-1-10
行针次

全下针   全下针   5cm
门襟 门襟   16行

双罗纹   双罗纹

24cm(53针)   24cm(53针)

0037

【成品规格】见图
【工具】2.0mm钩针
【材料】粉红色毛线
【制作过程】参照衣服的结构图，按照图1钩两片，按照图2钩前幅和后幅的左、右两片，按照图3钩12个单元花，前幅和后幅各6个，然后拼肩、拼侧缝、钩花边，具体做法参照如下图解。

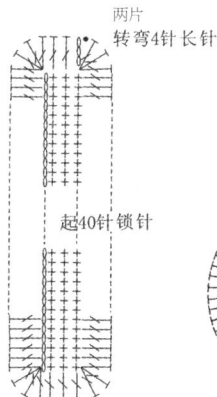

图1的图解

两片
转弯4针长针

起40针锁针

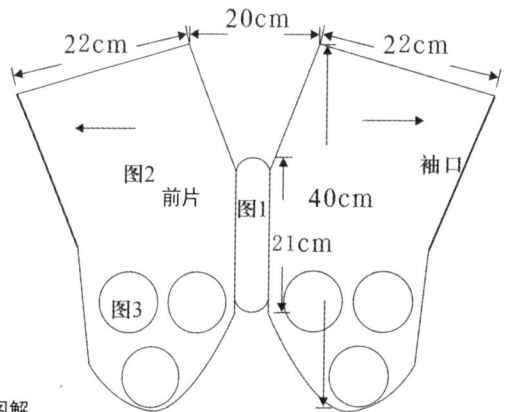

22cm   20cm   22cm

图2   图1   40cm   袖口
前片

21cm

图3

图3的图解

12个单元花

16

8

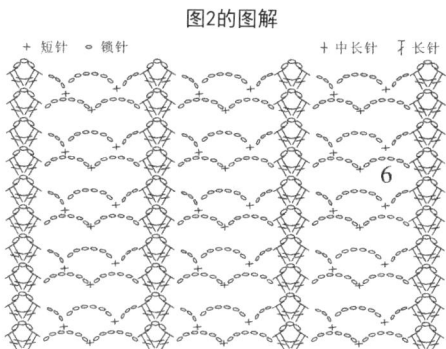

图2的图解

+短针   ○锁针   ┬中长针   ┬长针

6

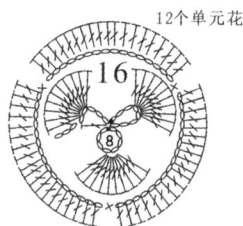

花边

121

0038

【成品规格】 见图
【工具】 1.7mm棒针 2.5mm钩针
【材料】 黄色、白色纯羊毛线 亮珠若干
【制作过程】前片按图示起211针，先织双层平针底边后，改织花样，同时侧缝按图示减针，织至32cm时加针，形成收腰，织至20cm时留袖窿，在两边同时各平收10针，然后按图示收成袖窿，再织10cm时留前领窝。领圈用钩针钩花边。缝上亮珠。

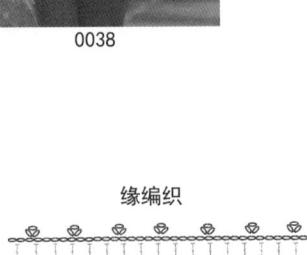

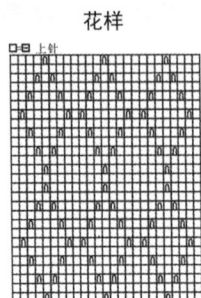

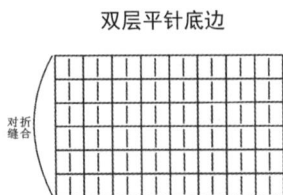

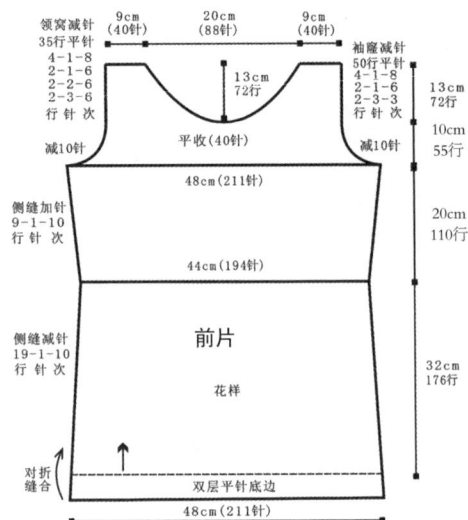

花样

双层平针底边

缘编织

领窝减针
35行平针
9cm
(40针)
20cm
(88针)
9cm
(40针)
袖窿减针
50行平针
4-1-8
2-1-6
2-2-6
2-3-3
行针次
13cm
72行
4-1-8
2-1-6
2-3-3
行针次
13cm
72行
减10针
平收(40针)
减10针
10cm
55行
侧缝加针
9-1-10
行针次
48cm(211针)
20cm
110行
44cm(194针)
前片
花样
32cm
176行
对折缝合
双层平针底边
48cm(211针)

【工具】 1.7mm棒针 2.5mm钩针
【材料】 湖蓝色纯羊毛线 蓝色毛线少许 纽扣2枚
【制作过程】前片按图示起211针，织8cm双罗纹后，改织全下针，同时侧缝按图示减针，并按比例开衣袋，袋口另织好，织至24cm时加针，形成收腰，织至12cm时开领窝，再织3cm时留袖窿，在两边同时各平收10针，然后按图示收成袖窿，肩位余22针。领圈和袖口用钩针钩花边，缝上纽扣。

0039

【成品规格】 见图

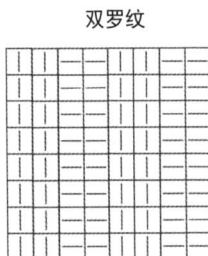

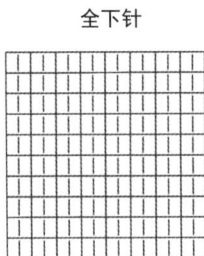

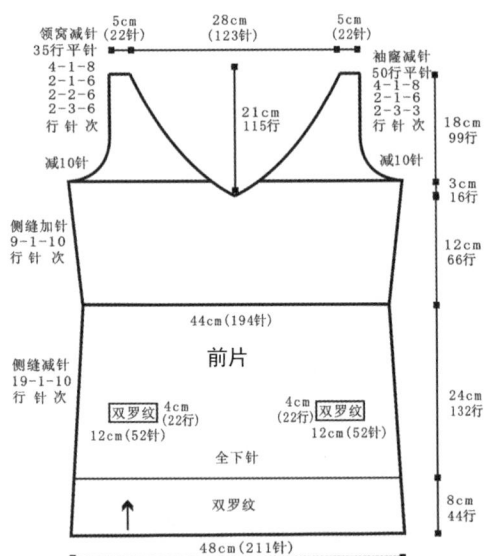

双罗纹

全下针

花边

领窝减针
35行平针
5cm
(22针)
28cm
(123针)
5cm
(22针)
袖窿减针
50行平针
4-1-8
2-1-6
2-2-6
2-3-3
行针次
21cm
115行
4-1-8
2-1-6
2-3-3
行针次
18cm
99行
减10针
减10针
3cm
16行
侧缝加针
9-1-10
行针次
44cm(194针)
12cm
66行
前片
侧缝减针
19-1-10
行针次
双罗纹 4cm
(22行)
12cm(52针)
4cm
(22行)
双罗纹
12cm(52针)
全下针
24cm
132行
双罗纹
8cm
44行
48cm(211针)

【成品规格】 见图
【工具】 1.7mm棒针
【材料】 绿色纯羊毛线
【制作过程】前片按图起211针，织10cm双罗纹后，改织花样，织至33cm时平收6针，收插肩袖窿，织至15cm时同时收领窝，织至肩位余5针。

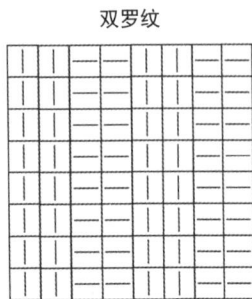

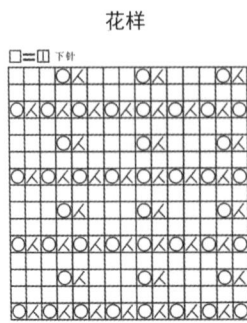

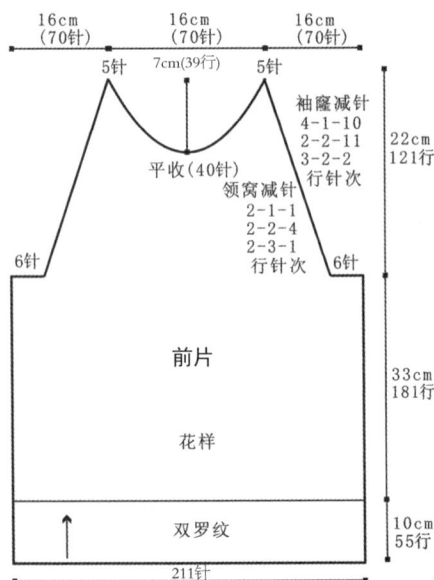

0040

双罗纹

花样

□=□ 下针

16cm
(70针)
16cm
(70针)
16cm
(70针)
5针
7cm(39行)
5针
袖窿减针
4-1-10
2-2-11
3-2-2
行针次
22cm
121行
平收(40针)
领窝减针
2-1-1
2-2-4
2-3-1
行针次
6针
6针
前片
花样
33cm
181行
双罗纹
10cm
55行
211针

0041

【成品规格】 见图
【工具】 2.0mm钩针
【材料】 蓝色线 装饰蝴蝶结
【制作过程】 参照衣服的结构图，按照前片花样钩衣服前片两片，然后拼肩，上袖子，拼侧缝，缝上装饰蝴蝶结，具体做法参照以下图解。

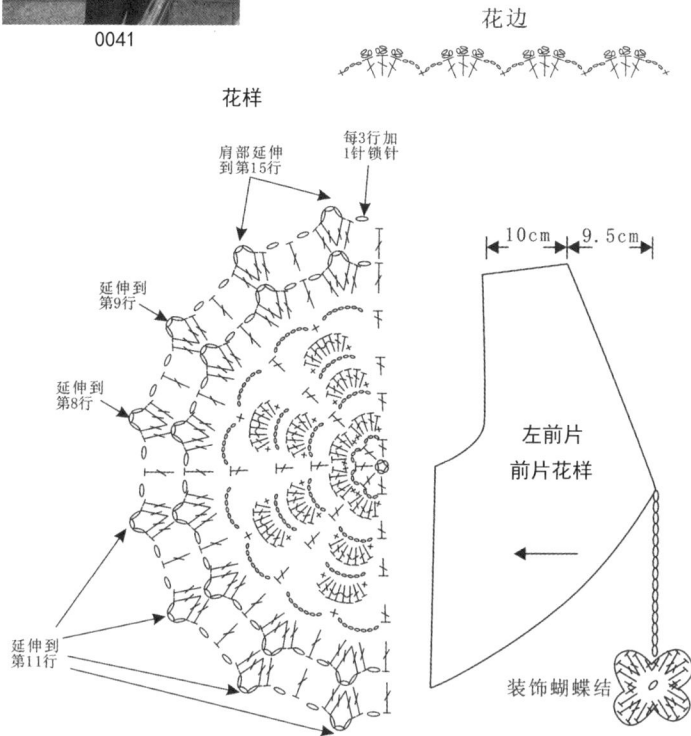

花边

花样

肩部延伸到第15行
每3行加1针锁针

延伸到第9行
延伸到第8行
延伸到第11行

10cm 9.5cm

左前片
前片花样

装饰蝴蝶结

0042

【成品规格】 见图
【工具】 4.5mm棒针
【材料】 水蓝色冰丝线
【制作过程】 圈起196针编织花样18cm，然后按图示进行分隔，袖子部分44针先穿起停织。前后片差4cm，两腋下各加12针，身片圈织140针34cm。

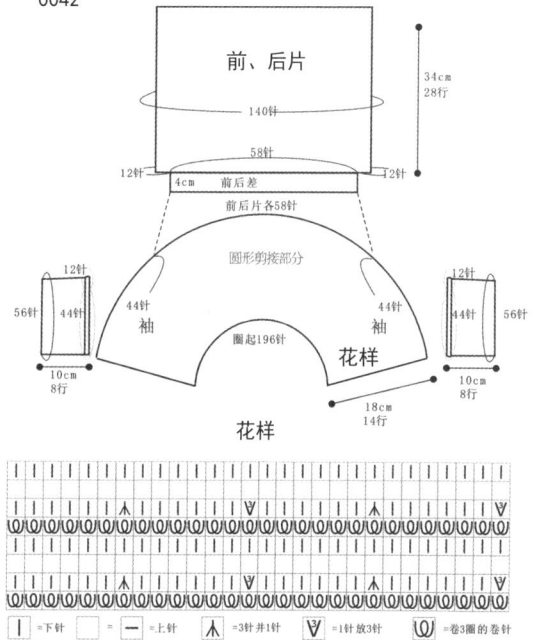

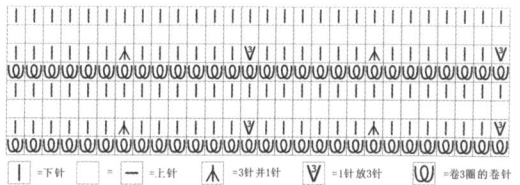

前、后片
34cm 28行
140针
58针
12针 4cm 前后差 12针
前后片各58针
圆形剪接部分
12针 56针 44针 44针 12针 56针
袖 圈起196针 袖
花样
10cm 10cm
8行 18cm 8行
14行

花样

I 下针　□ 上针　— 上针　人 3针并1针　V 1针放3针　⦶ 绕3圈的卷针

0043

【成品规格】 见图
【工具】 2.9mm棒针
【材料】 绿色棉线
【制作过程】 前片起92针，织双罗纹针，织至3cm后，改织花样A，中间织12针花样B。领子：挑起108针织双罗纹针，织10行的长度，将领口缝合。

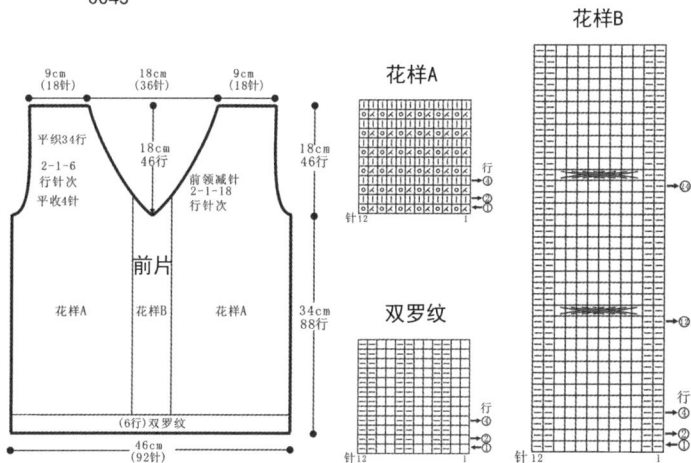

9cm(18针) 18cm(36针) 9cm(18针)
平织34行
2-1-6行针次
平收4针
18cm 46行
前领减针 2-1-18 行针次
18cm 46行

前片

花样A 花样B 花样A
34cm 88行

(6行)双罗纹
46cm(92针)

花样A

花样B

双罗纹

0044

【成品规格】 见图
【工具】 3.2mm棒针
【材料】 红色棉线 纽扣3枚
【制作过程】 左前片起26针，织花样A11cm后，改织花样B与全上针组合编织，如结构图所示，织至29cm按图示袖窿加针，前领减针，前片共织47cm长。对称织出另一片。

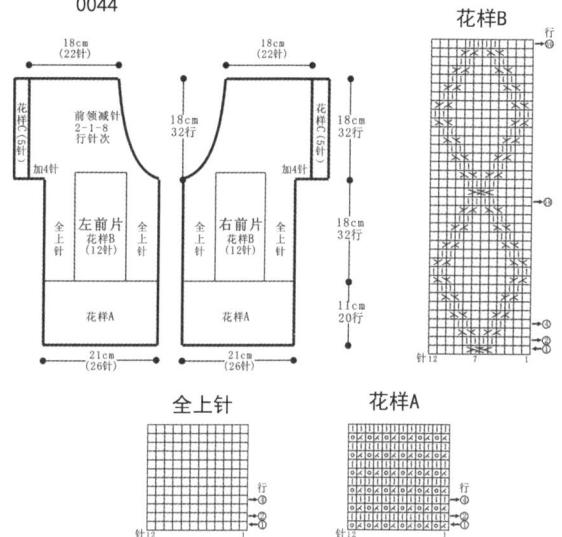

花样B

18cm(22针) 18cm(22针)
花样(6针) 前领减针 2-1-8行针次 花样(6针)
18cm 32行 18cm 32行
加4针 加4针
全上针 左前片 花样B(12针) 全上针 全上针 右前片 花样B(12针) 全上针
18cm 32行 18cm 32行
花样A 花样A
11cm 20行
21cm(26针) 21cm(26针)

全上针

花样A

0045

【成品规格】 见图
【工具】 1.7mm棒针
【材料】 淡紫色纯羊毛线 丝带若干
【制作过程】 前片按图示起211针,先织双层平针底边,改织全下针,同时侧缝按图示减针,织至26cm时加针,形成收腰,织15cm时留袖窿,在两边同时各平收10针,然后按图示收成袖窿,留前领窝。再织5cm时领圈用丝带装饰。

全下针
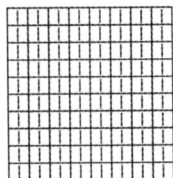

双层平针底边
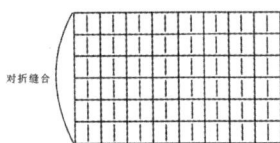
对折缝合

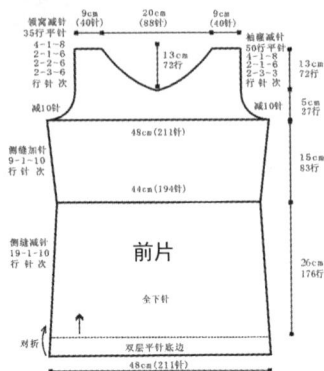
前片
全下针
双层平针底边

0046

【成品规格】 见图
【工具】 1.7mm棒针
【材料】 黑色纯羊毛线 纽扣6枚
【制作过程】 前片分左、右两片编织,左前片按图示起52针,织10cm单罗纹后,改织全下针,17cm时留袖窿,然后按图示收成袖窿,同时留前领窝。同样方法织右前片。缝上纽扣。

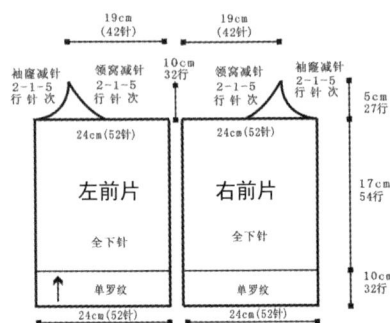
左前片 右前片
全下针 全下针
单罗纹 单罗纹

单罗纹
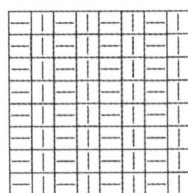

全下针
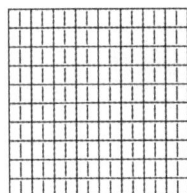

0047

【成品规格】 见图
【工具】 1.7mm棒针
【材料】 黑色纯羊毛线
【制作过程】 前片按图示起211针,织6cm双罗纹后,改织花样,同时侧缝按图示减针,织至26cm时加针,形成收腰,织15cm时留袖窿,在两边同时各平收10针,然后按图示收成袖窿,同时留前领窝。领圈挑290针,织5cm双罗纹,领尖缝合,形成V领。

双罗纹
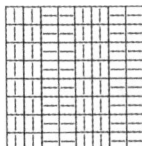

花样
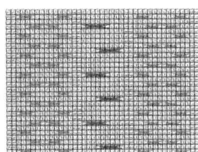

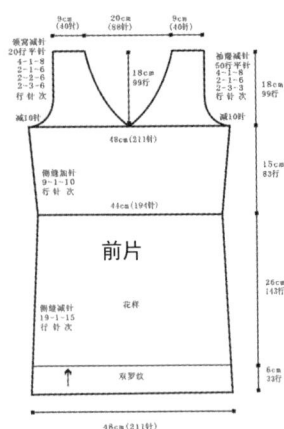
前片
花样
双罗纹

领子结构图

0048

【制作过程】 前片分左、右两片编织,按图起52针,织全下针,侧缝减针,织30cm时加针,形成收腰,织至15cm时两边平收5针,按图收插肩袖窿,并同时收领窝。领子另织,起18针,织60cm花样,按图与领圈缝合,衣袋另织,与左右前片缝合。系上装饰绳。

【成品规格】 见图
【工具】 2.5mm棒针
【材料】 黑色纯羊毛线 衣袋装饰绳1根

领圈 花样

60cm(192行)

花样
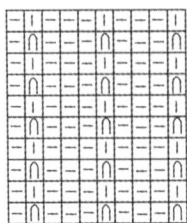

全下针
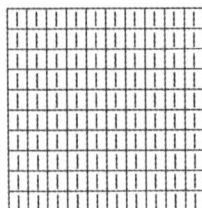

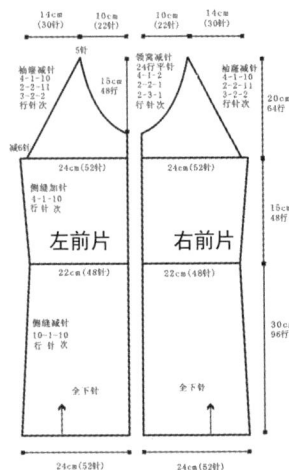
左前片 右前片
全下针 全下针

0049

【成品规格】见图
【工具】2.5mm棒针
【材料】深咖啡色纯羊毛线
【制作过程】前片按图起105针，织花样B，织至35cm时留袖窿，在两边同时各平收5针，然后按图示收成袖窿，再织5cm时同时留前领窝。下摆另织花样A，与前片缝合。领圈挑118针，圈织18cm双罗纹。并均匀加针，成高领。

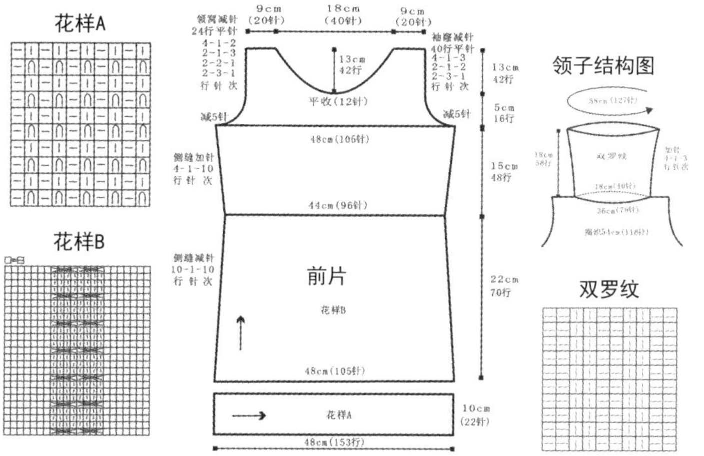

花样A
花样B

领子结构图

领窝减针
24行平收
4-1-2
2-2-1
2-3-1
行针次

袖窿减针
40行平收
4-1-3
2-2-1
2-3-1
行针次

9cm(20针) 18cm(40针) 9cm(20针)
13cm 42行
平收(12针)
13cm 42行
减5针 减5针
5cm 16行
48cm(105针)
44cm(96针)
15cm 48行

前片
花样B
22cm 70行

侧缝加针
4-1-10
行针次

侧缝减针
10-1-10
行针次

48cm(105针)
花样A
10cm(22针)
48cm(153针)

双罗纹

0050

【成品规格】见图
【工具】2.5mm棒针
【材料】黑色纯羊毛线
【制作过程】前片分左、右两片编织，按图起52针，织全下针，15cm时两边平收5针，按图收插肩袖窿，同时收领窝。同样方法编织另一袖。领子另织，按图与领圈缝合。

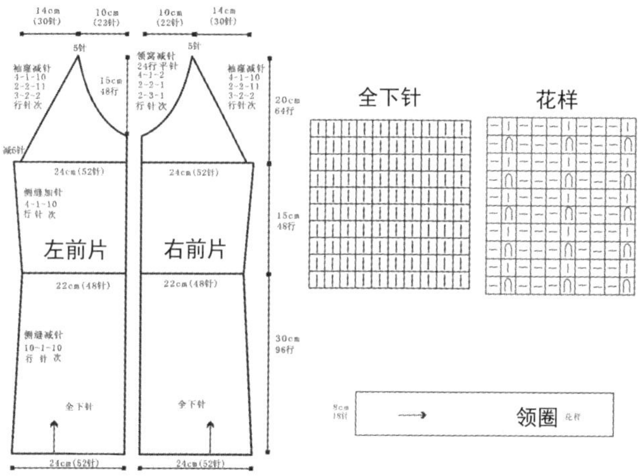

14cm(30针) 10cm(22针) 10cm(22针) 14cm(30针)
5针 5针

袖窿减针
4-1-10
2-2-1
3-2-2
行针次

领窝减针
24行平收
4-1-2
2-2-1
2-3-1
行针次

袖窿减针
4-1-10
2-2-1
3-2-2
行针次

15cm 48行
20cm 64行

24cm(52针) 24cm(52针)

左前片
右前片

侧缝减针
4-1-10
行针次

22cm(48针) 22cm(48针)
15cm 48行

侧缝减针
10-1-10
行针次

30cm 96行

全下针 全下针
24cm(52针) 24cm(52针)

全下针
花样

9cm 19针
领圈

0051

【成品规格】见图
【工具】1.7mm棒针
【材料】黑色纯羊毛线
【制作过程】前片按图示起158针，先织双层平针底边，后改织全下针，织至15cm时留袖窿，在两边同时各平收10针，然后按图示收成袖窿。再织5cm时留前领窝。领边挑246针，织5cm花样B，形成圆领。

花样A
花样B
全下针

领窝减针
35行平收
4-1-8
2-1-6
2-2-6
2-3-6
行针次

袖窿减针
56行平收
4-1-8
2-1-6
2-2-3
2-3-3
行针次

9cm(40针) 20cm(88针) 9cm(40针)
13cm 72行
平收(40针)
13cm 72行
花样A
减10针 减10针

5cm 27行

48cm(211针)

前片
全下针

侧缝加针
9-1-10
行针次

11cm(48针)
A

15cm 83行

32cm 176行

侧缝减针
19-1-10
行针次

33cm(145针)

对折

双层平针底边

侧缝小片
11cm(48针)
B
全下针

双层平针底边

36cm(158针)
12cm(52针)

双层平针底边

领圈56cm
挑246针织5cm花样B形成圆领

领子结构图

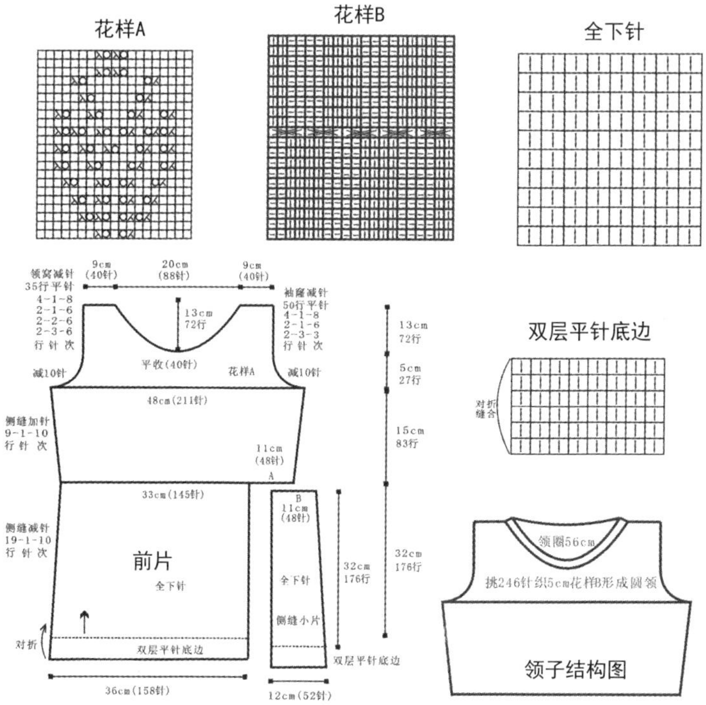

0052

【成品规格】见图
【工具】2.5mm棒针
【材料】黑色纯羊毛线 纽扣10枚
【制作过程】前片分左、右两片编织，分别按图起53针，织10cm双罗纹后，改织花样，侧缝按图示减针，织至22cm时加针，形成收腰，至15cm时平收5针，收袖窿，再5cm时同时收领窝，织至肩位余20针。同样方法织另一片。缝上纽扣。

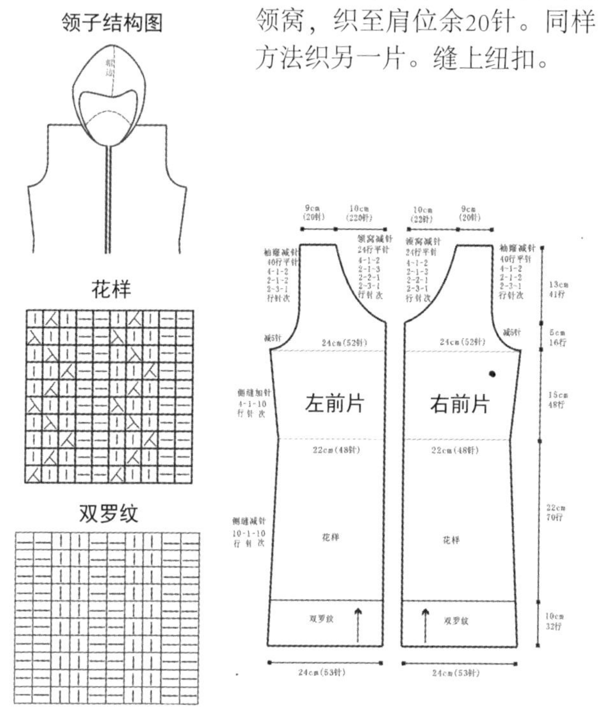

领子结构图

花样

双罗纹

9cm(20针) 10cm(22针) 10cm(22针) 9cm(20针)

领窝减针
24行平收
4-1-2
2-1-1
2-2-1
2-3-1
行针次

领窝减针
24行平收
4-1-2
2-1-1
2-2-1
2-3-1
行针次

袖窿减针
40行平收
4-1-2
2-2-1
2-3-1
行针次

袖窿减针
40行平收
4-1-2
2-2-1
2-3-1
行针次

13cm 41行
5cm 16行

24cm(52针) 24cm(52针)
减针

左前片
右前片

侧缝加针
4-1-10
行针次

22cm(48针) 22cm(48针)
15cm 48行

侧缝减针
10-1-10
行针次

花样 花样
22cm 70行

双罗纹 双罗纹
10cm 32行

24cm(53针) 24cm(53针)

【成品规格】 见图
【工具】 2.5mm棒针
【材料】 浅灰色棉线
【制作过程】 前片起138针，织6行后与起针合并成双层边，然后改织花样，织至34cm按图示袖窿减针，织至38cm中间收前领，中间平收8针，两侧2-1-24。前片共织52cm长。

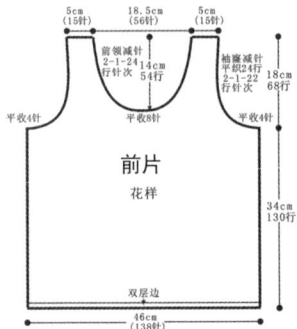

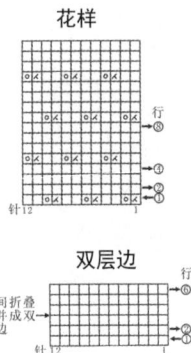

0053

花样

双层边

5cm
(15针)
18.5cm
(56针)
5cm
(15针)

前领减针
2-1-24
行针次
14cm
54行

袖窿减针
平收24针
2-1-22
行针次
18cm
68行

平收4针

平收4针

平收8针

前片
花样

34cm
130行

双层边

46cm
(138针)

中间折叠合并成双层边

针12
行

【成品规格】 见图
【工具】 3.6mm棒针
【材料】 交织花色线
【制作过程】 横向编织前片，起125针编织花样前片，一侧织到20cm时进行肩部减针，一侧不加减针编织，按图示减针后共织24cm。同样方法再完成另一片前片，减针方向相反。

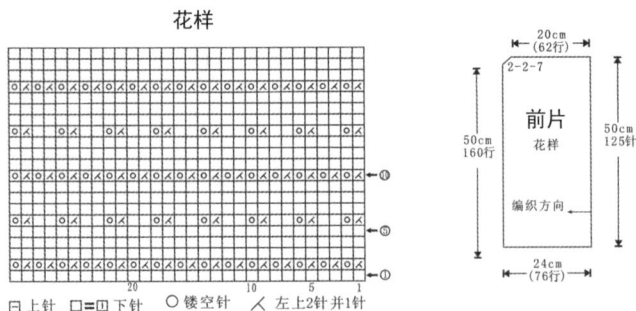

0054

花样

□=上针 □=下针 ○镂空针 ⋀左上2针并1针

20cm
(62针)

2-2-7

前片
花样

编织方向

50cm
160行

50cm
125针

24cm
(76行)

【成品规格】 见图
【工具】 3.6mm棒针 小号钩针 环形针
【材料】 浅驼色棉线
【制作过程】 用钩针钩出中心32针，多针分别向四周放射编织，按图完成一花样A针，完成后形成20cm×20cm圆心。起60针整片不加减针连续编织花样B前、后、领片，全长共织240cm，收针断线，形成22cm×240cm长方条。

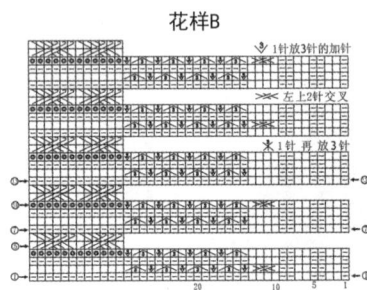

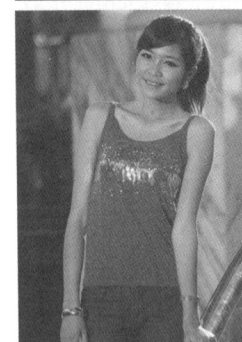

0055

花样B

1针放3针的加针

左上1针交叉

1针再放3针

缝合示意图

20cm

编织方向
中心片
花样A

20cm

领

袖中心片袖

前前

左片 右片

22cm
60针
缝合线

编织方向

花样B 编织方向
缝合线

240cm

花样A

□=上针 □=下针 ○镂空针

起32针

【成品规格】 见图
【工具】 2.6mm棒针
【材料】 红色棉线 亮片若干
【制作过程】 前片起120针，织全下针，织2cm向内合并成双层衣摆，继续编织至32cm长，两侧各平收4针，然后不加减针往上织至41cm，前片编织完成，将织片打6个对折，挑起80针继续编织2cm的长度，向内合并缝合成前领边。前片共织46cm长。缝上亮片。

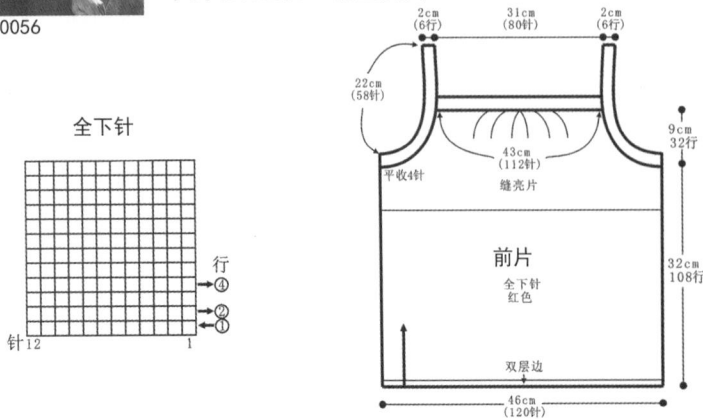

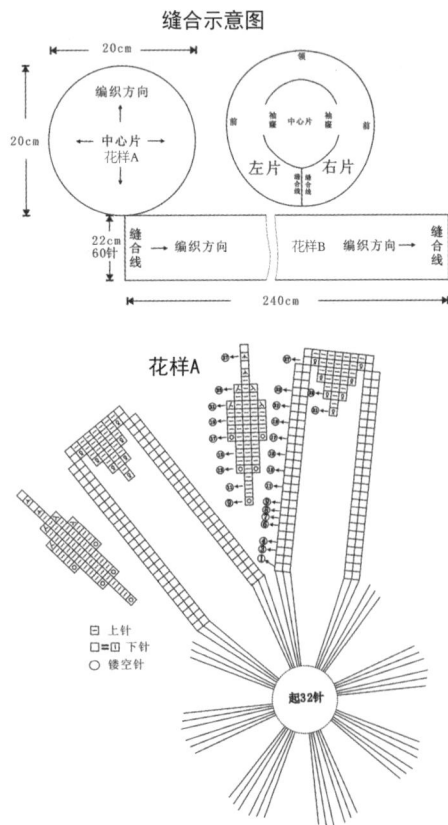

0056

全下针

针12
行

2cm
(6行)
31cm
(80针)
2cm
(6行)

22cm
(58针)

9cm
32行

43cm
(112针)

缝亮片

平收4针

前片
全下针
红色

32cm
108行

双层边

46cm
(120针)

0057

【成品规格】 见图
【工具】 2.9mm棒针
【材料】 银丝浅蓝色交织线 纽扣8枚
【制作过程】 起94针，编织下针前片，身长共编织到28cm时进行袖窿减针，织到43cm时开始前衣领减针，按结构图两侧减完针后收针断线，衣襟边随前片同织。同样方法完成另一侧前片，一侧留出扣眼位置。

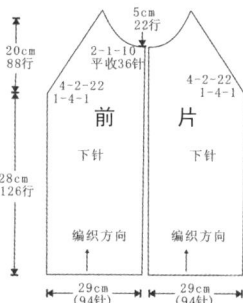

【成品规格】 见图
【工具】 1.7mm棒针 绣花针

领圈56cm

领边另织花样B与领圈缝合
多余部分按彩图随好用于装饰

领子结构图

0058

【材料】 粉红色纯羊毛线 亮珠若干 丝绸花1朵
【制作过程】 前片按图起针，先织双层平针底边后，改织下针，织至完成。衣片、袖窿和领窝按图加减针，前片绣上丝绸花，缝上亮珠。

双层平针底边

对折缝合

花样

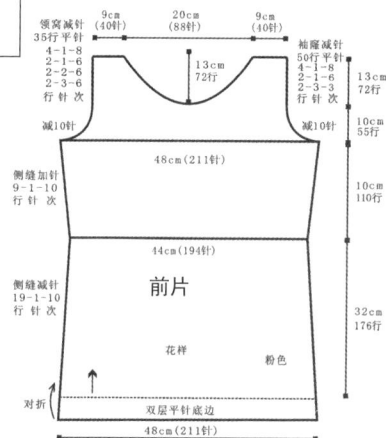

0059

【成品规格】 见图
【工具】 3.0mm棒针
【材料】 白色棉绒线
【制作过程】 起40针编织花样前片，不加减针织23cm后加出袖窿，共织12cm，然后减出肩部，身长共织40cm时减出后领窝，为使花样美观，减针在花样内进行，按图示完成加减针后收针断线，肩部余8针。

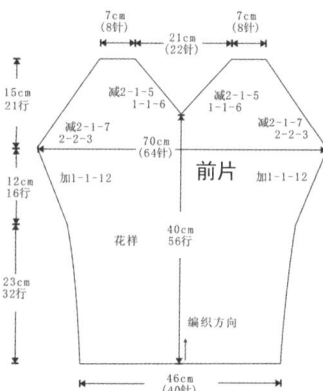

前片

花样

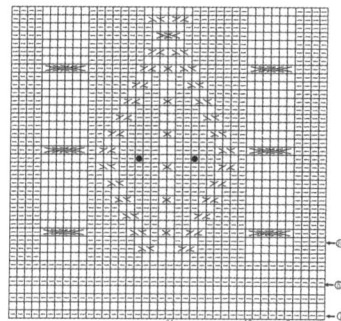

0060

【成品规格】 见图
【工具】 2.5mm棒针 缝衣针
【材料】 黄色纯羊毛线
【制作过程】 前片按图起105针，织2cm双罗纹后，改织花样A，侧缝按图示减针，织30cm时加针，形成收腰，织15cm时留袖窿，并改织花样B，在两边同时各平收6针，然后按图示收成插肩袖窿，同时留领窝。领圈用缝衣针锁边。

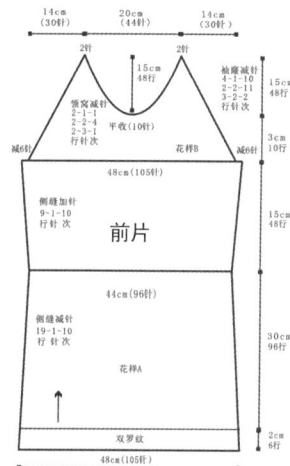

前片

花样A

双罗纹

花样A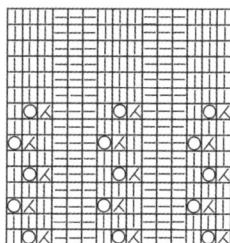

花样B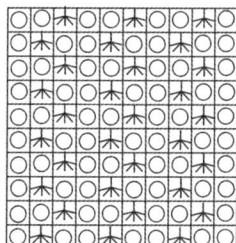

双罗纹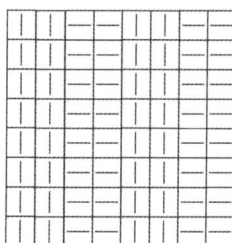

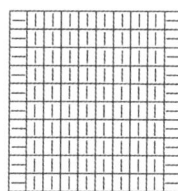

花样

0061

【成品规格】 见图
【工具】 2.6mm棒针
【材料】 浅黄色、粉红色、白色、蓝色棉线
【制作过程】 前片起120针，织全上针，织10行后，合并成双层边，继续织全上针，织至32cm按图示袖窿减针，织至46cm，收前领，中间留24针不织，两侧减针织前领，2-2-6。前片共织50cm长。

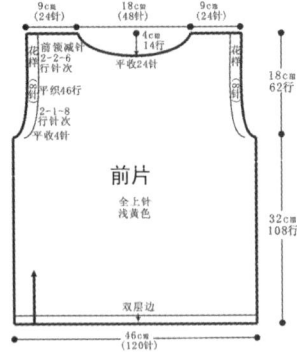

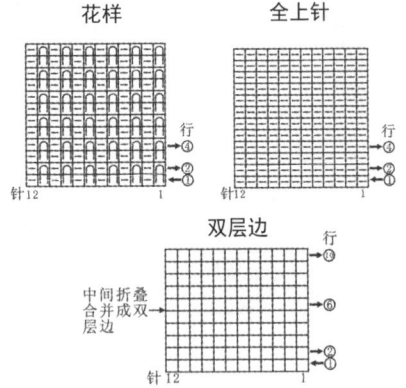

9cm(24针)　18cm(48针)　9cm(24针)
4cm 14行
平收24针
前领减针 2-2-6 行针次
平织46行
2-1-8 行针次
平收4针
18cm 62行
前片 全上针 浅黄色
32cm 108行
双层边
46cm(120针)

花样
全上针
行 ④③②①
针12　1

双层边
中间折叠合并成双层边
行 ⑧⑦⑥⑤④③②①
针12　1

0062

【成品规格】 见图
【工具】 2.6mm棒针
【材料】 橙色、粉红色、白色、黄色、蓝色棉线
【制作过程】 前片起120针织全下针，织2cm后与起针合并成双层衣摆继续编织，织花样A与花样B间隔编织，织至36cm按图示袖窿减针，织至50cm，收前领，中间留24针不织，两侧减针2-2-6。前片共织54cm长。

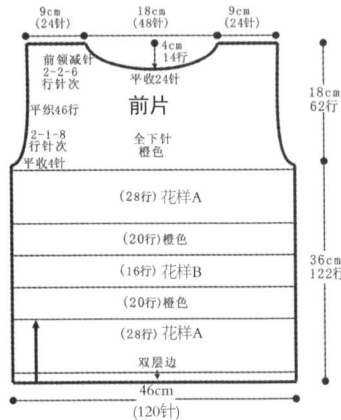

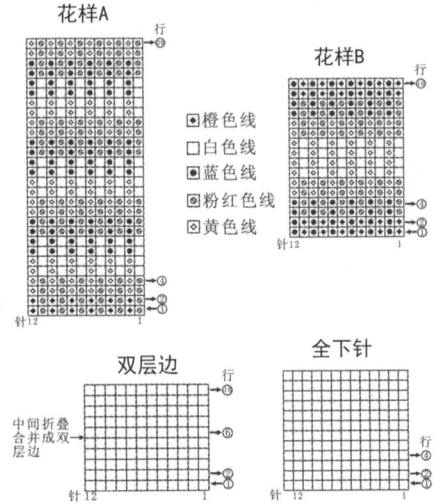

9cm(24针)　18cm(48针)　9cm(24针)
4cm 14行
平收24针
前领减针 2-2-6 行针次
平织46行
2-1-8 行针次
平收4针
18cm 62行
前片 全下针 橙色
(28行)花样A
(20行)橙色
(16行)花样B
(20行)橙色
(28行)花样A
双层边
36cm 122行
46cm(120针)

花样A

花样B

☑ 橙色线
☐ 白色线
◼ 蓝色线
◪ 粉红色线
◨ 黄色线

针13　1

双层边
中间折叠合并成双层边
针12

全下针
行 ⑧⑦⑥⑤④③②①
针12　1

0063

【成品规格】 见图
【工具】 2.0mm、2.3mm棒针
【材料】 绿色细毛线
【制作过程】 2.0mm棒针起针148针，织双罗纹，织6cm换2.3mm棒针织下针。另起78针织领，织65cm后收针，缝合。

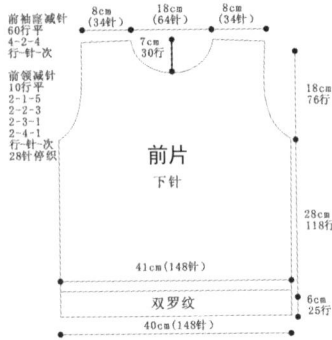

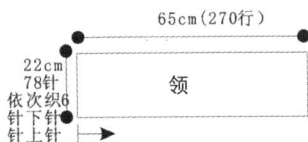

8cm(34针)　18cm(64针)　8cm(34针)
前袖底减针 60行平 4-2-4 行针一次
7cm 30行
前领减针 10行平 2-1-5 2-2-3 2-3-1 2-4-1 行针一次 28针停织
18cm 76行
前片 下针
28cm 118行
41cm(148针)
双层边
6cm 25行
40cm(148针)

双罗纹

花样
行
10

65cm(270行)
22cm 78针 依次织6针下针 针上针
领

0064

【成品规格】 见图
【工具】 1.7mm棒针
【材料】 黑色、红色纯羊毛线 布纽扣1枚
【制作过程】 前片按图起针，织8cm双罗纹后，改织下针，织至完成。领子另织10cm双罗纹，与领圈缝合，形成立领，缝上布纽扣。

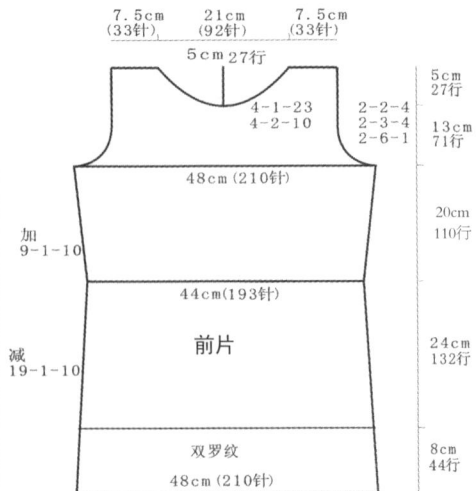

7.5cm(33针)　21cm(92针)　7.5cm(33针)
5cm 27行
4-1-23 4-2-10
2-2-4 2-2-1 2-6-1
5cm 27行
13cm 71行
48cm(210针)
20cm 110行
加 9-1-10
44cm(193针)
前片
减 19-1-10
24cm 132行
双罗纹
48cm(210针)
8cm 44行

领子结构图

双罗纹

0065

【成品规格】 见图
【工具】 2.6mm棒针
【材料】 白色、绿色棉线、蓝色棉线各少许 梅花花边1条
【制作过程】 前片起120针，织一组花样A狗牙边，改织花样B，织至32cm按图示袖窿减针，织至44cm，收前领，中间留20针不织，两侧减针织前领，2-2-6，2-1-2。前片共织50cm长。领子：领圈挑起102针，圈织一组花样A狗牙针。前片按图示方法平针绣蓝色和绿色图案，缝上梅花花边。

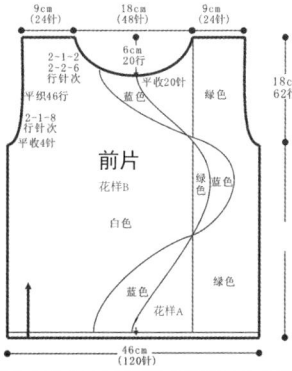

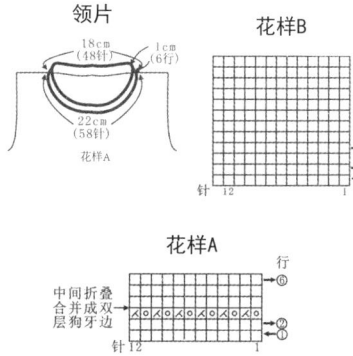

前片

领片
18cm(48针) 1cm(6行)
平收20针
22cm(58针)
花样A

花样B
行 ④③②①
针 12 ... 1

花样A
中间折叠合并成双层狗牙边
行 ⑤④③②①
针 12 ... 1

0066

【成品规格】 见图
【工具】 1.7mm棒针
【材料】 黄色纯羊毛线
【制作过程】 前片按图起针，先织双层平针底边后，改织下针，织至完成。

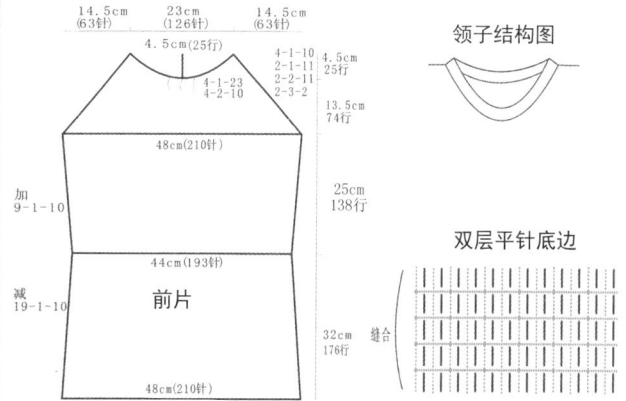

领子结构图

双层平针底边

前片

0067

【成品规格】 见图
【工具】 3.2mm棒针
【材料】 咖啡色 军绿色、白色、橙色、土黄色马海毛线
【制作过程】 前片按前袖窿减针、前领减针、肩斜减针织出袖窿，前领和肩斜；开领时中间留1针。挑领，前领后领分别挑134针和48针，织法见V领针法图。

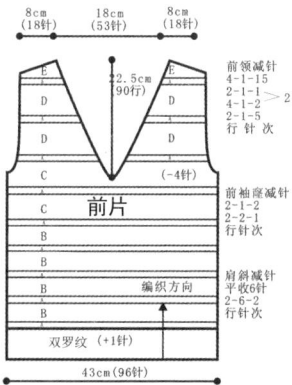

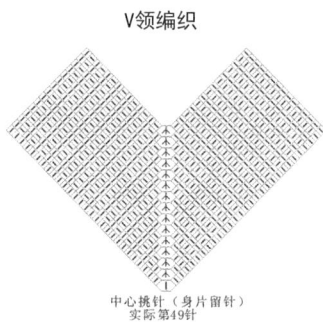

双罗纹
8 7 6 5 4 3 2 1

前片

V领编织

衣领
48针
3cm(15行)
67针
中间的针
（中上3针并1针）

中心挑针（身片留针）实际第49针

0068

【成品规格】 见图
【工具】 3.0mm棒针 2.0mm钩针
【材料】 红色马海毛线
【制作过程】 前片以双罗纹针起针法起90针，双罗纹针织2cm；花样A织15cm；花样B织23cm后两边各平收4针，然后按前袖窿减针(小燕子减针法)织4cm；花样C编织8cm后按前领减针织出前领。挑领：用钩针短针前片，后片，领各钩织42针，42针，20针。

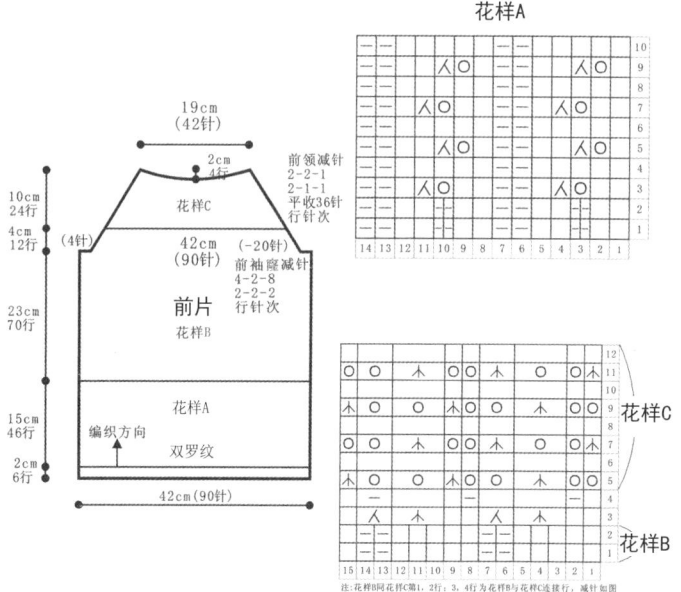

花样A
14 13 12 11 10 9 8 7 6 5 4 3 2 1

前片
花样C
花样B
花样A
双罗纹
编织方向

花样C

花样B
15 14 13 12 11 10 9 8 7 6 5 4 3 2 1

129

0069

0070

【成品规格】见图
【工具】3.5mm棒针 3.0mm钩针 环形针
【材料】米白色毛线
【制作过程】起针：钩针圈圈起针，钩1
两个短针，挑12针，织两行下针后按花样
图编织。

花样

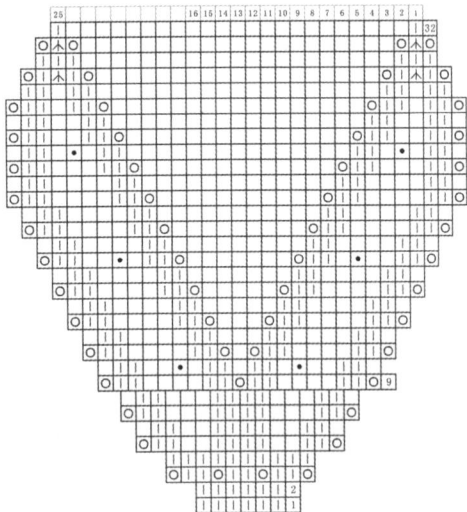

单罗纹

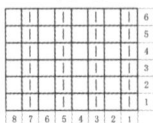

结构图

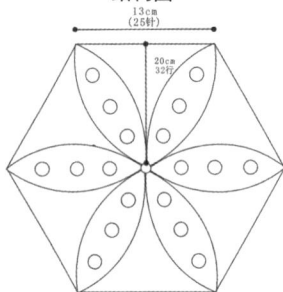

花样

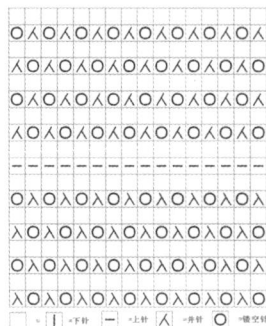

□=□ 下针　▼下针　一上针　入　鏤空针

【成品规格】见图
【工具】3.0mm棒针
【材料】红色马海毛线
【制作过程】本款为整片编织，起196针编织花样80cm。如图示将a与a和b与b缝合，然后将图示中抽带部位折起2cm，缝合，里面穿上带子，抽紧打结。

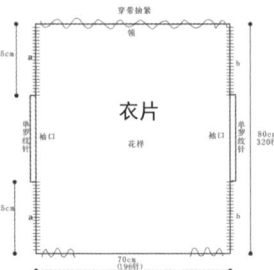

门襟、衣摆花边

0071

花样

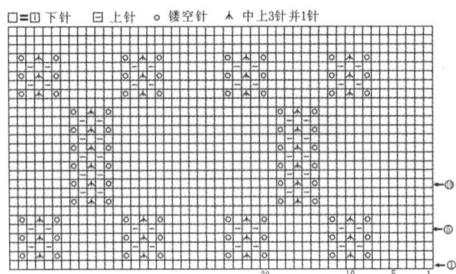

□=□ 下针　日 上针　○ 鏤空针　▲ 中上3针并1针

【成品规格】见图
【工具】9号环形针
【材料】粉色银丝交织线
【制作过程】起149针编织花样衣片，不加减针编织288行，形成90cm×60cm长方形，收针断线。沿两长边挑织双罗纹针边，共织15cm，沿宽边对折后两侧留出袖口位置，按图所示将标注符号处对应缝合。

双罗纹

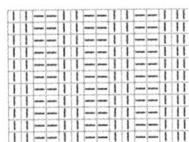

0072

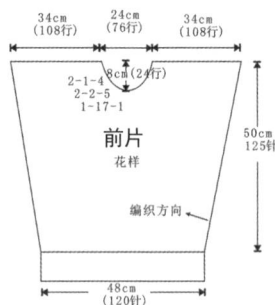

【成品规格】见图
【工具】3.6mm棒针
【材料】红色、白色毛线
【制作过程】从一侧起125针配色花样编织前片，共编织92cm，两肩部各余34cm，织到34cm时进行前领窝减针，按图示减针后肩部余34cm。

花样

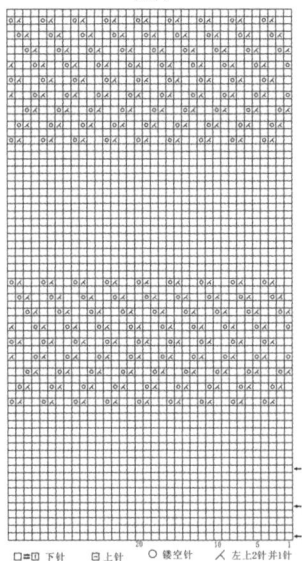

□=□ 下针　日 上针　○ 鏤空针　入 左上2针并1针

0073

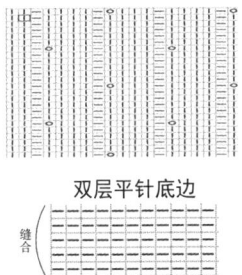

【成品规格】 见图
【工具】 1.7mm棒针
【材料】 红色纯羊毛线
【制作过程】 前片按图起针，先织双层平针底边，后织下针至32cm，再改织花样，织至完成。衣领挑针织下针，褶边缝合，形成双层圆领。

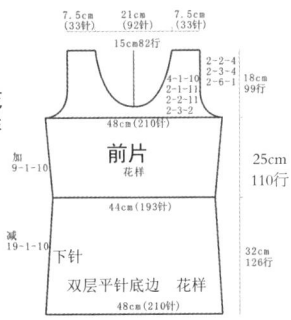

花样

双层平针底边

缝合

7.5cm (33针)　21cm (92针)　7.5cm (33针)
15cm82行
4-1-10　2-2-4
2-1-11　2-3-4
2-2-11　2-6-1
2-3-2
前片　18cm 99行
花样
48cm(210针)
44cm(193针)　25cm 110行
加 9-1-10
减 19-1-10　32cm 126行
下针
双层平针底边　花样
48cm(210针)

0074

【材料】 大红色开司米线
【制作过程】 起120针双罗纹针边，然后编织下针前片，编织到34cm时进行袖窿和前领窝减针，按图示减针后肩部余9cm。

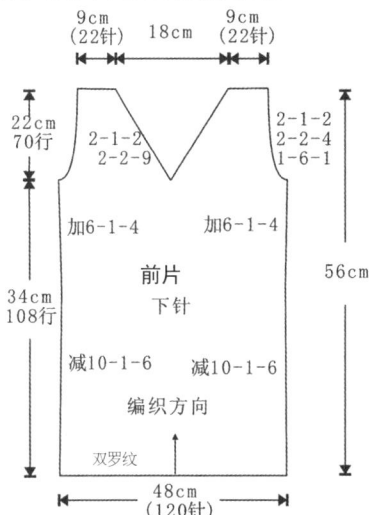

9cm (22针)　18cm　9cm (22针)
22cm 70行
2-1-2　2-1-2
2-2-9　2-2-4
1-6-1
加6-1-4　加6-1-4
前片 下针　56cm
34cm 108行
减10-1-6　减10-1-6
编织方向
双罗纹
48cm (120针)

【成品规格】 见图
【工具】 3.6mm棒针

双罗纹

0075

【成品规格】 见图
【工具】 3.5mm棒针
【材料】 红色毛线
【制作过程】 按花样起98针编织前片，在侧缝进行加减针后编织到45cm时同时进行两侧袖窿、前衣领减针，按结构图减完针后收针断线。

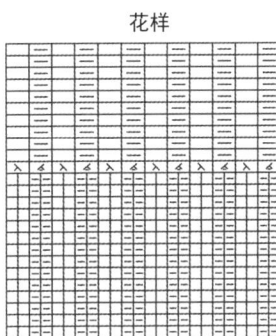

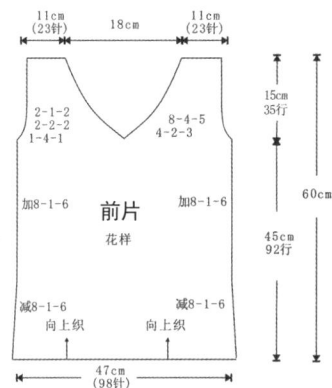

花样

11cm (23针)　18cm　11cm (23针)
2-1-2　8-4-5
2-2-2　4-2-3
1-4-1　15cm 35行
加8-1-6　加8-1-6
前片 花样　60cm
减8-1-6　减8-1-6
向上织　向上织　45cm 92行
47cm (98针)

0076

【成品规格】 见图
【工具】 1.7mm棒针
【材料】 红色纯羊毛线
【制作过程】 前片按图起针，先按图解织下摆花边，后改织下针，织至完成。领圈挑针，织下针后褶边缝合，形成双层圆领，用原线做成毛毛边，装饰毛衣。

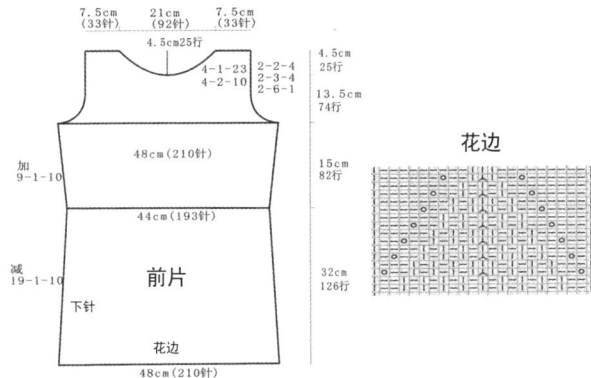

7.5cm (33针)　21cm (92针)　7.5cm (33针)
4.5cm25行
4-1-23　2-2-4
4-2-10　2-3-4
2-6-1
前片　4.5cm 25行
48cm(210针)　13.5cm 74行
44cm(193针)
加 9-1-10
减 19-1-10　15cm 82行
前片 下针　32cm 126行
花边
48cm(210针)

花边

0077

【成品规格】 见图
【工具】 3.2mm棒针
【材料】 粉色、灰色细毛线
【制作过程】 粉色线起107针完成下针前片，编织2行后留出袋口，分别编织到10cm再合针编织，共编织至43cm时，在中心位置平收39针后两侧分别减针留出领窝。

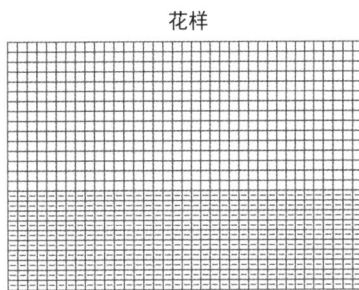

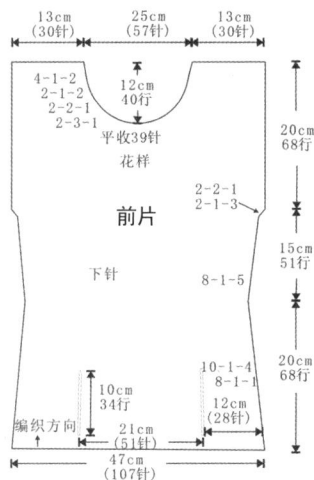

花样

13cm (30针)　25cm (57针)　13cm (30针)
4-1-2　12cm 40行
2-1-2
2-3-1
平收39针
前片 花样　20cm 68行
2-2-1
2-1-3
下针　15cm 51行
8-1-5
10-1-4　20cm 68行
8-1-1
10cm 34行
编织方向　21cm (51针)　12cm (28针)
47cm (107针)

131

0078

【成品规格】 见图
【工具】 1.7mm棒针
【材料】 米色纯羊毛线 灰色线少许
【制作过程】 前片分上、下两片编织，上片：分左、右两片，分别按编织方向起79针，织14cm双罗纹，领窝按图减针，同样方法编织另一片。下片：按图灰色线起210针，织8cm双罗纹后，改米色线织花样，并减针，织24cm时加针，形成收腰，织15cm时平收完针断线。将上、下片缝合。领圈按图，用灰色线挑264针，织5cm双罗纹，褶边缝合，领尖缝合，形成双层V领。

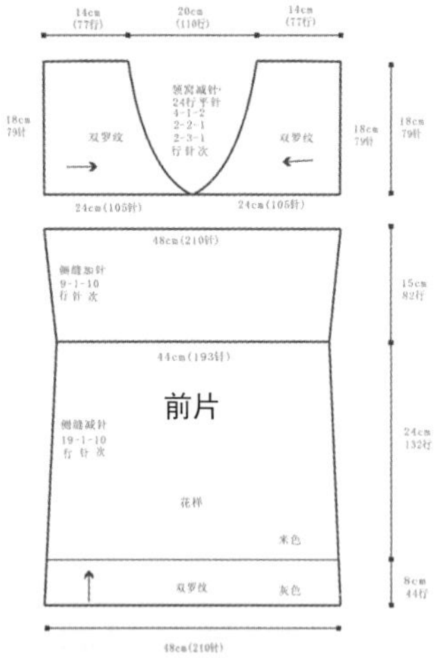

双罗纹

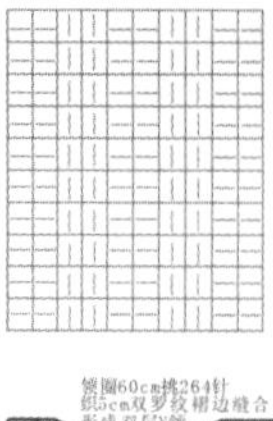

领子结构图

花样

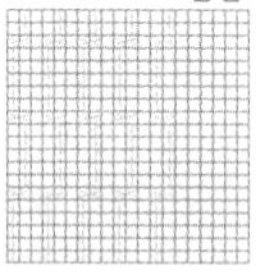

0079

【制作过程】 黑色线起120针双罗纹针边，然后改为白色线编织下针前片，共编织到34cm时开始袖窿减针，袖窿减针后身长织到48cm时进行前领窝减针，按图示减针后肩部余9cm。

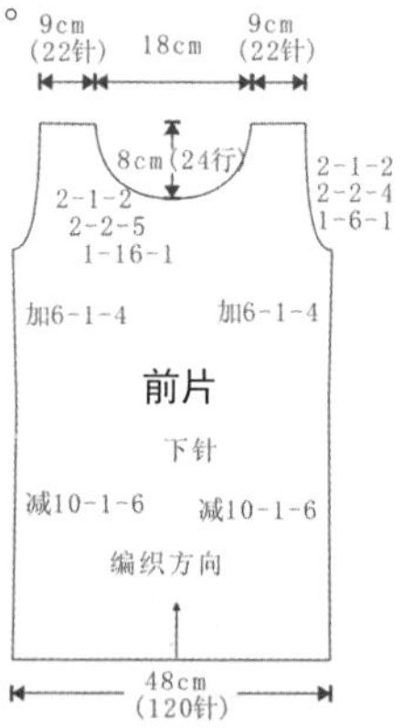

双罗纹

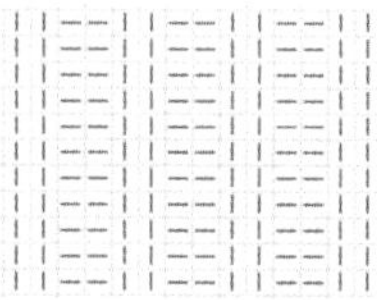

前片
下针
编织方向

【成品规格】 见图
【工具】 9号棒针
【材料】 白色、黑色棉绒线

0080

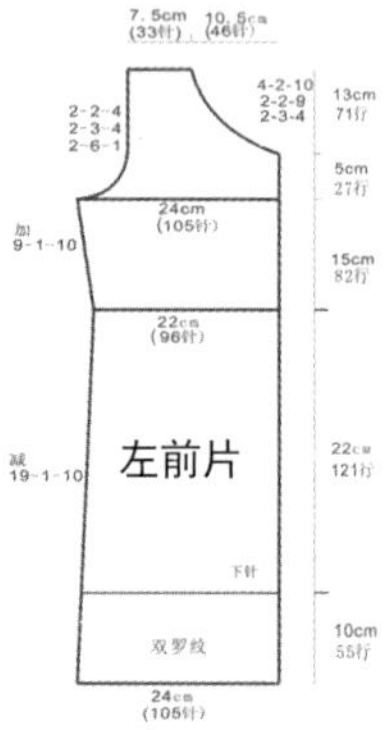

左前片

双罗纹

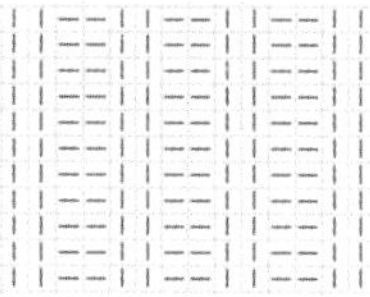

【成品规格】 见图
【工具】 1.7mm棒针
【材料】 白色、黄色、黑色纯羊毛线 纽扣5枚
【制作过程】 前片分左、右两片编织，分别按图起针，织双罗纹10cm后，改织下针，并间色。对称织出另一片。缝上纽扣。

0081
花边

双罗纹

【成品规格】 见图
【工具】 1.7mm棒针
【材料】 米白色纯羊毛线
【制作过程】 前片按花边花样图解起针，织12cm花边后，改织双罗纹20cm，再改织下针，织至完成。

前片
双罗纹
花边

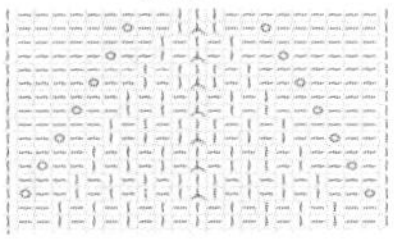

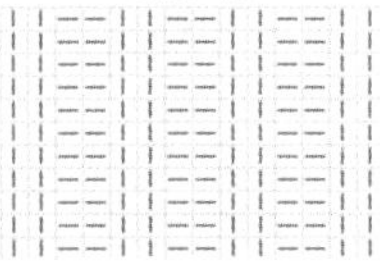

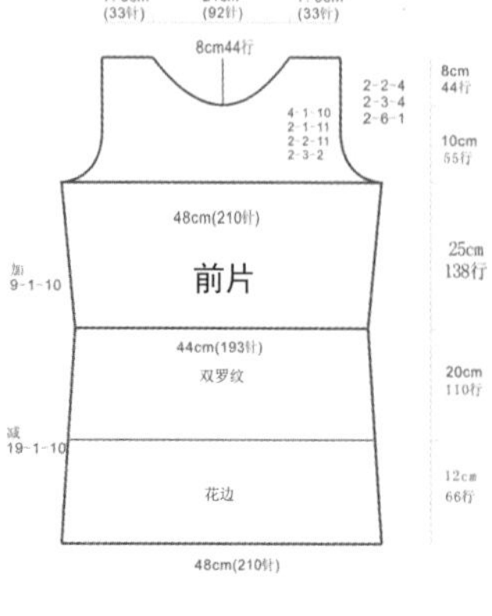

0082

【制作过程】 前片按图起针，织8cm双罗纹后，改织下针，织至完成，衣领挑针，织5cm双罗纹，领尖缝合，形成V领。

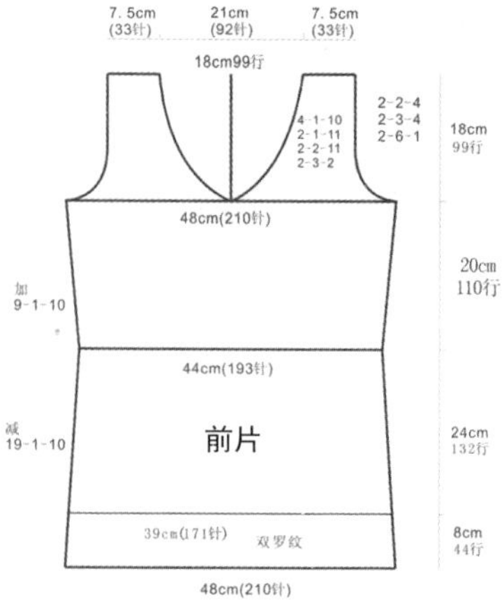

前片
双罗纹

【成品规格】 见图
【工具】 1.7mm棒针
【材料】 白色纯羊毛线

领子结构图

花样 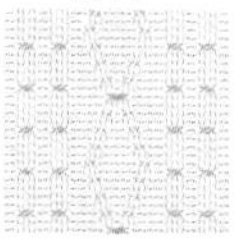　双罗纹 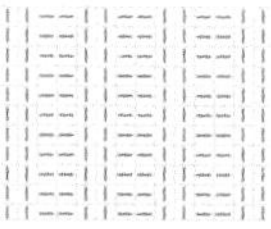　领口花样图解

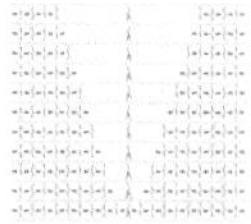

0083

【成品规格】 见图
【工具】 1.7mm棒针
【材料】 米白色纯羊毛线 纽扣3枚
【制作过程】 前片分左、右两片编织，分别按图起针，织双罗纹15cm后改织下针。对称织出另一片。缝上纽扣。

双罗纹

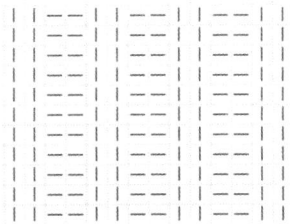

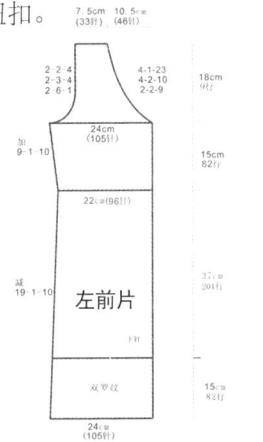

7.5cm 10.5cm
(33针) (46针)

2-2-4
2-3-4
2-6-1

4-1-23
4-2-10
2-2-9

18cm
99行

加
9-1-10

24cm
(105针)

15cm
82行

22cm(96针)

减
19-1-10

37cm
204行

左前片

下针

15cm
82行

双罗纹

24cm
(105针)

0084

【成品规格】 见图
【工具】 1.7mm棒针
【材料】 白色纯羊毛线 纽扣5枚
【制作过程】 前片分左、右两片编织，分别按图起针，织双罗纹10cm后改织花样。对称织出另一片，缝上纽扣。

花样   双罗纹

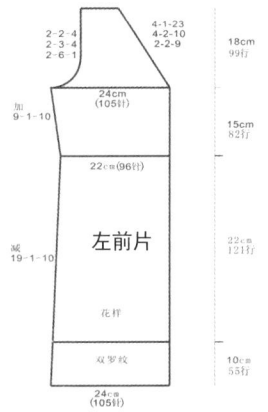

7.5cm 10.5cm
(33针) (46针)

2-2-4
2-3-4
2-6-1

4-1-23
4-2-10
2-2-9

18cm
99行

加
9-1-10

24cm
(105针)

15cm
82行

22cm(96针)

减
19-1-10

左前片

22cm
121行

花样

双罗纹

10cm
55行

24cm
(105针)

0085

【成品规格】 见图
【工具】 1.7mm棒针
【材料】 白色纯羊毛线 纽扣5枚 绣花若干

【制作过程】 前片分左、右两片编织，分别按图起针，先织双层平针底边后，改织花样，织至完成。领圈挑针，织平针，褶边缝合，形成双层领圈，缝上绣花和纽扣。对称织出另一片。

双层平针底边

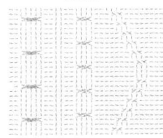

花样

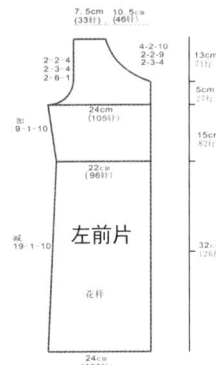

7.5cm 10.5cm
(33针) (46针)

2-2-4
2-3-4
2-8-1

4-2-10
2-2-9
2-3-4

13cm
71行

5cm
27行

加
9-1-10

24cm
(105针)

15cm
82行

22cm
(96针)

减
19-1-10

左前片

32cm
176行

花样

24cm
(105针)

0086

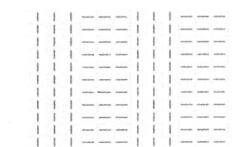

花样

【成品规格】 见图
【工具】 1.7mm棒针
【材料】 米白色纯羊毛线 纽扣4枚
【制作过程】 前片按图起针，织花样，织至完成。缝上纽扣。

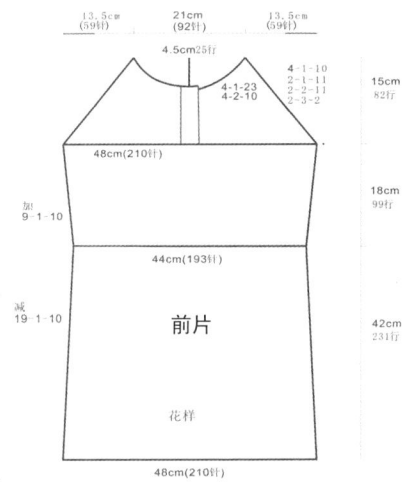

13.5cm   21cm   13.5cm
(59针)   (92针)   (59针)

4.5cm25行

4-1-23
4-2-10

4-1-10
2-1-11
2-1-11
2-3-2

15cm
82行

48cm(210针)

加
9-1-10

18cm
99行

44cm(193针)

减
19-1-10

前片

42cm
231行

花样

48cm(210针)

0087

【成品规格】 见图
【工具】 3.5mm棒针
【制作过程】 起52针完成双罗纹针后编织花样前片，编织到35cm时进行袖窿减针，按结构图减完针后收针断线。起针单独编织领片，起134针双罗纹针，共织46行后，收针断线，沿领窝缝合。

双罗纹

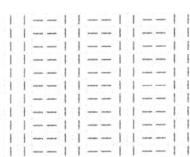

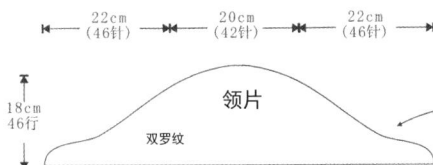

22cm   20cm   22cm
(46针)   (42针)   (46针)

18cm
46行

领片

双罗纹

领减针
1-2-1
2-4-1
1-3-1
2-2-3
2-1-2

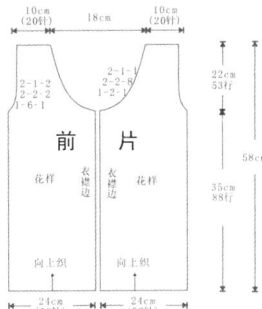

10cm   18cm   10cm
(20针)   (20针)

2-1-2
2-2-2
1-4-1
1-6-1

2-1-2
2-2-8

22cm
53行

前   片

花样 衣 衣 花样
     褶 褶
     边 边

向上织 向上织

24cm   24cm
(52针)   (52针)

58cm

35cm
88行

花样

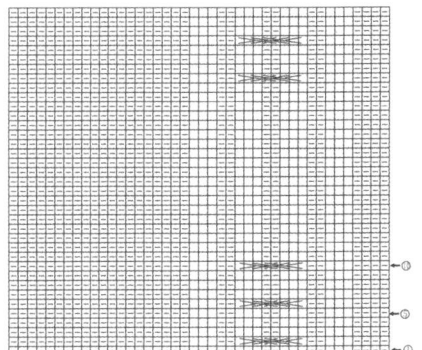

20   10   5   1

133

【成品规格】 见图
【工具】 3.5mm棒针
【材料】 白色棉绒线 纽扣5枚
【制作过程】 起52针完成双罗纹针后编织花样前片，编织到35cm时进行袖窿减针，按结构图减完针后收针断线。起针单独编织领片，起134针双罗纹针，共织46行后，收针断线，沿领窝缝合。缝上纽扣。

0088

花样

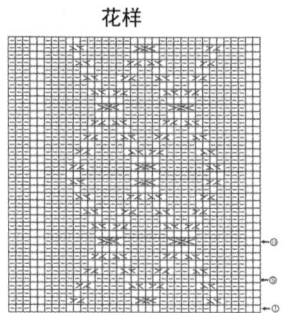

双罗纹

10cm
(20针) 18cm 10cm
(20针)

2-1-2
2-2-2
1-6-1

2-1-1
2-2-8
1-2-1

前　片

花样　衣襟边　衣襟边　花样

向上织　向上织

24cm
(52针)　24cm
(52针)

22cm
53行

35cm
88行

58cm

22cm
(46针)　20cm
(42针)　22cm
(46针)

18cm
46行

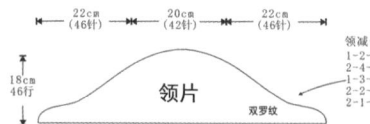

领片

双罗纹

领减针
1-2-1
2-4-1
1-3-1
2-2-3
2-1-2

【成品规格】 见图
【工具】 1.7mm棒针
【材料】 白色纯羊毛线 拉链1条
【制作过程】 前片分左、右两片编织，分别按图起针，织10cm双罗纹后，改织花样，织至完成。对称织出另一片。缝上拉链。领圈挑针，织15cm花样的长方形，装上拉链，形成翻领。

0090

花样

双罗纹

7.5cm
(33针)　10.5cm
(46针)

2-2-4
2-3-4
2-6-1

4-2-10
2-2-9
2-3-4

加
9-1-10

减
19-1-10

左前片

花样

双罗纹

24cm
(105针)

22cm
(96针)

24cm
(105针)

10cm
55行

8cm
44行

15cm
82行

22cm
121行

10cm
55行

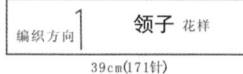

15cm
82行　编织方向　领子　花样

39cm(171针)

【成品规格】 见图
【工具】 3.5mm棒针
【材料】 白色棉绒线 拉链1条
【制作过程】 起52针编织花样前片，编织到45cm时进行袖窿减针，按结构图减完针后收针断线。同样方法完成另一侧前片，减针方向相反。沿边对应相应位置缝实。另起针挑织领边，完成后缝好拉链。

0089

10cm
(20针) 18cm 10cm
(20针)

7cm(18行)

4-1-2
2-2-5

2-1-2
2-2-2
1-6-1

平收8针

前　片

花样　衣襟边　衣襟边　花样

向上织　向上织

24cm
(52针)　24cm
(52针)

13cm
33行

58cm

45cm
112行

花样

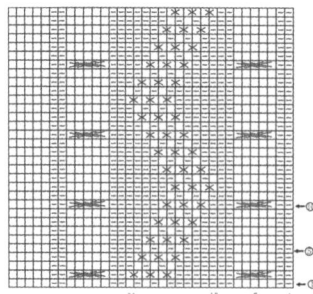

领边

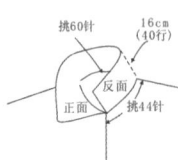

挑60针　16cm
(40行)

正面　反面

挑44针

【成品规格】 见图
【工具】 1.7mm棒针
【材料】 白色、灰黑色纯羊毛线 拉链1条
【制作过程】 前片分左、右两片编织，分别按图起针，织双罗纹10cm后，改织下针，并间色。对称织出另一片。缝上拉链。

0091

7.5cm
(33针)　10.5cm
(46针)

2-2-4
2-3-4
2-6-1

4-2-10
2-2-9
2-3-4

加
9-1-10

减
19-1-10

左前片

双罗纹

24cm
(105针)

22cm
(96针)

24cm
(105针)

13cm
71行

5cm
27行

15cm
82行

22cm
121行

10cm
55行

双罗纹

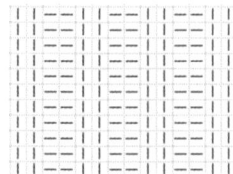

0092

【成品规格】 见图
【工具】 3.0mm棒针
【材料】 原色棉绒线 拉链1条 纽扣4枚 装饰毛边
【制作过程】 起32针编织花样前片，编织到38cm时进行袖窿减针，共编织到44cm时进行前衣领减针，按结构图减完针后收针断线。同样方法完成另一侧前片，减针方向相反。缝上拉链、纽扣和装饰毛边。

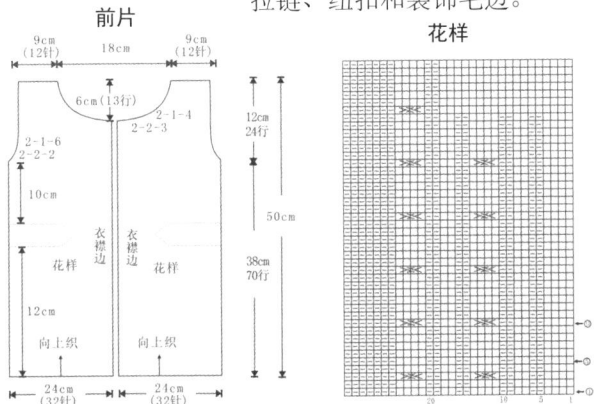

0093

【成品规格】 见图
【工具】 3.0mm棒针
【材料】 原色棉绒线 拉链1条
【制作过程】 起32针编织花样前片，编织到28cm时进行袖窿减针，共编织到44cm时进行前衣领减针，按结构图减完针后收针断线。同样方法完成另一侧前片，减针方向相反。缝上拉链。

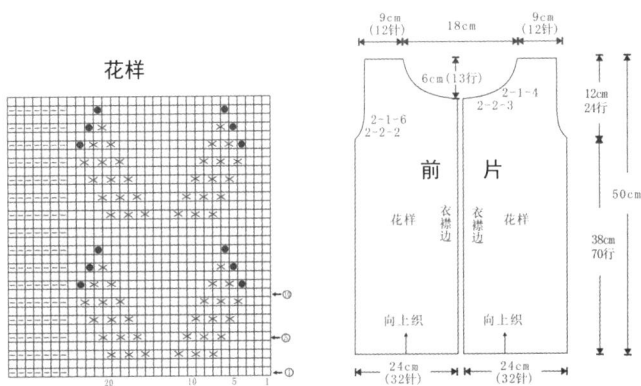

前片

花样

花样

前片

0094

【成品规格】 见图
【工具】 1.7mm棒针
【材料】 米白色纯羊毛 拉链1条
【制作过程】 前片分左、右两片编织，分别按图起针，织10cm双罗纹后，改织下针，织至完成。对称织出另一片。领圈挑针，织15cm花样的长方形，装上拉链，形成翻领。

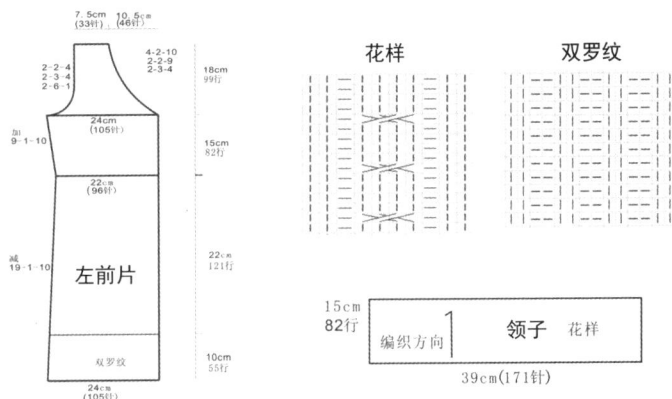

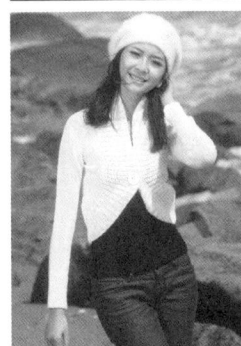

左前片

花样 双罗纹

编织方向 1 领子 花样

0095

【工具】 1.7mm棒针
【材料】 白色纯羊毛线 纽扣1枚

【制作过程】 前片分左、右两片编织，分别按图起针，织下针，衣摆圆角部分按图收针。对称织出另一片，缝上纽扣。

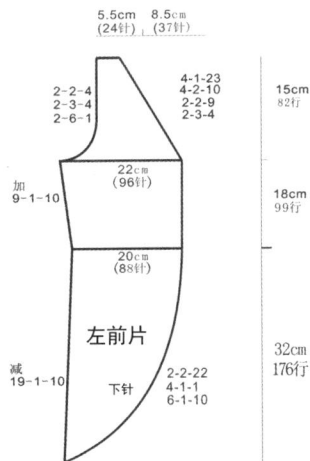

左前片

0096

【成品规格】 见图
【工具】 1.7mm棒针
【材料】 白色纯羊毛线 纽扣1枚 毛毛边若干
【制作过程】 前片分左、右两片编织，分别按图起针，织花样，衣摆圆角部分按图收针。对称织出另一片。缝上纽扣和毛毛边。

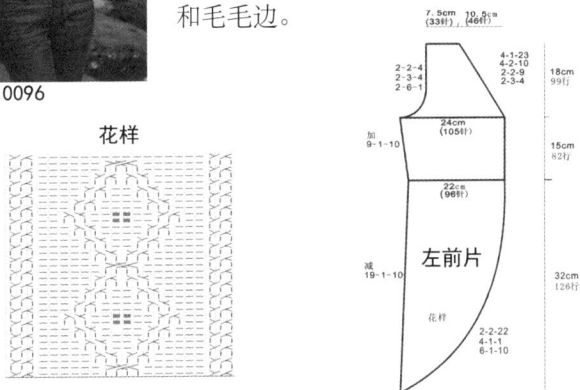

花样

左前片

135

0097

【成品规格】 见图
【工具】 2.5mm棒针

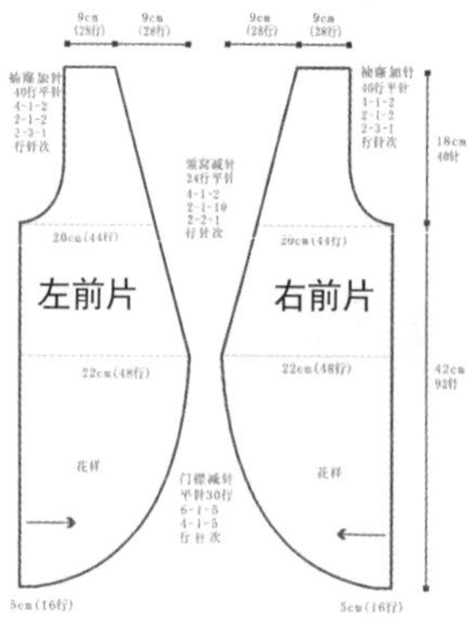

左前片　右前片

花样

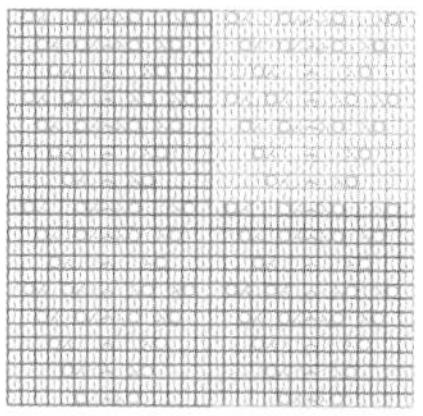

【材料】 米色羊毛线 蕾丝花边若干

【制作过程】 前片分左、右两片编织，按编织方向起42针，织花样，门襟圆角部分减针，同时另一边加针织袖窿，加至衣长为65cm时，肩位织9cm，同门襟一起减针织22c时断线。同样方法织另一片。缝上蕾丝花边。

0098

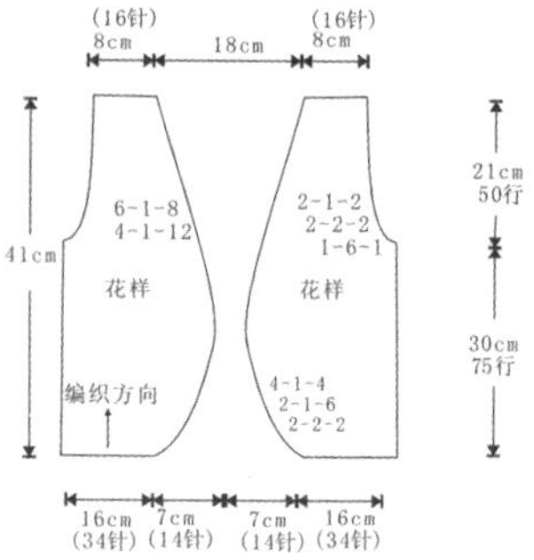

【成品规格】 见图
【工具】 3.75mm棒针 环形针
【材料】 白色毛线 蕾丝花边
【制作过程】 起34针按花样编织前片，按结构图减完针后不加减针编织到肩部，完成后收针断线。同样方法完成另一侧前片，两片方向相反。

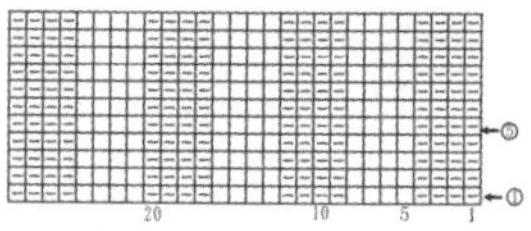

花样

前片

0099

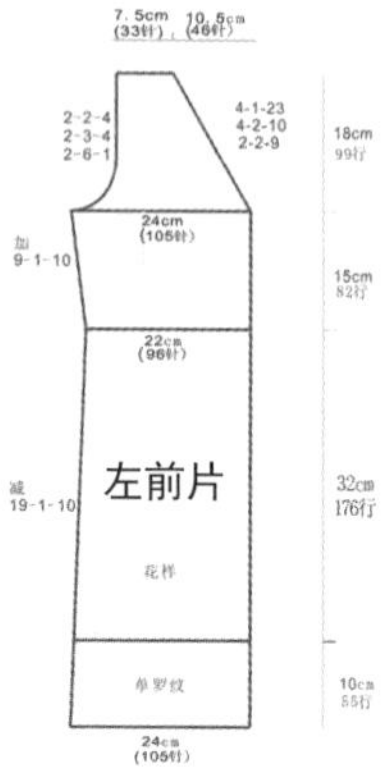

【成品规格】 见图
【工具】 1.7mm棒针
【材料】 白色纯羊毛线 装饰珠链1条 布花边若干
【制作过程】 前片分左、右两片，分别按图起针，织单罗纹10cm后改织花样。对称织出另一片。缝上装饰珠链和布花边。

左前片

花样

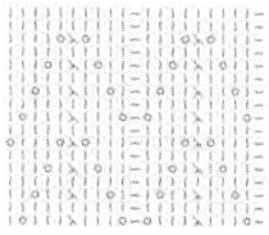

单罗纹

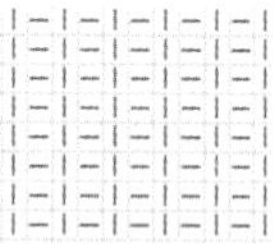

0101

【成品规格】 见图
【工具】 2.0mm棒针
【材料】 浅灰色细毛线
【制作过程】 起针20针，左、右两侧每行加2针，加9次，同时按图提示编织相应花形，然后平织152行，左右两侧每2行减2针，减9次平收，将织好的衣片对折，将斜线部分缝合，每2针挑3针织边。

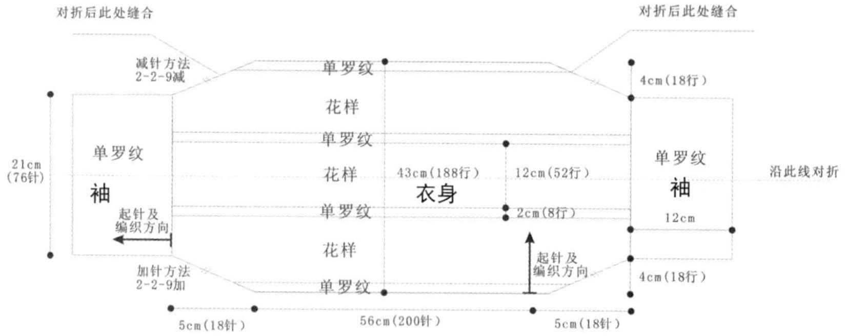

袖　衣身　袖

单罗纹

0100

【成品规格】 见图
【工具】 1.7mm棒针
【材料】 黄色、白色、粉红色纯羊毛线
【制作过程】 前片分左、右两片编织，分别按图起针，织下针，并间色，衣摆圆角部分按图收针。对称织出另一片。

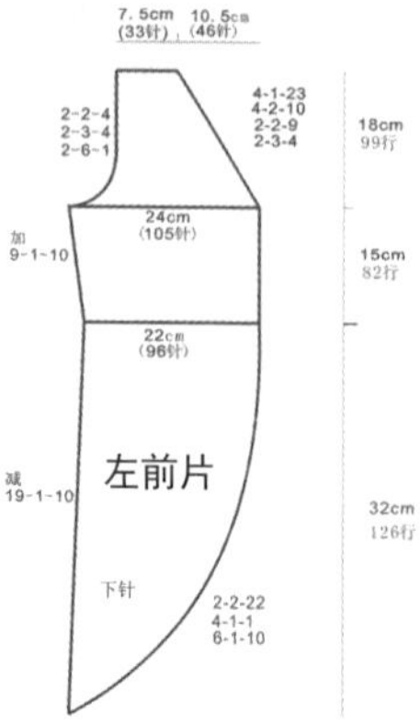

左前片

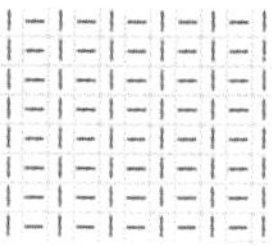

花样

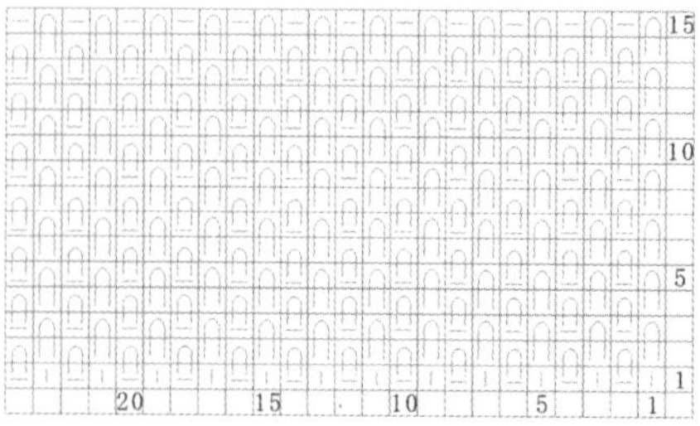

0102

【成品规格】 见图
【工具】 3.2mm棒针
【材料】 白色银丝交织线
【制作过程】起80针从袖口开始编织下针前片，加针织到144行完成肩部加针后，开始前衣领减针，按图完成加减针后，编织40行即完成前领窝，前片共织46cm。同样方法完成另一侧前片。

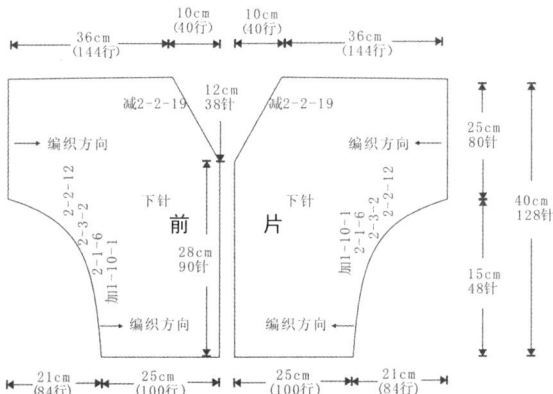

0103

【成品规格】 见图
【工具】 3.2mm棒针
【材料】 白色棉线
【制作过程】前片起38针，织单罗纹针，织5cm后，改织花样如结构图所示，织至34cm按图示袖窿减针，织至44cm，按图示方法收前领，前片共织54cm长。

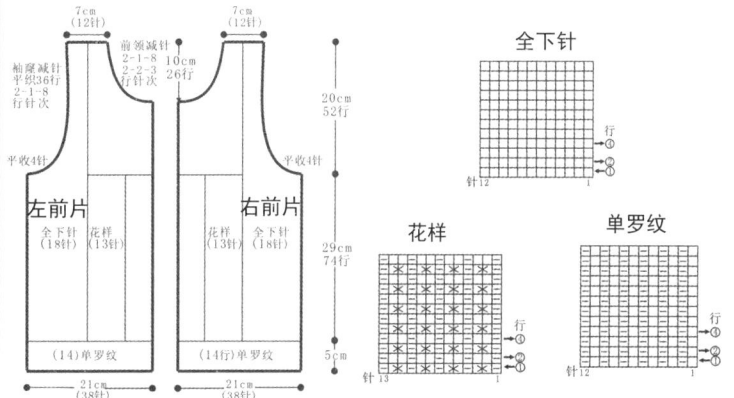

前片图示标注：

10cm（40行） 10cm（40行）
36cm（144行） 36cm（144行）
减2-2-19 12cm 38针 减2-2-19
编织方向 编织方向
2-2-12 下针 片 下针 2-2-12
2-2-3-2 前 2-2-3-2
2-1-6 2-1-6
加1-10-1 28cm 90针 加1-10-1
编织方向 编织方向
25cm 80针
40cm 128针
15cm 48针
21cm（84行） 25cm（100行） 25cm（100行） 21cm（84行）

0103图示标注：

7cm（12针） 7cm（12针）
前领减针 2-1-8 2-2-3 2-1-8 行针次
袖窿减针 平织36行 2-1-8 行针次
10cm 26针
20cm 52行
平收4针 平收4针
左前片 右前片
全下针（18针） 花样（13针） 花样（13针） 全下针（18针）
29cm 74行
（14）单罗纹 （14行）单罗纹
21cm（38针） 21cm（38针）
5cm

全下针

花样

单罗纹 针12

0104

【成品规格】 见图
【工具】 3.5mm棒针 小号钩针
【材料】 浅驼色棉麻线 纽扣2枚 装饰檀香珠18颗
【制作过程】起52针编织花样前片，花样变换处加入檀香珠装饰，编织到35cm时进行袖窿减针，共编织到49cm时进行前衣领减针，按结构图减完针后收针断线。同样方法完成另一侧前片，减针方向相反。缝上纽扣和装饰檀香珠。

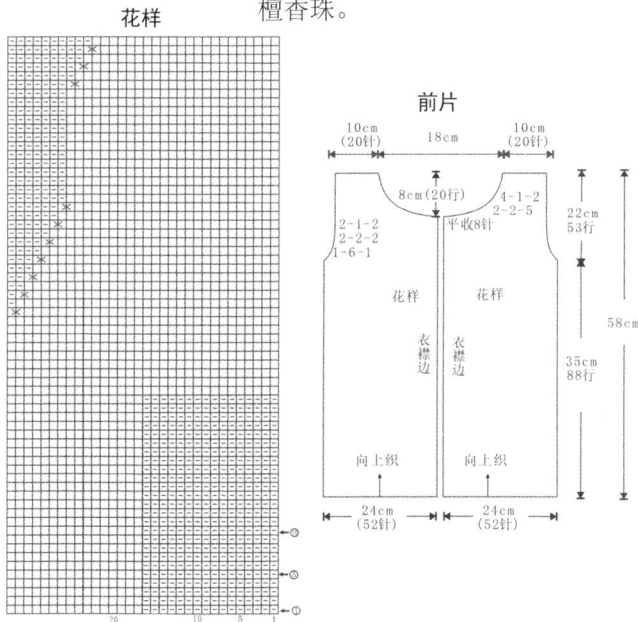

花样

前片图示标注：

10cm（20针） 18cm 10cm（20针）
8cm（20行） 4-1-2 2-2-5
2-1-2 2-2-2 1-6-1 平收8针
花样 衣襟边 花样 衣襟边
22cm 53行
58cm
35cm 88行
向上织 向上织
24cm（52针） 24cm（52针）

0105

【成品规格】 见图
【工具】 2.3mm棒针
【材料】 红色羊毛线
【制作过程】前片沿前摆片侧挑起66针织双罗纹，织全下针，织至20cm按图示袖窿减针，织至29cm按图示方法前领减针，前片共织38cm长。

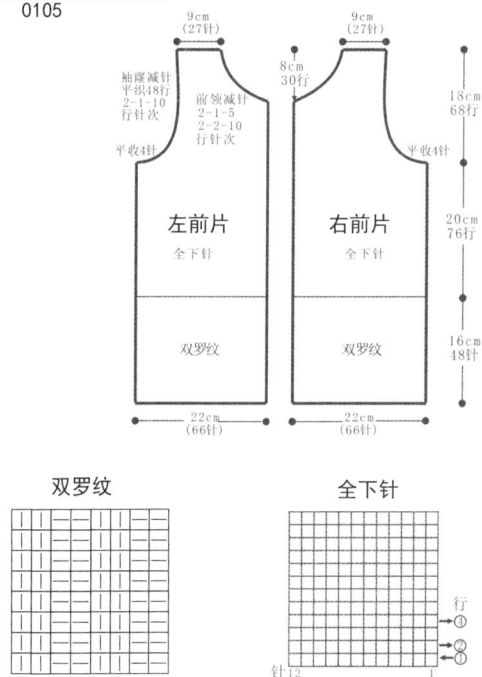

0105图示标注：

9cm（27针） 9cm（27针）
8cm 30行
袖窿减针 平织48行 2-1-10 行针次
前领减针 2-1-5 2-2-10 行针次
18cm 68行
平收4针 平收4针
左前片 右前片
全下针 全下针
20cm 76行
双罗纹 双罗纹
16cm 48针
22cm（66针） 22cm（66针）

双罗纹

全下针 针12

0106

【成品规格】 见图
【工具】 2.5mm钩针 花叉工具
【材料】 褐色羊毛线
【制作过程】 衣服由两片相同的身片连袖组成。按照前后身片编织花样，衣身连袖是10组花样的宽度，2组花样的高度。衣身不连袖是4组花样的宽度，2组花样的高度。拼肩线、腋下连侧缝线。按照领口花边花样钩领口花边2行。按照袖口花边花样钩袖口花边1行。下摆环状钩3行短针。

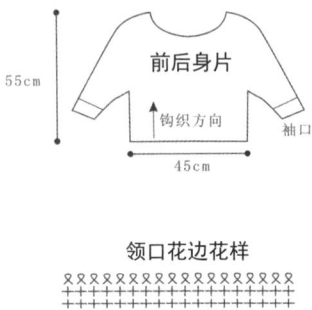

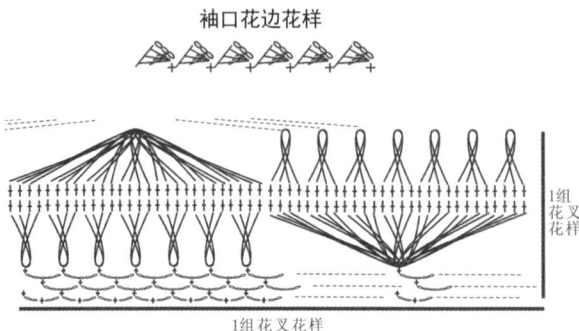

0107

【成品规格】 见图
【工具】 2.5mm棒针
【材料】 白色毛线
【制作过程】 衣服前后片按照结构图尺寸由钩针编织而成。前片两片由基本图样组成。领子按照领子图样钩成。

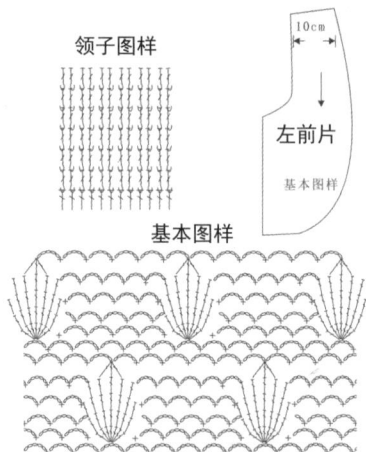

前后身片
55cm
钩织方向
袖口
45cm

领口花边花样

袖口花边花样
1组花叉花样
1组花叉花样

领子图样
左前片
基本图样
10cm
基本图样

0108

【成品规格】 见图
【工具】 3.2mm棒针 小号钩针
【材料】 灰色丝光线

【制作过程】 右前片起17针织花样B，右侧肩膀加针，左侧袖窿加针，如图示，织至12cm，左侧平起16针，然后按图示方法减针织成圆角衣摆，织至23cm，右侧减针织成前领，方法为2-16-2，最后织片余下6针。领子：沿领口，衣襟及后摆边钩织花样A，钩5行的长度。

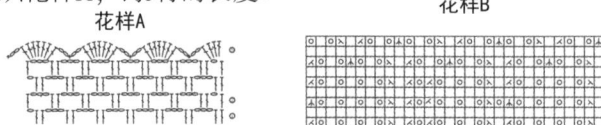

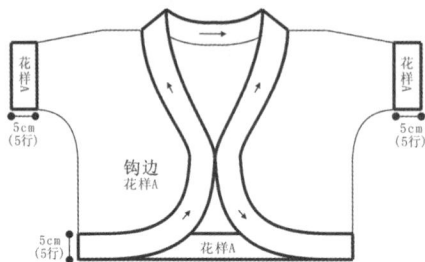

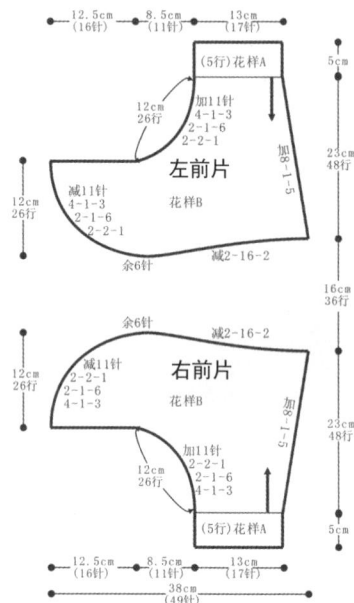

花样A

花样B

花样A
5cm
(5行)
钩边
花样A
花样A
5cm
(5行)

花样A
5cm
(5行)

左前片
花样B
12.5cm (16针)
8.5cm (11针)
13cm
5cm
12cm 26行
加11针 4-1-3 2-1-6 2-2-1
12cm 26行
减11针 4-1-3 2-1-6 2-2-1
加8-1-5
23cm 48行
减2-16-2
余6针

右前片
花样B
16cm 36行
余6针
减2-16-2
12cm 26行
减11针 2-2-1 2-1-6 4-1-3
加11针 2-2-1 2-1-6 4-1-3
12cm 26行
加8-1-5
23cm 48行
(5行)花样A
5cm
12.5cm (16针)
8.5cm (11针)
17cm (17针)
38cm (49针)

0109

【成品规格】 见图
【工具】 3.75mm棒针
【材料】 蓝色交织线 装饰毛边
【制作过程】 起34针按花样编织前片，在一侧加出圆摆，共需加14针，编织到12cm时开始前衣领减针，编织到30cm时开始袖窿减针，按结构图减完针后不加减针编织到肩部，完成后收针断线。同样方法完成另一侧前片，两片方向相反。起75针编织花样领片，共织50行，收针断线，完成3片。

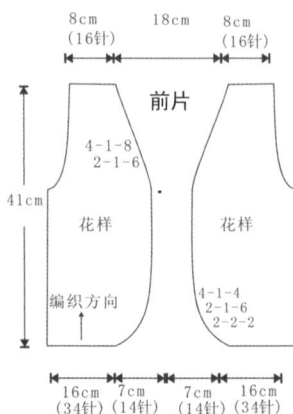

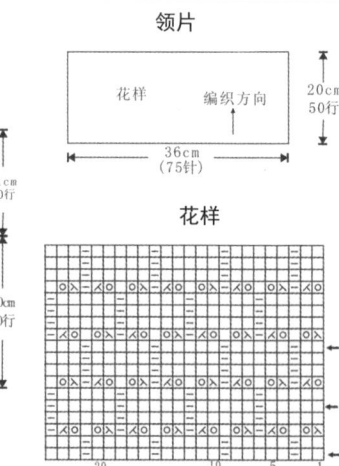

前片
8cm (16针)
18cm
8cm (16针)
41cm
21cm 50行
30cm 70行
4-1-8 2-1-6
花样
编织方向
花样
4-1-4 2-2-2
16cm (34针)
7cm (14针)
7cm (14针)
16cm (34针)

领片
花样
编织方向
20cm 50行
36cm (75针)

花样
20 10 5 1

0110

【材料】 浅驼色马海毛线

【制作过程】 起21针按花样编织前片，在一侧加出圆摆，共需加25针，编织到26cm时圆摆侧开始前衣领减针，另一侧开始袖窿减针，按结构图减完针后编织到肩部，完成后收针断线。同样方法完成另一侧前片，两片方向相反。

【成品规格】 见图

【工具】 3.75mm棒针 环形针 锁边机

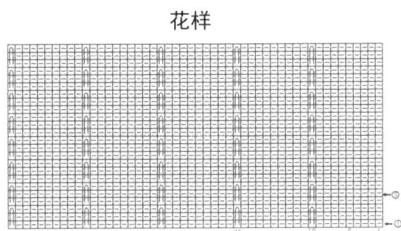

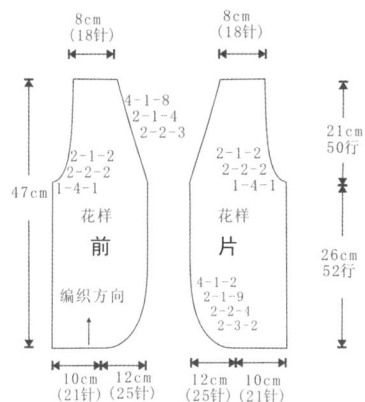

花样

8cm
(18针)   8cm
(18针)

4-1-8
2-1-2
2-2-3

2-1-2
2-2-2
1-4-1   2-1-2
2-2-2
1-4-1

47cm   花样
前   花样
片   21cm
50行

编织方向

4-1-2
2-1-9
2-2-2
2-3-2   26cm
52行

10cm   12cm
(21针)   (25针)   12cm   10cm
(25针)   (21针)

【成品规格】 见图

【工具】 3.6mm棒针 环形针

【材料】 黄色、黑色羊毛线

【制作过程】 黑色线起120针编织下针内身片，编织到44cm时开始袖窿减针，按结构图减完针后不加减针编织到肩部，肩部各留出20针后进行领窝减针，完成后收针断线。黄色线起30针编织花样外身片，在一侧加出圆摆，共需加25针，编织到32cm时圆摆侧开始前衣领减针，另一侧开始袖窿减针，按结构图减完针后编织到肩部，完成后收针断线。同样方法完成另一侧前片，两片方向相反。

0111

花样

8cm
(20针)   16cm   8cm
(20针)

12cm
38行
平收44针

2-1-2
2-2-4
1-6-1

44cm
140行   加16-1-4   加16-1-4

黑色下针
内身片

减10-1-6   减10-1-6

编织方向

48cm
(120针)

9cm
(22针)   9cm
(22针)

4-1-8
2-1-1
2-2-3

2-1-2
2-2-2
1-4-1   2-1-2
2-2-3
1-5-1

53cm   花样   花样

编织方向

4-1-2
2-1-1
2-2-4
2-3-2   21cm
65行

32cm
102行

12cm   12cm
(30针)   (25针)   10cm   12cm
(25针)   (30针)

0112

【成品规格】 见图

【工具】 3.0mm钩针

【材料】 橘色棉麻线

【制作过程】 按花样整片钩织身片，钩到32cm时进行前衣领窝及袖窿减针，钩织20cm至肩部，身长共钩织52cm。

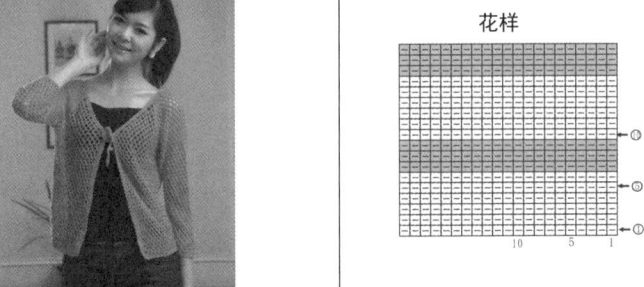

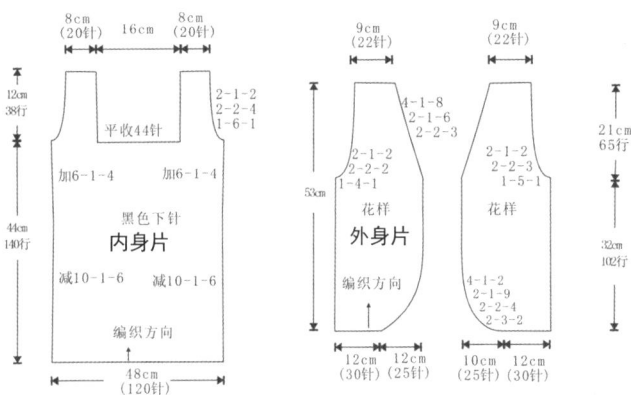

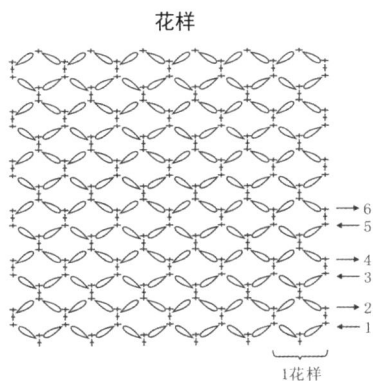

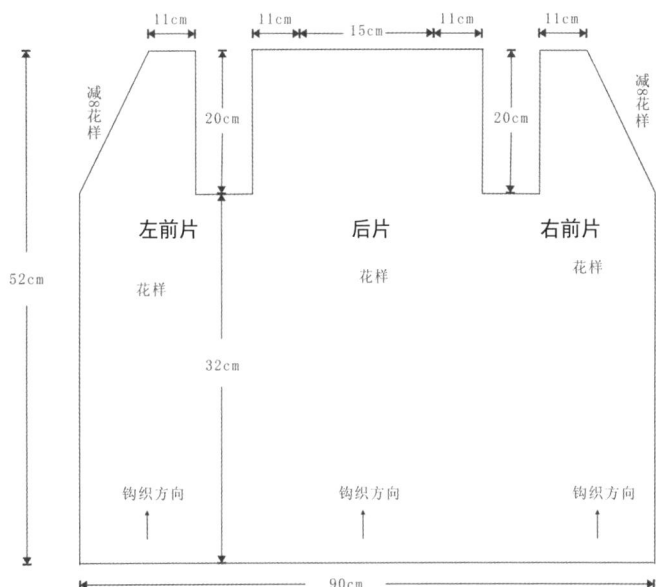

花样

→6
→5
→4
→3
→2
→1

1花样

11cm   11cm   15cm   11cm   11cm

减8花样   20cm   20cm   减8花样

52cm   左前片   后片   右前片

花样   花样   花样

32cm

钩织方向   钩织方向   钩织方向

90cm

0113

【成品规格】 见图
【工具】 3.6mm棒针 环形针
【材料】 黄色、黑色羊毛线
【制作过程】 起46针编织花样前片，编织到25cm时进行袖窿减针，编织到35cm时前衣领减针，按结构图减完针后收针断线。同样方法完成另一侧前片，减针方向相反。

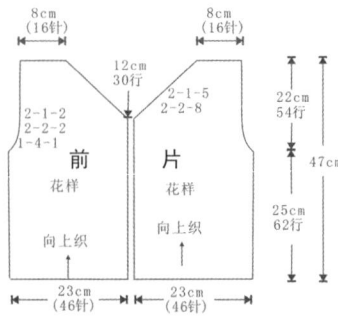

```
8cm          8cm
(16针)       (16针)
        12cm
        30行
2-1-2          2-1-5
2-2-2          2-2-8
1-4-1
   前      片
  花样      花样

向上织      向上织

23cm        23cm
(46针)      (46针)
```

```
22cm
54行

47cm

25cm
62行
```

花样

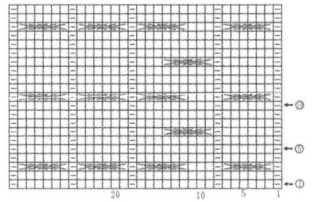

```
20    10    1
```

0114

【成品规格】 见图
【工具】 2.75mm、3mm棒针
【材料】 白色毛线 短拉链2根 长拉链1根 气眼4个
【制作过程】 右前片按图示编织，袖窿减针织10cm后改织双罗纹，直到织完前片。斜肩织完后留20针不收。对称编织右前片。缝上拉链和气眼装饰。

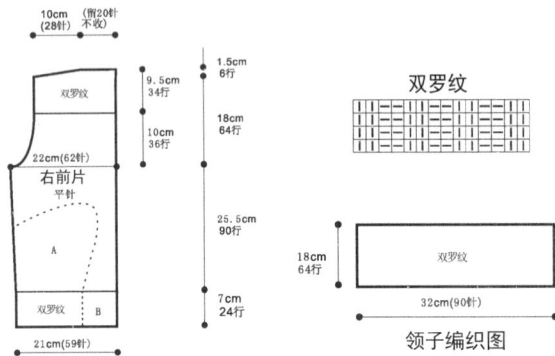

```
10cm  (剩20针
(28针)  不收)

双罗纹          1.5cm
                6行
双罗纹
        9.5cm
        34行
22cm(62针)
        10cm
右前片   36行
平针
        25.5cm
   A    90行

双罗纹
        B       7cm
                24行
21cm(59针)
```

双罗纹

```
18cm
64行
```

领子编织图

```
18cm
64行
32cm(90针)
```

双罗纹

0115

【成品规格】 见图
【工具】 1.7mm棒针 绣花针
【材料】 白色纯羊毛线 纽扣4枚 绣花若干

【制作过程】 前片分左、右两片编织，分别按图起针，织10cm双罗纹后，改织下针，织至完成，同样方法织另一片。缝上纽扣和绣花。

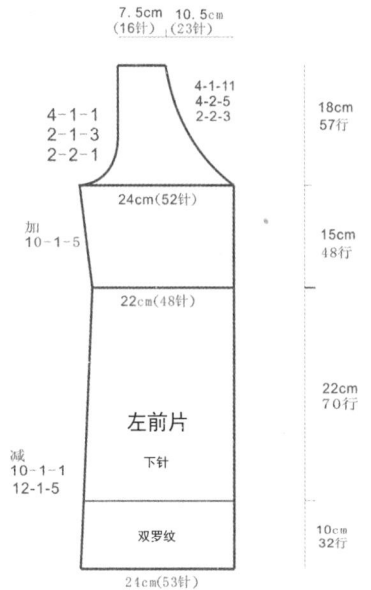

```
7.5cm   10.5cm
(16针)  (23针)

              4-1-11
4-1-1         4-2-5
2-1-3         2-2-3
2-2-1

        24cm(52针)

加
10-1-5

        22cm(48针)

        左前片

          下针
减
10-1-1
12-1-5

        双罗纹

        24cm(53针)
```

```
18cm
57行

15cm
48行

22cm
70行

10cm
32行
```

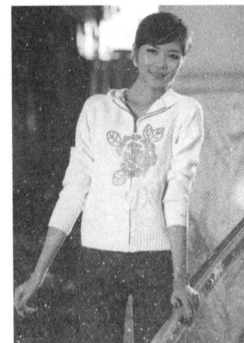

0116

【成品规格】 见图
【工具】 2.3mm棒针
【材料】 白色羊毛线 拉链1条
【制作过程】 前片起72针，先织8cm长的双罗纹针，然后织下针，并按编织图示减针。对称织出另一片。缝上拉链。

双罗纹

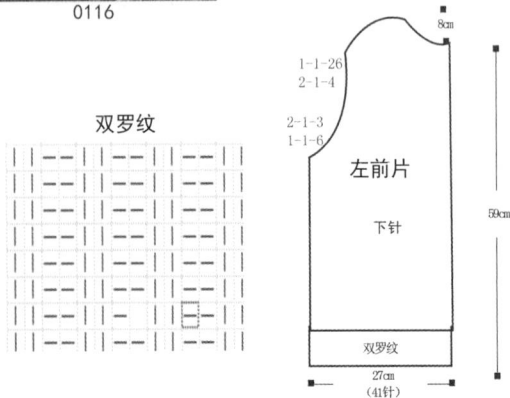

```
              8cm
1-1-26
2-1-4
                      59cm
2-1-3
1-1-6
        左前片

          下针

        双罗纹
          27cm
         (41针)
```

0117

【成品规格】 见图
【工具】 4.0mm棒针
【材料】 浅蓝色粗羊毛线
【制作过程】 前片起41针织花样，织32cm长按衣前片编织图减针成袖窿，织37cm长按编织图减针成前领口。

花样 □ ☒ ▣ ☒

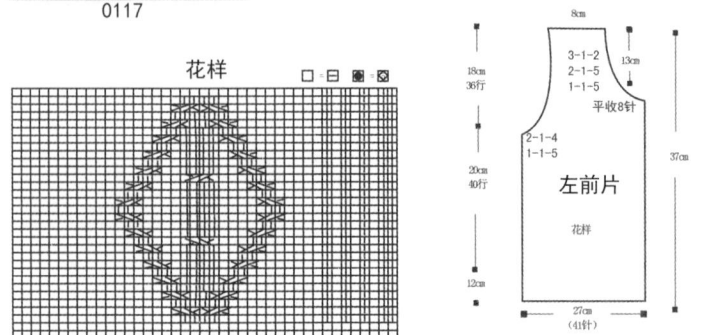

```
                  8cm

18cm              3-1-2   13cm
36行              2-1-5
                  1-1-5
                  平收8针
20cm      2-1-4
40行      1-1-5           37cm
        左前片
          花样

          12cm
          27cm
         (41针)
```

0118

【成品规格】 见图
【工具】 3.2mm棒针

【材料】 灰色棉线 牛角纽扣2枚
【制作过程】 前片起38针，织双罗纹针，织12cm后改织花样与全下针组合编织，如结构图所示，织至32cm按图示袖窿减针，织至46cm按图示方法前领减针，前片共织50cm长。衣襟：沿左右前片分别挑起82针，织双罗纹针，织4cm长。缝上牛角纽扣。

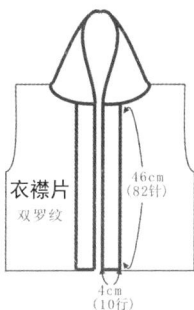

衣襟片
双罗纹
46cm
(82针)
4cm
(10行)

花样

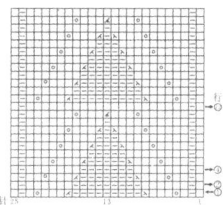

双罗纹

全下针

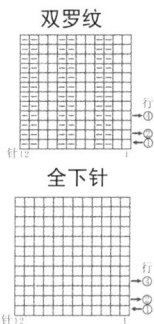

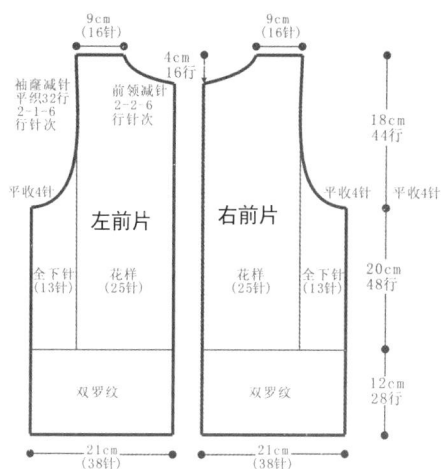

9cm(16针)　9cm(16针)
4cm
16行
袖窿减针 平织32行　前领减针 2-2-6 行针次
平收4针　平收4针　平收4针
左前片　右前片
全下针(13针)　花样(25针)　花样(25针)　全下针(13针)
双罗纹　双罗纹
21cm(38针)　21cm(38针)
18cm 44行
20cm 48行
12cm 28行

0119

【成品规格】 见图
【工具】 3.0mm棒针
【材料】 白色毛线 白色雪纺纱若干
【制作过程】 前片用雪纺纱按普通起针法起84针，下针编织35cm后按袖窿减针及前领减针织出袖窿和前领。挑领：圈织，前领和后领各挑52针和36针，双罗纹编织15cm，双罗纹针收边。

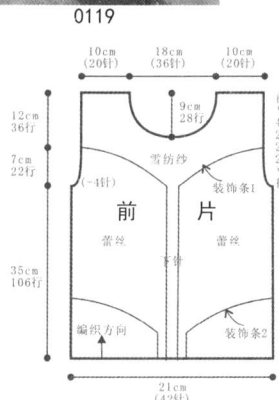

10cm(20针)　18cm(36针)　10cm(20针)
12cm 36行
7cm 22行
前领减针 平织10行 4-1-1 2-1-4 2-2-2 2-3-1 平收12针 行针次
9cm 28行
雪纺纱
装饰条1
(-4针)
前 片
蕾丝　蕾丝
下针
35cm 106行
编织方向　装饰条2
21cm(42针)

领 (圈织)
15cm 46行
编织方向　双罗纹
后　前
18cm(36针)　26cm(52针)
44cm(88针)

双罗纹

8 7 6 5 4 3 2 1

0120

【成品规格】 见图
【工具】 3.5mm棒针
【材料】 白色毛线 雪纺布料
【制作过程】 用雪纺布料按图示裁出前片，然后进行缝合。编织领口与袖口，如图示起适合的针数进行双罗纹针编织。

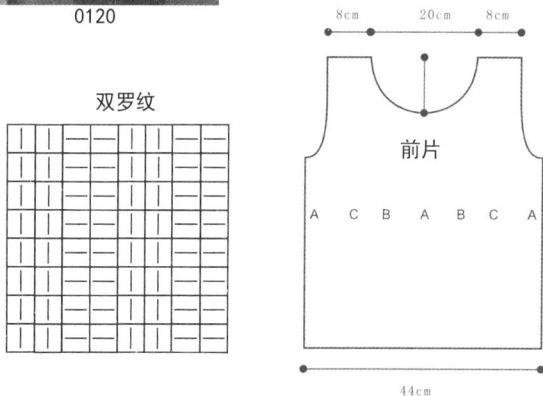

8cm　20cm　8cm

双罗纹

前片

A C B A B C A

44cm

0121

【成品规格】 见图
【工具】 1.7mm棒针
【材料】 白色、蓝色纯羊毛线

【制作过程】 前片分3片编织，左前片按图示起88针，织5cm

双罗纹后，改织花样，并按配色表配色，同时侧缝按图示减针，织22cm时加针，形成收腰，织15cm时留袖窿，先平收10针，然后按图示收成袖窿，同样方法织右前片。中前片按图起88针，织10cm双罗纹后，改织花样，织47cm留领窝，平收20针后，按图减针收领窝。领圈挑246针，织18cm双罗纹，形成高领。

花样

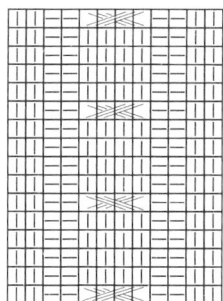

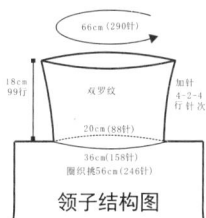

66cm(290针)
18cm 99行
双罗纹
加针 4-2-4 行针次
20cm(88针)
36cm(158针)
腰围挑56cm(246针)

领子结构图

双罗纹

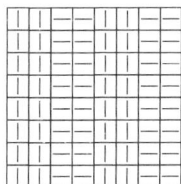

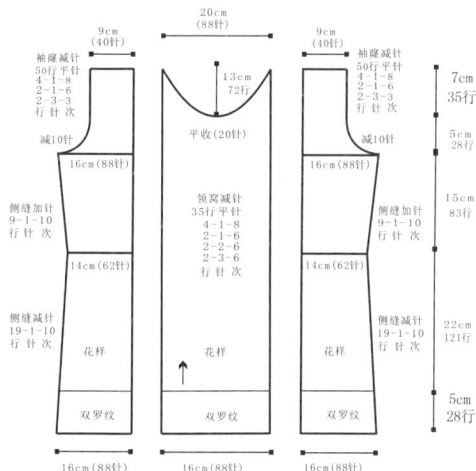

左前片　中前片　右前片
9cm(40针)　20cm(88针)　9cm(40针)
袖窿减针 50行平针 4-1-8 2-1-6 2-3-3 行针次　13cm 72行　袖窿减针 50行平针 4-1-8 2-1-6 2-3-3 行针次　7cm 35行
减10针　平收(20针)　减10针
16cm(88针)　16cm(88针)　16cm(88针)　5cm 28行
领窝减针 35行平针 4-1-8 2-1-6 2-3-6 行针次　15cm 83行
侧缝加针 9-1-10 行针次　侧缝加针 9-1-10 行针次
14cm(62针)　14cm(62针)
侧缝减针 19-1-10 行针次　侧缝减针 19-1-10 行针次　22cm 121行
花样　花样　花样
双罗纹　双罗纹　双罗纹
16cm(88针)　16cm(88针)　16cm(88针)　5cm 28行

141

0122

【成品规格】 见图
【工具】 2.75mm棒针
【材料】 灰色、白色毛线
【制作过程】 前片1普通起针法起60针，按弧度加减针织40cm后按袖窿减针织出前片1。前片2普通起针法起76针，按弧度加减针配色编织40cm后按袖窿减针及前领减针织出袖窿和前领。挑领：圈织，前领和后领各挑60针，52针，双罗纹编织15cm后收针。

双罗纹

领（圈织）
编织方向
双罗纹
15cm
64行
后
（52针）
前
（60针）
38cm
（112针）

6cm
（18针）
4cm
（12针）
16cm
（48针）
10cm
（30针）
20cm
84行
袖窿减针
平织68行
4-1-1
2-1-1
2-1-2
2-2-2
2-2-1
行针次
6cm
26行
前领减针
4-1-1
2-1-8
2-2-2
2-3-1
平收16针次
前片1
配色14行灰14针白，结尾12针都为灰色
前片2
口袋
编织方向
编织方向
40cm
168行
20cm
（60针）
23cm
（70针）

0123

【成品规格】 见图
【工具】 3.25mm棒针
【材料】 灰色毛线
【制作过程】 左前片普通起针法起34针，下针编织5cm后按前片花样图解编织，织完后下针编织处对折缝合，对称织出另一片前片，不同为扭花变为左上3针交叉。挑领，前领和后领各挑18针，38针，18针，按花样A，花样B编织(如领图)，最后4行织上针后收针。

6.5cm
（11针）
8cm
24行
19cm
58行
（-15针）
前领减针
平织6行
4-1-1
2-1-3
2-2-2
2-3-1
2-4-1
行针次
35cm
106行
（-8针）
左前片
花样A
编织方向
下针
5cm
14行
20cm
（34针）

领
花样A 花样B 花样A
前
（18针）
后
（38针）
前
（18针）
7cm
22行

花样B

0124

【成品规格】 见图
【工具】 1.7mm棒针
【材料】 蓝色、粉红色纯羊毛线
【制作过程】 前片分内前片和外前片编织，外前片按图起针，织10cm双罗纹后，改织下针，并间色至织完成。内前片，按图起针，先织双层平针底边后，改织下针，织至完成。外领圈挑针，织下针5cm，褶边缝合，按图形成双层圆领。内领圈挑针，以左前肩缝为中心，织20cm双罗纹，形成翻领。

双罗纹

双层平针底边

领子 双罗纹
编织方向
20cm
110行
39cm（171针）

5.5cm
（24针）
25cm
（110针）
5.5cm
（24针）
2-2-4
2-3-4
2-6-1
4-1-23
4-2-10
18cm
99行
48cm（210针）
加
9-1-10
外前片
15cm
82行
44cm（193针）
减
19-1-10
下针
22cm
121行
双罗纹
10cm
53行
48cm（210针）

7.5cm
（33针）
21cm
（92针）
7.5cm
（33针）
5cm（27行）
18cm
99行
2-2-4
2-3-4
2-6-1
48cm（210针）
15cm
82行
加
9-1-10
内前片
下针
44cm（193针）

142

罗纹后，改织全下针，侧缝减针，织27cm时加针，形成收腰，织15cm时两边平收5针，收袖窿，门襟按图减针收领窝，织至肩位余20针，同样方法织另一片。系上腰带。

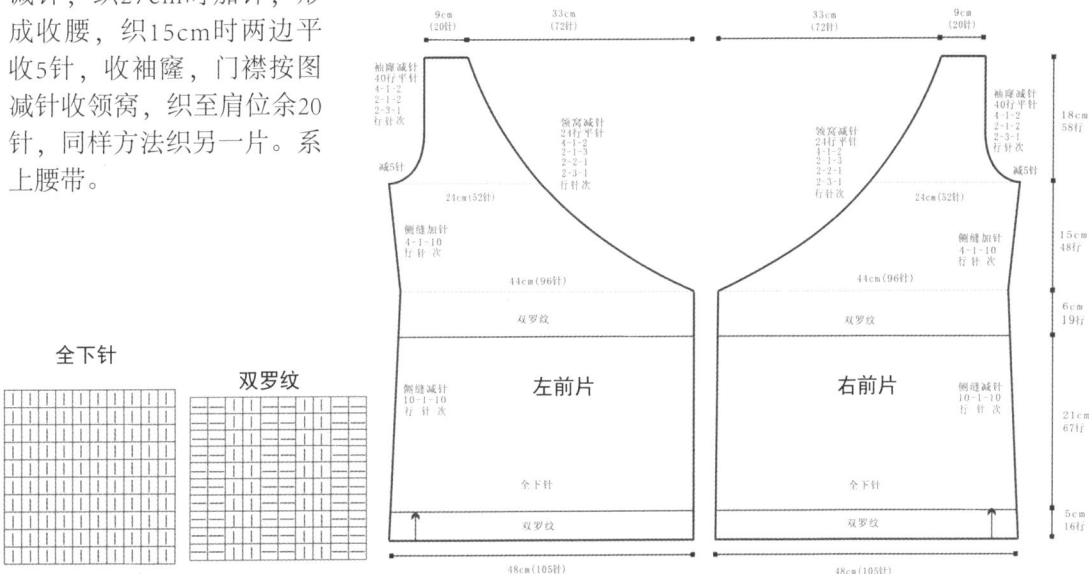

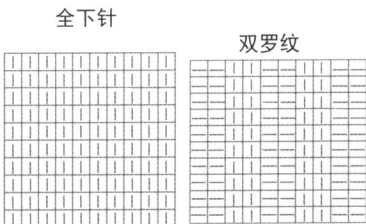

0125

【成品规格】见图
【工具】2.5mm棒针
【材料】花色纯羊毛线 腰带1根
【制作过程】前片分左、右两片编织，按图起105针，织5cm双

全下针　双罗纹

下针，按图示减针织，织27cm时加针，形成收腰，织15cm时两边平收5针，收袖窿，并同时收领窝，织至肩位余20针。同样方法织另一片。内前片：按图起105针，织双罗纹至47cm时，两边平收5针，收袖窿，再织8cm时开领窝。缝上纽扣。

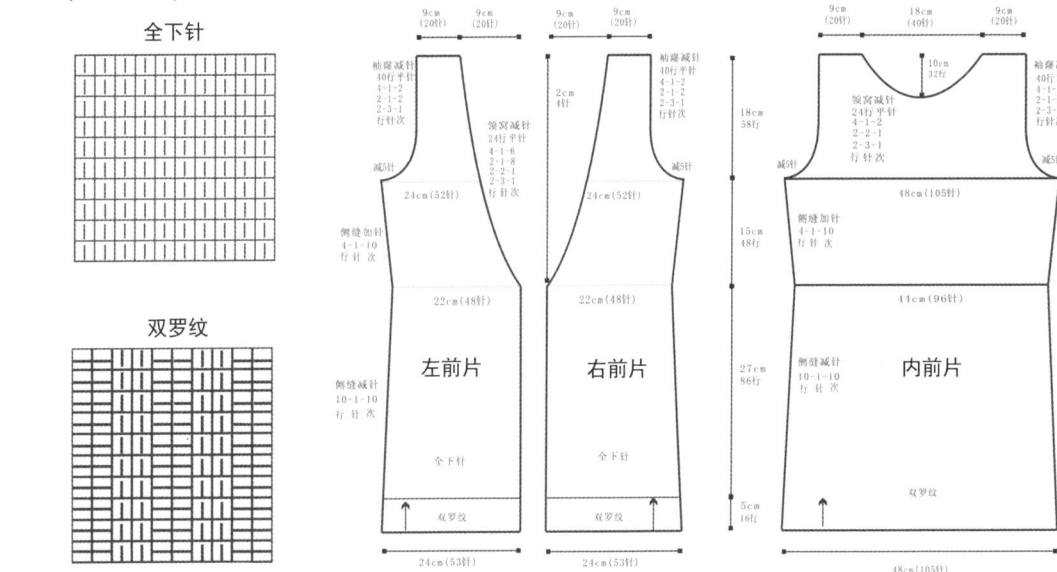

0126

【成品规格】见图
【工具】2.5mm棒针
【材料】花色羊毛线 纽扣3枚
【制作过程】外前片分左、右两片编织，按图起53针，织5cm双罗纹后，改织全

全下针　双罗纹

【制作过程】前片按图起105针，织6cm双罗纹后，改织全下针，并减针，中间还是织双罗纹，织26cm时加针，形成收腰，织15cm时两边平收5针，收袖窿，再织5cm时开领窝。领圈另织双罗纹。前领装饰带另织，按图缝合。

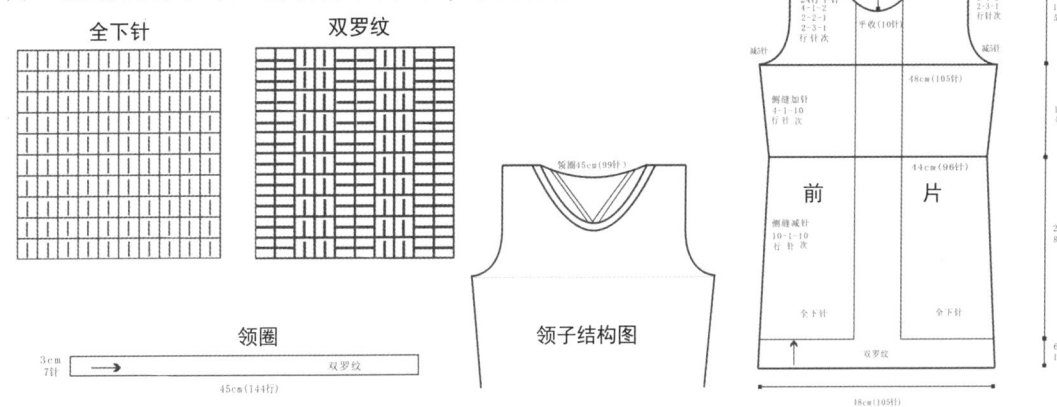

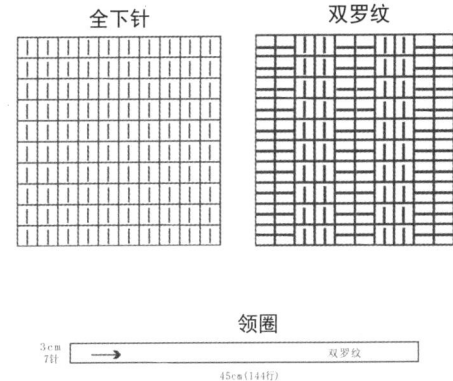

0127

【成品规格】见图
【工具】2.5mm棒针
【材料】花色羊毛线

全下针　双罗纹

领圈　领子结构图

0128

【成品规格】 见图
【工具】 2.5mm棒针
【材料】 花色纯羊毛线 领子装饰绳1根
【制作过程】 前片按图起105针，织5cm双罗纹后，改织全下针，织至27cm时加针，形成收腰，织15cm时两边平收5针，收袖窿，再织5cm时开领窝。系上领子装饰绳。

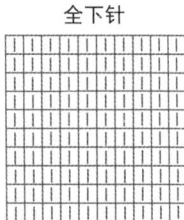

双罗纹

全下针

前片

9cm(20针)　18cm(40针)　9cm(20针)
13cm(42行)
领窝减针
24行平针
4-1-2
2-2-1
2-3-1
行针次
平收(10行)
袖窿减针
40行平针
4-1-2
2-1-2
2-3-1
行针次
18cm 58行
减针　　　　　　　　　　　减针
侧缝加针
4-1-10
行针次
48cm(105针)
15cm 48行
44cm(96针)
侧缝减针
10-1-10
行针次
27cm 86行
5cm 16行
双罗纹
48cm(105针)

【制作过程】 前片按图起101针，织8cm双罗纹后，改织花样，并按图减针，织24cm时加针，形成收腰，织15cm时留袖窿，在两边同时各减5针，然后按图示收成袖窿，中间留14针门襟，织8cm留领窝。缝上纽扣。

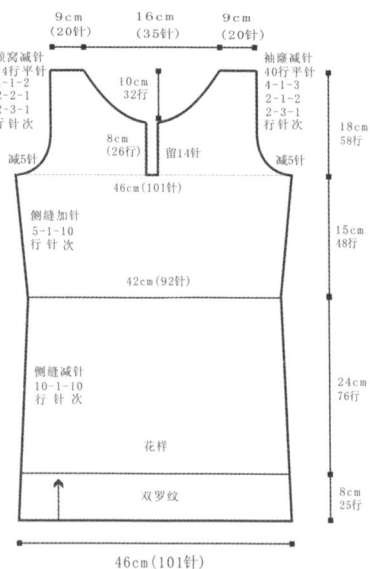

0130

【成品规格】 见图
【工具】 2.5mm棒针
【材料】 花色纯羊毛线 纽扣2枚

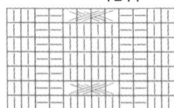

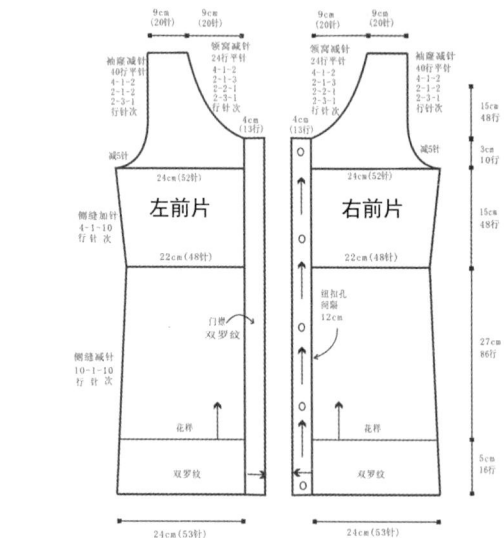

双罗纹

花样

9cm(20针)　16cm(35针)　9cm(20针)
领窝减针
24行平针
4-1-2
2-2-1
2-3-1
行针次
10cm 32行
袖窿减针
40行平针
4-1-3
2-1-2
2-3-1
行针次
18cm 58行
8cm(26行)　留14针
减5针　　　　　　　　　减5针
46cm(101针)
侧缝加针
5-1-10
行针次
15cm 48行
42cm(92针)
侧缝减针
10-1-10
行针次
24cm 76行
花样
双罗纹
8cm 25行
46cm(101针)

0129

【成品规格】 见图
【工具】 2.5mm棒针
【材料】 花色纯羊毛线 纽扣5枚
【制作过程】 前片分左、右两片编织，按图起53针，织5cm双罗纹后，改织花样，并按图示减针，织

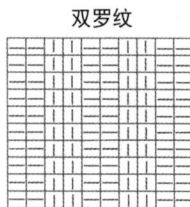

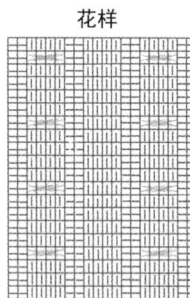

27cm时加针，形成收腰，织15cm时平收5针，收袖窿，再织3cm时同时收领窝，织至肩位余20针。同样方法织另一片。缝上纽扣。

双罗纹

花样

左前片

9cm(20针)　9cm(20针)　　9cm(20针)　9cm(20针)
袖窿减针
40行平针
4-1-2
2-1-2
2-3-1
行针次
领窝减针
24行平针
4-1-2
2-1-3
2-3-1
行针次
领窝减针
24行平针
4-1-2
2-1-3
2-3-1
行针次
袖窿减针
40行平针
4-1-2
2-1-2
2-3-1
行针次
15cm 48行
减针　　　　　　　　　　减针
3cm 10行
24cm(52针)　　　　　　24cm(52针)
侧缝加针
4-1-10
行针次
15cm 48行
22cm(48针)　　　　　　22cm(48针)
门襟
双罗纹
纽扣孔
间隔12cm
27cm 86行
侧缝减针
10-1-10
行针次
花样　　　　　　　　花样
双罗纹
5cm 16行
24cm(53针)　　　　　24cm(53针)

右前片

并按图示减针，织29cm时加针，形成收腰，织15cm时平收5针，收袖窿，再织3cm时同时收领窝，织至肩位余50针。同样方法织另一片。系上腰带。

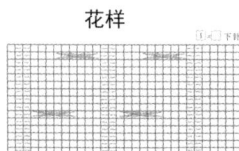

花样

左前片　　右前片

9cm(40针)　9cm(40针)　　9cm(40针)　9cm(40针)
袖窿减针
40行平针
4-1-2
2-1-2
2-3-1
行针次
领窝减针
24行平针
4-1-2
2-1-3
2-3-1
行针次
领窝减针
24行平针
4-1-2
2-1-3
2-3-1
行针次
袖窿减针
40行平针
4-1-2
2-1-2
2-3-1
行针次
15cm 83行
4cm(18针)
3cm 17行
24cm(105针)　　　　24cm(105针)
侧缝加针
9-1-10
行针次
纽扣之间
同隔12cm
侧缝加针
9-1-10
行针次
15cm 83行
22cm(96针)　　　　　22cm(96针)
花样　　　　　　　　花样
单罗纹　　　　　　　单罗纹
5cm 28行
侧缝加针
19-1-10
行针次
侧缝加针
19-1-10
行针次
24cm 132行
花样　　　　　　　　花样
单罗纹　　　　　　　单罗纹
3cm 17行
24cm(105针)　　　　24cm(105针)

0131

【成品规格】 见图
【工具】 1.7mm棒针
【材料】 灰色纯羊毛线 纽扣5枚 腰带1根
【制作过程】 前片分左、右两片编织，按图起105针，织3cm单罗纹后，改织花样，即留18针织单罗纹门襟，右片均匀地开纽扣孔。

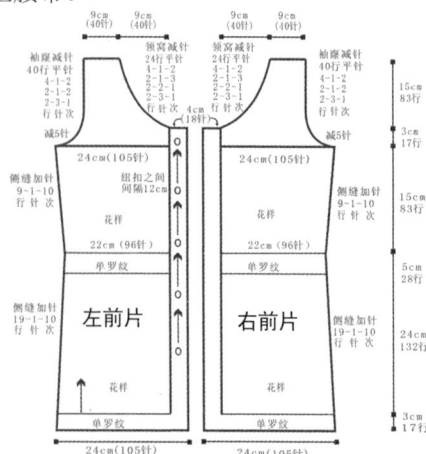

单罗纹

全下针

0132

【成品规格】 见图
【工具】 1.7mm棒针
【材料】 杏色纯羊毛线 装饰金属纽扣6枚 腰间绳子1根
【制作过程】 前片按图起202针，先织双层平针底边后，改织全下针，同时按图示减针，织24cm时改织双罗纹8cm加针，形成收腰，织15cm时留袖窿，在两边同时各平收5针，然后按图示收成袖窿，同时留领窝。这时针数170针，收肩分3份，两肩各50针，中间70针。领圈挑158针，圈织18cm双罗纹，形成高领。缝上装饰金属纽扣，系上腰间绳子。

领子结构图

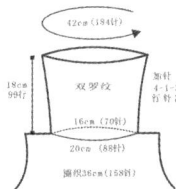

双层平针底边

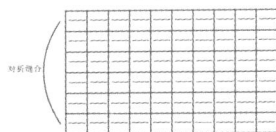

全下针

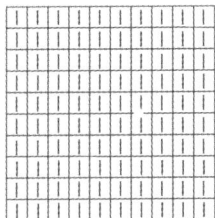

双罗纹

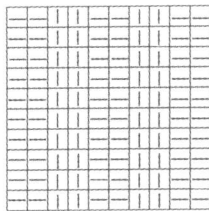

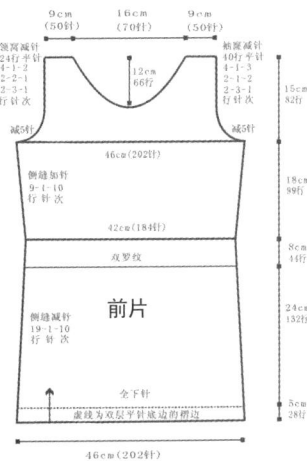

前片

0133

【成品规格】 见图
【工具】 1.7mm棒针
【材料】 杏色纯羊毛线 衣领绳子1根 蝴蝶结1个
【制作过程】 前片分上、下片编织，上片按图起182针，织全下针，并按图示加针，织15cm时留袖窿，在两边同时各平收5针，然后按图示收成袖窿，同时留领窝。下片先织双层平针底边后，改织32cm花样，打皱褶与上片缝合。领圈挑230针，织15cm双罗纹，按图示系上蝴蝶结，形成翻领。系上衣领绳子。

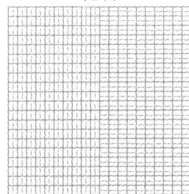

花样

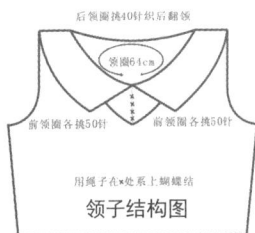

领子结构图

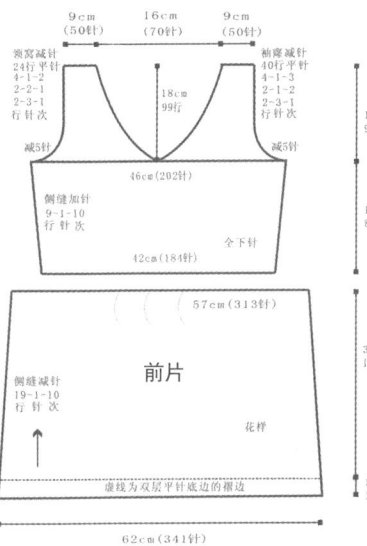

前片

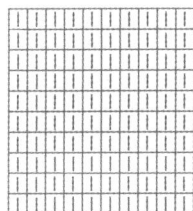

全下针

双层平针底边

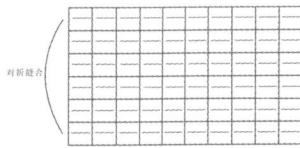

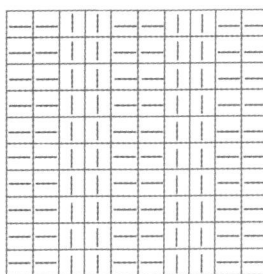

双罗纹

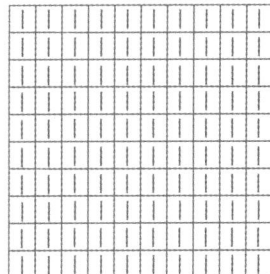

全下针

针，收肩分3份，两肩各50针，中间70针。系上腰间绳子。缝上装饰金属纽扣。

0134

【成品规格】 见图
【工具】 1.7mm棒针
【材料】 杏色纯羊毛线 装饰金属纽扣6枚 腰间绳子1根
【制作过程】前片按图起202针，先织双层平针底边后，改织全下针，同时按图示减针，织24cm时改织双罗纹8cm加针，形成收腰，然后按图示收成袖窿，同时留领窝。这时针数170

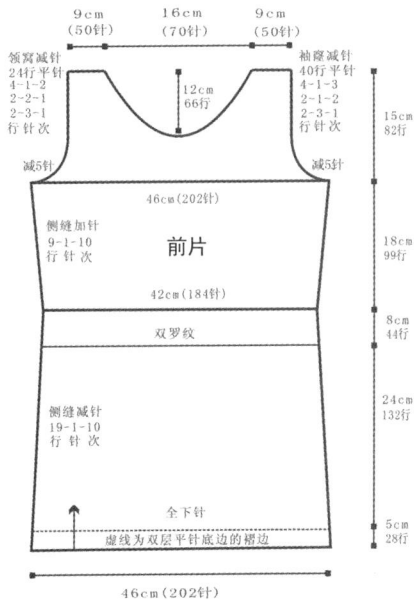

前片

双层平针底边

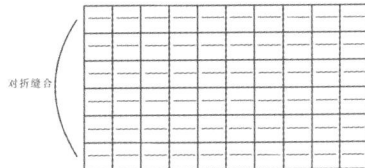

0135

【工具】1.7mm棒针
【材料】杏色纯羊毛线
【制作过程】前片按图起202针，织5cm双罗纹，改织花样，同时按图示减针，织27cm时加针，形成收腰，织18cm时留袖窿，在两边同时各平收5针，然后按图示收成袖窿，同时留领窝。这时针数170针，收肩分3份，两肩各50针，中间70针。

【成品规格】见图

花样　　双罗纹

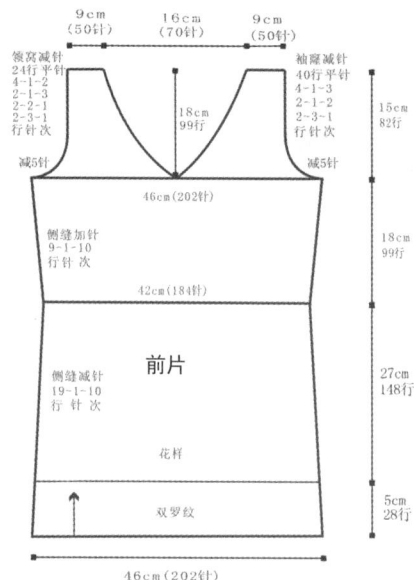

9cm (50针)　16cm (70针)　9cm (50针)
领窝减针
24行 平针
4-1-2
2-1-2
2-3-1
行针次
袖窿减针
40行 平针
4-1-3
2-1-2
2-3-1
行针次
18cm 99行
15cm 82行
减5针　46cm(202针)　减5针
侧缝加针
9-1-10
行针次
42cm(184针)
18cm 99行
前片
侧缝减针
19-1-10
行针次
27cm 148行
花样
双罗纹
5cm 28行
46cm(202针)

0136

【成品规格】见图
【工具】1.7mm棒针
【材料】藕色纯羊毛线 装饰纽扣5枚
【制作过程】前片按图起针，织下针织至完成，袖窿和领窝按图加减针。领圈挑针，以左前肩缝为中心，织20cm花样，形成翻领，领边另织，缝上装饰纽扣。

5cm 22针　领边　单罗纹
20cm（110行）

20cm 110行　领子　花样
编织方向
39cm（171针）

花样　　单罗纹

13.5cm 59针　21cm（92针）　13.5cm 59针
4.5cm 25行
4-1-10
2-1-1
2-1-1
2-2-1
4-1-23
4-2-10
2-1-1
2-2-1
2-3-2
15cm 82行
48cm(210针)
18cm 99行
加9-1-10
44cm(193针)
前片
减19-1-10
22cm 121行

0138

【成品规格】见图
【工具】1.7mm棒针
【材料】咖啡色纯羊毛线 装饰金属扣6枚
【制作过程】前片按图起202针，织10cm双罗纹后，改织全下针，领圈挑158针，圈织18cm双罗纹，编入花样，形成高领。缝上装饰金属扣。

0137

层平针底边后，改织全下针，并减针，形成收腰，把上、中、下3片缝合。领圈挑158针，圈织18cm双罗纹，形成高领。缝上装饰金属扣。

【成品规格】见图
【工具】1.7mm棒针
【材料】咖啡色纯羊毛线 装饰金属扣1枚
【制作过程】前片：分上、中、下3片组成，上片按图起184针，织全下针，中片织一个长方形。下片按图起202针，先织双

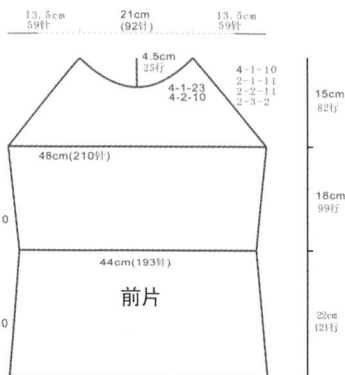

9cm (50针)　16cm (70针)　9cm (50针)
领窝减针
24行 平针
4-1-2
2-1-2
2-2-1
行针次
袖窿减针
40行 平针
4-1-3
2-1-2
2-3-1
行针次
12cm 66行
18cm 99行
减5针　46cm(202针)　减5针
侧缝加针
9-1-10
行针次
42cm(184针)
15cm 82行
前片
全上针　8cm 44行
42cm(184针)
侧缝减针
19-1-10
行针次
前片
24cm 132行
全下针
康线为双层平针底边的褶边
46cm(202针)
3cm 16行

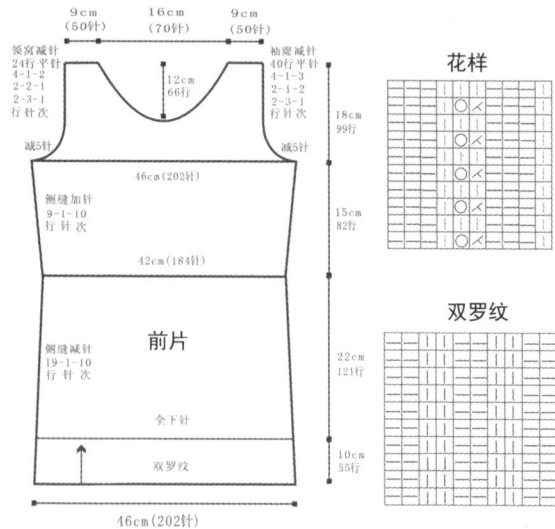

9cm (50针)　16cm (70针)　9cm (50针)
领窝减针
24行 平针
4-1-2
2-2-1
行针次
袖窿减针
40行 平针
4-1-3
2-1-2
2-3-1
行针次
12cm 66行
18cm 99行
减5针　46cm(202针)　减5针
侧缝加针
9-1-10
行针次
42cm(184针)
15cm 82行
前片
侧缝减针
19-1-10
行针次
全下针
22cm 121行
双罗纹
10cm 55行
46cm(202针)

花样

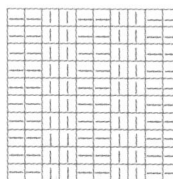

双罗纹

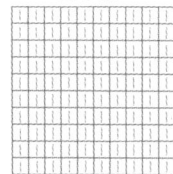

全下针

领子结构图
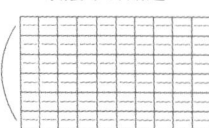
42cm（184针）
18cm 99行
双罗纹
加针
4-1-3
行针次
16cm（70针）
20cm（88针）
挑织36cm（158针）
对折缝合

双层平针底边
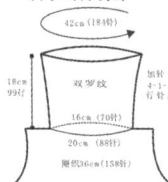

双罗纹　　全下针
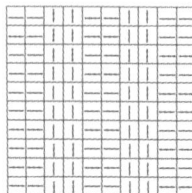 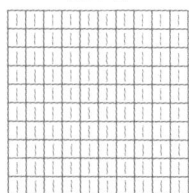

0139

0140

【材料】 咖啡色纯羊毛线 纽扣5枚 袋口绳子2根
【制作过程】 前片按图起202针，先织双层平针底边后，改织全下针，并按图减针，织32cm时加针，形成收腰，织18cm时留袖窿，在两边同时各减5针，然后按图示收成袖窿，中间留22针门襟，织8cm留领窝。缝上纽扣，装上袋口绳子。

【成品规格】 见图
【工具】 1.7mm棒针

双层平针底边

全下针

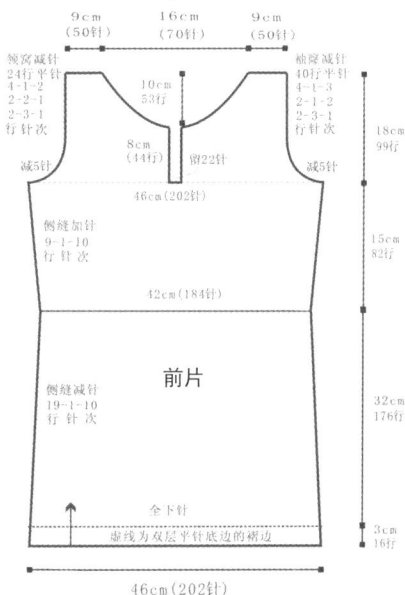

前片

【成品规格】 见图
【工具】 2.5mm棒针
【材料】 花色球球线 拉链1条
【制作过程】 前片分左、右两片编织，分别按图起53针，织6cm双罗纹后，改织全上针，同样方法织另一片。两边门襟和领圈挑针，织5cm全上针，对折缝合形成双层拉链边，然后缝上拉链。

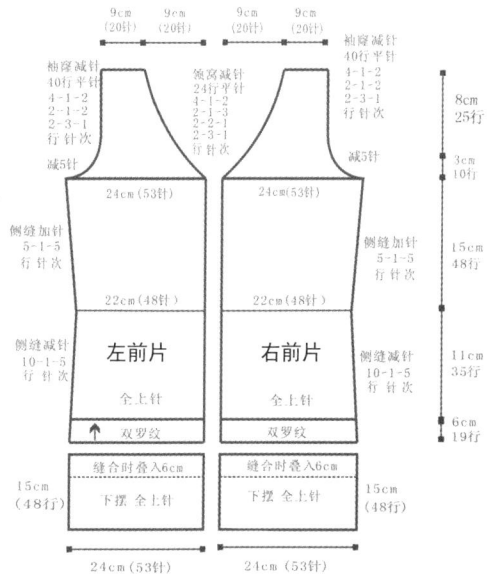

左前片　右前片

全上针　　双罗纹　　领子结构图

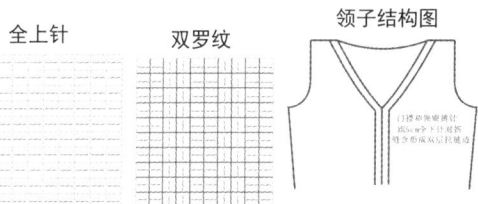

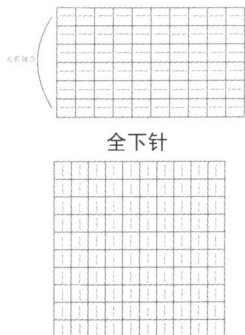

0141

【成品规格】 见图
【工具】 2.5mm棒针

全下针

【材料】 紫红色长毛绒线 纽扣2枚
【制作过程】 前片分左、右两片编织，按图起5针，织全下针，侧缝按图示减针，22cm时加针，形成收腰，门襟同时加针，至适合宽度，织15cm时平收5针，收袖窿，同时收领窝。样方法织另一片，左前片开纽扣孔。缝上纽扣。

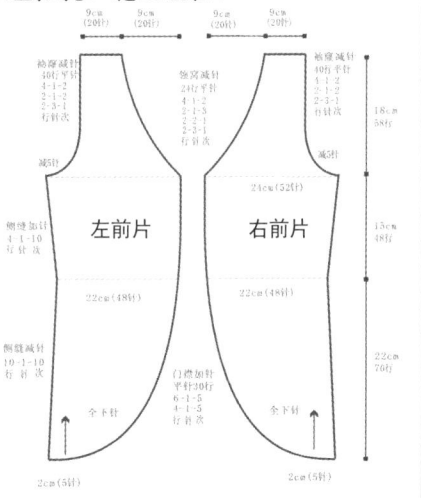

左前片　右前片

0142

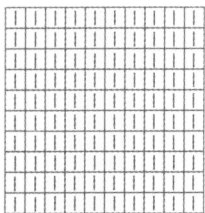

【成品规格】 见图
【工具】 2.5mm棒针
【材料】 紫红色长毛绒线 纽扣3枚
【制作过程】 前片分左、右两片编织，按图起53针，织双罗纹，同样方法织另一片。领圈挑105针，织12cm双罗纹，形成翻领，缝上纽扣。

双罗纹

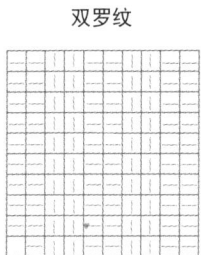

左前片　右前片

0143

针，织27cm
时加针，形
成收腰，织
15cm时平收5
针，收袖窿，
再织3cm时同
时收领窝，
织至肩位余20
针。同样方法
织另一片。缝
上纽扣。

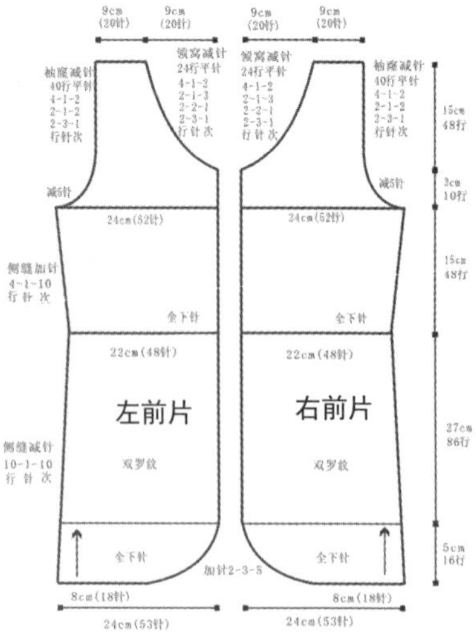

【成品规格】 见图
【工具】 2.5mm棒针
小号钩针
【材料】 灰色纯羊
毛线 纽扣5枚
【制作过程】 前片
分左、右两片编织，
按图起18针，门襟下
摆按图加针，织5cm
全下针，改织双罗
纹，侧缝按图示减

全下针

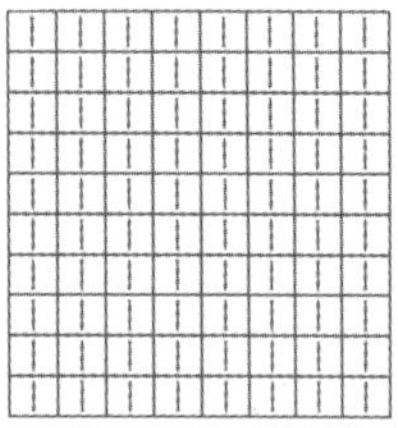

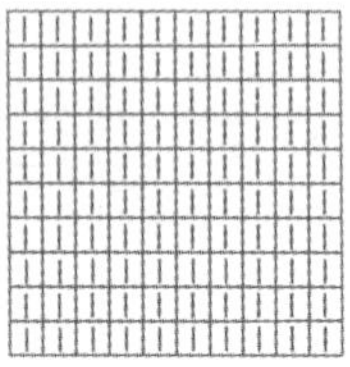

双罗纹

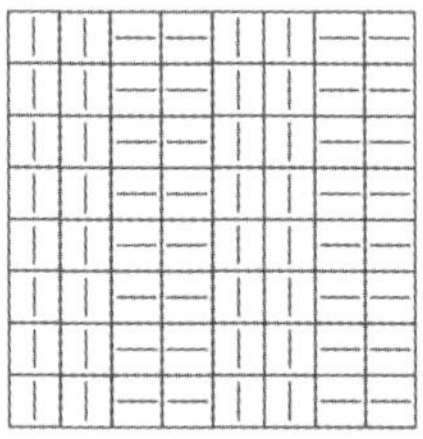

左前片　右前片

全下针

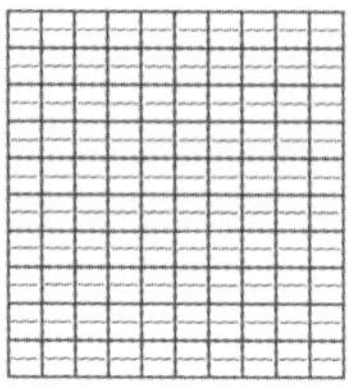

双罗纹

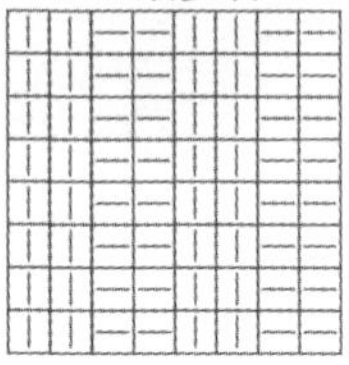

0144

【成品规格】 见图
【工具】 2.5mm棒针
【材料】 花色、灰色球球线
【制作过程】 前片分左、右两片编织，
按图起53针，织6cm双罗纹后，改织全下
针，并按图示减针，织26cm时加针，形成收腰，15cm时平收5针，收袖
窿，并同时收领窝，织至肩位余20针。同样方法织另一片。

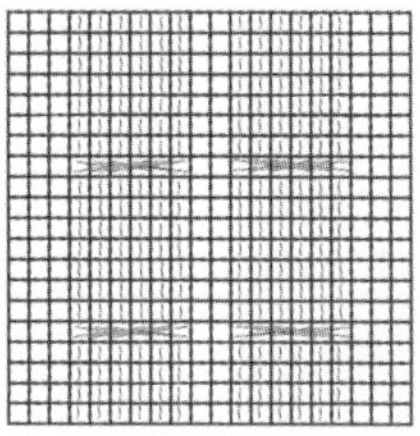

左前片　右前片

全下针

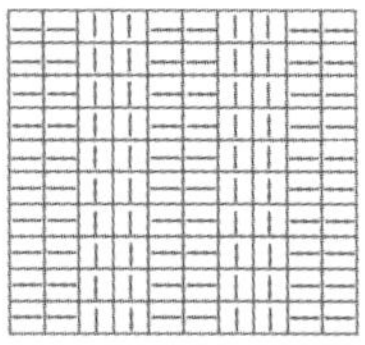

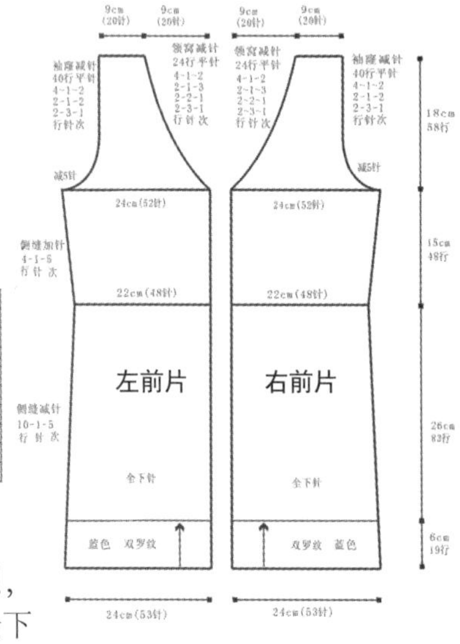

0146

【成品规格】 见图
【工具】 2.5mm棒针
【材料】 紫色纯羊

毛线 金属扣1枚 装饰绳子1根
【制作过程】 前片按图起97
针，织全下针，同时按图示减
针，织32cm时加针，形成收
腰，织15cm时留袖窿，在两边
同时各平收5针，然后按图示
收成袖窿，再织5cm时留前领
窝，这时针数为71针，收肩分
3份，两肩各19针，中间33针，
腰部织双罗纹。领圈挑92针，
圈织18cm双罗纹，均匀加针，
打对折向外翻出，形成高领。
缝上金属扣，系上装饰绳子。

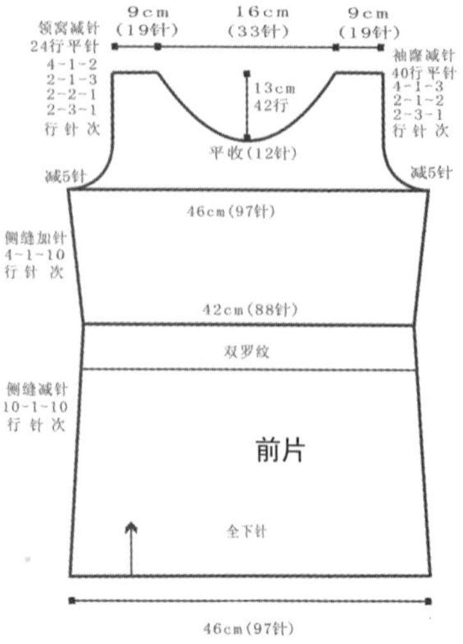

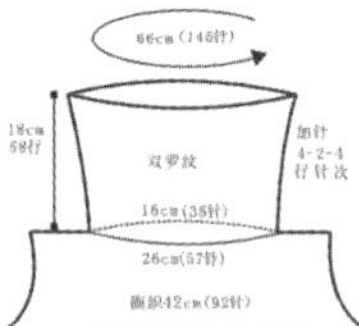

前片

全下针

【成品规格】 见图
【工具】 2.5mm棒针
【材料】 深紫色、
花色纯羊毛线
【制作过程】 前片按
图起103针，织15cm
双罗纹后，改织花
样，织28cm时平收6
针，同时收领窝，织
至肩位余2针。

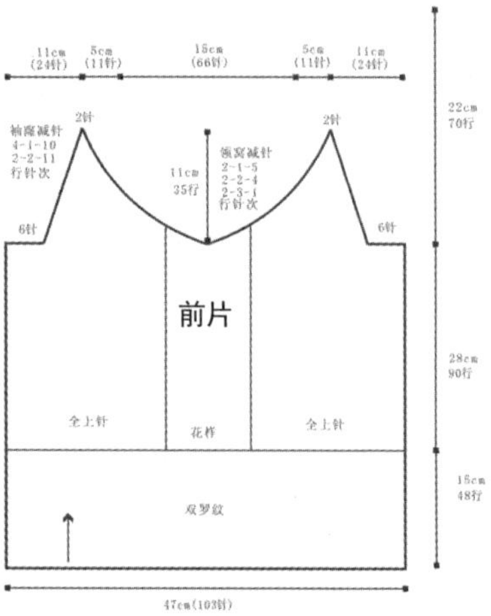

0145

前片

全上针　花样　全上针

双罗纹

花样

全上针

双罗纹

领子结构图　双罗纹

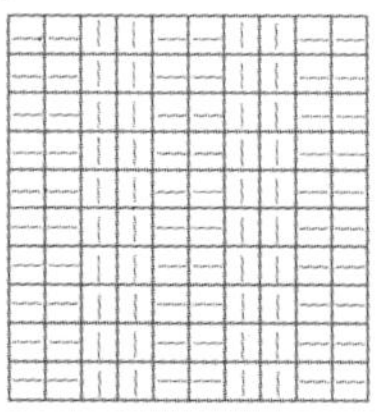

全下针

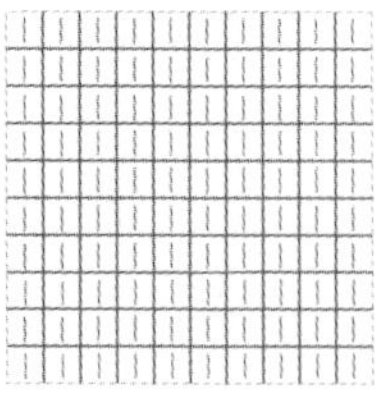

0147

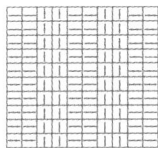
双罗纹

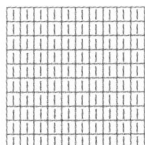
全下针

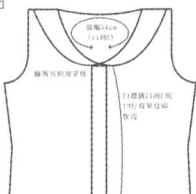
领子结构图

【成品规格】 见图
【工具】 2.5mm棒针
【材料】 绿色球球线 纽扣4枚
【制作过程】 前片分左、右两片编织，按图起53针，织5cm双罗纹后，改织全下针，并按图示减针，织27cm时加针，形成收腰，织15cm时平收5针，收袖窿，并同时收领窝，织至肩位余20针。同样方法织另一片。缝上纽扣。

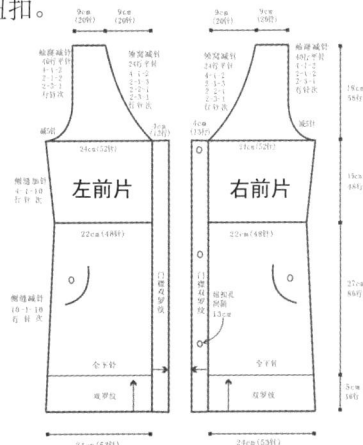

左前片 右前片

0148

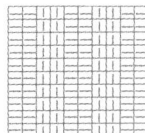
双罗纹

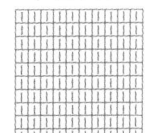
全下针

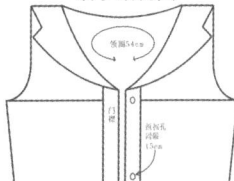
领子结构图

【成品规格】 见图
【工具】 2.5mm棒针
【材料】 绿色纯羊毛线 纽扣3枚
【制作过程】 前片分左、右两片编织，按图起53针，织5cm双罗纹后，改织全下针，并按图示减针，织27cm时加针，形成收腰，织15cm时平收5针，收袖窿，同时收领窝，织至肩位余20针。同样方法织另一片。缝上纽扣。

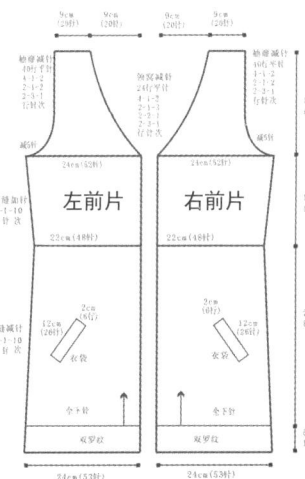

左前片 右前片

0149

【成品规格】 见图
【工具】 1.7mm棒针
【材料】 米黄色纯羊毛线 袖口绳子2根
【制作过程】 前片分上、下部分组成，上部分从袖口织起，按编织方向起针，织花样，织至另一袖，腋下和领窝按图加减针。下部分按图起针，织花样31cm，织至完成，将上、下片缝合。领圈挑针，织5cm双罗纹，形成圆领，串好袖口绳子。

前片

花样

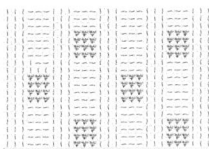
花样

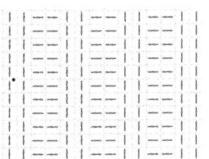
双罗纹

领子结构图

衣身图样

0150

【成品规格】 见图
【工具】 2.0mm钩针
【材料】 花色缎染线
【制作过程】 钩衣服领口，袖口和下摆的花边，具体做法参照下图解。

前片

衣身图样

领口、袖口和下摆的图样

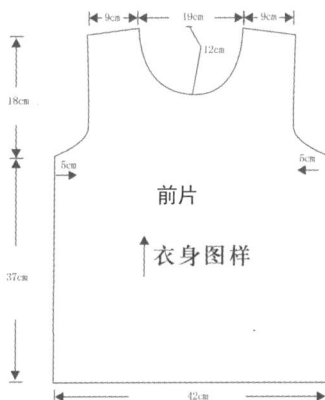

149

【成品规格】 见图
【工具】 1.7mm棒针
【材料】 花色冰丝线 装饰吊珠若干
【制作过程】 前片按图示起211针，织花样，侧缝同时减针，织32cm时改织全下针，同时侧缝加针，形成收腰，织15cm时留袖窿，在两边同时各平收10针，然后按图示收成袖窿，再织5cm时留前领窝。缝上装饰吊珠。

0151

领子结构图

领圈56cm

全下针

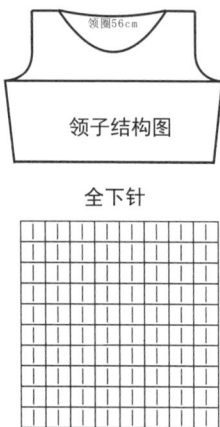

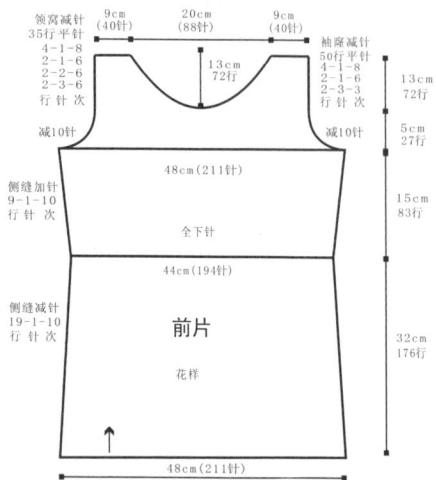

领窝减针
35行平针
4-1-8
2-1-6
2-2-6
2-3-3
行针次

9cm
(40针)
20cm
(88针)
9cm
(40针)

袖窿减针
50行平针
4-1-8
2-1-6
2-3-3
行针次

13cm
72行

13cm
72行

侧缝加针
9-1-10
行针次

减10针

48cm(211针)

全下针

44cm(194针)

前片

花样

侧缝减针
19-1-10
行针次

减10针

5cm
27行

15cm
83行

32cm
176行

48cm(211针)

【材料】 深蓝色、浅蓝色纯羊毛线
【制作过程】 前片按图示起211针，织5cm单罗纹后，改织全下针，同时侧缝按图示减针，织27cm时加针，形成收腰，下摆织10cm双罗纹。领圈挑246针，织3cm全下针，形成圆领。后领圈挑176针，织15cm全下针，帽边缝合，形成帽子。前领圈挑264针，织3cm单罗纹。

0152

【成品规格】 见图
【工具】 1.7mm棒针

帽边

领圈56cm

领子结构图

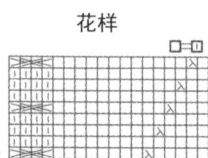

花样

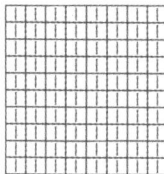

全下针

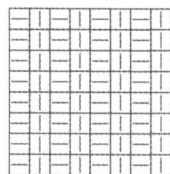

单罗纹

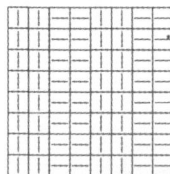

双罗纹

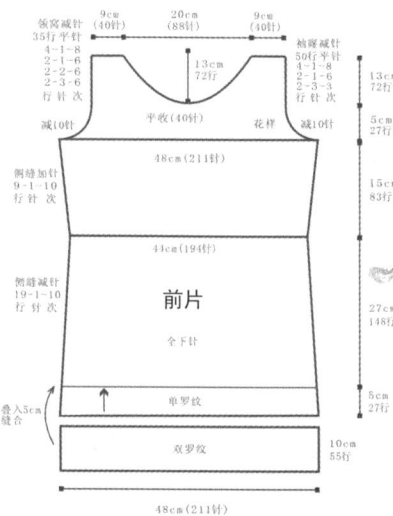

领窝减针
35行平针
4-1-8
4-1-8
2-2-6
2-3-3
行针次

9cm
(40针)
20cm
(88针)
9cm
(40针)

袖窿减针
50行平针
4-1-8
2-1-6
2-3-3
行针次

13cm
72行

平收(40针)

花样

13cm
72行

48cm(211针)

44cm(194针)

全下针

侧缝加针
9-1-10
行针次

侧缝减针
19-1-10
行针次

减10针

前片

单罗纹

叠入5cm
缝合

双罗纹

15cm
83行

27cm
148行

5cm
27行

10cm
55行

48cm(211针)

【制作过程】 前片按图起211针，织全下针，同时侧缝按图示减针，织32cm时加针，形成收腰，织15cm时留袖窿，在两边同时各平收10针，然后按图示收成袖窿，再织5cm时留前领窝。

0153

【成品规格】 见图
【工具】 1.7mm棒针
2.5mm钩针
【材料】 花色纯羊毛线

领圈66cm

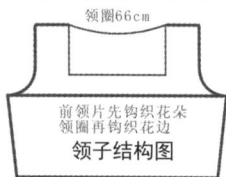

前领片先钩织花朵
领圈再钩织花边

领子结构图

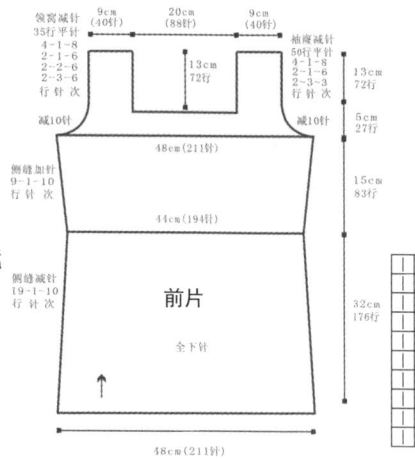

领窝减针
35行平针
4-1-8
2-1-6
2-2-6
2-3-6
行针次

9cm
(40针)
20cm
(88针)
9cm
(40针)

袖窿减针
50行平针
4-1-8
2-1-6
2-3-3
行针次

13cm
72行

13cm
72行

48cm(211针)

侧缝加针
9-1-10
行针次

44cm(194针)

侧缝减针
19-1-10
行针次

减10针

前片

全下针

减10针

5cm
27行

15cm
83行

32cm
176行

48cm(211针)

全下针

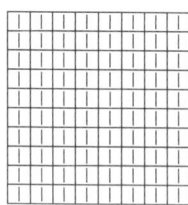

【成品规格】 见图
【工具】 2.5mm棒针
【材料】 花色纯羊毛线

花样

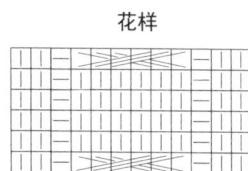

0154

全上针

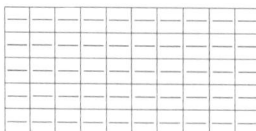

领子

花样

【制作过程】 前片按图起101针，织全上针，同时侧缝按图示减针，织32cm时加针，形成收腰，15cm时两边平加20针织袖窿，袖口织12cm后全部收针。领子另织，起22针，织72cm花样，与领圈缝合，完成。

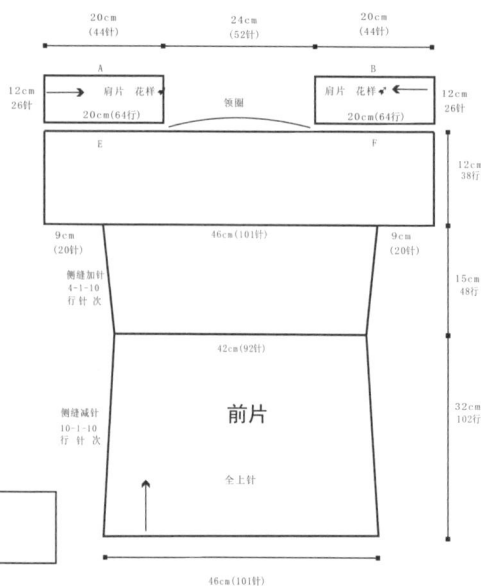

20cm
(44针)
24cm
(52针)
20cm
(44针)

A
B

12cm
26针

肩片 花样

肩片 花样

12cm
26针

20cm(64行)

领圈

20cm(64行)

E

F

12cm
38行

9cm
(20针)

46cm(101针)

9cm
(20针)

侧缝加针
4-1-10
行针次

15cm
48行

42cm(92针)

侧缝减针
10-1-10
行针次

前片

全上针

32cm
102行

46cm(101针)

0155

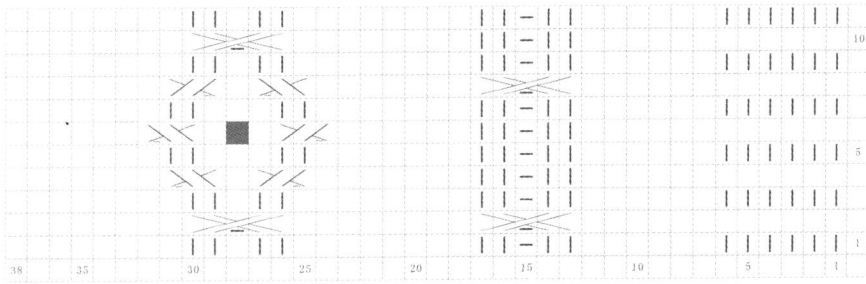

前片花样排花

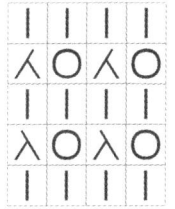

花样

【成品规格】 见图
【工具】 6.0mm棒针
【材料】 白色粗棉线 兔毛条1条
【制作过程】 前片起38针，先编织4行锁链接，然后编织花样18行。再按图示进行排花，在总长编织了34cm时如图所示收袖窿，在离衣长10cm时收前领，编织两片(编织右片时注意在门襟处留出纽洞)。缝上兔毛条。

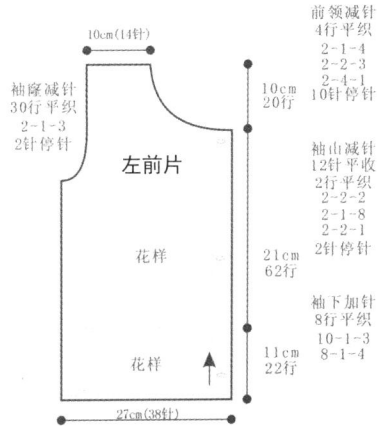

10cm(14针)

前领减针
4行平织
2-1-4
2-2-3
2-4-1
10针停针

10cm
20行

左前片

袖窿减针
30行平织
2-1-3
2针停针

花样

21cm
62行

袖山减针
12针平织
2行平织
2-2-2
2-1-8
2-2-1
2针停针

花样

11cm
22行

袖下加针
8行平织
10-1-3
8-1-4

27cm(38针)

0156

【成品规格】 见图
【工具】 1.7mm棒针
【材料】 白色粗、细纯羊毛线 领带1根
【制作过程】 前片按图起针，织5cm单罗纹后，改织花样，织至47cm时，再改织下针，并用粗细毛线间隔编织，至织完成。前领用领带索紧，形成皱褶。

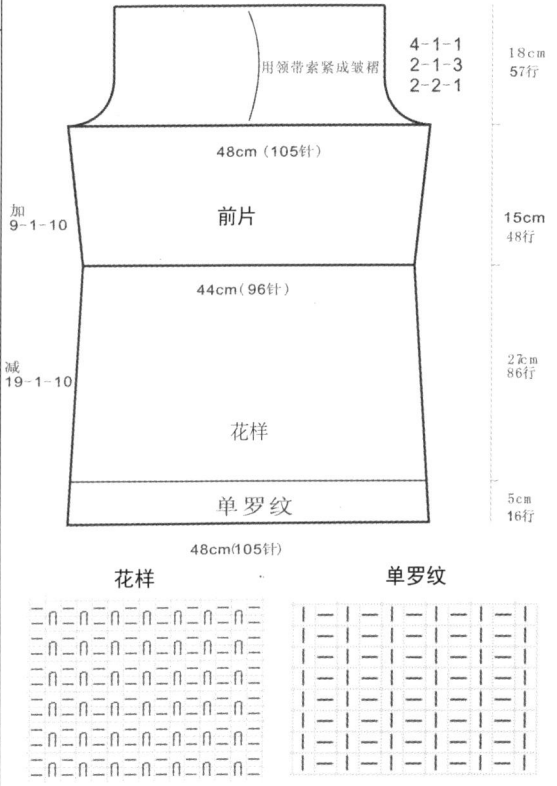

36cm（79针）

用领带索紧成皱褶

4-1-1
2-1-3
2-2-1

18cm
57行

48cm（105针）

前片

加
9-1-10

15cm
48行

44cm（96针）

减
19-1-10

2cm
86行

花样

单罗纹

5cm
16行

48cm（105针）

花样

单罗纹

0157

【成品规格】 见图

【工具】 2.5mm棒针 小号钩针
【材料】 白色纯羊毛线 钩针钩织的纽扣3枚
【制作过程】 前片分上、下片组成，上片按图起针，织花样A，下片织花样B，织至完成。领圈用钩针钩织花边。缝上纽扣。

领子结构图

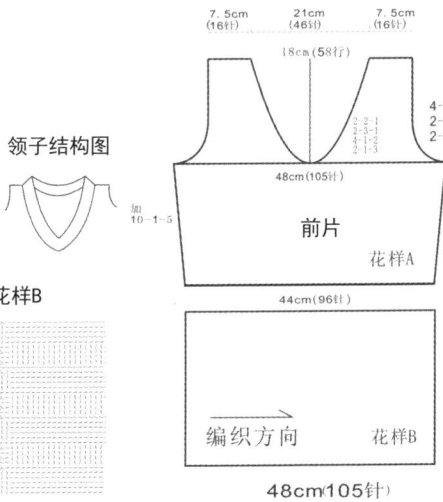

7.5cm
(16针)

21cm
(46针)

7.5cm
(16针)

18cm(58针)

4-1-1
2-1-3
2-2-1

5cm
16行

18cm
58行

48cm(105针)

前片
花样A

加
10-1-5

25cm
48行

44cm(96针)

编织方向 花样B

27cm
86行

48cm(105针)

花样A

花样B

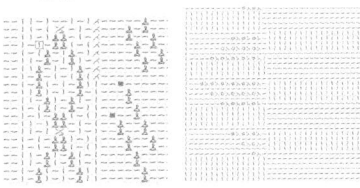

0158

【成品规格】 见图
【工具】 3.6mm棒针
【材料】 白色牛奶绒
【制作过程】 起21针编织下针前片，在一侧加出圆摆，共需加14针，编织到20cm时分别开始前衣领、袖窿减针，按结构图减完针后不加减针编织到肩部，完成后收针断线。同样方法完成另一侧前片，两片方向相反。

下针花样

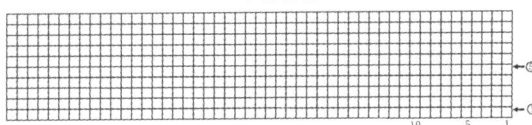

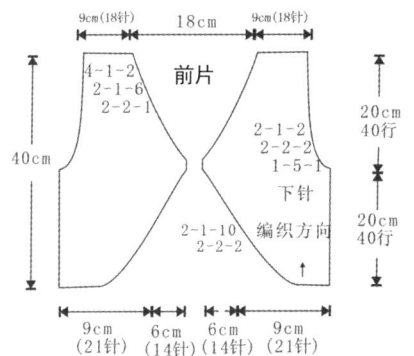

9cm(18针)

18cm

9cm(18针)

4-1-2
2-1-6
2-2-1

前片

40cm

2-1-2
2-2-2
1-5-1
下针
编织方向

2-1-10
2-2-2

20cm
40行

20cm
40行

9cm
(21针)

6cm
(14针)

6cm
(14针)

9cm
(21针)

151

0159

【成品规格】 见图
【工具】 1.7mm棒针

【材料】 米色纯羊毛线 亮片和装饰带若干
【制作过程】 前片按图示起211针，织5cm双罗纹后，改织全下针，同时侧缝按图示减针，织27cm时加针，形成收腰，织15cm时留袖窿，在两边同时各平收10针，然后按图示收成袖窿，再织5cm时留前领窝。缝上亮片和装饰带。

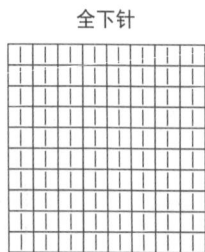

全下针

双罗纹

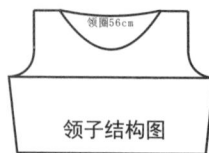

领圈56cm

领子结构图

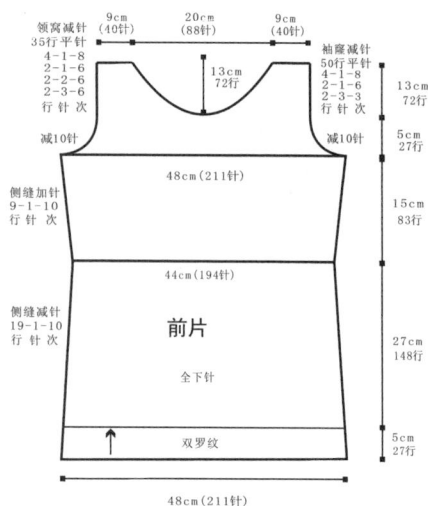

领窝减针
35行平针
4-1-8
2-1-6
2-2-6
2-3-6
行针次

9针
(40针)

20cm
(88针)

9针
(40针)

袖窿减针
50行平针
4-1-8
2-1-6
2-3-3
行针次

13cm
72行

13cm
72行

减10针

减10针

5cm
27行

48cm(211针)

侧缝加针
9-1-10
行针次

前片

15cm
83行

44cm(194针)

侧缝减针
19-1-10
行针次

全下针

27cm
148行

双罗纹

5cm
27行

48cm(211针)

0160

【成品规格】 见图
【工具】 1.7mm棒针
【材料】 白色纯羊毛线
【制作过程】 前片按图起针，织15cm单罗纹后，改织下针，并编入图案，织至完成。领圈另织15cm单罗纹，按结构图缝好，形成翻领。

领子结构图

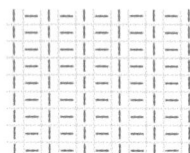

单罗纹

15cm
82行

编织方向　　**翻领** 单罗纹

47cm206针

7.5cm
(33针)

21cm
(92针)

7.5cm
(33针)

5cm(27行)

5cm
27行

4-1-23
4-2-10

2-2-4
2-3-4
2-6-1

13cm
71行

48cm(210针)

前片

15cm
82行

加
9-1-10

44cm(193针)

17cm
93行

减
19-1-10

单罗纹

15cm
82行

48cm 210针

0161

【成品规格】 见图
【工具】 1.7mm棒针
【材料】 白色纯羊毛线 通花布料
【制作过程】 前片由通花布料和编织的双罗纹下摆组成，下摆按图起210针，织20cm双罗纹，与通花布料缝制的前片缝合。领圈另织，起246针，织18cm双罗纹，形成高领，与领圈缝合。

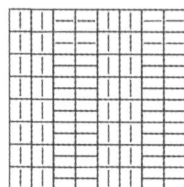

双罗纹

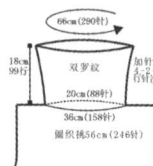

66cm(290针)

18cm
99行

双罗纹

加
4-2-4
行针次

20cm(88针)

36cm(158针)

侧织挑56cm(246针)

领子结构图

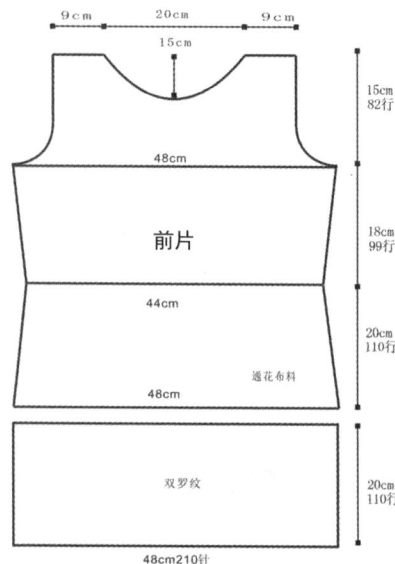

9cm

20cm

9cm

15cm

15cm
82行

48cm

前片

18cm
99行

44cm

20cm
110行

48cm

通花布料

双罗纹

20cm
110行

48cm210针

0162

【成品规格】 见图
【工具】 1.7mm棒针
【材料】 白色纯羊毛线 通花布料
【制作过程】 前片由通花布料和编织的双罗纹下摆组成，下摆按图起针，织双罗纹25cm，与通花布料缝制的衣片缝合。领圈另织双罗纹24cm，形成高领。与领圈缝合。

24cm
132行

双罗纹

另织198针

领子结构图

双罗纹

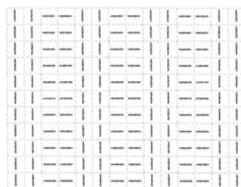

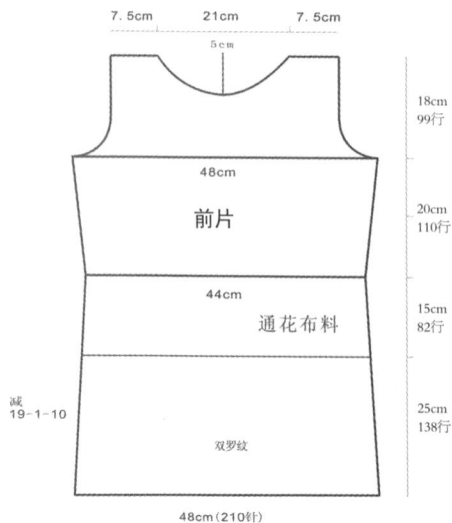

7.5cm

21cm

7.5cm

5cm

18cm
99行

48cm

前片

20cm
110行

44cm

通花布料

15cm
82行

减
19-1-10

双罗纹

25cm
138行

48cm(210针)

152

0163

【成品规格】 见图
【工具】 6.0mm棒针
【材料】 白色、深杏色、浅杏色毛线
【制作过程】 前片起65针，编织双罗纹针6cm后改织花样，织30cm后收袖窿，在离衣长6cm处收前领。领口挑起64针编织双罗纹针18cm。

双罗纹

领

18cm
32行

双罗纹

圈挑64针

前领减针
2行平织
2-2-2
2-3-2
8针停织

9cm (12针)　20cm (28针)　9cm (12针)

6cm 10行

后领减针
2行平织
2-2-2
20针停织

袖窿减针
32行平织
2-1-2
4针停织

前片

花样

双罗纹

18cm 32行

46cm (Zc针44)

前片针法

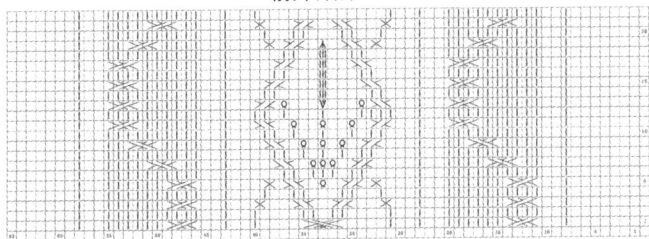

0165

【制作过程】 前片套衫部分起110针编织花样38cm后收袖窿，在离衣长6cm时收前领。前片开衫部分起58针，编织花样，注意用不同颜色线搭配，织38cm后收袖窿，织3cm后收前领。编织两片，其中一片在门襟侧留纽洞。缝上纽扣。

【成品规格】 见图
【工具】 3.0mm棒针
【材料】 军绿色、灰色、杏色各少许 纽扣6枚

花样

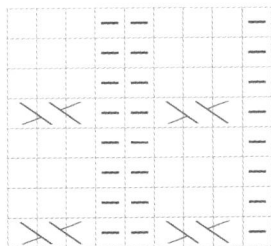

9cm (22针)　20cm (48行)　9cm (22针)

6cm 20行

9cm (22针)

15cm 50行

前领减针
2行平织
2-1-24
3针停织

后片 (套衫部分) 编织花样

前片 (开衫部分) (两片) 编织花样

46cm (110针)　　24cm (58针)

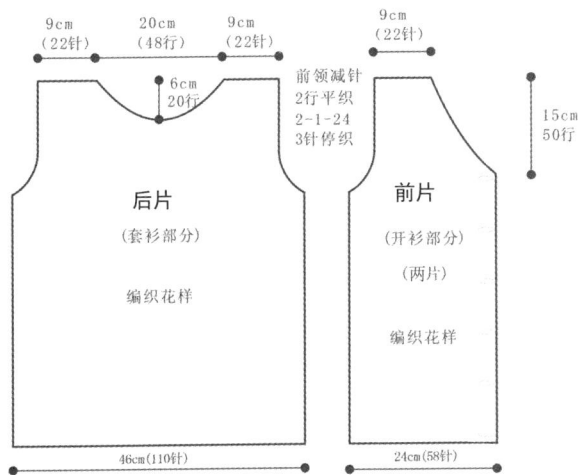

0164

在两边同时各平收5针，然后按图示收成袖窿，织5cm时留领窝。

9cm (20针)　20cm (14针)　9cm (20针)

13cm (42行)

袖肩减针
10行平织
4-1-3
2-1-2
2-2-3
行针次

18cm 58行

领窝减针
24行平织
4-1-2
2-1-2
行针次

平收 (29针)

减5针　　减5针

48cm (105针)

侧缝加针
4-1-10
行针次

15cm 48行

前片

44cm (96针)

侧缝减针
10-1-10
行针次

花样

20cm (10行)

双罗纹

12cm 66行

48cm (105针)

【成品规格】 见图
【工具】 2.5mm棒针
【材料】 蓝色纯羊毛线
【制作过程】 前片按图起105针，织12cm双罗纹后，改织花样，同时侧缝按图示减针，织20cm时加针，形成收腰，织15cm时留袖窿，

双罗纹

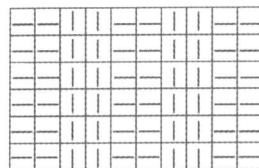

花样

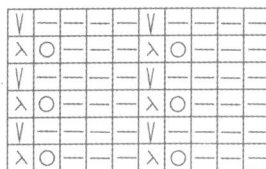

66cm (145针)

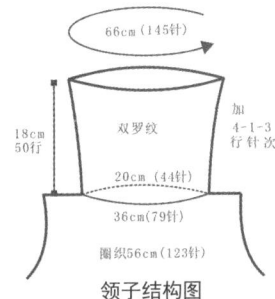

18cm 50行

双罗纹

加 4-1-3 行针次

20cm (44针)

36cm (79针)

圈织56cm (123针)

领子结构图

0166

【成品规格】 见图
【工具】 1.7mm棒针
【材料】 蓝色纯羊毛线
【制作过程】 前片按图起210针，先织双层平针底边后，改织全下针，侧缝同时按图示减针，织32cm时加针，形成收腰，织15cm时留袖窿，然后按图示收成插肩袖窿，剩44针全部收针。

19cm (84针)　10cm (44针)　19cm (84针)

13cm 72行

袖窿减针
4-1-5
2-1-5
3-2-2
行针次

5cm 27行

48cm (210针)

侧缝加针
9-1-10
行针次

15cm 82行

44cm (193针)

侧缝减针
19-1-10
行针次

前片

全下针

32cm 176行

对折缝合

双层平针底边

48cm (210针)

全下针

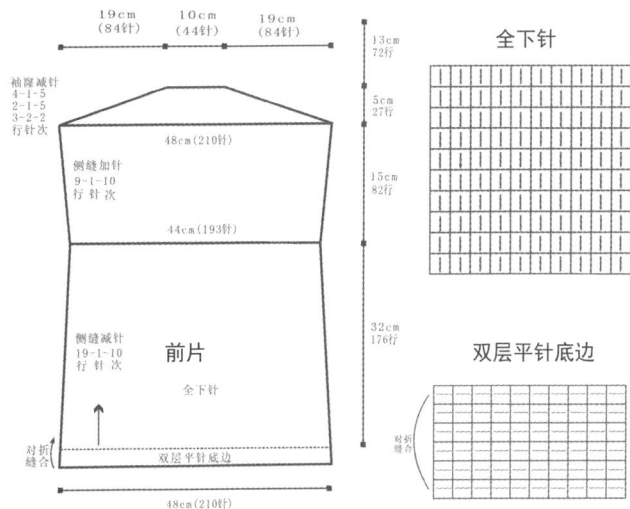

双层平针底边

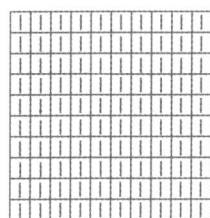
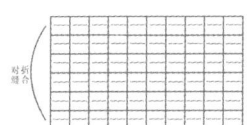

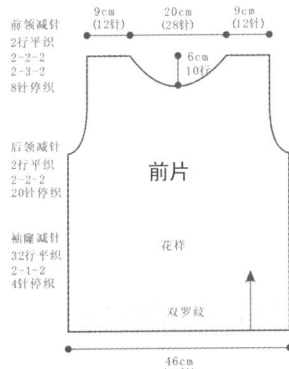
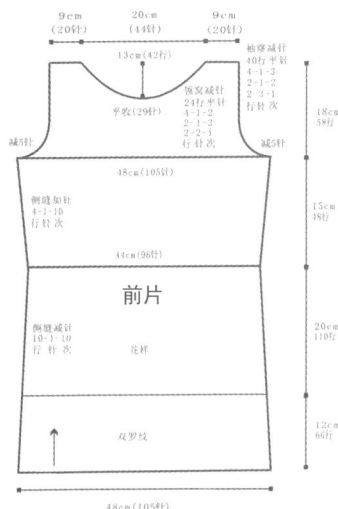

153

【成品规格】 见图
【工具】 2.5mm棒针
【材料】 白色纯羊毛线
【制作过程】 从领圈织起，起123针，织花样，编织过程中，均匀分散加针，织40cm后，按图分出两个袖口后，前片继续编织下摆8cm双罗纹，然后全部收针。

0167

花样

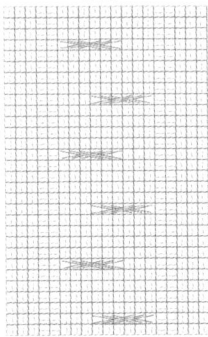

前后片结构图

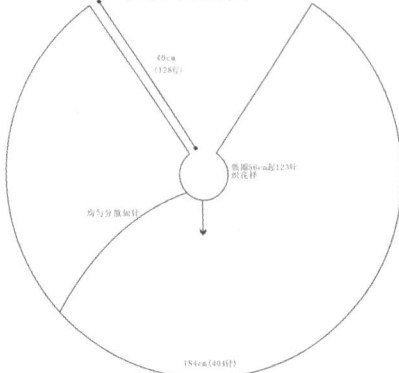

别按图起针，织12cm双罗纹后，改织花样。对称织出另一片。缝上拉链。

0169

花样

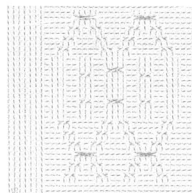

双罗纹

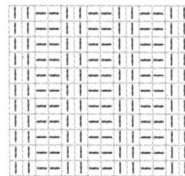

【成品规格】 见图
【工具】 1.7mm棒针
【材料】 白色纯羊毛线 拉链1条
【制作过程】 前片分左、右两片编织，分

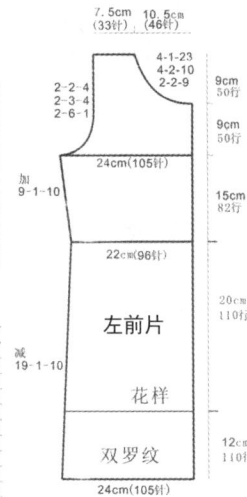

7.5cm 10.5cm
(33针) (46针)
4-1-23
4-2-10
2-2-9
2-2-4
2-3-4
2-6-1
9cm 50行
9cm 50行
24cm(105针)
加 9-1-10
15cm 82行
22cm(96针)

左前片

花样
双罗纹

减 19-1-10

20cm 110行
12cm 110行
24cm(105针)

改织花样，织到相应位子留袖窿领口。将衣片缝合，挑门襟和领，横的位子每针挑1针，竖的位子每2行挑3针，织够6cm后，门襟部分停织，领的部分每2行停织2针，再织30行，最后一并收针。

0168

【成品规格】 见图
【工具】 3.2mm棒针
【材料】 白色绒线
【制作过程】 前片起44针，织双罗纹16cm，

花样

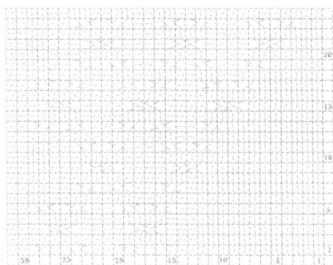

▲前片中间位置

0170

【成品规格】 见图
【工具】 2.5mm棒针

双罗纹

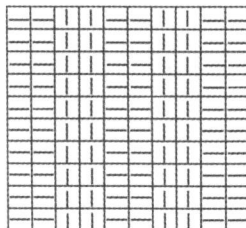

【材料】 白色纯羊毛线 拉链1条
【制作过程】 前片分左、右两片，分别按图起53针，织15cm双罗纹后，改织全下针，侧缝按图示减针，织17cm时加针，形成收腰，织15cm时平收5针，收袖窿，再5cm时同时收领窝，织至肩位余20针。同样方法织另一片。缝上纽扣。

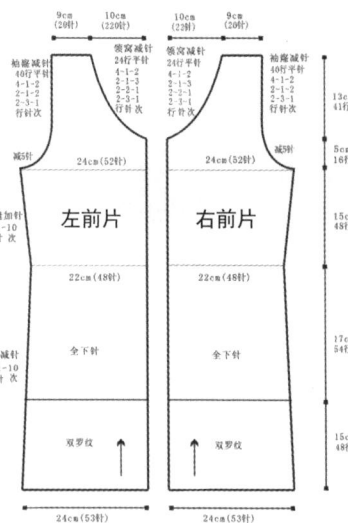

9cm 10cm
(20针) (220针)
10cm 9cm
(22针) (20针)
袖窿减针
40行平收
4-1-2
2-2-1
2-3-1
行针次
领窝减针
24行平收
4-1-3
2-2-1
2-3-1
行针次
领窝减针
24行平收
4-1-3
2-2-1
2-3-1
行针次
袖窿减针
40行平收
4-1-2
2-2-1
2-3-1
行针次

13cm 41行
减5针 减5针
5cm 16行
24cm(52针) 24cm(52针)

侧缝加针
4-1-10
行针次

左前片 右前片

15cm 54行

22cm(48针) 22cm(48针)
全下针 全下针

侧缝减针
10-1-10
行针次

17cm 54行

双罗纹 双罗纹
24cm(53针) 24cm(53针)

15cm 48行

全下针

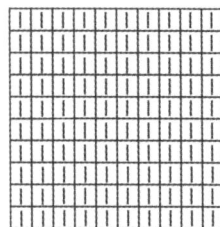

前袖窿减针
10行平
6-2-1
4-2-2
行-针-次

前领减针
18行平
4-1-2
2-1-5
2-2-3
行-针-次

10cm (25针)

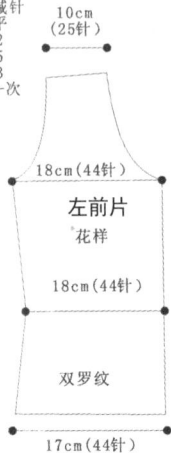

18cm(44针)

左前片
花样
18cm(44针)
双罗纹
17cm(44针)

后袖窿减针
28行平
6-2-1
4-2-2
行-针-次

后领减针
2-2-2
行-针-次
30针停织

10cm (25针)

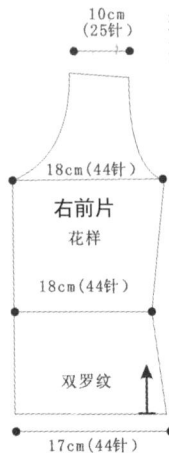

18cm(44针)

右前片
花样
18cm(44针)
双罗纹
17cm(44针)

双罗纹

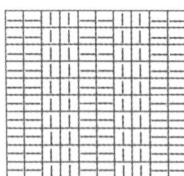

18cm 42行
18cm 42行
16cm 36行

每4行挑3针，织够6cm两面门襟各停织116针，然后每2行停织2针，再织30行，最后一起收针。

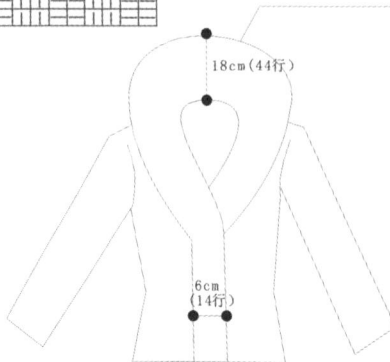

18cm(44行)

6cm (14行)

154

【工具】 4.0mm棒针
【材料】 米白色韩式全棉线 白色兔毛 米白色花边
1.2米
【制作过程】 前片起44针，单罗纹花样编织14行后
织花样B，编织76行后收前领，织96行后收袖窿，编
织两片。

0171

【成品规格】 见图

单罗纹

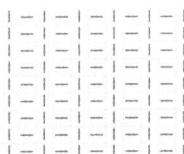

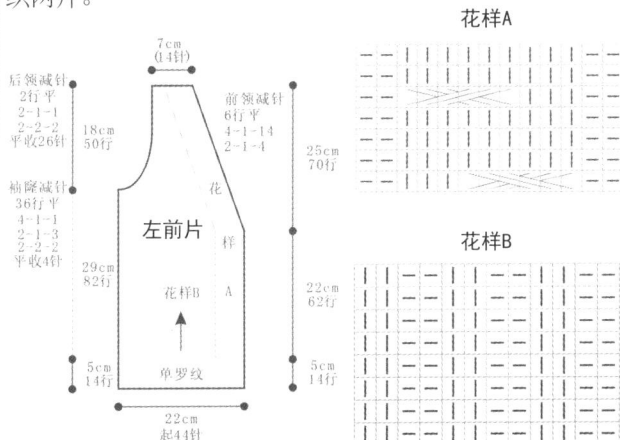

花样A

花样B

【成品规格】 见图
【工具】 1.7mm棒针 缝衣针
【材料】 白色纯羊毛线
【制作过程】 前片按图起210针，织2cm双罗纹后，
改织花样，并改织全下针，然后按图示收成插肩袖
窿，同时留领窝。领圈用缝衣针锁边。

0173

双罗纹

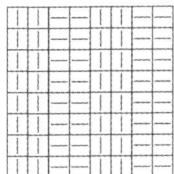

全下针

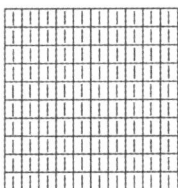

花样

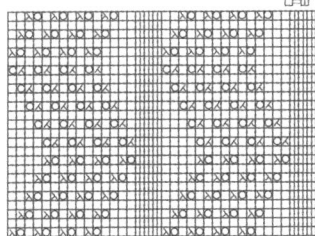

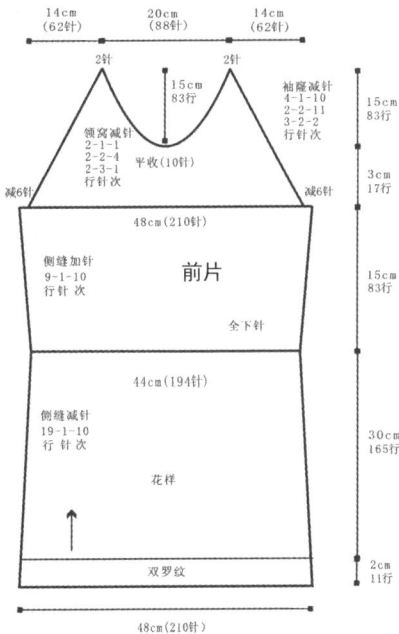

【成品规格】 见图
【工具】 3.2mm棒针
【材料】 红色细毛线
【制作过程】 起116针编织花样前片，不加减针织
30cm后加出袖窿，编织至45cm时减出前领窝。同
样方法完成另一侧前片，减针方向相反。

0174

【成品规格】 见图
【工具】 2.5mm棒针
【材料】 米色纯羊毛
线 纽扣5枚 装饰丝
带2根
【制作过程】 前片
分左、右两片编织，
分别按图起53针，织
8cm双罗纹后，改织
花样，侧缝按图示减
针，织24cm时加针，形成收腰，织15cm时
两边平收5针，按图收袖窿，再5cm时同时
收领窝，织至肩位余20针。同样方法织另
一片。缝上纽扣和装饰丝带。

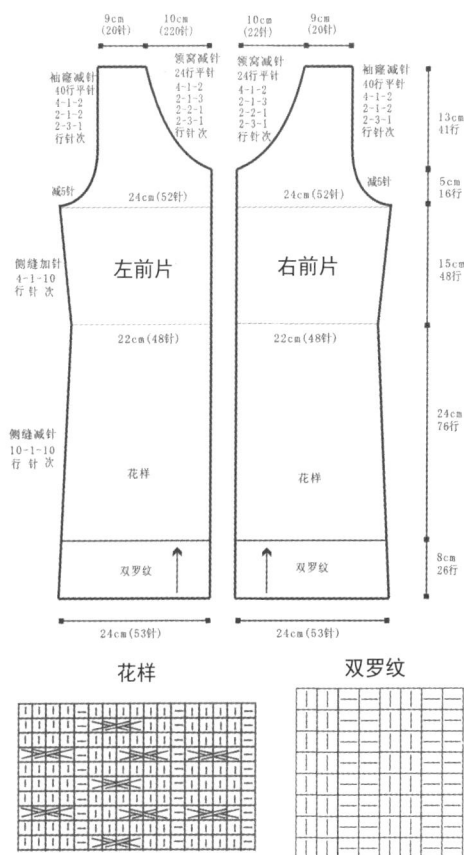

花样

双罗纹

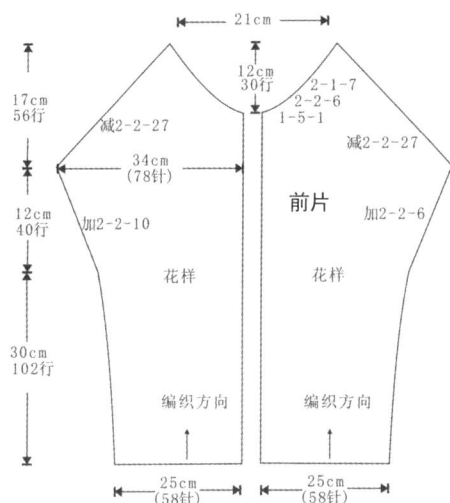

【成品规格】见图
【工具】3.5mm棒针 环形针
【材料】白色毛线
【制作过程】单股线编织。毛衣单片编织完成。起126针从袖口开始编织花样袖片，两侧按图加针，共织50行，袖长编织到30cm时开始领窝减针，后领窝不加减针，前领窝按图示加减针，领窝共织20cm，按图示完成后，再连接身片继续编织，按原来减针针数如数加出另一侧袖片，完成后收针断线。

0175

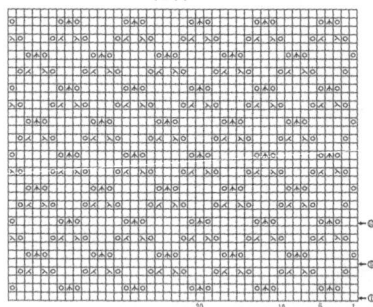

花样

【成品规格】见图
【工具】1.7mm棒针 缝衣针
【材料】米黄色纯羊毛线 亮珠若干
【制作过程】前片按图示起211针，先织双层平针底边后，改织全下针，同时侧缝按图示减针，织32cm时加针，形成收腰，织15cm时留袖窿，在两边同时各平收10针，然后按图示收成袖窿，再织5cm时留前领窝，领圈用缝衣针锁边。缝上亮珠。

0176

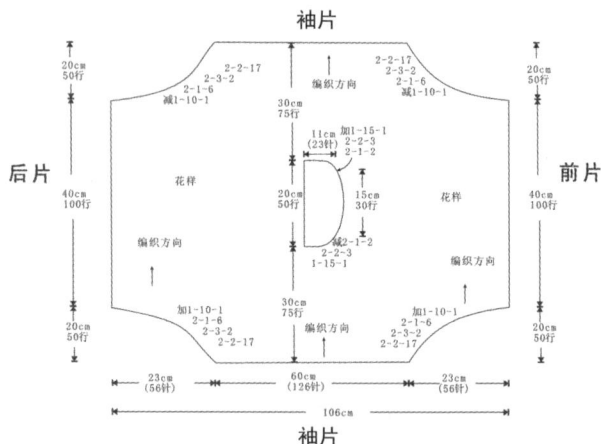

袖片

袖片

领子结构图

全下针

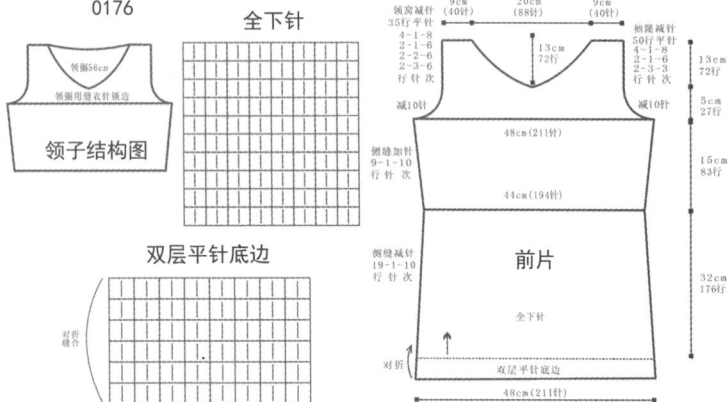

双层平针底边

前片

0178

【成品规格】见图
【工具】1.7mm、2.5mm棒针
【材料】湖蓝色纯羊毛线
【制作过程】前片按图示起211针，织8cm双罗纹后，

改织全下针，同时侧缝按图示减针，织24cm时加针，形成收腰，并按图开领窝。领边另织，用2.5mm棒针，起22针，织76cm花样，与领圈缝合。

领圈花样

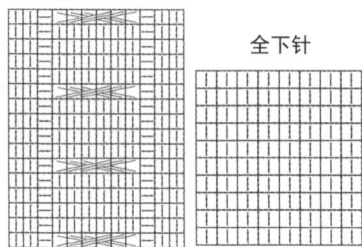

全下针

针。同时侧缝按图示减针，织32cm时加针，形成收腰，织15cm时留袖窿，在两边同时各平收10针，然后按图示收成袖窿，再织5cm时留前领窝。领圈挑290针，织4cm全下针，褶边缝合，形成双层圆领。

0177

【成品规格】见图
【工具】1.7mm棒针
【材料】浅咖啡色、深咖啡色、白色纯羊毛线
【制作过程】前片按图示起211针，先织双层平针底边后，改织全下

领子结构图

全下针

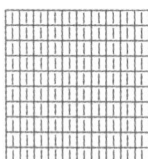

前片

双层平针底边

双罗纹

领子结构图

领边

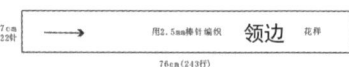

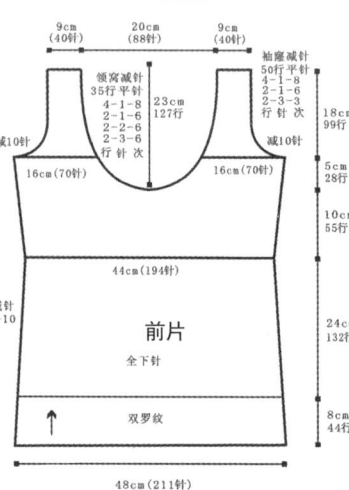

前片

双罗纹

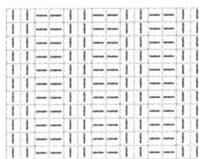
双罗纹

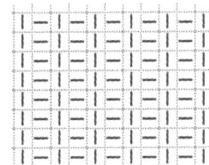
单罗纹

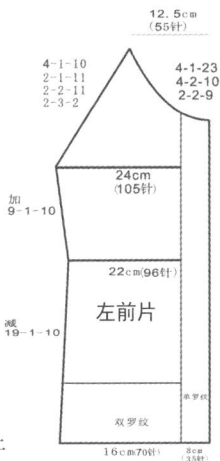

0179

【成品规格】 见图
【工具】 1.7mm棒针
【材料】 红色纯羊毛线 纽扣1枚 亮珠若干
【制作过程】 前片分左、右两片编织，分别按图起针，先织双罗纹8cm后，改织下针，门襟的位置织单罗纹，织至完成。对称织出另一片，缝上纽扣和亮珠。

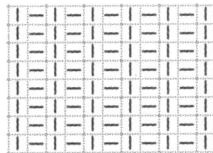
单罗纹

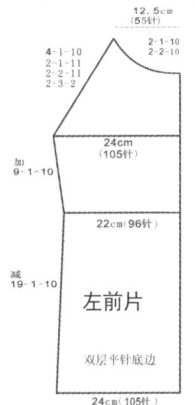

0181

【成品规格】 见图
【工具】 1.7mm棒针
【材料】 红色纯羊毛线 拉链1条 衣袖衬边2条
【制作过程】 前片分左、右两片编织，分别按图起针，先织双层平针底边，然后改织下针，直至织完成。领子挑针，织10cm单罗纹。对称织出另一片。缝上拉链和衣袖衬边。

双层平针底边
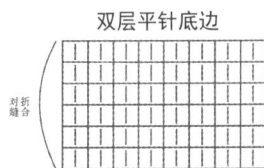

| 编织方向 | 翻领 | 单罗纹 |

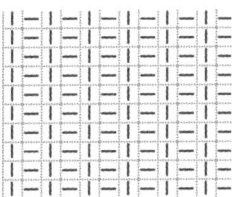
单罗纹

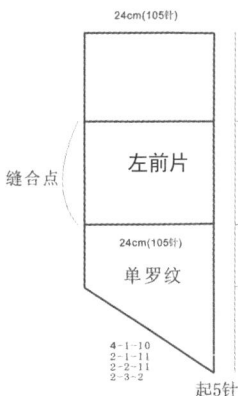

0182

【成品规格】 见图
【工具】 1.7mm棒针
【材料】 红色纯羊毛线 装饰扣1枚
【制作过程】 前片分左、右两片编织，分别按图起5针，织单罗纹，并按图加针，织至完成。对称织出另一片。缝上装饰扣。

0180

【成品规格】 见图
【工具】 1.7mm棒针 绣花针
【材料】 红色纯羊毛线 亮珠和绣花若干
【制作过程】 前片按图示起211针，织12cm双罗纹后，改织全下针，同时侧缝按图示减针，织20cm时加针，形成收腰，织15cm时留袖窿，在两边同时各平收10针，然后按图示收成袖窿，再织5cm时留前领窝，领边挑246针，织3cm全下针，褶边缝合，形成双层圆领。缝上亮珠和绣花。

双罗纹
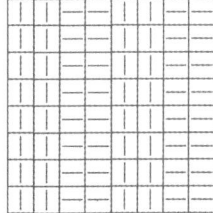

全下针
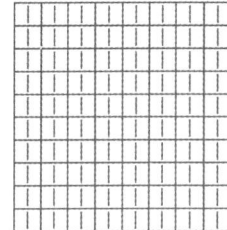

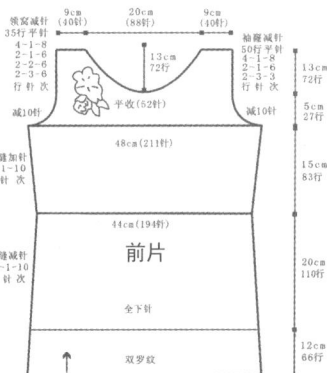

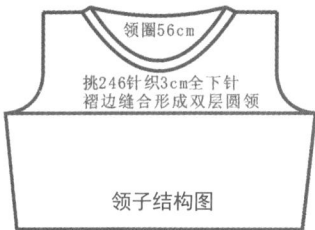

领子结构图

0183

【成品规格】 见图
【工具】 1.7mm棒针
【材料】 红色、杏色纯羊毛线
【制作过程】 前片按图起针，先织双层平针底边，后改织下针，并间色至织完成。领圈挑198针，圈织24cm下针，形成高领。

领子结构图

双层平针底边

0184

【成品规格】 见图
【工具】 2.5mm棒针
【材料】 红色、白色纯羊毛线 纽扣7枚 亮珠若干

【制作过程】 前片分左、右两片编织，按图起53针，织6cm双罗纹后改织全下针，按彩图配色，侧缝按图示减针，26cm时加针，形成收腰，15cm时平收5针，收袖窿，再织3cm时同时收领窝，织至肩位余20针。同样方法织另一片。领圈挑127针，织4cm双罗纹，形成圆领。缝上纽扣和亮珠。

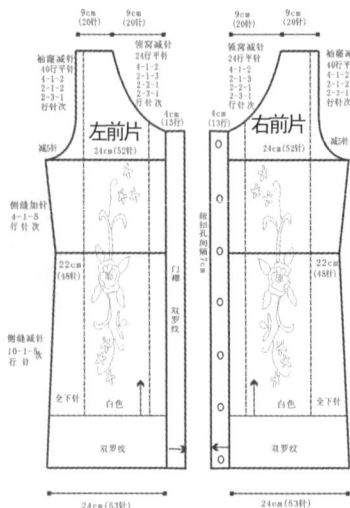

领子结构图

领圈58cm挑127针
织4cm双罗纹

门襟挑110针
织4cm双罗纹

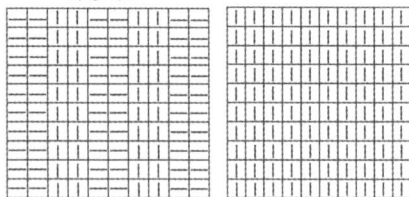

双罗纹　全下针

0185

【成品规格】 见图
【工具】 3.5mm棒针
【材料】 白色竹纤维线 纽扣5枚

【制作过程】 起100针双罗纹针，编织下针前片，两侧加减针收腰，编织至27cm时两侧分别减出袖窿，身长共织34cm。缝上纽扣。

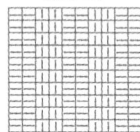

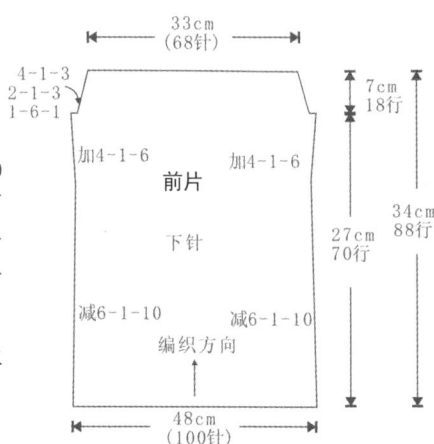

花样

双罗纹

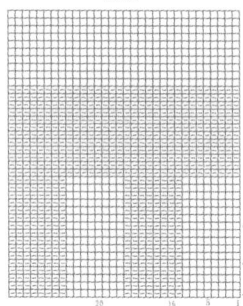

0186

【成品规格】 见图
【工具】 4号钩针 编花器
【材料】 白色棉线 红色、蓝色、绿色、粉色、驼色马海毛线各少许

【制作过程】 编花器编出单元花，外侧3针辫子针连接，共完成7个，颜色搭配根据个人喜欢调换，前片分两片钩编，先起46针辫子针钩织下片，中心位置加入单元花，织42cm，收针断线。另起46针辫子针钩织上片，两侧加入单元花，钩织4cm，进行袖窿、领窝减针，按图减针后钩织至肩部收针。

花样

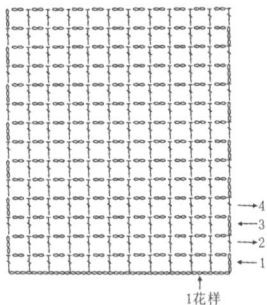

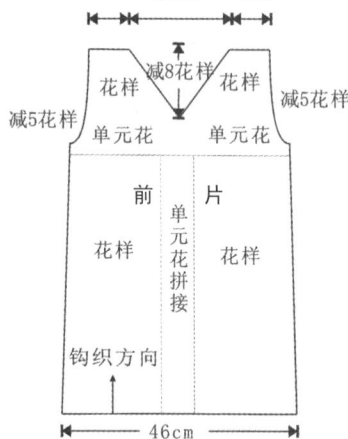

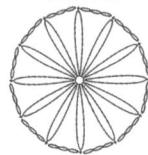

0187

【成品规格】 见图
【工具】 3.0mm棒针
【材料】 白色棉绒线 子母扣2枚

【制作过程】 先按图完成衣片下摆，再沿边按图示挑织花样上片，身长共织40cm后开始袖窿减针，按图示减针后编织到肩部，肩部余8针。缝上子母扣。

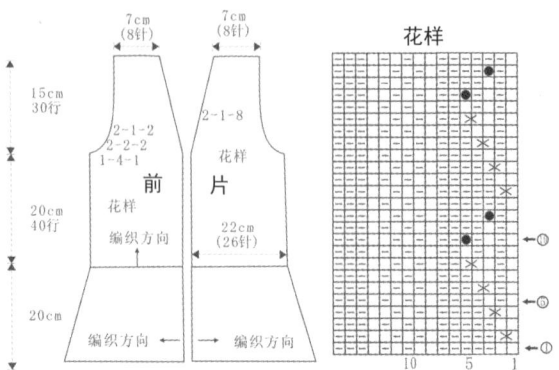

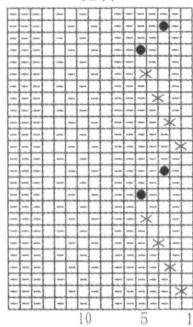

单元花样

胸前花样

0188

【成品规格】 见图
【工具】 1.7mm棒针 小号钩针
【材料】 米黄色纯羊毛线
【制作过程】 前片按图起针，织3cm双罗纹后，改织花样，织至完成。领圈另织，按图缝合。

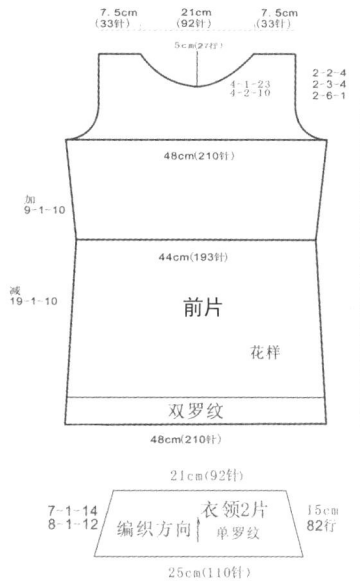

花样

单罗纹

双罗纹

前片示意图：

7.5cm（33针） 21cm（92针） 7.5cm（33针）

5cm（2行）

2-2-4
2-3-4
2-6-1
4-1-23
4-2-10

18cm
99行

48cm（210针）

15cm
82行

加9-1-10
减19-1-10

44cm（193针）

前片
花样

32cm
176行

双罗纹

3cm
16行

48cm（210针）

衣领2片：
7-1-14
8-1-12
21cm（92针）
编织方向
单罗纹
15cm
82行
25cm（110针）

0189

【成品规格】 见图
【工具】 4.0mm棒针
【材料】 黑色中粗羊毛线 纽扣5枚
【制作过程】 前片起36针，按前片的编织花样织20cm后，开衣袋口，然后继续织花样，织57cm后按编织图减针成衣前片的袖窿及前衣片领口。缝上纽扣。

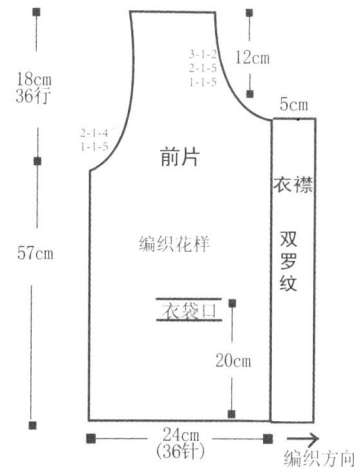

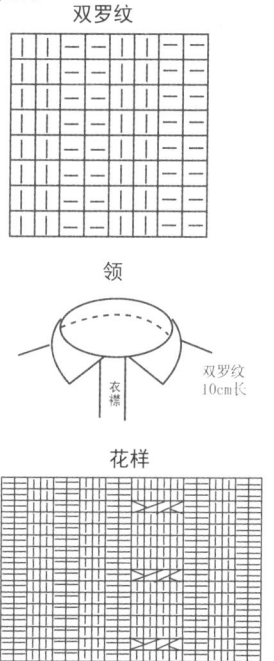

双罗纹

领

双罗纹10cm长
衣襟

花样

前片示意图：

18cm
36行
57cm

2-1-4
1-1-5

3-1-2
2-1-2
1-1-5

12cm
5cm

前片
编织花样

衣襟
双罗纹

衣袋口
20cm

24cm（36针）
编织方向

0190

【成品规格】 见图
【工具】 3.2mm棒针
【材料】 白色、红色、绿色纯羊毛线
【制作过程】 两股线编织。毛衣由上、下片组成。分别起154针双罗纹针边，编织花样前下片，两侧加减针收腰，编织至36cm时收针断线。起134针双罗纹针上身片，不加减针8cm，收针断线，完成两片。起6针编织下针肩带，共织32cm，完成2条。

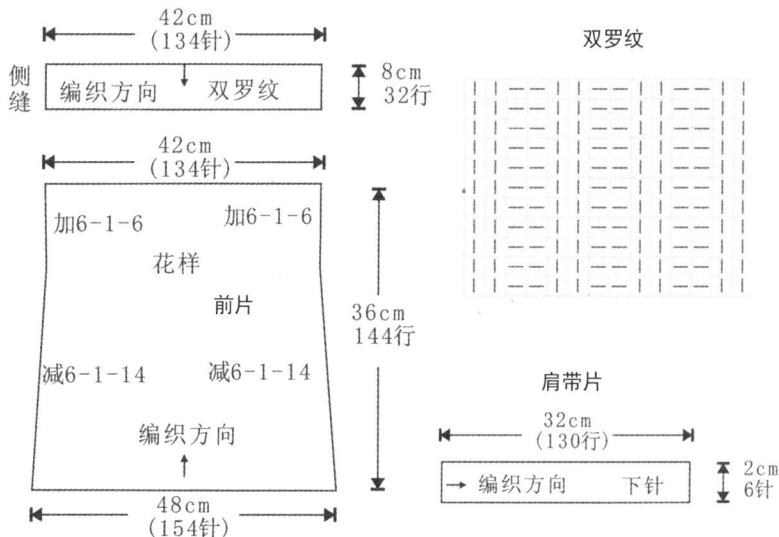

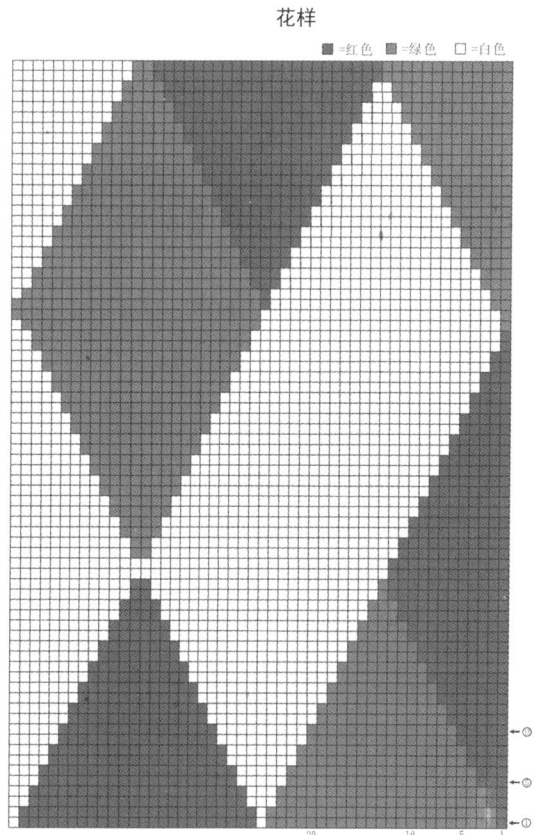

侧缝

42cm（134针）
编织方向 双罗纹
8cm
32行

42cm（134针）

加6-1-6 加6-1-6
花样
前片
36cm
144行
减6-1-14 减6-1-14
编织方向

48cm（154针）

双罗纹

肩带片

32cm（130行）
编织方向 下针
2cm
6针

花样

■=红色 ■=绿色 □=白色

0191

【成品规格】 见图
【工具】 3.25mm棒针
【材料】 白色毛线
【制作过程】 前片(两片)单罗纹起针法起64针，单罗纹针编织2cm；按图解24针，16针，24针，织入下针，镂空针，下针。织镂空针时先把对应的16针收针。往上织32cm后按袖窿减针及领减针织出袖窿和领，因后片与前片相同，再相同织一片。

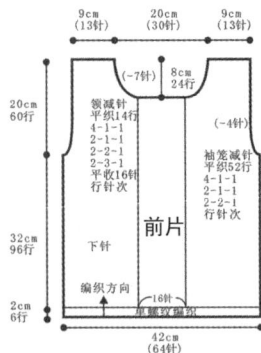

前片

单罗纹

0192

【成品规格】 见图
【工具】 3.25mm棒针 3.0mm钩针
【材料】 白色毛线
【制作过程】 前片普通起针法起针，花样B编织24cm后，花样A编织，袖窿及前领减针见花样A图解。

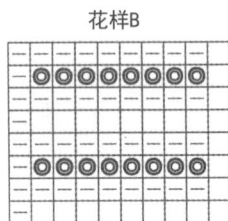

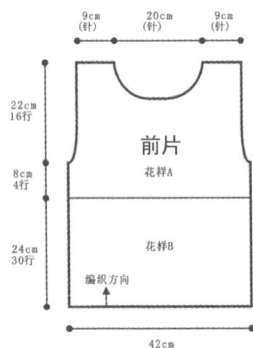

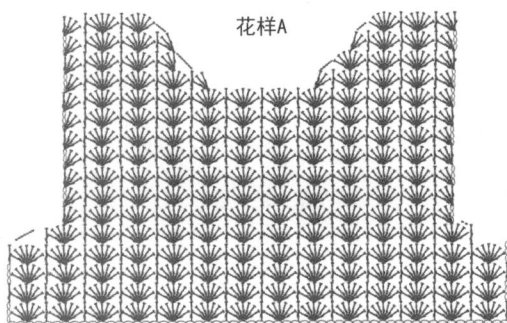

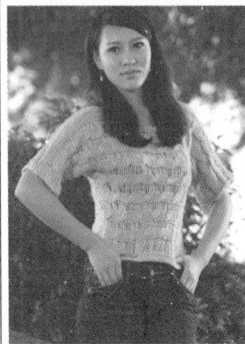

花样B

前片
花样A
花样A

花样A

0193

编织，织13cm后开领(开领处花样A第二针为下针)。按前领加针，前领减针开领，织20cm后，再平织13cm，下身片处收32针，再按花样A编织，按肩斜减针织20cm后收针。

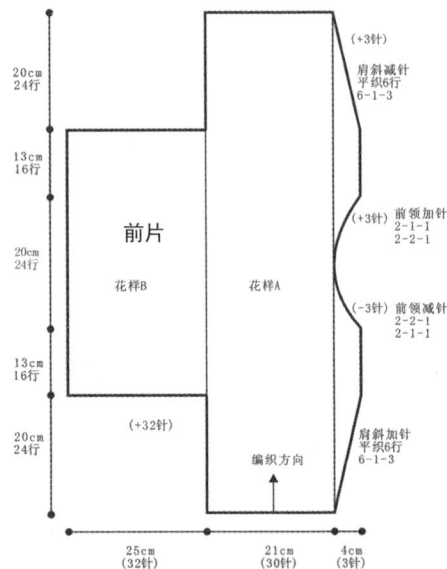

【成品规格】 见图
【工具】 3.25mm棒针
【材料】 米色棉麻线
【制作过程】 前片普通起针法起30针，按花样A编织，并按肩斜加针加3针，织20cm；加32针(如图)，加针处按花样B。

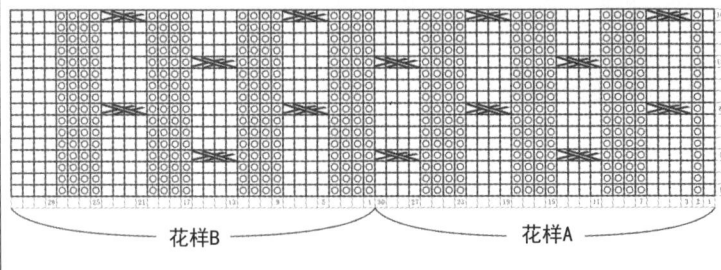

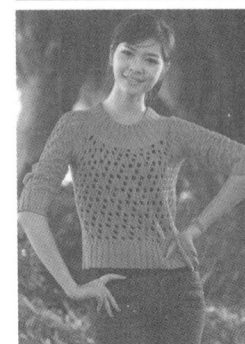

前片
花样B　花样A

花样B　花样A

0194

【成品规格】 见图
【工具】 3.0mm、3.25mm棒针
【材料】 红色毛线
【制作过程】 前片用3.0mm棒针双罗纹起针法起84针，双罗纹编织8cm；换6号棒针花样编织26cm；按前袖窿减针及前领减针织出袖窿和前领。

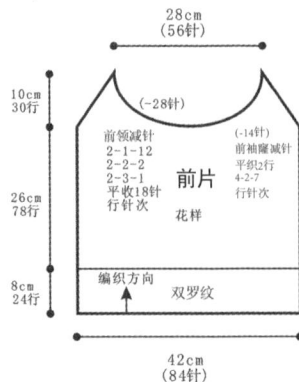

双罗纹

花样

前片
花样
双罗纹

【成品规格】 见图
【工具】 1.7mm棒针
【材料】 梅红色纯羊毛线 腰带1根
【制作过程】 前片按图起211针，按图排花，同时按图示减针，织32cm时加针，形成收腰，织15cm时不用加减针，织完袖窿，领窝按图示减针。系上腰带。

0195

花样

单罗纹

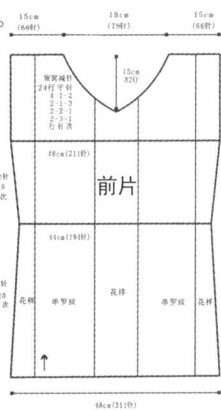

【成品规格】 见图
【工具】 1.7mm棒针
【材料】 黄色纯羊毛花线
【制作过程】 前片按图起211针，织5cm双罗纹后改织花样，同时侧缝按图示减针，织27cm时加针，形成收腰，织15cm时留袖窿，在两边同时各平收10针，然后按图示收成袖窿，再织5cm时留前领窝。

0196

双罗纹

花样

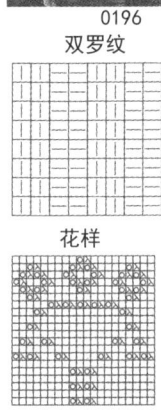

后片领子结构图

前片领子结构图

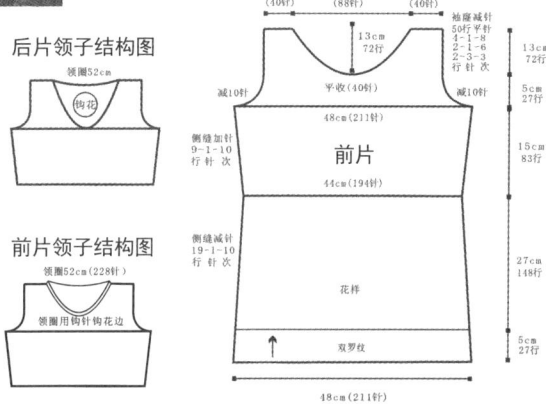

0197

【成品规格】 见图
【工具】 1.7mm棒针
【材料】 灰色纯羊毛线 纽扣2枚
【制作过程】 前片分左、右两片编织，分别按图起针，织花样至织完成。对称织出另一片。缝上纽扣。

双罗纹

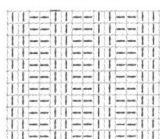

花样

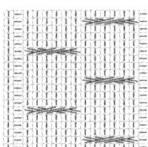

左前片

【成品规格】 见图
【工具】 2.5mm棒针
【材料】 灰色纯羊毛线 纽扣5枚
【制作过程】 前片分左、右两片编织，按图起52针，织10cm双罗纹后，改织花样，织33cm时平收6针，收插肩袖窿，织17.5cm时同时收领窝，织至肩位余2针。领圈挑针，织15cm花样，形成翻领，门襟另织按图与左、右前片缝合。缝上纽扣。

0198

领子结构图

花样

双罗纹

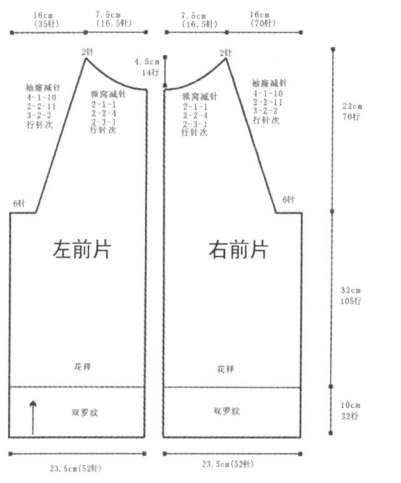

左前片　右前片

0199

【成品规格】 见图
【工具】 2.5mm棒针
【材料】 灰色纯羊毛线
【制作过程】 前片按图起105针，织10cm双罗纹后，分左、右两片编织，改织花样，中间留35针不织，两边按图示减针，33cm时加13针，织至完成。

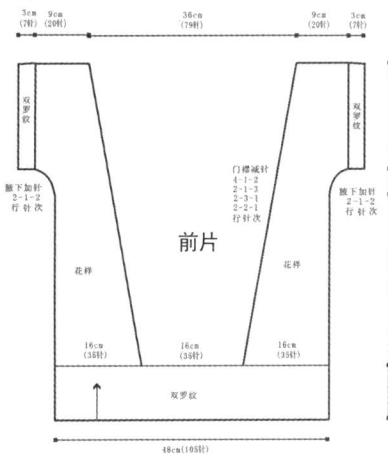

前片

双罗纹

花样

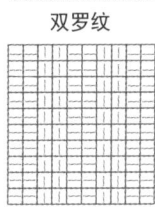

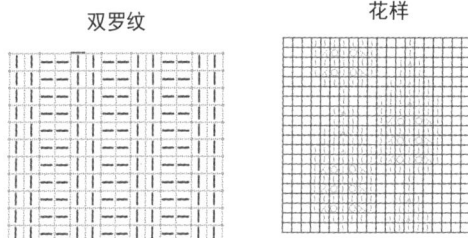

0200

【成品规格】 见图
【工具】 2.5mm棒针
【材料】 灰色纯羊毛线
【制作过程】 前片按图起103针，织10cm单罗纹后，改织花样，织33cm时平收6针，收插肩袖窿，织17.5cm时同时收领窝，织至肩位余2针。领圈挑79针，织18cm单罗纹，形成宽高领。

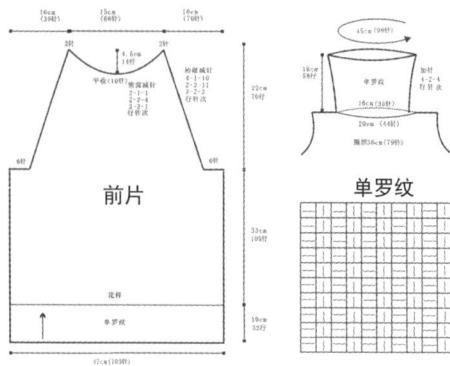

前片

花样

单罗纹

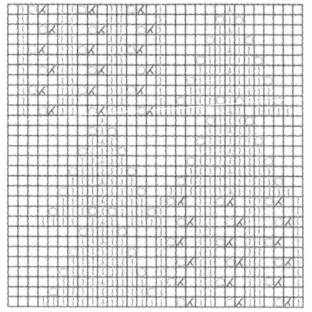

0201

【成品规格】 见图
【工具】 2.5mm棒针
【材料】 灰色纯羊毛线 纽扣5枚 金属装饰环若干
【制作过程】 前片分左、右两片编织，按图起53针，织5cm双罗纹后，改织花样，并按图示减针，织27cm时加针，形成收腰，织15cm时两边平收5针，收袖窿，再织3cm时同时收领窝，织至肩位余20针。同样方法织另一片。领圈挑105针，织12cm双罗纹，形成翻领，缝上纽扣和金属装饰环。

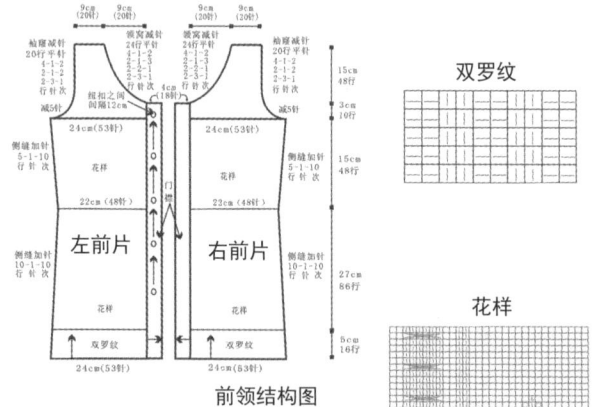

左前片　右前片

双罗纹

花样

翻领

前领结构图

0202

【成品规格】 见图
【工具】 2.5mm棒针
【材料】 灰色纯羊毛线 纽扣3枚
【制作过程】 前片分左、右两片编织，按图起53针，织8cm双罗纹后改织花样，侧缝按图收成蝙蝠袖，织38cm时加针成为袖口，同时收领窝。袖口另织5cm双罗纹，门襟挑针织5cm双罗纹。同样方法织另一袖。领圈挑针，织5cm双罗纹，形成开襟圆领。缝上纽扣。

花样

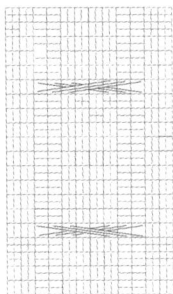

双罗纹

领子结构图

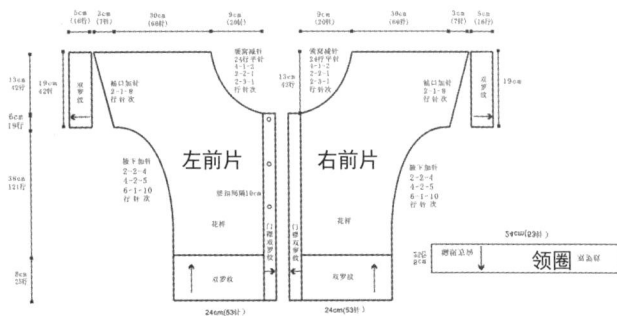

左前片　右前片

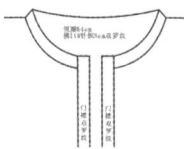

领圈

0203

【成品规格】 见图
【工具】 2.5mm棒针
【材料】 米色纯羊毛线 装饰绳子1根
【制作过程】 前片按图示起97针，织5cm双罗纹后，改织全下针，同时侧缝按图示减针，织27cm时加针，形成收腰，织15cm时留袖窿，在两边同时各平收5针，然后按图示收成袖窿，再织5cm时留前领窝。系上装饰绳子。

全下针

双罗纹

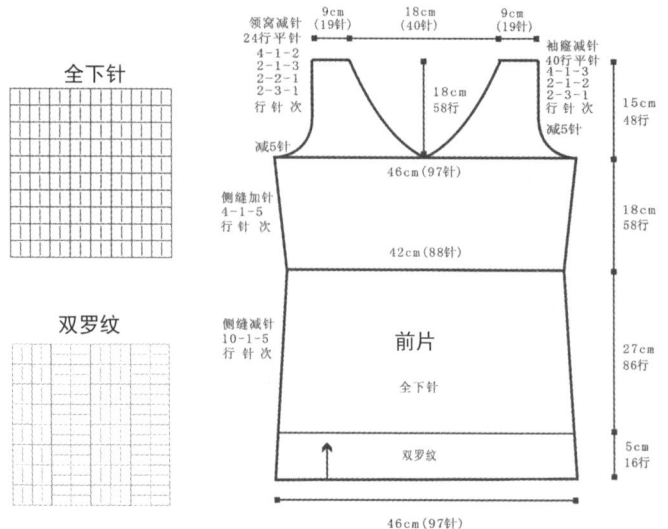

前片

全下针

双罗纹

【成品规格】 见图
【工具】 2.5mm棒针
【材料】 米色纯羊毛线
【制作过程】 前片按图起105针，织5cm双罗纹后，改织全下针，侧缝两边继续织双罗纹，并减针，织27cm时加针，形成收腰，织15cm时两边平收5针，收袖窿，再织5cm时开领窝。

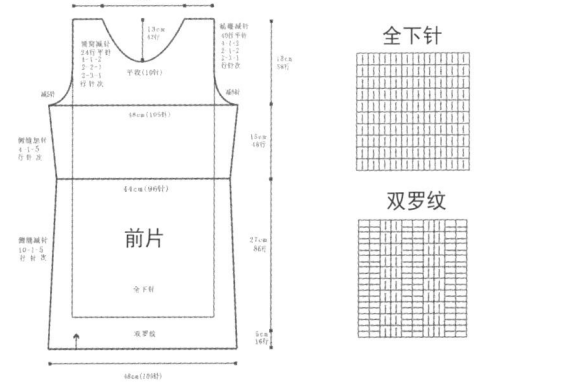

0204

【成品规格】 见图
【工具】 2.5mm棒针
【材料】 花色混合纯羊毛线 纽扣3枚
【制作过程】 前片分上、下两片编织，上片按图起50针，织全下针，并按图示加针，织10cm时平收5针，收袖窿，再织3cm时同时收领窝，织至肩位余20针。下片按图起62针，织6cm双罗纹后，改织全下针，织完成后，打皱褶与上片缝合。同样方法织另一片。缝上纽扣。

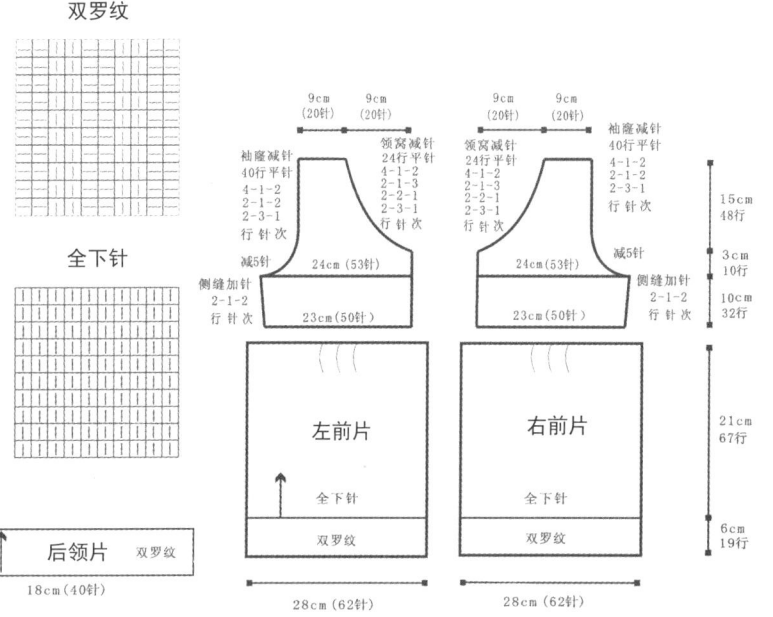

0205

全下针

双罗纹

双罗纹

全下针

前片

前领结构图

前领片

18cm(40针)
6cm
19行
1cm
(2针)
减4-1-4

6cm
19行
后领片 双罗纹
18cm(40针)

双罗纹

全下针

左前片
全下针
双罗纹
28cm(62针)

右前片
全下针
双罗纹
28cm(62针)

9cm(20针) 9cm(20针)

袖窿减针
40行平针
4-1-2
2-1-2
2-2-1
2-3-1
行 针 次

领窝减针
24行平针
4-1-2
2-1-3
2-2-1
2-3-1
行 针 次

领窝减针
24行平针
4-1-2
2-1-3
2-2-1
2-3-1
行 针 次

袖窿减针
40行平针
4-1-2
2-1-2
2-3-1
行 针 次

减5针
24cm(53针)
侧缝加针
2-1-2
行 针 次
23cm(50针)

减5针
24cm(53针)
侧缝加针
2-1-2
行 针 次
23cm(50针)

15cm
48行

3cm
10行

10cm
32行

21cm
67行

6cm
19行

【成品规格】 见图
【工具】 5.0mm棒针
【材料】 深灰色混纺毛线
【制作过程】 起90针，编织花样，如图示加针，加至196针后平织10cm。门襟和领起12针编织单罗纹针108cm。将织好的长条沿着门襟、后领一圈缝好，最后将花样针法中的圈圈剪断，理顺即可。

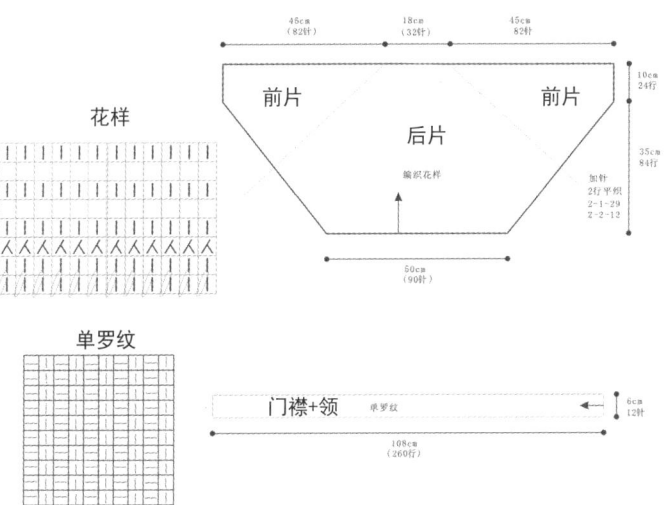

0206

花样

单罗纹

前片

前片

后片

缩织花样

45cm(82针) 18cm(32针) 45cm(82针)

10cm
24行

35cm
84行

加针
2行平织
2-1-29
2-2-12
行 针 次

50cm(90针)

门襟+领 单罗纹
108cm(260行)
6cm
12行

【成品规格】 见图
【工具】 2.5mm棒针
【材料】 灰色长毛绒线 纽扣4枚
【制作过程】 前片分左、右两片编织，按图起40针，织8cm双罗纹后，改织全下针，同时按图示减针，织24cm时加针，形成收腰，织18cm时留袖窿，在两边同时各平收5针，然后按图示收成袖窿，门襟减针。同样方法织另一片。缝上纽扣。

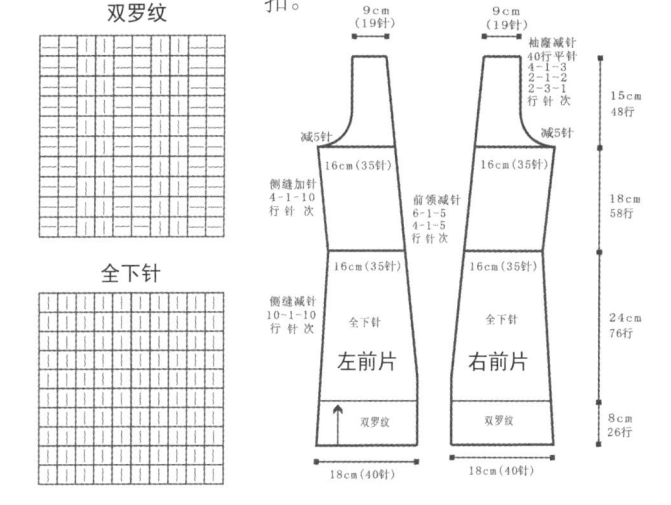

0207

双罗纹

全下针

9cm(19针) 9cm(19针)

袖窿减针
40行平针
4-1-3
2-1-2
2-3-1
行 针 次

减5针
16cm(35针)
侧缝加针
4-1-10
行 针 次

减5针
16cm(35针)
前领减针
6-1-5
4-1-5
行 针 次

16cm(35针)

16cm(35针)

侧缝减针
10-1-10
行 针 次

全下针
左前片
双罗纹
18cm(40针)

全下针
右前片
双罗纹
18cm(40针)

15cm
48行

18cm
58行

24cm
76行

8cm
26行

163

0208

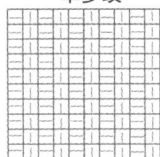

单罗纹

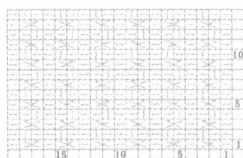

花样

【成品规格】 见图
【工具】 2.6mm、3.2mm棒针
【材料】 黑色粗毛线
【制作过程】 左前片右边留13针织边(单罗纹)左侧按图解加针,右前片左边留13针织边(单罗纹)右侧按图解加针,再织17cm,分别按图解减针,衣片织完后缝合。

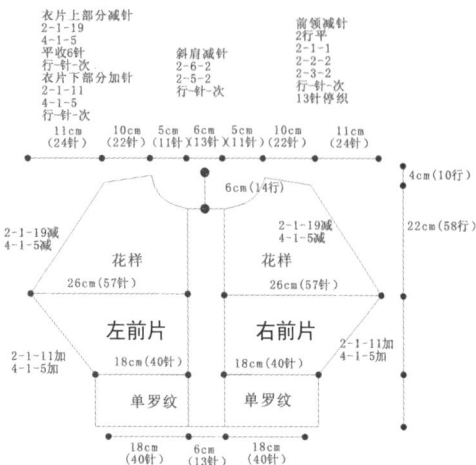

0209

双罗纹

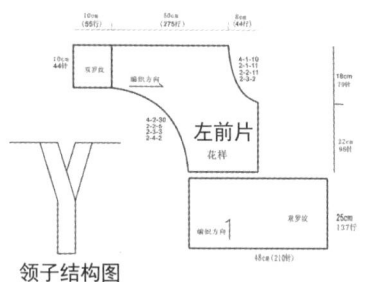

花样

【成品规格】 见图
【工具】 1.7mm棒针
【材料】 深蓝色、白色纯羊毛线 装饰纽扣3枚
【制作过程】 前片分上、下部分组成,上部分左、右两片编织,分别从衣袖织起,按编织方向起针,织双罗纹10cm后,改织花样,并间色,织至完成。对称织出另一片。缝上装饰纽扣。

领子结构图

0210

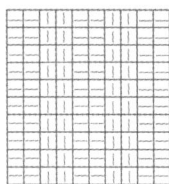

双罗纹

【成品规格】 见图
【工具】 2.5mm棒针
【材料】 花色纯羊毛线
【制作过程】 前片按图起105针,织双罗纹,中线按图减针,织到32cm时留袖窿,在两边同时各平收5针,然后按图示收成袖窿,再织5cm时留前领窝。

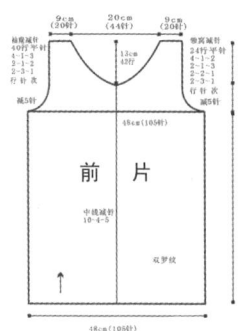

前 片

0211

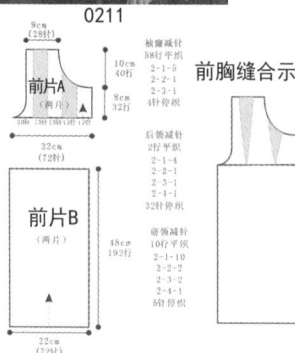

前胸缝合示意图

前片A
(两片)

后片B
(两片)

【成品规格】 见图
【工具】 2.0mm棒针
【材料】 黑色、白色细毛线
【制作过程】 前片A片起72针,如图所示进行排色编织平针并开始收袖窿,织8cm后开始收前领,纺织两片。前片B片起72针,编织平针48cm后平收,编织两片。

领、门襟图解

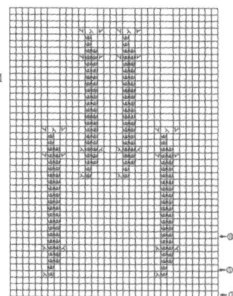

0213

花样

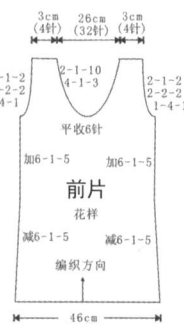

0212

0212

【材料】 黄色、褐色竹纤维线 拉链1条
【制作过程】 起48针编织上针前片,身长共织到32cm时进行袖窿、前衣领减针,编织至肩部收针,肩部余14针。同样方法完成另一侧前片,方向相反。装上拉链。

【成品规格】 见图
【工具】 3.5mm棒针
缝纫机

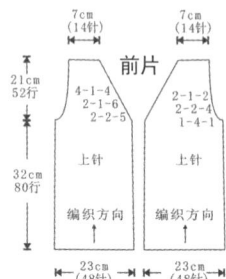

前片

【成品规格】 见图
【工具】 3.0mm棒针 环形针
【材料】 浅驼色丝带线
【制作过程】 起60针编织花样前片,编织到35cm时同时进行袖窿、前领窝减针,按结构图减完针后收针断线。

前片
花样

0214

【成品规格】 见图
【工具】 1.7mm棒针 2.5mm钩针
【材料】 黄色纯羊毛线
【制作过程】 前片分上、下片编织，上片分左、右片编织，分别按图示起158针，织花样B，下片按图起211针，织2cm单罗纹后，改织花样A，并减针，左右上片重叠后与下片缝合。

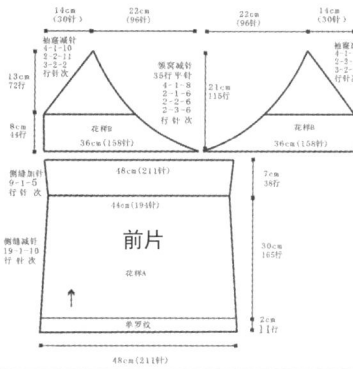

领子结构图

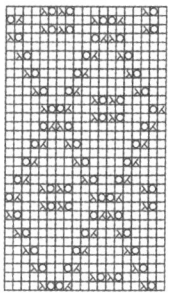

花样A

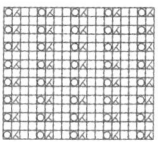

花样B

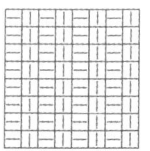

单罗纹

0215

【成品规格】 见图
【工具】 4.0mm棒针 5.0mm钩针
【材料】 咖啡色棉线 同色松树纱
【制作过程】 先钩35朵小花备用（最后一圈用松树纱钩）。然后再钩前片、后肩与下摆，钩的过程中在相应的位置拼入小花。在前片适合的位置钩两条长绳。

花样

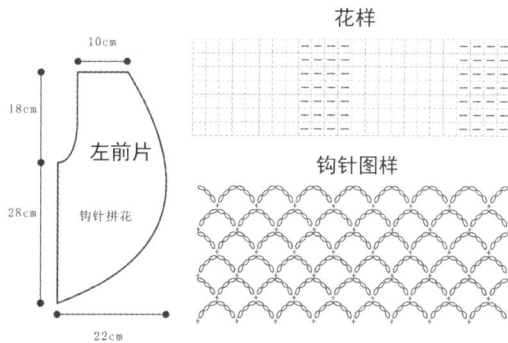

左前片

钩针拼花

钩针图样

0216

【成品规格】 见图
【工具】 3.0mm棒针 环形针
【材料】 驼色毛线
【制作过程】 前片双罗纹起针法起76针，双罗纹编织10cm。按花样及下摆加针织25cm；按前领减针和肩斜减针织出关领和肩斜。挑领，先织仿机器领(织4行下针1行上针再1行上针，再对折缝合)，然后在上针上挑针；两边缝合。

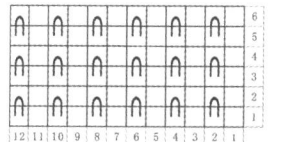

花样

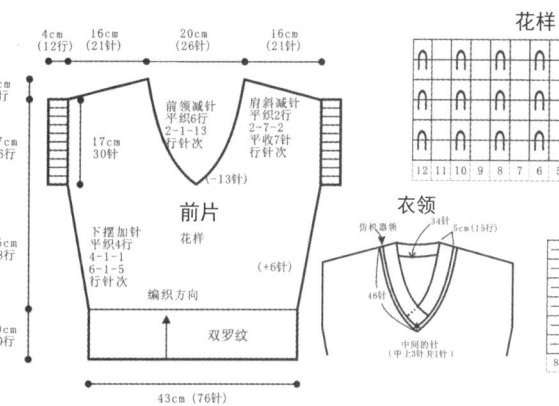

前片

衣领

双罗纹

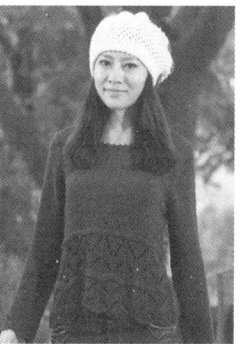

0217

【成品规格】 见图
【工具】 1.7mm棒针 2.5mm钩针
【材料】 浅蓝色纯羊毛线 亮片图案若干
【制作过程】 前片按图示起211针，织花样，同时侧缝按图示减针，按图示收成袖笼，再织5cm时留前领窝。领圈用钩针改织花边。缝上亮片图案。

领子钩花边

领子结构图

领圈56cm

领圈用钩针改织花边

全下针

花样

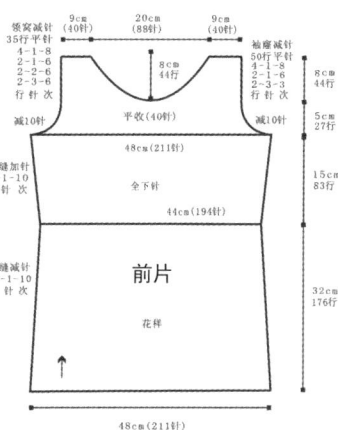

前片

花样

【成品规格】 见图
【工具】 2.5mm棒针
【材料】 绿色、白色纯羊毛线 绳子6根
【制作过程】 前片按图起针，织双罗纹10cm后，改织下针，织至完成。领圈挑198针，织24cm双罗纹，形成高领。系上绳子。

0218

领子结构图

双罗纹

双罗纹

前片

双罗纹

165

【成品规格】 见图
【工具】 3.2mm棒针
【材料】 蓝色中粗毛线
【制作过程】 前片起18针编织花样按结构图加针加出圆角，编织到64行时开始袖子加针，按结构图加完针后收针断线。

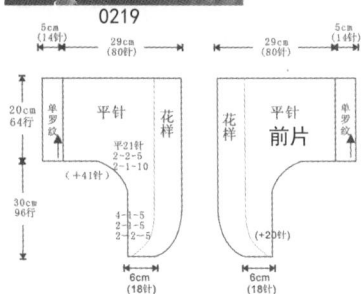

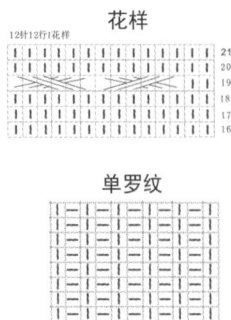

0219

【材料】 黑色纯羊毛线 装饰带若干 起珠毛线若干
【制作过程】 前片先用起珠毛线按图起针，织单罗纹3cm后，用纯羊毛线改织上针，织至完成。领圈用起珠毛线起针，圈织24cm单罗纹，形成高领，用绣花针缝上装饰带。

0220

【成品规格】 见图
【工具】 2.5mm棒针 绣花针

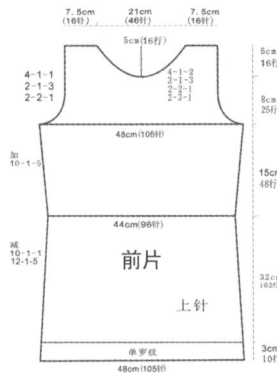

单罗纹

领子结构图

【成品规格】 见图
【工具】 3.2mm棒针 小号钩针
【材料】 白色细毛线
【制作过程】 起50针按花样编织一侧前片，按结构图减完针后不加减针编织到肩部，完成后收针断线。同样方法完成另一侧前片，方向相反。

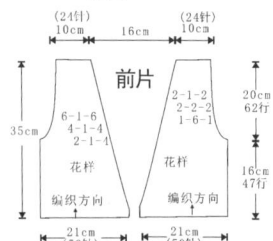

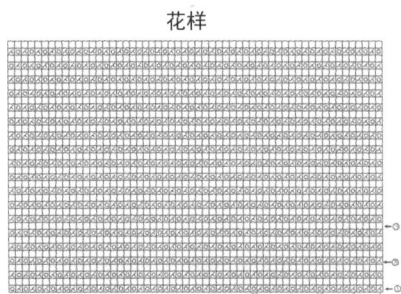

0221

花样

前片

【工具】 1.7mm棒针
【材料】 灰色、黑色纯羊毛线 带子1根
【制作过程】 前片分左、右两片编织，分别按图起针，织下针并间色，衣摆圆角部分按图收针，织至完成。对称织出另一片。后领窝挑针，织2层10cm单罗纹，形成花边，系上带子。

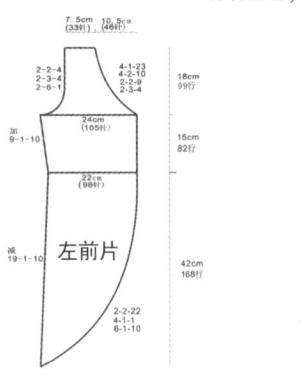

0222

单罗纹

左前片

【制作过程】 起34针按花样编织前片，在一侧加出圆摆，共需加14针，编织到12cm时开始前衣领减针，按结构图减完针后不加减针编织到肩部，完成后收针断线。同样方法完成另一侧前片，两片方向相反。

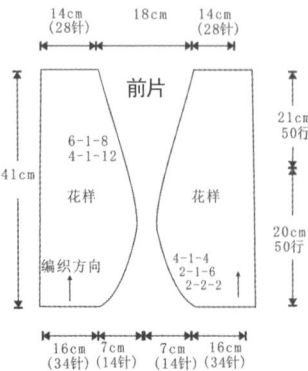

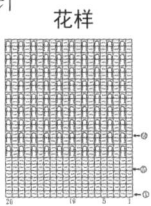

0223

【成品规格】 见图
【工具】 3.75mm棒针
【材料】 灰色毛线

花样

前片

【成品规格】 见图
【工具】 7号环形针
【材料】 灰色马海毛线
【制作过程】 起178针编织花样衣片，不加减针编织124行，形成85cm×55cm长方形，收针断线。

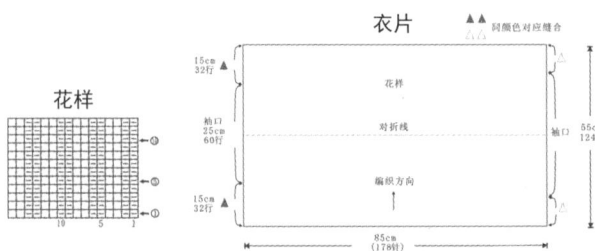

0224

衣片

花样

0225

【成品规格】见图
【工具】1.7mm棒针
【材料】棕色、白色、橙色纯羊毛线

【制作过程】前片分左、右两片编织，分别按图起针，织下针并间色，衣摆圆角部分按图收针，织至完成。后领窝挑针，织2层10cm单罗纹，形成花边，系上带子。对称织出另一片。

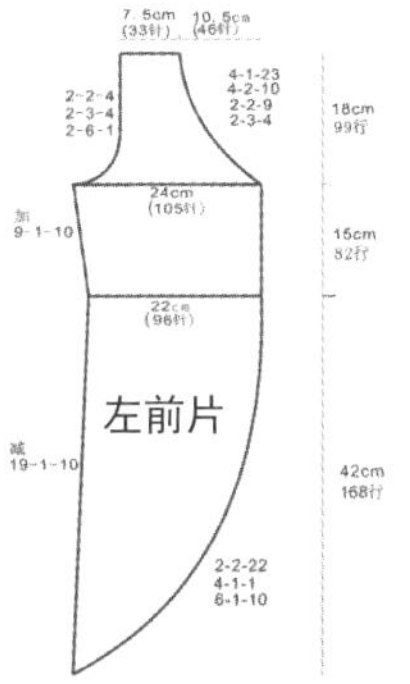

左前片

单罗纹

编织方向 领子花边 2条 单罗纹

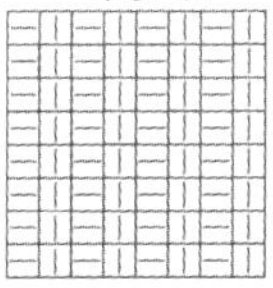

0226

【成品规格】见图
【工具】1.7mm棒针
【材料】棕色纯羊毛线 亮珠若干

【制作过程】前片按图起针，先织10cm花样后，改织下针，织至完成。缝上亮珠。

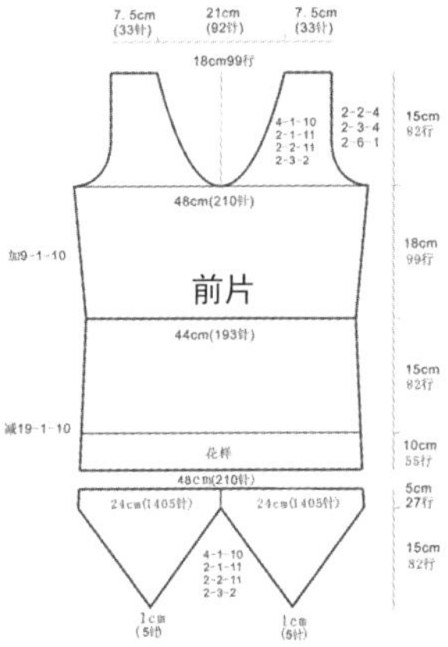

花样

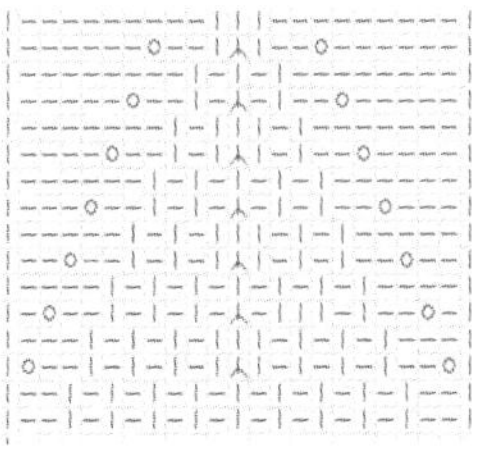

前片

花样

前片

全下针

双罗纹

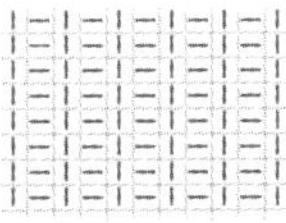

0227

【成品规格】见图
【工具】1.7mm棒针
【材料】红色、黑色、白色羊毛线 拉链1条 亮片若干

0228

【成品规格】见图
【工具】1.7mm棒针
【材料】白色、深灰色、橙色纯羊毛线 拉链1条

【制作过程】前片分左、右两片编织，分别按图起针，先织8cm双罗纹后，改织下针，并间色织至完成。对称织出另一片。装上拉链。

【制作过程】前片分左、右两片编织，分别按图起106针，织3cm单罗纹后，改织全下针，侧缝按图示减针，织29cm时加针，形成收腰，织15cm时两边各平收10针，收袖窿，再织5cm时收领窝，按图配色，同样方法织另一片。领圈挑237针，织3cm全下针，褶边缝合，形成双层圆领。缝上拉链和亮片。

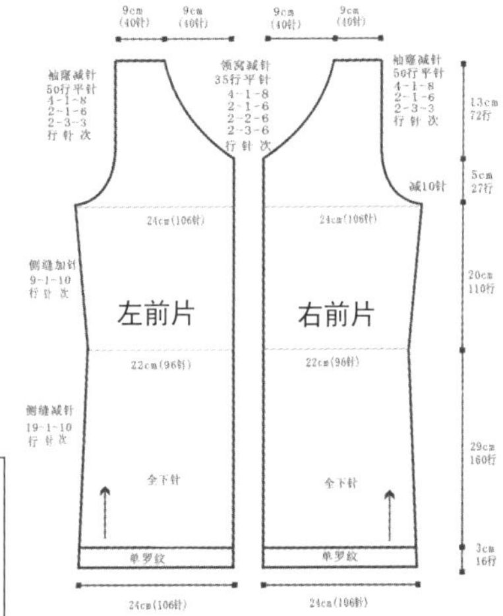

领子结构图

左前片   右前片

全下针

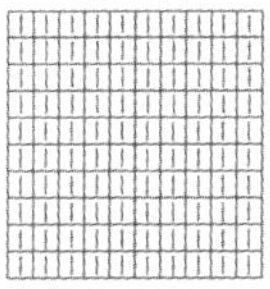

单罗纹

双罗纹

左前片

双罗纹

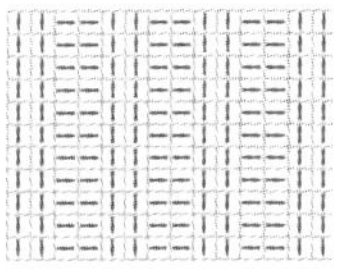

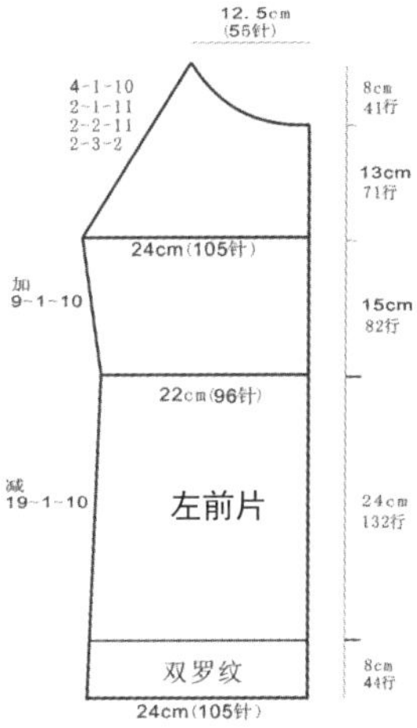

0229

【成品规格】见图
【工具】1.7mm棒针
【材料】深紫色纯羊毛线 蝴蝶结

【制作过程】前片按图起210针，织8cm双罗纹后，改织全下针，侧缝按图示减针，织24cm时加针，形成收腰。领边另织起35针，织150cm花样，与领圈缝合，多余部分打蝴蝶结用于装饰。

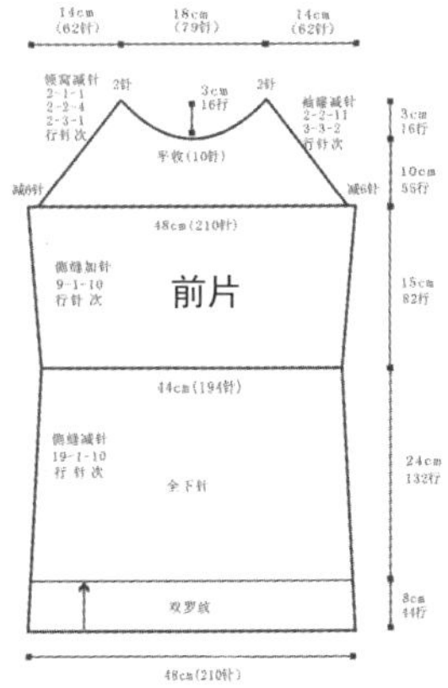

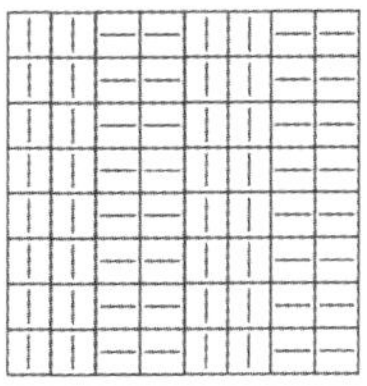

花样

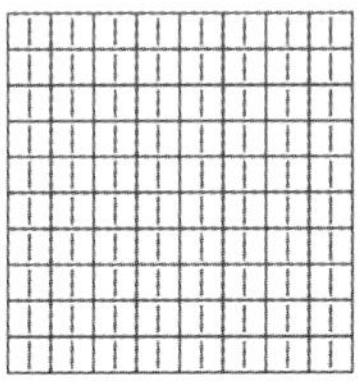

领边 花样

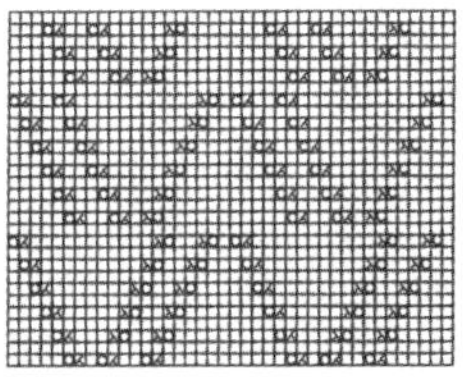

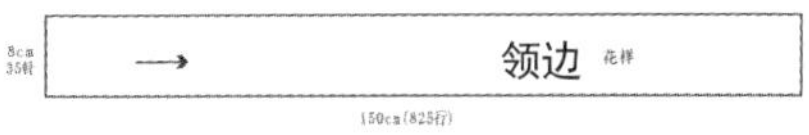

【成品规格】 见图
【工具】 2.0mm棒针
【材料】 紫色、黄色丝光棉线
【制作过程】 前片用紫色丝光棉线起150针编织6cm双罗纹针，然后换黄色线编织平针，如图所示收前领。肚兜用紫色丝光棉线起62针编织花样并按图示收针。

0230

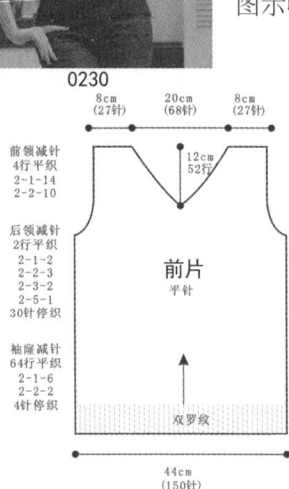

前领减针
4行平织
2-1-14
2-2-10

后领减针
2行平织
2-1-2
2-2-3
2-3-2
2-5-1
30针停织

袖窿减针
64行平织
2-1-6
2-2-2
4针停织

8cm (27针)　20cm (68针)　8cm (27针)

12cm 52行

前片
平针

44cm (150针)

双罗纹

花样

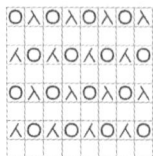

5cm (8针)　22cm (30针)　5cm (8针)

领口减针
4行平织
4-1-6
2-1-6
6针平收

22cm 40行

肚兜
(镂空)

花样

52cm 94行
减针
40针平织
2-1-4
2-2-2

44cm (62针)

【成品规格】 见图
【工具】 2.0mm号棒针
【材料】 黑色绒线 红色、咖啡色、绿色绒线
【制作过程】 前片起75针，后片起150针按图解留出腰线、袖窿和领。另织后领缝在衣片上。

0232

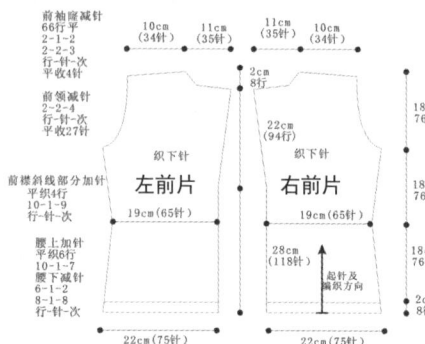

前袖窿减针
66行平织
2-1-2
2-2-3
行-针-一次
平收4针

前领减针
2-2-4
行-针-一次
平收27针

前襟斜线部分加针
平织4行
10-1-9
行-针-一次

腰上加针
平织6行
10-1-9
行-针-一次
腰下减针
6-1-2
8-1-8
行-针-一次

10cm (34针)　11cm (35针)　11cm (35针)　10cm (34针)

2cm 8行

22cm (94行)

左前片
织下针
19cm (65针)

右前片
织下针
19cm (65针)

28cm (118行)
起针及编织方向

18cm 76行
18cm 76行
18cm 76行
2cm 8行

22cm (75针)　22cm (75针)

【成品规格】 见图
【工具】 1.7mm棒针
【材料】 深灰色纯羊毛线 亮珠若干
【制作过程】 前片分上、下两片编织，上片按图示起194针，织5cm双罗纹后，改织全下针，同时侧缝按图示加针，织15cm时留袖窿，在两边同时各平收10针，然后按图示收成袖窿，再织5cm时留前领窝。下片起299针，织双罗纹，并减针，织至完成，打皱褶后与上片缝合。

0231

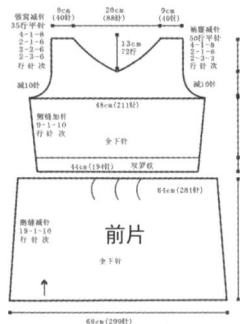

领窝减针
35行平织
4-1-4
4-1-6
2-1-2
2-3-6
行-针-次

减10针

袖窿减针
50行平织
4-1-6
2-1-2
2-3-6
行-针-次

减10针

9cm (40针)　20cm (88针)　9cm (40针)

13cm 72行

13cm 72行

5cm 27行

侧缝加针
9-1-10
行-针-次

48cm (211针)

前片
全下针

15cm 83行

9cm 27行

44cm (194针) 双罗纹

64cm (281针)

皱褶减针
19-1-10
行-针-次

前片
全下针

32cm 176行

68cm (299针)

领子结构图

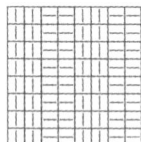
双罗纹

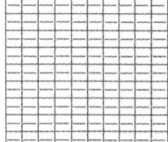
全下针

0233

【成品规格】 见图
【工具】 3.0mm棒针
【材料】 米色棉线 拉链1根 皮质搭扣1副
【制作过程】 左前片起56针，在离衣长8cm处如图所示收前领。堆成织出另一片。最后缝上皮质搭扣。将皮草如图样裁剪两片，备用。领挑起96针，编织双罗纹针10cm。缝上拉链和搭扣。

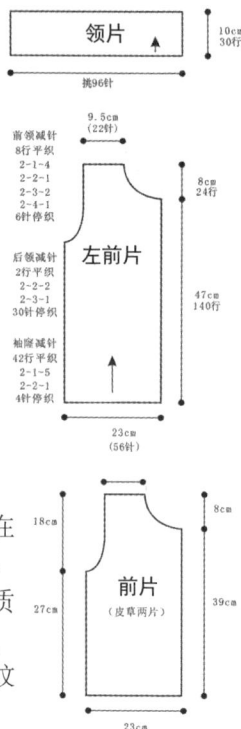

领片
10cm 30行
挑96针

前领减针
8行平织
2-1-4
2-3-2
2-4-1
6针平织

9.5cm (22针)

8cm 24行

后领减针
2行平织
2-2-2
2-3-1
30针停织

左前片

47cm 140行

袖窿减针
42行平织
2-1-5
2-2-1
4针停织

23cm (56针)

18cm
27cm

前片
(皮草两片)

8cm
39cm

23cm

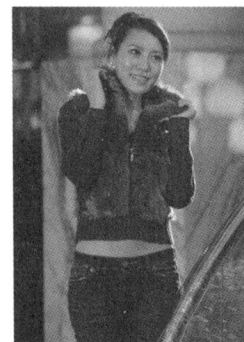

【成品规格】 见图
【工具】 2.0mm号棒针
【材料】 灰色棉线 灰色兔毛边3片 拉链1条
【制作过程】 分左、右两片编织，前片：起66针，织5cm双罗纹后改织全下针，如结构图所示，织至32cm时按图示袖窿减针，织至46cm后按图示方法前领减针，前片共织50cm长。缝上兔毛边的拉链。

0234

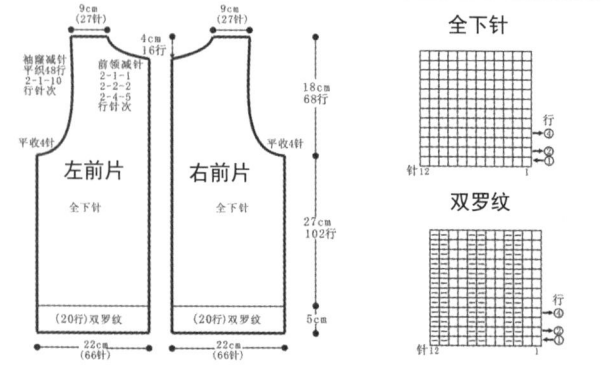

9cm (27针)　4cm 16行　9cm (27针)

袖窿减针
平织48行
2-1-10
行-针-次

前领减针
2-1-1
2-2-2
2-4-5
行-针-次

平收4针　平收4针

18cm 68行

左前片
全下针

右前片
全下针

27cm 102行

(20行)双罗纹　(20行)双罗纹

5cm

22cm (66针)　22cm (66针)

全下针

行④③②①
针12 1

双罗纹

行④③②①
针12 1

168

0235

【成品规格】 见图
【工具】 1.7mm棒针
【材料】 黑色纯羊毛线 拉链1条 毛衣袋和毛口袋各两片
【制作过程】 前片分左、右两片编织，分别按图起针，织10cm单罗纹后，改织花样，织至完成。领窝按图加减针。对称织出另一片。缝上毛袋和拉链。

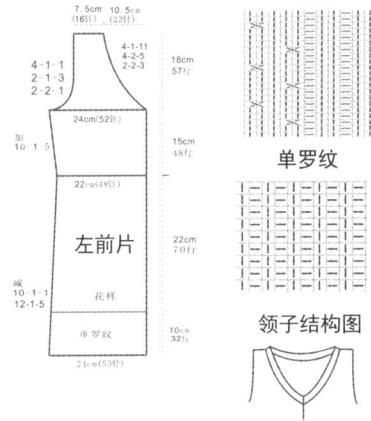

0236

【成品规格】 见图
【工具】 1.7mm棒针
【材料】 深咖啡色纯羊毛线 纽扣1枚
【制作过程】 前片分左、右两片编织，从袖口织起，按编织方向起针，织单罗纹至58.5cm改织花样，其中白色部分用白色间色，并织花样，织至完成。

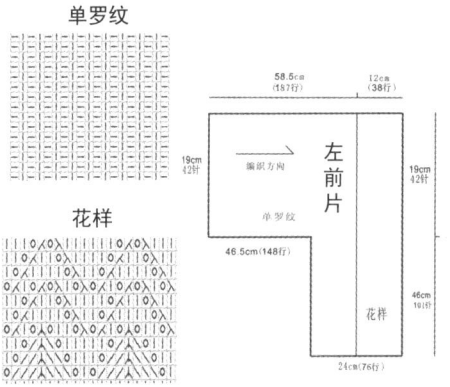

0237

【成品规格】 见图
【工具】 13号棒针
【材料】 藏蓝色棉线 灰色兔毛边1条 金属纽扣5枚
【制作过程】 前片分左、右两片编织，起66针，织单罗纹针，5cm后改织全下针，如结构图所示，织至36cm时按图示袖窿减针及衣领减针，前片共织54cm长。衣襟及领子：挑起392针织单罗纹针，织2cm长。缝上金属纽扣和兔毛边装饰。

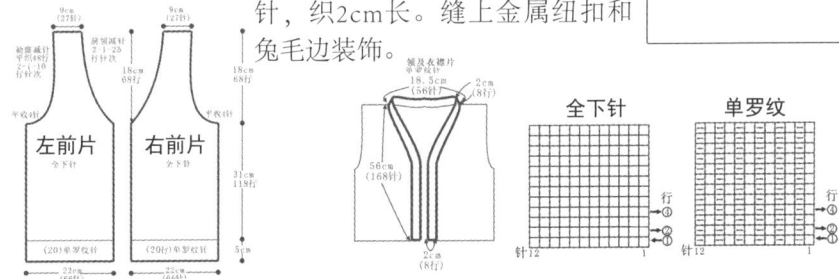

0238

【成品规格】 见图
【工具】 3.2mm、4.0mm棒针
【材料】 黑色粗毛线 毛皮领1条 拉链1条
【制作过程】 前片单片用3.2mm棒针起44针，织双罗纹6cm后换8号棒针织衣身，并织入花样。织28cm后按图留袖窿及领窝。最后将毛皮领缝在毛衣领口。装上拉链。

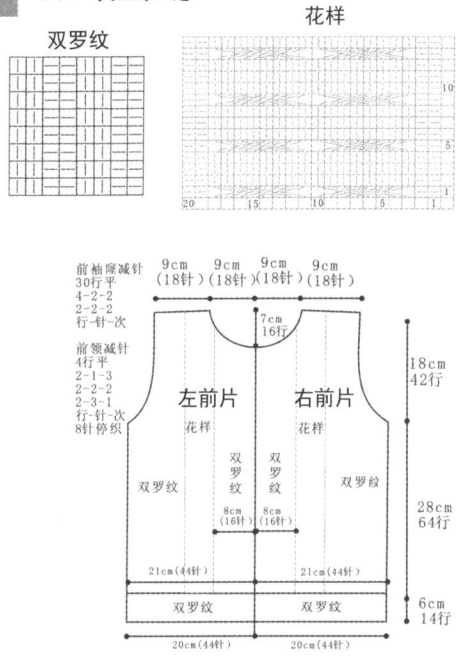

0239

【成品规格】 见图
【工具】 4.0mm棒针
【材料】 淡蓝色粗羊毛线 装饰带1条
【制作过程】 起32针，按花样编织，织142cm长收针，然后将AB与ab，CD与cd缝合成背心，将AF与fa缝合，DF与ed缝合。在领与浅衣襟处缝上球形批草围巾装饰，再窜上装饰带。

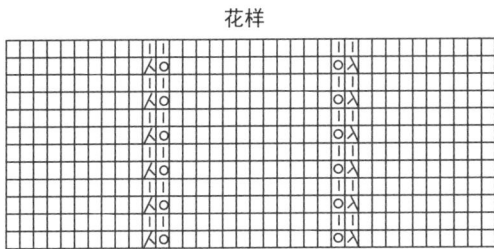

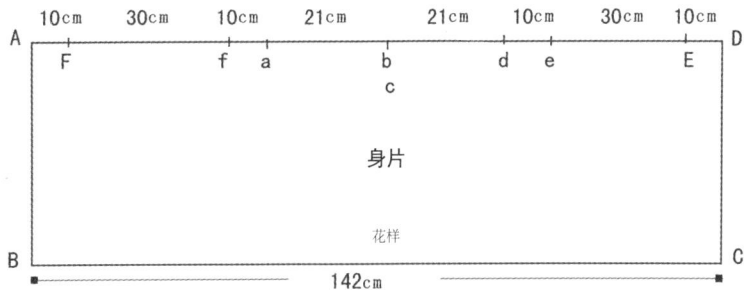

0240

【成品规格】 见图
【工具】 3.0mm棒针
【材料】 驼色棉绒线 纽扣2枚
【制作过程】 先按花样1单独完成衣片下摆，身长共织40cm后开始袖窿、衣领减针，按图示减针后编织到肩部，肩部余8针。缝上纽扣。

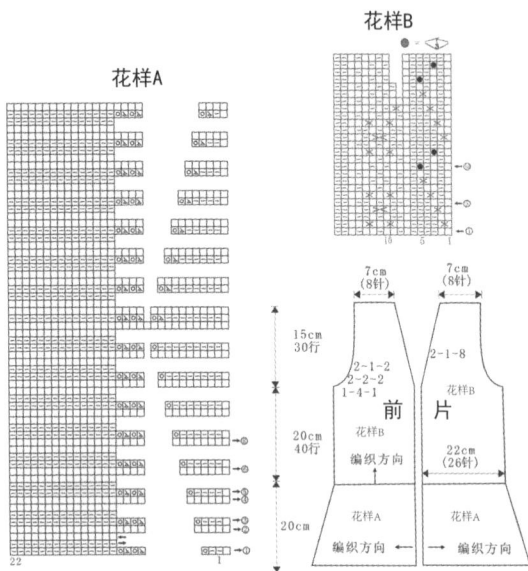

花样A

花样B

前 片

花样B
编织方向

花样A
编织方向

7cm
(8针)

7cm
(8针)

15cm
30行

2-1-2
2-2-2
1-4-1

2-1-8

20cm
40行

22cm
(26针)

20cm

编织方向

编织方向

【成品规格】 见图
【工具】 3.2mm棒针
【材料】 深咖啡色绒线 深咖啡色夹花毛线
【制作过程】 单片3.2mm棒针前片起96针后片起针96针，织双罗纹26cm后改织下针，然后按图解留出袖窿、领窝。挑领，领窝前片的直线部分不挑针，其他部分挑138针，织19cm，收针，领子两侧重叠缝在前领窝的直线上。

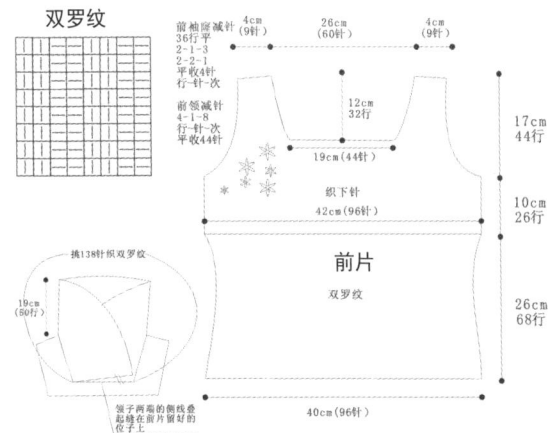

0241

双罗纹

前袖窿减针
36行平
2-1-3
2-2-1
平收4针
行针一次

前领减针
4-1-8
平收44针

4cm
(9针)

26cm
(60针)

4cm
(9针)

12cm
32行

17cm
44行

19cm(44针)

织下针
42cm(96针)

10cm
26行

前 片

双罗纹

26cm
68行

挑138针织双罗纹

19cm
(50行)

领子两端的线迹叠起来缝在前片圆领的位子上

40cm(96针)

0242

【成品规格】 见图
【工具】 1.7mm棒针
【材料】 深蓝色羊毛线 毛毛片若干
【制作过程】 前片分左、右两片编织，分别按图起106针，织5cm单罗纹后，改织全下针，织15cm时两边各平收10针，收袖窿，同时收窝，这时肩位剩22针，同样方法织另一片。领边另织花样，与领圈缝合，缝上毛毛片。

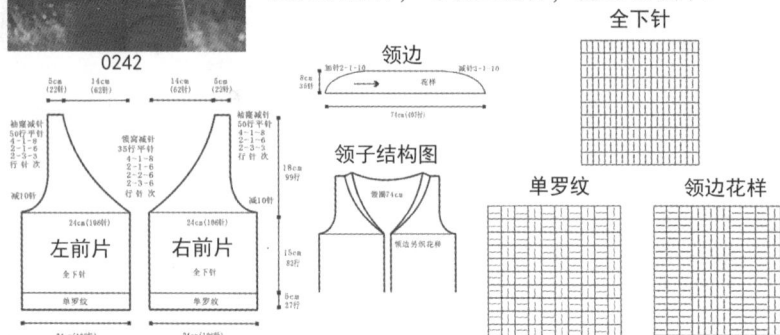

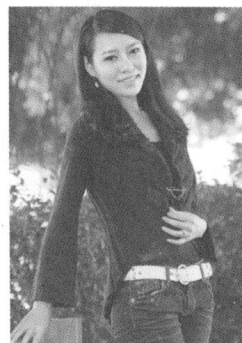

袖窿减针
50行平针
4-1-8
2-2-3
2-2-6
行针次

领窝减针
35行平针
4-1-8
2-2-3
2-2-6
行针次

减10针

8cm
(22针)

14cm
(62针)

14cm
(62针)

8cm
(22针)

减10针

左前片
全下针
单罗纹

右前片
全下针
单罗纹

18cm
99行

15cm
81行

8cm
37行

24cm(106针)

24cm(106针)

24cm(106针)

领边

加针2-1-10

花样

减针2-1-16

71cm(69针)

领子结构图

肩宽74cm

领边另织花样

全下针

单罗纹

领边花样

【成品规格】 见图
【工具】 3.0mm棒针
【材料】 黑色毛线
【制作过程】 从圆片正中起8针，并分为8组编织平针，隔1行在每组内加1针，共加27次，形成圆片后，第一和第四组留出袖窿开口，先28针停针，再在二行平加28针。然后改织花样，隔7行在花样针两边下针处各加1针，花样编织30cm后收针。

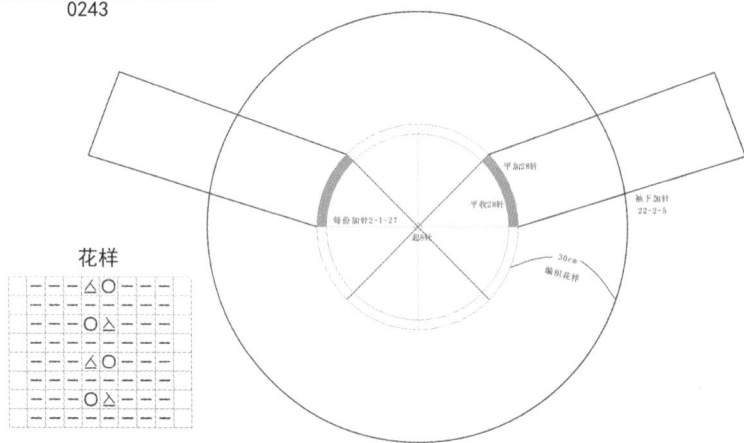

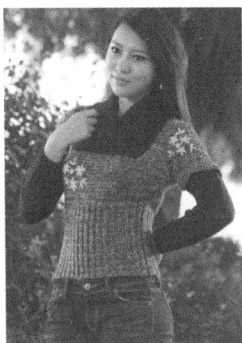

0243

花样

平加28针

平收28针

每隔一行加针2-1-27

起8针

袖下加针
22-2-5

30cm
编织花样

0244

【成品规格】 见图
【工具】 3.0mm棒针
【材料】 黑色毛线 毛片若干
【制作过程】 前片(左、右两片)双罗纹针起针法起24针，按下摆加针双罗纹编织21cm；按前袖窿减针及前领减针织出前领和袖窿，对称织出另一片。缝上毛片。

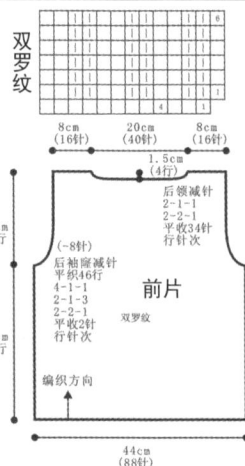

双罗纹

8cm
(16针)

20cm
(40针)

8cm
(16针)

1.5cm
(4针)

后领窝减针
2-1-1
2-2-1
平收34针
行针次

19cm
58行

前袖窿减针
平收46针
4-1-8
2-1-3
2-2-1

(-8针)

前 片

双罗纹

前领减针
平收2针
2-2-1
行针次

31cm
94行

编织方向

44cm
(88针)

170

0245

【成品规格】见图
【工具】3.5mm棒针
【材料】白色兔绒线 同色系丝带与花边若干
【制作过程】 前片起62针，织花样B完成后进行排花，中间织花样A，两边织花样C，继续编织8cm后收袖窿和前领，编织两片。

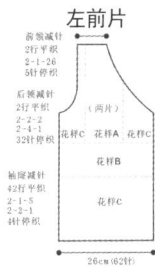

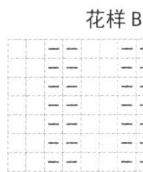

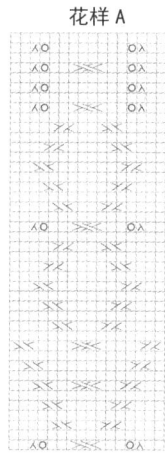

左前片

26cm（62针）

花样B

花样C

花样A

0246

【成品规格】见图
【工具】2.5mm棒针
【材料】蓝色纯羊毛线 纽扣3枚
【制作过程】 前片分左、右两片编织，按图起53针，织花样A，并按图示减针，织32cm时加针，形成收腰，织15cm时两边各平收5针，收袖窿，并同时收领窝，织至肩位余20针。同样方法织另一片。领圈挑132针，织10cm花样B。形成翻领。缝上纽扣

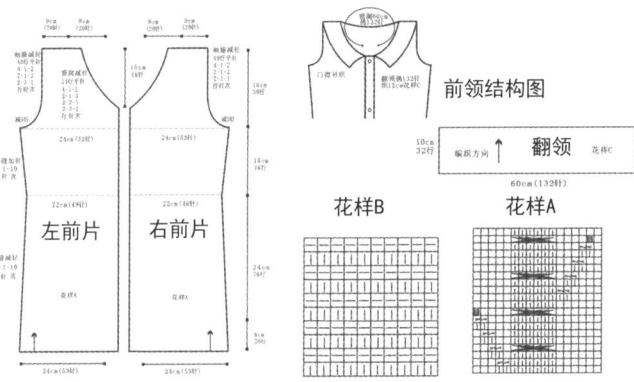

左前片 / 右前片

前领结构图

翻领
60cm（132针）

花样B

花样A

0248

【材料】咖啡色毛线
【制作过程】 用3.2mm棒针起116针织单罗纹，织60cm后换4.0mm号棒针织花样，织100cm，再换3.2mm棒针织单罗纹，织60cm收针。

【成品规格】见图
【工具】3.2mm、4.0mm棒针

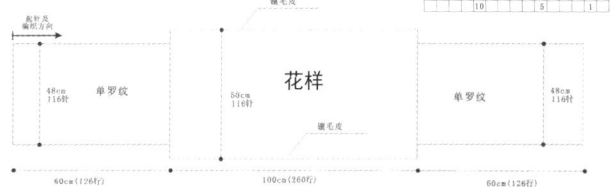

单罗纹

花样

起针及编织方向 兔毛皮 花样 单罗纹
48cm 116针 / 50cm 116针 / 48cm 116针
60cm（126行） / 100cm（260行） / 60cm（126行）

0247

【成品规格】见图
【工具】1.7mm棒针
【材料】蓝色、白色、红色纯羊毛线
【制作过程】 前片按图起针，先织双层平针底边后改织下针并编入图案，织至完成。衣领挑198针，织24cm双罗纹，形成高领。

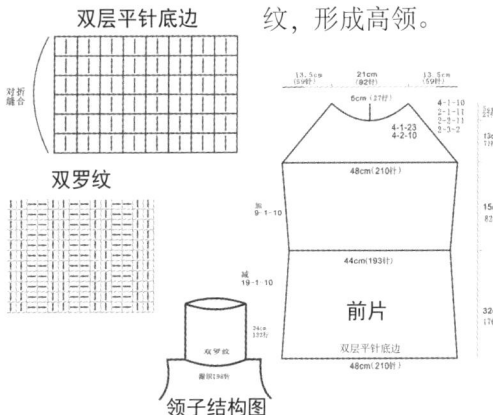

双层平针底边

双罗纹

前片

双层平针底边
48cm（210针）

领子结构图

【成品规格】见图
【工具】3.2mm棒针 2.5mm钩针
【材料】橘色中粗棉线
【制作过程】 前片起120针编织双罗纹，按图示减针加针收出腰身、收袖窿、前圆肩。

双罗纹

前片

花样B
45cm（120针）

0249

0250

【成品规格】见图
【工具】2.5mm棒针
【材料】红色纯羊毛线 纽扣6枚

【制作过程】 前片分左、右两片编织，按图起53针，织8cm双罗纹后，改织花样，织15cm时两边平收5针，收袖窿，并改织双罗纹，再织3cm时同时收领窝，织至肩位余20针。同样方法织另一片。

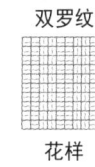

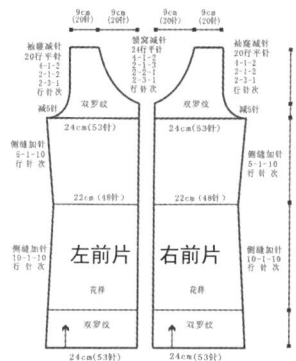

双罗纹

花样

左前片 / 右前片

0251

0252

【材料】 白色棉毛线 皮草若干
【制作过程】 前片起56针，在收袖窿的同时收前领，编织两片。领子起42针，编织反针并如图所示进行两侧加针，然后不加编织4cm后减针，最后平收。根据图示用豹纹皮草裁出一个领片。

花样

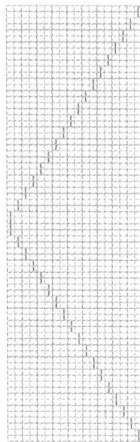

【成品规格】 见图
【工具】 3.0mm棒针

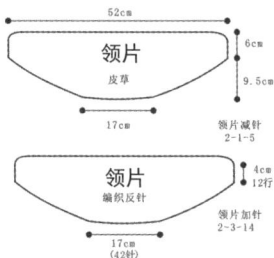

52cm

领片
皮草

17cm

6cm
9.5cm

领片
编织反针

4cm
12行

17cm
(42针)

领片减针
2-1-5

领片减针
2-3-14

前领减针
4行平织
4-1-8
4-2-6
2针停织

9.5cm
(22针)

左前片
花样

后领减针
2行平织
2-2-2
2-3-1
30针停织

袖窿减针
48行平织
2-1-5
2-2-1
4针停织

双罗纹

23cm(56针)

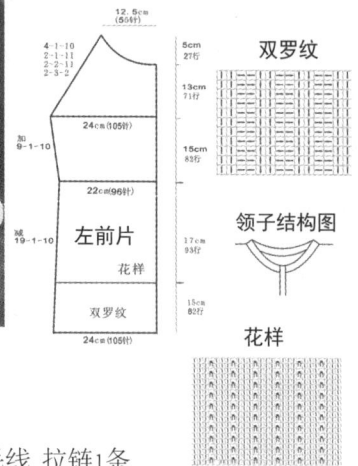

12.5cm
(55针)

4-1-10
2-1-11
2-2-13
2-3-2

5cm
27行

双罗纹

加
9-1-10

24cm(105针)

13cm
71行

15cm
82行

22cm(96针)

减
19-1-10

左前片
花样

双罗纹

24cm(105针)

17cm
93行

15cm
82行

领子结构图

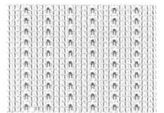

花样

【成品规格】 见图
【工具】 1.7mm棒针
【材料】 白色纯羊毛线 拉链1条
【制作过程】 前片分左、右两片编织，分别按图起针，先织双罗纹15cm后，改织花样，并开衣袋，袋口挑针，织5cm双罗纹，织至完成。领子挑针，织5cm双罗纹，缝上拉链，形成立领。对称织出另一片。

0253

【成品规格】 见图
【工具】 1.7mm棒针 绣花针
【材料】 浅蓝色纯羊毛线 亮片图案若干
【制作过程】 前片按图示起211针，先织双层平针底边后，改织全下针，同时侧缝按图示减针，织32cm时加针，形成收腰。织15cm时留袖窿，在两边同时各平收10针，然后按图示收成袖窿，再织5cm时留前领窝。领边挑246针，织5cm全下针，褶边缝合，形成双层圆领。缝上亮片图案。

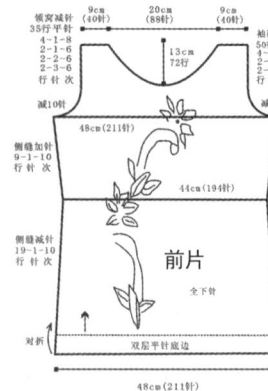

领窝减针
35行平织
4-1-8
2-1-6
2-1-3
2-3-6
行针次

9cm
(40针)

20cm
(88针)

9cm
(40针)

13cm
72行

袖窿减针
50行平织
4-1-1
2-1-6
2-1-3
2-3-6
行针次

13cm
72行

减10针

减10针

5cm
27行

48cm(211针)

侧缝加针
9-1-10
行针次

44cm(194针)

15cm
83行

侧缝减针
19-1-10
行针次

前片
全下针

32cm
176行

对折

双层平针底边

48cm(211针)

领窝56cm

挑246针织5cm全下针
褶边缝合形成双层圆领

领子结构图

全下针

双层平针底边

对折缝合

0254

【成品规格】 见图
【工具】 3.6mm棒针
4号钩针
【材料】 黄色丝带线

【制作过程】 起90针花样后编织下针前片，先进行袖窿减针。织到41cm时中间留13针，两侧相反按图示完成领窝减针，编织至肩部收针。

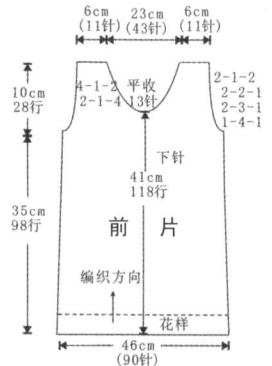

6cm
(11针)

23cm
(43针)

6cm
(11针)

10cm
28行

4-1-2
2-1-4

平收
13针

2-1-2
2-2-1
2-2-1
1-4-1

35cm
98行

下针

41cm
118行

编织方向

花样

46cm
(90针)

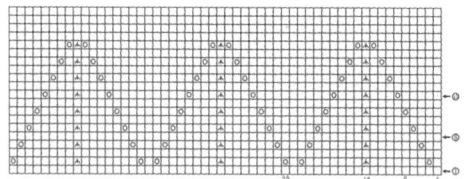

花样

0255

【成品规格】 见图
【工具】 3.25mm棒针 2.5mm钩针
【材料】 红色毛线
【制作过程】 左前片起35针，右边按图解放针，织到14cm停，右前片起35针，左边按图解放针，织到14cm处与前左片连起来一起织，两边还是往上织下针，中间织花样，织到20cm处开挂肩，按图解编织。

花样

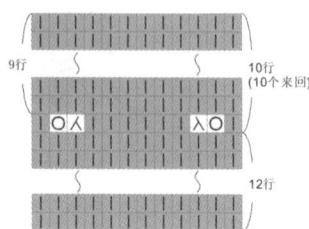

9行

10行
(10个来回)

12行

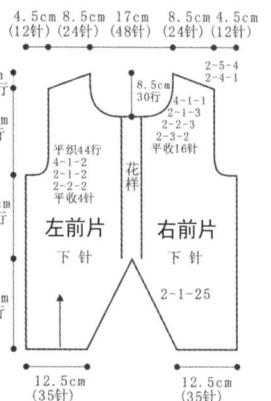

4.5cm
(12针)

8.5cm
(24针)

17cm
(48针)

8.5cm
(24针)

4.5cm
(12针)

3cm
10行

17cm
60行

8.5cm
30行

2-5-4
2-4-1

4-1-1
2-2-3
2-3-2

平织44行
4-1-2
2-1-2
2-2-2

花样

平收16针

平织4行

20cm
72行

左前片
下针

右前片
下针

14cm
50行

2-1-25

12.5cm
(35针)

12.5cm
(35针)

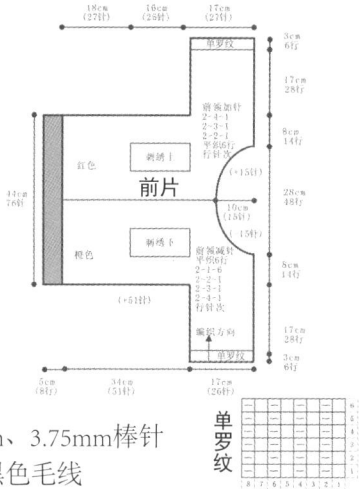

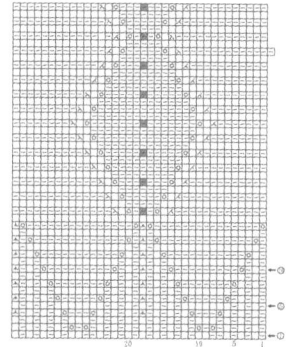

0256

【成品规格】 见图
【工具】 3.25mm、3.5mm、3.75mm棒针
【材料】 红色、橙色、黑色毛线
【制作过程】 前片单罗纹针起26针，织3cm后下针编织17cm后加51针（如图）；织8cm后按前领减针和前领加针织出前领，同时在领织到14cm时换红色；开领后织8cm平收51针；继续17cm后单罗纹针织3cm后收针，刺绣，看刺绣上，下图解，下摆挑76针，单罗纹编织(见图解)。

【成品规格】 见图
【工具】 3.0mm棒针
【材料】 白色棉涤线
【制作过程】 起54针编织花样前片，两侧减针收腰，编织到40cm时开始后领减针，身长织52cm，进行肩部袖片减针，按图完成所有加减针后，身长共织57cm。

0258

【成品规格】 见图
【工具】 2.3mm棒针

双罗纹

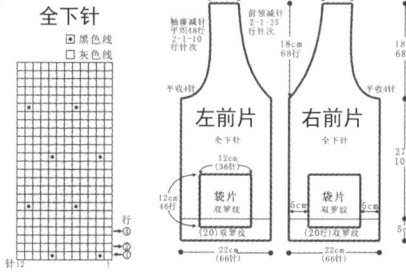

【材料】 灰色、黑色棉线 纽扣2枚
【制作过程】 左前片起66针，织双罗纹针，织5cm改织全下针，如结构图所示，织至32cm按图示袖窿减针及衣领减针，前片共织50cm长。衣襟及领子挑起368针织双罗纹针，织2cm长。

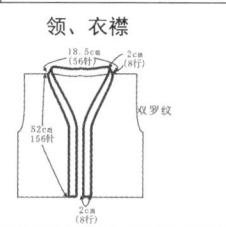

0259

【成品规格】 见图
【工具】 3.0mm棒针
【材料】 驼色棉线
【制作过程】 起46针，编织花样A下边及花样B前片，共编织到38cm时开始袖窿、衣领减针，按结构图减针后不加减针编织肩部，两肩部各余8cm。

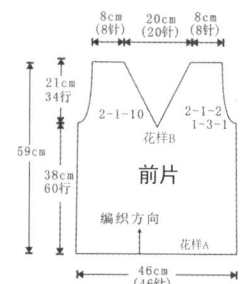

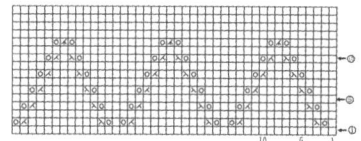

花样 A

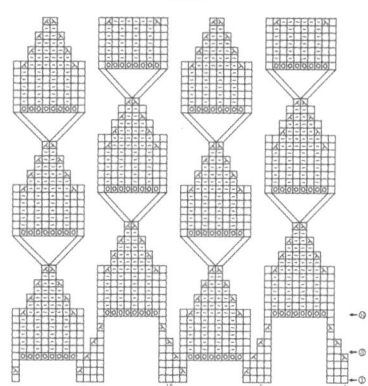

花样 B

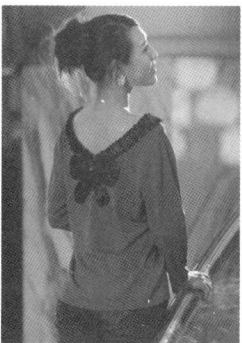

0260

【成品规格】 见图
【工具】 2.0mm棒针
【材料】 紫色羊毛线 金丝绒若干 白色圆形纽扣2枚
【制作过程】 前片普通起针法起240针，平针织入41cm后按前领减针织前领；织5cm后按袖窿减针先织出右边部分，再对称织出左边部分。缝上纽扣。

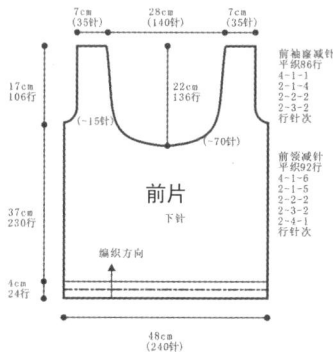

0261

前片

花样B

前下片
花样A
编织方向

花样A

单罗纹

【成品规格】 见图
【工具】 3.5mm棒针
【材料】 墨绿色、白色、黑色羔羊绒线
【制作过程】 起78针完成单罗纹针双层边编织花样A前下片，不加减针织20cm，收针断线。起78针完成单罗纹针双层边，然后配色编织花样B前片，一侧减出门襟，另一侧不加减针编织到15cm时进行袖窿减针，按结构图减完针后收针断线。同样方法完成另一片前片，减针方向相反。

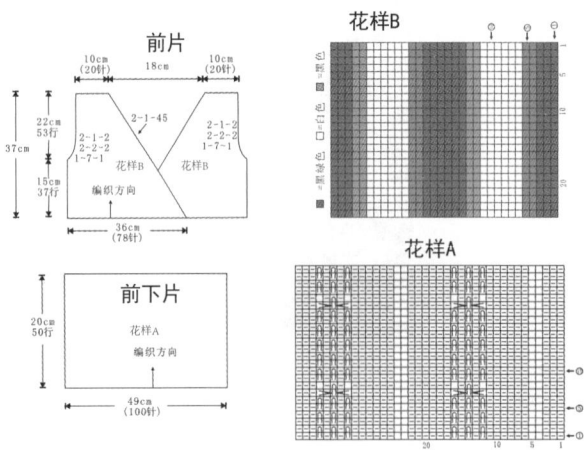

0263

【材料】 浅灰色 深灰色纯羊毛线 纽扣3枚
【制作过程】 前片按图起针，织双罗纹10cm后，改织下针，织至完成。领圈挑针，织下针5cm，褶边缝合，形成双层圆领。内前领另织，打皱褶。缝上纽扣。

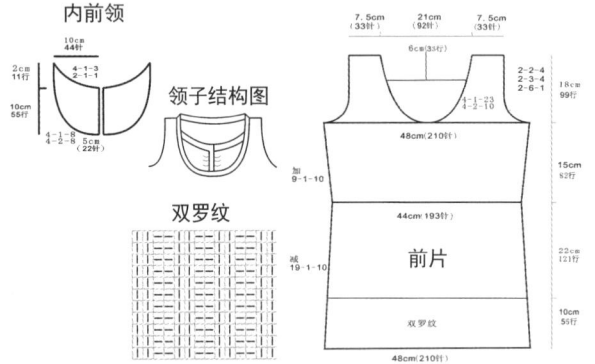

内前领

领子结构图

双罗纹

前片

【成品规格】 见图
【工具】 1.7mm棒针

0264

【成品规格】 见图
【工具】 1.7mm棒针 3.5mm钩针
【材料】 深蓝色纯羊毛线
【制作过程】 前片按图示起211针，织10cm双罗纹后，改织全下针，同时侧缝按图示减针，织22cm时加针，形成收腰，织15cm时留袖窿，在两边同时各平收10针，然后按图示收成袖窿，再织5cm时留前领窝。领边挑246针，织3cm全下针，褶边缝合，形成双层圆领。

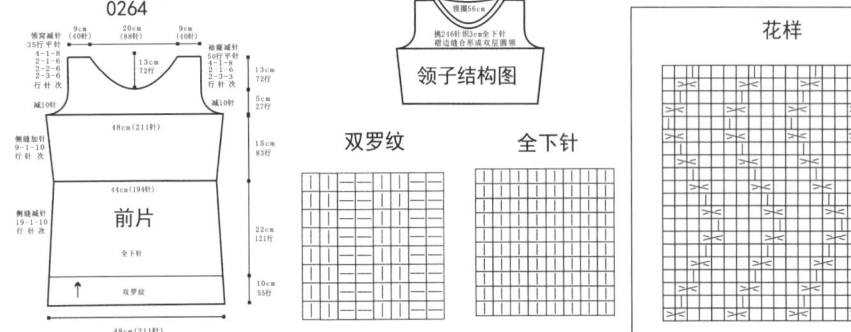

领子结构图

双罗纹   全下针

前片

【成品规格】 见图
【工具】 2.3mm棒针
【材料】 黑色棉线 纽扣5枚
【制作过程】 左前片起66针，织双罗纹针，织5cm改织全下针，如结构图所示，织至40cm按图示衣领减针，前片共织54cm长。衣襟及领子挑起392针织双罗纹针，织2cm长，均匀留起5个扣眼。缝上纽扣。

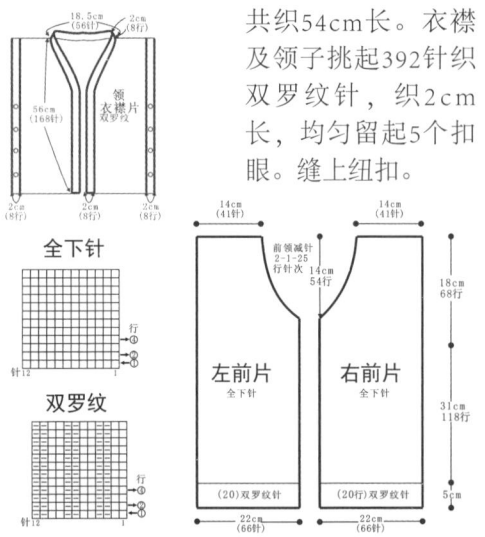

0262

领衣襟片
双罗纹

全下针

双罗纹

左前片
全下针

右前片
全下针

0265

【制作过程】 前片按图起101针，织3cm全下针，形成卷边后，改织花样，同时按图示减针，织29cm时加针，形成收腰，织15cm时加针织袖窿，袖口在两边加针，领窝按图示减针。

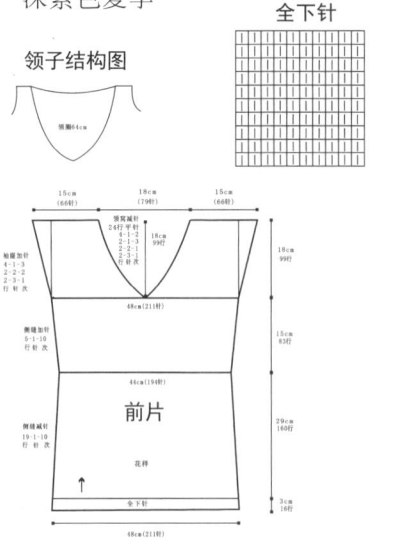

【成品规格】 见图
【工具】 1.7mm棒针
【材料】 深紫色夏季冰丝线

全下针

领子结构图

花样

前片

0266

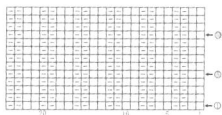

花样

【成品规格】 见图
【工具】 3.6mm棒针
【材料】 交织花色线
【制作过程】 起114针整片编织花样前片，不加减针织15cm时距前边9cm处平收30针作袋口，编织第二行时再加上30针，共织20cm后，一侧不加减针继续编织，一侧减针编织，按图示减针后织40cm，全长共织60cm，收针断线。同样方法再完成另一片，减针方向相反。

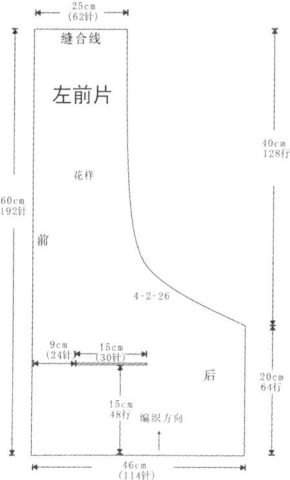

0267

【成品规格】 见图
【工具】 1.7mm棒针
【材料】 黑色、白色纯羊毛线 纽扣6枚 丝绸布料若干 丝绸腰带1条
【制作过程】 前片分左、右两片编织，分别按图起针，先织双层平针底边后，改织下针并间色，织至20cm时，不用间色，至织完成，用同样方法织另一前片。领窝按图加减针。缝上纽扣，系上腰带。

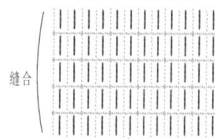

双层平针底边

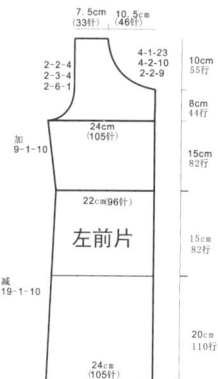

领子结构图

左前片

【制作过程】 左前片起55针，织双罗纹针，左侧按图示减针，织6cm改织全下针，织至12cm不再减针，织至42cm按图示袖窿减针，左前片共织62cm长。右前片编织方法与左前片相同，方向相反。领子起26针织花样，织146cm长度，与后片领口及衣襟缝合。

0268

【成品规格】 见图
【工具】 2.9mm棒针
【材料】 黑色棉线

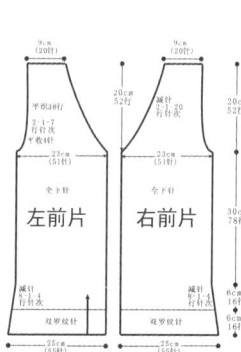

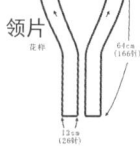

全下针　双罗纹　花样　领片

0269

【成品规格】 见图
【工具】 1.7mm棒针 缝衣针
【材料】 深蓝色纯羊毛线
【制作过程】 前片按图起211针，织8cm单罗纹后，改织全下针，同时按图示减针，织24cm时加针，形成收腰，织15cm时不用加减针，织完袖窿，领窝按图示减针。领圈用缝衣针锁边。

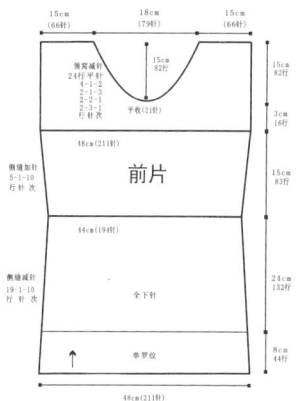

前片

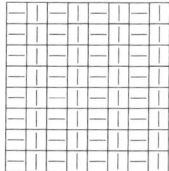

单罗纹

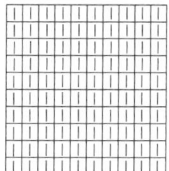

全下针

0270

【成品规格】 见图
【工具】 1.7mm棒针
【材料】 深蓝色羊毛线 纽扣7枚 亮片若干
【制作过程】 前片分左、右两片编织，分别按图起106针，织全下针，侧缝按图示减针，织22cm时加针，形成收腰，织15cm时两边各平收10针，收袖窿，再织5cm时收领窝，同样方法织另一片。领圈挑237针，织3cm全下针，褶边缝合，形成双层领圈，缝上纽扣和亮片。

左前片　右前片

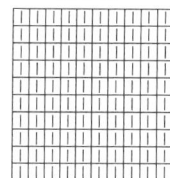

全下针

领子结构图

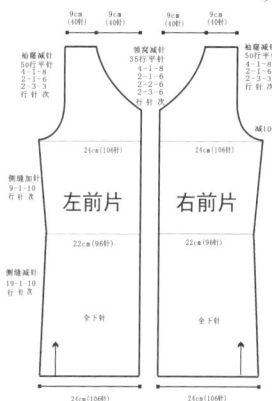

175

0271

前、后片

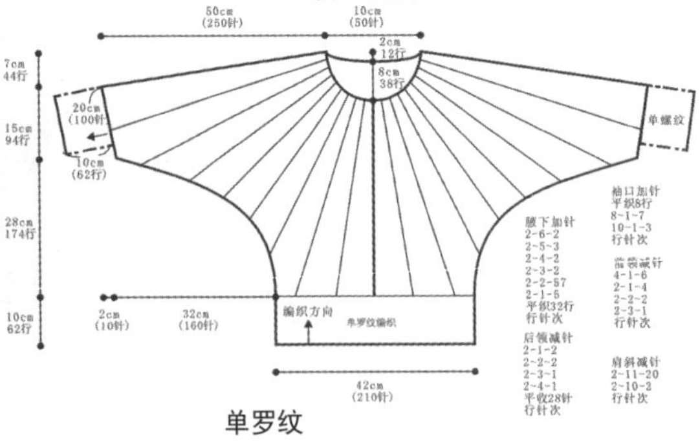

50cm
(250针)

10cm
(50针)

7cm
44行

15cm
94行

20cm
(100针)

2cm
2行

8cm
38针

28cm
174行

10cm
(62行)

10cm
(62针)

单罗纹

袖口加针
平收8行
8-1-7
10-1-3
行针次

腰下加针
2-6-2
2-5-3
2-4-2
2-3-57
2-2-3
2-1-5
平收32针
行针次

后领减针
2-1-2
2-2-3
2-3-1
2-4-1
行针次

蓝袋减针
4-1-6
2-1-4
2-2-1
2-3-1
平收32针
行针次

肩斜减针
2-11-20
2-10-3
行针次

2cm
(10针)

32cm
(160针)

编织方向
单罗纹编织

42cm
(210针)

单罗纹

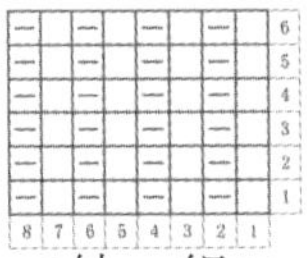

【成品规格】 见图
【工具】 2.0mm、2.3mm棒针
【材料】 黑色羊毛线 金丝毛线
【制作过程】 前片单罗纹针起210针，织10cm；腋下加针织到38cm；按袖口加针，前领减针，肩斜减针织出前片。

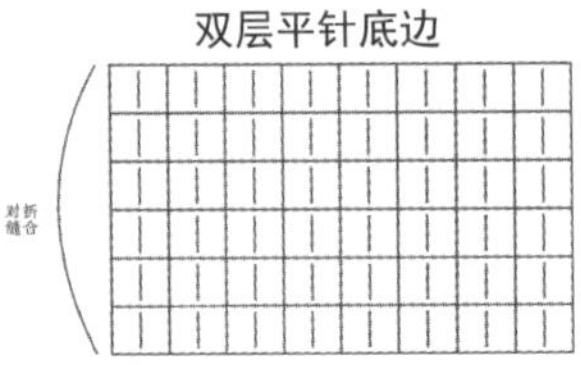

0272

【成品规格】 见图
【工具】 3.5mm棒针
【材料】 米色、藏青色毛线
【制作过程】 前片起80针编织花样7cm，然后改织双罗纹，编织5cm后如图所示进行收针，注意藏青色和米色毛线相间编织，编织两片。

花样

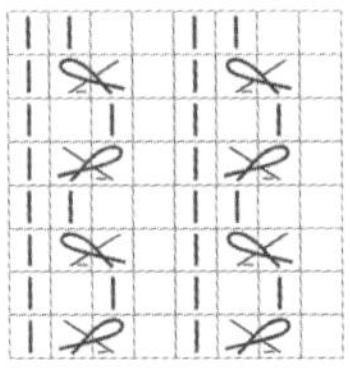

双罗纹

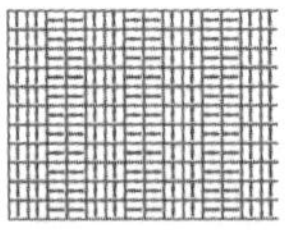

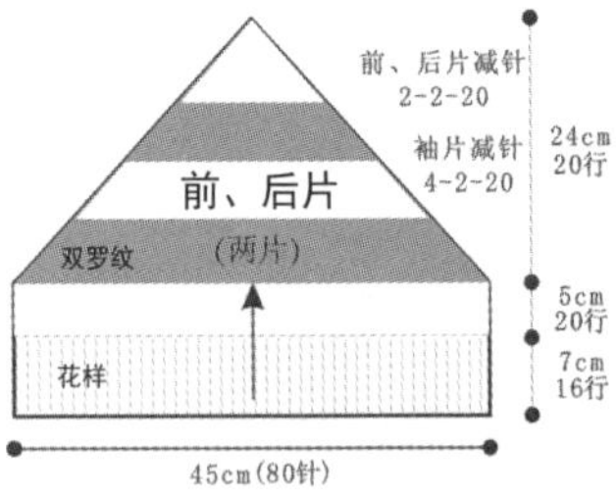

前、后片减针
2-2-20

袖片减针
4-2-20

24cm
20行

前、后片
（两片）

双罗纹

花样

5cm
20行

7cm
16行

45cm(80针)

0273

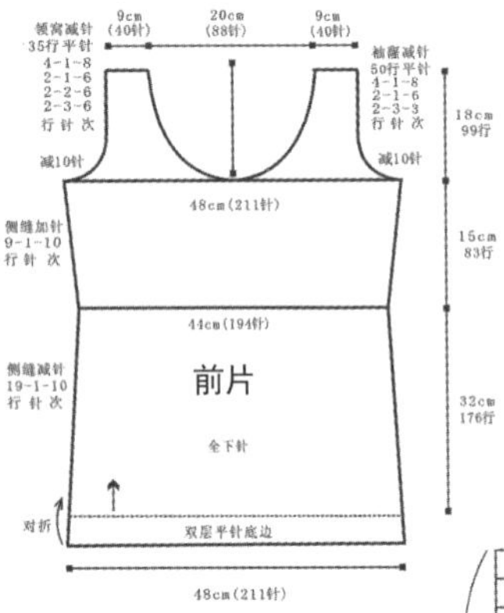

袖窿减针
3.5行平收
4-1-8
2-1-6
2-2-5
2-3-6
行针次

9cm
(40针)

20cm
(88针)

9cm
(40针)

袖窿减针
50行平收
4-1-8
2-1-6
2-2-3
2-3-3
行针次

减10针

减10针

侧缝加针
9-1-10
行针次

48cm(211针)

44cm(194针)

前片

全下针

侧缝减针
19-1-10
行针次

18cm
99行

15cm
83行

32cm
176行

对折

双层平针底边

48cm(211针)

领子结构图

挑290针织5cm下针
褶边缝合所形成双层圆领

全下针

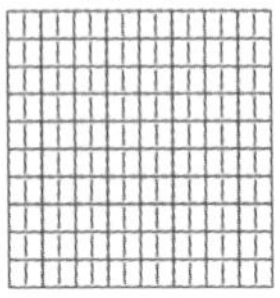

双层平针底边

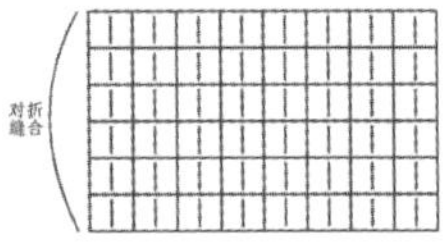

对折
缝合

【成品规格】 见图
【工具】 1.7mm棒针
【材料】 蓝黑色纯羊毛线 装饰金属扣1枚
【制作过程】 前片按图示起211针，先织双层平针底边，然后改织全下针，同时侧缝按图示减针，织32cm时加针，形成收腰，织15cm时留袖窿，在两边同时各收10针，然后按图收成袖窿，并同时留前领窝。领边挑290针，织5cm全下针，褶边缝合，形成双层圆领。缝上金属扣。

0274

【成品规格】 见图
【工具】 1.7mm棒针
【材料】 深蓝色纯羊毛线 纽扣1枚
【制作过程】 前片按图起211针，先织双层平针底边后，改织12cm花样，再织全下针，同时按图示减针，织20cm时加针，形成收腰，织15cm时不用加减针，织完袖窿，领窝按图示减针。

花样

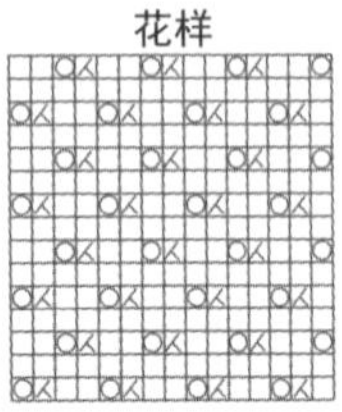

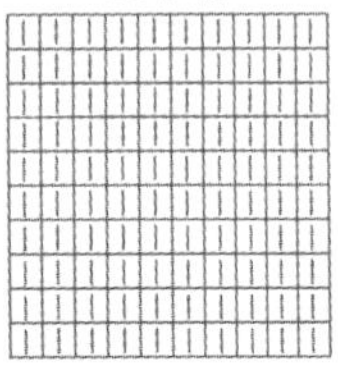

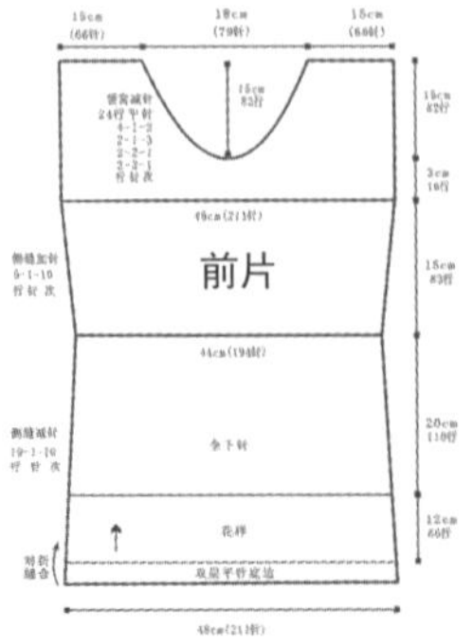

双层平针底边

对折
缝合

全下针

前片

0275

【成品规格】 见图
【工具】 3.25mm棒针
【材料】 灰红色粗毛线 灰色圆形纽扣2枚
【制作过程】 左前片普通起针法起56针，下针编织40cm，按袖窿减针及前领减针织出袖窿和前领，织完后下面4cm对折缝合。以上织出为左片，再对称织出右片。领：如图，普通起针法起19针，按花样编织，织4行后开扣眼，每2cm开一扣眼，一扣眼1cm织8行。共织55cm。缝上纽扣。

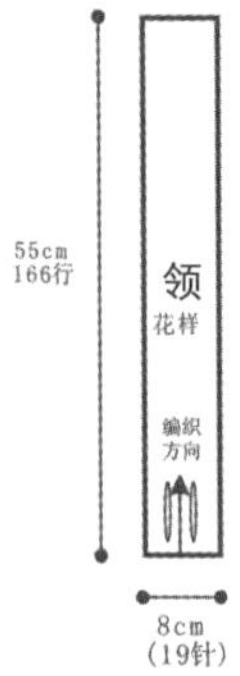

55cm
166行

领
花样

编织方向

8cm
(19针)

花样

18cm
(40针)

3cm
10行

10cm
30行

(-16针) 前领减针
2-6-1
2-5-4
平收14针
行针次

36cm
108行

8cm

花样
2cm

左前片
下针

4cm
12行

25cm
(56针)

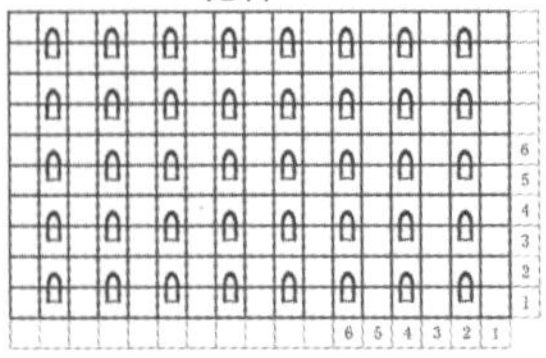

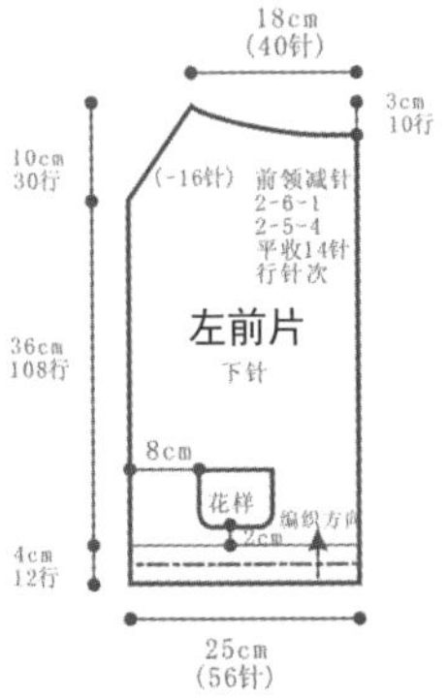

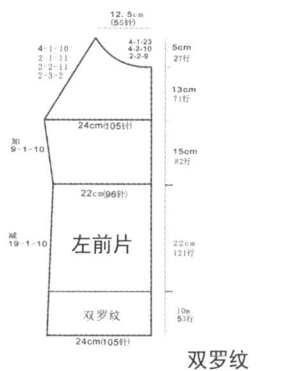
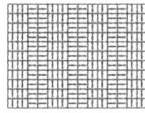

0276

【成品规格】 见图
【工具】 1.7mm棒针
【材料】 灰色纯羊毛线 拉链1条
【制作过程】 前片分左、右两片编织，分别按图起针，先织双罗纹10cm后，改织下针，织至完成。对称织出另一片。缝上拉链。

0277

【成品规格】 见图
【工具】 3.0mm棒针
【材料】 米色棉线 拉链1根
【制作过程】 前片起56针，在离衣长8cm处如图所示收前领。编织两片。领起96针，编织双罗纹针10cm。装上拉链。

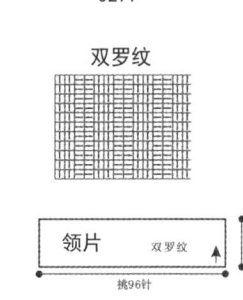
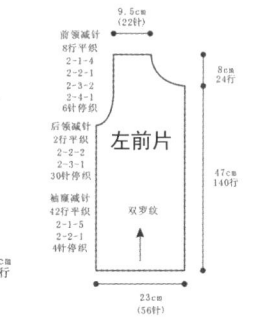

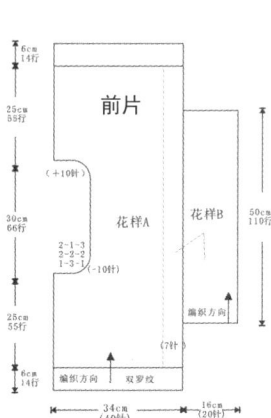

0280

【成品规格】 见图
【工具】 3.5mm棒针
【材料】 黑色粗毛线
【制作过程】 前片从袖口起40针编织双罗纹针，织好袖边开始编织花样，编织到34行加出衣服底边继续编织，按结构图减针、加针留出后领。

0278

【成品规格】 见图
【工具】 1.7mm棒针
【材料】 深蓝色纯羊毛线 纽扣5枚 腰带1条
【制作过程】 前片分左、右两片编织，分别按图起针，织10cm双罗纹后，改织下针，并间色织至完成。同样方法织另一片。缝上纽扣，系上腰带。

0279

【成品规格】 见图
【工具】 2.3mm棒针
【材料】 黑色细毛线 纽扣4枚
【制作过程】 前片起20针编织平针，按结构图加针加出圆角，编织到25cm时进行袖窿减针，按结构图减完针后收针断线。缝上纽扣。

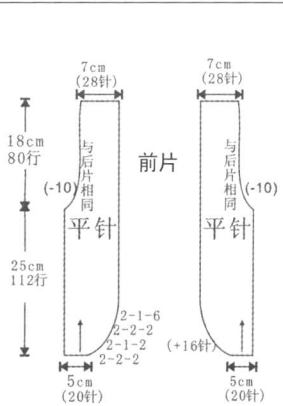
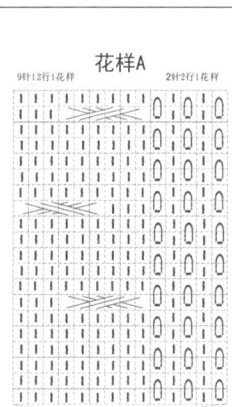

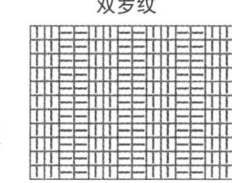

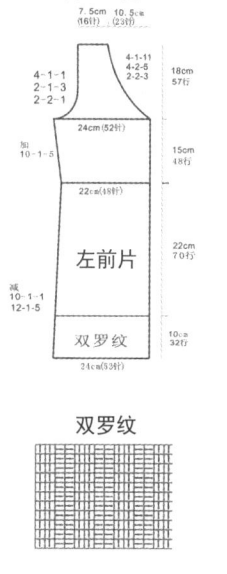

0281

【制作过程】 起52针编织双罗纹针下边，编织16行后开始按花样编织前片，编织到35cm时进行袖窿减针，共编织到50cm时进行前衣领减针，按结构图减完针后收针断线。同样方法完成另一侧前片，减针方向相反。

【成品规格】 见图
【工具】 3.5mm棒针
【材料】 粉色毛线 拉链1条

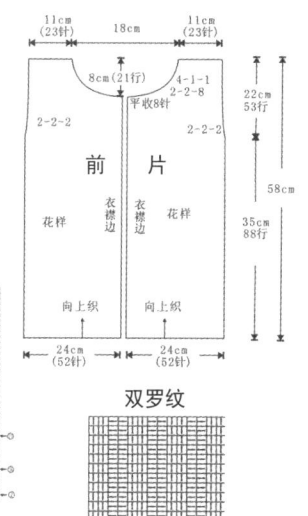
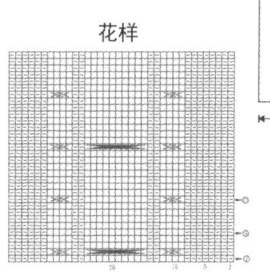

177

【成品规格】 见图
【工具】 3.6mm棒针
【材料】 紫红色开司米线 纽扣2枚
【制作过程】 起96针双罗纹针边后编织上针前片，两侧加减针收腰后，身长共编织到58cm时进行前衣领减针，按结构图减完针后收针断线。缝上纽扣。

0282

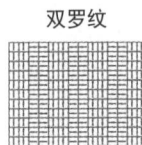
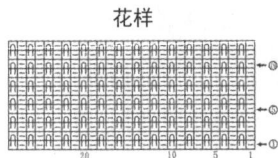

前片

双罗纹

花样

【成品规格】 见图
【工具】 3.5mm棒针
【材料】 白色、红色毛线 灰色针织装饰布 拉链1条
【制作过程】 同样配色起52针编织红色下针前片，编织到45cm时进行袖窿减针，共编织到51cm时进行前衣领减针，按结构图减完针后收针断线。同样方法完成另一侧前片，减针方向相反。缝上拉链。

0283

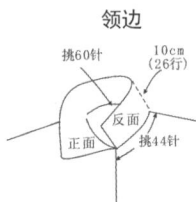

领边

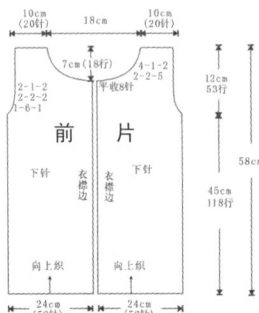

前　片

0284

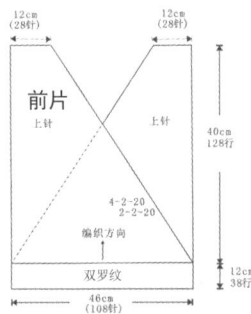

前片

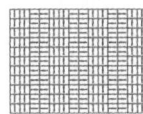

双罗纹

【成品规格】 见图
【工具】 3.6mm棒针
【材料】 浅灰色毛线 纽扣2枚
【制作过程】 起108针双罗纹针后编织一侧上针前片，编织上针4行后一侧不加减针，一侧按图示减针，共织40cm后余28针，收针不断线，另起针从反面双罗纹针处重新挑织108针上针另一侧前片，同样方法完成减针，方向相反。缝上纽扣。

【成品规格】 见图
【工具】 3.75mm棒针
【材料】 灰色毛线
【制作过程】 起58针按花样编织一侧前片，不加减针织到肩部，共57cm，肩部递减后留出24针继续编织，再织19cm，完成后收针断线。同样方法完成另一侧前片，两片方向相

0285

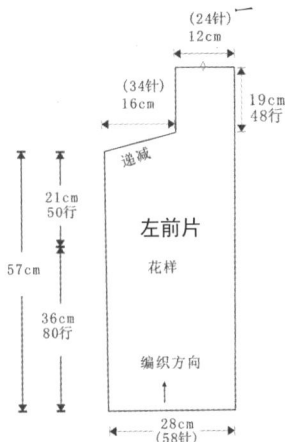

左前片
花样

花样

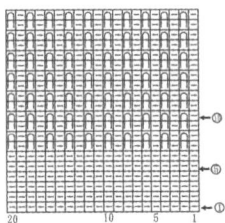

【成品规格】 见图
【工具】 3.6mm棒针
【材料】 灰色棉绒线 纽扣3枚
【制作过程】 起62针编织下针前片，衣襟边随前片同织，侧缝加减针收腰，衣襟边不加减针，共编织42cm后开始袖窿减针，身长共编织到62cm时进行前衣领减针，按结构图减完针后收针断线。同样方法编织另一片前片，减针方向相反。一侧留出扣眼位置。起30针编织花样领片，不加减针共织70cm，一侧留出扣眼位置。缝上纽扣。

0286

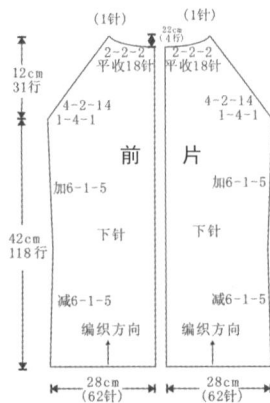

前　片

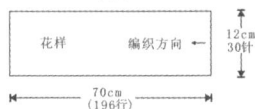

领片

花样 编织方向

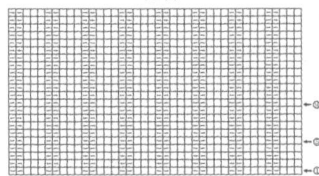

花样

0287

【成品规格】 见图
【工具】 3.5mm棒针
【材料】 橘褐色毛绒线 拉链1条 装饰毛边若干
【制作过程】 起52针编织3上3下针下边，编织16行后开始全下针编织前片，花样编织到45cm时进行袖窿减针，共编织到52cm时进行前衣领减针，按结构图减完针后收针断线。同样方法完成另一侧前片，减针方向相反。装上拉链和装饰毛边。

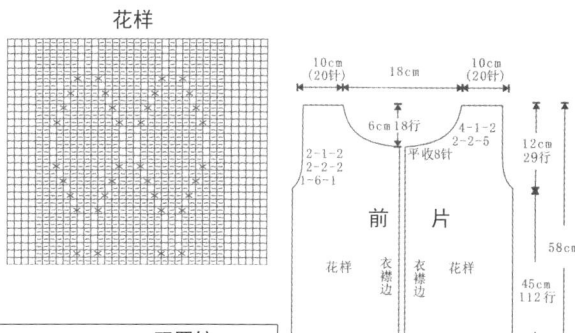

花样

10cm (20针) 18cm 10cm (20针)
6cm 18行
平收8针
4-1-2
2-2-5
12cm 29行
1-2-1-2
2-2-2
2-2-2
1-6-1
前　片
花样 衣襟边 衣襟边 花样
58cm
45cm 112行
向上织 向上织
24cm (52针) 24cm (52针)

0288

【成品规格】 见图
【工具】 3.6mm棒针
【材料】 褐色、橘红色牛奶绒线 纽扣3枚
【制作过程】 单色线起120针双罗纹针边，然后编织花样前片，编织到50cm时同时进行袖窿和前领窝减针，按图示减针后肩部余5cm。单色起10针编织下针内前片，一侧按图加减针、一侧不加减针编织，共织22cm，完成两片。分别沿前领窝缝实。缝上纽扣。

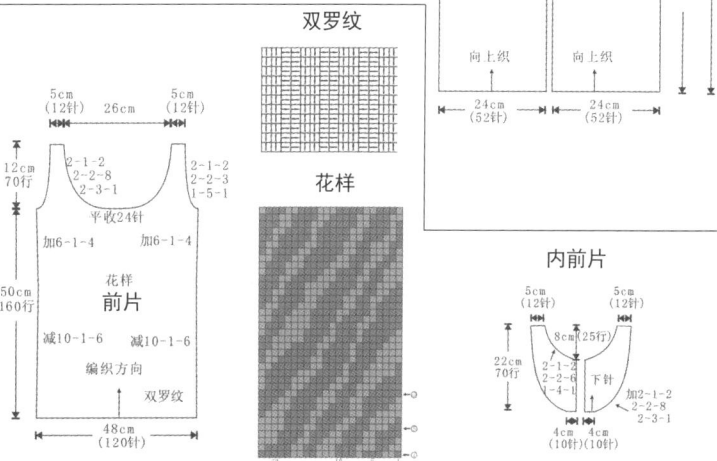

双罗纹

花样

5cm (12针) 26cm 5cm (12针)
12cm 70行
2-1-2 2-1-2
2-2-8 2-2-3
2-3-1 1-5-1
平收24针
加6-1-4 加6-1-4
花样
前片
50cm 160行
减10-1-6 减10-1-6
编织方向
双罗纹
48cm (120针)

内前片
5cm (12针) 5cm (12针)
8cm 25行
22cm 70行
2-1-2
2-2-6 下针
4-1-1
加2-1-2
2-2-8
2-3-1
4cm (10针) 4cm (10针)

0289

【成品规格】 见图
【工具】 3.6mm棒针
【材料】 深蓝色棉绒线 大纽扣3枚 小纽扣6枚
【制作过程】 起50针编织花样前片，32cm时开始袖窿减针，身长共编织到11cm时进行前衣领减针，按结构图减完针后收针断线。同样方法编织另一片前片，减针方向相反。缝上大、小纽扣。

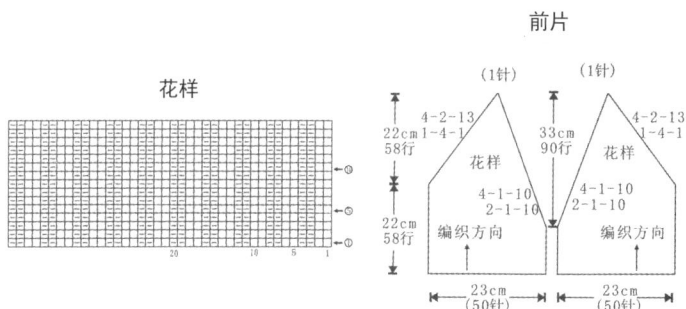

花样

前片
(1针) (1针)
4-2-13 4-2-13
22cm 58行 1-4-1 1-4-1 33cm 90行
花样 花样
4-1-10 4-1-10
2-1-10 2-1-10
22cm 58行 编织方向 编织方向
23cm (50针) 23cm (50针)

0290

【制作过程】 前片分左、右两片编织，分别按图起针，织下针，织至完成，下摆另织10cm单罗纹，按图间色。对称织出另一片。领圈挑针，织10cm单罗纹，形成翻领。装上拉链。

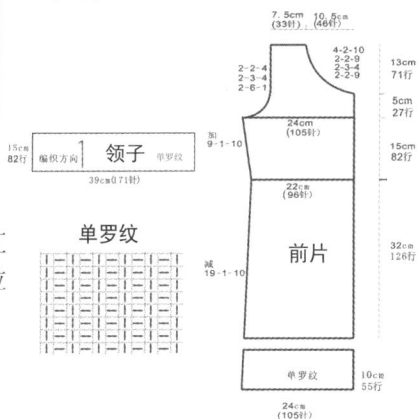

7.5cm (33针) 10.5cm (46针)
4-2-10
2-2-4 2-2-9
2-2-2 2-3-4
2-8-1 2-2-9
13cm 71行
5cm 27行
24cm (105针)
加 9-1-10
领子
编织方向 单罗纹
39cm (0.71针)
15cm 82行
单罗纹

前片
22cm (96针)
15cm 82行
32cm 126行
减 19-1-10
单罗纹
24cm (105针)
10cm 55行

【成品规格】 见图
【工具】 1.7mm棒针
【材料】 浅蓝色、红色、白色纯羊毛线 拉链1条

0291

【成品规格】 见图
【工具】 1.7mm棒针
【材料】 橙红色纯羊毛线 金属亮片若干
【制作过程】 前片分上、下部分组成，下部分分别按图起针，织双罗纹，前片织花样，织至完成，上部分按编织方向织双罗纹，织至完成。前领部分用亮片打皱褶缝合。缝上金属亮片。

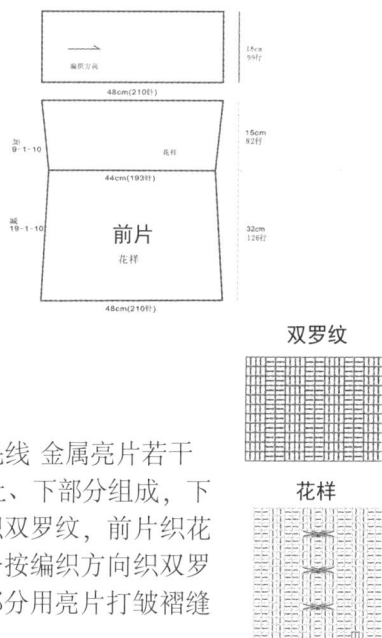

编织方向
15cm 92行
48cm (210针)
加 9-1-10
15cm 82行
44cm (193针)
下针
前片
32cm 126行
减 19-1-10
花样
48cm (210针)

双罗纹

花样

0292

【成品规格】 见图
【工具】 3.5mm棒针
【材料】 粉色毛线 灰色针织装饰布 拉链1条

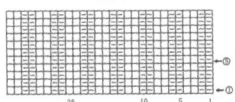

花样　　双罗纹

【制作过程】 起32针编织双罗纹针前片，编织到45cm时进行袖窿减针，按结构图减完针后不加减针织到肩部，收针断线。同样方法完成另一侧前片，减针方向相反。装上拉链。

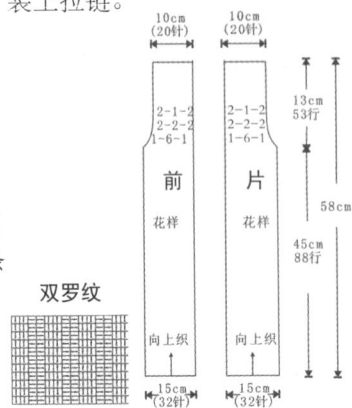

10cm(20针)　10cm(20针)

2-1-2　2-1-2
2-2-2　2-2-2
1-6-1　1-6-1

前片　片

花样　花样

13cm 53行

58cm

45cm 88行

向上织　向上织

15cm(32针)　15cm(32针)

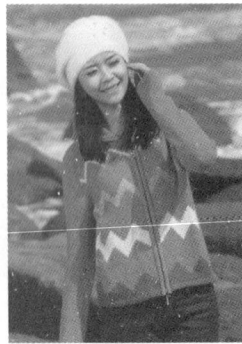

0293

【成品规格】 见图
【工具】 1.7mm棒针

【材料】 孔雀蓝色、白色、灰色、藕色纯羊毛线 拉链1条

【制作过程】 前片分左、右两片编织，分别按图起针，先织双层平针底边后，改织下针，并间色织至完成。对称织出另一片。领圈挑针，织15cm双罗纹，装上拉链，形成翻领。装上拉链。

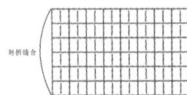

双罗纹

双层平针底边

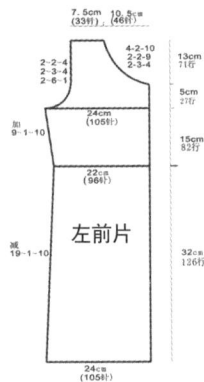

7.5cm(33针)　10.5cm(46针)

2-2-4　4-2-10
2-3-4　2-2-9
2-6-1　2-3-4

13cm 71行

27cm

24cm(105针)

加9-1-10

15cm 82行

22cm(96针)

左前片

32cm 136行

减19-1-10

24cm(105针)

15cm 82行

编织方向　1　领子

39cm(171针)

0294

【成品规格】 见图
【工具】 1.7mm棒针
【材料】 棕色纯羊毛线 拉链1条 金属扣1枚
【制作过程】 前片分左、右两片编织，分别按图起针，织花样A10cm后改织花样B，织至完成。对称织出另一片。装上拉链，缝上金属扣。

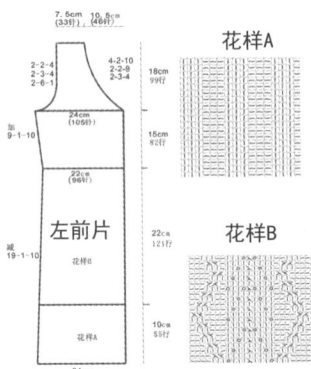

7.5cm(33针)　10.5cm(46针)

2-2-4　4-2-10
2-3-4　2-2-9
2-6-1　2-3-4

18cm 99行

24cm(105针)

加9-1-10

15cm 82行

22cm(96针)

左前片

22cm 121行

减19-1-10

花样扣

花样A

24cm(105针)

花样A

花样B

10cm 55行

0295

【成品规格】 见图
【工具】 3.5mm棒针
【材料】 橘褐色毛绒线 拉链1条 纽扣3枚 装饰毛边若干

【制作过程】 起52针双罗纹针开始编织前片，按花样编织到45cm时进行袖窿减针，共编织到52cm时进行前衣领减针，按结构图减完针后收针断线。同样方法完成另一侧前片，减针方向相反。缝上纽扣和装饰毛边，装上拉链。

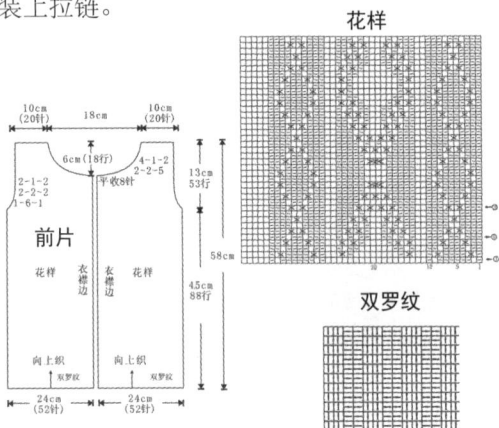

10cm(20针)　18cm　10cm(20针)

6cm(18行)　4-1-2　13cm 53行
2-2-5

2-1-2
2-2-2　平收8针
1-6-1

前片

花样　衣襟边　衣襟边　花样

58cm

4.5cm 88行

向上织　向上织

双罗纹　双罗纹

24cm(52针)　24cm(52针)

花样

双罗纹

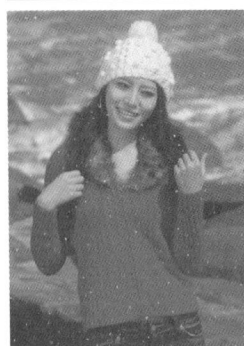

0296

【成品规格】 见图
【工具】 1.7mm棒针
【材料】 红色纯羊毛线 拉链1条 毛毛领1条
【制作过程】 前片分左、右两片编织，分别按图起针，织花样，织至完成。对称织出另一片。领圈挑针，织5cm下针，褶边缝合，形成双层领，再缝上毛毛领。装上拉链。

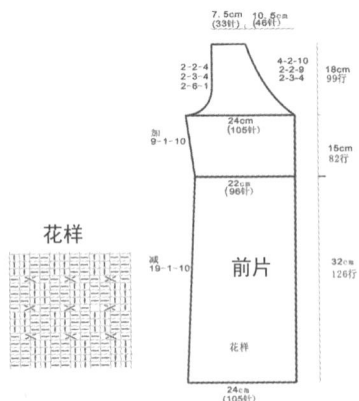

7.5cm(33针)　10.5cm(46针)

2-2-4　4-2-10
2-3-4　2-2-9
2-6-1　2-3-4

18cm 99行

24cm(105针)

加9-1-10

15cm 82行

22cm(96针)

前片

32cm 126行

减19-1-10

花样

花样

24cm(105针)

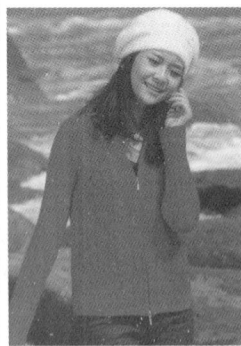

0297

【成品规格】 见图
【工具】 1.7mm棒针
【材料】 红色纯羊毛线 拉链1条
【制作过程】 前片分左、右两片编织，分别按图起针，织10cm双罗纹后改织花样，织至完成。对称织出另一片。领子挑针，织15cm双罗纹，形成翻领。装上拉链。

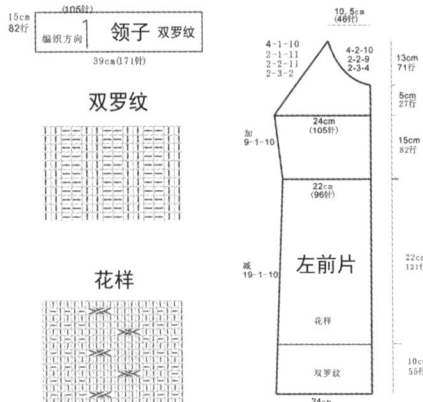

15cm 82行

编织方向　1　领子　双罗纹

39cm(171针)

双罗纹

花样

10.5cm(46针)

4-1-10　4-1-11
2-1-11　2-2-9
2-2-11　2-3-2
2-3-2

13cm 71行

5cm 27行

24cm(105针)

加9-1-10

15cm 82行

22cm(96针)

左前片

22cm 121行

减19-1-10

花样

双罗纹

24cm

10cm 55行

0298

【成品规格】 见图
【工具】 3.5mm棒针
【材料】 红色、白色、黑色、蓝色羊毛线 拉链1条
【制作过程】 红色线起52针按花样配色编织下针前片，共编织到35cm时进行袖窿减针，共编织到52cm时进行前衣领减针，按结构图减完针后收针断线。同样方法完成另一侧前片，减针方向相反。装上拉链。

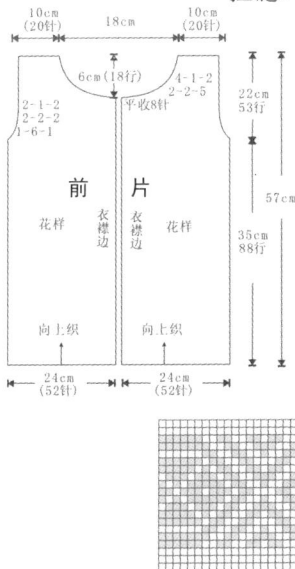

花样

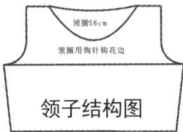

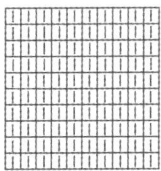

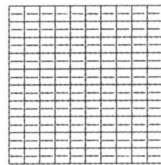

0301

【成品规格】 见图
【工具】 1.5mm棒针 2.5mm钩针
【材料】 白色纯羊毛线
【制作过程】 前片按图示起211针，织2cm全下针后，改织全上针，同时侧缝按图示减针，织30cm时加针，形成收腰，织15cm时留袖窿，在两边同时各平收10针，然后按图示收成袖窿，再织5cm时留前领窝，前领处用钩针钩织。

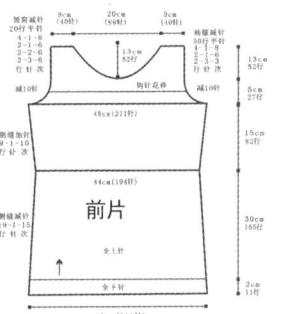

领子结构图

全下针

全上针

0299

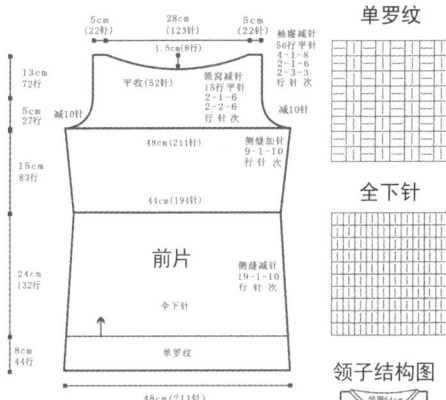

前片

单罗纹

全下针

领子结构图

【成品规格】 见图
【工具】 1.7mm棒针
【材料】 白色纯羊毛线 亮珠若干
【制作过程】 前片按图示起211针，织8cm单罗纹后，改织全下针，同时侧缝按图示减针，织24cm时加针，形成收腰，织15cm时留袖窿，在两边同时各平收10针，然后按图示收成袖窿，再织5cm时留前领窝。肩位余22针。领圈挑281针，织4cm单罗纹，形成圆领。缝上亮珠。

0300

【制作过程】 前片按图起211针，织双罗纹，同时侧缝按图示减针，织32cm时加针，形成收腰，织15cm时留袖窿，在两边同时各平收10针，然后按图示收成袖窿，再织5cm时留前领窝。领圈用缝衣针锁边。

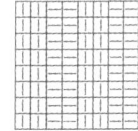

领子结构图

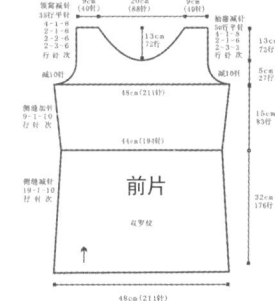

前片

双罗纹

【成品规格】 见图
【工具】 1.7mm棒针 缝衣针
【材料】 白色纯羊毛线

0302

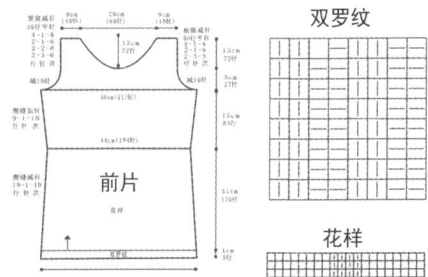

前片

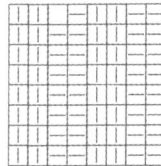

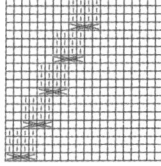

双罗纹

花样

领子结构图

【成品规格】 见图
【工具】 1.7mm棒针 缝衣针
【材料】 浅黄色、白色、咖啡色纯羊毛线 亮珠若干
【制作过程】 前片按图起211针，织1cm双罗纹，改织花样，并配色，同时侧缝按图示减针，织31cm时加针，形成收腰，织15cm时留袖窿，在两边同时各平收10针，然后按图示收成袖窿，再织5cm时留前领窝。领圈用缝衣针锁边。缝上亮珠。

0303

【成品规格】 见图
【工具】 1.7mm棒针 2.5mm钩针 缝衣针
【材料】 米色羊毛线 拉链1条 亮片若干
【制作过程】 前片分左右两片编织，分别按图起106针，织2cm单罗纹后，改织花样，侧缝按图示减针，织30cm时加针，形成收腰，织15cm时两边各平收10针，收袖窿，再织5cm时收领窝，同样方法织另一片。缝上亮片。

领圈钩边

单罗纹 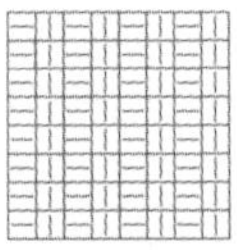　花样

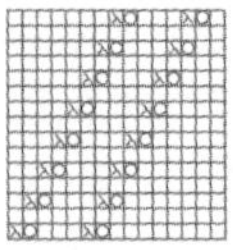

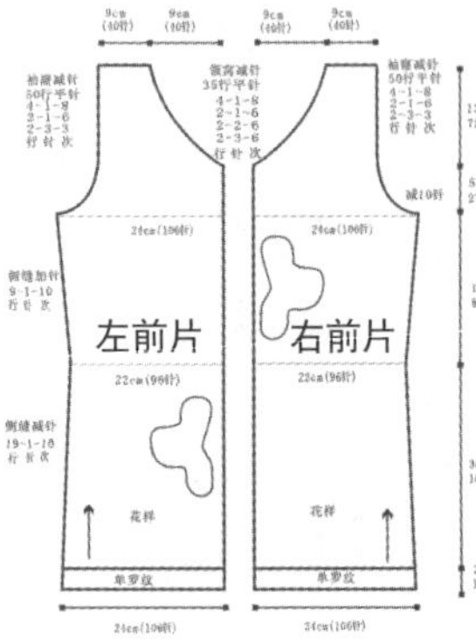

左前片　右前片

0304

花样

前片　下针

编织方向

花样

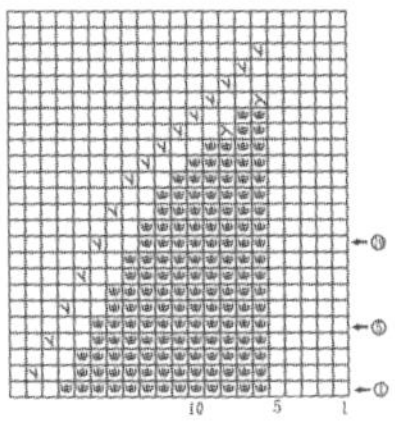

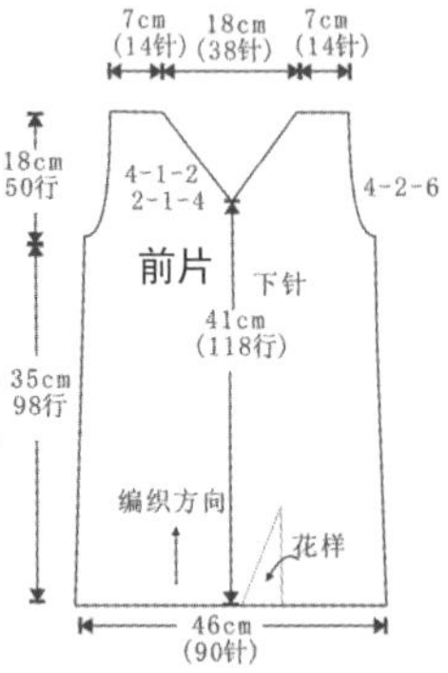

【成品规格】 见图
【工具】 3.6mm棒针 4号钩针
【材料】 驼色丝带线
【制作过程】 起90针编织下针前片，中心位置开始花样编织，织35cm，先进行袖窿减针，织到41cm时两侧按图所示完成领窝减针，编织至肩部收针。

0305

领子结构图

领圈先挑290针
织5cm花样后
再织3cm全上针
褶边缝合形成
双层领

单罗纹

花样　全上针

【成品规格】 见图
【工具】 1.7mm棒针
【材料】 绿色纯羊毛线
【制作过程】 前片按图示起211针，织1cm单罗纹后，改织全上针，同时侧缝按图示减针，织31cm时加针，形成收腰，织15cm时留袖窿，在两边同时各平收10针，然后按图示收成袖窿，同时留前领窝。领圈先挑290针，织5cm花样后，再织3cm全上针，褶边缝合，形成双层V领。

前片

全上针

0306

【成品规格】 见图
【工具】 2.5mm棒针 缝衣针
【材料】 绿色夏季冰丝线
【制作过程】 前片按图示起105针，织花样，同时侧缝按图示减针，织27cm时加针，形成收腰，织15cm时留袖窿，在两边同时各平收5针，然后按图示收成袖窿，再织5cm时留前领窝。领圈用缝衣针锁边。

花样

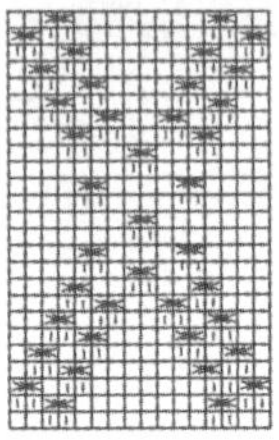

领圈55cm

领圈用缝衣针锁边

领子结构图

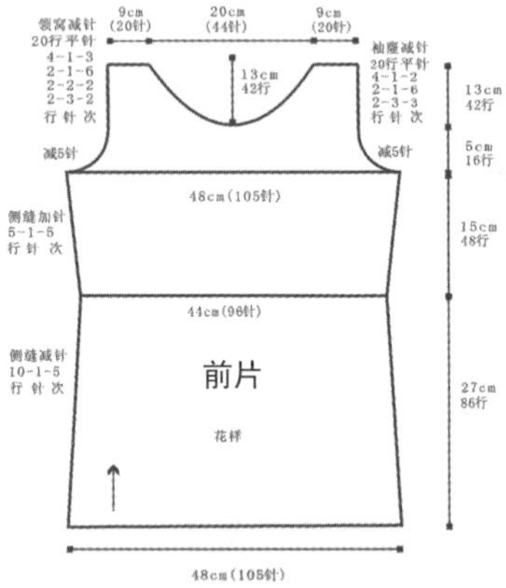

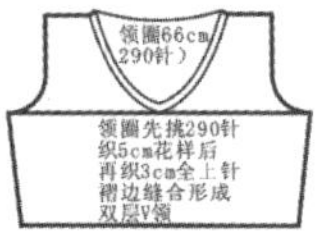

前片

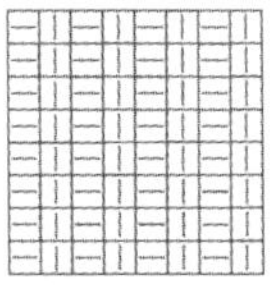

花样

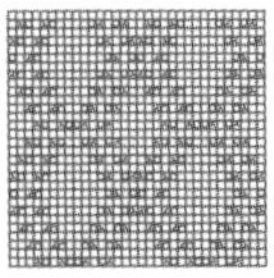

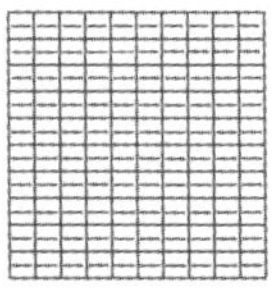

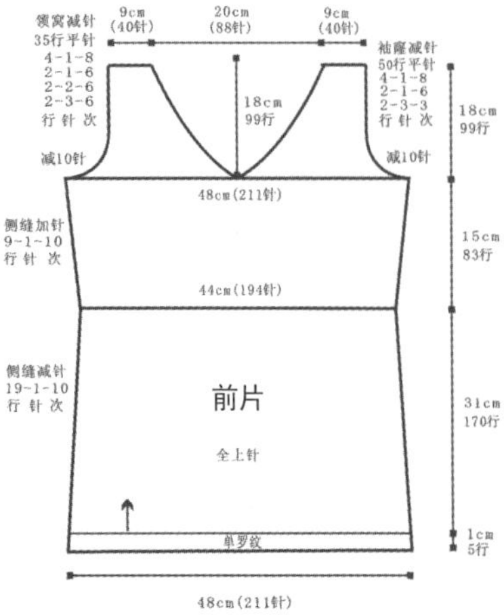

0307

花样

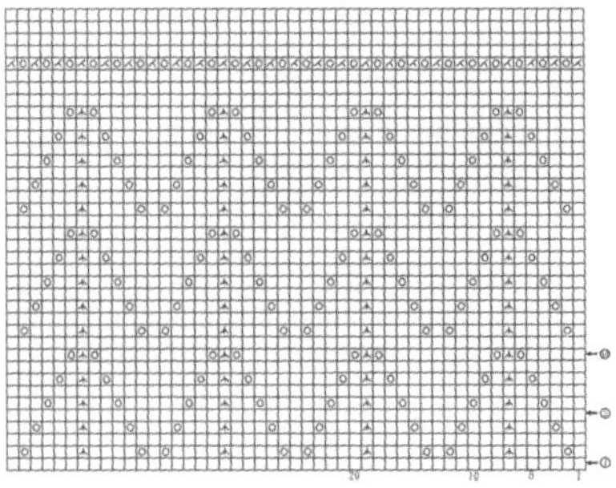

【成品规格】 见图
【工具】 3.6mm棒针 4号钩针
【材料】 红色丝棉线
【制作过程】 起90针编织花样前片，织13cm后改织下针，身长共织到27cm时进行袖窿减、前衣领减针，两侧相反按图所示完成减针，编织至肩部收针。

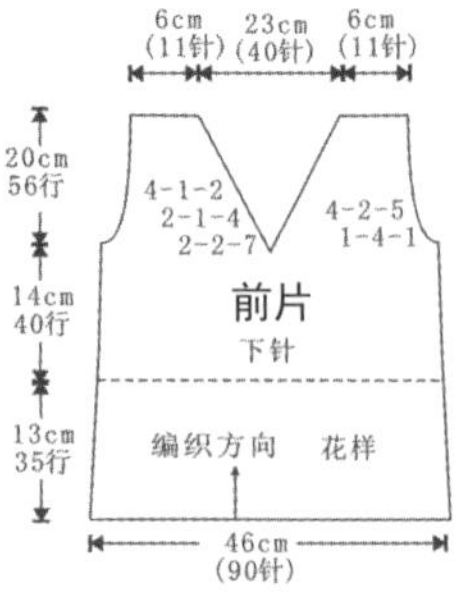

前片

下针

编织方向　花样

0308

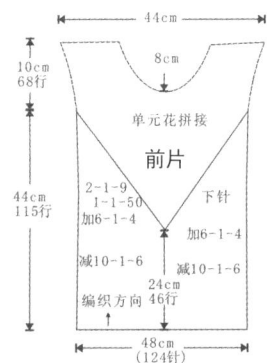

【成品规格】见图
【工具】2.9mm棒针
【材料】灰色细毛线 大纽扣3枚
【制作过程】起60针边花样后，编织下针前片，衣襟边同前片一起编织，编织到50cm时开始袖窿减针，编织到身长54cm时，进行前衣领减针，最后肩部余25针，减针方法 见图示。同样方法完成另一侧身片，方向相反。编织时留出扣眼位置。缝上大纽扣。

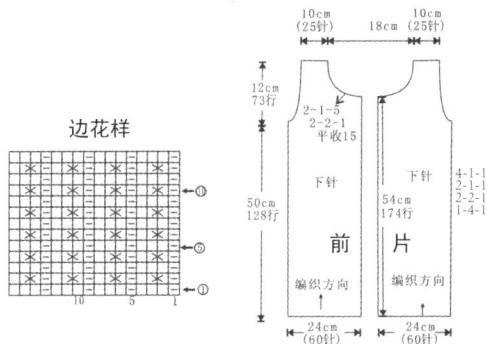

边花样

10cm (25针)　10cm
18cm (25针)

12cm 73行

2-1-5
2-2-1
平收15
下针

下针

4-1-1
2-2-1
2-2-1
2-1-1
1-4-1

50cm 128行

前　片

编织方向　编织方向

24cm (60针)　24cm (60针)

0309

44cm

8cm

10cm 68行

单元花拼接

前片

2-1-9
1-1-50
加6-1-4

下针

加6-1-4

44cm 115行

减10-1-6　减10-1-6

24cm
编织方向 46行

48cm
(124针)

【成品规格】见图
【工具】3.6mm棒针 4号钩针
【材料】白色棉线 浅蓝色丝带线
【制作过程】用浅蓝色丝带线起124针下针边，织2行后换白色棉线编织下针前片，编织到24cm时从中间平分后两侧减针，减针织到袖窿处，按结构图减针，共织20cm。

0310

花样

双罗纹

9cm (20针)　9cm (20针)　9cm (20针)　9cm (20针)

袖窿减针
40行平收
4-1-2
4-1-1
2-2-1
2-2-1
行针次

领窝减针
24行平收
4-1-1
2-2-1
2-2-1
行针次

13cm 42行

袖窿减针
40行平收
4-1-2
4-1-1
2-2-1
2-2-1
行针次

6cm 16行

减针

24cm (52针)　24cm (52针)

15cm 48行

侧缝加针
4-1-10
行针次

22cm (48针)　22cm (48针)

22cm 70行

左前片　右前片

侧缝减针
10-1-10
行针次

花样　花样

双罗纹　双罗纹

10cm 32行

24cm (53针)　24cm (53针)

【成品规格】见图
【工具】2.5mm棒针
【材料】米色纯羊毛线 拉链1条 衣袋纽扣2枚
【制作过程】前片分左、右两片编织，按图起53针，织10cm双罗纹后，改织花样，侧缝按图示减针，织22cm时加针，形成收腰，织15cm时两边各平收5针，收袖窿，并同时收领窝，织至肩位余20针。同样方法织另一片。缝上纽扣和拉链。

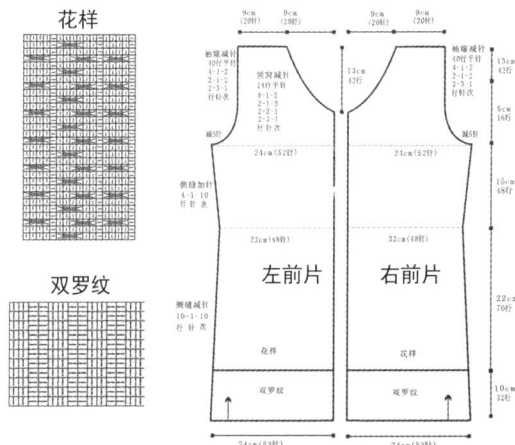

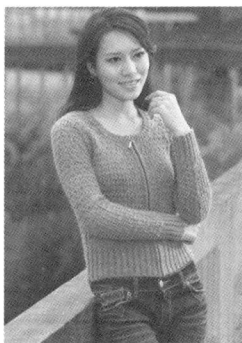

0311

【成品规格】见图
【工具】1.7mm棒针
【材料】咖啡色、白色纯羊毛线
【制作过程】前片按图起针，织12cm双罗纹后，改织下针，并间色织至完成，袖窿和领窝按图加减针。领圈另织。

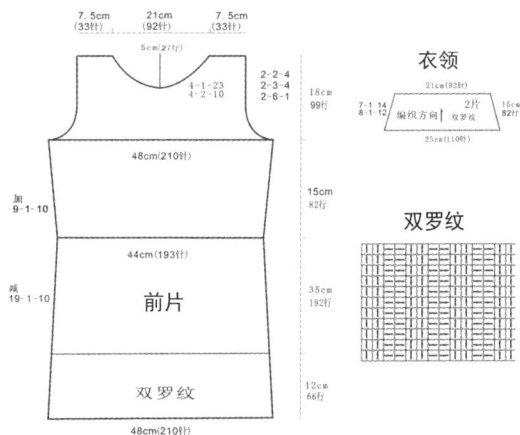

7.5cm (33针)　21cm (92针)　7.5cm (33针)

5cm(27行)

4-1-23
4-2-10

2-2-4
2-3-4
2-8-1

18cm 99行

衣领

2片 双罗纹

7-1-14
8-1-12
编织方向
35cm(110行)

15cm 82行

48cm(210针)

加 9-1-10

44cm (193针)

前片

减 19-1-10

15cm 82行

35cm 192行

双罗纹

48cm(210针)

12cm 66行

双罗纹

0312

【成品规格】见图
【工具】2.5mm棒针
【材料】灰色纯羊毛线 拉链1条
【制作过程】前片分左、右两片编织，按图起53针，织10cm双罗纹后，改织花样，同时开袋口。侧缝按图示减针，织22cm时加针，形成收腰，织15cm时平收5针，收袖窿，再5cm时同时收领窝。同样方法织另一片。领圈挑119针，织3cm双罗纹，形成圆领。装上拉链。

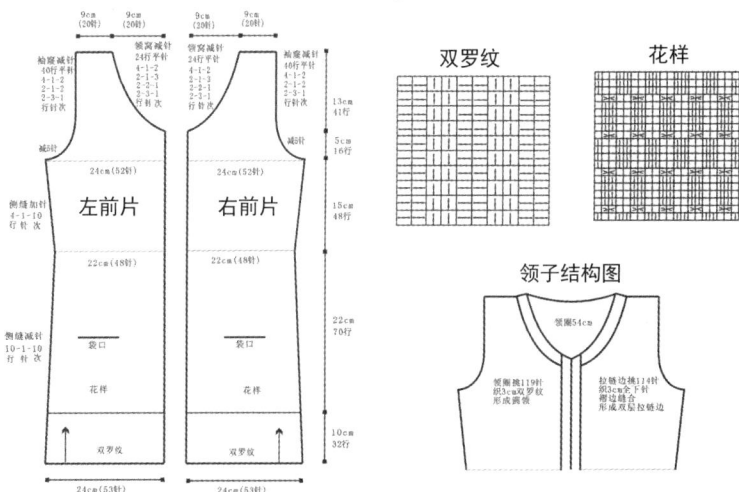

9cm (20针)　9cm　9cm (20针)　9cm (20针)

袖窿减针
40行平收
4-1-2
4-1-1
2-2-1
2-3-1
行针次

领窝减针
24行平收
4-1-1
2-2-1
2-3-1
行针次

袖窿减针
40行平收
4-1-2
4-1-1
2-2-1
2-3-1
行针次

13cm 41行

减针

16cm 72行

24cm (52针)　24cm (52针)

15cm 48行

侧缝加针
4-1-10
行针次

22cm (48针)　22cm (48针)

22cm 70行

左前片　右前片

侧缝减针
10-1-10
行针次

袋口　袋口

花样　花样

双罗纹

10cm 32行

24cm (53针)　24cm (53针)

双罗纹　花样

领子结构图

领圈54cm

领圈挑119针
织3cm双罗纹
形成圆领

拉链边14针
织3cm下针
缝边缝合
形成双层拉链边

0313

【制作过程】 前片按图起210针，织单罗纹，并配色侧缝按图示减针，织32cm时加针，形成收腰，织15cm时留袖窿，在两边同时各平收6针，然后按图示收成插肩袖窿，同时留领窝。中间装饰线另织3cm×50cm的全下针长方形，对折与前片缝合。领圈挑264针，织5cm双罗纹，同时挑264针织2cm单罗纹后，改织3cm全下针，自然卷边，形成双层圆领。

【成品规格】 见图
【工具】 1.7mm棒针 缝衣针
【材料】 绿色和浅绿色纯羊毛线

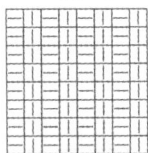
单罗纹

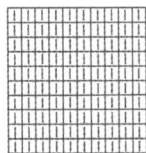
全下针

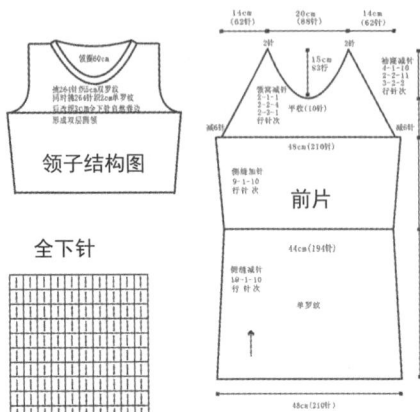
领子结构图　前片

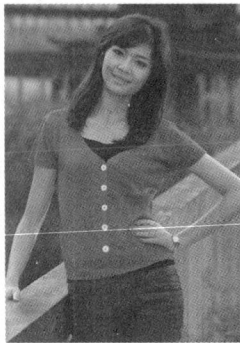

0314

【制作过程】 前片按图示起211针，织8cm双罗纹后，改织全下针，并分左、右两片编织，同时侧缝按图示减针，织24cm时加针，形成收腰，织15cm时留袖窿，在两边各平收10针，然后按图示收成袖窿，同时留前领窝。同样方法编织另一片。缝上纽扣。

【成品规格】 见图
【工具】 1.7mm棒针
【材料】 绿色纯羊毛线 纽扣5枚

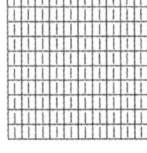
全下针

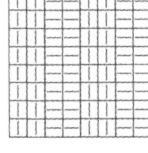
双罗纹

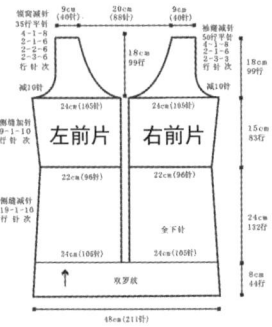
左前片　右前片

0315

【成品规格】 见图
【工具】 1.7mm棒针
【材料】 蓝色纯羊毛线 纽扣5枚
【制作过程】 前片按图起两个5针，织全下针，中间织双罗纹。两边腋下同时加针，织至20cm宽时，合起来编织，腋下侧缝继续加针，成蝙蝠袖，织25cm时织袖口。不加减针织至15cm时，两边减针织袖下，并按图开领窝。缝上纽扣。

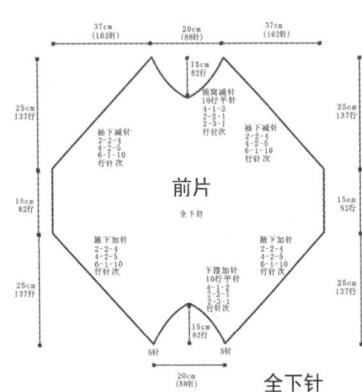
前片

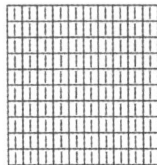
全下针

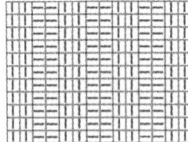
双罗纹

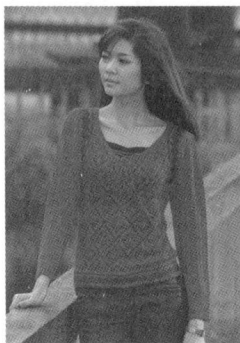

0316

【成品规格】 见图
【工具】 1.7mm棒针
【材料】 橙红色纯羊毛线 黑色线 装饰绳子1根
【制作过程】 前片按图示起211针，织8cm单罗纹后，改织花样，同时侧缝按图示减针，织24cm时加针，形成收腰，织15cm时按图收成插肩袖窿，再织5cm时留前领窝。领圈挑290针，织3cm全下针，褶边缝合，形成双层圆领。系上装饰绳子。

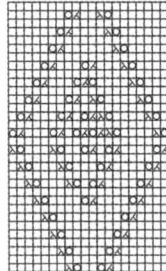
前片

花样

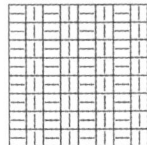
单罗纹

领子结构图

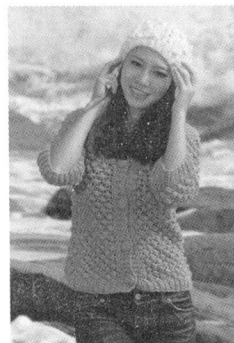

0317

【成品规格】 见图
【工具】 3.5mm棒针
【材料】 驼色粗棉线 包线圆形纽扣4枚
【制作过程】 前片(左、右两片)起31针，按花样和单罗纹图解织3cm；按花样和菠萝花图解36cm；按前领减针和袖窿减针织出前领和袖窿，前领处花样处不减，在菠萝花处减针；开扣眼每个扣眼4行，单罗纹与菠萝花交接处开一扣眼，以上每20行开一扣眼，以上织出为左片。再对称织出右片。缝上纽扣。

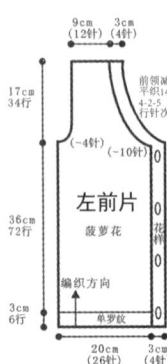
左前片

单罗纹

花样

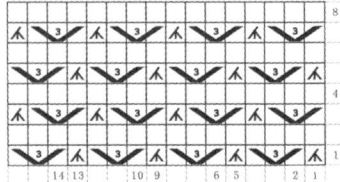
菠萝花

0318

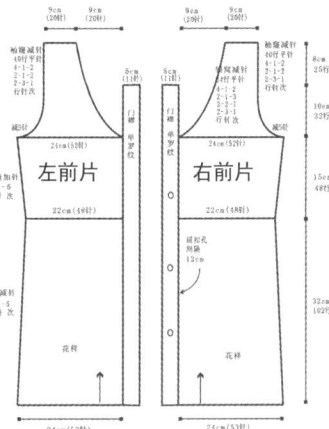

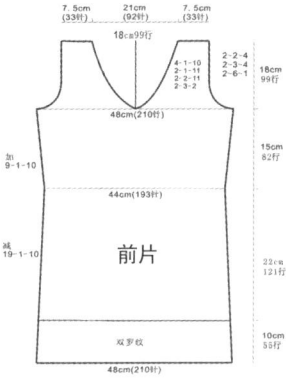

【成品规格】 见图
【工具】 2.5mm棒针
【材料】 绿色纯羊毛线 纽扣3枚
【制作过程】 前片分左、右两片编织，按图起53针，织花样，侧缝按图示减针，织32cm时加针，形成收腰，织15cm时平收5针，收袖窿，同时收领窝，织至肩位余20针。同样方法织另一片。缝上纽扣。

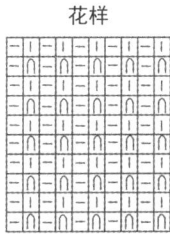

花样

0319

【成品规格】 见图
【工具】 1.7mm棒针
【材料】 绿色羊毛线 拉链1条
【制作过程】 前片分左、右两片编织，分别按图起106针，织2cm单罗纹后，改织花样A，侧缝按图示减针，织30cm时加针，形成收腰，织15cm时两边平收10针，收袖窿，再织3cm时收领窝，同样方法织另一片。装上拉链。

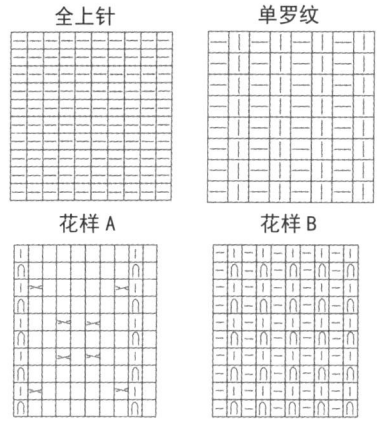

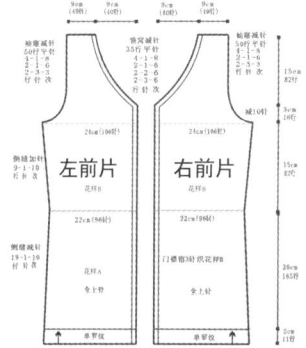

全上针　　单罗纹

花样A　　花样B

0320

【成品规格】 见图
【工具】 1.7mm棒针
【材料】 浅绿色纯羊毛线 装饰扣1枚
【制作过程】 前片按图起针，编织双罗纹10cm后改织下针，并间色，至编织完成。领圈挑针，织15cm双罗纹的长矩形，形成翻领。缝上装饰纽扣。

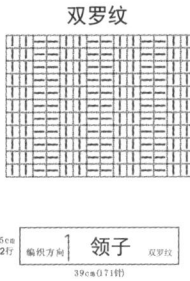

双罗纹

领子

0321

【成品规格】 见图
【工具】 1.7mm棒针
【材料】 绿色纯羊毛线 纽扣3枚
【制作过程】 前片按图起针，织花样22cm后，改织单罗纹10cm织至完成。领圈挑针，织下针后褶边缝合，形成双层圆领。缝上纽扣。

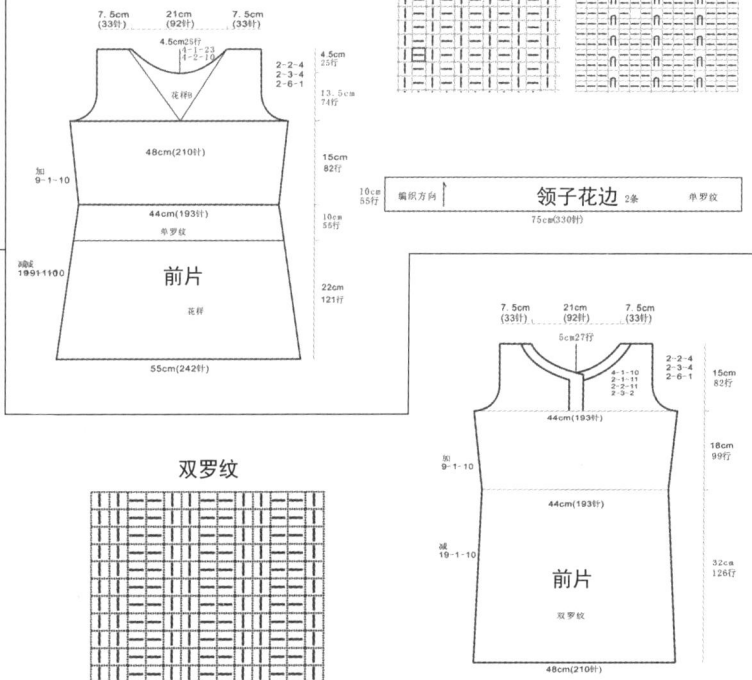

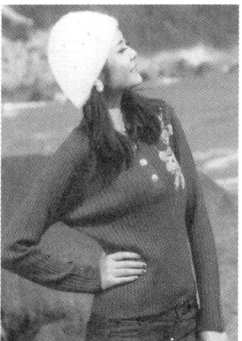

单罗纹　　花样

领子花边 2条

0322

【成品规格】 见图
【工具】 1.7mm棒针
【材料】 驼色纯羊毛线 纽扣3枚 装饰花若干
【制作过程】 前片按图起针，编织双罗纹至编织完成。领子挑针织双罗纹15cm。缝上纽扣和装饰花。

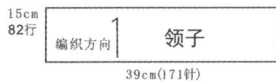

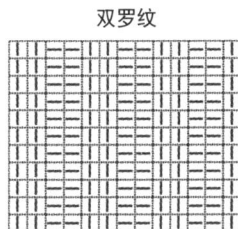

双罗纹

0323

【成品规格】 见图

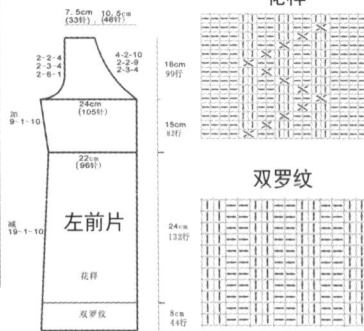

花样

双罗纹

左前片

花样

双罗纹

领子

编织方向

【工具】 1.7mm棒针

【材料】 绿色纯羊毛线 拉链1条

【制作过程】 前片分左、右两片编织，分别按图起针，织双罗纹8cm后，改织花样，织至完成。对称织出另一片。领圈挑针，织15cm双罗纹的长方形，装上拉链，形成翻领。

【成品规格】 见图

【工具】 3.5mm棒针

【材料】 秋香绿毛线 拉链1条

【制作过程】 起52针编织双罗纹针下边，编织16行后开始按花样编织前片，编织到45cm时进行袖窿减针，共编织到49cm时进行前衣领减针，按结构图减完针后收针断线。同样方法完成另一侧前片，减针方向相反。装上拉链。

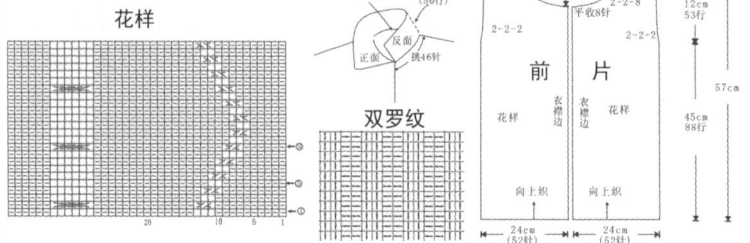

0324

领边

花样

双罗纹

前片

衣襟边 衣襟边

向上织 向上织

0325

【成品规格】 见图

【工具】 1.7mm棒针 小号钩针

【材料】 草绿色纯羊毛线

【制作过程】 前片按图起针，织双罗纹10cm后，改织下针，并分左、右两片编织，织至完成。领圈挑针，织双罗纹24cm，形成高领。

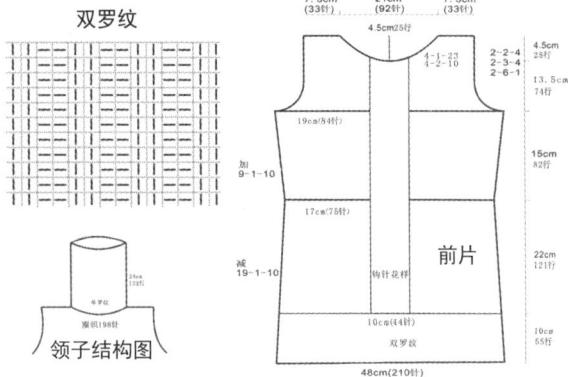

双罗纹

前片

钩针花样

双罗纹

领子结构图

【成品规格】 见图

【工具】 2.9mm棒针

【材料】 浅灰色、红色、蓝色开司米线

【制作过程】 起136针编织双罗纹针下边，按花样编织前片，编织到45cm时同时进行袖窿、前衣领减针，按结构图减完针后收针断线。同样方法完成另一侧前片，减针方向相反。

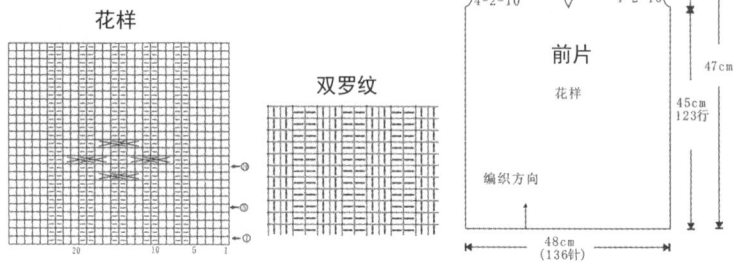

0326

花样

双罗纹

前片

花样

编织方向

0327

【成品规格】 见图

【工具】 3.5mm棒针 环形针

【材料】 灰色、银灰色开司米线 纽扣9枚

【制作过程】 起52针从袖口开始编织花样前片，两侧按图示加针编织，加到50行即完成袖片，加针织到90行完成肩部加针后，开始前衣领加减针，领窝中间改由一色单股线编织，共编织32行后重新2色2股线编织，编织50行即完成前领窝，前片共织52cm，再按加针针数如数减针编织另一侧，完成后收针断线。单股线起22针编织下针单片，织32行，共织5片，每片扭转后沿前领窝的单股线编织处缝实。缝上纽扣。

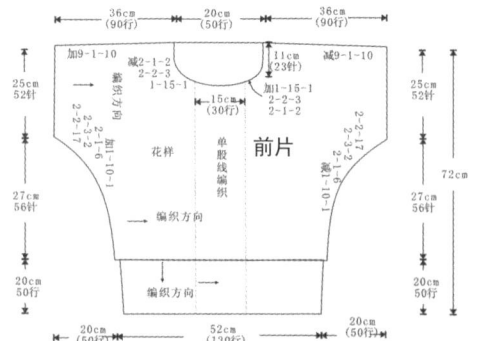

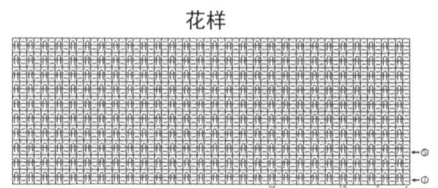

前片

编织方向 编织方向

花样

0328

【成品规格】见图
【工具】 3.6mm棒针
【材料】 花色马海毛线 纽扣5枚
【制作过程】起96针双罗纹针下边后编织下针前片，织至48cm时进行前衣领减针，按结构图两侧减完针后收针断线。另起198针编织双罗纹针领片，按图示完成加减针。缝上纽扣。

领片

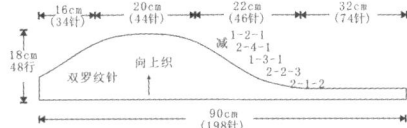

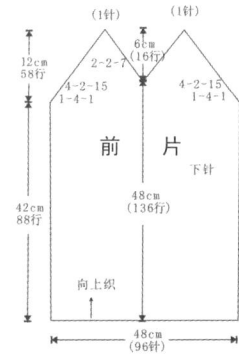

前 片
下针

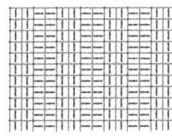

双罗纹

0329

【制作过程】起96针编织花样前片，侧缝加减针收腰，共编织35cm后开始袖窿减针，身长共编织到43cm时进行前衣领减针，按结构图减完针后收针断线。缝上纽扣。

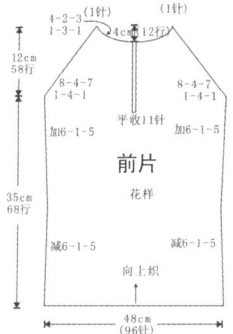

前片
花样

【成品规格】见图
【工具】 3.6mm棒针
【材料】 灰色丝光绒线 纽扣3枚

花样

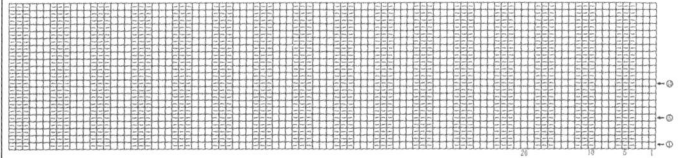

0330

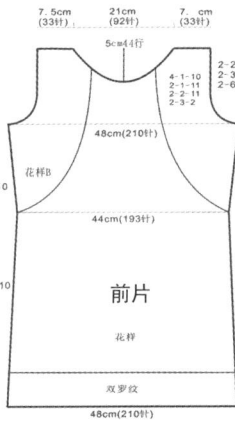

前片
花样

双罗纹

【成品规格】见图
【工具】 1.7mm棒针
【材料】 灰色纯羊毛线
【制作过程】 前片按图起针，编织双罗纹5cm后改织花样，至编织完成。领圈挑针，织双罗纹5cm，形成圆领。

花样 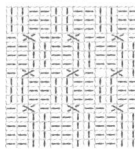 双罗纹

0331

【成品规格】见图
【工具】 3.0mm棒针
【材料】 浅灰色棉绒线 大纽扣3枚 装饰拉链2条
【制作过程】起32针编织花样前片，编织到38cm时进行袖窿减针，共编织到44cm时进行前衣领减针，按结构图减完针后收针断线，同样方法完成另一侧前片，减针方向相反。缝上纽扣，装上装饰拉链。

花样

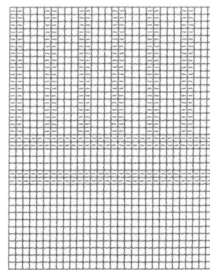

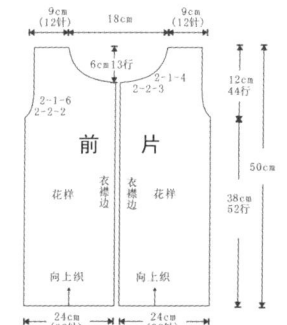

前 片
花样 衣襟边 衣襟边 花样

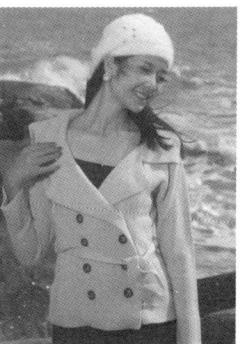

0332

【成品规格】见图
【工具】 3.5mm棒针
【材料】 浅灰色棉绒线 纽扣8枚
【制作过程】起92针完成单罗纹针后按花样编织前片，编织到45cm时进行袖窿减针，共编织到52cm时进行前衣领减针，按结构图减完针后收针断线。同样方法完成另一侧前片，减针方向相反。缝上纽扣。

领边

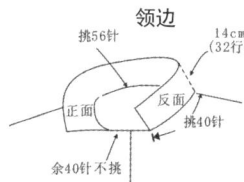

单罗纹 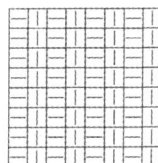 花样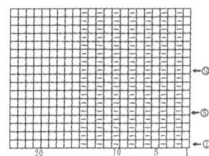

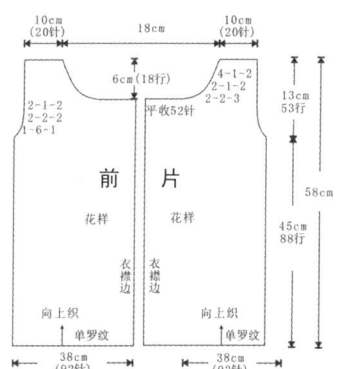

前 片
花样 衣襟边 衣襟边 花样
单罗纹 单罗纹

【成品规格】 见图
【工具】 1.7mm棒针
【材料】 灰色纯羊毛线 红色、蓝色绣花线
【制作过程】 前片分别按图起针，织8cm双罗纹后，改织下针，织至完成。衣领挑针，织5cm双罗纹，领尖缝合，形成V领，在后片领窝挑针，织15cm双罗纹的长矩形，形成翻领。

0333

领口花样图解　　双罗纹

领子结构图

领子

【成品规格】 见图
【工具】 2.9mm棒针
【材料】 紫色马海毛线
【制作过程】 起96针编织花样前片，侧缝加减针收腰，共编织25cm后开始袖窿减针，身长共编织到45cm时进行前衣领减针，按结构图减完针后收针断线。

0334

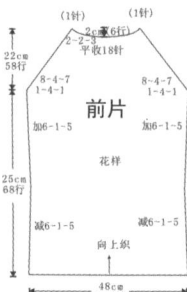

前片

花样

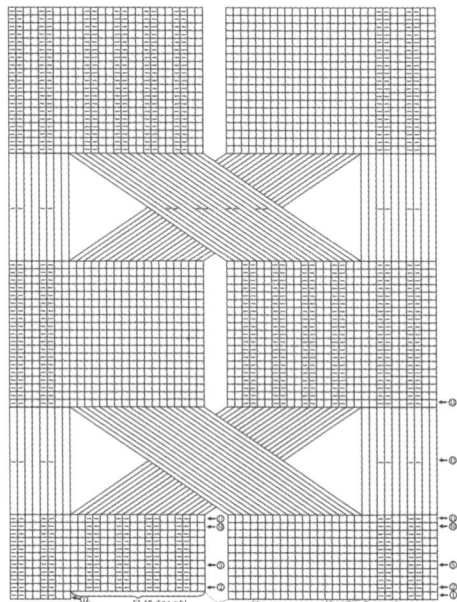

【制作过程】 背心由编织前片和皮草前片组成。全下针编织前片，共编织到35cm时开始袖窿减针，按结构图减完针后不加减针编织到56cm时减出后领窝，两肩部各余8cm。装上拉链。

0335

【成品规格】 见图
【工具】 3.5mm棒针
【材料】 黑色毛线 皮草两片 拉链1条

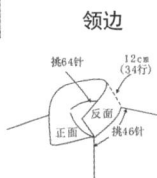

花样

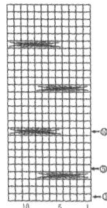

领边

前片 下针

0336

【成品规格】 见图
【工具】 3.5mm棒针
【材料】 黑色、白色羊毛线 装饰蕾丝边 拉链1条
【制作过程】 起40针单罗纹针20cm后编织配色前片，编织到30cm时同时进行袖窿、前领窝减针，按结构图减完针后收针断线。同样方法完成另一侧前片，减针方向相反。装上拉链。

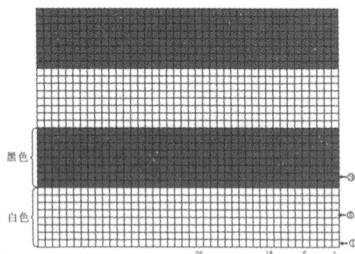

花样

单罗纹

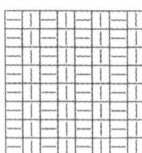

前片

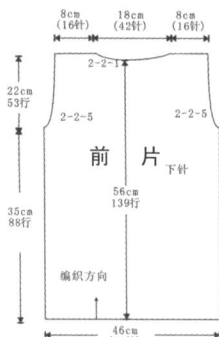

【成品规格】 见图
【工具】 3.5mm棒针
【材料】 黑色毛线 纽扣8枚 毛领1条
【制作过程】 起52针编织双层衣边后编织下针前片，编织到32cm时进行袖窿减针，共编织到38cm时进行前衣领减针，按结构图减完针后收针断线。同样方法完成另一侧前片，减针方向相反。缝上纽扣和毛领。

0337

前片

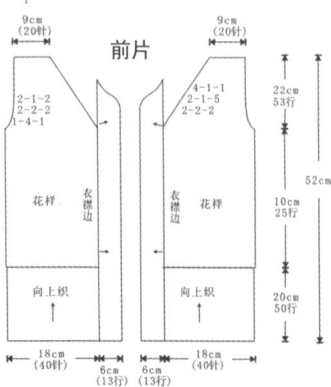

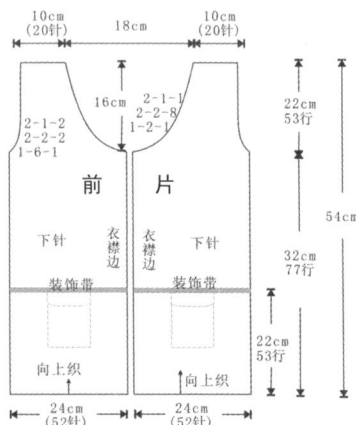

188

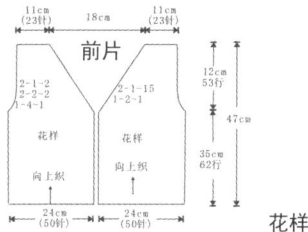

【成品规格】见图
【工具】3.5mm棒针

前片

11cm (23针) 18cm 11cm (23针)

2-1-2
2-2-2
-4-1

2-1-15
1-2-1

花样   花样

向上织   向上织

12cm 53行

47cm

35cm 62行

24cm (50针) 24cm (50针)

花样

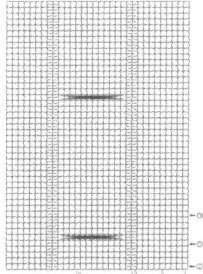

0338

【材料】咖啡色开司米线 大纽扣2枚
【制作过程】起50针编织花样前片，编织到35cm时进行袖窿、前领窝减针，按结构图减完针后收针断线。同样方法完成另一侧前片，减针方向相反。缝上大纽扣。

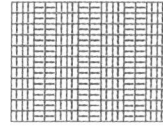

【成品规格】见图
【工具】3.5mm棒针
【材料】黑色毛线

双罗纹

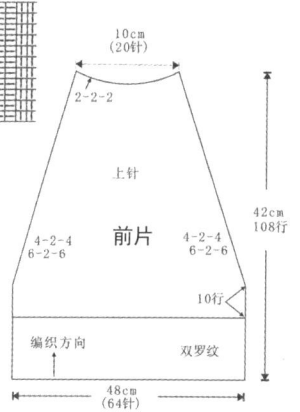

10cm (20针)

2-2-2

上针

前片

4-2-4
6-2-6

4-2-4
6-2-6

10行

编织方向   双罗纹

48cm (64针)

42cm 108行

0341

【制作过程】起64针双罗纹针后编织46行，然后上针编织后片，编织上针10行后两侧开始按图示减针，编织到104行时前领窝减针，收针断线。

【成品规格】见图
【工具】3.5mm棒针
【材料】褐色毛线
【制作过程】起64针双罗纹针后编织46行，然后花样下针编织前片，同时两侧开始按图示减针，最后余26针，收针断线。

双罗纹

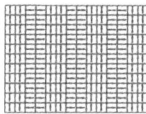

13cm (26针)

前片

下针

花样

6-2-14   6-2-14

编织方向   双罗纹

48cm (64针)

42cm 108行

0339

花样

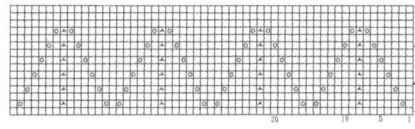

8cm (16针) 18cm 8cm (16针)

前片

6-1-8
4-1-12

2-1-2
2-2-2
1-6-1

上针   上针

编织方向

4-1-6
2-2-4

21cm 50行

35cm 98行

16cm (34针) 7cm (14针) 7cm (14针) 16cm (34针)

0342

【成品规格】见图
【工具】3.5mm棒针
【材料】黑色毛线
【制作过程】起34针编织上针前片，在一侧加出圆摆，共需加14针，编织到10cm时开始前衣领减针，编织到35cm时开始袖窿减针，按结构图减完针后不加减针编织到肩部，完成后收针断线。同样方法完成另一侧前片，两片方向相反。

0340

【成品规格】见图
【工具】2.9mm棒针
【材料】咖啡色开司米线 纽扣6枚

花样

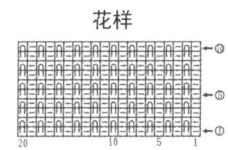

【制作过程】起60针编织前片，衣襟边随前片同织，挑织双层边收针留出口袋位置，编织52cm后开始袖窿减针，身长共编织到61cm时进行前衣领减针，按结构图减完针后收针断线。同样方法编织另一片前片，减针方向相反。一侧留出扣眼位置。缝上纽扣。

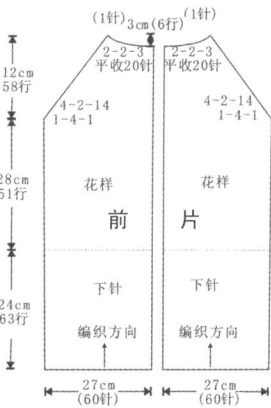

(1针) 3cm (6针) (1针)

2-2-3
平收20针

2-2-3
平收20针

12cm 58行

4-2-2-14
1-4-1

4-2-2-14
1-4-1

花样   花样

前   片

28cm 51行

下针   下针

编织方向   编织方向

24cm 63行

27cm (60针) 27cm (60针)

0343

【材料】黑色羊绒线 拉链1条 装饰毛领
【制作过程】起52针完成单罗纹针后先编织下针前片，编织17cm后变换花样针编织，共编织到45cm时进行袖窿减针，编织到52cm时进行前衣领减针，按结构图减完针后收针断线。同样方法完成另一侧前片，减针方向相反。缝上装饰毛领和拉链。

【成品规格】见图
【工具】3.5mm棒针

花样

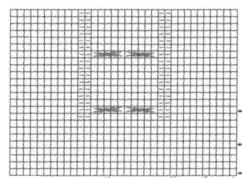

单罗纹

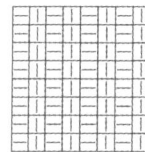

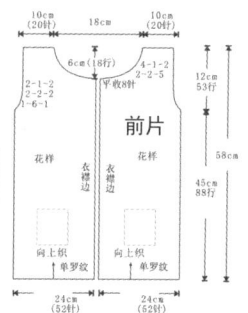

10cm (20针) 18cm 10cm (20针)

6cm (18行)
平收8针

2-1-2
2-2-2
1-6-1

4-1-2
2-2-5

花样   花样

衣襟边   衣襟边

向上织   向上织

12cm 53行

58cm

45cm 88行

单罗纹   单罗纹

24cm (52针) 24cm (52针)

189

【成品规格】见图
【工具】2.3mm棒针
【材料】深灰色羊毛绒线 皮草数小块 拉链1条
【制作过程】前片起75针，织10cm双罗纹针，按花样织27cm长后按编织图示减针成前片袖窿及领口。装上拉链。

0344

领

双罗纹

挑90针

双罗纹

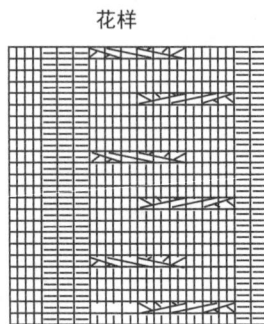

花样

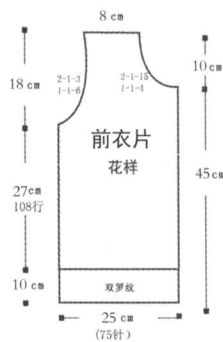

前衣片
花样

双罗纹

8cm
10cm
18cm 2-1-3 1-6-1 2-1-15 1-1-4
27cm 108行
45cm
10cm
25cm (75针)

0345

【成品规格】见图
【工具】3.5mm棒针
【材料】黑色棉绒线 牛角扣3枚 装饰毛边
【制作过程】起52针编织前片，编织到45cm时进行袖窿减针，共编织到51cm时进行前衣领减针，按结构图减完针后收针断线。同样方法完成另一侧前片，减针方向相反。缝上牛角扣和装饰毛边。

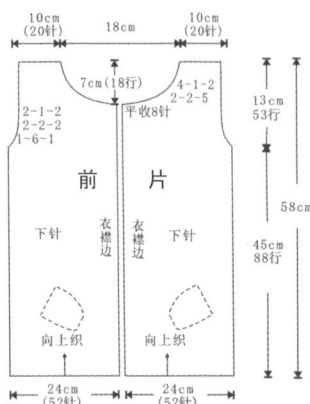

10cm(20针) 18cm 10cm(20针)
7cm(18行) 平收8针 4-1-2 2-2-5
2-1-2 2-2-2 1-6-1
13cm 53行
58cm
前　片
下针 衣襟边 衣襟边 下针
45cm 88行
向上织 向上织
24cm(52针) 24cm(52针)

0346

【成品规格】见图
【工具】3.5mm棒针
【材料】黑色羊毛线 牛角扣4枚 装饰毛边
【制作过程】起52针编织前片，编织到45cm时进行袖窿减针，共编织到52cm时进行前衣领减针，按结构图减完针后收针断线。同样方法完成另一侧前片，减针方向相反。缝上牛角扣和装饰毛边。

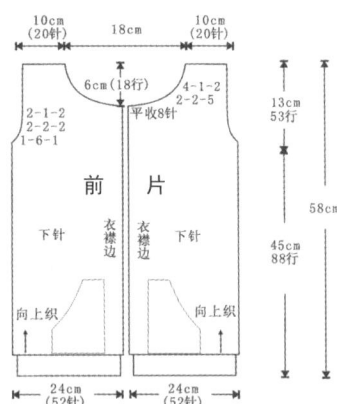

10cm(20针) 18cm 10cm(20针)
6cm(18行) 平收8针 4-1-2 2-2-5
2-1-2 2-2-2 1-6-1
13cm 53行
58cm
前　片
下针 衣襟边 衣襟边 下针
45cm 88行
向上织 向上织
24cm(52针) 24cm(52针)

0347

【成品规格】见图
【工具】1.7mm棒针
【材料】黑色纯羊毛线 拉链2条
【制作过程】前片分左、右两片编织，分别按图起针，织10cm双罗纹，改织花样，织至完成。对称织出另一片。领圈挑针，织15cm双罗纹的长方形，装上拉链，形成翻领。

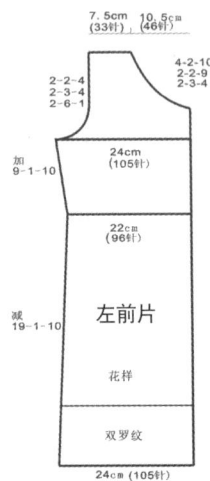

7.5cm(33针) 10.5cm(46针)
2-2-4 2-3-4 2-6-1 4-2-10 2-2-9 2-3-4
13cm 71行
5cm 27行
加9-1-10
24cm(105针)
15cm 82行
22cm(96针)
左前片
花样
减19-1-10
22cm 121行
双罗纹
10cm 55行
24cm(105针)

双罗纹

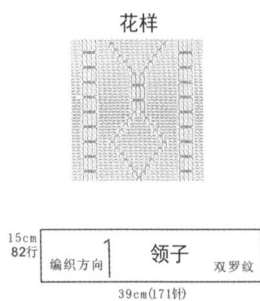

花样

编织方向 领子 双罗纹
15cm 82行
39cm(171针)

0348

【成品规格】见图
【工具】2.9mm棒针
【材料】黑色细毛线 装饰布条 拉链2条
【制作过程】先起70针双罗纹针花样编织一侧前下片，第39行将两片连接一起编织，身长编织至40cm时，在同一花样上再次将两片分开编织。身长编织至35cm时开始袖窿减针，身长共编织至52cm时进行前领减针，按图示减针后肩部各余25针。缝上装饰布条和拉链。

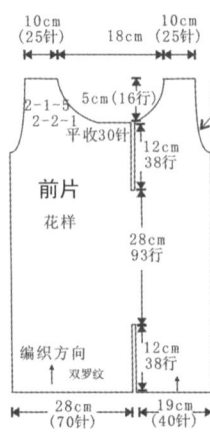

10cm(25针) 18cm 10cm(25针)
2-1-5 2-2-1 平收30针 4-1-1 2-1-1 2-2-1 1-4-1
5cm(16行)
12cm 38行
前片
花样
28cm 93行
编织方向
双罗纹
12cm 38行
28cm(70针) 19cm(40针)

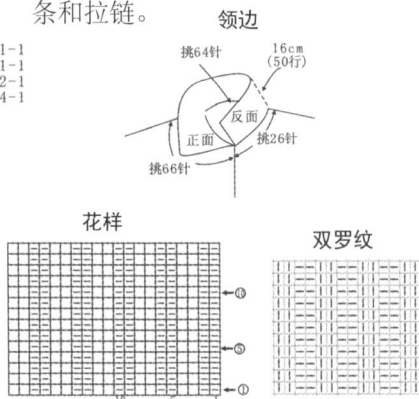

领边

挑64针 16cm(50行)
反面
正面
挑26针
挑66针

花样

双罗纹

0349

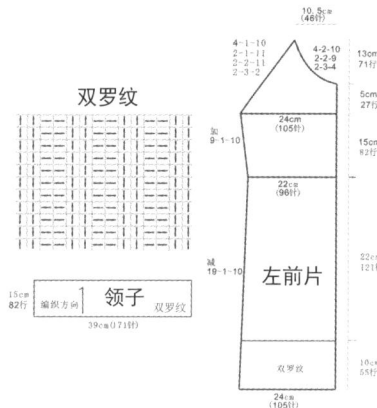

双罗纹

领子 双罗纹
15cm
82行
编织方向
39cm(071针)

左前片
10.5cm (46针)
4-1-10
2-1-11
2-2-10
2-3-4
4-2-10
2-2-9
2-3-4
24cm(105针) 7cm 71行
5cm 27行
15cm 82行
22cm(96针)
减 19-1-10
加 9-1-10
22cm 121行
10cm 55行
24cm(105针)

【成品规格】 见图
【工具】 1.7mm棒针
【材料】 黑色、橙色纯羊毛线 拉链1条
【制作过程】 前片分左、右两片编织，分别按图起针，织10cm双罗纹后改织下针，并间色，织至完成。对称织出另一片。领子挑针，织15cm双罗纹，形成翻领。装上拉链。

0350

【材料】 褐色羊毛线 拉链1条 大纽扣3枚 装饰毛领
【制作过程】 起52针完成双罗纹针后编织下针前片，编织到45cm时进行袖窿减针，共编织到51cm时进行前衣领减针，按结构图减完针后收针断线。同样方法完成另一侧前片，减针方向相反。缝上纽扣，装上拉链和装饰毛领。

前片

花样

双罗纹

10cm(20针) 18cm 10cm(20针)
7cm(18行)
2-1-2
2-2-2
1-6-1
平收8针
4-1-2
2-2-5
13cm 53行
花样 衣襟边 衣襟边 花样
加8-1-1
6-1-1
58cm
减6-1-1
8-1-1
45cm 88行
向上织 向上织
24cm(52针) 24cm(52针)

【成品规格】 见图
【工具】 3.5mm棒针

0351

10cm(20针) 18cm 10cm(20针)
7cm(18行)
2-1-2
2-2-2
1-6-1
平收8针
4-1-2
2-2-5
13cm 53行

前 片
下针 衣襟边 衣襟边 下针
58cm
45cm 88行
向上织 向上织
24cm(52针) 24cm(52针)

【成品规格】 见图
【工具】 3.5mm棒针
【材料】 棕色羊绒线 拉链1条 大纽扣3枚
【制作过程】 起52针完成双罗纹针后编织下针前片，编织到45cm时进行袖窿减针，共编织到51cm时进行前衣领减针，按结构图减完针后收针断线。同样方法完成另一侧前片，减针方向相反。缝上大纽扣，装上拉链。

0352

双罗纹
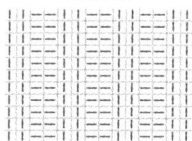

花样
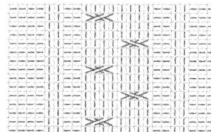

【成品规格】 见图
【工具】 1.7mm棒针
【材料】 棕色纯羊毛线 纽扣5枚
【制作过程】 前片分左、右两片编织，分别按图起针，织双罗纹和花样并开衣袋织至完成。缝上纽扣。

前片

7.5cm(33针) 10.5cm(46针)
2-2-4
2-3-4
2-6-1
4-1-23
4-2-10
2-2-9
10cm 55行
8cm 44行
加9-1-10
24cm(105针)
15cm 82行
22cm(96针)
减19-1-10
22cm 121行
花样
24cm(105针)
双罗纹
10cm 55行
24cm(105针)

0353

【成品规格】 见图
【工具】 1.7mm棒针
【材料】 灰色纯羊毛线 纽扣9枚
【制作过程】 前片按图起针，织双罗纹10cm后，改织花样 织至47cm时改织下针，织至完成。缝上纽扣。

双罗纹
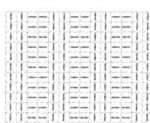

单罗纹
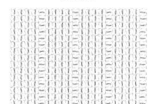

花样
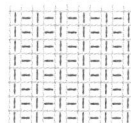

领子结构图

领子 单罗纹
8cm 44行
编织方向
58cm(255针)

前片

7.5cm(33针) 21cm(92针) 7.5cm(33针)
12cm(66行)
2-2-4
2-3-4
2-6-1
4-1-23
4-2-10
48cm(210针)
18cm 99行
加9-1-10
44cm(193针)
15cm 82行
22cm 93行
花样
减19-1-10
双罗纹
10cm 55行
48cm(210针)

0354

【成品规格】见图
【工具】1.7mm棒针
【材料】浅灰色纯羊毛线 纽扣4枚
【制作过程】前片按图起211针，织8cm双罗纹后，改织全下针，并减针，织24cm时加针，形成收腰，织15cm时两边平收5针，收袖窿，并同时开领窝。前片中间装饰片另织，与前片缝合。前领按图解另织好，与前领圈缝合，前领圈与后领圈挑246针，织18cm全下针，形成高领，领边织2cm双罗纹。缝上纽扣。

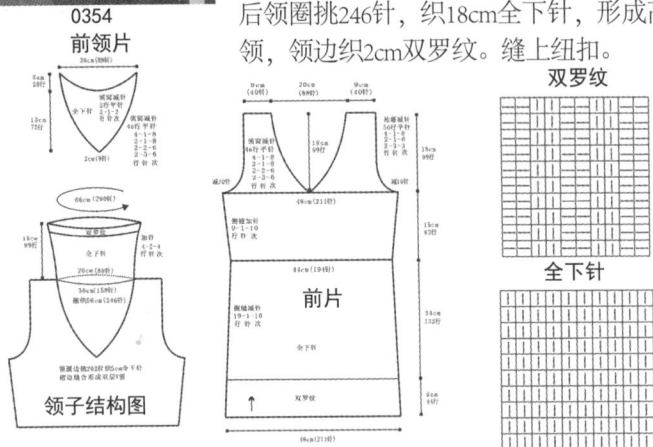

前领片

领子结构图

双罗纹

全下针

前片

0355

【成品规格】见图
【工具】1.7mm棒针
【工具】驼色纯羊毛线 纽扣6枚
【制作过程】前片按图起针，织单罗纹10cm后改织下针，袖窿和领窝按图加减针，织至完成。领圈挑针，织24cm花样，形成翻领，缝上纽扣，门襟扣上纽扣可成为高领。缝上纽扣。

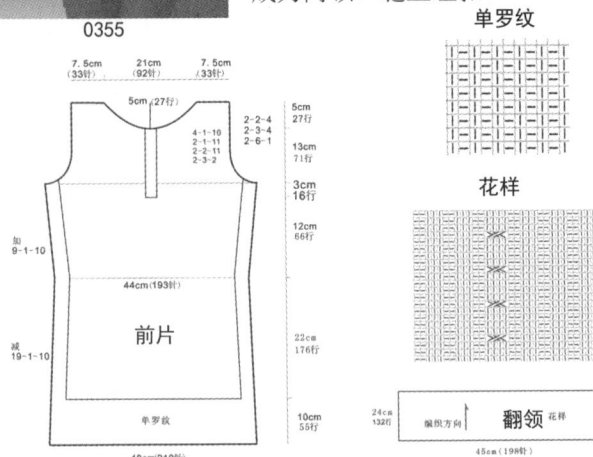

单罗纹

花样

翻领 花样

前片

0356

【工具】1.7mm棒针
【材料】蓝色纯羊毛线 装饰链1条
【制作过程】前片按图起针，织22cm单罗纹后，改织下针，袖窿和领窝按图加减针，织至完成。领圈挑针，织下针24cm，形成高领。缝上装饰链。

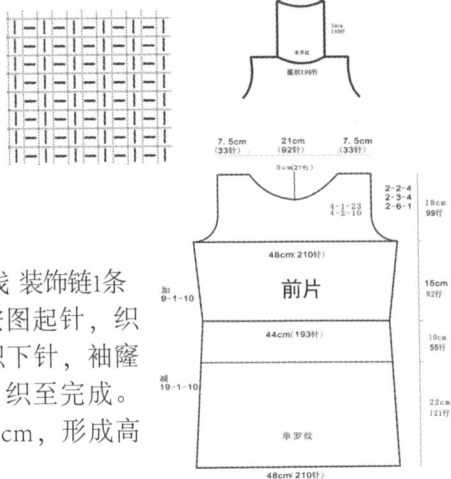

单罗纹

领子结构图

前片

0357

【成品规格】见图
【工具】1.7mm棒针
【材料】蓝色纯羊毛线
【制作过程】前片分上、下部分，上部分按图起针，织花样织至完成。下部分起针，织双罗纹织至完成。领圈挑198针，织花样24cm，形成高领。

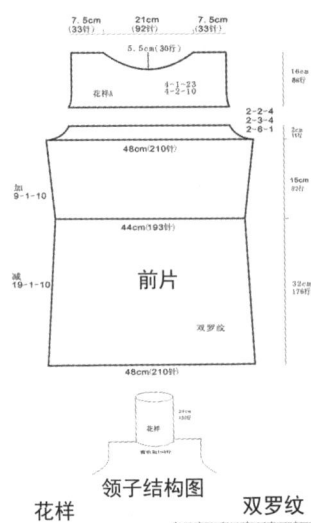

前片

花样

领子结构图

双罗纹

0358

【工具】1.7mm棒针 绣花针
【材料】深蓝色纯羊毛线 亮珠若干
【制作过程】前片按图示起211针，织2cm全下针，对折缝合，形成双层平针底边后，继续织全下针，同时侧缝按图示减针，织32cm时加针，形成收腰，织15cm时留袖窿，在两边同时各平收10针，然后按图示收成袖窿，再织5cm时留前领窝。领圈挑308针，织18cm全下针，形成高领。缝上亮珠。

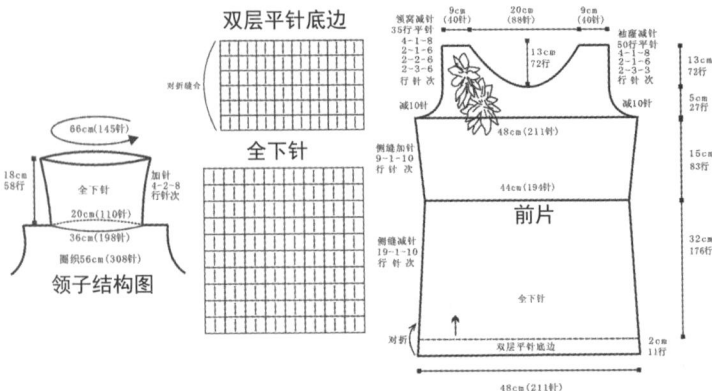

【成品规格】见图

双层平针底边

全下针

领子结构图

前片

0359

【成品规格】见图
【工具】1.7mm棒针
【材料】深蓝色纯羊毛线 亮片若干
【制作过程】前片按图示起211针，织10cm双罗纹后，改织花样，同时侧缝按图示减针，织22cm时加针，形成收腰，织15cm时留袖窿，在两边同时各平收10针，然后按图示收成袖窿，再织5cm时留前领窝。领圈用钩针钩织领边。缝上亮片。

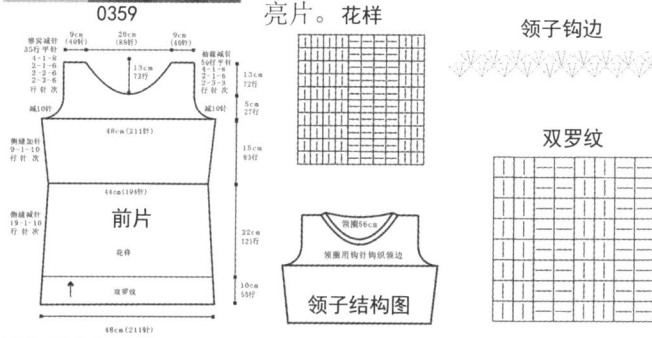

花样
领子钩边
双罗纹
前片
领子结构图

0360

【成品规格】见图
【工具】1.7mm棒针 绣花针
【材料】深蓝色纯羊毛线 亮珠若干
【制作过程】前片按图示起211针，织2cm全下针，对折缝合，形成双层平针底边后，继续织全下针，同时侧缝按图示减针，织32cm时加针，形成收腰，织15cm时全部收针，领圈挑308针，织18cm全下针，形成高领。缝上亮珠。

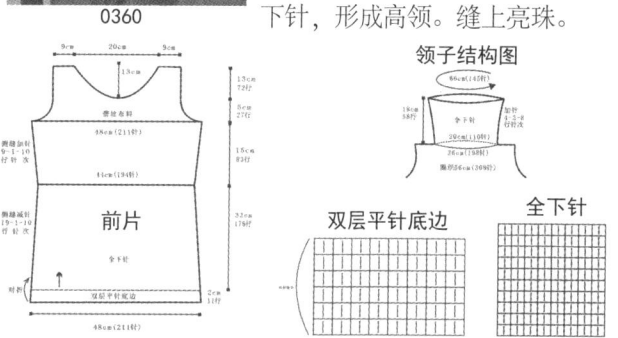

领子结构图
前片
双层平针底边
全下针

0361

【成品规格】见图
【工具】1.7mm棒针
【材料】蓝黑色纯羊毛线 纽扣12枚 金属扣2枚
【制作过程】前片分A、B、C3片组成，A片分别按图起72针，织双罗纹5cm后，改织下针，织至完成。领圈挑针，织双罗纹10cm，形成立领。缝上纽扣和金属扣。

前片
A B C
立领装饰带
立领片
双罗纹
领子结构图

0362

【成品规格】见图
【工具】1.7mm棒针
【材料】咖啡色纯羊毛线 亮珠若干
【制作过程】前片按图示起211针，织12cm双罗纹后，改织花样，同时侧缝按图示减针，织20cm时加针，形成收腰，织15cm时留袖窿，在两边同时各平收10针，然后按图示收成袖窿，同时留前领窝。领边挑290针，织5cm全下针，褶边缝合，形成双层圆领。前领片另织全下针，与前片缝合。缝上亮珠。

前片
前领片
花样
领子结构图
全下针
双罗纹

0363

【工具】1.7mm棒针
【材料】咖啡色纯羊毛线 装饰链1条 亮珠若干
【制作过程】前片按图示起211针，先织双层平针底边后，改织全下针，同时侧缝按图示减针，织32cm时加针，形成收腰，织15cm时留袖窿，在两边同时各平收10针，然后按图示收成袖窿，再织5cm时留前领窝。领边挑246针，织5cm全下针，褶边缝合，形成双层圆领。缝上亮珠和装饰链。

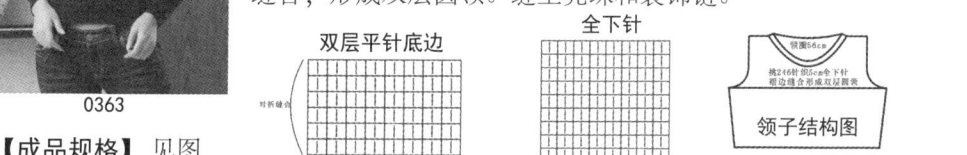

双层平针底边
全下针
领子结构图
前片

【成品规格】见图

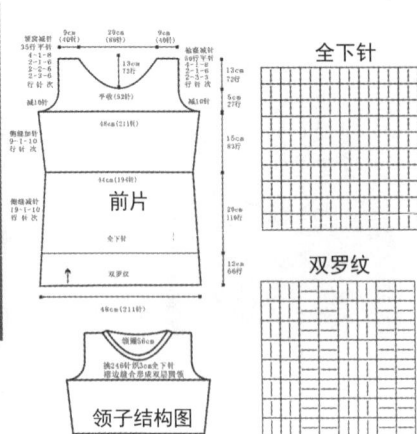

全下针

双罗纹

前片

领子结构图

0364

0365

【成品规格】 见图
【工具】 1.7mm棒针
【材料】 咖啡色纯羊毛线 亮珠若干
【制作过程】 前片按图示起211针，织12cm双罗纹后，改织全下针，同时侧缝按图示减针，织20cm时加针，形成收腰，织15cm时留袖窿，在两边同时各平收10针，然后按图示收成袖窿，再织5cm时留前领窝。领边挑246针，织3cm全下针，褶边缝合，形成双层圆领。缝上亮珠。

【成品规格】 见图
【工具】 1.7mm棒针
【材料】 深咖啡色纯羊毛线 亮珠若干
【制作过程】 前片按图起针，织双罗纹15cm后，改织下针，织至完成。袖窿和领窝按结构图加减针。2横领另织双罗纹10cm，与前后片领窝缝合。缝上亮珠。

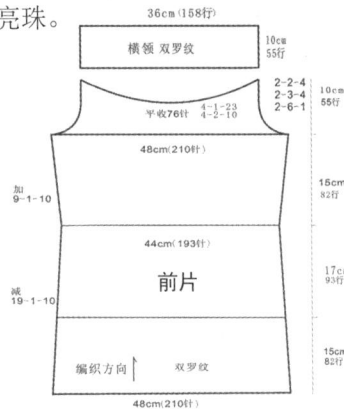

双罗纹

前片

0366

花样
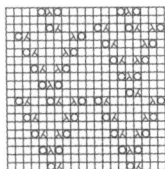

全下针
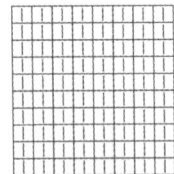

双罗纹

【成品规格】 见图
【工具】 1.7mm棒针
【材料】 深蓝色纯羊毛线 亮珠若干
【制作过程】 前片按图示起211针，织12cm花样后，改织5cm双罗纹，再改织全下针，同时侧缝按图示减针，织15cm时加针，形成收腰，织15cm时留袖窿，在两边同时各平收10针，然后按图示收成袖窿，再织5cm时留前领窝。领圈挑246针，织3cm双罗纹，形成圆领。缝上亮珠。

领子结构图

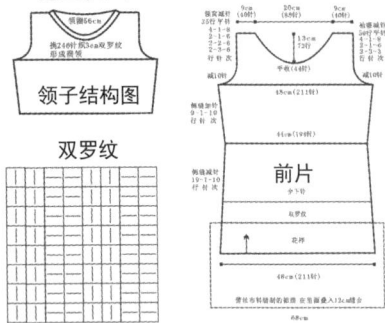
前片

【成品规格】 见图
【工具】 1.7mm棒针
【材料】 蓝黑色纯羊毛线
【制作过程】 前片按图起针，织双罗纹10cm后，改织下针，并编入图案，袖窿和领窝按图加减针，织至完成。领圈挑针，织下针5cm，褶边缝合，形成双层圆领。

0368

领子结构图

双罗纹
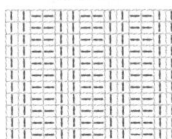

领子结构图
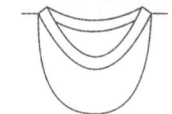

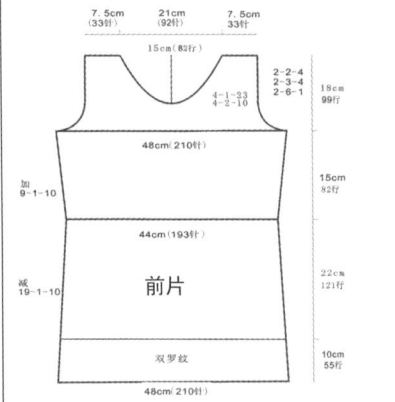
前片

0367

【成品规格】 见图
【工具】 1.7mm棒针
【材料】 深蓝色、白色单股纯羊毛线
【制作过程】 内前片按编织方向起210针，先白色线织双层平针底边，后改织下针，并按彩图间色，腰围按结构图加减针，织至47cm时开始减针织袖窿，织8cm时开领窝，织合适长度后两肩位留7.5cm。外前片织法与内前片一样，袖窿织3cm时开领窝，衣片上的开孔处，先减10针，第2行加10针。前片、领圈分别挑针，织5cm下针，褶边缝合，形成双层圆领。

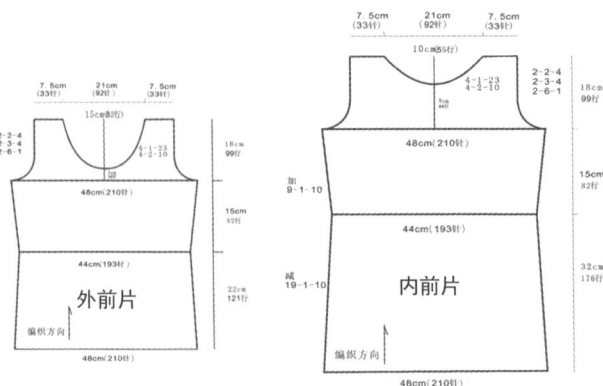
外前片　　内前片

0369

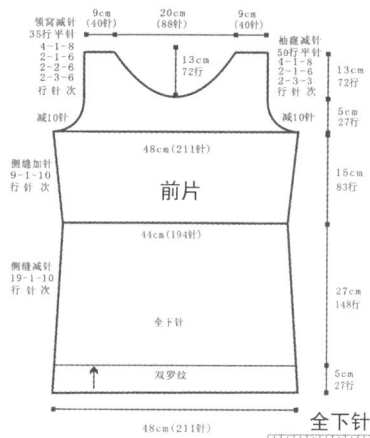

【成品规格】 见图
【工具】 1.7mm棒针
【材料】 深蓝色纯羊毛线 亮珠若干
【制作过程】 前片按图示起211针，织5cm双罗纹后，改织全下针，同时侧缝按图示减针，织27cm时加针，形成收腰，织15cm时留袖窿，在两边同时各平收10针，然后按图示收成袖窿，再织5cm时留前领窝。缝上亮珠。

前片图标注：
领窝减针 35行平针 4-1-8 2-1-6 2-2-6 2-3-6 行针次
9cm(40针) 20cm(88针) 9cm(40针)
13cm 72行
袖窿减针 50行平针 4-1-8 2-1-6 2-3-3 行针次
13cm 72行
减10针 5cm 27行
48cm(211针) 前片
15cm 83行
侧缝加针 9-1-10 行针次
44cm(194针)
侧缝减针 19-1-10 行针次
27cm 148行
全下针
双罗纹 5cm 27行
48cm(211针)

全下针
双罗纹

0370

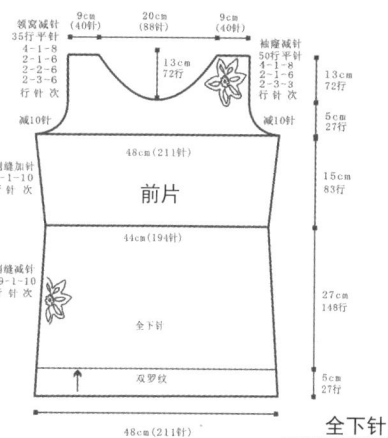

【成品规格】 见图
【工具】 1.7mm棒针
【材料】 深蓝色纯羊毛线 亮片若干
【制作过程】 前片按图示起211针，织5cm双罗纹后，改织全下针，同时侧缝按图示减针，织27cm时加针，形成收腰，织15cm时留袖窿，在两边同时各平收10针，然后按图示收成袖窿，再织5cm时留前领窝。缝上亮片。

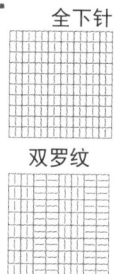

前片图标注：
领窝减针 35行平针 4-1-8 2-1-6 2-2-6 2-3-6 行针次
9cm(40针) 20cm(88针) 9cm(40针)
13cm 72行
袖窿减针 50行平针 4-1-8 2-1-6 2-3-3 行针次
13cm 72行
减10针 5cm 27行
48cm(211针) 前片
15cm 83行
侧缝加针 9-1-10 行针次
44cm(194针)
侧缝减针 19-1-10 行针次
27cm 148行
全下针
双罗纹 5cm 27行
48cm(211针)

全下针
双罗纹

0371

【成品规格】 见图
【工具】 1.7mm棒针
【材料】 粉红色、深紫色纯羊毛线 亮珠若干
【制作过程】 前片按图起针，先织双层平针底边后，改织下针，并间色织至完成。内前领和领边另织，褶边缝合，形成双层内领边，外领圈另织下针，褶边缝合，形成双层V领，内前领与外前领按图叠压缝合。缝上亮珠。

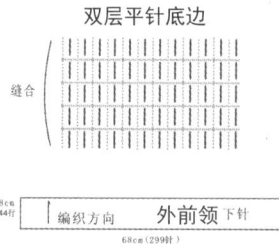

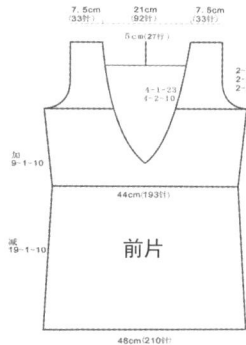

领子结构图
内前领
20cm(88针)
23cm 126行
4-1-23 4-2-10
3cm(12针)
双层平针底边
缝合
外前领 下针
8cm 44行
68cm(299针)

前片图标注：
7.5cm(33针) 21cm(92针) 7.5cm(33针)
5cm(27行)
5cm 27行
2-2-4 2-3-4 2-6-1
10cm 55行
44cm(193针)
to 9-1-10
5cm 27行
32cm 176行
减 19-1-10
前片
48cm(210针)

0373

【成品规格】 见图
【工具】 1.7mm棒针
【材料】 杏色、深紫色纯羊毛线 亮珠和花边若干
【制作过程】 前片按图起针，先织双层平针底边后，改织下针，织至完成。内前领和领边另织，褶边缝合，形成双层内领边，外领圈另织下针，褶边缝合，形成双层V领。内前领与外前领按彩图叠压缝合，缝上亮珠和花边。

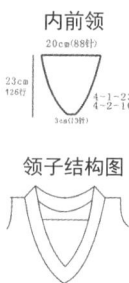

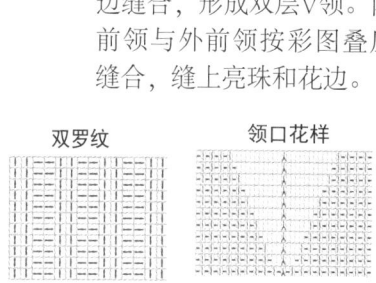

内前领
20cm(88针)
23cm 126行
4-1-23 4-2-10
3cm(15针)
领子结构图
双罗纹
领口花样
编织方向 外领圈 下针
8cm 44行
68cm299针
双层平针底边
缝合

前片图标注：
7.5cm 33针 21cm 92针 7.5cm 33针
5cm 27行
5cm 27行
2-2-4 2-3-4 2-6-1
13cm 71行
4-1-23 4-2-10
10cm 55行
加 9-1-10
5cm 27行
44cm 193针
减 19-1-10
前片
17cm 193行
48cm 210针

0372

【成品规格】 见图
【工具】 1.7mm棒针 绣花针
【材料】 粉色纯羊毛线 深紫色毛线 纽扣7枚 亮珠和绣花若干
【制作过程】 前片分左、右两片编织，按图起105针，织10cm双罗纹后，改织全下针，侧缝按图示减针，织22cm时加针，形成收腰，织15cm时平收10针，收袖窿，门襟按图示收针，织至肩位余40针。同样方法织另一片。缝上纽扣、亮珠及绣花。

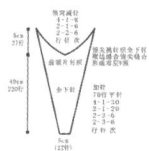

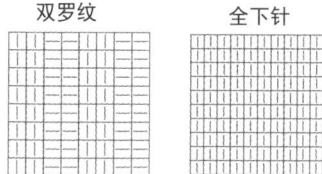

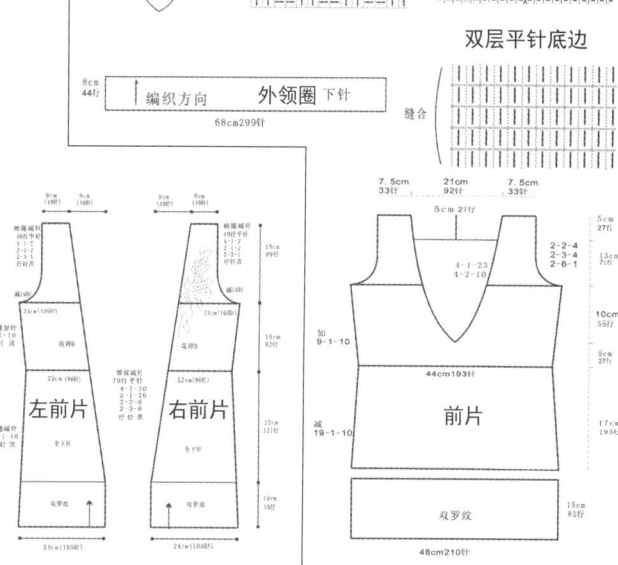

领子结构图
双罗纹
全下针

左前片
右前片
双罗纹
24cm(106针) 24cm(106针)

全下针
前片
双罗纹
48cm210针

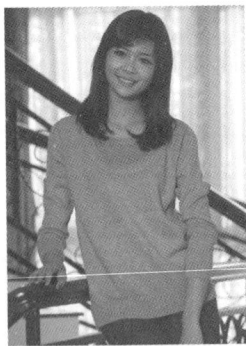

【成品规格】见图
【工具】1.7mm棒针 3.5mm钩针
【材料】玫红色纯羊毛线
【制作过程】前片按图示起211针，织8cm双罗纹后，改织全下针，同时侧缝按图示减针，织24cm时加针，形成收腰，织15cm时留袖窿，在两边同时各平收10针，然后按图示收成袖窿，同时留前领窝。领边挑290针，织5cm双罗纹，形成圆领。前领片用钩针钩织花样，与前片缝合。

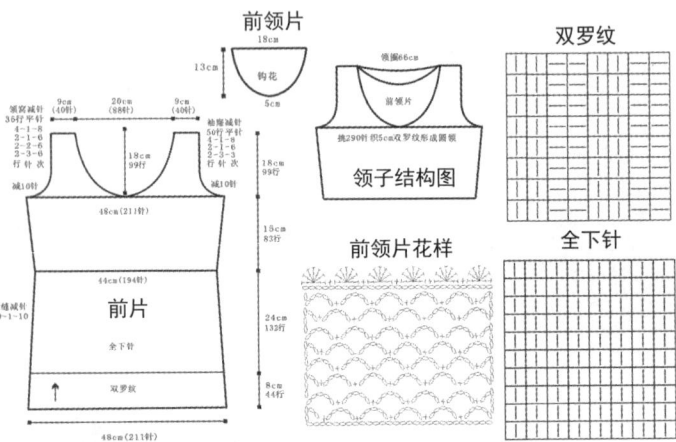

0374

前领片

领子结构图

前领片花样

双罗纹

全下针

前片

【制作过程】前片按图示起211针，先织双层平针底边后，改织全下针，同时侧缝按图示减针，织32cm时加针，形成收腰，织15cm时留袖窿，在两边同时各平收10针，然后按图示收成袖窿，按图留前领窝。缝上装饰花和亮珠。

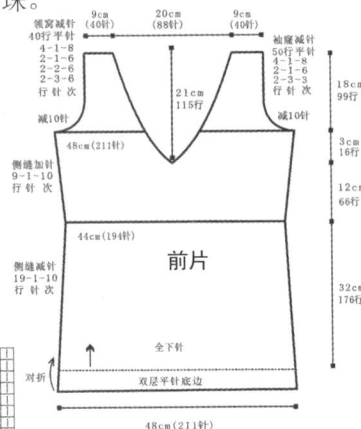

0375

【成品规格】见图
【工具】1.7mm棒针
【材料】橙色纯羊毛线 装饰花和亮珠若干

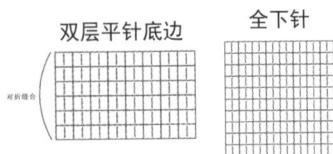

双层平针底边

全下针

前片

【成品规格】见图
【工具】1.7mm棒针
【材料】紫色纯羊毛线 亮珠若干
【制作过程】前片按图起针，织双罗纹15cm后，改织下针，织至完成。内前领和领边另织双罗纹，褶边缝合，形成双层内领边，外领圈另织，形成V领。内前领与外前领，按图叠压缝合。缝上亮珠。

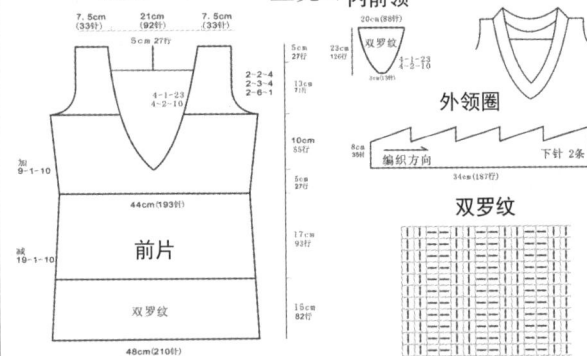

0376

前片

内前领

领子结构图

外领圈

双罗纹

【成品规格】见图
【工具】1.7mm棒针
【材料】白色、深紫色纯羊毛线 亮珠和丝绸花边若干
【制作过程】前片按图起针，先织双层平针底边后，改织下针，织至完成。内前领和领边另织，褶边缝合，形成双层内V领，外领圈另织下针，褶边缝合，形成外双层V领。内前领与外前领，按图叠压缝合。缝上亮珠和丝绸花边。

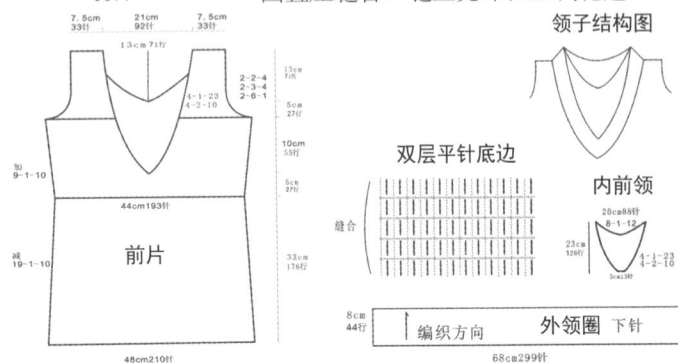

0377

前片

领子结构图

双层平针底边

内前领

外领圈 下针

【成品规格】见图
【工具】1.7mm棒针
【材料】深紫色纯羊毛线 纽扣5枚
【制作过程】左前片分A、B两片编织，A片按图起针，先织双层平针底边后，改织下针织至完成。内前领另织好，按图缝合，缝上纽扣。

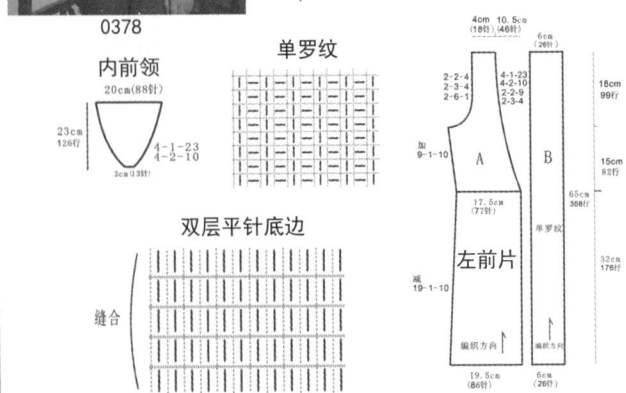

0378

内前领

单罗纹

双层平针底边

左前片

0379

【成品规格】 见图
【工具】 1.7mm棒针 绣花针
【材料】 深紫色纯羊毛线 橙色线 装饰花和亮珠若干
【制作过程】 前片按图示起211针，先织双罗纹后，按图变换针法，同时侧缝按图示减针，织32cm时加针，形成收腰，织15cm时留袖窿，在两边同时各平收10针，然后按图示收成袖窿，按图留前领窝。领圈挑316针，织3cm全下针，褶边缝合，领尖缝合，形成双层V领。前领片按结构图另织并按图缝合。绣上装饰花和亮珠。

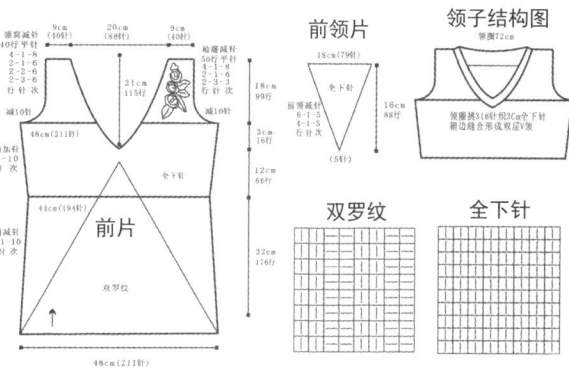

0380

【成品规格】 见图
【工具】 1.7mm棒针
【材料】 橙色、深咖啡色纯羊毛线 亮珠若干
【制作过程】 前片按图起针，织双罗纹后，改织下针，并间色，织至完成。领边另织，褶边缝合，形成双层V领。前片装饰片另织起44针，织花样至45cm时，分两片编织，按图缝好后缝上亮珠。

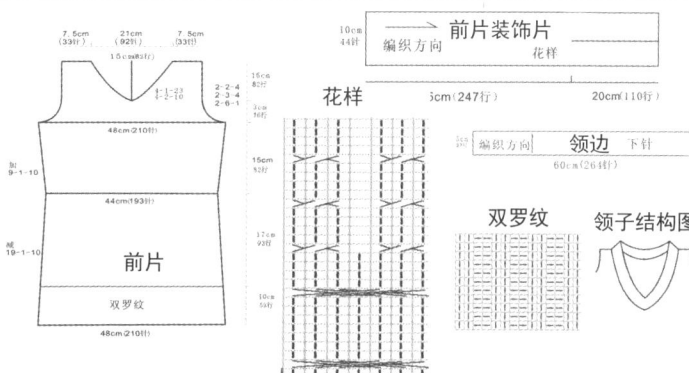

0381

【成品规格】 见图
【工具】 1.7mm棒针
【材料】 橙红色纯羊毛线 纽扣1枚
【制作过程】 内前片按图起针，先织双层平针底边后，改织下针，并间色，织至完成，外前片按图起针，织下针织至完成，衣片袖窿和领窝按图加减针。缝上纽扣。

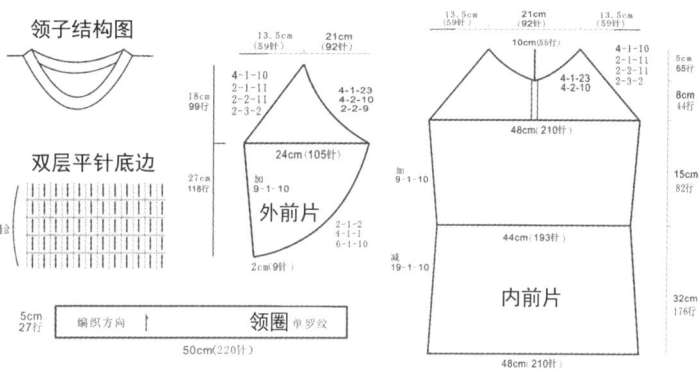

0382

【成品规格】 见图
【工具】 1.7mm棒针 小号绣花针
【材料】 红色、黑色纯羊毛线 亮珠若干 绣花图案若干
【制作过程】 前片按图起针，织双罗纹10cm后，改织下针，并按彩图间色，织至完成。领子挑针，织5cm双罗纹，领尖缝合，形成双层V领，前片绣上绣花图案。缝上亮珠。

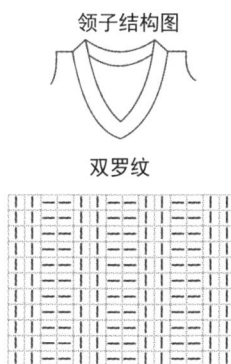

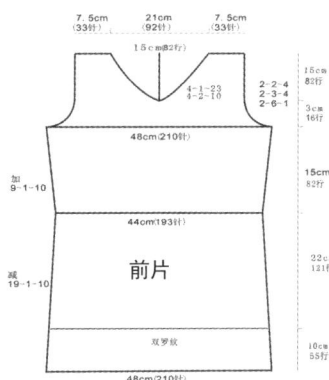

0383

【成品规格】 见图
【工具】 1.7mm棒针 绣花针
【材料】 红色、黑色、橙色纯羊毛线 绣花若干
【制作过程】 前片按图起针，织双罗纹10cm后，改织下针，并间色，织至完成。领子挑针，织5cm双罗纹，领尖缝合，形成V领。缝上绣花。

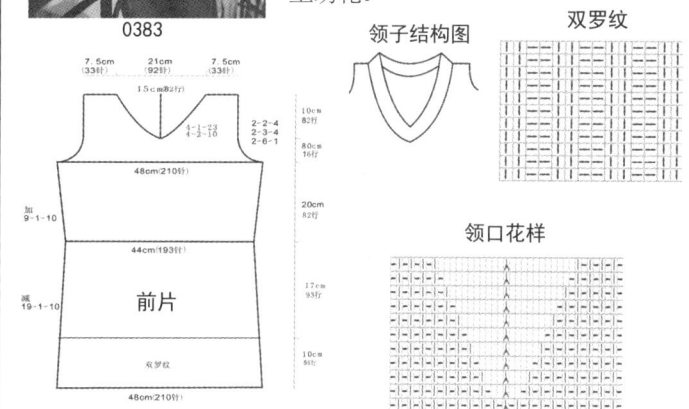

0384

【成品规格】见图

【工具】1.7mm棒针 小号绣花针

【材料】深紫色、浅紫色纯羊毛线

【制作过程】前片按图起针，织10cm单罗纹后，改织下针，并间色织至完成。领边另织，褶边缝合，形成双层V领。

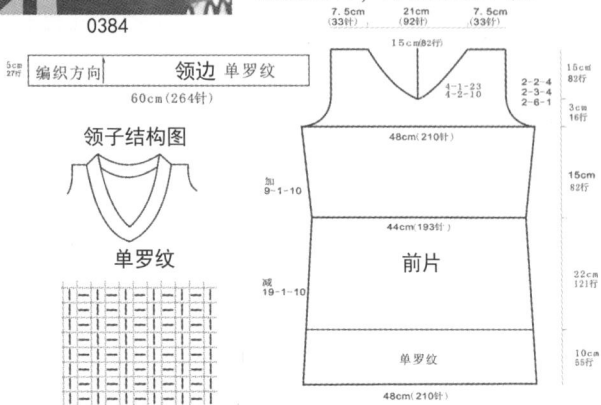

编织方向 → 领边 单罗纹
5cm 27针
60cm（264针）

领子结构图

单罗纹

7.5cm（33针） 21cm（92针） 7.5cm（33针）
15cm（82针）
4-1-23
4-2-10
2-2-4
2-3-4
2-6-1
15cm 82行
3cm 16行

48cm（210针）

15cm 82行

加 9-1-10

44cm（193针）

前片

减 19-1-10

22cm 121行

单罗纹

10cm 55行

48cm（210针）

0385

【成品规格】见图

【工具】1.7mm棒针

【材料】渐变紫色纯羊毛线 亮珠若干

【制作过程】前片按图示起211针，先织双层平针底边后，改织全下针，同时侧缝按图示减针，织32cm时加针，形成收腰，织15cm时留袖窿，在两边同时各平收10针，然后按图示收成袖窿，再织3cm时留前领窝。缝上亮珠。

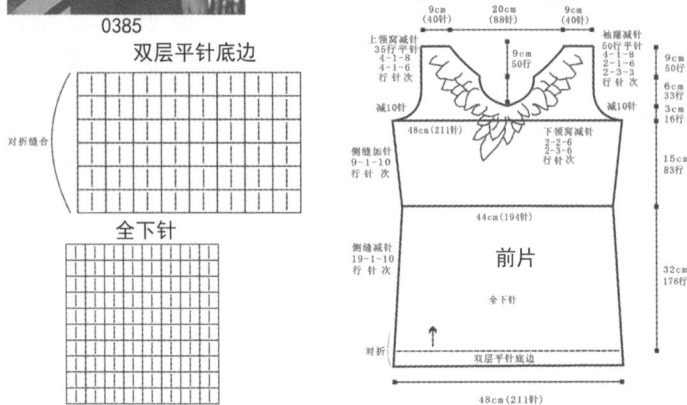

双层平针底边

对折缝合

全下针

9cm（40针） 20cm（88针） 9cm（40针）
上领窝减针 36行平针 4-1-8 4-1-6 行针次
9cm 50行

袖窿减针 50行平针 4-1-1 4-1-6 2-2-3 2-3-2 行针次
9cm 50行
6cm 33行
3cm 16行

减10针

48cm（211针）

下领窝减针 2-2-6 2-3-6 行针次

减10针

侧缝加针 9-1-1-10 行针次

44cm（194针）

前片

全下针

15cm 83行

侧缝减针 19-1-10 行针次

32cm 176行

对折 双层平针底边

48cm（211针）

0386

【成品规格】见图

【工具】1.7mm棒针

【材料】杏色纯羊毛线 亮珠若干 衣袖装饰扣14枚

【制作过程】前片按图起针，织单罗纹15cm后，改织下针，织至完成。领子挑针，织5cm下针，领尖缝合，形成反边圆领。前片缝上亮珠，袖口缝上装饰扣。

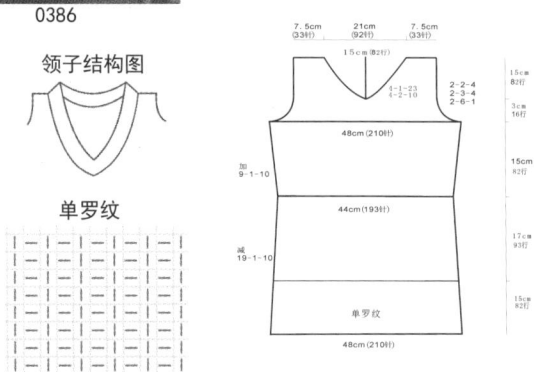

领子结构图

单罗纹

7.5cm（33针） 21cm（92针） 7.5cm（33针）
15cm（82针）
4-1-23
4-2-10
2-2-4
2-3-4
2-6-1
15cm 82行
3cm 16行

48cm（210针）

15cm 82行

加 9-1-10

44cm（193针）

17cm 93行

减 19-1-10

单罗纹

15cm 82行

48cm（210针）

0387

【成品规格】见图

【工具】1.7mm棒针

【材料】杏色纯羊毛线 亮珠若干

【制作过程】前片按图起针，先织双层平针底边后，改织下针，并间色织至完成。袖窿和领窝按图加减针。缝上亮珠。

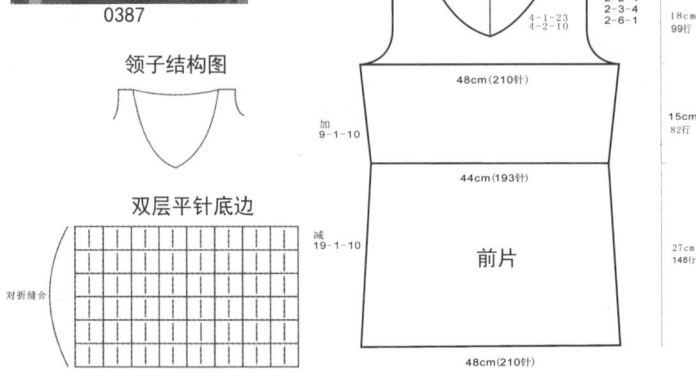

领子结构图

双层平针底边

对折缝合

7.5cm（33针） 21cm（92针） 7.5cm（33针）
15cm 82行
4-1-23
4-2-10
2-2-4
2-3-4
2-6-1
18cm 99行

48cm（210针）

15cm 82行

加 9-1-10

44cm（193针）

前片

减 19-1-10

27cm 148行

48cm（210针）

0388

【成品规格】见图

【工具】1.7mm棒针 绣花针

【材料】咖啡色、浅紫色纯羊毛线 装饰花和亮珠若干

【制作过程】前片按图示起211针，先织双层平针底边后，改织全下针，同时侧缝按图示减针，织32cm时加针，形成收腰，织15cm时留袖窿，在两边同时各平收10针，然后按图示收成袖窿，再织5cm时留前领窝。领圈挑246针，织5cm全下针，褶边缝合，形成双层圆领。领边另织，与领圈缝合。缝上装饰花和亮珠。

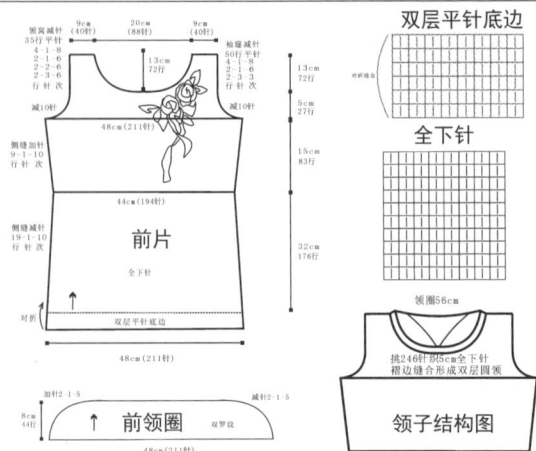

9cm（40针） 20cm（88针） 9cm（40针）
上领窝减针 35行平针 4-1-8 4-1-6 行针次

袖窿减针 50行平针 4-1-1 4-1-6 2-2-3 2-3-2 行针次

13cm 72行

减10针

48cm（211针）

减10针

侧缝加针 9-1-10 行针次

44cm（194针）

前片

全下针

15cm 83行

侧缝减针 19-1-10 行针次

32cm 176行

对折 双层平针底边

48cm（211针）

加针2-1-5
↑ 前领圈 双罗纹
48cm（211针）
减针2-1-5

双层平针底边

对折缝合

全下针

领圈56cm

挑246针 织5cm全下针 褶边缝合形成双层圆领

领子结构图

0389

【成品规格】 见图
【工具】 1.7mm棒针
【材料】 灰色纯羊毛线 纽扣5枚
【制作过程】 前片下摆分左、右两部分，分别按图编织完成。领圈挑针，织下针35cm，边缘缝合，形成帽子。缝上纽扣。

双罗纹

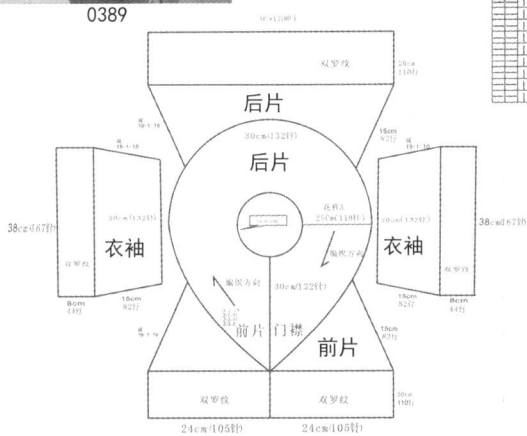

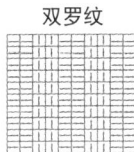

0390

【成品规格】 见图
【工具】 2.5mm棒针
【材料】 灰色纯羊毛线 纽扣4枚
【制作过程】 前片分左、右两片编织，按图起53针，织5cm双罗纹后，改织花样，并按图示减针，织27cm时加针，形成收腰，织15cm时平收5针，收袖窿，再织3cm时同时收领窝，织至肩位余20针。同样方法织另一片。翻领另织，按图缝合，虚线处织相应长度的衬边缝好。缝上纽扣。

双罗纹

花样

7cm(22行)
4cm 9行 翻领前片 → 8cm 18针
加针2-1-6 行针次

8cm 26行 ↑ 翻领后片

28cm(62针)

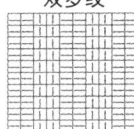

0391

【成品规格】 见图
【工具】 2.5mm棒针
【材料】 灰色纯羊毛线 金属装饰环1枚 肩部纽扣2枚
【制作过程】 前片按图起97针，织2cm双罗纹，改织花样，同时按图示减针，织30cm时加针，改织全下针，形成收腰，织15cm时留袖窿，在两边同时各平收5针，然后按图示收成袖窿，再织5cm时同时留前领窝，这是针数为71针，收肩分3份，两肩各19针，中间33针。领圈挑83针，圈织10cm双罗纹，打对折缝合，形成双层圆领。缝上纽扣及金属装饰环。

花样

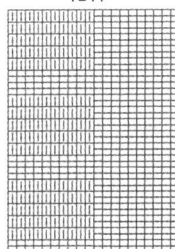

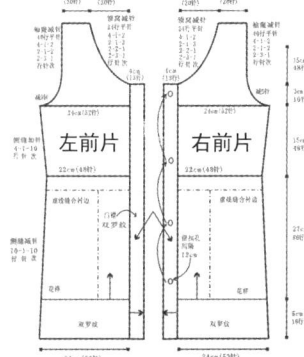

0392

【成品规格】 见图
【工具】 2.5mm棒针
【材料】 银杏色纯羊毛线
【制作过程】 前片按图起103针，织10cm单罗纹后，改织花样，织至33cm时平收6针，收插肩袖窿17.5cm时同时收领窝，织至肩位余2针。领圈挑针，织5cm全上针，形成圆领。

全上针

单罗纹

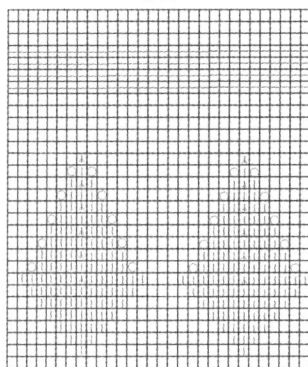

领子结构图

花样

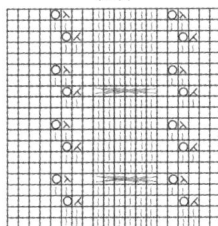

前片

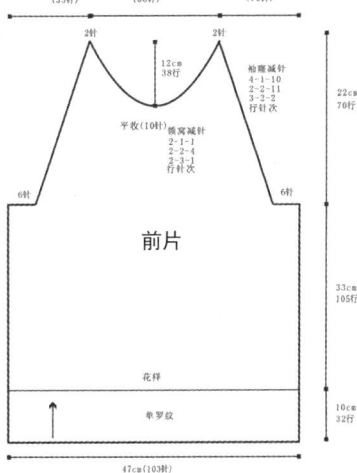

双罗纹　全下针

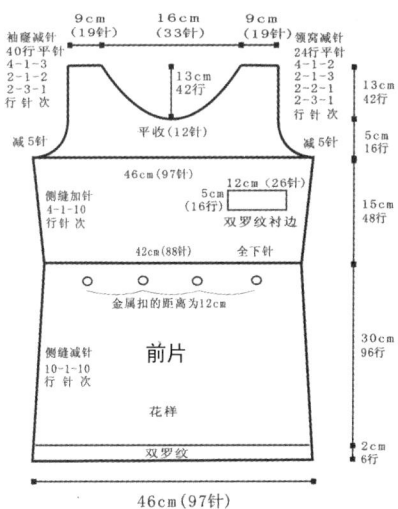

衣领结构图

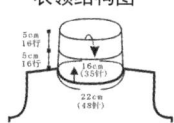

【成品规格】 见图
【工具】 2.5mm棒针
【材料】 杏色纯羊毛线
【制作过程】 前片按图起101针，织2cm全上针后，改织花样，同时按图示减针，织30cm时加针，形成收腰，织15cm时加针织袖窿，袖口在两边加针，领窝按图示减针。领圈挑针，按领口花样图解织V领。

0393

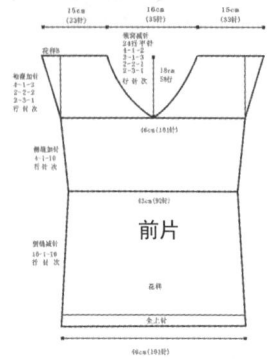

领子结构图

全上针

花样

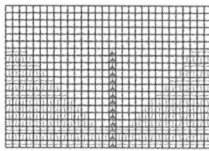

领口花样

花样

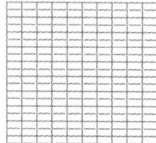
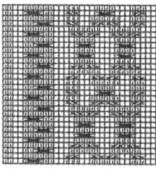

前片

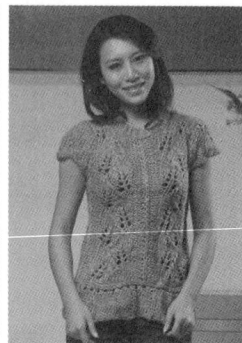

【成品规格】 见图
【工具】 1.7mm棒针
【材料】 杏色纯羊毛线
【制作过程】 前片按图起101针，织10cm花样后，改织花样B，同时减针，织22cm时按图示加针，形成收腰，织15cm时留袖窿，在两边同时各减5针，然后按图示收成袖窿，同时留领窝。领圈挑92针，圈织5cm单罗纹，形成圆领。

0394

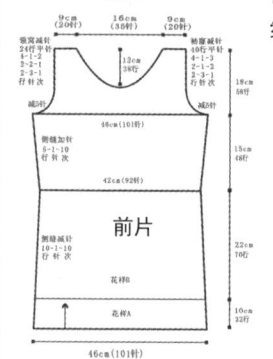

前片

领子结构图

花样A

单罗纹

花样B

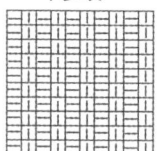

【成品规格】 见图
【工具】 2.5mm棒针
【材料】 红色球球线 腰带1根
【制作过程】 前片分左、右两片编织，按图起105针，织5cm双罗纹后，改织全下针，侧缝减针，织27cm时加针，形成收腰，织15cm时两边平收5针，收袖窿。门襟按图减针收领窝，织至肩位余20针，同样方法织另一片。系上腰带。

0395

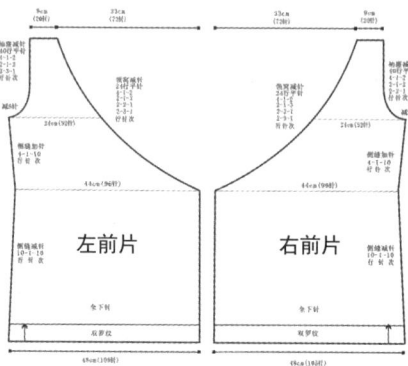

左前片　　右前片

领子结构图

双罗纹　　全下针

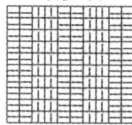
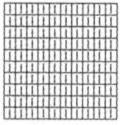

【成品规格】 见图
【工具】 2.5mm棒针
【材料】 粉红色球球线 纽扣5枚
【制作过程】 前片分左、右两片编织，按图起53针，织全下针，按图示减针，织32cm时加针，形成收腰，织15cm时两边平收5针，收袖窿，并同时收领窝，织至肩位余20针。同样方法织另一片。缝上纽扣。

0396

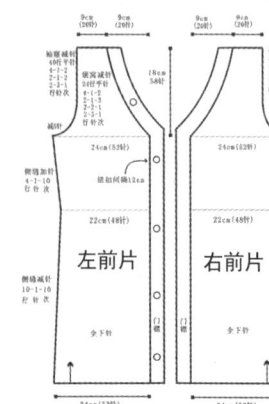

左前片　　右前片

领子结构图

全下针

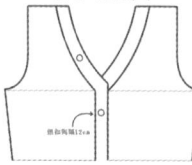
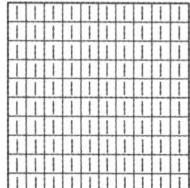

【成品规格】 见图
【工具】 2.5mm棒针
【材料】 粉红色球球线 纽扣6枚
【制作过程】 前片分左、右两片编织，按图起53针，织6cm双罗纹，改织全下针，按图示减针，织26cm时加针，形成收腰，织15cm时两边平收5针，收袖窿，并同时收领窝，织至肩位余20针。同样方法织另一片。缝上纽扣。

0397

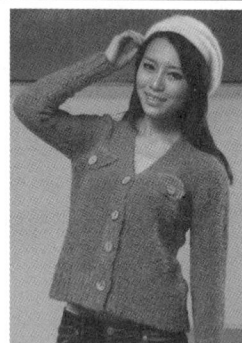

左前片　　右前片

领子结构图

双罗纹　　全下针

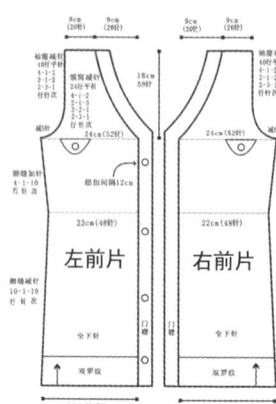

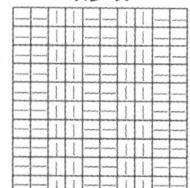
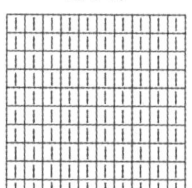

【成品规格】 见图
【工具】 2.5mm棒针
【材料】 花色羊毛线 纽扣2枚
【制作过程】 前片分左、右两片编织，按图起5针，织全下针，侧缝按图示减针，织22cm时加针，形成收腰，门襟同时加针，织适合宽度，织15cm时平收5针，收袖窿，同时收领窝，肩位剩20针，同样方法织另一片。领圈挑118针，织10cm双罗纹，形成翻领。缝上纽扣。

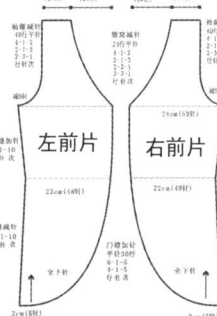

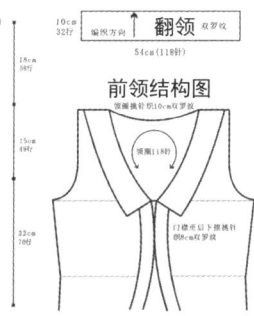

0398

翻领 双罗纹
编织方向 54cm(118针)
前领结构图
全下针
双罗纹
左前片　右前片

【制作过程】 前片按图起105针，织3cm双罗纹后，改织全下针，并减针，织29cm时加针，形成收腰，织15cm时两边平收5针，收袖窿，再织5cm时开领窝。领片织两片，另织花样，按图缝合。

0399

【成品规格】 见图
【工具】 2.5mm棒针
【材料】 花色纯羊毛线

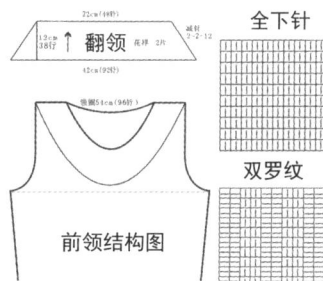

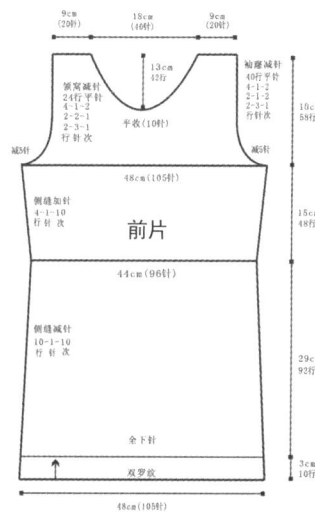

翻领 花样 2片
全下针
双罗纹
前领结构图
前片

【成品规格】 见图
【工具】 2.5mm棒针
【材料】 浅蓝色纯羊毛线 亮片若干 纽扣2枚
【制作过程】 前片按图起97针，织10cm双罗纹后，改织花样，中间留10cm不织，两边侧缝同时按图示减针，织22cm时加针，形成收腰，织15cm时留袖窿，在两边同时各平收5针，然后按图示收成袖窿，前领均匀减针。前领片另织，按图示缝合，缝上纽扣和亮片。

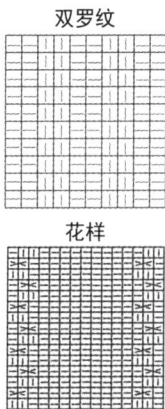

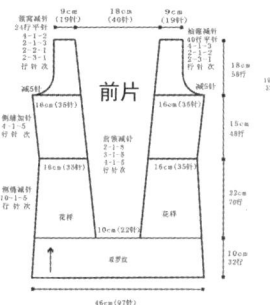

0400

双罗纹
花样
前片
前领片
领子结构图

【制作过程】 前片分左、中、右3片编织，左前片按图起35针，织6cm双罗纹后，改织全下针，并减针，织26cm时加针，形成收腰，织15cm时两边平收5针，收袖窿，并同时收领窝，同样方法织右前片，中前片按图织一个长矩形，然后左中右前片缝合。缝上纽扣。

0401

【成品规格】 见图
【工具】 2.5mm棒针
【材料】 浅灰色球球线 纽扣8枚

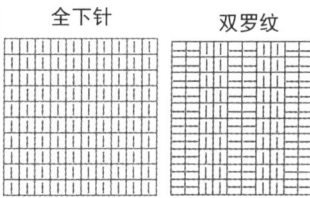

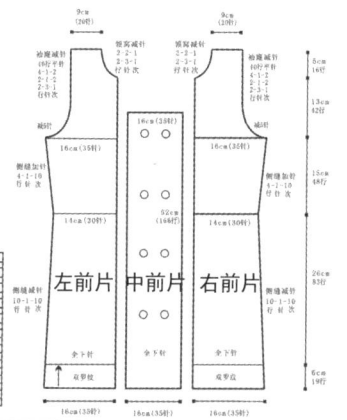

全下针
双罗纹
左前片　中前片　右前片

【成品规格】 见图
【工具】 2.5mm棒针
【材料】 浅灰色球球线
【制作过程】 前片按图起105针，织10cm双罗纹后，改织全下针，并减针，织22cm时加针，形成收腰，织15cm时两边平收5针，收袖窿，并同时开领窝。前领按图解另织好，与前领圈缝合，前领圈与后领圈挑101针，织18cm双罗纹，形成高领。

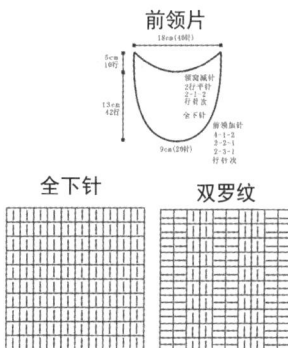

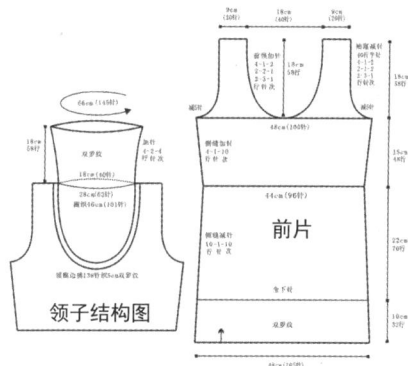

0402

前领片
全下针
双罗纹
前片
领子结构图

0403

【成品规格】见图
【工具】2.5mm棒针
【材料】浅灰色球球线
【制作过程】前片按图起105针，织6cm双罗纹后，改织全下针，并减针，织26cm时加针，形成收腰，织15cm时两边平收5针，收袖窿，并同时收领窝。领圈按图解挑118针，织5cm双罗纹，形成V领。

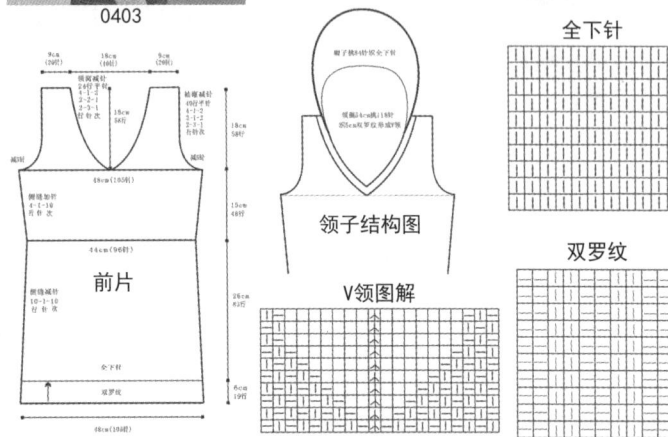

领子结构图

全下针

V领图解

双罗纹

前片

0404

【成品规格】见图
【工具】2.5mm棒针
【材料】蓝色长毛羊绒线 纽扣5枚 衣袋装饰绳子2根
【制作过程】前片分左、右两片编织，按图起53针，织5cm双罗纹后，改织全下针，并按图示减针，织27cm时加针，形成收腰，织15cm时平收5针，收袖窿，再织3cm时同时收领窝，织至肩位余20针。同样方法织另一片。翻领另织。缝上纽扣及装饰绳子。

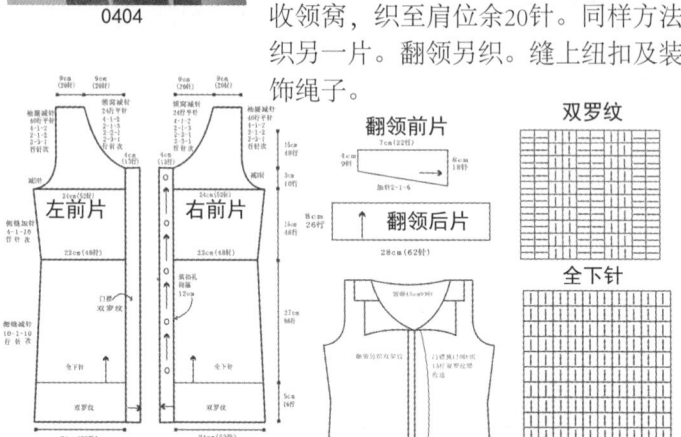

左前片

右前片

翻领前片

翻领后片

双罗纹

全下针

0405

【成品规格】见图
【工具】2.5mm棒针
【材料】花色羊毛线 前领装饰扣1枚
【制作过程】前片按图起105针，织6cm双罗纹后，改织全下针，并减针，织26cm时加针，形成收腰，织15cm时两边平收5针，收袖窿，领子按图减针。领圈另织双罗纹。前领片另织，装好前领装饰扣后，按图缝合。

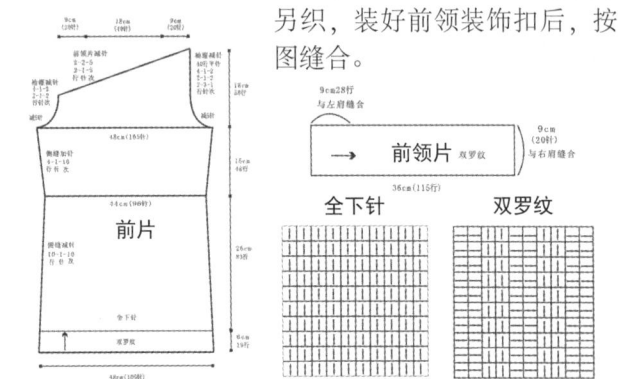

前片

前领片

全下针

双罗纹

0406

【成品规格】见图
【工具】2.5mm棒针
【材料】花色羊毛线 拉链1条 装饰纽扣和金属扣各2枚
【制作过程】前片分左、右两片编织，按图起53针，织5cm双罗纹后，改织花样，按图示减针，织27cm时加针，形成收腰，织15cm时两边平收5针，收袖窿，再5cm时同时收领窝，织至肩位余20针。同样方法织另一片。翻领挑针，织10cm双罗纹，装上拉链。缝上纽扣。

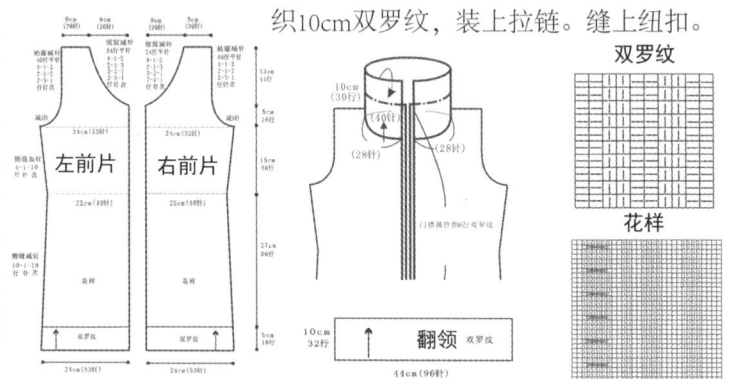

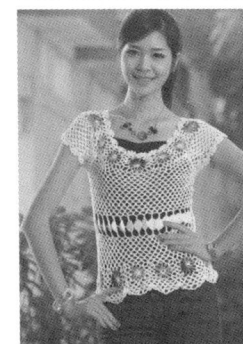

左前片

右前片

翻领

双罗纹

花样

0407

【成品规格】见图
【工具】2.0mm钩针
【材料】白色毛线
【制作过程】参照衣服的结构图，按照花样A、花样B、和花样C钩前片两片，然后拼肩和侧缝，最后钩衣服外围花边。

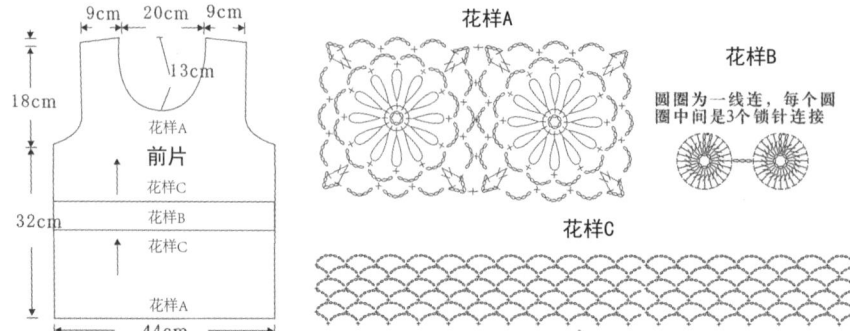

前片

花样A
花样B
花样C
花样A

花样A

花样B

圆圈为一线连，每个圆圈中间是3个锁针连接

花样C

0408

【成品规格】 见图
【工具】 1.7mm棒针 缝衣针
【材料】 米色球球线 白色线少许
亮珠若干
【制作过程】 前片按图示起211针，
织12cm全下针后，改织花样，并配
色，同时侧缝按图示减针，织20cm
时加针，形成收腰，织15cm时留袖
窿，在两边同时各平收10针，然后
按图示收成袖窿，再织5cm时留前领
窝。领圈用缝衣针锁边。缝上亮珠。

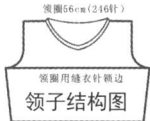

领圈56cm(216针)

领圈用缝衣针锁边
领子结构图

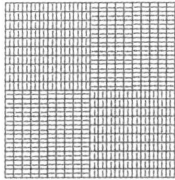
花样

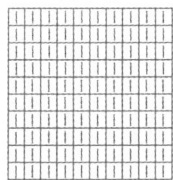
全下针

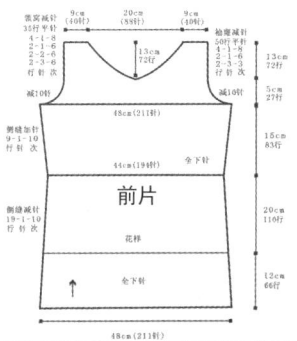
前片

0409

【成品规格】 见图
【工具】 2.5mm棒针
【材料】 咖啡色纯羊毛线 纽扣3对
【制作过程】 前片分左、右两片
编织，分别按图起53针，织5cm双
罗纹后，改织花样，侧缝按图示减
针，织27cm时加针，形成收腰，
织15cm时两边平收5针，按图收袖
窿，再5cm时同时收领窝，织至肩
位余20针。同样方法织另一片。缝
上纽扣。

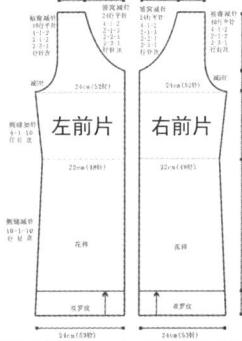
左前片　右前片

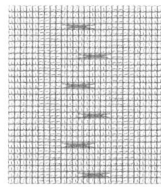
花样

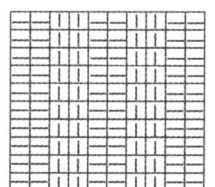
双罗纹

0410

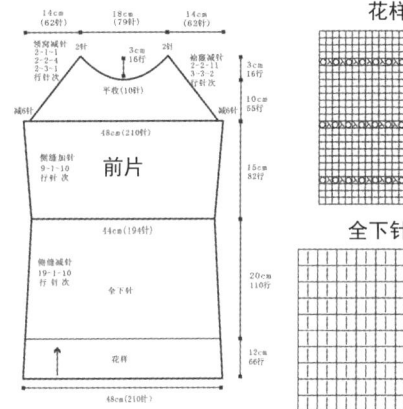
前片

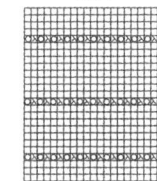
花样

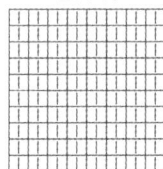
全下针

领圈钩边

【成品规格】 见图
【工具】 1.7mm棒针 2.5mm钩针
【材料】 浅紫色纯羊毛线
【制作过程】 前片按图起210针，织12cm花样后，改织全下针，
侧缝按图示减针，织20cm时加针，形成收腰，织15cm时留袖
窿，在两边同时各平收6针，然后按图示收成插肩袖窿，同时留
领窝。领圈用钩针钩花边。

0411

【成品规格】 见图
【工具】 3.2mm棒针
【材料】 粉色丝棉缎染线 粉
色真丝线
【制作过程】 丝棉线起142
针，配色编织花样前片，两
侧减针收腰，身长共织45cm
时进行前领窝减针，按图示
完成减针后编织至肩部收
针，肩部余24针。

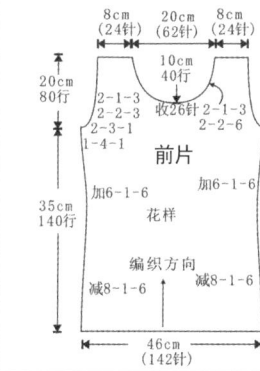
前片

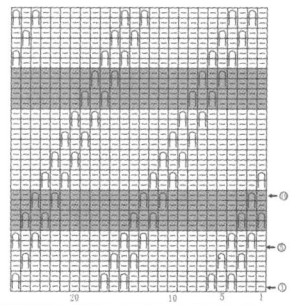
花样

0412

【成品规格】 见图
【工具】 3.2mm、3.6mm棒针 4号钩针
【材料】 黄色丝光棉麻线
【制作过程】 起112针编织上针内前片，
先进行袖窿减针，织到47cm时中间留13
针，两侧方向相反按图所示完成领窝减
针，编织至肩部收针。外前片按图织花
样完成。

花样

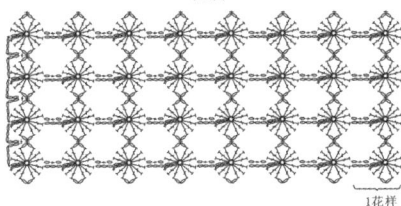
1花样

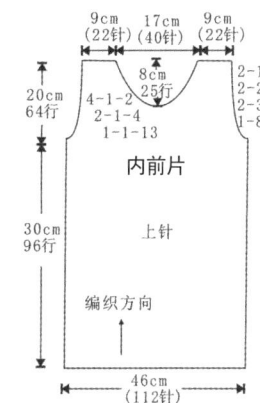
内前片
上针

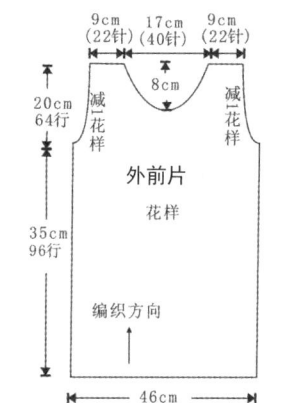
外前片
花样

0413

【成品规格】 见图
【工具】 3.6mm棒针 9号钩针
【材料】 浅蓝色、深蓝色竹炭棉线 装饰绳1条
【制作过程】 前片分两片编织，先起66针编织下针8cm，另起24针编织8cm下针，然后将两片对接成一片编织下针前片，两侧减针收腰，共织到35cm，先进行袖窿减针，身长共编织到91行时加深蓝色线编织胸前花样，织到41cm，即118行时两侧相反按图所示完成领窝减针，编织至肩部收针。系上装饰绳。

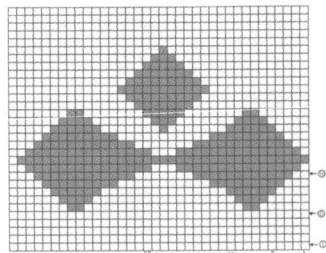

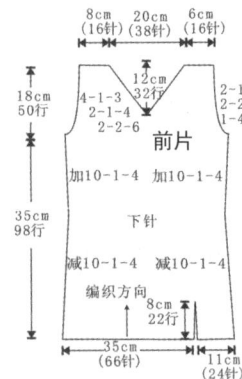

胸前花样

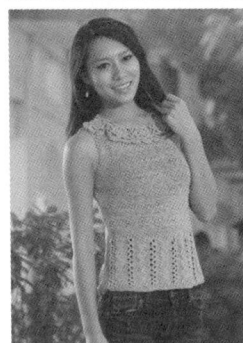

0414

【成品规格】 见图
【工具】 1.7mm棒针 2.5mm钩针
【材料】 浅蓝色纯羊毛线
【制作过程】 前片按图示起211针，织1cm单罗纹后，改织12cm花样，再织全下针，同时侧缝按图示减针，织19cm时加针，形成收腰，织15cm时留袖窿，在两边同时各平收10针，然后按图示收成袖窿，再织5cm时留前领窝。

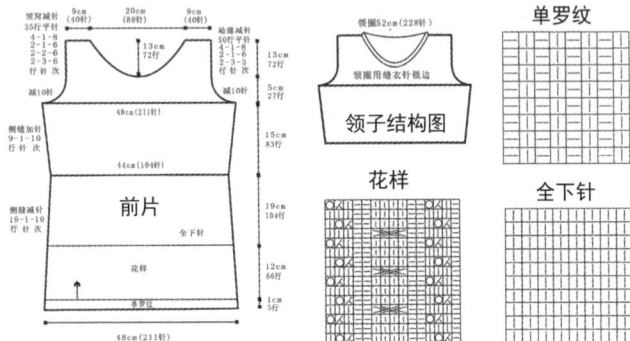

领子结构图

单罗纹

花样

全下针

0415

【成品规格】 见图
【工具】 1.7mm棒针
【材料】 深紫色夏季冰丝线
【制作过程】 前片按图示起101针，先织3cm全下针，形成卷边后，改织花样，同时按图示减针，织29cm时加针，形成收腰，织15cm时加针织袖窿，袖口在两边加针，领窝按图示减针。

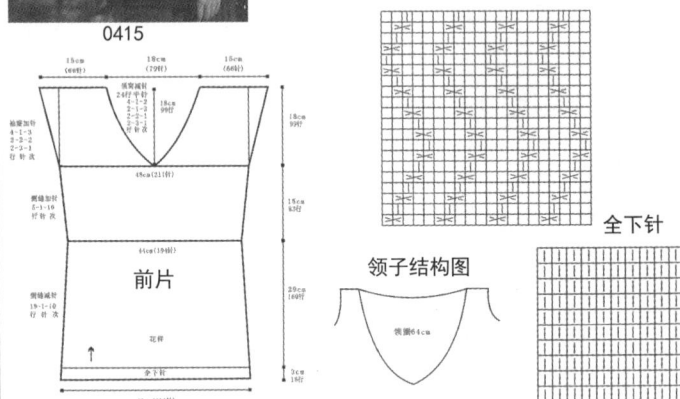

花样

领子结构图

全下针

0416

【成品规格】 见图
【工具】 1.7mm棒针
【材料】 白色羊毛线 红色毛毛领1条 纽扣3枚
【制作过程】 前片分左、右两片编织，按图起52针，织5cm单罗纹后，改织花样，织22cm时两边袖口加7针，同时收领窝，织至完成。同样方法织另一片。领圈挑140针，织15cm花样。缝上纽扣和毛毛领。

单罗纹

花样

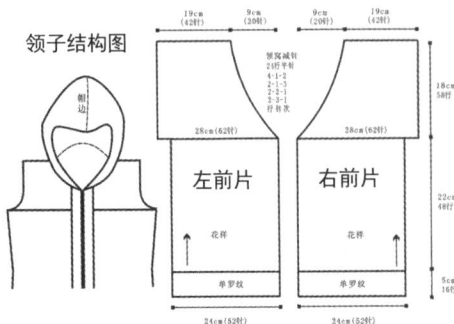

领子结构图

左前片

右前片

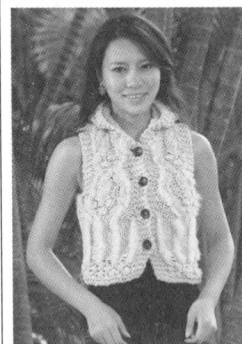

0417

【成品规格】 见图
【工具】 2.5mm棒针
【材料】 杏色球球线 纽扣4枚 装饰毛毛边若干
【制作过程】 前片分左、右两片编织，按图起52针，织3cm单罗纹后，改织花样，织24cm时两边各平收5针，收袖窿，再织5cm时收领窝，织至肩位余20针。同样方法织另一片。缝上纽扣和装饰毛毛边。

单罗纹

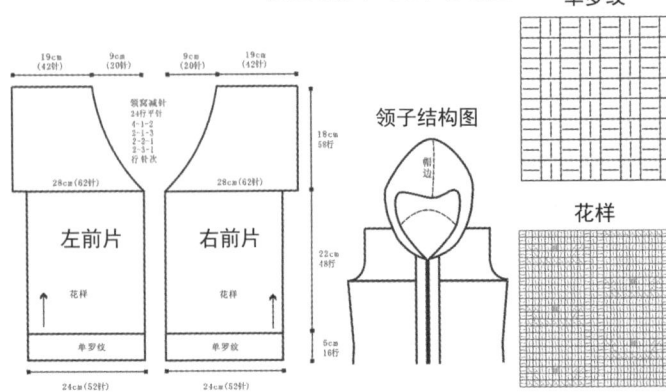

领子结构图

左前片

右前片

花样

0418

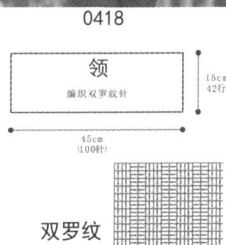

领
编织双罗纹针

45cm
(100针)

15cm
42行

双罗纹

【成品规格】 见图
【工具】 3.0mm棒针
【材料】 深杏色棉线
布料若干
【制作过程】 前片按图示
裁剪布料。领片起100针，
编织双罗纹针15cm平收。

9cm 18cm 9cm

8cm

后领减针
2行平织
2-2-1
2-3-2 24针停织
18cm
50行

袖笼减针
38行平织
2-1-5
2-2-1
4针停织
38cm
106行

前片

46cm

0419

【成品规格】 见图
【工具】 2.5mm棒针
【材料】 红色纯羊毛线

【制作过程】本款是横织毛衣，先从左前片
门襟织起，起70针，织5cm双罗纹后，分别按
照花样A、花样B、花样C排花，同时按图开领
窝，织19行后。侧缝收针开袖口，织28cm时，
加针，织48cm后片，同样方法继续织另一袖口
和右前片门襟。领圈挑246针，织20cm花样C。

花样 A　　花样 B　　双罗纹　　花样 C

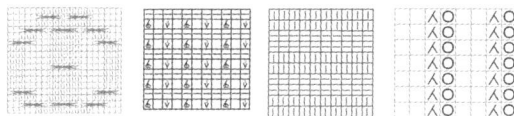

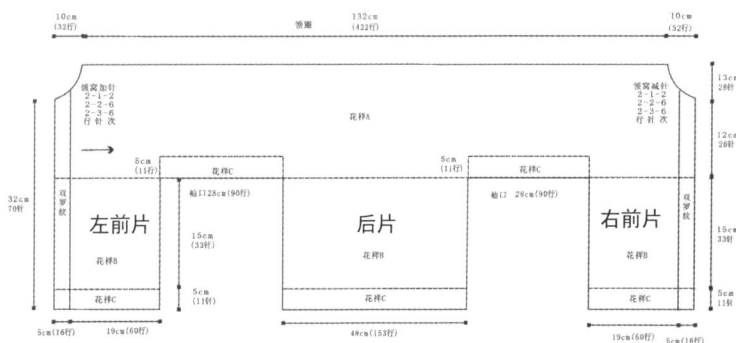

10cm
(32行)　领圈　132cm
(422行)　10cm
(32行)

领窝加针
2-1-2
2-2-6
2-3-6
行针次

领窝减针
2-1-2
2-2-6
2-3-6
行针次

13cm
28针

花样A

12cm
36针

5cm
(11行)　花样C　　5cm
(11行)　花样C

32cm
70针

双罗纹

左前片

花样B

15cm
(33行)

袖口 28cm(90行)

后片

花样B

48cm(153针)

袖口 28cm(90行)

右前片

花样B

15cm
33针

双罗纹

5cm
(16行)　19cm(60针)　48cm(153针)　19cm(60针)　5cm(16行)

5cm
(11行)　花样C　　花样C　　花样C　　5cm
(11行)

0420

领子结构图

单罗纹

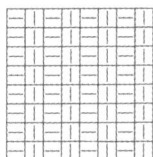

全下针

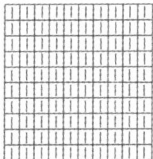

【成品规格】 见图
【工具】 1.7mm棒针
【材料】 红色纯羊毛线
黑色线少许 纽扣5枚
【制作过程】 前片分左、
右两片编织，分别按图
起106针，织10cm单罗纹
后，改织全下针，侧缝按
图示减针，并开衣袋口，
织12cm时加针，形成收
腰，织15cm时两边平收
10针，收袖窿，同时收领
窝，同样方法织另一片。
缝上纽扣。

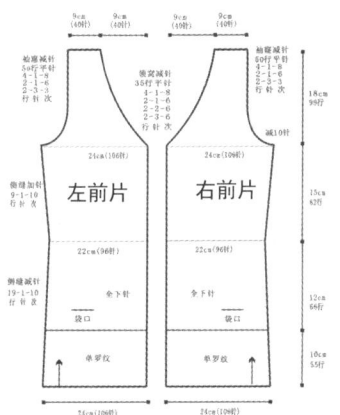

9cm
(40针)　9cm
(42针)　9cm
(42针)　9cm
(40针)

袖窿减针
50行平织
4-1-8
2-1-6
2-2-3
2-3-5
行针次

领窝减针
35行平织
4-1-8
2-1-6
2-2-3
2-3-5
行针次

领深10cm

18cm
99行

左前片

右前片

15cm
62行

24cm(106针)　24cm(106针)

22cm(96针)　22cm(96针)

侧缝减针
9-1-10
行针次

全下针　　全下针

袋口　　袋口

12cm
66行

侧缝减针
19-1-10
行针次

16cm
55行

单罗纹　　单罗纹

24cm(106针)　24cm(106针)

0421

双罗纹

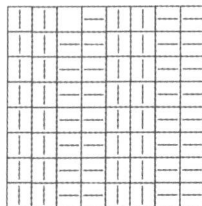

【成品规格】 见图
【工具】 1.7mm棒针
【材料】 红色纯羊毛线

【制作过程】 前片按图示起211针，织8cm双
罗纹后，改织花样，同时侧缝按图示减针，织
24cm时加针，形成收腰，织15cm时留袖窿，
在两边同时各平收10针，然后按图示收成袖
窿，再织5cm时留前领窝。

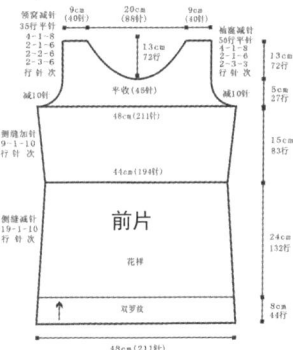

9cm
(40针)　20cm
(88针)　9cm
(40针)

袖窿减针
38行平织
4-1-8
2-1-6
2-2-3
2-3-5
行针次

领窝减针
38行平织
4-1-8
2-1-6
2-2-3
2-3-5
行针次

13cm
72行

13cm
72针

平收(48针)

48cm(211针)

减10针　　　减10针

15cm
83行

侧缝加针
9-1-10
行针次

44cm(194针)

前片

花样

24cm
132行

侧缝减针
19-1-10
行针次

双罗纹

8cm
44针

48cm(211针)

领子结构图

领圈56cm

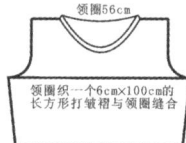

领圈织一个6cm×100cm的
长方形打皱褶与领圈缝合

花样

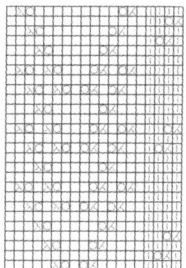

0422

【成品规格】 见图
【工具】 1.7mm棒针
【材料】 红色纯羊毛线 纽扣5枚
【制作过程】 前片分左、右两片
编织，分别按图起106针，织3cm
双罗纹后，改织花样，侧缝按图
示减针，织19cm时加针，形成收
腰，织15cm时两边平收10针，收袖
窿，同时收领窝，同样方法织另一
片。缝上纽扣。

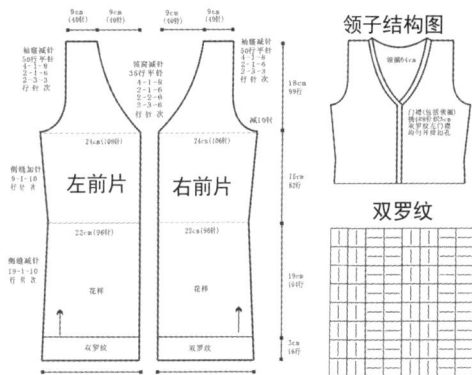

9cm
(40针)　9cm
(42针)　9cm
(42针)　9cm
(40针)

袖窿减针
50行平织
4-1-8
2-1-6
2-2-3
2-3-5
行针次

领窝减针
35行平织
4-1-8
2-1-6
2-2-3
2-3-5
行针次

领深10cm

18cm
99行

左前片

右前片

15cm
82行

24cm(106针)　24cm(106针)

22cm(96针)　22cm(96针)

侧缝减针
9-1-10
行针次

花样　　花样

侧缝减针
19-1-10
行针次

19cm
10针

双罗纹　　双罗纹

24cm(106针)　24cm(106针)

领子结构图

领圈64cm

门襟(包含领圈)
横织8cm宽，
然后留门扣眼
与衣身边门襟
向与门襟缝合

双罗纹

花样

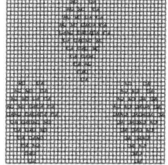

0423

【成品规格】 见图
【工具】 4.0mm、5.0mm棒针
【材料】 红色粗羊毛线
【制作过程】 用4.0mm的棒针起50针，织单罗纹8cm长，改用5.0mm棒针按前片编织花样织10cm长，然后照编织图及编织花样编织，织44cm长。用4.0mm的棒针从衣片分叉处起挑30针织5cm长的单罗纹针收针成袖口。

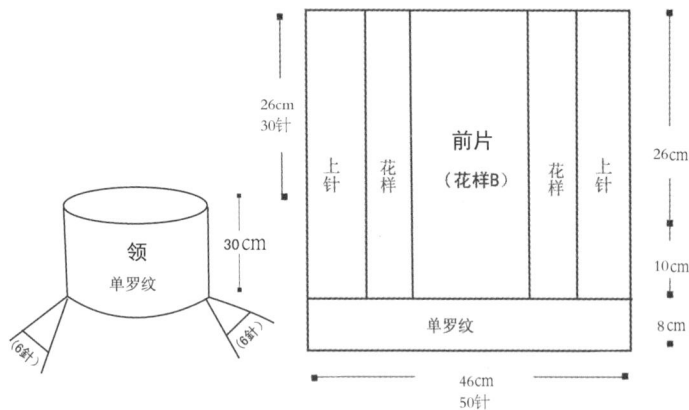

领
单罗纹
(6针) (6针)
30cm

26cm
30针

上针 花样 前片 (花样B) 花样 上针

26cm

10cm

8cm

单罗纹

46cm
50针

单罗纹

花样 全下针

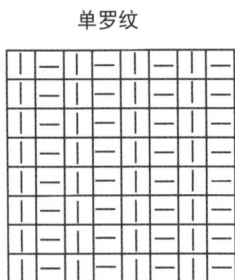

0425

【成品规格】 见图
【工具】 1.7mm棒针
【材料】 深紫色纯羊毛线 门襟金属扣1枚
【制作过程】 前片分A、B、C片编织，A片为衣袖，起88针，织15cm双罗纹，B片为前片，起53针织双罗纹15cm后改织下针，C片为门襟，起60针织双罗纹55cm，织至完成。缝上金属扣。

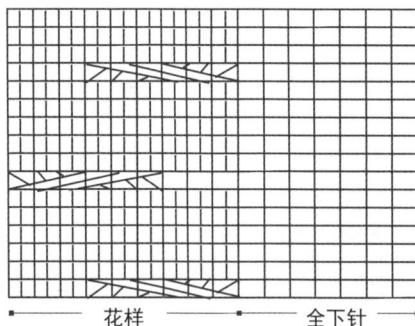

15cm
(82行)

15cm
(66行)

12cm
(66行)

20cm
88行

编织方向
双罗纹
A

20cm
110行
B

C

前片

30cm
165行

门襟
65cm
286行

双罗纹

加
9-1-10

双罗纹
15cm
63行

双罗纹
编织方向

12cm
(53行)

12cm
(66行)

0424

【成品规格】 见图
【工具】 1.7mm棒针 2.5mm钩针
【材料】 橙色纯羊毛线
【制作过程】 前片按图示起211针，织2cm单罗纹后，改织花样，同时侧缝按图示减针，织30cm时加针，形成收腰，织15cm时留袖窿，在两边同时各平收10针，然后按图示收成袖窿，再织5cm时留前领窝。领边用钩针钩织花边。

领圈56cm
领圈用钩针钩边

领子结构图

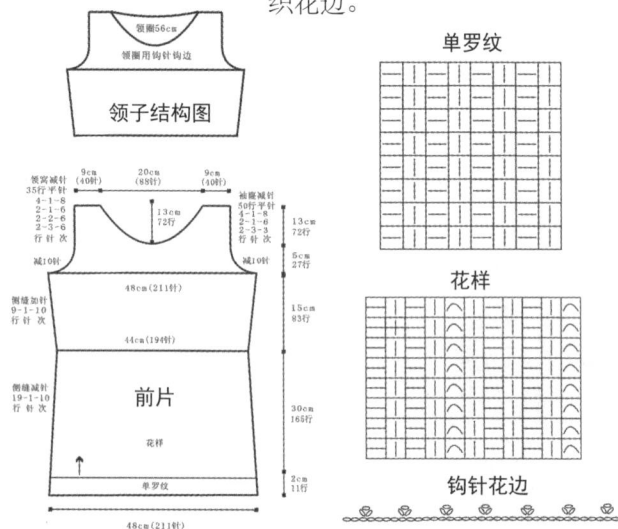

领窝减针
35行平针
4-1-8
2-1-6
2-2-6
2-3-6
行针次
减10针

9cm
(40针)

20cm
(88针)

9cm
(40针)

袖窿减针
50行平针
4-1-8
2-1-6
2-3-3
行针次
减10针

13cm
73行

13cm
72行

5cm
27行

48cm(211针)

44cm(194针)

侧缝加针
9-1-10
行针次

15cm
83行

前片

花样

30cm
165行

侧缝减针
19-1-10
行针次

单罗纹

2cm
11行

48cm(211针)

单罗纹

花样

钩针花边

0426

【材料】 深紫色纯羊毛线 橙色线 亮珠若干
【制作过程】 前片按图示起211针，先用橙色线织10cm双罗纹后，改用深紫色线织全下针，同时侧缝按图示减针，织22cm时加针，形成收腰，织15cm时留袖窿，在两边同时各平收10针，然后按图示收成袖窿，再织3cm时留前领窝。领边挑264针，先用深紫色线织5cm双罗纹后，改用橙色线织2cm全下针，领尖缝合，形成V领。缝上亮珠。

【成品规格】 见图
【工具】 1.7mm棒针 绣花针

全下针

双罗纹

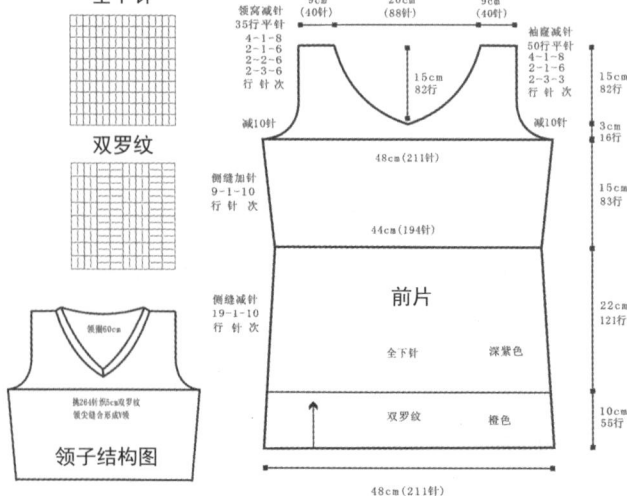

领窝减针
35行平针
4-1-8
2-1-6
2-2-6
2-3-6
行针次

9cm
(40针)

20cm
(88针)

9cm
(40针)

袖窿减针
50行平针
4-1-8
2-1-6
2-3-3
行针次
减10针

15cm
82行

15cm
82行

3cm
16行

减10针

48cm(211针)

侧缝加针
9-1-10
行针次

15cm
83行

44cm(194针)

侧缝减针
19-1-10
行针次

前片

全下针 深紫色

22cm
121行

双罗纹 橙色

10cm
55行

挑264针织5cm双罗纹
领尖缝合形成V领

领圈60cm

领子结构图

48cm(211针)

0427

【成品规格】见图
【工具】1.7mm棒针
【材料】深紫色纯羊毛线 亮珠若干
【制作过程】前片按图示起211针，先织双层平针底边后，改织花样，同时侧缝按图示减针，织32cm时加针，形成收腰，织15cm时留袖窿，在两边同时各平收10针，然后按图示收成袖窿，再织5cm时留前领窝。领边挑246针，织5cm全下针，褶边缝合，形成双层圆领。缝上亮珠。

花样

领子结构图

双层平针底边

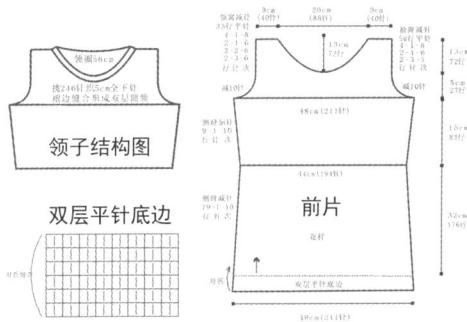

前片

0428

【材料】深紫色纯羊毛线 装饰绣花和亮珠若干
【制作过程】前片按图示起211针，先织双层平针底边后，改织全下针，同时侧缝按图示减针，织32cm时加针，形成收腰，织15cm时留袖窿，在两边同时各平收10针，然后按图示收成袖窿，再织5cm时留前领窝。缝上装饰绣花和亮珠。

【成品规格】见图
【工具】1.7mm棒针 绣花针

双层平针底边

全下针

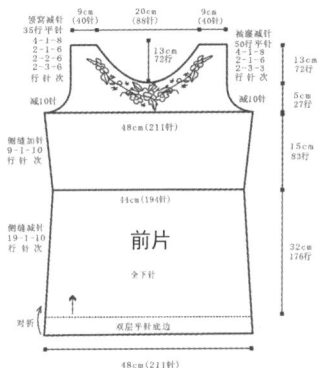

前片

0429

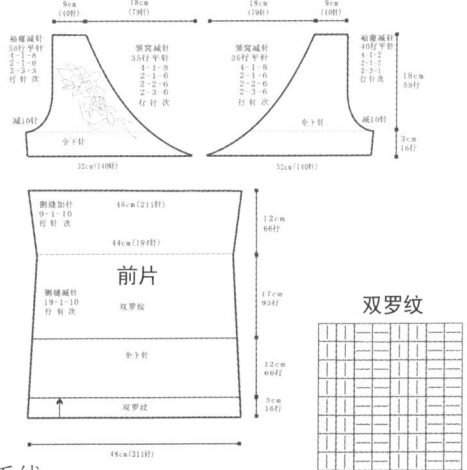

前片

双罗纹

全下针

【成品规格】见图
【工具】1.7mm棒针
【材料】深蓝色纯羊毛线
【制作过程】前片分上、下片编织，下片按图起针，织3cm双罗纹后，改织12cm全下针，再织17cm双罗纹，同时侧缝按图加减，形成收腰，上片分左、右两片编织，起140针，织全下针，织3cm时两边平收5针，收袖窿。门襟按图减针收领窝，织至肩位余40针，同样方法织另一片，两片重叠后与下片缝合。

0430

【成品规格】见图
【工具】1.7mm棒针
【材料】黑色纯羊毛线 门襟拉链1条 衣袋拉链2条
【制作过程】前片分左、右两片编织，按图起105针，织5cm双罗纹后，改织全下针，并按图示减针，织27cm时加针，形成收腰，织15cm时两边平收10针，收袖窿，再织13cm时收领窝，织至肩位余40针。同样方法织另一片。装上拉链。

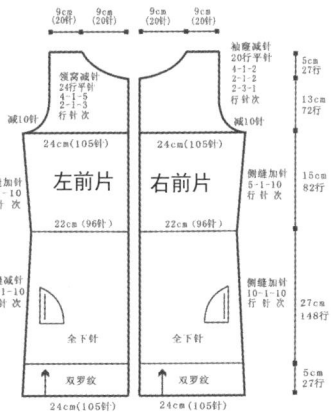

左前片

右前片

全下针

双罗纹

0431

【成品规格】见图
【工具】1.7mm棒针 绣花针
【材料】黑色、红色纯羊毛线 丝绸花边和装饰花若干
【制作过程】前片按图起针，先织双层平针底边后，改织下针，并间色，织至47cm时，分左、右两边编织，织至完成。前领门襟边挑针，织双罗纹5cm，领圈挑针，织双罗纹，形成圆领。缝上丝绸花边和装饰花。

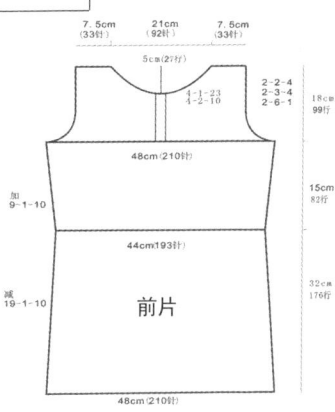

前片

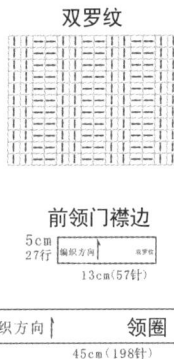

双罗纹

前领门襟边

编织方向

领圈 双罗纹

0432

【成品规格】见图
【工具】1.7mm棒针
【材料】黑色、其他色纯羊毛线 亮珠若干 毛毛边1条
【制作过程】前片按图起针，织双罗纹3cm后，左边按图织上针和下针，并间色，右边织双罗纹，织至完成。领子挑针，织6cm双罗纹，领尖缝合，形成叠领，缝上亮珠和毛毛边。

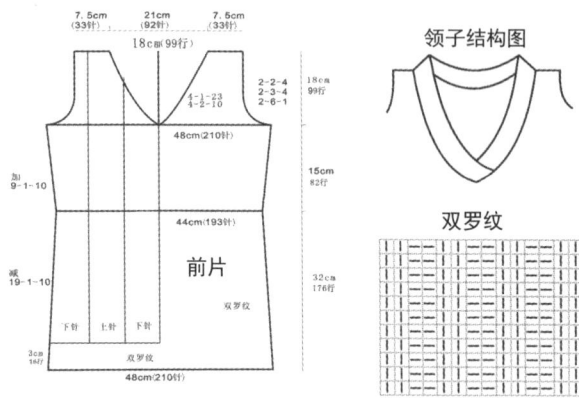

领子结构图

双罗纹

7.5cm (33针) 21cm (92行) 7.5cm (33针)
18cm (99行)
2-2-4 2-3-4 2-6-1
4-1-23 4-2-10
48cm (210针)
18cm 99行
15cm 82行
44cm (193针)
前片
双罗纹
减 19-1-10
加 9-1-10
下针 上针 下针
双罗纹
32cm 176行
3cm 16针
48cm (210针)

0433

【成品规格】见图
【工具】1.7mm棒针
【材料】黑色纯羊毛线 纽扣7枚 亮珠若干
【制作过程】前片分左、右两片编织，按图起105针，织5cm双罗纹后，改织全下针，并按图示减针，织27cm时加针，形成收腰，织15cm时平收10针，按图示收袖窿，同时收领窝，肩位余40针，同样方法织另一片。缝上纽扣和亮珠。

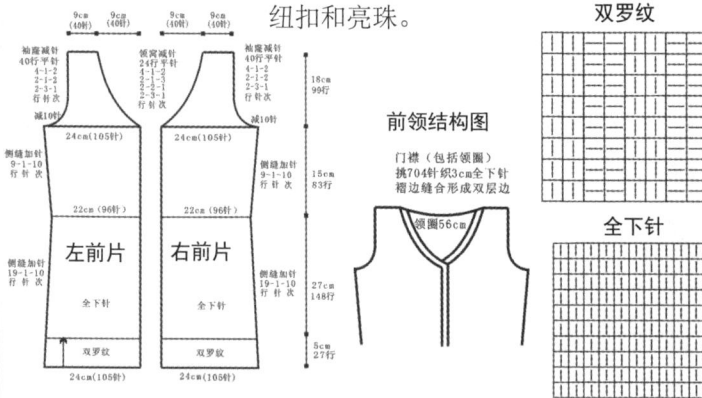

双罗纹

前领结构图

全下针

9cm (40针) 9cm (40针) 9cm (40针) 9cm (40针)
袖窿减针 40行平收 4-1-2 2-3-3 2-3-1 行针次
领窝减针 24针平收 4-1-2 2-3-3 2-3-1 行针次
18cm 99针
减10针 减10针
24cm (105针) 24cm (105针)
15cm 83行
左前片 右前片
全下针 全下针
侧缝加针 9-1-10 行针次
侧缝加针 9-1-10 行针次
22cm (96针) 22cm (96针)
27cm 148行
侧缝减针 19-1-10 行针次
侧缝减针 19-1-10 行针次
5cm 27行
24cm (105针) 24cm (105针)
双罗纹

门襟（包括领圈）挑704针织3cm全下针褶边缝合形成双层边
领圈56cm

0434

【成品规格】见图
【工具】1.7mm棒针
【材料】白色纯羊毛线 米色线若干
【制作过程】前片分左、右两片编织，分别按图起105针，织全下针，侧缝按图示减针，织32cm时加针，形成收腰，织15cm时两边平收10针，收袖窿，织3cm时收领窝，织至肩位余40针。同样方法织另一片。领圈挑255针，织4cm全下针，褶边缝合，形成双层圆领。

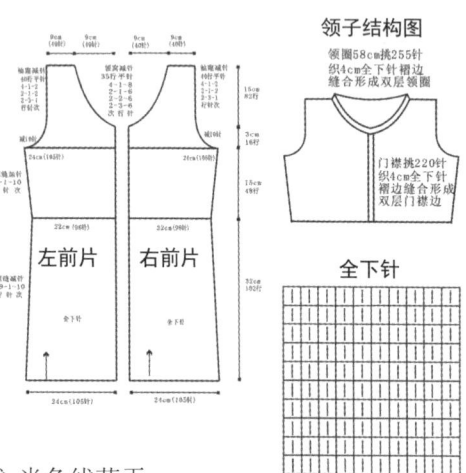

领子结构图

全下针

9cm (40针) 9cm (40针) 9cm (40针) 9cm (40针)
袖窿减针 40行平收 4-1-2 2-3-3 2-3-1 行针次
领窝减针 35针平收 4-1-2 2-3-3 2-3-1 行针次
15cm 82行
减 减
24cm (105针) 24cm (105针)
3cm 16针
左前片 右前片
全下针 全下针
侧缝减针 9-1-10 行针次
22cm (96针) 22cm (96针)
15cm 49行
侧缝减针 19-1-10 行针次
32cm 180行
24cm (105针) 24cm (105针)

领圈58cm挑255针织4cm全下针褶边缝合形成双层领圈

门襟挑220针织4cm全下针褶边缝合形成双层门襟边

0435

【成品规格】见图
【工具】2.9mm棒针
【材料】白色马海毛线
【制作过程】左前片起90针编织平针按图示减针收出前领窝、袖窿。挑出下摆编织花样并按图示减针收出圆角。衣领、门襟挑织花样织成大翻领。对称织出另一片。

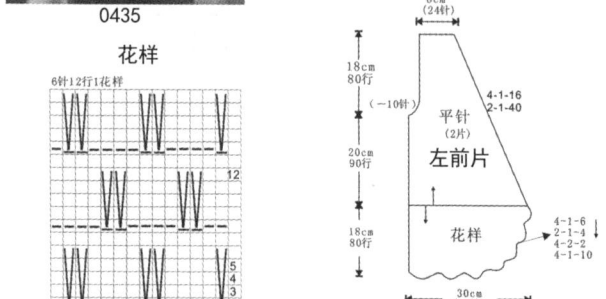

花样

6针12行1花样

双罗纹

花样

8cm (24针)
18cm 80行
4-1-16 2-1-40
(−10针)
平针 (2片)
左前片
20cm 90行
18cm 80行
花样
4-1-6 4-1-4 4-2-2 4-1-10
30cm (90针)

0436

【成品规格】见图
【工具】2.5mm棒针
【材料】白色羊毛线 纽扣3枚
【制作过程】前片分左、右两片编织，按图起5针，织花样，侧缝按图示减针，织22cm时加针，形成收腰，门襟同时加针，织适合宽度，织15cm时平收5针，收袖窿，同时收领窝，同样方法织另一片。缝上纽扣。

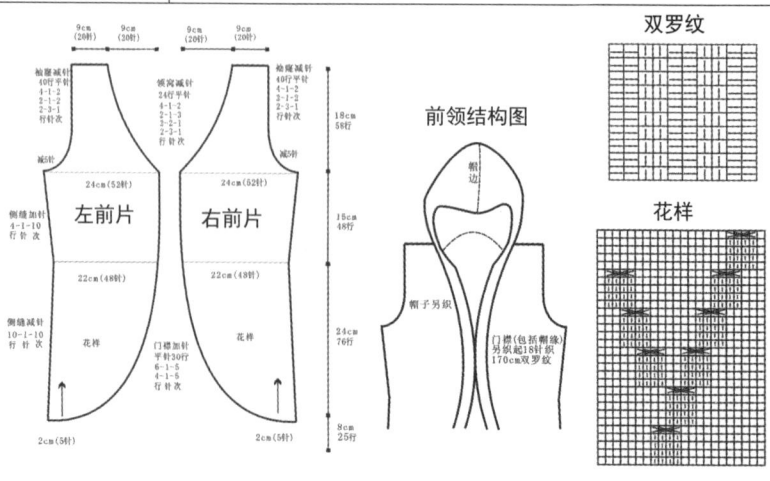

前领结构图

9cm (20针) 9cm (20针) 9cm (20针) 9cm (20针)
袖窿减针 40行平收 4-1-2 2-3-3 行针次
领窝减针 24针平针 4-1-2 2-3-3 行针次
18cm 58行
减针 减针
24cm (52针) 24cm (52针)
15cm 48行
左前片 右前片
22cm (48针) 22cm (48针)
侧缝加针 4-1-10 行针次
门襟加针 平针30针 6-1-5 4-1-5 行针次
侧缝减针 10-1-10 行针次
24cm 76行
花样 花样
2cm (5针) 2cm (5针)
8cm 25行

帽边
帽子另织
门襟（包括帽缘）另织起18针织170cm双罗纹

双罗纹

花样

0437

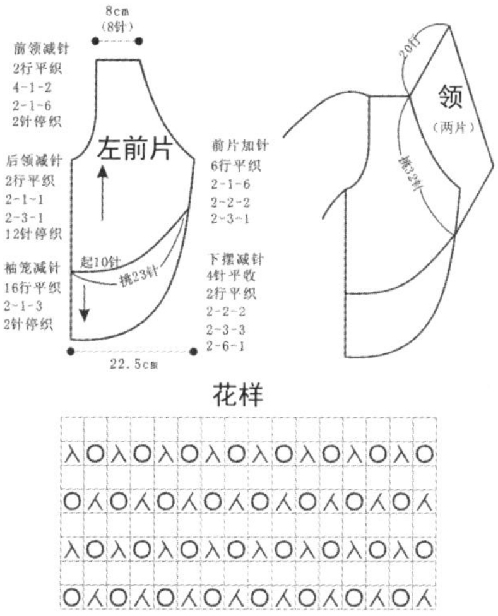

前领减针
2行平织
4-1-2
2-1-3
2针停织

后领减针
2行平织
2-1-1
2-3-1
12针停织

袖笼减针
16行平织
2-1-2
2-1-3
2针停织

8cm
(8针)

左前片

领
(两片)

前片加针
6行平织
2-1-6
2-2-3
2-3-1

下摆减针
4针平收
2行平织
2-2-5
2-3-3
2-6-1

起10针
加23针

22.5cm

花样

【成品规格】 见图
【工具】 3.0mm棒针
【材料】 特色麻线
【制作过程】 前片起10针先从下往上织，如图示进行加针，加至23针，不加不减往上织6cm。收袖笼和前领，编织两片。领口，左、右前片各挑出32针，编织花样20行。

0438

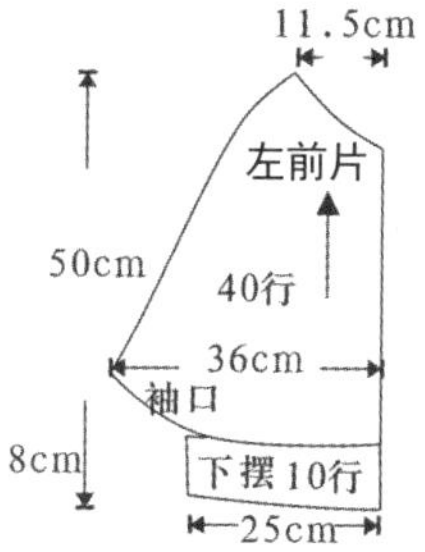

11.5cm

左前片

50cm

40行

36cm

袖口

8cm

下摆10行

25cm

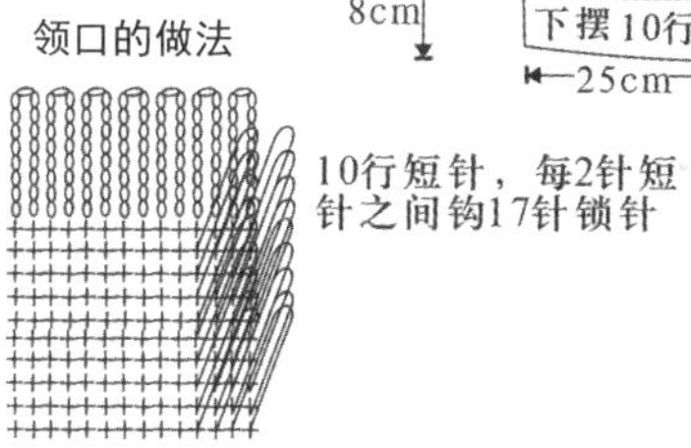

领口的做法

10行短针，每2针短针之间钩17针锁针

【成品规格】 见图
【工具】 2.0mm钩针
【材料】 紫色毛线
【制作过程】 首先下摆的做法，从下摆起针钩10行，然后按照衣身的做法，钩前片两片，最后钩领口10行短针为花边。

0439

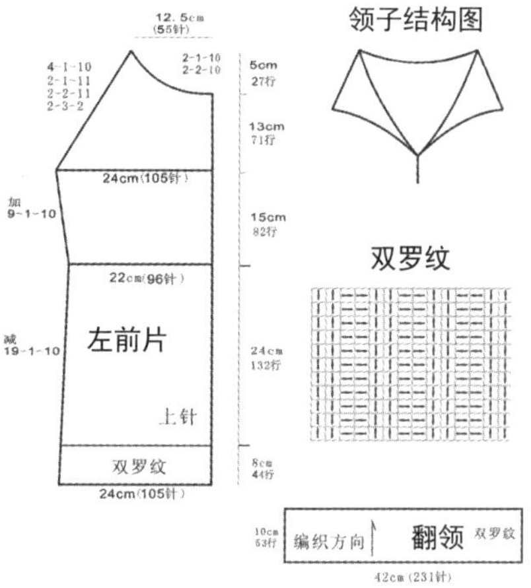

领子结构图

12.5cm
(55行)

4-1-10
2-1-11
2-2-1
2-3-2

2-1-10
2-2-10

5cm
27行

13cm
71行

24cm(105针)

15cm
82行

加
9-1-10

22cm(96针)

左前片

上针

减
19-1-10

24cm
132行

双罗纹

双罗纹

24cm(105针)

8cm
44行

10cm
5行

编织方向 翻领 双罗纹

42cm(231针)

【成品规格】 见图
【工具】 1.7mm棒针
【材料】 白色纯羊毛线 拉链1条
【制作过程】 前片分左、右两片编织，分别按图起针，先织双罗纹8cm后，改织上针，织至完成。领子挑针，织10cm双罗纹，拉链边另织，同时缝上拉链，形成翻领。

0440

前领结构图

领圈58cm
挑128针

【成品规格】 见图
【工具】 2.5mm棒针
【材料】 花色纯羊毛线 纽扣5枚
【制作过程】 前片分左、右两片编织，按图起53针，织12cm双罗纹后，改织花样，侧缝按图示减针，织20cm时加针，形成收腰，织15cm时两边平收5针，收袖笼，再织3cm时同时收领窝，织至肩位余20针。同样方法织另一片。领圈挑128针，织10cm双罗纹，形成翻领。缝上纽扣。

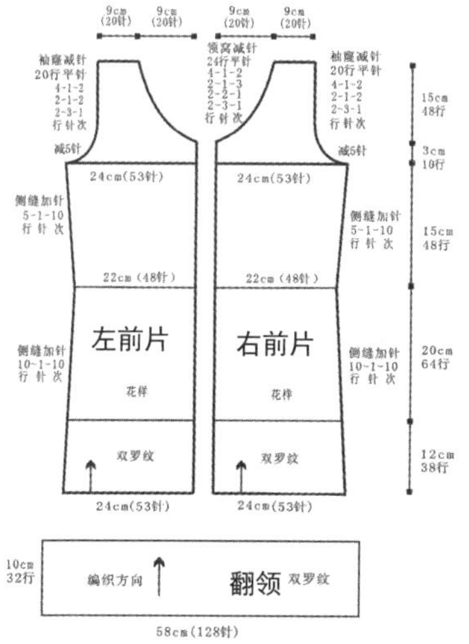

9cm
(20针)

9cm
(20针)

9cm
(20针)

9cm
(20针)

袖笼减针
20行平针
4-1-2
2-1-2
2-3-1
行针次

领窝减针
24行平针
4-1-2
2-1-3
2-3-1
行针次

15cm
48行

减5针

减5针

3cm
10行

24cm(53针)

24cm(53针)

侧缝加针
5-1-10
行针次

侧缝加针
5-1-10
行针次

15cm
48行

22cm(48针)

22cm(48针)

左前片

右前片

侧缝加针
10-1-10
行针次

侧缝加针
10-1-10
行针次

20cm
64行

花样

花样

双罗纹

双罗纹

24cm(53针)

24cm(53针)

12cm
38行

10cm
32行

编织方向 翻领 双罗纹

58cm(128针)

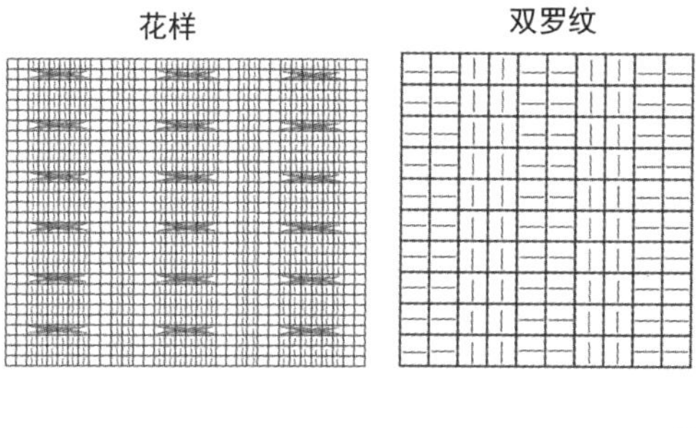

花样

双罗纹

0441

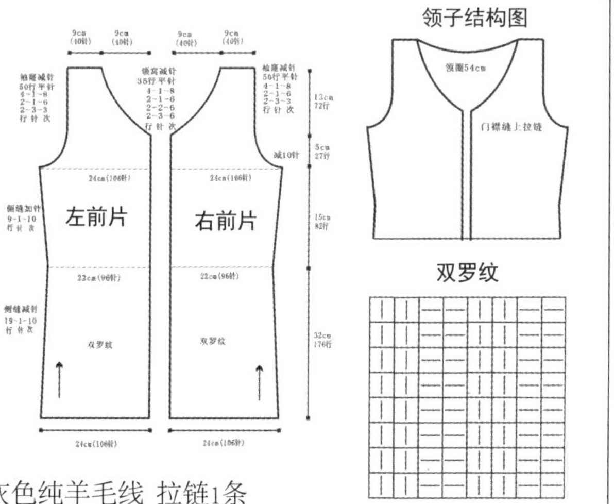

领子结构图

领圈54cm

门襟缝上拉链

9cm
(40针)

9cm
(40针)

9cm
(40针)

9cm
(40针)

袖笼减针
30行平针
4-1-8
2-2-3
2-3-3
行针次

领窝减针
36行平针
4-1-8
2-2-6
2-3-1
行针次

袖笼减针
50行平针
4-1-8
2-2-3
2-3-1
行针次

13cm
72行

减10针

8cm
27行

24cm(106针)

24cm(106针)

15cm
82行

侧缝加针
9-1-10
行针次

22cm(96针)

22cm(96针)

左前片

右前片

侧缝减针
19-1-10
行针次

双罗纹

双罗纹

32cm
176行

双罗纹

24cm(106针)

24cm(106针)

【成品规格】 见图
【工具】 1.7mm棒针
【材料】 浅灰色、深灰色纯羊毛线 拉链1条
【制作过程】 前片分左、右两片编织，分别按图起106针织双罗纹，侧缝按图示减针，织32cm时加针，形成收腰，织15cm时两边各平收10针，收袖笼，再织5cm时收领窝，按图配色，同样方法织另一片。装上拉链。

0442

【成品规格】见图
【工具】1.7mm棒针
【材料】深蓝色、白色纯羊毛线
【制作过程】前片按图起针，先织双层平针底边后，改织下针，织至完成。领子另织，按图缝合。

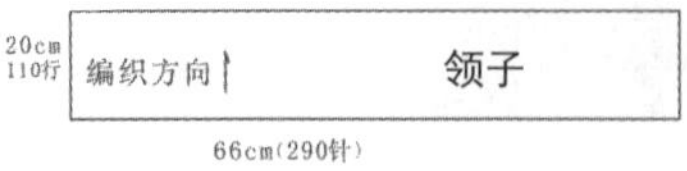

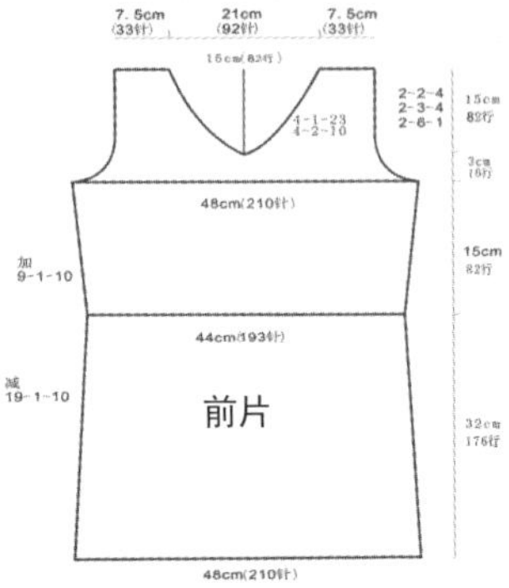

领子结构图

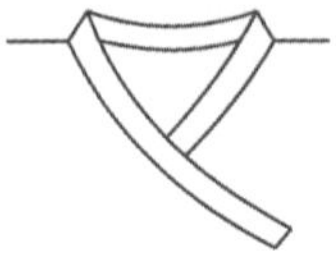

双层平针底边

前片

0444

【成品规格】见图
【工具】2.5mm棒针 小号钩针
【材料】花色羊毛线 纽扣1枚
【制作过程】前片分左、右两片编织，按图起5针，织全下针，侧缝按图示减针，织22cm时加针，形成收腰，门襟同时加针，织适合宽度。织15cm时平收5针，收袖窿，同时收领窝，同样方法织另一片。缝上纽扣。

前领结构图

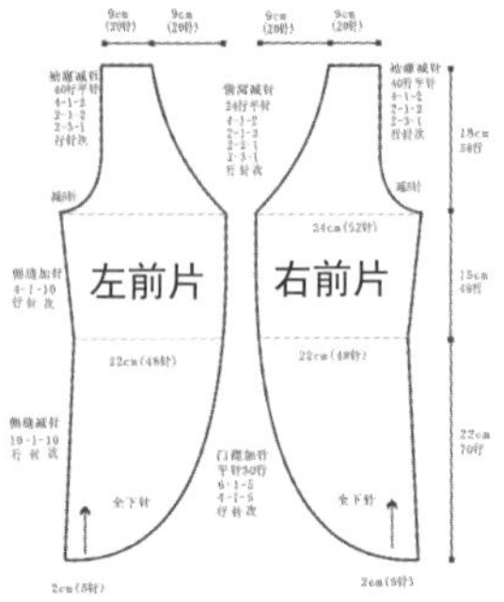

左前片 右前片 全下针

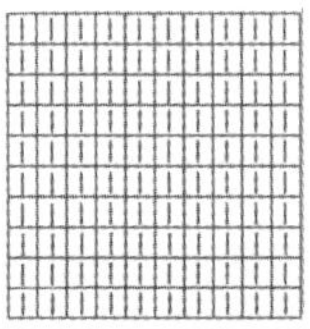

0443

【材料】灰色、白色混合纯羊毛线 纽扣3枚
【制作过程】前片按编织方向起77针，织双罗纹，同时肩位加针，织9cm时平收29针，并按图收成袖窿，然后加针织侧缝，至适合长度。缝上纽扣。

【成品规格】见图
【工具】2.5mm棒针

双罗纹

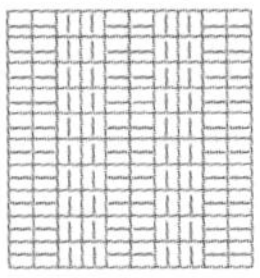

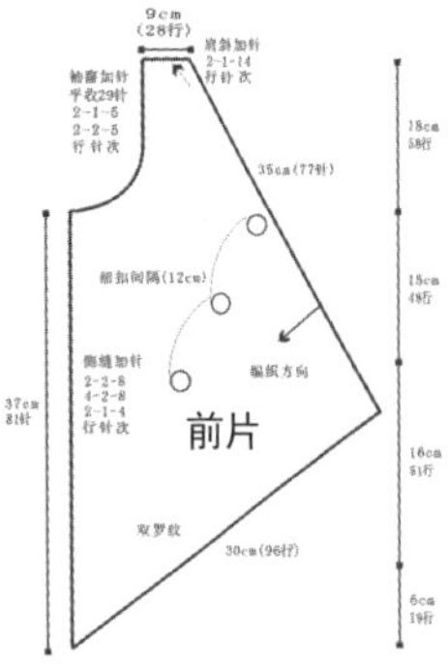

前片

0445

【成品规格】见图
【工具】2.5mm棒针
【材料】灰色、白色混合纯羊毛线
【制作过程】前片先分两片，分别起4针织全下针，按图示减针，另一边加针，织20cm时两片合并一起编织，织12cm时加针，形成收腰，织15cm时两边各平收2针，收袖窿，并同时收领窝。领圈另织，起166针，织6cm双罗纹，按图缝合，形成叠领。

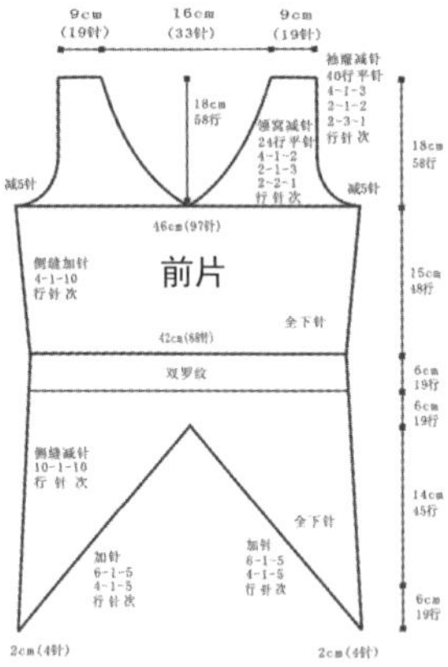

领子结构图

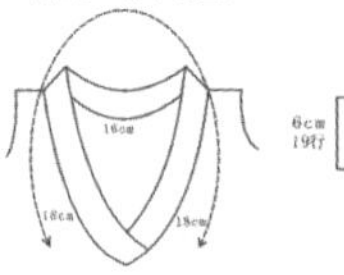

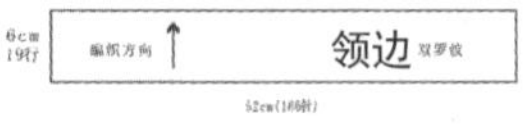

领边

前片

双罗纹 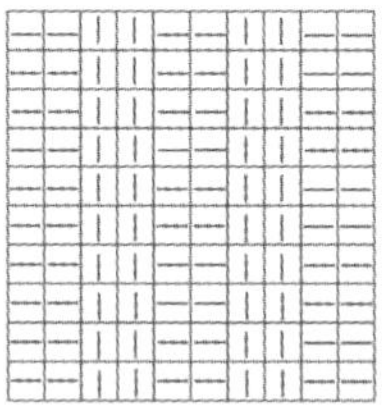 全下针

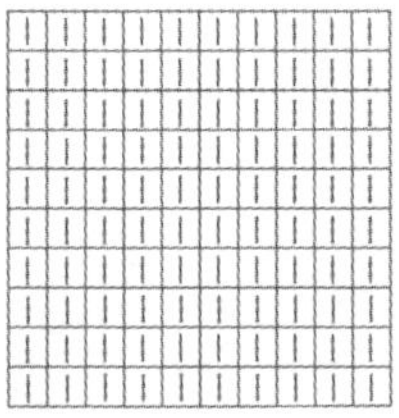

0446

【制作过程】前片分左、右两片编织，左前片按图起53针，织3cm单罗纹后，改织全下针，并按图示减针，织29cm时加针，形成收腰，织15cm时平收5针，收袖窿，并同时收领窝，织至肩位余20针。右前片按图起53针，织3cm单罗纹后，改织全下针，按图示减针，织14cm时加针，形成收腰15cm时平收5针，收袖窿，并同时收领窝，织至肩位余20针。缝上大纽扣。

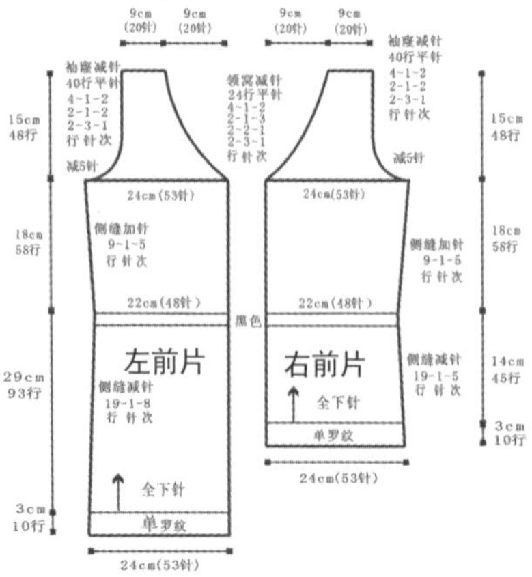

【成品规格】见图
【工具】1.7mm棒针
【材料】灰色、白色混合纯羊毛线 黑色毛线若干 大纽扣1枚

左前片 右前片

前领结构图

全下针 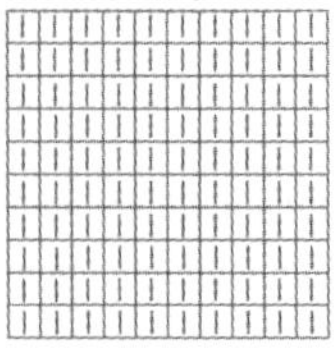 单罗纹

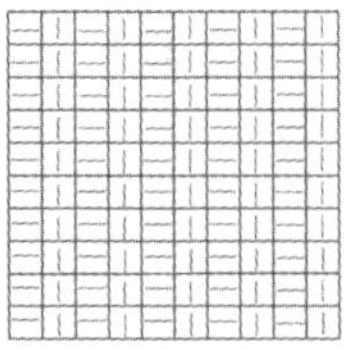

0447

【成品规格】见图
【工具】2.5mm棒针
【材料】黑色、白色混合纯羊毛线 纽扣1枚
【制作过程】前片分上、下两片编织，上片按图起48针，织全下针，织15cm时平收5针，收袖窿。同时收领窝，织至肩位余20针，左前片开纽扣孔，下片按编织方向起70针，织24cm双罗纹与上片缝合。同样方法织另一片。领圈挑184针，织5cm双罗纹。缝上纽扣。

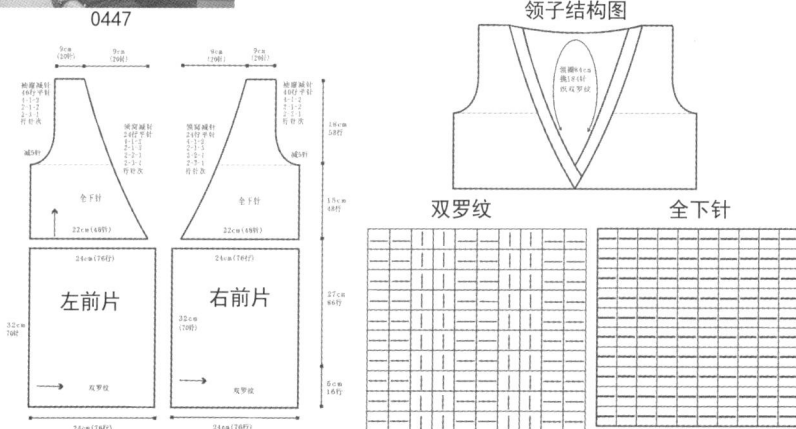

领子结构图

双罗纹　全下针

左前片　右前片

0448

【成品规格】见图
【工具】2.5mm棒针
【材料】花色羊毛线 纽扣1枚
【制作过程】前片分左、右两片编织，从侧缝织起，按编织方向起103针，织双罗纹，并同时加针织袖窿，加至40针，平织9cm时收领窝。同样方法织另一片。缝上纽扣。

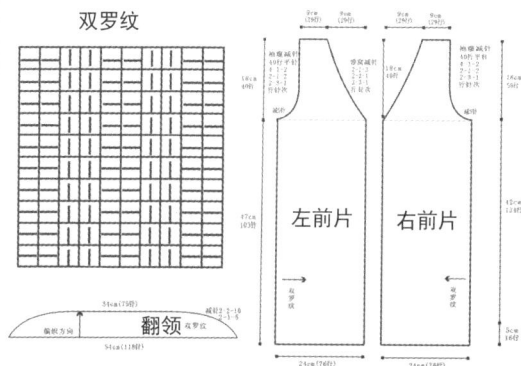

双罗纹

左前片　右前片

翻领 双罗纹

0449

【成品规格】见图
【工具】2.5mm棒针
【材料】花色羊毛线 纽扣1枚
【制作过程】前片分左、右两片编织，按图起53针，织全下针，按图示减针，织32cm时加针，形成收腰，织15cm时两边平收5针，收袖窿，并同时收领窝，织至肩位余20针。同样方法织另一片。缝上纽扣。

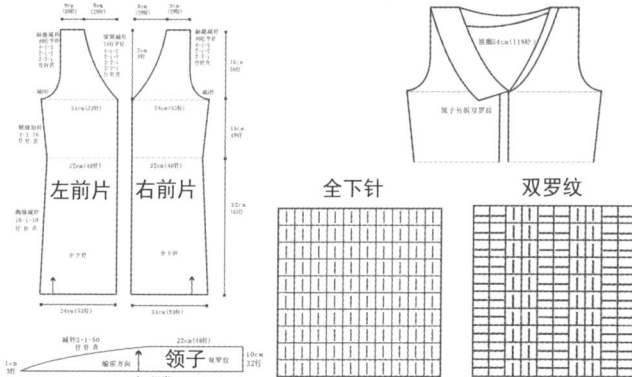

领子结构图

左前片　右前片

全下针　双罗纹

领子 双罗纹

0450

【成品规格】见图
【工具】2.5mm棒针
【材料】花色羊毛线 纽扣1枚
【制作过程】前片分左、右两片编织，下摆按图起5针，织全下针，加针至24cm宽度，侧缝按图示减针，织22cm时加针，形成收腰，织15cm时两边平收5针，收袖窿，同时收领窝，同样方法织另一片。领圈挑114针，织5cm双罗纹，形成开襟圆领。缝上纽扣。

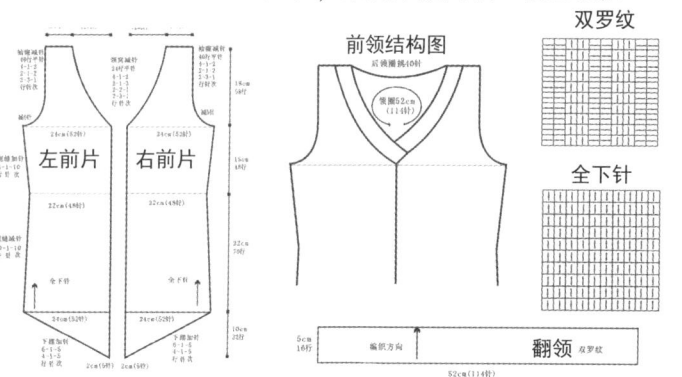

前领结构图

双罗纹

全下针

左前片　右前片

翻领 双罗纹

0451

【成品规格】见图
【工具】2.5mm棒针
【材料】花色羊毛线 纽扣1枚
【制作过程】前片分左、右两片编织，从下摆织起，按编织方向起53针，织26cm全下针后，改织24cm双罗纹，门襟另织双罗纹，袖片按编织方向起40针，织12cm全下针后，改织50cm双罗纹，按图收领窝，各片按结构图缝合，同样方法织另一片。缝上纽扣。

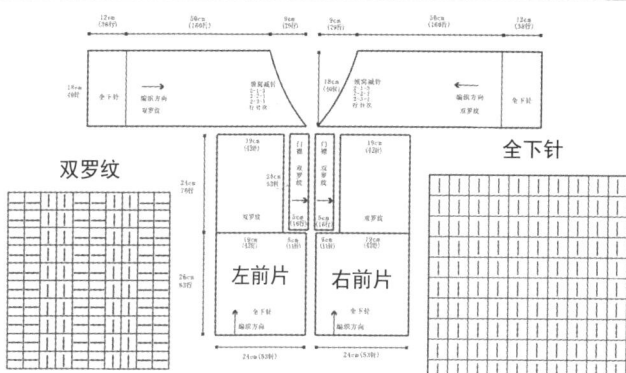

双罗纹　全下针

左前片　右前片

0452

【材料】 深蓝色纯羊毛线 金属装饰扣1枚

【制作过程】 前片按图示起5针，织全下针，并加针织24cm宽，再平织32cm时留袖窿，在两边同时各平收10针，然后按图示收成袖窿。缝上金属装饰扣。

【成品规格】 见图

【工具】 1.7mm棒针

全下针

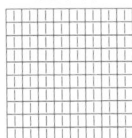

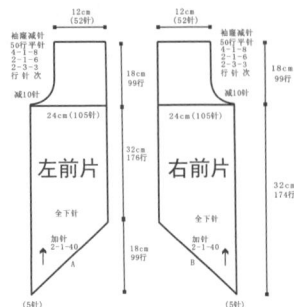

【成品规格】 见图

【工具】 2.5mm棒针

【材料】 灰色、黑色纯羊毛线 装饰纽扣1枚

【制作过程】 前片分左右两片编织，分别按图起53针，织10cm花样B后，改织花样A，并按图织门襟，织22cm时两边平收5针，按图收袖窿，织至肩位余20针。同样方法织另一片。

0454

花样A　　花样B

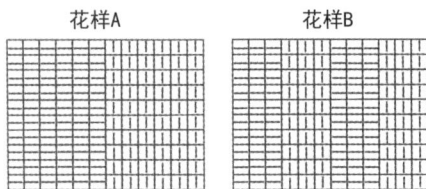

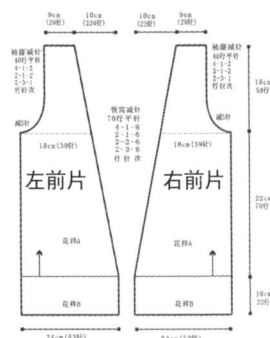

左前片　　右前片

0453

单罗纹

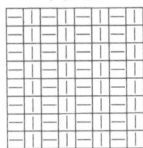

全下针

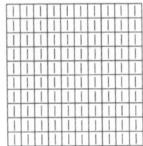

领子结构图

领圈64cm

【成品规格】 见图

【工具】 1.7mm棒针

【材料】 黑色羊毛线 纽扣9枚 亮珠若干

【制作过程】 前片分左、右两片编织，分别按图起106针，织10cm单罗纹后，改织全下针，侧缝按图示减针，织22cm时加针，形成收腰，织15cm时两边平收10针，收袖窿，同时收领窝，同样方法织另一片。领圈挑282针，织3cm全下针，褶边缝合，形成双层领圈。缝上纽扣和亮珠。

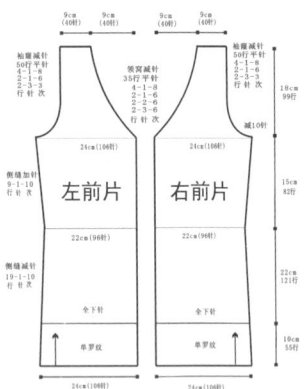

左前片　　右前片

【成品规格】 见图

【工具】 1.7mm棒针

【材料】 深蓝色纯羊毛线 金属扣若干

【制作过程】 从袖口开始编织，按编织方向起162针，织3cm双罗纹后，不用加针，改织76cm花样，再织8cm双罗纹的另一袖口。后片的边(包括袖窿)挑适合针数，织3cm双罗纹后装饰金属扣。

0455

双罗纹

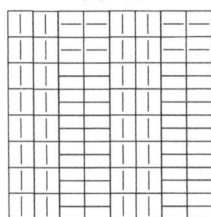

花样

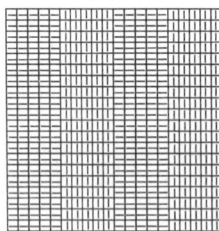

后片

内前片

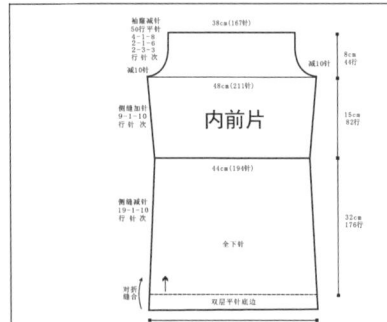

0456

【成品规格】 见图

【工具】 1.7mm棒针

【材料】 灰色、黑色纯羊毛线

【制作过程】 前片分左、右两片编织，按图起70针，织3cm单罗纹后，改织全下针，侧缝按图示减针，织27cm时加针，形成收腰，织15cm时两边平收5针，收袖窿，织至肩位余48针。同样方法织另一片。内前片另织。

全下针

单罗纹

左前片　　右前片

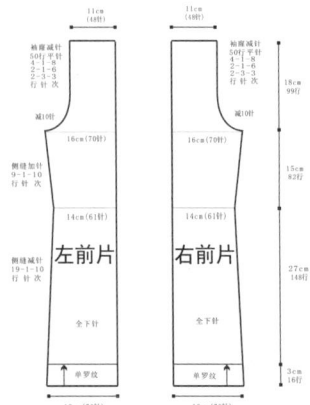

0457

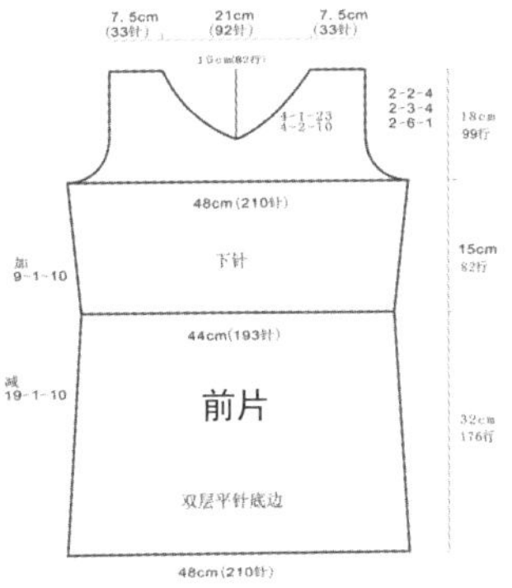

【成品规格】 见图
【工具】 1.7mm棒针
【材料】 咖啡色纯羊毛线 亮珠和真丝布料若干
【制作过程】 前片按图起针，先织双层平针底边，然后改织下针，直至织完成。领圈按图用真丝布料缝制花边，缝上亮珠。

前片图示：
7.5cm(33针) 21cm(92针) 7.5cm(33针)
19cm(83针)
2-2-4 2-3-4 2-6-1
18cm 99行
48cm(210针) 下针
加 9-1-10
减 19-1-10
44cm(193针) 前片
15cm 82行
32cm 176行
双层平针底边
48cm(210针)

双层平针底边
缝合

0458

【成品规格】 见图
【工具】 2.9mm棒针
【材料】 黑色棉线 金色丝线
【制作过程】 前片：用金色线织衣摆，起14针，织单罗纹针，织46cm宽。在侧边黑色线挑织全上针，织42cm按图示袖窿减针，织至44cm，按图示方法收前领，前片共织62cm长。领子：用金色线起2针织单罗纹针，左侧按照图示加针，加至10针不加减针继续编织，织至51cm长度，按图示方法减针，织至54cm长度，与起针缝合，再与后片领口缝合。

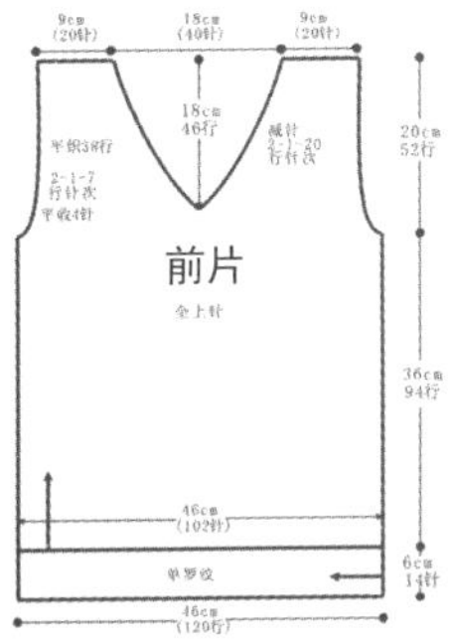

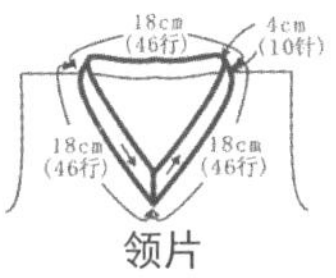

前片图示：
9cm(40针) 18cm(46针) 9cm(40针)
18cm 46行
减针 右衬20
20cm 52行
平收24行 行针次 平收针
前片 全上针
36cm 94行
46cm
单罗纹
48cm(126针)

领片：18cm(46针) 4cm(10针) 18cm(46行) 18cm(46行)

全上针 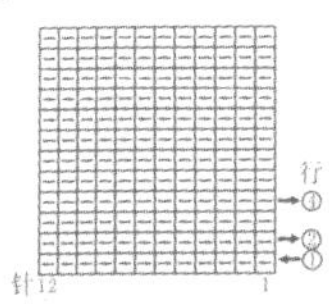 单罗纹
行 针 12

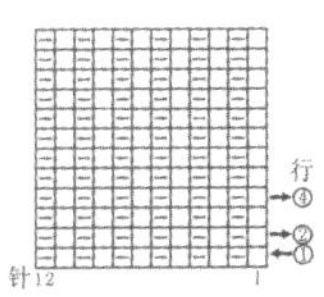

0459

【成品规格】 见图
【工具】 1.7mm棒针
【材料】 黑红色纯羊毛线
【制作过程】 前片按图示起211针，织10cm单罗纹后，改织全下针，同时侧缝按图示减针，织22cm时加针，形成收腰，织15cm时留袖窿，在两边同时各平收10针，然后按图示收成袖窿，再织5cm时留前领窝。领圈挑246针，织3cm全下针，褶边缝合，形成双层圆领，前领衬条另织花样，按图缝合。

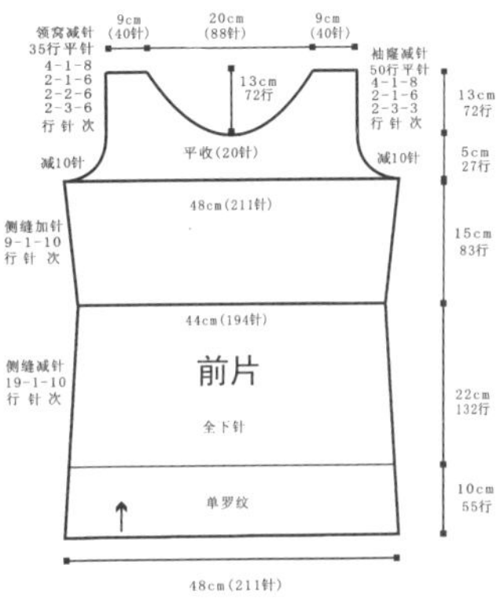

前片图示：
领窝减针 35行平针 4-1-3 2-2-6 2-1-6 行针次
9cm(40针) 20cm(88针) 9cm(40针)
13cm 72行
袖窿减针 50行平针 4-1-8 2-2-6 2-3-3 行针次
13cm 72行
平收(20针)
减10针
侧缝加针 9-1-10 行针次
48cm(211针)
5cm 27行
15cm 83行
44cm(194针)
前片 全下针
侧缝减针 19-1-10 行针次
22cm 132行
单罗纹
10cm 55行
48cm(211针)

花样 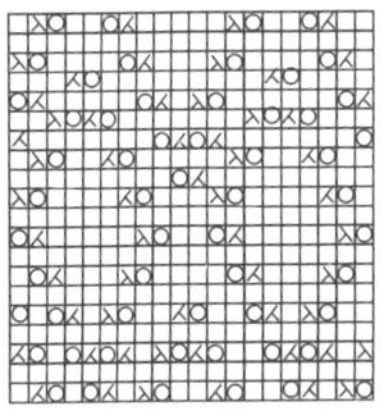 全下针 单罗纹

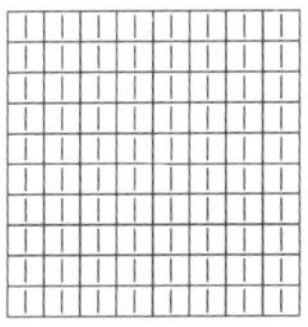

领子结构图：领圈56cm 挑246针织3cm全下针 褶边缝合形成双层圆领

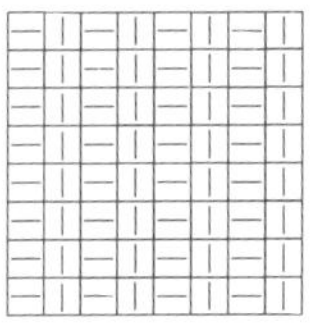

0460

【成品规格】 见图
【工具】 2.5mm棒针
【材料】 深咖啡色球球线
【制作过程】 前片分左、右两片编织，按图起53针，织6cm双罗纹后，改织全下针，侧缝按图示减针，织26cm时加针，形成收腰，织15cm时两边平收5针，收袖窿，织16cm时收领窝，织至肩位余20针。同样方法织另一片。后翻领另织全下针，与后领圈缝合，形成翻领。

全下针 双罗纹

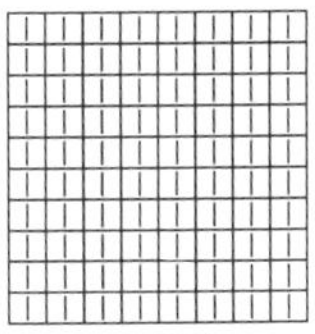

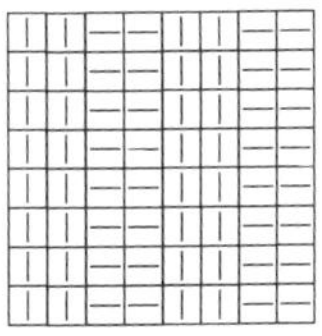

领子结构图：后翻领另织10cm全下针 与后领圈缝合 后领圈28cm(62针) 前翻领在原前片一起编织

左前片/右前片图示：
9cm(20针) 9cm(20针) 2cm 6行
袖窿减针 40行平针 4-1-2 2-1-2 2-2-1 2-3-1 行针次
领窝减针 40行平针 4-1-2 2-1-2 2-2-1 2-3-1 行针次
辫子褶边
16cm 51行
减针
侧缝减针 4-1-10 行针次
24cm(52针) 24cm(52针)
15cm 48行
左前片 右前片
全下针
22cm(48针) 22cm(48针)
侧缝减针 10-1-10 行针次
22cm 64行
双罗纹
6cm 18行
24cm(53针) 24cm(53针)

后翻领 全下针
10cm 32行
28cm(62针)

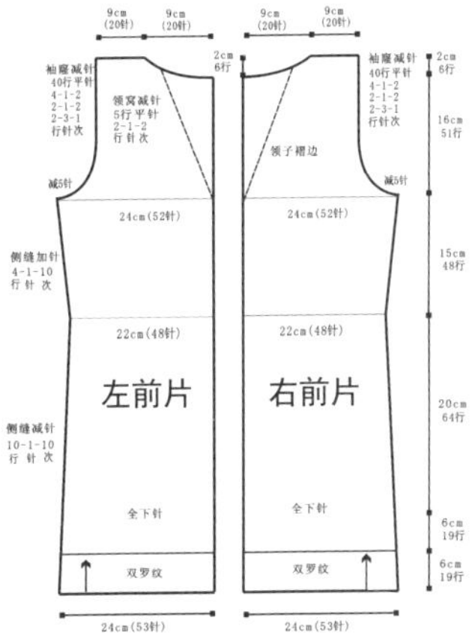

0461

【成品规格】 见图
【工具】 4号钩针
【材料】 白色棉线 白色马海毛线 纽扣3枚
【制作过程】 白色棉线起16cm辫子针从肩部钩编花样前片，一侧加出衣领，共加4个花样，一侧不加减针钩织，身长共钩28cm后收针断线。缝上纽扣。

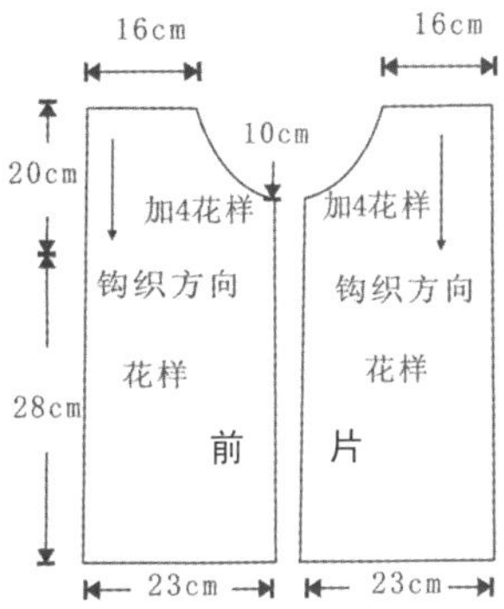

图示：
16cm 16cm
20cm 10cm
加4花样 加4花样
钩织方向 钩织方向
花样 前 花样 片
28cm
23cm 23cm

花样 1 2 3 4

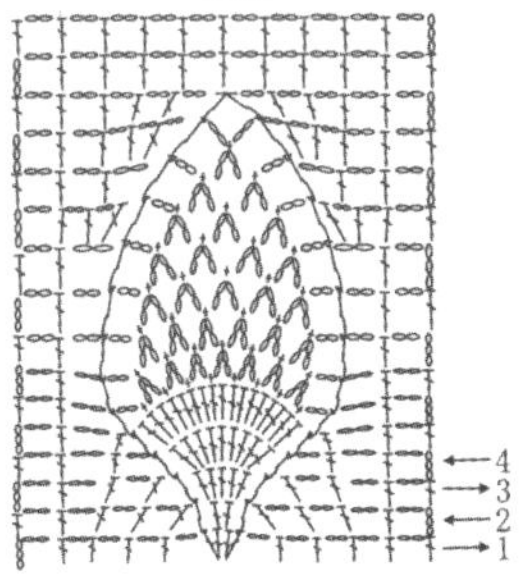

0462

【成品规格】 见图
【工具】 3.2mm棒针
【材料】 粉色丝光线 纽扣3枚
【制作过程】 起140针下针编织花样B前片，织31cm时中间平收80针，两侧按图减出前领窝，前片共织40cm收针断线。缝上纽扣。

花样A

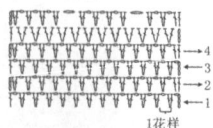

1花样

花样B

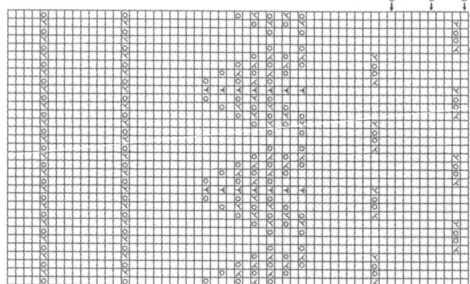

后片

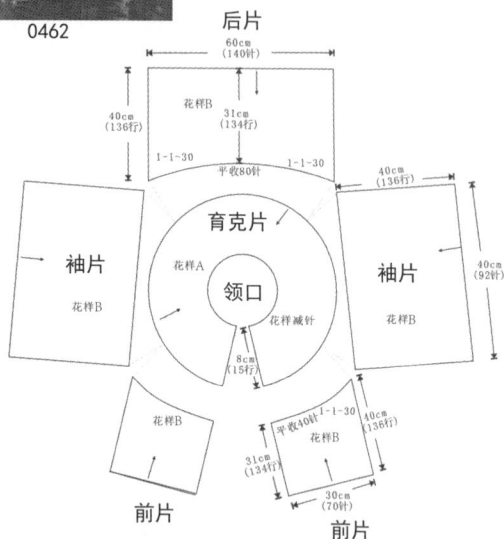

后片
60cm（140针）
40cm（136行）
花样B
31cm（134行）
1-1-30   平收80针   1-1-30

育克片
花样A
领口
花样减针
8cm（15行）

袖片
花样B

袖片
花样B
40cm（92针）
40cm（136行）

前片
花样B

平收40针 1-1-30
40cm（136行）
花样B
31cm（134行）
30cm（70针）

前片

0464

【成品规格】 见图
【工具】 2.5mm钩针
【材料】 白色、紫色毛线
【制作过程】 参照披肩的结构图，按照单元花的钩法，单元花为两个颜色，拼花的时候，一个紫色，一个白色间隔。最后钩一行花边在三角巾的最长边，其他两边穿流苏。

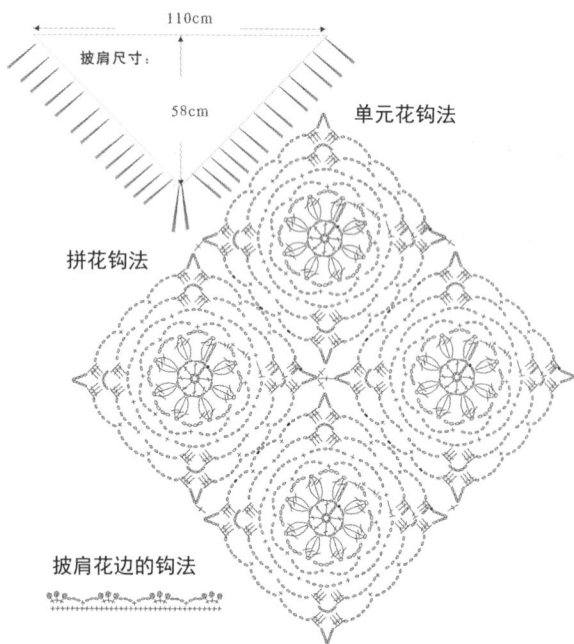

110cm
披肩尺寸：
58cm

单元花钩法

拼花钩法

披肩花边的钩法

0463

【成品规格】 见图
【工具】 3.5mm棒针
【材料】 米色毛线
【制作过程】 后片和前片一起织，先起76针编织花样A并如图所示进行加针，加出前片来，织40行后编织6行锁链针，然后编织花样B并收袖窿，继续编织14cm收后领。

花样A

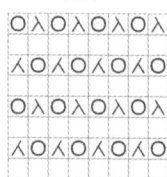

花样B

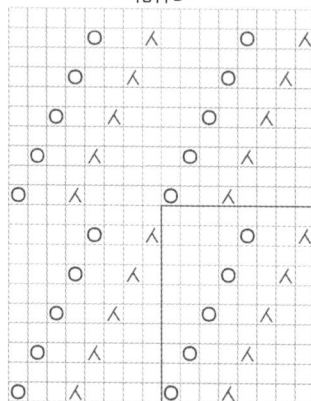

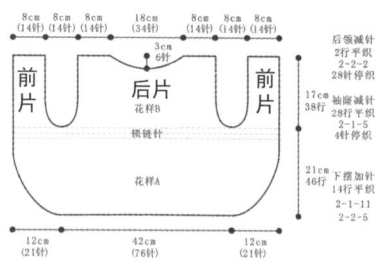

8cm（14针） 8cm（14针） 8cm（14针） 18cm（34针） 8cm（14针） 8cm（14针） 8cm（14针）
3cm 6行
前片   后片   前片
后领减针 2行平织 2-2-2 28行棒针
锁链针
17cm 38行 袖窿减针 28行平织 2-1-5 4针棒织
花样A
21cm 46行 下摆加针 14行平织 2-1-11 2-2-5
12cm（21针） 42cm（76针） 12cm（21针）

0465

【成品规格】 见图
【工具】 3.0mm棒针 6号钩针
【材料】 白色、红色棉绒线
【制作过程】 起32针编织花样前片，衣襟边随前片同织。编织到30cm时袖窿减针，身长共织42cm时进行前衣领减针，按结构图减完针后，收针断线。同样方法完成另一侧前片，减针方向相反。

花样

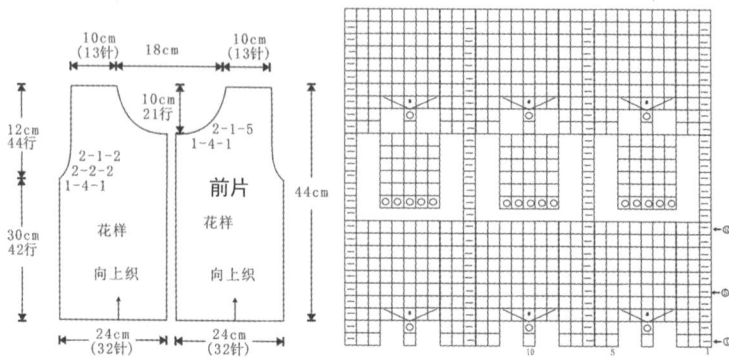

10cm（13针） 18cm 10cm（13针）
10cm 21行
12cm 44行
2-1-2 2-2-2 1-4-1
2-1-5 1-4-1
44cm
前片
花样
向上织
30cm 42行
花样
向上织
24cm（32针） 24cm（32针）

0466

【成品规格】见图
【工具】3.5mm棒针
【材料】白色粗绒线
【制作过程】衣服分A、B、C、D、E五部分编织，A部分是后片74针横织，织花样38cm。D部分和E部分相对称，按图折回编织，第一次停4针，第二次停12针，第三次停20针，第四次全织，如此反复这样腋下尺寸缩小，门襟尺寸放大，织这部分，织B部分和C部分，袖窿那边平织，门襟部分按图减出斜线，收针。

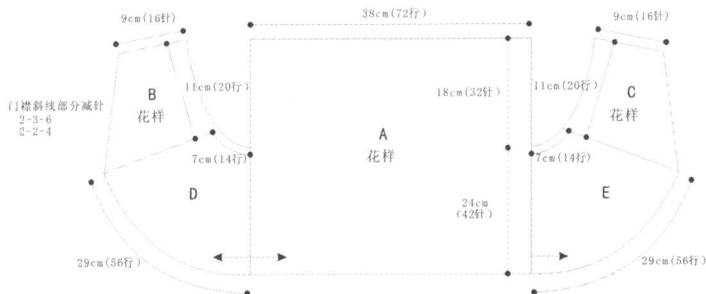

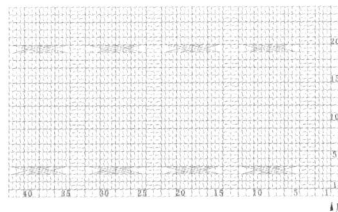

花样

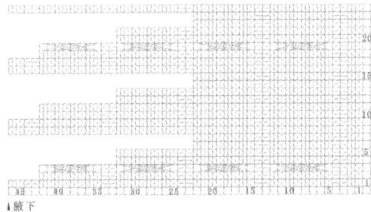

D和E部分的编织方法

0467

【成品规格】见图
【工具】3.0mm棒针
【材料】米白色兔绒线
【制作过程】起156针先编织2cm双罗纹针，然后改织反针39cm。先织52针，再平收42针，剩余62针编织完，第二行在前一行平收的地方平加42针。继续编织38cm，重复操作一次收针加针的动作。再编织39cm后改织2cm双罗纹针后收针。

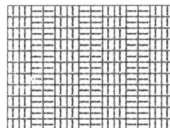

双罗纹

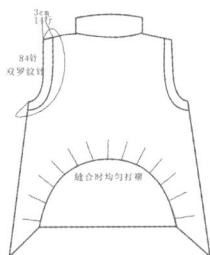

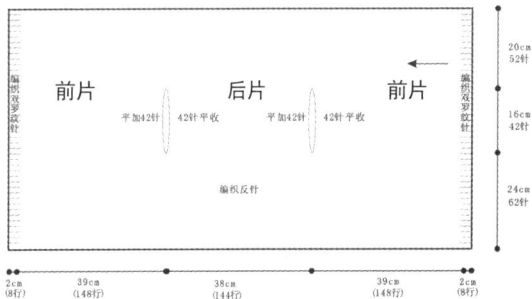

0468

【成品规格】见图
【工具】3.75mm棒针
【材料】白色毛线
【制作过程】前片起60针，织25针花样A，织35针下针，按图解编织。衣服底下部分，即A部分，起24针，织花样B，织到96cm处收针结束。前片、衣袖缝合后，A部分与衣身缝合。

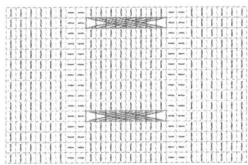

花样B

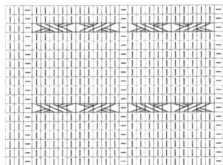

花样A

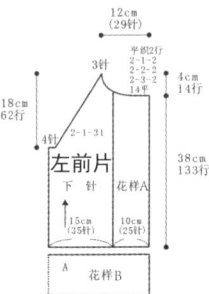

左前片

0469

【成品规格】见图
【工具】3.5mm棒针
【材料】白色、浅蓝色精纺棉线
【制作过程】起50针双罗纹针边，编织前片，一侧不加减针，一侧减针收腰，编织至40cm时收针侧进行袖窿减针，不收针侧平收20针进行衣领减针。

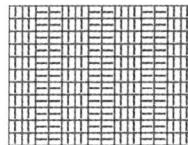

双罗纹

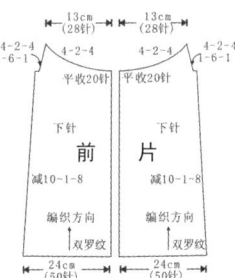

0470

【成品规格】见图
【工具】3.75mm棒针
【材料】蓝色交织线
【制作过程】起34针按花样编织前身片，在一侧加出圆摆，共需加14针，编织到12cm时开始前衣领减针，编织到20cm时开始袖窿减针，按结构图减完针后不加减针编织到肩部，完成后收针断线。同样方法完成另一侧前片，两片方向相反。

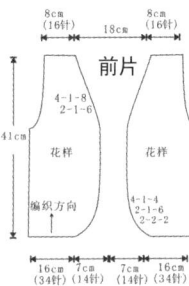

前片

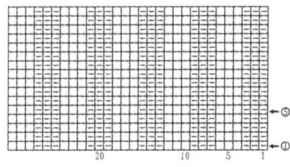

花样

215

0471

【成品规格】 见图
【工具】 1.7mm棒针
【材料】 红色羊毛线 纽扣4枚
【制作过程】 前片分左、右两片编织，分别按图起106针，织10cm单罗纹后，改织花样，侧缝按图示减针，织22cm时加针，形成收腰，并同时开领口，织15cm时两边平收10针，按图收袖窿，同样方法织另一片。缝上纽扣。

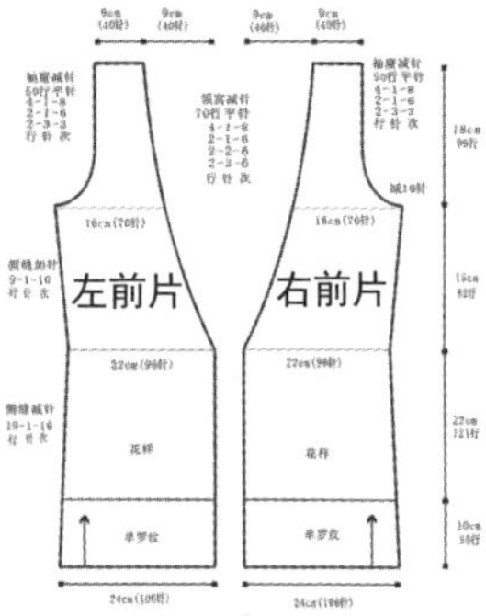

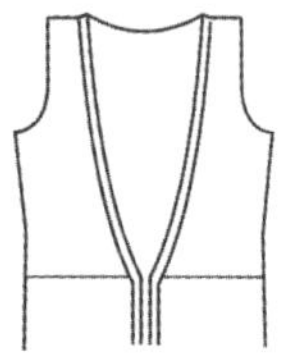

单罗纹

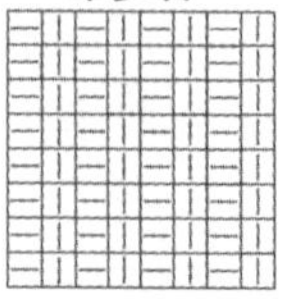

左前片　右前片

领子结构图

花样

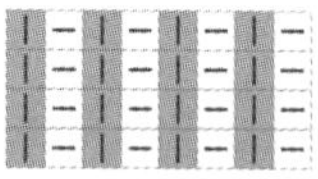

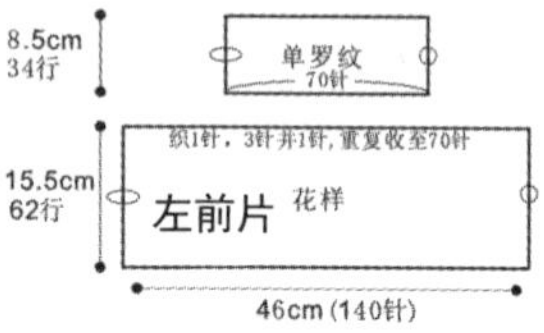

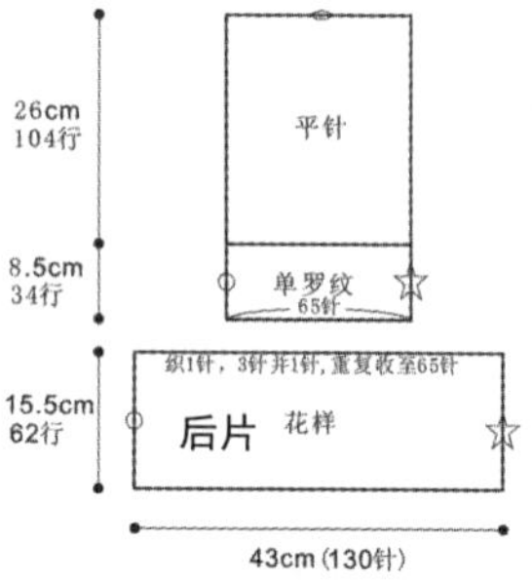

0473

【材料】 浅蓝色纯羊毛线 亮珠若干

【制作过程】 前片按图示起211针，织全上针，同时侧缝按图示减针，织32cm时加针，形成收腰，织15cm时留袖窿，在两边同时各平收5针，然后按图示收成袖窿，再织5cm时留前领窝。缝上亮珠。

全上针

前片

领子结构图

【成品规格】 见图
【工具】 1.5mm棒针

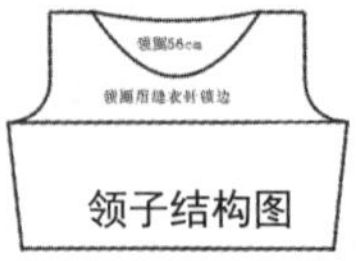

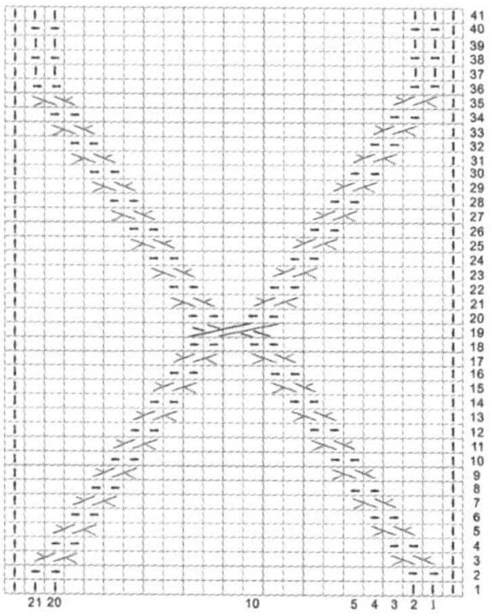

0474

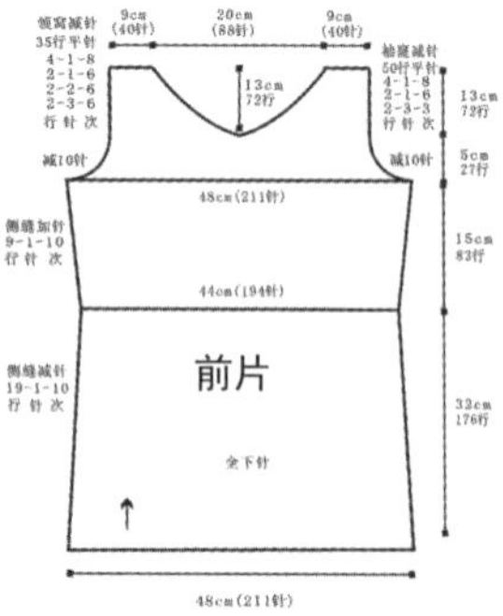

【成品规格】 见图
【工具】 1.7mm棒针 缝衣针
【材料】 浅黄色纯羊毛线 浅蓝色线和白色线少许
【制作过程】 前片起211针，织全下针，并配色，同时侧缝按图示减针，织32cm时加针，形成收腰，织15cm时留袖窿，在两边同时各平收10针，然后，按图示收成袖窿，再织5cm时留前领窝。领圈用缝衣针锁边。

全下针

前片

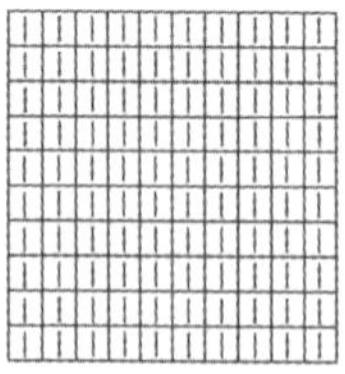

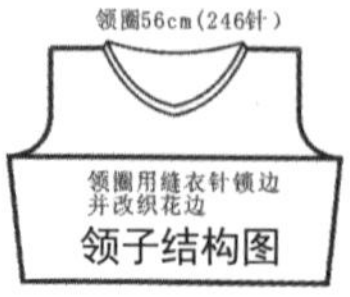

领圈56cm(246针)

领子结构图

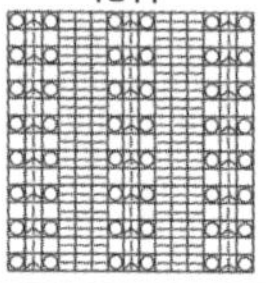

0472

【成品规格】 见图
【工具】 3.5mm、5.0mm棒针
【材料】 天蓝色线
【制作过程】 衣服分三部分编织后片、左右前片，用3.0mm棒针起130针织花样，织到15.5cm处收1针，3针收并1针，重复收至65针织单罗纹。织到8.5cm处换5mm棒针织平针，织到26cm处止。左前片织法同后片，起140针，织到单罗纹就收针。右前片起170针织花样15.5cm，织1针，3针并1针，收到70针，剩下30针直接收针，不织单罗纹。

花样

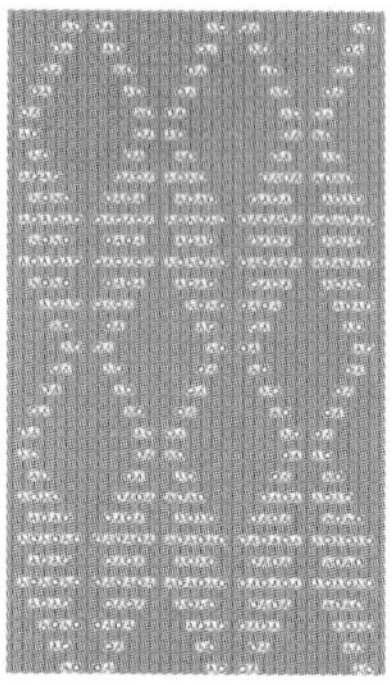

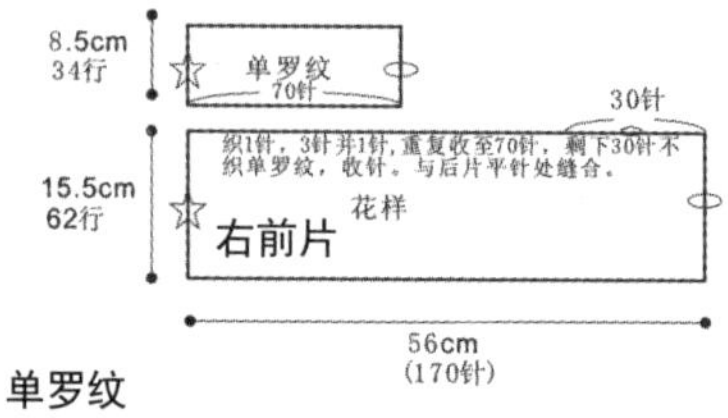

右前片

单罗纹

左前片 花样

后片 花样

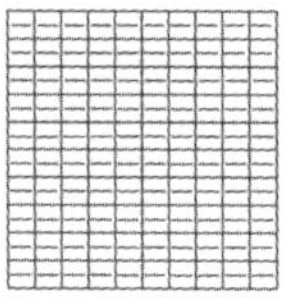

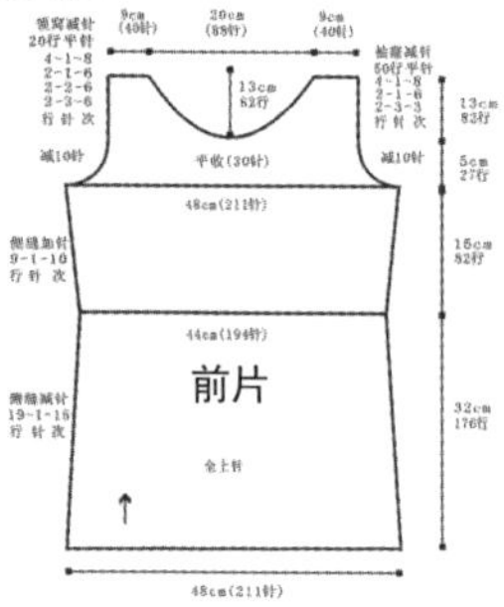

0475

【成品规格】 见图
【工具】 3.6mm棒针 2.5mm钩针
【材料】 白色中粗毛线
【制作过程】 前片起90针单罗纹织边后编织花样，编织到35cm时开始袖窿减针、前领窝减针，按结构图减完针后收针断线。领口挑起织单罗纹。

单罗纹

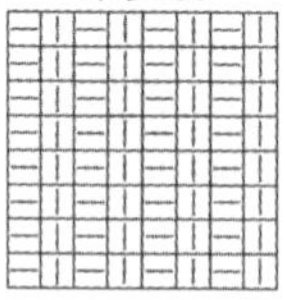

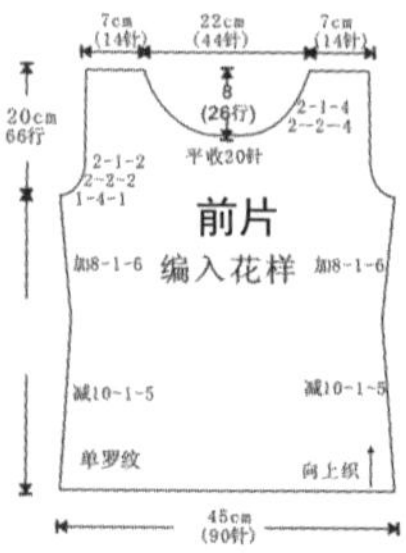

前片

花样

0476

【成品规格】 见图
【工具】 3.5mm棒针 锁边机
【材料】 浅粉色棉麻线 纽扣14枚
【制作过程】 前片分三片编织，大片起56针下针后编织双罗纹针边，按结构图加减完针后编织到43cm时减出前领窝，两肩部余针不同。小片起30针下针后编织双罗纹针边，然后一侧加针一侧不加减编织上针小片前片，织30cm，平收余下的5针。装饰边起16针编织上针，不加减针织60cm，一侧同袖窿减针方法，一侧不加减针，最后减至4针。缝上纽扣。

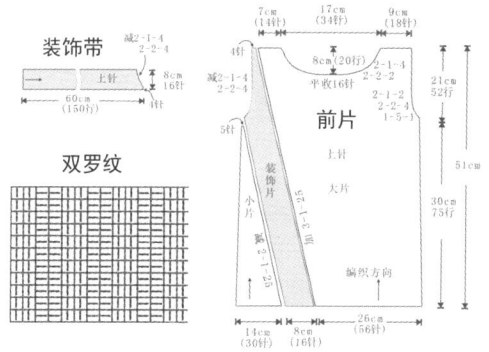

装饰带
双罗纹
前片

0477

【成品规格】 见图
【工具】 1.7mm棒针
【材料】 浅蓝色纯羊毛线
【制作过程】 前片按图示起211针，织2cm单罗纹后，改织花样，同时侧缝按图示减针，织30cm时加针，形成收腰，织15cm时留袖窿，在两边同时各平收10针，然后按图示收成袖窿，织3cm时开领窝，肩位剩22针。

花样

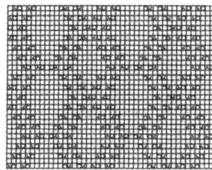

前片

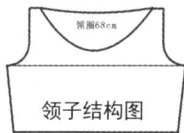

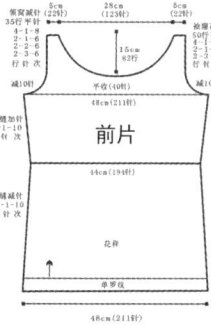

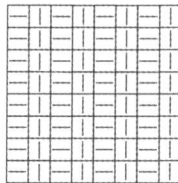

单罗纹

领子结构图

0478

【制作过程】 起158针下针双层边，编织花样前片，完成第一组花样后，再编织一次下针双层边装饰，然后开始第二组花样的编织，身长编织至27cm时同时进行两侧袖窿和衣领减针，按图所示完成减针后，收针断线。

花样

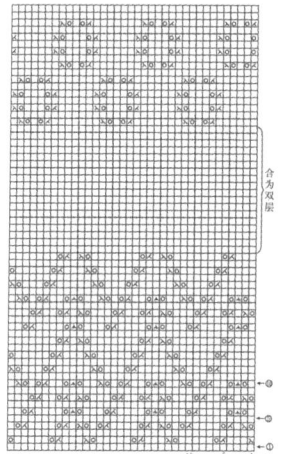

合为双层

【成品规格】 见图
【工具】 3.2mm棒针
【材料】 驼色棉麻线

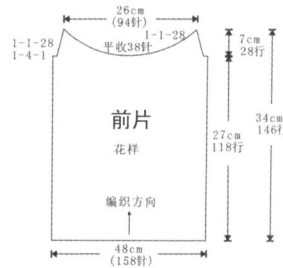

前片
花样
编织方向

0479

【成品规格】 见图
【工具】 3.5mm棒针
【材料】 粉色毛线
【制作过程】 起102针双罗纹针边编织花样前片，编织至51cm时中间平收29针进行前衣领减针。

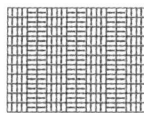

双罗纹

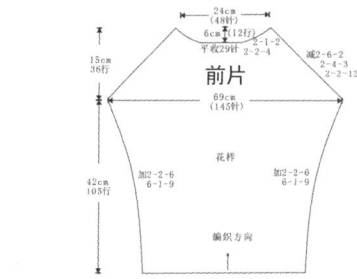

前片
花样
编织方向

花样

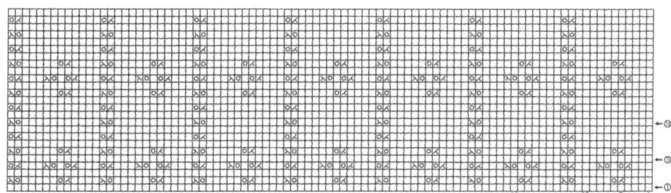

0480

【成品规格】 见图
【工具】 1.7mm棒针
【材料】 浅黄色纯羊毛线 装饰纽扣若干 贴片2枚
【制作过程】 前片按图示起211针，织1cm单罗纹后，改织花样，同时侧缝按图示减针，织31cm时加针，形成收腰，织15cm时留袖窿，在两边同时各平收10针，然后按图示收成袖窿，再织5cm时留前领窝。缝上装饰纽扣及贴图。

领子结构图

花样

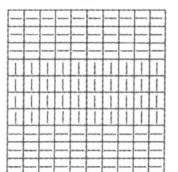

单罗纹

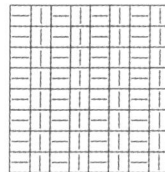

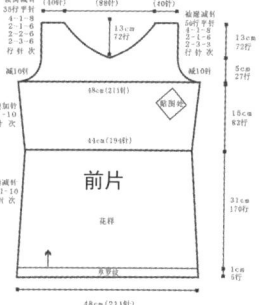

前片
花样

0481

【成品规格】 见图
【工具】 1.7mm棒针
【材料】 黄色纯羊毛线 缝衣针 装饰带
1根
【制作过程】 前片按图示起211针，先织
双层平针底边后，改织花样，同时侧缝按
图示减针，织32cm时加针，形成收腰，织
15cm时留袖窿，在两边同时各平收10针，
然后按图示收成袖窿，再织5cm时留前领
窝。领圈用缝衣针锁边。系上装饰带。

花样

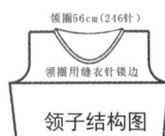

全下针

领子结构图

双层平针底边

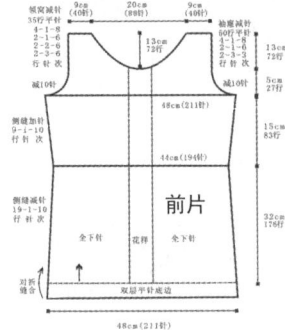

前片

0482

【成品规格】 见图
【工具】 1.7mm棒针 2.5mm钩针
【材料】 黄色纯羊毛线 浅蓝色和
米色毛线少许 亮珠若干
【制作过程】 前片起211针，织
全下针，并配色，同时侧缝按图
示减针，织32cm时加针，形成收
腰，织15cm时留袖窿，在两边同
时各平收10针，然后按图示收成
袖窿，再织5cm时留前领窝。缝上
亮珠。

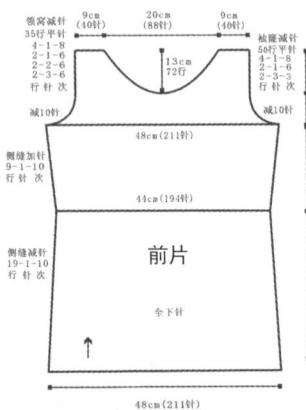

前片

全下针

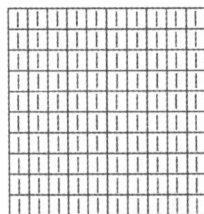

0483

【成品规格】 见图
【工具】 1.7mm棒针 2.5mm钩针
【材料】 黄色纯羊毛线 浅蓝色、
米色毛线 亮珠若干
【制作过程】 前片起211针，织2cm
单罗纹后织全下针，并配色，同时
侧缝按图示减针，织32cm时加针，
形成收腰，织15cm时留袖窿，在两
边同时各平收10针，然后按图示收
成袖窿，再织5cm时留前领窝。缝
上亮珠。

全下针

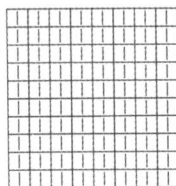

单罗纹

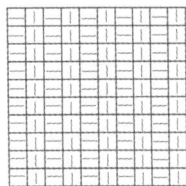

0484

【成品规格】 见图
【工具】 1.7mm棒针 2.5mm钩针
【材料】 黄色纯羊毛线 浅蓝色、米色毛线少
许 亮珠若干
【制作过程】 前片起211针，织全下针，并配
色，同时侧缝按图示减针，织32cm时加针，形
成收腰，织15cm时留袖窿，在两边同时各平收10
针，然后按图示收成袖窿，再织5cm时留前领窝。缝上亮珠。

前片

全下针

前片

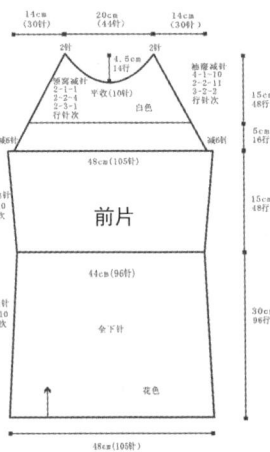

全下针

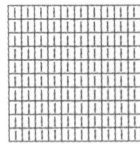

0485

【成品规格】 见图
【工具】 2.5mm钩针
【材料】 天蓝色毛线
【制作过程】 衣服前片按照结构图
尺寸编织而成。前片钩编完后，缝
合肩线和侧缝线。按照衣领、下摆
和袖口的花样钩衣服领口、袖口和
下摆花边。

衣领、下摆和袖口的花样

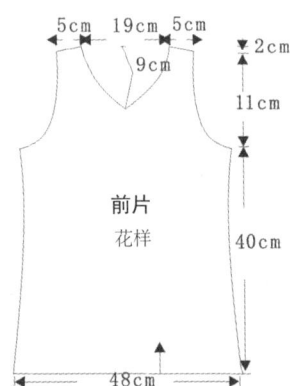

前片
花样

0486

【成品规格】见图
【工具】2.5mm钩针
【材料】天蓝色毛线

衣领、下摆和袖口的图样

【制作过程】衣服前片按照结构图尺寸编织而成。前片钩编完后，缝合肩线和侧缝线。按照衣领、下摆和袖口的图样钩衣服领口、袖口和下摆花边。

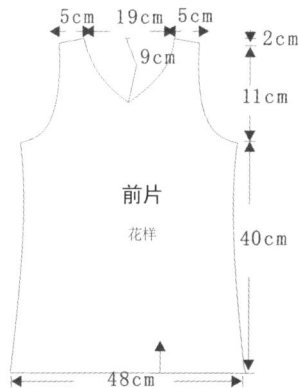

5cm 19cm 5cm
9cm
2cm
11cm

前片
花样

40cm

48cm

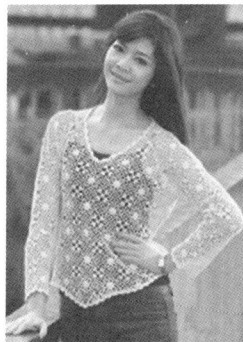

0487

【成品规格】见图
【工具】小号钩针
【材料】黄色棉麻线
【制作过程】起针钩编单元花第1行16针长针，第2行2针玉米针和3针辫子针为一组，共钩8组，第3、4行钩5针辫子针，钩编二圈后在长针组内钩出玉米针，玉米针之间钩5个辫子针，完成后收针断线。

前片

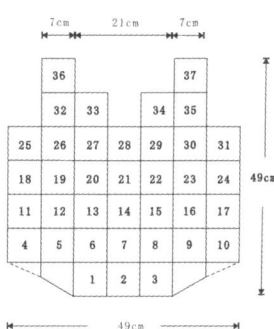

7cm 21cm 7cm

36					37	
32	33			34	35	
25	26	27	28	29	30	31
18	19	20	21	22	23	24
11	12	13	14	15	16	17
4	5	6	7	8	9	10
	1	2	3			

49cm

49cm

单元花样

半颗单元花样

花样

0488

【成品规格】见图
【工具】2.5mm钩针
【材料】粉红色毛线
【制作过程】衣服前片按照花样编织而成。从衣服下摆起针钩起。缝合肩线和侧缝线。按照衣领和袖口图样钩领子和袖口。按照衣服下摆钩花边。

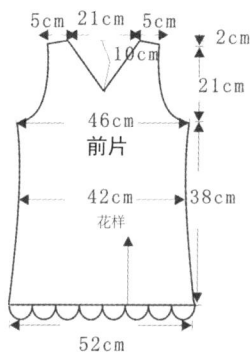

5cm 21cm 5cm
10cm
2cm
21cm

46cm

前片

42cm
花样

38cm

52cm

0489

【成品规格】见图
【工具】3.0mm棒针
【材料】米白色丝光棉线
【制作过程】前片起132针，先编织2cm双罗纹针，然后改织花样27cm后，再织平针8cm收袖窿，在收袖窿6cm后，开始前领。

花样

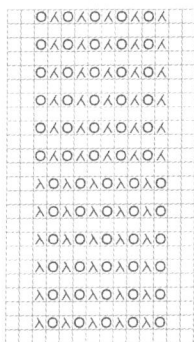

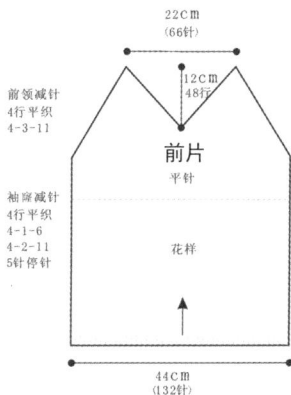

22cm
（66针）

前领减针
4行平织
4-3-11

12cm
48行

前片
平针

袖窿减针
4行平织
4-1-6
4-2-11
5针停针

花样

44cm
（132针）

0490

【制作过程】起41针照花样编织128cm长。再按编织图在A、B处挑52针织下针，按2行减1针的减针法减成肩，肩宽38cm。

【成品规格】见图
【工具】5.0mm棒针
【材料】粉红色粗羊毛线

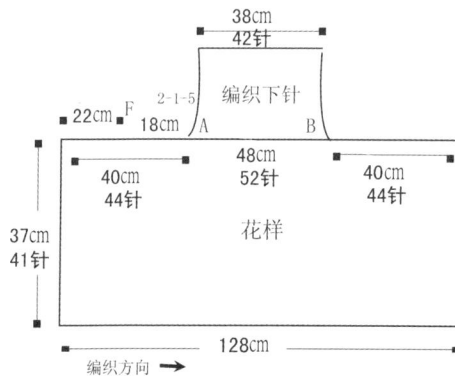

38cm
42针

编织下针

22cm F
18cm A
2-1-5
B

40cm
44针

48cm
52针

40cm
44针

37cm
41针

花样

128cm

编织方向

花样

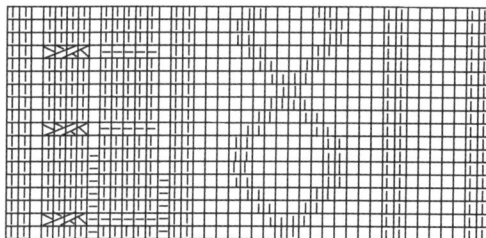

219

0491

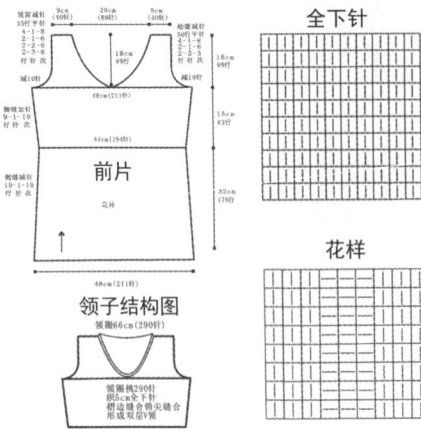

【成品规格】 见图
【工具】 1.7mm棒针
【材料】 浅蓝色、深蓝色、橙色、黄色纯羊毛线
【制作过程】 前片按图示起211针，改织花样，并按图配色。同时侧缝按图示减针，织32cm时加针，形成收腰，织15cm时留袖窿，在两边同时各平收10针，然后按图示收成袖窿，同时留前领窝。领圈挑290针，织4cm全下针，褶边缝合，形成双层圆领。

全下针
花样
前片
领子结构图

【制作过程】 前片(左、右两片)普通起针法起15针，按身片加针及花样织18cm，按袖窿减针及前领减针织出袖窿和前领，以上织出为左片，再对称织出右片。

0493

【成品规格】 见图
【工具】 2.9mm棒针
【材料】 红色毛线
花样
左前片

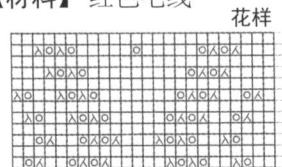

0492

【成品规格】 见图
【工具】 1.7mm棒针
【材料】 黄色、蓝色、灰色、橙色纯羊毛线
【制作过程】 前片按图示起211针，先织双层平针底边后，改织全下针并配色，同时侧缝按图示减针，织32cm时加针，形成收腰，织15cm时留袖窿，在两边同时各平收10针，然后按图示收成袖窿，同时留前领窝。领圈挑290针，织5cm单罗纹，领尖缝合，形成V领。

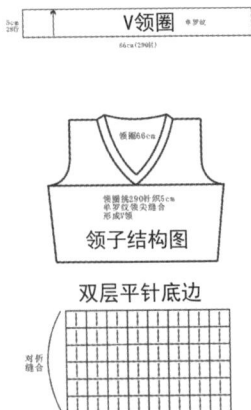

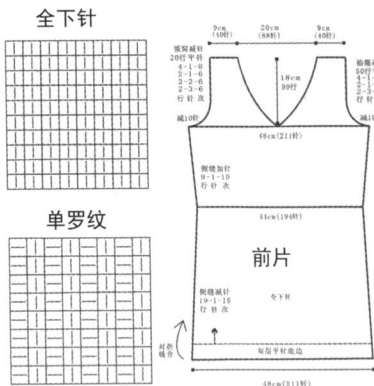

V领圈
全下针
领子结构图
双层平针底边
单罗纹
前片

【成品规格】 见图
【工具】 1.7mm棒针
【材料】 红色纯羊毛线
【制作过程】 从袖口开始编织，按编织方向起123针，织8cm双罗纹后，改织花样，袖下按图加针，织34cm后不用加针，织50cm后片，然后是另一袖袖下减针，织34cm后，改织8cm双罗纹。

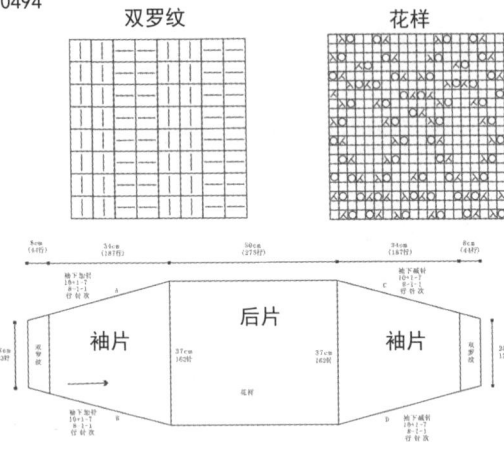

0494

双罗纹
花样
袖片 后片 袖片

0495

【成品规格】 见图
【工具】 4.0mm棒针
【材料】 枣红色羊毛绒线
【制作过程】 披肩起60针，织12cm单罗纹针后改织假元宝针100cm，再织12cm单罗纹针，收针。如图示在E-F处挑75针按编织方向编织假元宝针25cm长，挑针，将CD和cd缝合，AB和ab缝合；单独起20针，按衣袋编织图织衣袋，将衣袋缝合。

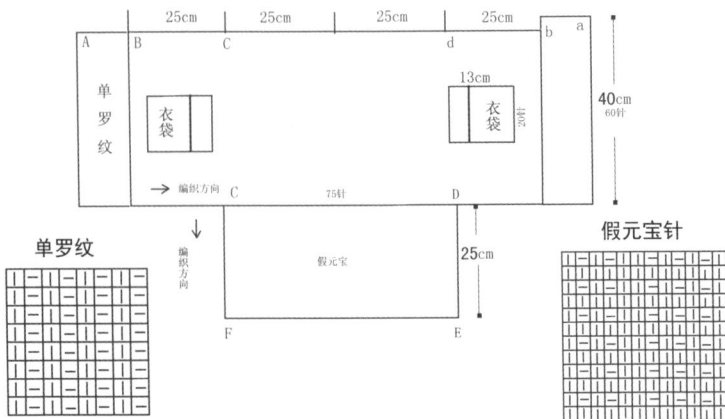

单罗纹
衣袋
假元宝针

0496

【成品规格】 见图
【工具】 2.5mm棒针
【材料】 孔雀蓝纯羊毛线 纽扣4枚
【制作过程】 前片分左、右两片编织，按图起53针，织5cm双罗纹后，改织全上针，侧缝按图示减针，织27cm时加针，形成收腰，织15cm时各平收5针，收袖窿，并改织花样，再5cm时收领窝。同样方法织另一片。领圈挑119针，先织14cm花样，再改织5cm双罗纹，帽边A与B缝合，形成帽子。缝上纽扣。

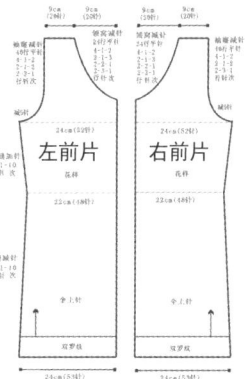

领子结构图

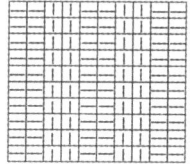

双罗纹

花样

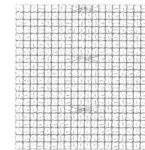

全上针

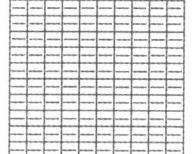

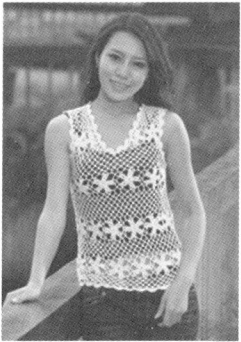

0497

【成品规格】 见图
【工具】 2.5mm钩针
【材料】 白色毛线
【制作过程】 衣服前片按照结构图尺寸由钩针编织而成。前片按照拼花图解和网针图解钩编而成。拼合肩线和侧缝线。按照花边图解钩领口、袖口和下摆花边的图解。

前片

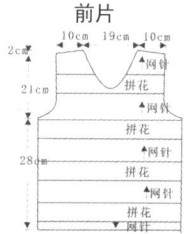

网针图解

拼花图解

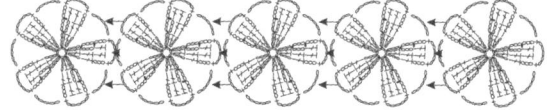

0498

拼花图解

前片

基本花样

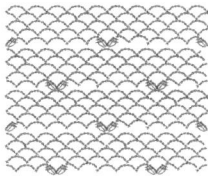

领口花样

【成品规格】 见图
【工具】 2.5mm棒针
【材料】 白色毛线
【制作过程】 衣服前片按照结构图尺寸由钩针编织而成。前片1片，上半部分是拼花，参照拼花图解钩编而成，下半部分是基本图样。领口参照领口图解。拼合肩线和侧缝线。按照花边花样钩领口、袖口和下摆的花边。

0499

【成品规格】 见图
【工具】 2.5mm棒针
【材料】 白色毛线
【制作过程】 按照基本图样钩左、右前片。缝合肩线和侧缝线。

基本花样

左前片

往袖窿钩

基本花样

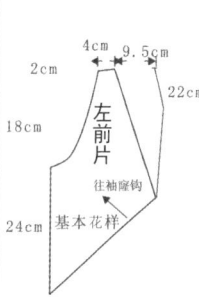

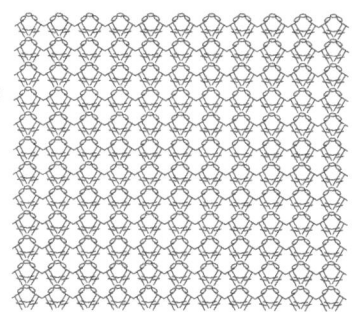

0500

【成品规格】 见图
【工具】 2.0mm、2.3mm棒针 2.0mm钩针
【材料】 白色毛线
【制作过程】 前片用2.0mm棒针双罗纹针起140针，双罗纹编织5cm；换2.3mm棒针花样编织33cm；按袖窿减针及前领减针织出前领和袖窿；用钩针按缘编织把衣领边钩好。

双罗纹

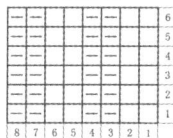

花样

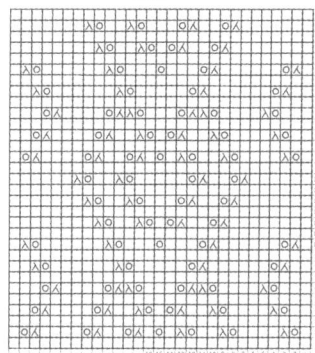

前片

花样

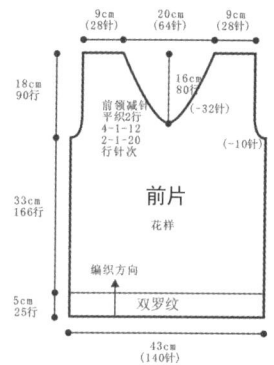

0501

【成品规格】 见图
【工具】 3.0mm棒针 5号钩针 环形针
【材料】 原色金丝疙瘩线 原色棉麻线
【制作过程】后片起45cm辫子针钩编花样A后片，不加减针钩22cm后收针断线。袖片钩编花样A，共钩22cm，收针断线，缝合20cm边方向形成袖筒，袖筒一侧与身片缝合。同样方法完成另一片袖片。衣边用环形针圈挑花样B领边下边，共挑260针，织13cm即38行，收针断线；分别沿一侧袖筒圈挑13cm花样B袖口边。

花样B
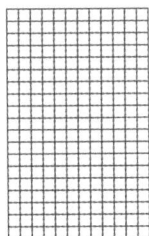

花样A

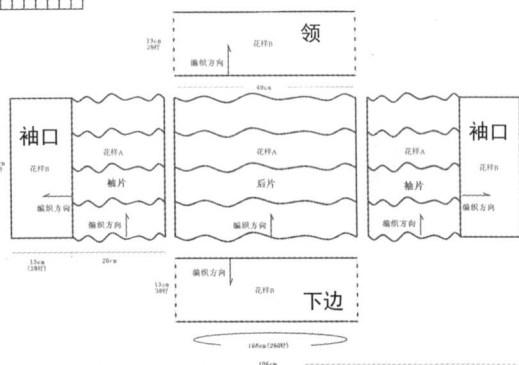

0502

【成品规格】 见图
【工具】 1.7mm棒针
【材料】 白色纯羊毛线
【制作过程】前片分左、右两片编织，按图起106针，织8cm单罗纹，改织花样，侧缝按图示减针，织24cm时加针，形成收腰，织15cm时两边平收5针，收袖窿，并同时收领窝，织至肩位余40针。同样方法织另一片。

领子结构图

花样
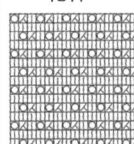

单罗纹
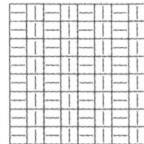

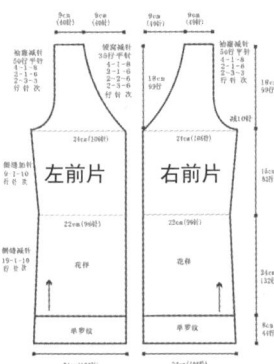

0503

【成品规格】 见图
【工具】 2.0mm钩针
【材料】 白色毛线
【制作过程】 首先按花样的钩法，从圆心起针延伸到下摆，袖子然后在领口、袖口和下摆编织双罗纹，具体做法参照如下图解。

双罗纹
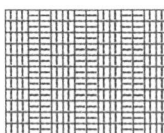

花样
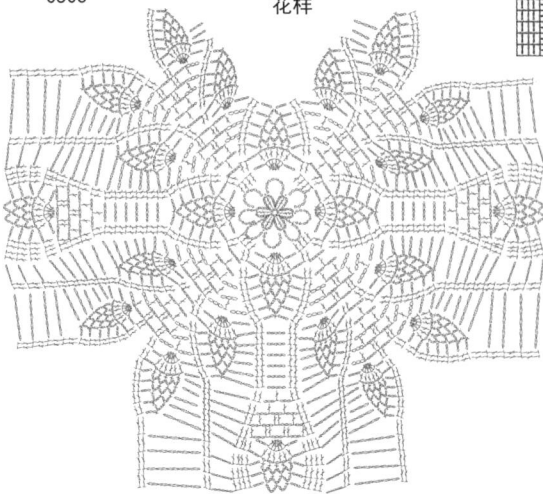

0504

【成品规格】 见图
【工具】 1.7mm棒针
【材料】 白色纯羊毛线 纽扣2枚
【制作过程】前片分左、右两片编织，分别按图起105针，织6cm双罗纹后，改织花样，织至24cm时，腋下侧缝按图加针，成蝙蝠袖，织20cm时织袖口，织至完成。同样方法织另一片。缝上纽扣。

双罗纹
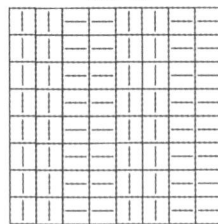

花样
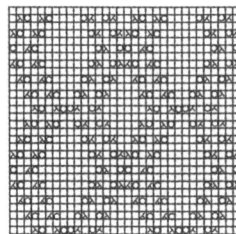

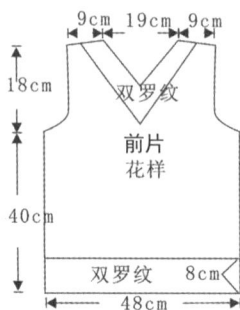

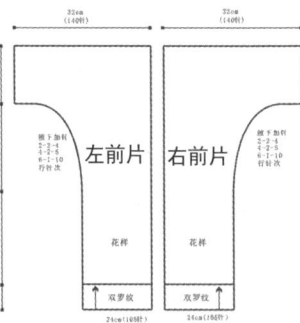

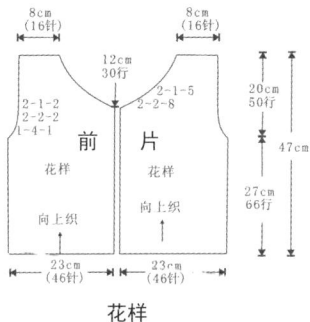

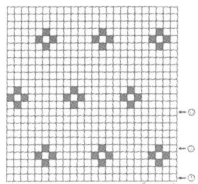

0505

【成品规格】见图
【工具】3.5mm棒针
【材料】白色棉绒线
花线 拉链1条 纽扣2枚
【制作过程】用花线起46针编织花样前片，编织到27cm时袖窿减针，编织到35cm时前衣领减针，减完针后收针断线。同样方法完成另一侧前片，减针方向相反。缝上拉链。

0506

【成品规格】见图
【工具】2.5mm棒针
【材料】黑色、白色毛线 白色圆形纽扣4枚
【制作过程】前片双罗纹针起142针，双罗纹编织10cm；按花样织到24cm后开领；织到9cm后按袖窿减针织出袖窿。开领处先织右边部分，再对称织出左边部分。缝上纽扣。

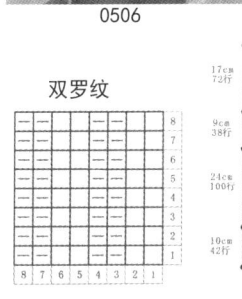

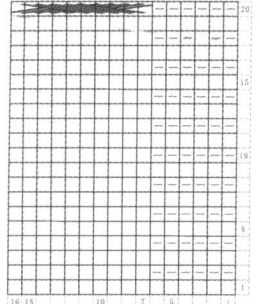

0507

【成品规格】见图
【工具】3.0mm棒针
【材料】白色毛线 圆形纽扣3枚
【制作过程】前片(左、右两片)双罗纹起针法起56针，双罗纹针织18cm；以上花样编织，织16cm后按袖窿减针，领斜减针织袖窿和领斜，领斜打完后平收5针；再不加不减织10cm后收针，以上织出为左片，再对称织出右片。缝上纽扣。

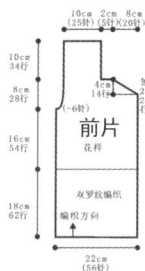

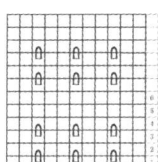

0508

【成品规格】见图
【工具】2.5mm棒针
【材料】浅灰色、白色纯羊毛线
【制作过程】前片按图起针，织10cm花样B后，改织花样A，并间色织至完成。

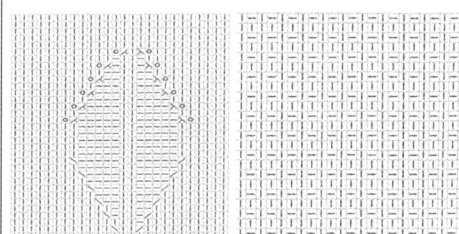

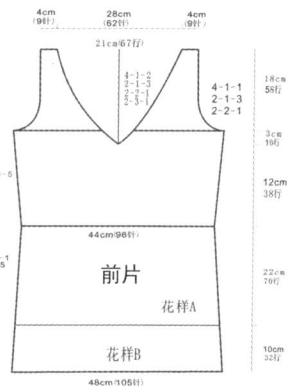

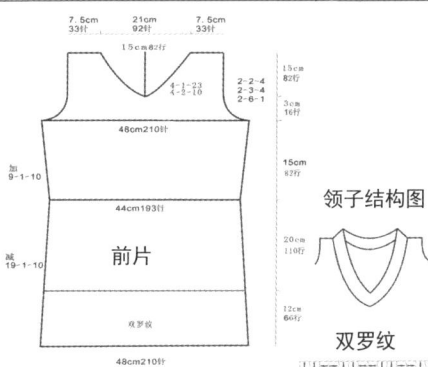

0509

【成品规格】见图
【工具】1.7mm棒针
【材料】黄色、杏色纯羊毛线 亮珠和花边若干
【制作过程】前片按图起针，织双罗纹12cm后，改织下针，并间色织至完成。缝上亮珠和花边。

0510

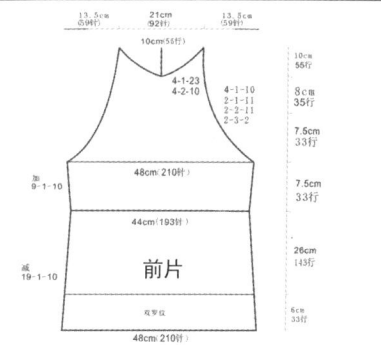

【成品规格】见图
【工具】1.7mm棒针 绣花针
【材料】黄色、红色纯羊毛线 装饰绣花
【制作过程】前片按图起针，织6cm双罗纹后，改织下针，并间色，织至39.5cm时，袖窿开始收针，再织15.5cm时开领，织至完成。缝上装饰绣花。

223

0511

【成品规格】见图
【工具】1.7mm棒针
【材料】渐变橙色纯羊毛线 亮珠若干
【制作过程】前片按图示起211针，先织双层平针底边后，改织全下针，同时侧缝按图示减针，织32cm时加针，形成收腰，织15cm时留袖窿，在两边同时各平收10针，然后按图示收成袖窿，再织3cm时留前领窝。缝上亮珠。

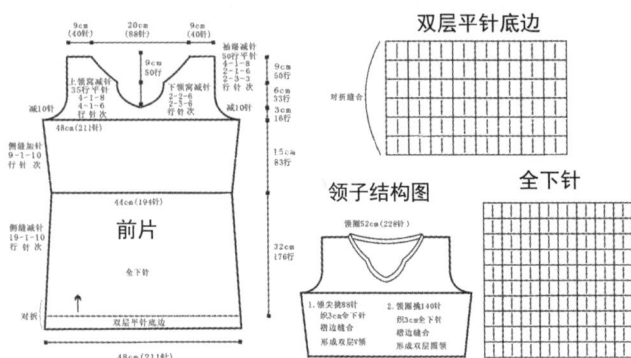

双层平针底边

领子结构图

全下针

0512

【成品规格】见图
【工具】1.7mm棒针
【材料】橙色纯羊毛线 毛毛边1条
【制作过程】前片按图起针，织双罗纹15cm后，改织下针，织至完成。领子挑针，织5cm下针，领尖缝合，形成双层V领，前片缝上毛毛边。

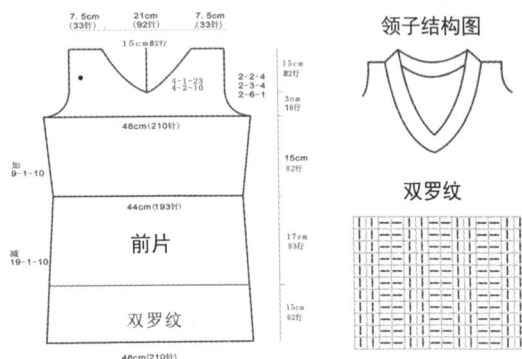

领子结构图

双罗纹

0513

【成品规格】见图
【工具】1.7mm棒针 小号钩针
【材料】橙色纯羊毛线 亮片和钩花若干 领带1条
【制作过程】前片按图起针，织双罗纹15cm后，改织下针，袖窿和领窝按图加减针，织至完成。领圈挑针，织下针5cm，褶边缝合，形成双层圆领。前领装饰片另织，按图缝好，前胸缝上亮片和钩花，系上领带。

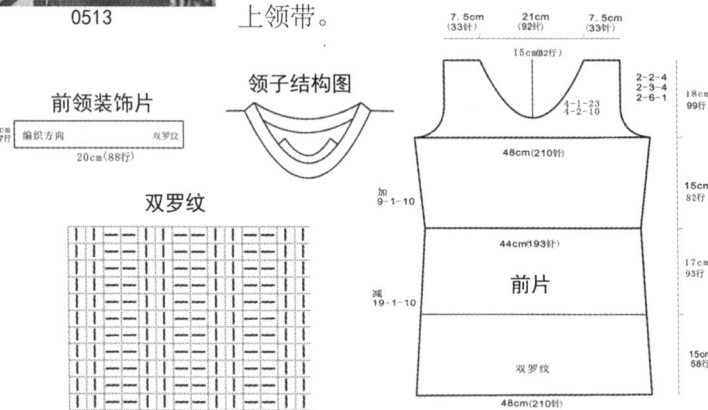

前领装饰片

领子结构图

双罗纹

0514

【成品规格】见图
【工具】1.7mm棒针 小号钩针
【材料】橙色纯羊毛线 亮珠和钩花若干
【制作过程】前片起针，织双罗纹15cm后，改织下针，织至完成。领圈另织双罗纹，按结构图缝合，缝好亮珠和钩花。

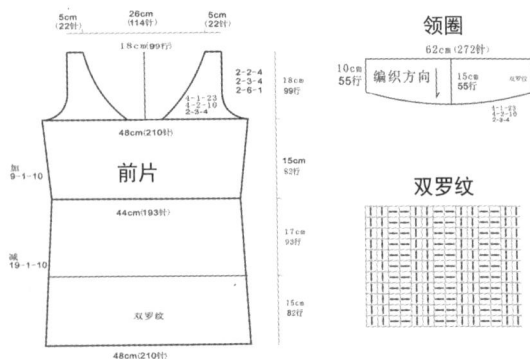

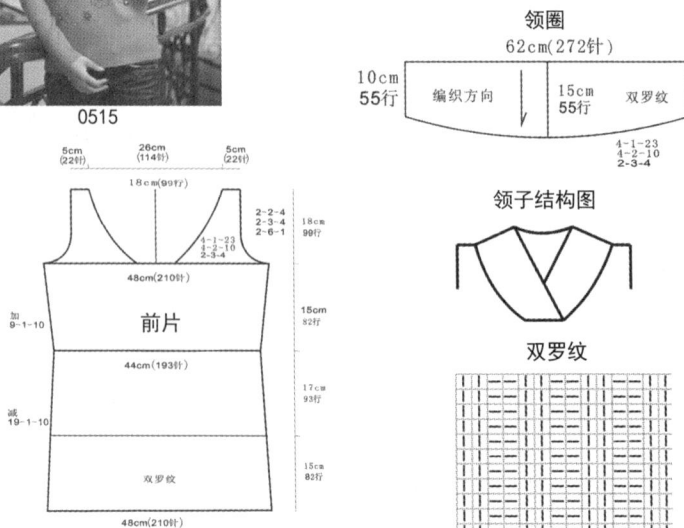

领圈

双罗纹

0515

【成品规格】见图
【工具】1.7mm棒针 小号钩针
【材料】橙色纯羊毛线 亮珠和钩花若干
【制作过程】前片织双罗纹15cm后，改织下针，织至完成。领圈另织双罗纹，按结构图缝合，缝好亮珠和钩花。

领圈
62cm(272针)
10cm 55行 编织方向 15cm 55行 双罗纹

领子结构图

双罗纹

0516

【成品规格】 见图
【工具】 1.7mm棒针 绣花针
【材料】 橙色、杏色纯羊毛线 绣花若干
【制作过程】 前片按图起针，织15cm双罗纹后，改织下针，并分成左、右两片编织，织至完成。

双罗纹

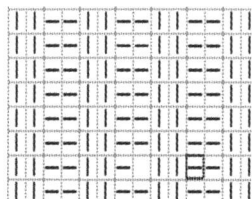

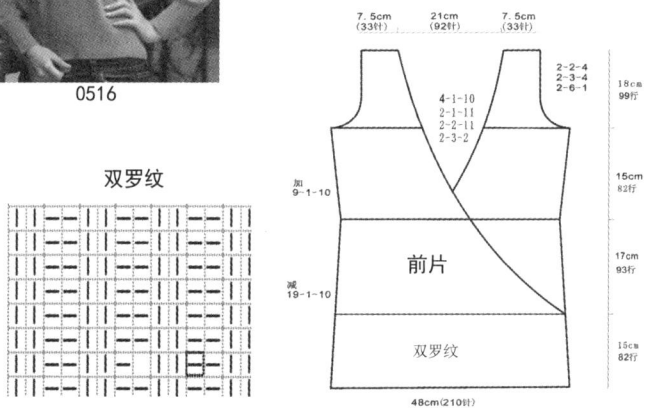

0517

【成品规格】 见图
【工具】 1.7mm棒针 小号钩针
【材料】 红色纯羊毛线 亮珠若干
【制作过程】 前片按图起针，织双罗纹5cm后，改织下针，织至完成，前片编入图案。领子挑针，织5cm双罗纹，领尖缝合，形成V领。

领子结构图

双罗纹

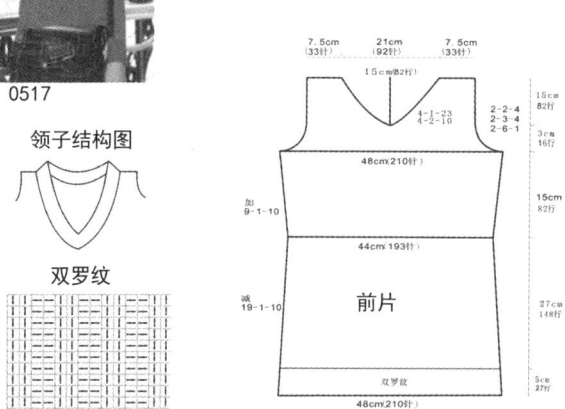

0518

【成品规格】 见图
【工具】 1.7mm棒针 绣花针
【材料】 红色纯羊毛线 装饰花和亮珠若干
【制作过程】 前片按图示起211针，先织双层平针底边后，改织全下针，同时侧缝按图示减针，织32cm时加针，形成收腰，织15cm时留袖窿，在两边同时各平收10针，然后按图示收成袖窿，再织5cm时留前领窝。领边挑246针，织5cm全下针，领尖缝合，形成V领。

双层平针底边

全下针

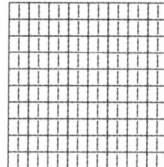

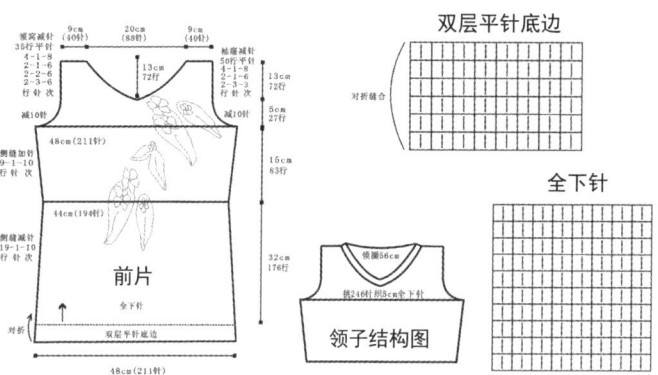

前片

领子结构图

0519

【成品规格】 见图
【工具】 1.7mm棒针 小号绣花针
【材料】 红色纯羊毛线 亮珠若干 红色毛毛领1条
【制作过程】 前片按图起针，织双罗纹10cm后，改织下针，织至完成。领子挑针，织5cm双罗纹，领尖缝合，形成双层V领。前片缝上亮珠和毛毛领。

领子结构图

双罗纹

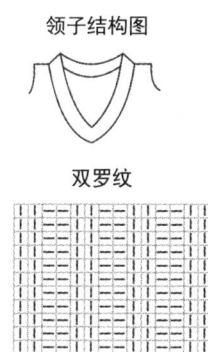

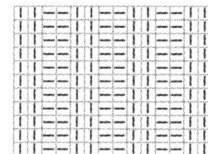

前片

0520

【成品规格】 见图
【工具】 1.7mm棒针 绣花针
【材料】 红色纯羊毛线 亮珠若干 装饰花3朵
【制作过程】 前片起针，织单罗纹10cm后，按图三角形处织单罗纹，其他织下针，织至完成。领子挑针，织5cm下针，领尖缝合，形成双层V领。绣上装饰花和亮珠。

领子结构图

单罗纹

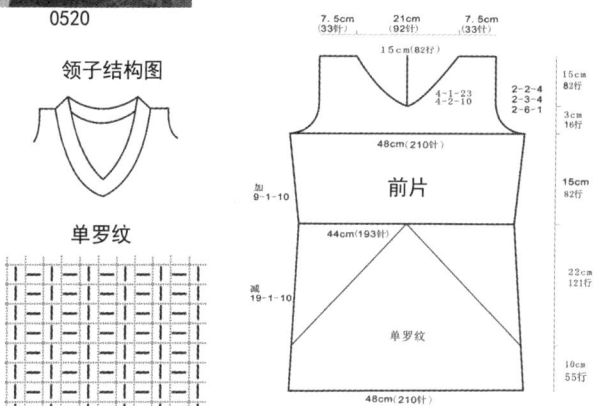

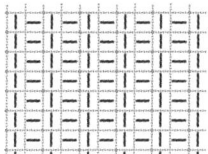

前片

单罗纹

225

【成品规格】 见图
【工具】 1.7mm棒针 绣花针
【材料】 粉色、深紫色线 装饰花与亮珠若干
【制作过程】 前片按图示起211针，先用深紫色线织双层平针底边后，改用粉色线织花样，同时侧缝按图示减针，织32cm时加针，形成收腰，织15cm时留袖窿，在两边同时各平收10针，然后按图示收成袖窿，再织5cm时留前领窝。缝上装饰花与亮珠。

0521

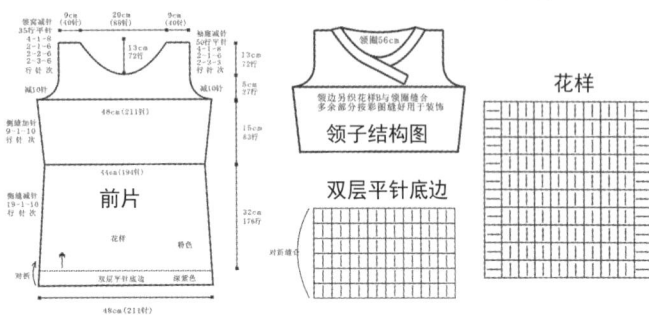

领子结构图

花样

双层平针底边

【成品规格】 见图
【工具】 1.7mm棒针 绣花针
【材料】 粉色、深紫色线 亮珠和绣花若干
【制作过程】 前片按图示起211针，织全下针，并配色，同时侧缝按图示减针，织32cm时加针，形成收腰，织15cm时留袖窿，在两边同时各平收10针，然后按图示收成袖窿，再织5cm时留前领窝。缝上装饰花与亮珠。

0522

双罗纹

全下针

领子结构图

0523

【成品规格】 见图
【工具】 1.7mm棒针
【材料】 粉红色纯羊毛线 纽扣4枚 亮珠若干
【制作过程】 前片由上、下两部分组成，上片分左、右两片，分别按图起针，织双罗纹5cm后，改织下针织至完成。衣领挑针，织5cm双罗纹，形成圆领。

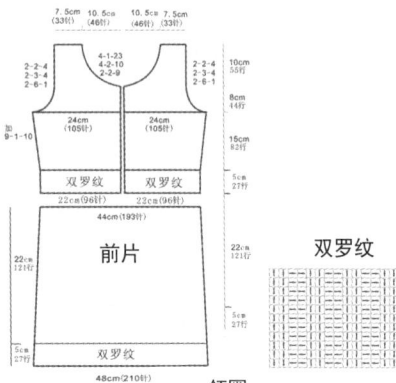

双罗纹

领圈

【成品规格】 见图
【工具】 1.7mm棒针 绣花针
【材料】 粉色纯羊毛线 拉链1条 亮珠和绣花若干
【制作过程】 前片分左、右两片编织，按图起105针，先织双层平针底边后，改织全下针，侧缝按图示减针，织32cm时加针，形成收腰，织15cm时平收10针，收袖窿，再织3cm时同时收领窝，织至肩位余40针。同样方法织另一片。缝上拉链和亮珠、绣花装饰。

0524

领子结构图

全下针

双层平针底边

0525

【成品规格】 见图
【工具】 1.7mm棒针 小号钩针
【材料】 粉红色纯羊毛线 拉链1条 亮珠若干 钩花若干
【制作过程】 前片分左、右两片编织，分别按图起针，袖窿和领窝按图加减针，织至完成。对称织出另一片。缝上拉链和亮珠、钩花装饰。

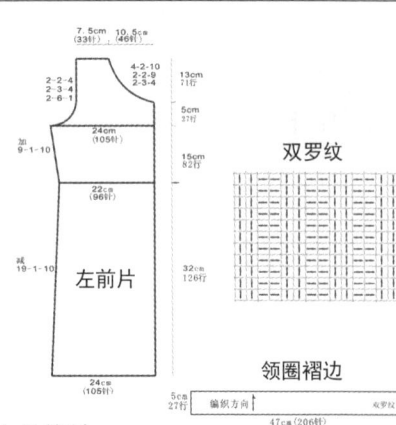

双罗纹

领圈褶边

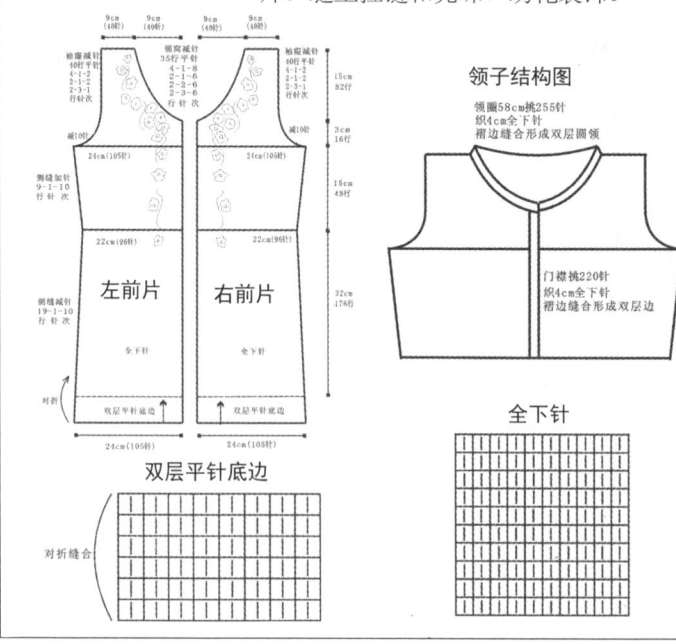

0526

【成品规格】 见图
【工具】 1.7mm棒针 绣花针
【材料】 杏色、橙色纯羊毛线 纽扣7枚
【制作过程】 前片分左、右两片编织，按图起105针，织10cm双罗纹后，全下针，并按图配色，侧缝按图示减针，织22cm时加针，形成收腰，织15cm时两边各平收10针，收袖窿，再织3cm时同时收领窝，织至肩位余40针。同样方法织另一片。缝上纽扣。

领子结构图

双罗纹

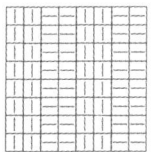

全下针

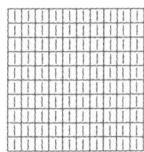

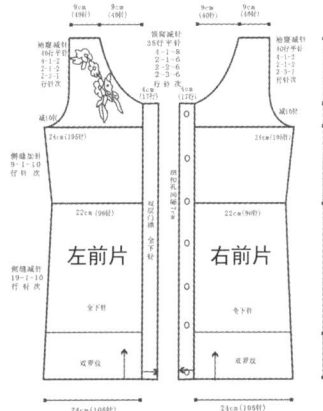

左前片　右前片

0527

【成品规格】 见图
【工具】 1.7mm棒针 绣花针
【材料】 橙色纯羊毛线 亮片和绣花若干
【制作过程】 前片按图示起211针，织10cm双罗纹后，改织花样，同时侧缝按图示减针，织22cm时加针，形成收腰，织15cm时留袖窿，在两边同时各平收10针，然后按图示收成袖窿，再织5cm时留前领窝。缝上亮片和绣花。

花样

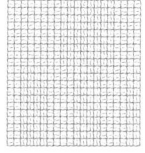

双罗纹

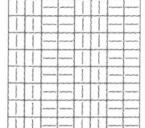

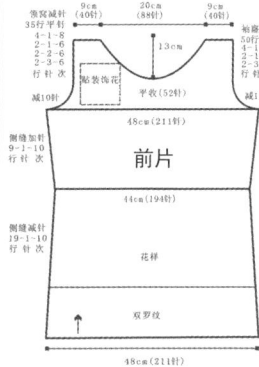

前片

0528

【成品规格】 见图
【工具】 1.7mm棒针
【材料】 橙色纯羊毛线 亮珠和毛毛边若干
【制作过程】 前片按图起针，织双罗纹5cm后，改织花样，中间部分织双罗纹，织至完成。领圈挑针，织下针5cm，褶边缝合，形成双层圆领。缝上亮珠和毛毛边。

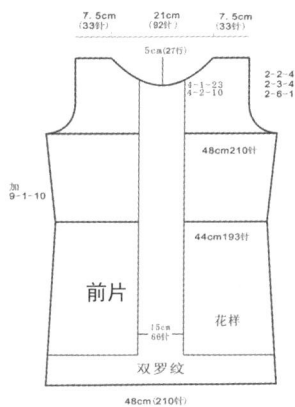

前片

领子结构图

双罗纹　花样

0529

【成品规格】 见图
【工具】 1.7mm棒针
【材料】 橙红色纯羊毛线 珠链和毛毛边若干
【制作过程】 前片按图起针，先织双层平针底边后，改织花样，袖窿和领窝按图加减针，织至完成。领圈挑针，织单罗纹5cm，褶边缝合，形成双层圆领。缝上珠链和毛毛边。

领子结构图

花样

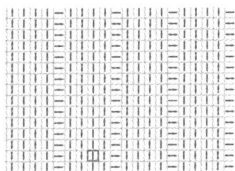

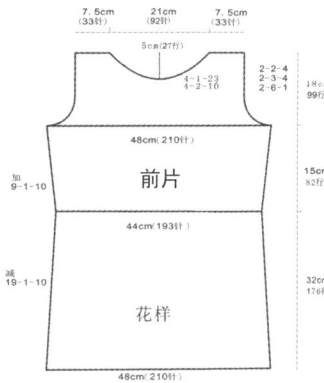

前片

花样

0530

【成品规格】 见图
【工具】 1.7mm棒针 绣花针
【材料】 橙色纯羊毛线 装饰绣花和亮珠若干
【制作过程】 前片按图起针，织10cm双罗纹后，改织下针，织至39.5cm时开袖窿，织至完成。前领片另织，一端卷起缝好如结构图。缝上亮珠和装饰绣花。

前片装饰边

领子结构图

双罗纹

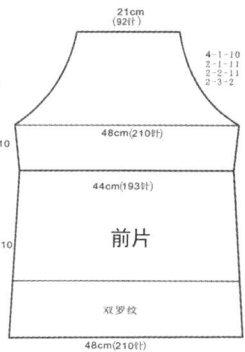

前片

0531

【成品规格】见图
【工具】1.7mm棒针
【材料】橙色纯羊毛线 装饰花2朵 毛毛领若干
【制作过程】前片按图起针，先织双层平针底边后，改织花样，袖窿和领窝按图加减针，织至完成。领圈挑针，织下针5cm，褶边缝合，形成双层圆领。缝上毛毛领和装饰花。

双层平针底边
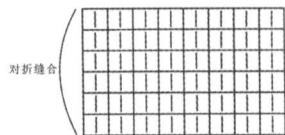
对折缝合

花样

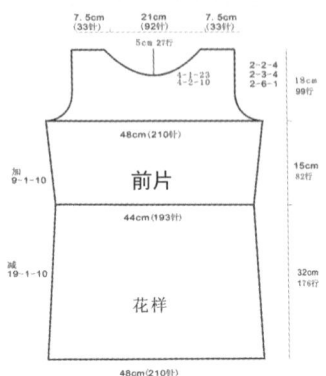

7.5cm(33针) 21cm(92针) 7.5cm(33针)
5cm 27行
2-2-4 2-2-4 2-3-4 4-1-23 2-6-1 4-2-10
18cm 99行
48cm(210针)
15cm 82行
加 9-1-10
前片
44cm(193针)
减 19-1-10
花样
32cm 176行
48cm(210针)

0532

【成品规格】见图
【工具】1.7mm棒针
【材料】红色纯羊毛线 丝绸花边和毛毛边若干
【制作过程】前片按图起针，织双罗纹32cm后，改织下针，袖窿和领窝按图加减针，织至完成。领圈挑针，织下针5cm，褶边缝合，形成双层圆领。缝上毛毛边和丝绸花边。

领子结构图
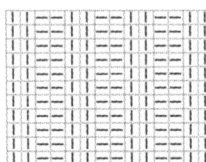

双罗纹
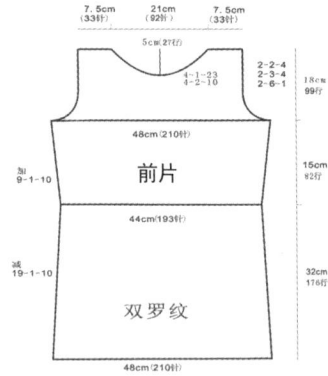

7.5cm(33针) 21cm(92针) 7.5cm(33针)
5cm 27行
2-2-4 2-2-4 2-3-4 4-1-23 2-6-1 4-2-10
18cm 99行
48cm(210针)
15cm 82行
加 9-1-10
前片
44cm(193针)
减 19-1-10
双罗纹
32cm 176行
48cm(210针)

0533

【成品规格】见图
【工具】1.7mm棒针
【材料】灰色纯羊毛线 金属纽扣1枚
【制作过程】前片分左、右两片编织，分别按图起106针，织2cm双罗纹后，改织全上针，侧缝按图示减针，织22cm时加针，形成收腰，织15cm时两边平收10针，收袖窿，同时收领窝，同样方法织另一片。缝上金属纽扣。

左前片 右前片

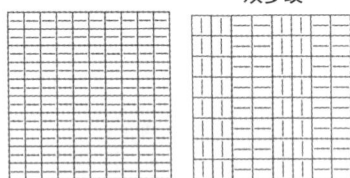

领子结构图
门襟不用织边
全上针 双罗纹

0534

【成品规格】见图
【工具】5.0mm棒针
【材料】灰色粗毛线 同色兔毛若干
【制作过程】前片起34针，先编织4cm单罗纹针，再改织反针23cm开始收前领，织3cm后收袖窿。领挑106针编织单罗纹针，在后领正中30针的左右每次代2针至门襟处，再不加不减编织4cm收针。

后领减针
2行平织
2-2-1
2-4-1
16针停织
8cm(13针)

前领减针
4行平织
4-1-5
2-1-9

袖笼减针
28行平织
2-1-4
3针停织

左前片
单罗纹

21cm 42行
23cm 46行
4cm 8行
21cm(34针)

单罗纹
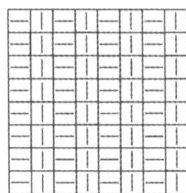

领
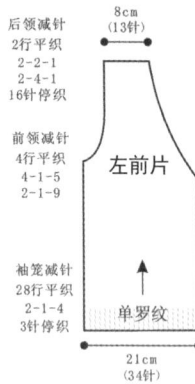
代针 代针
挑106针
4cm 6行

0535

【成品规格】见图
【工具】1.7mm棒针
【材料】灰色纯羊毛线 编织的纽扣3枚 前领和帽子的毛毛边若干
【制作过程】前片分左、右两片编织，分别按图起针，织花样，织至完成。同样方法织另一片。缝上毛毛边和纽扣。

7.5cm(16针) 10.5cm(23针)
4-1-1
2-1-3
2-2-1
18cm 57行
4-1-11
4-2-5
2-2-3
19cm(83针)
15cm 48行
加 10-1-5
左前片
花样
减 10-1-1
12-1-5
22cm 70行
22cm(48针)
24cm(53针)

领子结构图

花样
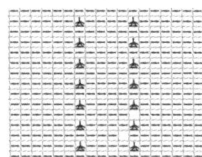

228

0536

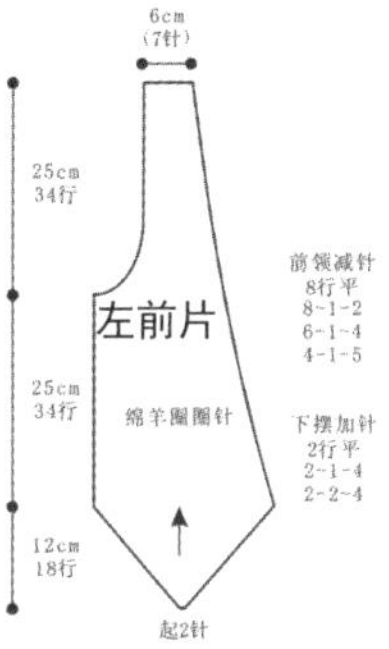

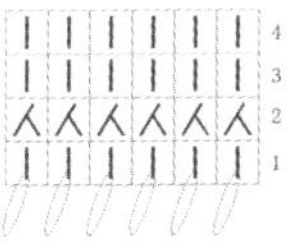

【成品规格】 见图
【工具】 5.0mm棒针
【材料】 灰色圈圈线
【制作过程】 前片起2针，如图所示进行下摆加针，编织绵羊圈圈针，织12cm后开始收前领。再编织25cm后收袖窿。编织两片。

6cm
(7针)

25cm
34行

左前片

25cm
34行
绵羊圈圈针

前领减针
8行平
8-1-2
6-1-4
4-1-5

下摆加针
2行平
2-1-4
2-2-4

12cm
18行

起2针

绵阳圈圈针

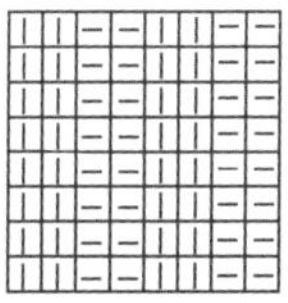

0537

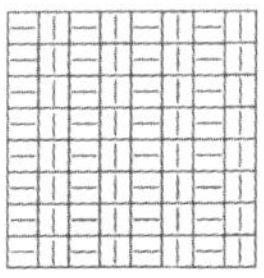

【成品规格】 见图
【工具】 2.5mm棒针
【材料】 灰色中粗线
拉链1条 毛条1根 纽扣4枚
【制作过程】 前片起58针，先编织2cm单罗纹针，然后改织反针，织40cm后收前领和袖窿，编织两片。

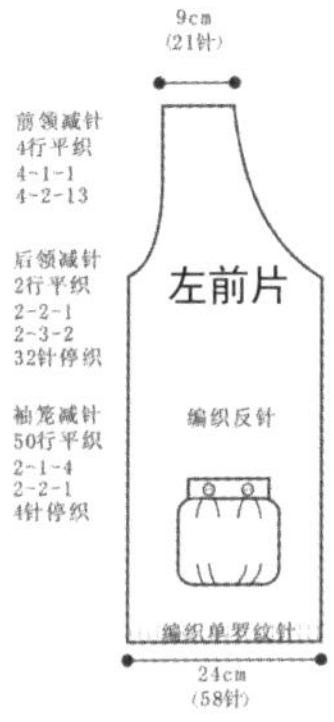

9cm
(21针)

前领减针
4行平织
4-1-1
4-2-13

后领减针
2行平织
2-2-1
2-2-3-2
32针停织

左前片
编织反针

袖笼减针
50行平织
2-1-4
2-2-1
4针停织

24cm
(58针)

编织单罗纹针

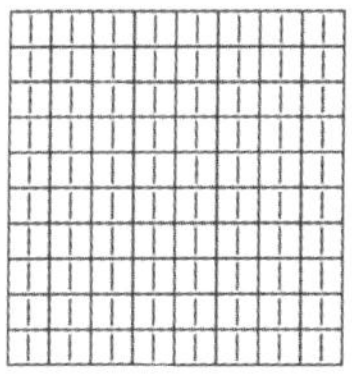

单罗纹

0540

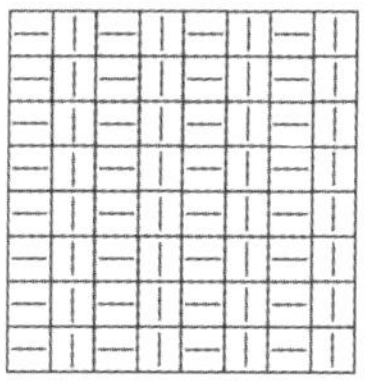

【成品规格】 见图
【工具】 1.7mm棒针
【材料】 黑色、灰色纯羊毛线
【制作过程】 前片按图示起211针，先织双层平针底边后，改织全下针，同时侧缝按图示减针，织32cm时加针，形成收腰，织15cm时留袖窿，在两边同时各平收10针，然后按图示收成袖窿，再织5cm时留前领窝。领圈荷叶花边另织，起272针，织12cm单罗纹，并间色，领圈挑246针，织5cm全下针，褶边与荷叶花边叠压缝合，领尖缝合，形成双层V领。

前片

领子结构图

挑246针织5cm全下针

0538

【成品规格】 见图
【工具】 4.0mm棒针
【材料】 蓝灰色中粗羊毛线 暗扣6枚
【制作过程】 衣前片起39针，织8cm长双罗纹针，然后改花样A织12cm，再织6cm长单罗纹，最后织花样B，领侧每3行减1针，减6针，减至1针。缝上暗扣。

花样A

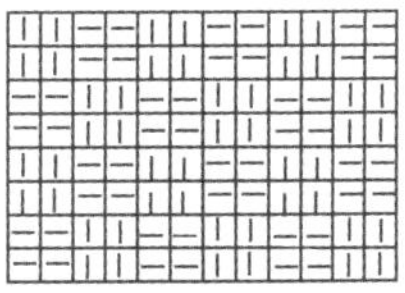

花样B

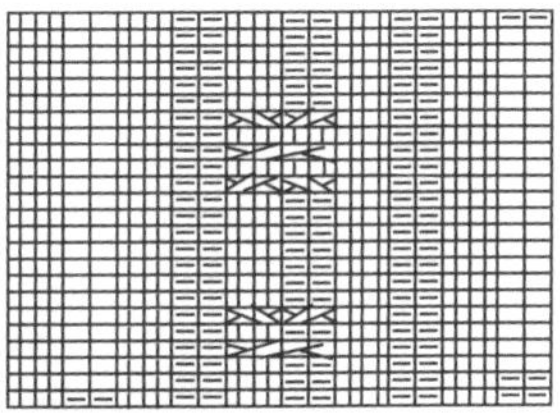

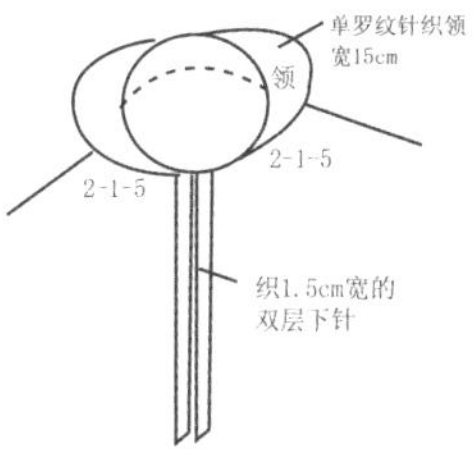

单罗纹针织领宽15cm

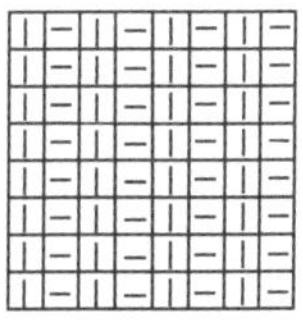

领

2-1-5

织1.5cm宽的双层下针

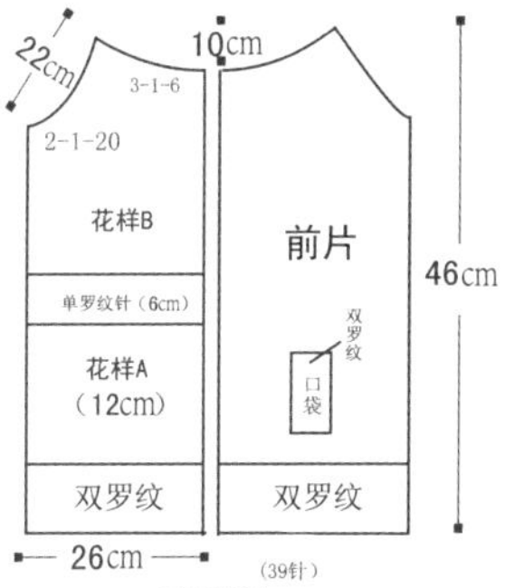

22cm
3-1-6
2-1-20

10cm

花样B

前片

单罗纹针(6cm)

花样A
(12cm)

双罗纹

口袋

双罗纹

双罗纹

46cm

26cm
(39针)

0539

【成品规格】 见图
【工具】 3.75mm棒针
【材料】 灰色绒线
【制作过程】 衣身分A、B2部分织，A部分从左向右起64针横织，右侧24针织花样，B部分分前片和后片织，前片起37针，后片起82针，按图解顺序留出袖窿领窝。

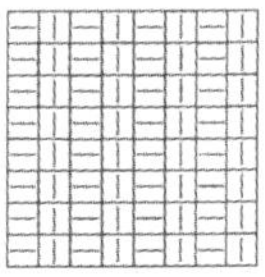

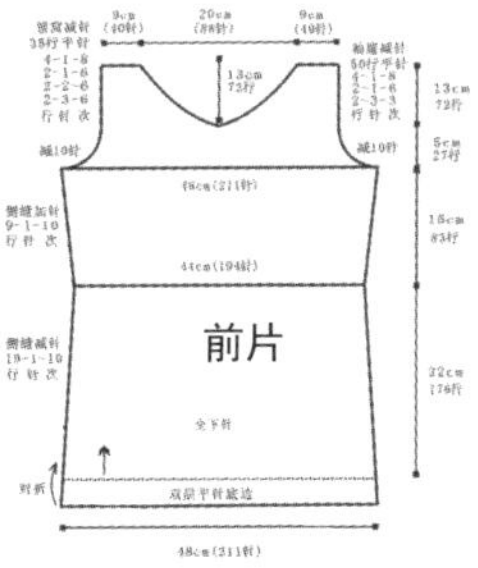

花样

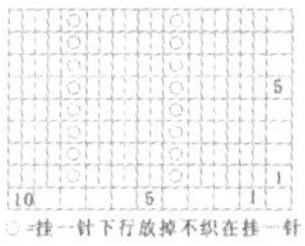

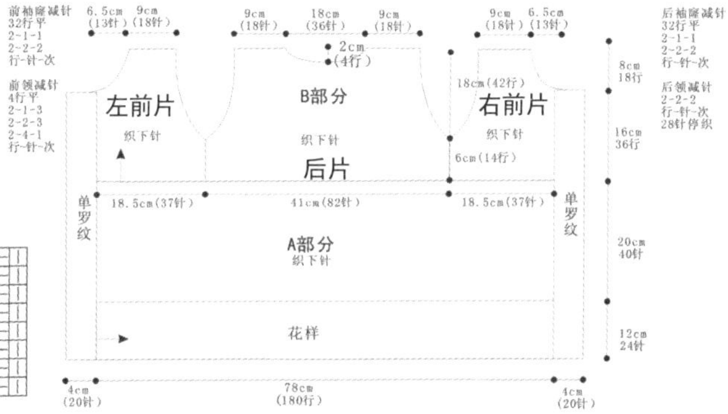

前袖窿减针
32行平
2-1-1
2-2-2
行-针-次

6.5cm
(13针)

9cm
(18针)

9cm
(18针)

18cm
(36针)

6cm
(18针)

9cm
(18针)

6.5cm
(13针)

后袖窿减针
32行平
2-1-1
2-2-2
行-针-次

前领减针
4行平
2-1-3
2-2-3
行-针-次

左前片
织下针

B部分
织下针

右前片
织下针

后片

2cm
(4针)

8cm
18行

后领减针
2-1-1
2-2-2
行-针-次
28针停织

18cm(42针)

6cm(14行)

16cm
36行

单罗纹

18.5cm(37针)

41cm(82针)

18.5cm(37针)

单罗纹

A部分
织下针

20cm
40针

花样

12cm
24针

4cm
(20针)

78cm
(180行)

4cm
(20针)

领圈荷叶花边 单罗纹 2片

灰色

黑色

10cm
55行

2cm
11行

82cm(272针)

双层平针底边

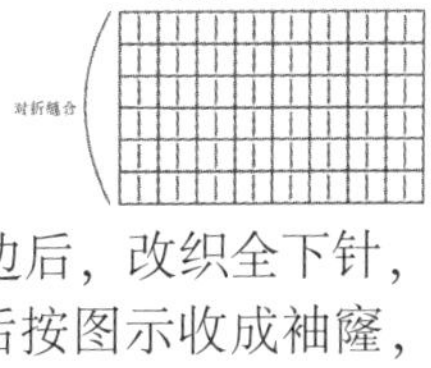

对折缝合

全下针

单罗纹

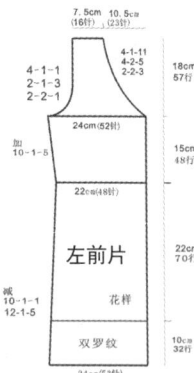
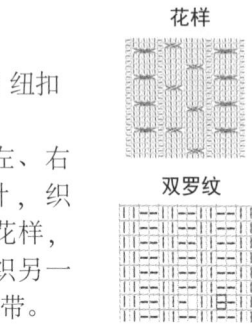

0541

【成品规格】 见图
【工具】 1.7mm棒针
【材料】 灰色纯羊毛线 纽扣4枚 衣袋丝带2条
【制作过程】 前片分左、右两片，分别按图起针，织10cm双罗纹后，改织花样，织至完成，同样方法织另一片。缝上纽扣和衣袋丝带。

0542

【成品规格】 见图
【工具】 2.5mm棒针
【材料】 灰色纯羊毛线 拉链1条 衣袋纽扣2枚
【制作过程】 前片分左、右两片编织，按图起53针，织10cm双罗纹后，改织花样，侧缝按图示减针，织22cm时加针，形成收腰，织15cm时两边各平收5针，收袖窿，并同时收领窝，织至肩位余20针。同样方法织另一片。缝上拉链和衣袋纽扣。

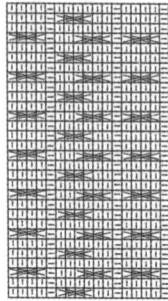

花样

双罗纹

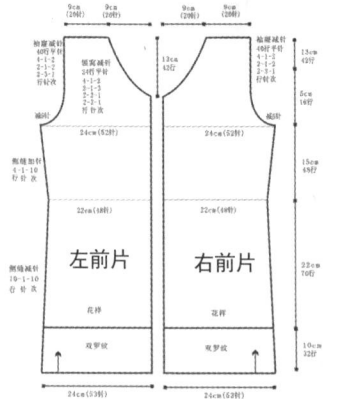

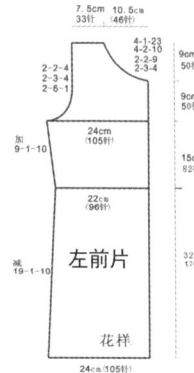

0543

【成品规格】 见图
【工具】 1.7mm棒针
【材料】 白色、黑色纯羊毛线 拉链1条 装饰花1朵
【制作过程】 前片分左、右两片编织，分别按图起针，织花样，织至完成。对称织出另一片。领子挑针，织12cm花样，形成翻领。缝上拉链和装饰花。

领子结构图

花样

0544

【成品规格】 见图
【工具】 1.7mm棒针
【材料】 深蓝色羊毛线 毛毛片若干
【制作过程】 前片分左、右两片编织，按图起27针，织全下针，门襟同时加针，织适合宽度24cm，侧缝织22cm时平收10针，收袖窿，同时收领窝，同样方法织另一片。缝上毛毛片。

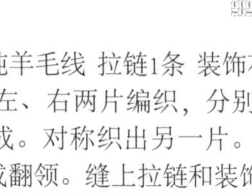

全下针

领子结构图

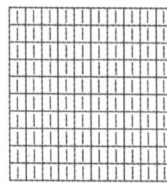

0545

【成品规格】 见图
【工具】 2.5mm棒针
【材料】 蓝色球球线 纽扣3枚
【制作过程】 前片分左、右两片编织，分别按编织方向起48针，织5cm双罗纹后，改织全下针，织至完成，左前片比右前片长5cm。缝上纽扣。

双罗纹　　全下针

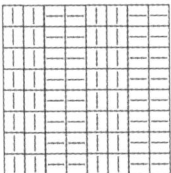
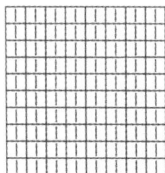
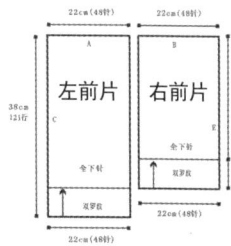

0546

【成品规格】 见图
【工具】 2.5mm棒针
【材料】 蓝色球球线 纽扣8枚

【制作过程】 前片按图起105针，织全下针，并减针，织35cm时加针，形成收腰，织15cm时两边平收5针，收袖窿，再织5cm时开领窝。缝上纽扣。

全下针

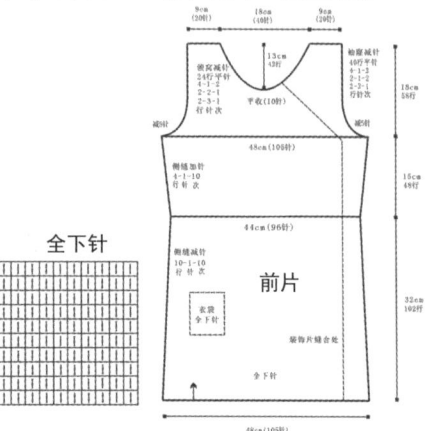

0547

【成品规格】 见图
【工具】 2.5mm棒针
【材料】 蓝色球球线
【制作过程】 前片分左、右两片编织，按图起5针，织全下针，侧缝按图示减针，织22cm时加针，形成收腰，门襟同时加针，织适合宽度，织15cm时平收5针，收袖窿，同时收领窝，同样方法织另一片。

前领结构图

全下针

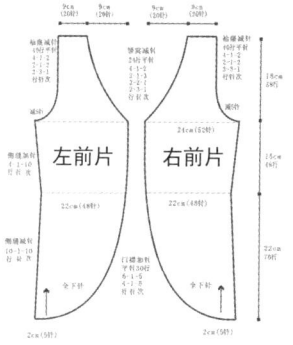

左前片　右前片

0548

领子结构图

全上针　　单罗纹

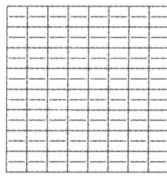 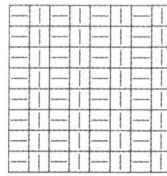

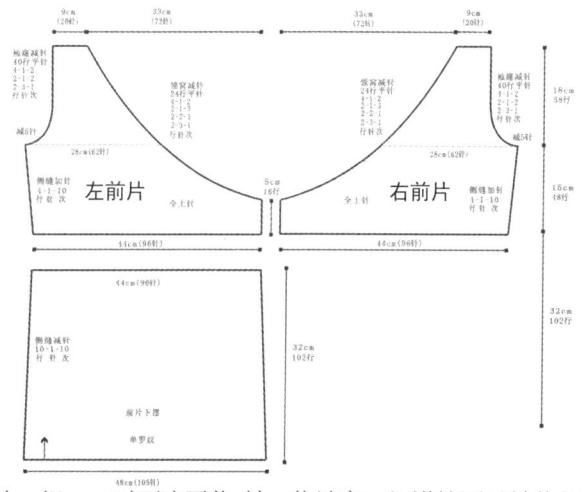

左前片　右前片

【成品规格】 见图
【工具】 2.5mm棒针
【材料】 蓝色球球线 装饰珠链1根
【制作过程】 前片分左、右两片编织，按图起96针，织全上针，侧缝减针，织15cm时两边平收5针，收袖窿，门襟按图减针收领窝，织至肩位余20针，同样方法织另一片，下摆按图起105针，织32cm单罗纹，左右前片重叠后，与下摆缝合。缝上装饰珠链。

0549

【成品规格】 见图
【工具】 2.5mm棒针
【材料】 花色纯羊毛线 装饰绳子1根
【制作过程】 内前片按图起105针，织3cm双罗纹后，改织花样，并减针，织29cm时加针，形成收腰，织15cm时两边平收5针，收袖窿，再织5cm时开领窝。左、右外前片另织，起2cm织全下针，侧缝和门襟按图减针，门襟边挑针织3cm双罗纹，织15cm时平收5针，收袖窿至织完成。缝上装饰绳子。

花样

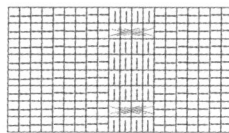

双罗纹

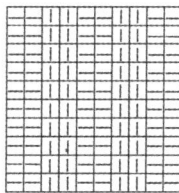

全下针

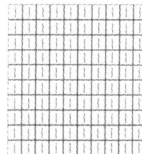

左外前片

内前片

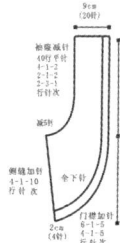

领子结构图

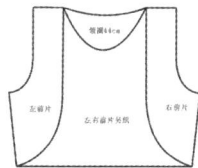

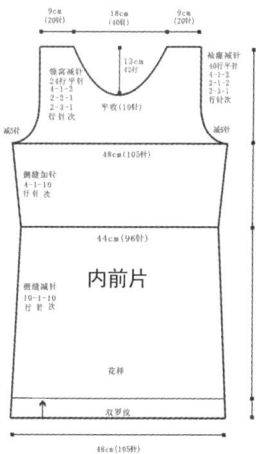

0550

【成品规格】 见图
【工具】 2.5mm棒针
【材料】 蓝色球球线
【制作过程】 前片按图起97针，织5cm双罗纹，改织全下针，同时按图示减针，织27cm时加针，形成收腰，织15cm时留袖窿，在两边同时各平收5针，然后按图示收成袖窿，再织5cm时留前领窝。领圈挑92针，圈织5cm双罗纹，形成叠领。

领子结构图

双罗纹

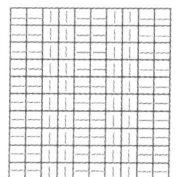

全下针

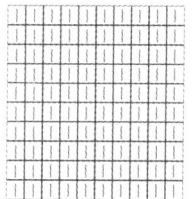

前片

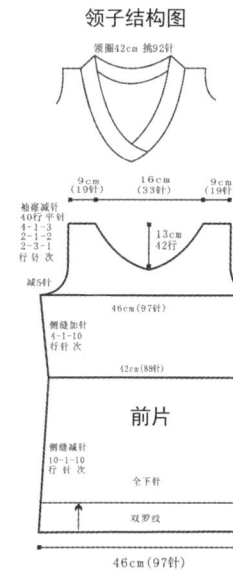

231

0551

【成品规格】 见图
【工具】 2.5mm棒针
【材料】 灰色球球线
【制作过程】 前片按图起105针，织6cm双罗纹后，改织全下针，并减针，织26cm时加针，形成收腰，织15cm时两边平收5针，收袖窿，并同时收领窝。领圈按图解挑118针，织5cm双罗纹，形成V领。

领子结构图

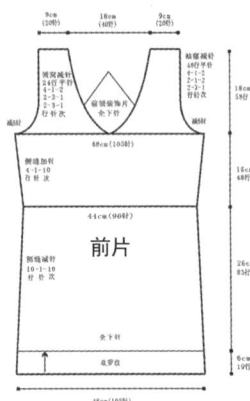

前片

双罗纹　　全下针

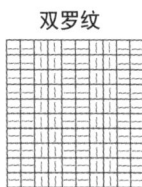 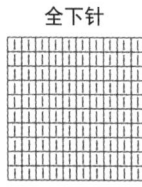

0552

【成品规格】 见图
【工具】 2.5mm棒针
【材料】 花色羊毛线 纽扣5枚
【制作过程】 前片分左、右两片编织，按图起53针，织5cm双罗纹后，改织全上针，门襟处织单罗纹，按图示减针，织27cm时加针，形成收腰，织15cm时两边平收5针，收袖窿，织16cm时收领窝，织至肩位余20针。同样方法织另一片。缝上纽扣。

全上针　　双罗纹

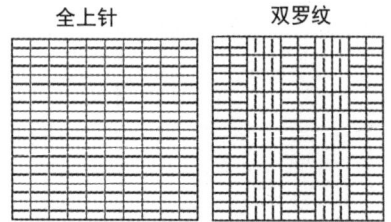

领子结构图　　单罗纹

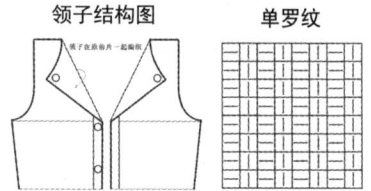

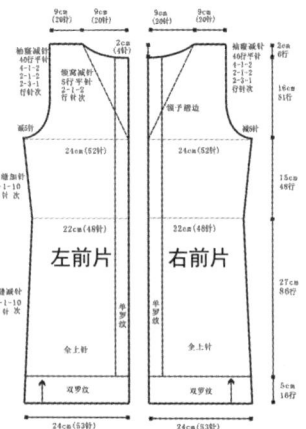

左前片　　右前片

0553

【成品规格】 见图
【工具】 2.5mm棒针
【材料】 灰色、白色混合纯羊毛线 装饰环1个
【制作过程】 前片按图起97针，织6cm双罗纹，改织花样，按图示减针，织26cm时加针形成收腰，织15cm时留袖窿，在两边同时各平收5针，然后按图示收成袖窿，织5cm时留领窝。这是针数为71针，收肩分3份，两肩各19针，中间33针。领圈挑80针，圈织18cm双罗纹，向外自然翻出形成高领。缝上装饰环。

领子结构图

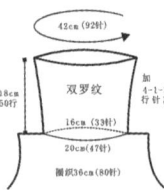

双罗纹

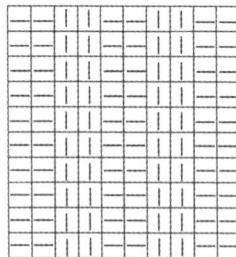

花样

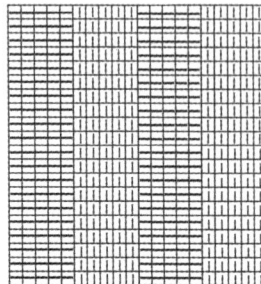

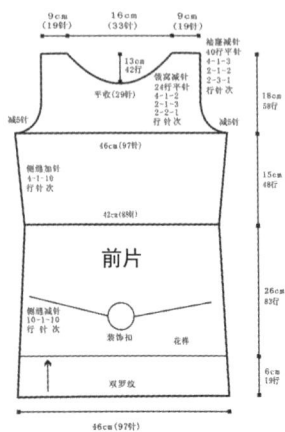

前片

0554

【成品规格】 见图
【工具】 1.7mm棒针
【材料】 灰色、白色混合纯羊毛线 大纽扣5枚 小纽扣2枚
【制作过程】 前片分左、右两片编织，分别按图起53针，织6cm双罗纹后，改织全下针，并按图示减针，织11cm时加针，形成收腰，织15cm时平收5针，收袖窿，再织3cm时同时收领窝，织至肩位余20针。同样方法织另一片。缝上大、小纽扣。

全上针

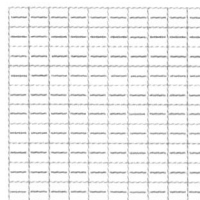

双罗纹

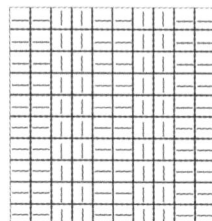

领子结构图

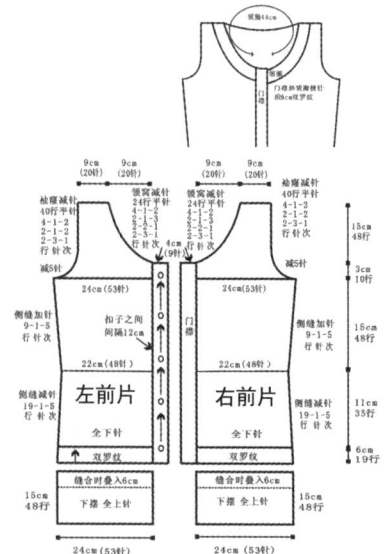

左前片　　右前片

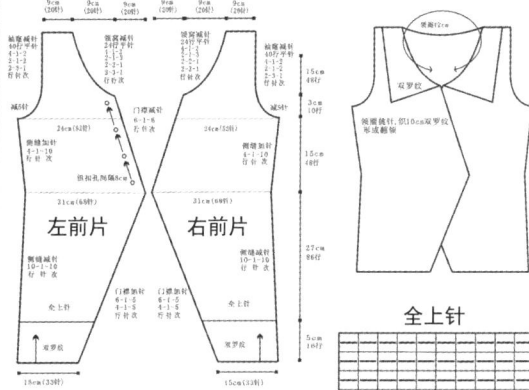

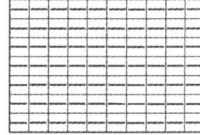

全上针

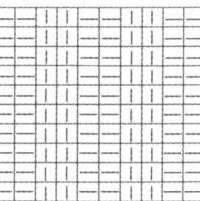

双罗纹

0555

【成品规格】 见图
【工具】 2.5mm棒针
【材料】 灰色、白色混合纯羊毛线 金属扣环4枚
【制作过程】前片分左、右两片编织，按图起33针，织5cm双罗纹后，改织全上针，并按图示减针，织27cm时加针，形成收腰，织15cm时平收5针，收袖窿。门襟按图加针，织15cm减针，再织3cm时同时收领窝，织至肩位余20针，纽扣孔处装上金属扣环。同样方法织另一片。领圈挑针，织10cm双罗纹，形成翻领。缝上金属扣环。

0557

【成品规格】 见图
【工具】 1.7mm棒针
【材料】 浅灰色纯羊毛线 纽扣4枚
【制作过程】前片分左右两片编织。左前片按图示起105针，织2cm双罗纹后，改织花样，同时侧缝按图示减针，织30cm时加针，形成收腰，织12cm时开领窝，织3cm时留袖窿，两边各平收10针，按图收成袖窿，直至收完针，同样方法织右前片。缝上纽扣。

领子结构图

双罗纹

花样

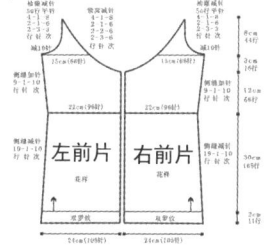

0556

【成品规格】 见图
【工具】 2.5mm棒针
【材料】 灰色、白色混合纯羊毛线
【制作过程】前片按图起97针，织10cm双罗纹，改织全下针，同时按图示减针，织22cm时加针，形成收腰，织15cm时留袖窿，在两边同时各平收5针，然后按图示收成袖窿，同时留领窝。这是针数为71针，收肩分3份，两肩各19针，中间33针。领圈挑113针，圈织10cm双罗纹，向外自然翻出，形成垂领。

前片

领子结构图

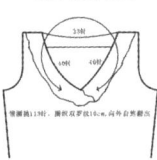

双罗纹

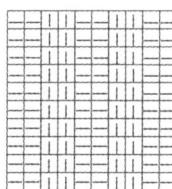

全下针

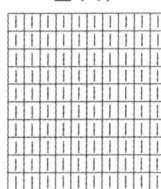

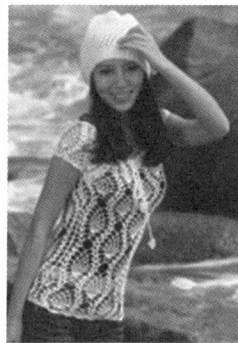

0558

【成品规格】 见图
【工具】 2.5mm钩针
【材料】 白色丝光棉线
【制作过程】身片部分按结构图，用2.5mm钩针起100针锁针，按身片图解钩编。相同钩出另一片。钩编一条长度相当的系带，按图解钩上小花。

袖片

前后身片

钩织方向

系带图解

饰边图解

0559

【成品规格】 见图
【工具】 2.5mm钩针
【材料】 杏色毛线
【制作过程】首先按照花样的做法，钩前片和后片一共24个单元花。然后拼三行花，每行8个成圈，最后钩领口花边和穿流苏在衣服下摆。

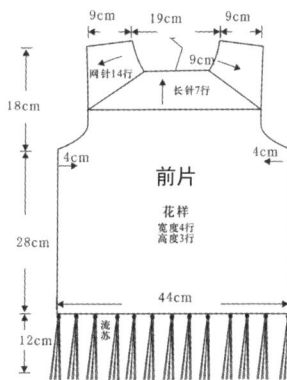

前片

花样

0560

【成品规格】 见图
【工具】 2.5mm棒针
【材料】 白色毛线
【制作过程】 衣服前片按照结构图尺寸由钩针编织而成。按花样拼衣服的前片。按领口和门襟的花边做法钩衣服领口和门襟三行长针。参照结构图钉纽扣位。

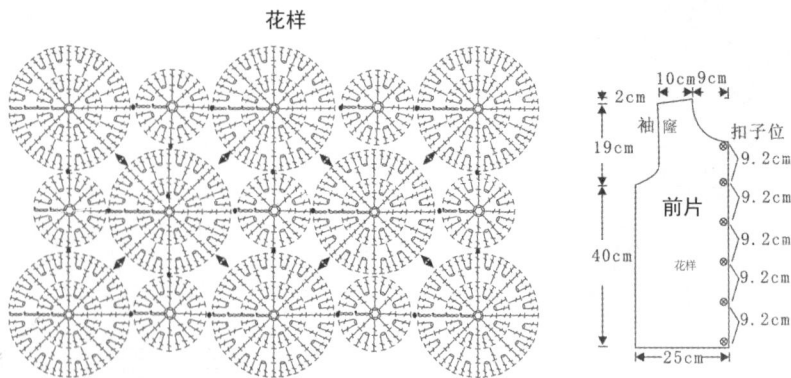

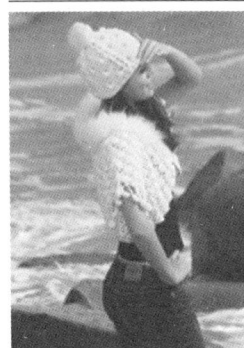

花样

0561

【成品规格】 见图
【工具】 3.0mm钩针
【材料】 白色毛线 毛料苦干
【制作过程】 前片钩42针锁针，按花样图解编织，织完20cm(5个花样)后，往下逐个递减6个花样后减为1个花样，对称钩出另一片前片。

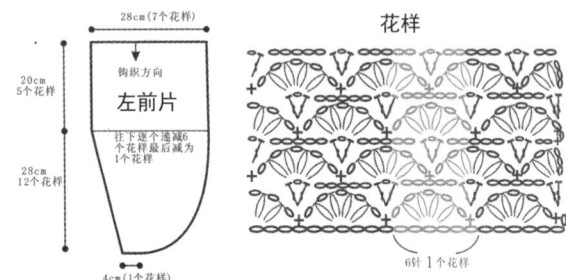

左前片

花样

0562

【成品规格】 见图
【工具】 3.5mm棒针 3.0mm钩针
【材料】 米色、白色毛线 圆形纽扣2枚 毛料苦干
【制作过程】 身片钩34个单元花，如图由圆心起6针锁针圈钩织，钩完一个钩第二个时与第一个单元花拼接，拼接如图。缝上纽扣和毛料。

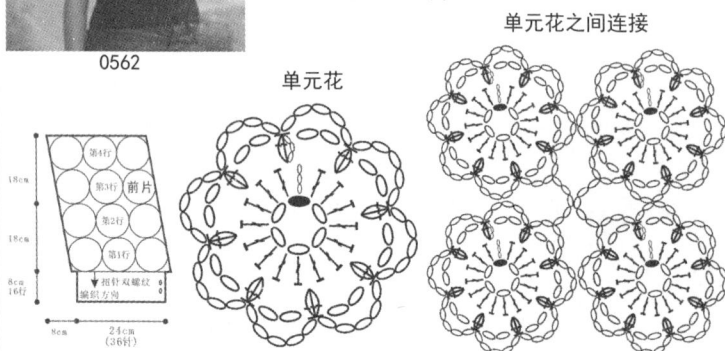

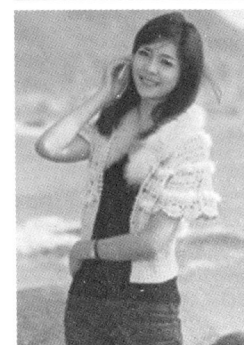

单元花　　　单元花之间连接

0563

【成品规格】 见图
【工具】 3.0mm棒针 3.0mm钩针
【材料】 粉色毛线 毛料苦干
【制作过程】 前片锁针起36针，用钩针按图解钩织身片，相同方向钩织另一片前片。

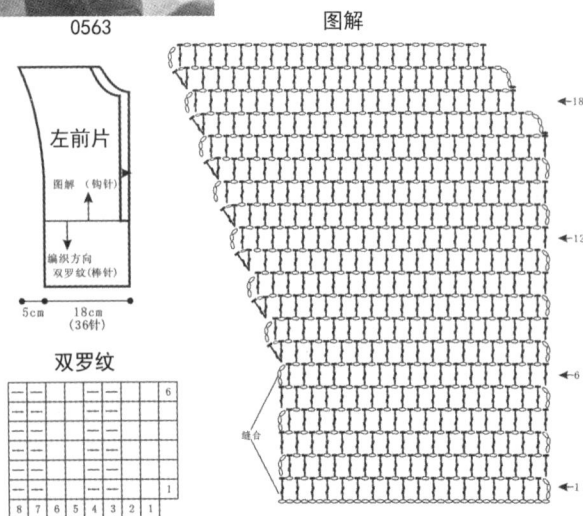

图解

左前片

双罗纹

0564

【成品规格】 见图
【工具】 3.75mm棒针 4.0mm钩针
【材料】 米色毛线 装饰羊毛片两片 装饰条1条
【制作过程】 前片(左、右两片)：普通起针法起21针，前3针花样B编织，后18针花样A编织，织8cm；花样B、花样C同时编织，按袖窿减针织出袖窿。每8cm开一扣眼。以上织出为左片，再对称织出右片不用开扣眼。缝上装饰羊毛片和装饰条。

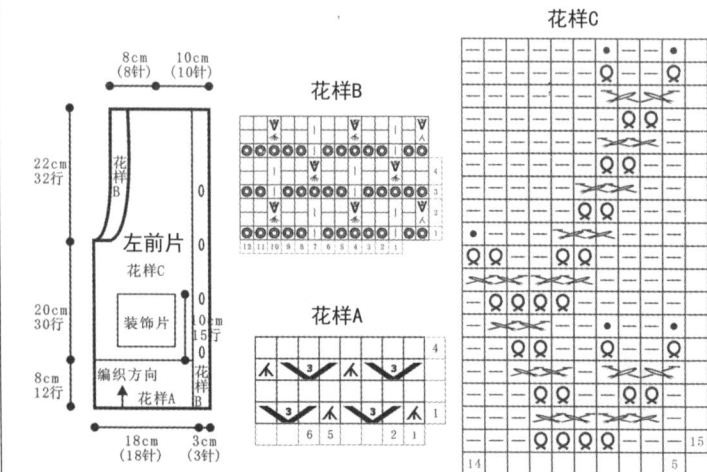

左前片

花样C
花样B
花样A

0565

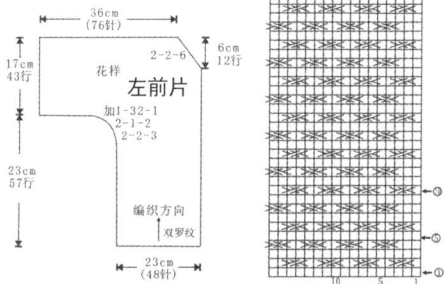
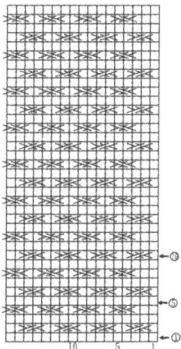

【制作过程】 起48针编织花样前片，衣襟边随前片同织。编织19cm时开始加出袖片，身长共织到34cm时进行前领窝减针，按图示减针后收掉身片针，保留衣襟边针。同样方法完成另一片前片，减针方向相反。一侧留出扣眼位置。缝上纽扣。

花样

36cm
(76针)

17cm
43行

花样

2-2-6 6cm
12行

左前片

加1-32-1
2-1-2
2-2-3

23cm
57行

编织方向

双罗纹

23cm
(48针)

【成品规格】 见图
【工具】 3.5mm棒针
【材料】 白色毛线 大纽扣2枚

双罗纹

0566

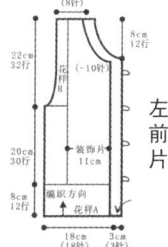
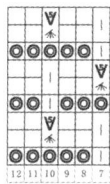

【成品规格】 见图
【工具】 3.75mm棒针 4.0mm钩针
【材料】 米色毛线 装饰羊毛片两片 布纽扣3枚
【制作过程】 前片(左、右两片)普通起针法起21针，前3针花样B编织，后18针花样A编织，织8cm；下针编织20cm；按袖窿减针，前领减针花样B织出袖窿和前领。以上织出为左片，再对称织出右片。缝上装饰羊毛片及布纽扣。

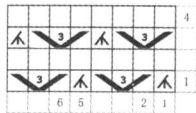

花样A

8cm
(8针)

22cm
32行

花样B
8

(-10针)

8cm
12行

左前片

20cm
30行

装饰片

8cm
12行

编织方向

花样A

18cm
(18针)

3cm
(3针)

花样A

0567

【工具】 3.0mm棒针
【材料】 蓝色花马海毛线
【制作过程】 前片先起6针按花样编织，花样中的绵羊针可自由调节长短，一侧按图示均匀加针，一侧不加减针编织，加至46针时两则不加减针编织前片，身长织至48cm时开始袖窿减针、开领窝。

7cm
(14针)

7cm
(14针)

4-1-1
2-2-2
2-1-2
2-2-2

21cm
52行

2-1-2
2-2-4
1-4-1

4-1-8
2-2-2
2-1-2
2-2-2

2-1-2
2-2-4
1-4-1

左前片
花样

左前片
花样

37cm
80行

编织方向

编织方向

扣
1-1-40行

16cm
40行

扣
1-1-40行

22cm(46针)

22cm(46针)

【成品规格】 见图

花样

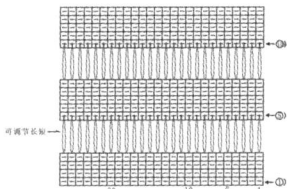

可调节长短

20 10 1

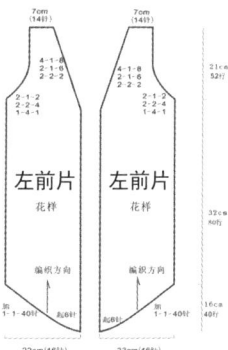

0568

【工具】 1.7mm棒针
【材料】 绿色纯羊毛线 用原线制作的留须若干
【制作过程】 前片分左、右两片编织，按图起106针，织全下针，侧缝按图示减针，织32cm时加针，形成收腰，织15cm时两边平收10针，按图收成袖窿，并同时收领窝，同样方法织另一片。缝上留须。

左前片

右前片

全下针

0569

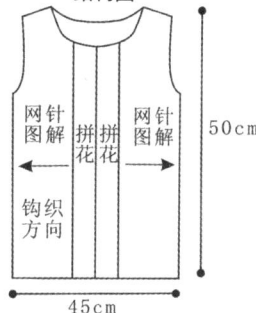

【成品规格】 见图
【工具】 2.5mm钩针
【材料】 米色毛线
【制作过程】 衣服前片按照结构图尺寸由棒针编织而成。前片钩片为单片，钩完后与棒针片钩合。按照单元花编织花样，编织1两个单元花拼成2行。参照网针图解，在拼花的基础上左右延伸网针。缝合肩线和侧缝线。用逆短针把织片和钩片拼合领口和袖口。

结构图

网针
图解

拼花

网针
图解

50cm

钩织方向

45cm

拼花编织花样

单元花
腹花

网针图解

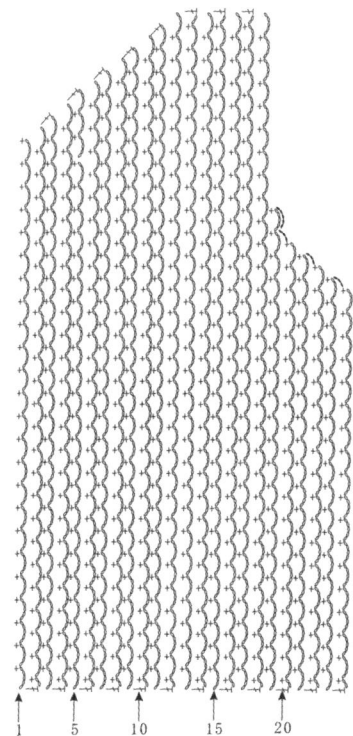

1 5 10 15 20

【成品规格】见图
【工具】3.75mm棒针 9号环形针
【材料】白色棉绒线
【制作过程】起54针编织一片花样前片，一侧加针编织，一侧不加减针编织，织25cm，加针侧不再加针编织25cm作袖窿，身长共织至38cm时不加减针侧进行前领窝减针，按结构图减完针后收针断线。同样方法完成另一侧前片，减针方向相反。

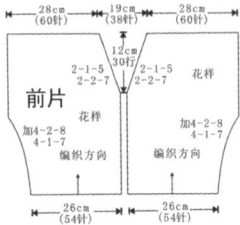

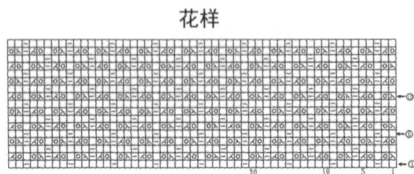

0570

前片 花样

加4-2-8
4-1-7

编织方向

2-1-5
2-2-7

12cm
30行

2-1-5
2-2-7

编织方向

28cm(60针)　19cm(38针)　28cm(60针)
26cm(54针)　26cm(54针)
61cm 151行

花样

0572

前片

8cm(20针)　8cm(20针)

2-1-2
2-2-2
1-4-1

花样

2-1-2
2-2-2
1-4-1

花样

4-1-8
2-1-2
2-2-2
2-3-2

(+20针)

18cm(44针)　18cm(44针)

【成品规格】见图
【工具】4.0mm棒针
【材料】米色粗棉线
【制作过程】前片起针24针编织花样按结构图加针加出圆角，编织到27cm时进行袖窿减针，按结构图减针留出前领窝。

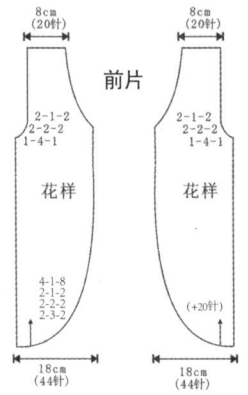

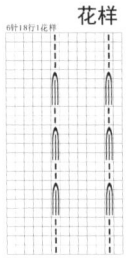

花样

6针18列1花样

【成品规格】见图
【工具】1.7mm棒针
【材料】米色纯羊毛线 亮珠若干
【制作过程】前片按图示起211针，织5cm单罗纹后，改织全下针，同时侧缝按图示减针，织42cm时加针，形成收腰，织15cm时留袖窿，在两边同时各平收10针，然后按图示收成袖窿，同时留前领窝。领圈挑334针，织10cm单罗纹，形成圆领，缝上亮珠。

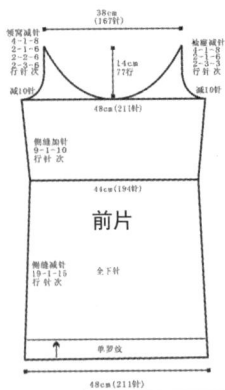

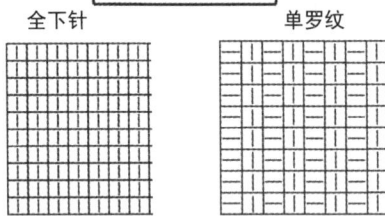

0571

前片

领窝减针
4-1-8
2-1-2
2-2-2
2-3-2
行针次

减10针

侧缝加针
9-1-10
行针次

前片

全下针

侧缝减针
19-1-15
行针次

单罗纹

袖窿减针
4-1-8
2-1-2
2-2-2
2-3-1
行针次

减10针

38cm(167针)

14cm 77行

14cm 77行

48cm(211针)

44cm(194针)

48cm(211针)

18cm 83行

42cm 231行

5cm 27行

领圈76cm

领圈挑334针织10cm
单罗纹形成圆领

领子结构图

全下针

单罗纹

【成品规格】见图
【工具】2.5mm棒针
【材料】浅灰色纯羊毛线
【制作过程】前片按图起针，织10cm双罗纹后，改织花样，织至完成。领圈挑针，织5cm双罗纹，形成圆领。

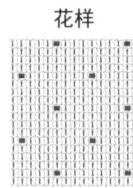

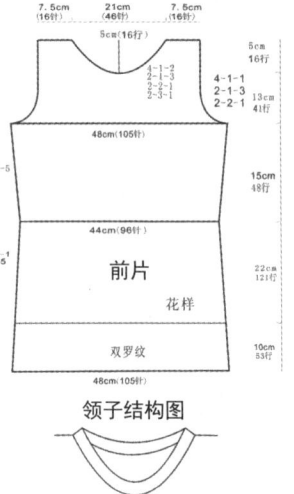

0573

双罗纹

花样

前片

花样

双罗纹

7.5cm(16针)　21cm(46针)　7.5cm(16针)

5cm(16行)

4-1-1
2-1-2
2-2-2
2-3-1

48cm(105针)

44cm(96针)

48cm(105针)

4-1-1
2-1-3
2-2-1

5cm 16行

13cm 41行

15cm 48行

22cm 121行

10cm 53行

加10-1-5

减10-1-1
12-1-5

领子结构图

【工具】2.5mm棒针
【材料】米黄色纯羊毛线 金属纽扣5枚
【制作过程】前片分左、右两片编织，分别按图起53针，织8cm双罗纹后，改织全下针，侧缝按图示减针，织24cm时加针，形成收腰，织15cm时两边平收5针，并改织花样，按图收袖窿，再织5cm时同时收领窝，织至肩位余20针。同样方法织另一片。领圈挑123针，织5cm双罗纹，形成圆领。缝上金属纽扣。

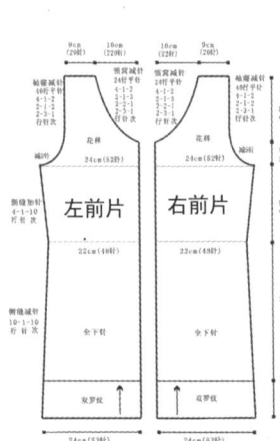

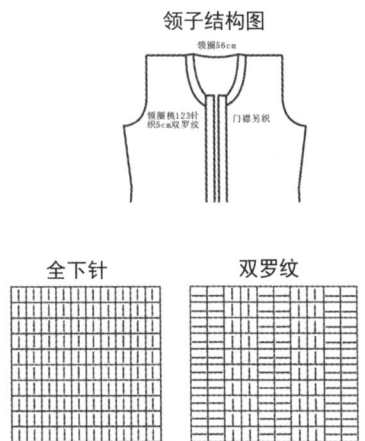

0574

【成品规格】见图

左前片

右前片

花样

花样

全下针

全下针

侧缝加针
4-1-10
行针次

侧缝减针
行针次

双罗纹

收罗纹

领窝减针
48行平收
4-1-2
2-1-2
2-2-2
2-3-1
行针次

袖窿减针
48行平收
4-1-2
2-1-2
2-2-2
2-3-1
行针次

9cm(20针)　16cm(22针)　16cm(22针)　9cm(20针)

24cm(53针)　24cm(52针)

22cm(48针)　22cm(48针)

24cm(53针)　24cm(63针)

13cm 41行

15cm 48行

22cm 76行

领子结构图

领圈56cm

领圈挑123针
织5cm双罗纹

门襟另织

全下针

双罗纹

236

0575

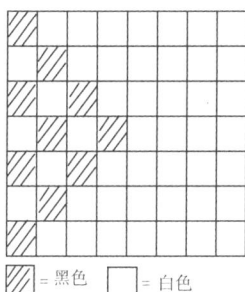

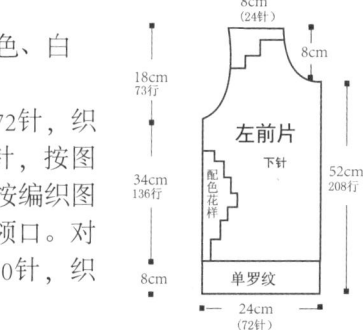

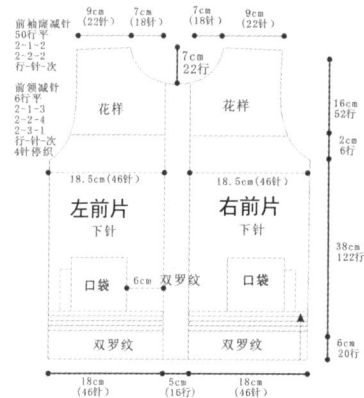

【成品规格】见图
【工具】5.0mm棒针
【材料】白色、黑白混色粗羊毛线
【制作过程】前片起26针织6cm长，按编织图收针成前片领口，织12cm收针成前片袖窿，缝合前、后衣片，衣襟、领口挑99针按编织方向编织双罗纹，收针。

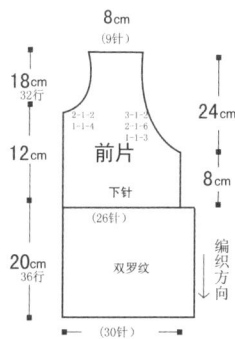

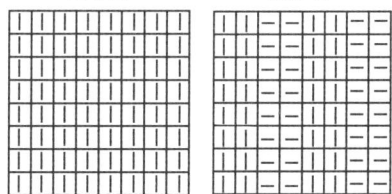

8cm(9针)　18cm 32行　24cm　12cm　前片　下针　8cm　(26针)　2-1-2 1-1-4　3-1-1 1-1-6 1-1-3　20cm 36行　双罗纹　编织方向　(30针)
全下针　双罗纹　双罗纹3cm长　编织方向

0576

【成品规格】见图
【工具】1.7mm棒针
【材料】花色纯羊毛线 纽扣2枚
【制作过程】前片分左、右两片编织，分别按图起105针，织双罗纹，腋下侧缝按图加针，成蝙蝠袖，织32cm时织袖口。同样方法织另一片。下摆另织，起211针织20cm双罗纹，与左、右前片缝合。缝上纽扣。

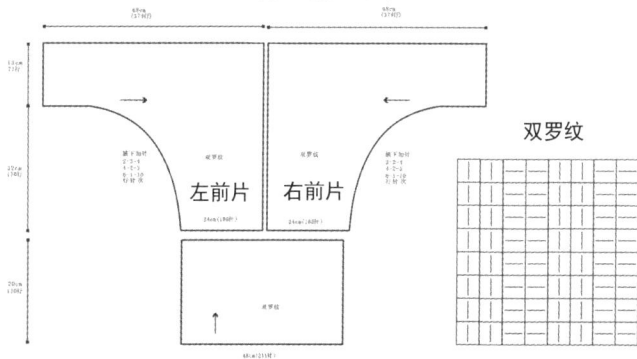

左前片　右前片　双罗纹

0577

单罗纹　　▨=黑色　□=白色

【成品规格】见图
【工具】2.3mm棒针
【材料】黑白花色、黑色、白色羊毛绒线
【制作过程】左前片起72针，织8cm单罗纹针，改织下针，按图示配色花样织34cm长后按编织图示减针成前衣片袖窿及领口。对称织出另一片。领挑120针，织单罗纹针8cm长，收针。

8CM　单罗纹　30针　8cm(24针)　8cm　18cm 73行　左前片 下针　34cm 136行　52cm 208行　配色花样　单罗纹　24cm(72针)　8cm

---

0578

前袖窿减针50行平 2-1-2 2-2-2 行-针-次　9cm(22针)　7cm(18针)　7cm(18针)　9cm(22针)
前领减针6行平 2-1-3 2-2-2 2-3-1 行-针-次 4针停织
花样　7cm 22行　花样　16cm 52行　2cm 6行
18.5cm(46针)　18.5cm(46针)
左前片 下针　右前片 下针　38cm 122行
口袋　6cm 双罗纹　口袋
双罗纹　双罗纹　6cm 20行
18cm(46针)　5cm(16针)　18cm(46针)

【成品规格】见图
【工具】2.6mm棒针
【材料】黑色、白色毛线
【制作过程】单片用白色线前片起46针，织双罗纹6cm后织下针。每织4行换一次线的颜色换4次，织38cm后按图留袖窿，及领窝。袖窿织6行后换白色线织花样。

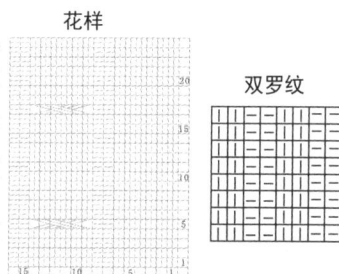

花样　双罗纹

0579

【成品规格】见图
【工具】2.5mm棒针
【材料】花色、黑色纯羊毛线 腰带1根 金属环若干
【制作过程】前片按图起针，先织双层平针底边后，改织下针，并间色织至完成。领圈挑针，织5cm下针，褶边缝合，形成双层圆领。缝上腰带及金属环。

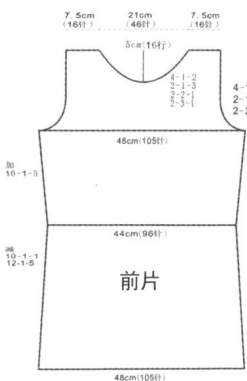

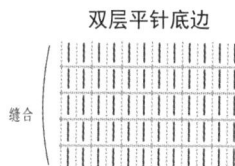

7.5cm(16针)　21cm(46针)　7.5cm(16针)　5cm(16行)　5cm 16行　4-1-1　13cm 41行　4-1-1 2-1-3 2-2-1　48cm(105针)　加10-1-5　15cm 48行　44cm(96针)　前片　减10-1-1 12-1-5　32cm 102行　48cm(105针)

领子结构图

双层平针底边　缝合

0580

【成品规格】 见图
【工具】 2.5mm棒针
【材料】 咖啡色、橙色纯羊毛线
【制作过程】 前片按图起105针，织10cm双罗纹后，改织全下针，并按图配色，侧缝减针，织20cm时加针，形成收腰，织15cm时两边平收5针，按图收插肩袖窿，并同时收领窝。领圈按图解挑154针，织5cm双罗纹，形成V领。

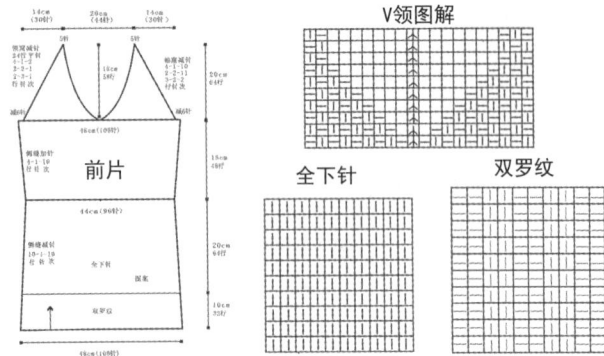

V领图解

全下针　双罗纹

前片

0581

【成品规格】 见图
【工具】 1.7mm棒针
【材料】 米色纯羊毛线 纽扣5枚 亮珠若干
【制作过程】 前片按图示起211针，织5cm双罗纹后，改织全下针，同时侧缝按图示减针，织27cm时加针，形成收腰，织15cm时留袖窿，在两边同时各平收10针，然后按图示收成袖窿，同时前领留3cm不织为门襟，然后分两片编织，再织15cm时留前领窝。缝上纽扣和亮珠。

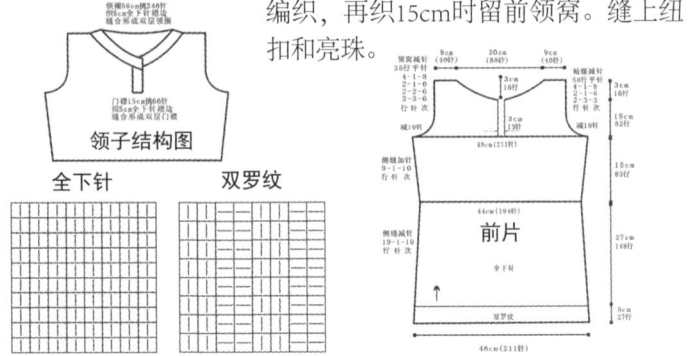

领子结构图

全下针　双罗纹

前片

0582

【成品规格】 见图
【工具】 1.7mm棒针
【材料】 杏色纯羊毛线 亮珠若干
【制作过程】 前片按图起针，织双罗纹12cm后，改织下针，织至3cm时，用另一支棒针在织完的双罗纹的位置挑针，另织下针3cm，再合成双层下针，织至完成，袖窿和领窝按图加减针。缝上亮珠。

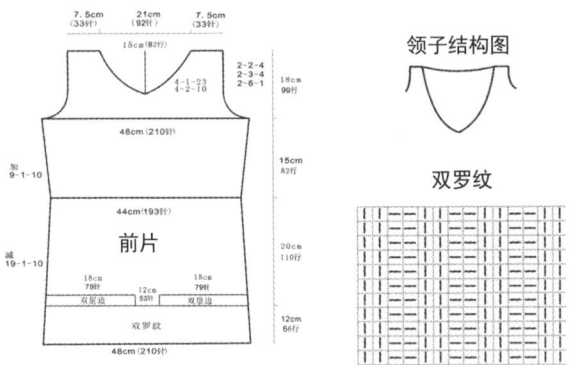

领子结构图

双罗纹

前片

0583

【成品规格】 见图
【工具】 1.7mm棒针
【材料】 橙红色、灰色纯羊毛线 亮珠若干
【制作过程】 前片按图起针，先织双层平针底边后，改织下针，并间色织至完成，衣片袖窿和领窝按图加减针。内前领和领边另织，褶边缝合，形成双层内领边，外领圈另织双罗纹，领尖缝合，形成V领。内领圈和外领圈按图叠压缝合，缝上亮珠。

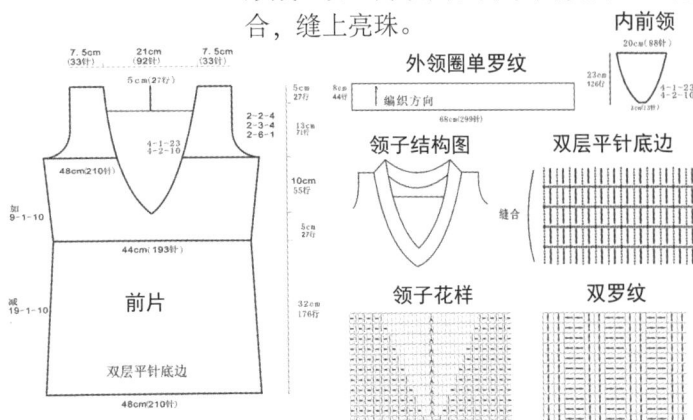

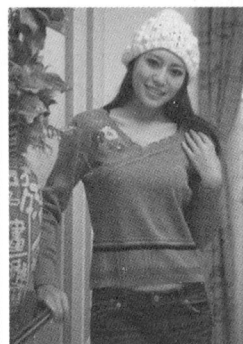

前片

双层平针底边

内前领

外领圈单罗纹

编织方向

领子结构图

领子花样

双层平针底边

双罗纹

0584

【成品规格】 见图
【工具】 1.7mm棒针 绣花针
【材料】 灰色纯羊毛线 亮片和绣花若干
【制作过程】 前片按图起针，织5cm双罗纹后，改织下针，并间色织至完成，左肩另织，起20针，织下针织至完成。后片按图起针，织双罗纹5cm后，改织下针，并间色织至完成。领圈衬边另织按图缝好，缝上亮片和绣花。

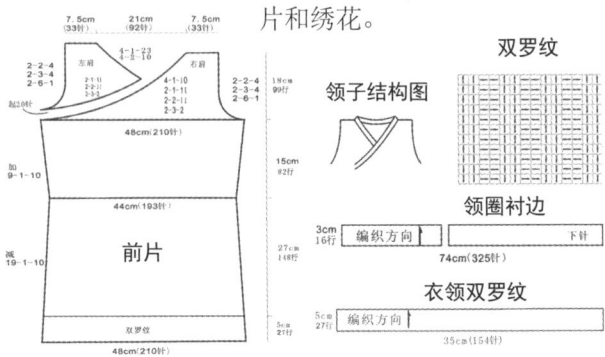

前片

双罗纹

领子结构图

领圈衬边

编织方向　下针

衣领双罗纹

编织方向

0585

【成品规格】 见图
【工具】 1.7mm棒针
【材料】 咖啡色纯羊毛线 亮珠若干
【制作过程】 前片按图起针，先织双层平针底边后，改织下针，并按彩图间色，织至完成。领子挑针，织5cm单罗纹，领尖缝合，形成双层V领，前片绣上亮珠。

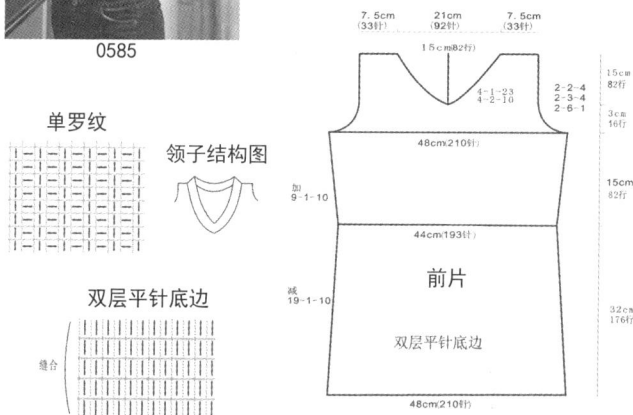

单罗纹

领子结构图

双层平针底边

7.5cm (33针)　21cm (92针)　7.5cm (33针)
15cm (82针)
48cm (210针)
44cm (193针)
前片
双层平针底边
48cm (210针)
4-1-23 4-2-10
2-2-4 2-3-4 2-6-1
15cm 82行
3cm 16行
15cm 82行
加 9-1-10
减 19-1-10
32cm 176行

0586

【成品规格】 见图
【工具】 1.7mm棒针
【材料】 绿色纯羊毛线 亮珠和花边若干
【制作过程】 前片分别按图起针，先织双层平针底边后，改织下针，袖窿和领窝按图加减针，织至完成。领圈挑针，织双罗纹5cm，褶边缝合，形成双层圆领。按图缝好亮珠和花边。

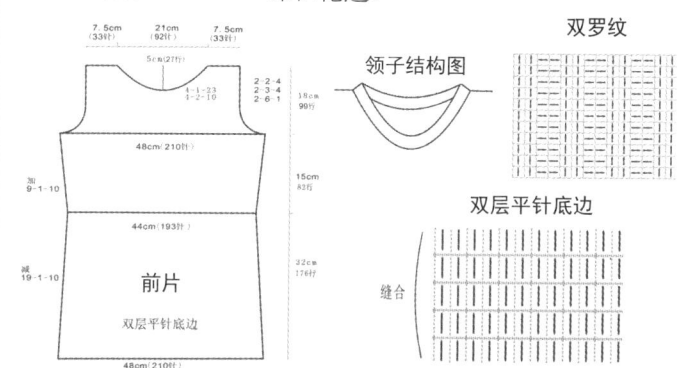

7.5cm (33针)　21cm (92针)　7.5cm (33针)
5cm (27针)
48cm (210针)
44cm (193针)
前片
双层平针底边
48cm (210针)
2-2-4 2-3-4 2-6-1
4-1-23 4-2-10
18cm 90行
15cm 82行
加 9-1-10
减 19-1-10
32cm 176行

双罗纹

领子结构图

双层平针底边

0587

【成品规格】 见图
【工具】 1.7mm棒针
【材料】 蓝色纯羊毛线 亮珠和花边若干
【制作过程】 前片按图起针，织双罗纹15cm后，改织下针，并按彩图间色，织至完成。领子挑针，织5cm双罗纹，领尖缝合，形成双层V领，前片绣上亮珠和花边。

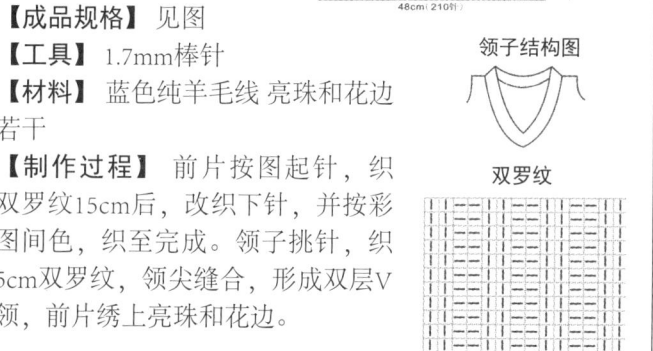

7.5cm (33针)　21cm (92针)　7.5cm (33针)
15cm (82针)
48cm (210针)
44cm (193针)
前片
双罗纹
48cm (210针)
4-1-23 4-2-10
2-2-4 2-3-4 2-6-1
15cm 82行
3cm 16行
15cm 82行
加 9-1-10
减 19-1-10
17cm 83行
15cm 82行

领子结构图

双罗纹

0588

【成品规格】 见图
【工具】 1.7mm棒针
【材料】 紫色纯羊毛线 亮片若干 纽扣10枚
【制作过程】 前片按图起针，织双罗纹10cm后，改织下针，并间色织至完成。领子另织双罗纹，领尖缝合，形成梯级V领，缝上亮珠和袖口纽扣。

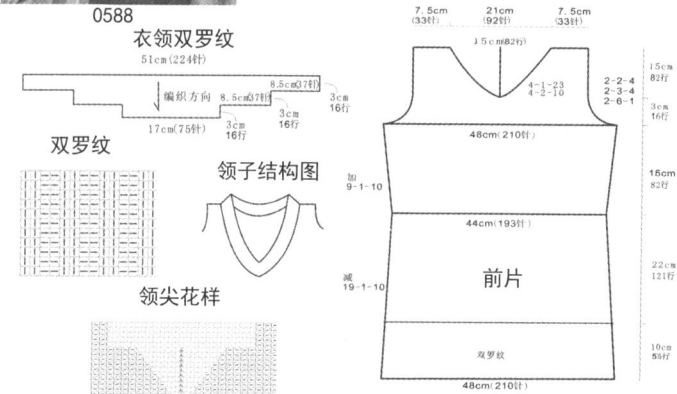

衣领双罗纹

51cm (224针)
编织方向
8.5cm (37针)
8.5cm (37针)
17cm (75针)
3cm 16行
3cm 16行

双罗纹

领子结构图

领尖花样

7.5cm (33针)　21cm (92针)　7.5cm (33针)
15cm (82针)
48cm (210针)
44cm (193针)
前片
双罗纹
48cm (210针)
4-1-23 4-2-10
2-2-4 2-3-4 2-6-1
15cm 82行
3cm 16行
15cm 82行
加 9-1-10
减 19-1-10
22cm 121行
10cm 55行

0589

【成品规格】 见图
【工具】 1.7mm棒针 绣花针
【材料】 橙色纯羊毛线 亮珠和绣花若干
【制作过程】 前片按图示起211针，织12cm双罗纹后，改织全下针，同时侧缝按图示减针，织20cm时加针，形成收腰，织15cm时留袖窿，在两边同时各平收10针，然后按图示收成袖窿，同时留前领窝。领边挑268针，织5cm双罗纹，领尖缝合，形成V领。前片装饰花用丝绸制作，缝上亮珠和绣花。

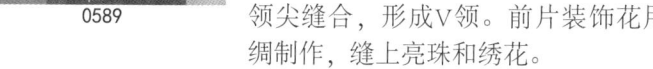

9cm (40针)　20cm (88针)　9cm (40针)
领窝减针
4-1-7 4-1-8 2-1-6 2-2-3 行针次
袖窿减针
50行平针 4-1-8 2-1-6 2-2-3 行针次
18cm 99行
18cm 99行
减10针
减10针
48cm (211针)
44cm (194针)
前片
全下针
双罗纹
48cm (211针)
侧缝加针 9-1-10 行针次
侧缝减针 19-1-10 行针次
18cm 83行
20cm 110行
12cm 66行

领窝41cm
第26针和第5.5cm织双罗纹
领尖缝合至领窝处
领子结构图

全下针

双罗纹

【成品规格】 见图
【工具】 1.7mm棒针 绣花针
【材料】 灰色纯羊毛线 亮片和绣花若干
【制作过程】 前片按图起针，织双罗纹5cm后，改织下针，并间色织至完成。领子挑针，织5cm双罗纹，领尖缝合，形成V领，缝上亮片和绣花。

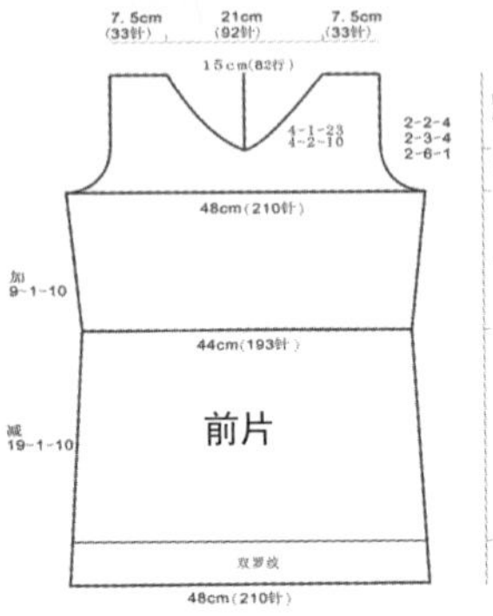

0590

领子结构图

双罗纹

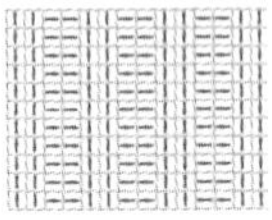

领尖花样

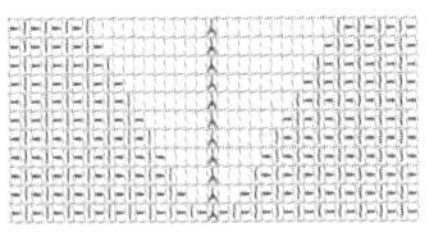

7.5cm (33针) 21cm (92针) 7.5cm (33针)
15cm(82针)
48cm(210针)
44cm(193针)
前片
48cm(210针)
双罗纹

15cm 82行
3cm 16行
15cm 82行
27cm 148行
5cm 27行

加 9-1-10
减 19-1-10

2-2-4
2-3-4
2-6-1
4-1-23
4-2-10

【成品规格】 见图
【工具】 1.7mm棒针
【材料】 黑色、灰色纯羊毛线 亮珠若干
【制作过程】 前片按图示起211针，织8cm双罗纹后，改织花样，同时侧缝按图示减针，织24cm时加针，形成收腰，织15cm时留袖窿，在两边同时各平收10针，然后按图示收成袖窿，再织5cm时留前领窝。领圈用黑色线挑246针，织3cm全下针，褶边缝合，领尖缝合，形成双层V领，缝上亮珠。

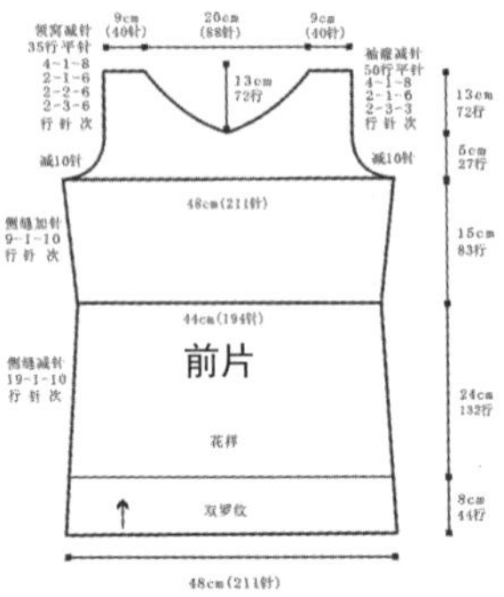

0591

花样

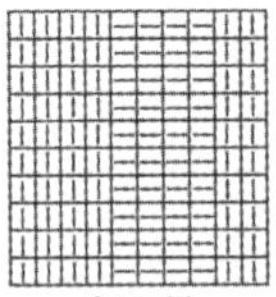

双罗纹

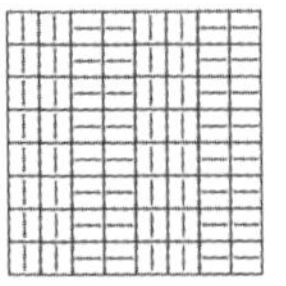

全下针

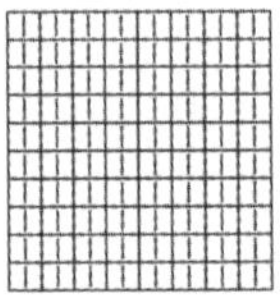

领子结构图

领圈56cm
挑246针织3cm全下针
褶边缝合领尖缝合形成双层圆领

袖窿减针 9cm(40针) 20cm(88针) 9cm(40针)
35针平收
4-1-3
2-1-2
2-2-3
2-3-6
行针次
13cm 72针
袖窿减针
35针平收
4-1-3
2-2-3
2-3-3
行针次
减10针
48cm(211针)
44cm(194针)
前片
侧缝减针 19-1-10 行针次
花样
48cm(211针)
双罗纹

13cm 72针
5cm 37行
15cm 83行
24cm 133行
8cm 44行

【成品规格】 见图
【工具】 1.7mm棒针
【材料】 黑色纯羊毛线 亮珠若干
【制作过程】 前片按图起针，织双罗纹5cm后，改织下针，织至完成。领子另织5cm双罗纹，领尖缝合，形成V领，缝上亮珠和领子衬边。

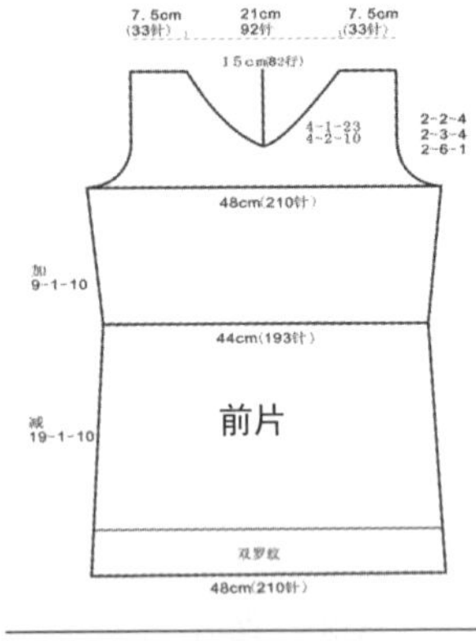

0592

双罗纹

领子结构图

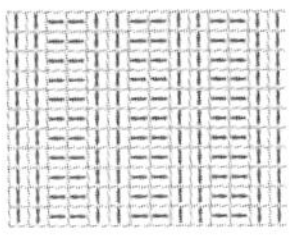

领口花样

7.5cm (33针) 21cm (92针) 7.5cm (33针)
15cm(82针)
48cm(210针)
44cm(193针)
前片
48cm(210针)
双罗纹

15cm 82行
3cm 16行
15cm 82行
27cm 148行
5cm 27行

加 9-1-10
减 19-1-10

2-2-4
2-3-4
2-6-1
4-1-23
4-2-10

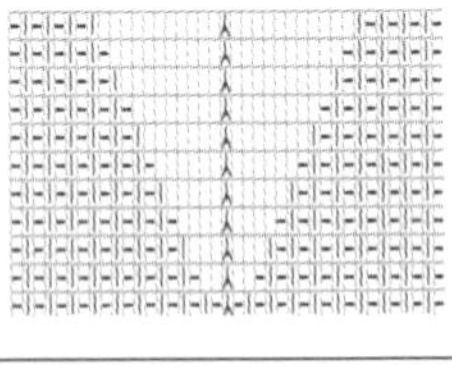

0593

全下针

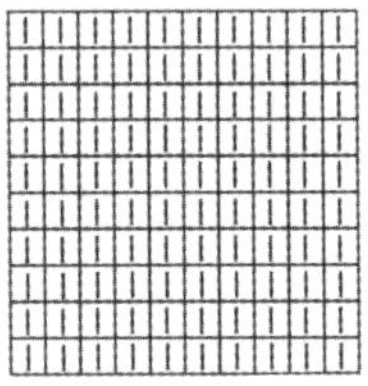

前领结构图

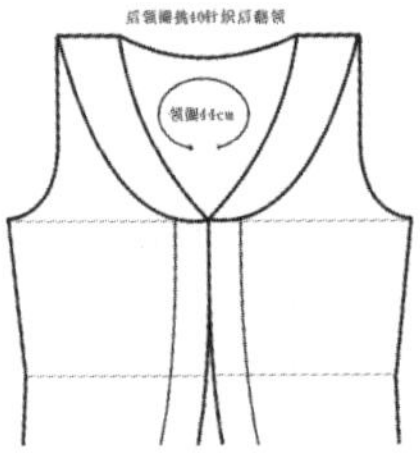

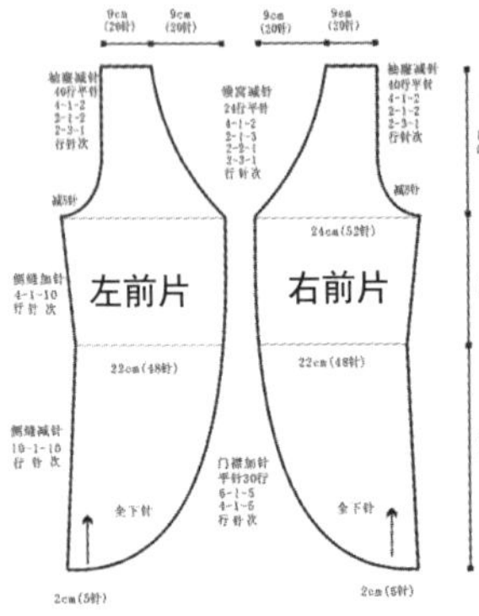

应领圈挑40针织后翻领
领圈44cm

【成品规格】 见图
【工具】 2.5mm棒针
【材料】 浅蓝色羊毛线 装饰亮珠若干
【制作过程】 前片分左、右两片编织，按图起5针，织全下针，侧缝按图示减针，织22cm时加针，形成收腰，门襟同时加针，织适合宽度，织15cm时平收5针，收袖窿，同时收领窝，同样方法织另一片。缝上装饰亮珠。

9cm(20针) 9cm(20针)   9cm(20针) 9cm(20针)
袖窿减针
60针平收
4-1-2
2-1-2
2-2-3
行针次
领宽减针
50针平收
4-1-2
2-1-2
2-3-3
行针次
袖窿减针
60针平收
4-1-2
2-1-2
2-2-3
行针次
加针
4-1-10
行针次
左前片   右前片
侧缝减针
4-1-10
行针次
门襟减针
平收30针
6-1-5
4-1-5
行针次
22cm(48针)   22cm(48针)
全下针
2cm(5针)   2cm(5针)

24cm(52针)
15cm
22cm 70行

【成品规格】 见图
【工具】 2.5mm棒针
【材料】 浅蓝色纯羊毛线 纽扣4枚 亮珠若干
【制作过程】 前片分左、右两片编织，按图起40针，织10cm双罗纹后，改织全下针，同时按图示减针，织22cm时加针，形成收腰，织15cm时留袖窿，在两边同时各平收5针，然后按图示收成袖窿，门襟减针。同样方法织另一片。缝上纽扣和亮珠。

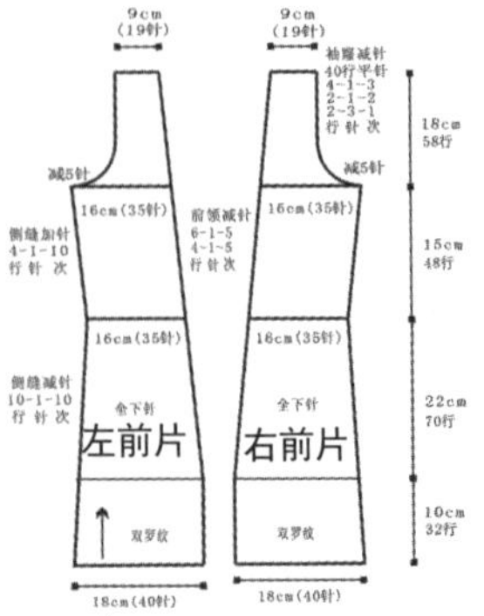

0594

双罗纹

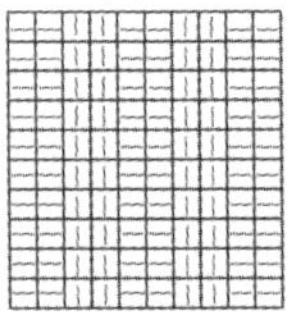

全下针

9cm(19针) 9cm(19针)
前领减针
40针平收
4-1-2
2-1-2
2-3-3
行针次
减5针
16cm(35针)   16cm(35针)
侧缝减针
4-1-5
6-1-5
行针次
左前片   右前片
16cm(35针)   16cm(35针)
侧缝减针
10-1-10
行针次
全下针   全下针
双罗纹   双罗纹
18cm(40针)   18cm(40针)

18cm 58行
15cm 48行
22cm 70行
10cm 32行

240

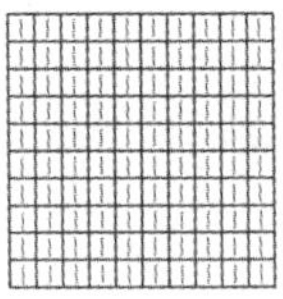

0595

【成品规格】见图
【工具】2.5mm棒针
【材料】浅蓝色、花色羊毛线 装饰亮珠若干
【制作过程】前片分左、右两片编织，按图起5针，织全下针，侧缝按图示减针，织22cm时加针，形成收腰，门襟同时加针，织适合宽度，织15cm时平收5针，收袖窿，同时收领窝，同样方法织另一片。缝上亮珠。

全下针

领子结构图

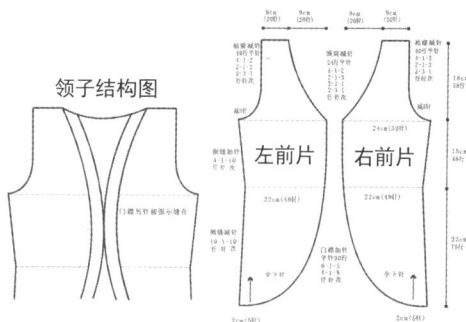

左前片　右前片

0596

【成品规格】见图
【工具】1.7mm棒针
【材料】浅蓝纯羊毛线 装饰纽扣3枚 装饰带1条
【制作过程】前片分上下部分，上部分分别从衣袖织起，按编织方向起针，织单罗纹10cm后，改织下针，并织图案，织至完成。图案可自由设计。缝上装饰纽扣和装饰带。

领子结构图

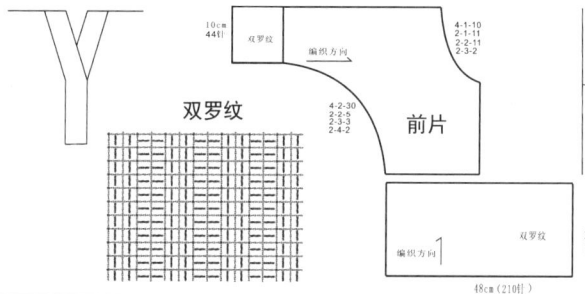

双罗纹　前片

0597

【材料】浅蓝色、花色羊毛线 拉链1条 装饰绳子若干
【制作过程】前片分左、右两片编织，按图起53针，织10cm双罗纹后，改织全下针，按图示减针，并间色，织22cm时加针，形成收腰，织15cm时两边平收5针，收袖窿，再5cm时同时收领窝，织至肩位余20针。同样方法织另一片。翻领另织，按图缝合。装饰拉链及装饰绳子。

【成品规格】见图
【工具】2.5mm棒针

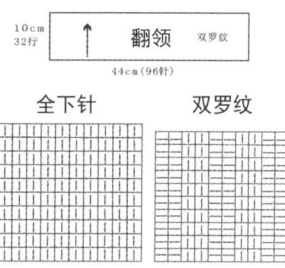

10cm 32行 翻领 双罗纹
44cm（96针）

全下针　双罗纹

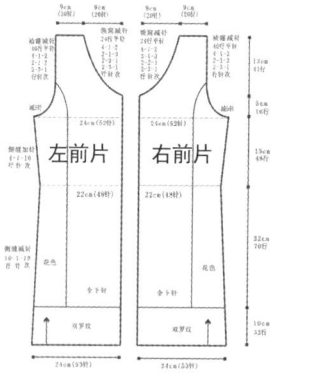

左前片　右前片

0598

【成品规格】见图
【工具】2.5mm棒针
【材料】浅蓝色、花色纯羊毛线 拉链1条 塑料装饰环4枚
【制作过程】前片分左、右两片编织，按图起53针，织3cm双罗纹后，改织全上针，并间色，按图示减针，织29cm时加针，形成收腰，织15cm时平收5针，收袖窿，再5cm时同时收领窝，织至肩位余20针。同样方法织另一片。翻领另织，按图缝合。缝上塑料装饰环及拉链。

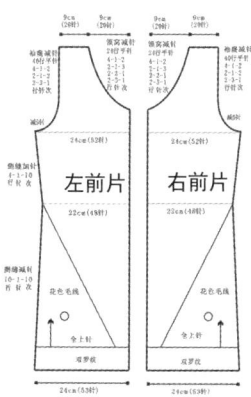

左前片　右前片

10cm 32行 翻领 双罗纹
44cm（96针）

双罗纹　全上针

0599

【成品规格】见图
【工具】2.5mm棒针
【材料】浅蓝色、花色纯羊毛线 纽扣2枚 拉链1条
【制作过程】前片分左、右两片编织，先用浅蓝色线，按图起53针，织5cm双罗纹后，织全上针，并用花色线间色，侧缝按图示减针，织27cm时加针，形成收腰，织15cm时两边平收5针，收袖窿，同时收领窝，织至肩位余20针。同样方法织另一片。翻领和前片装饰片另织，按图缝合。缝上纽扣及拉链。

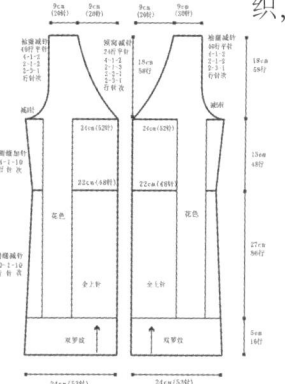

左前片　右前片

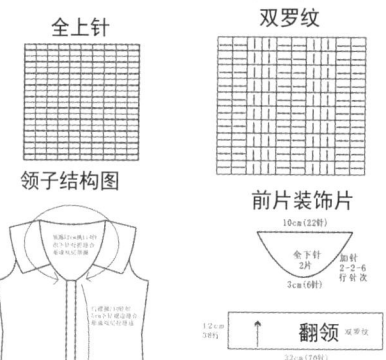

全上针　双罗纹

领子结构图

前片装饰片

翻领

241

0600

【成品规格】见图
【工具】2.5mm棒针
【材料】浅蓝色、花色纯羊毛线 拉链1条
【制作过程】前片分左、右两片编织，按图起53针，织5cm双罗纹后，改织全上针，并编入图案，按图示减针，织27cm时加针，形成收腰，织15cm时平收5针，收袖窿，再5cm时同时收领窝，织至肩位余20针。同样方法织另一片。翻领另织，按图缝合，装上拉链。

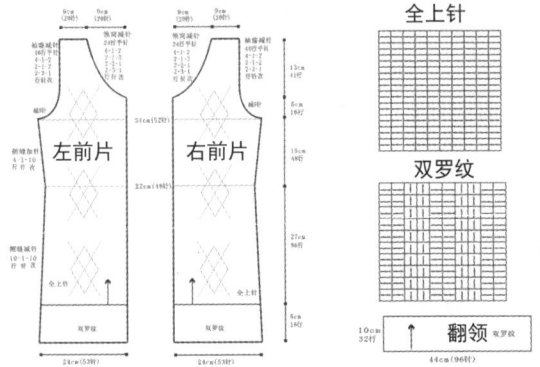

0601

【成品规格】见图
【工具】2.5mm棒针
【材料】浅蓝色纯羊毛线 装饰亮珠若干
【制作过程】前片按图起97针，织6cm双罗纹后，改织花样，同时按图示减针，织21cm时加针，形成收腰，织15cm时留袖窿，在两边同时各平收5针，然后按图示收成袖窿，中间留10cm不织，然后均匀减针。前领片另织，按图示缝合。缝上装饰亮珠。

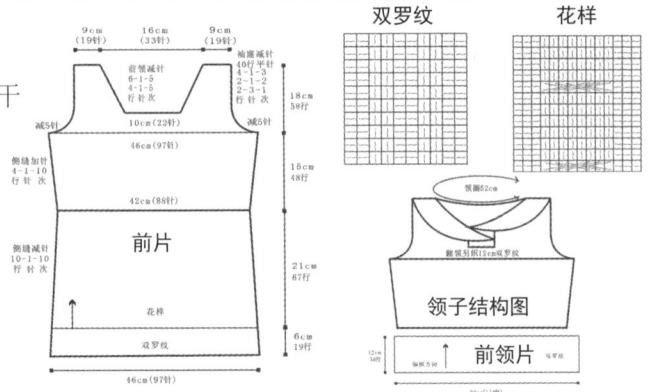

0602

【成品规格】见图
【工具】2.5mm棒针
【材料】浅蓝色羊毛线 拉链1条 亮珠若干
【制作过程】前片分左、右两片编织，按图起53针，织10cm双罗纹后，改织花样，按图示减针，织22cm时加针，形成收腰，15cm时平收5针，收袖窿，再5cm时同时收领窝，织至肩位余20针。同样方法织另一片。翻领另织，按图缝合，装上拉链，缝上亮珠。

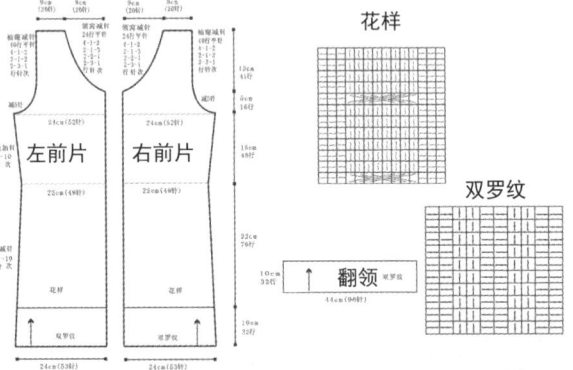

0603

【成品规格】见图
【工具】1.7mm棒针
【材料】浅蓝纯羊毛线 装饰纽扣3枚 装饰带1条
【制作过程】前片分上下部分，上部分分别从衣袖织起，按编织方向起针，织双罗纹10cm后，改织下针，并织图案，织至完成。图案可自由设计。缝上装饰纽扣和装饰带。

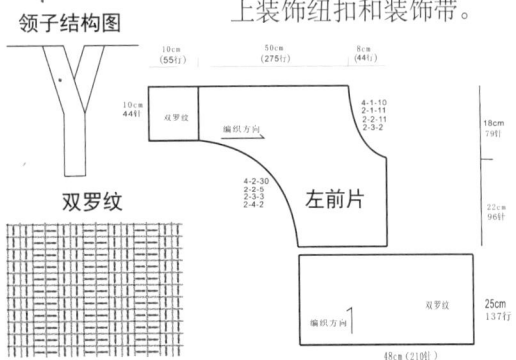

0604

【成品规格】见图
【工具】2.5mm棒针
【材料】浅蓝色、花色纯羊毛线 纽扣5枚
【制作过程】前片分左、右两片编织，先用浅蓝色线，按图起53针，织12cm双罗纹后，改用花色线织全下针，并按图示减针，织20cm时加针，形成收腰，织15cm时平收5针，收袖窿，再织3cm时同时收领窝，织至肩位余20针。同样方法织另一片。翻领另织，按图缝合。缝上纽扣。

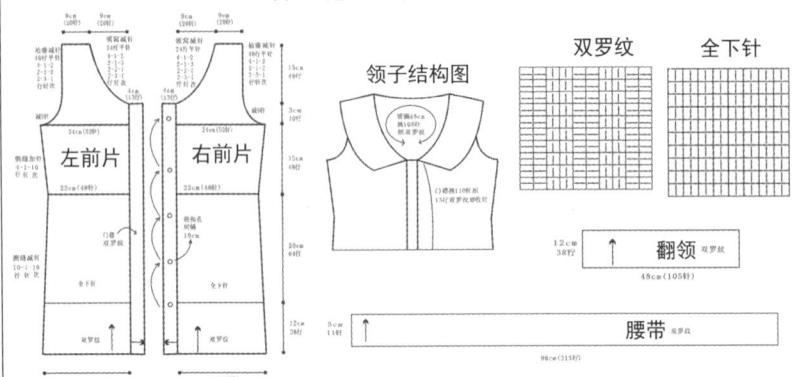

0605

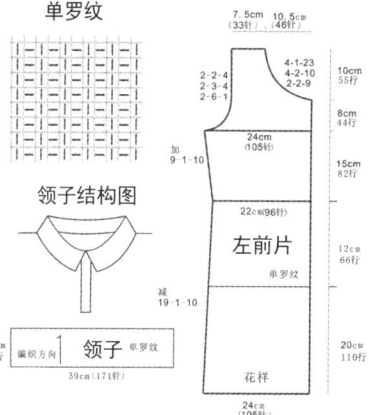

【成品规格】 见图
【工具】 1.7mm棒针 绣花针
【材料】 粉色纯羊毛线 亮珠若干
【制作过程】 前片按图示起211针，织8cm双罗纹，改织全下针，同时侧缝按图示减针，织24cm时加针，形成收腰，织12cm时留开领尖，再织3cm时留袖窿，在两边同时各平收10针，然后按图示收成袖窿。领圈边另织，起22针，织双罗纹，与领圈缝合，并缝合领尖，形成V领，前领片另织，按图缝合。缝上亮珠。

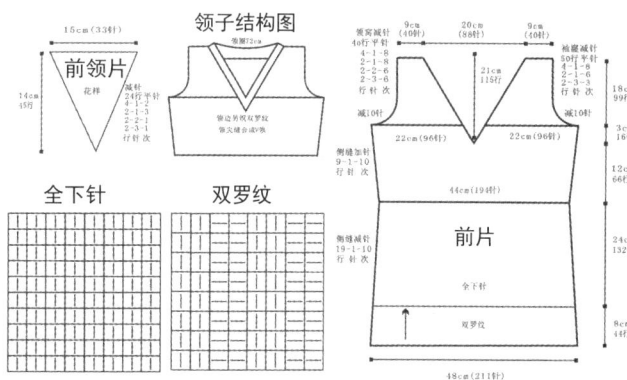

0606

【成品规格】 见图
【工具】 1.7mm棒针
【材料】 米白色纯羊毛线 纽扣18枚
【制作过程】 内前片按图起针，织双罗纹织至完成，外前片按图起针，织10cm双罗纹后，改织下针并分成左右两片，按图织好。外前片领圈和门襟另织，与前片缝合，内前片和外前片重叠好，全部缝合，内前片领圈挑针，织下针15cm，形成半高领。缝上纽扣。

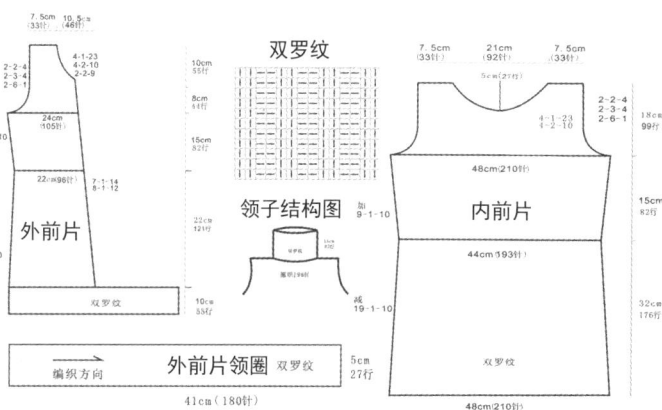

0607

【成品规格】 见图
【工具】 1.7mm棒针 3.5mm钩针
【材料】 米色纯羊毛线 纽扣6枚
【制作过程】 前片分左、右两片编织，按图起105针，织5cm双罗纹后，改织全下针，并按图示减针，织27cm时加针，形成收腰，织15cm时平收5针，按图示收袖窿，同时收领窝，肩位余40针，同样方法织另一片。缝上纽扣。

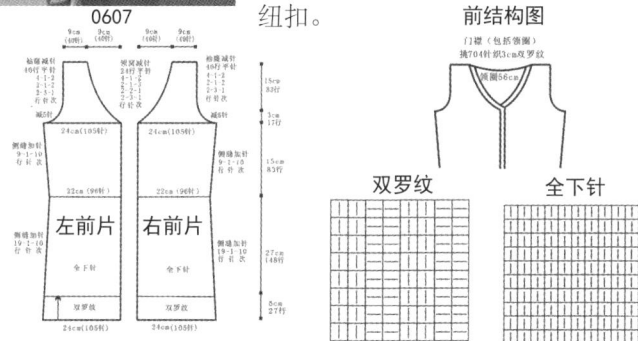

0608

【成品规格】 见图
【工具】 1.7mm棒针
【材料】 米白色纯羊毛线 纽扣5枚 蕾丝布料缝制的腰带1条
【制作过程】 前片分左、右两片编织，分别按图起针，织花样20cm后，改织单罗纹织至完成，对称织出另一片。衣领挑针，织10cm单罗纹，形成翻领。缝上纽扣和腰带。

0609

【成品规格】 见图
【工具】 1.7mm棒针
【材料】 粉红色、黑色纯羊毛线 亮珠花朵若干
【制作过程】 前片按图起针，先织双层平针底边后，改织下针织至完成。领圈另织单罗纹，按图叠压缝合，领尖缝合，形成V领，缝上亮珠花朵。

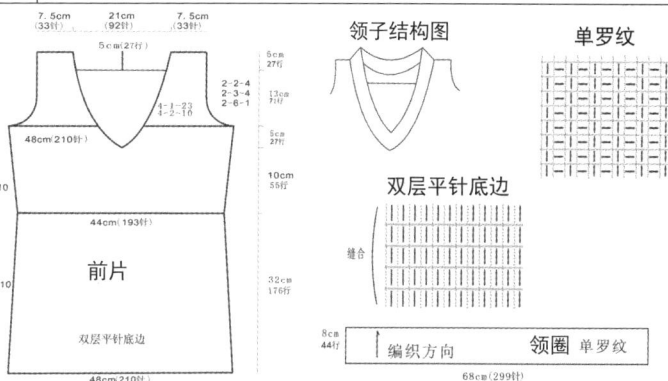

【成品规格】见图
【工具】1.7mm棒针
【材料】黑色、浅紫色纯羊毛线 亮珠若干
【制作过程】前片分左、右两片编织，分别按图示起88针，织3cm双罗纹后，改织全下针，同时侧缝按图示减针，织29cm时加针，形成收腰，织15cm时留袖窿，在两边同时各平收10针，然后按图示收成袖窿，再织3cm时留前领窝。同样方法织另一片，中间用黑色线另织两片，起18针，织374行单罗纹，打扭缆与门襟和前领窝缝合。缝上亮珠。

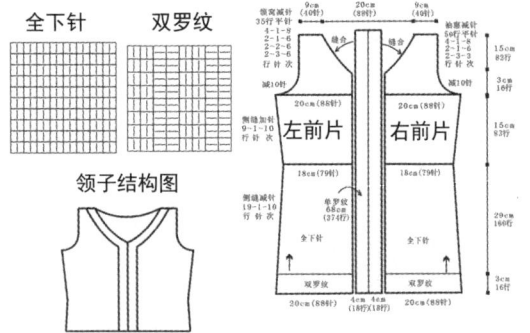

全下针　双罗纹

领子结构图

左前片　右前片

0610

【成品规格】见图
【工具】1.7mm棒针
【材料】白色、玫红色纯羊毛 亮珠若干
【制作过程】前片按图起针，先织双层平针底边后，改织下针织至完成。内前领另织花样B，领圈另织花样A，按图叠压缝合，领尖缝合，形成双层V领，缝上亮珠。

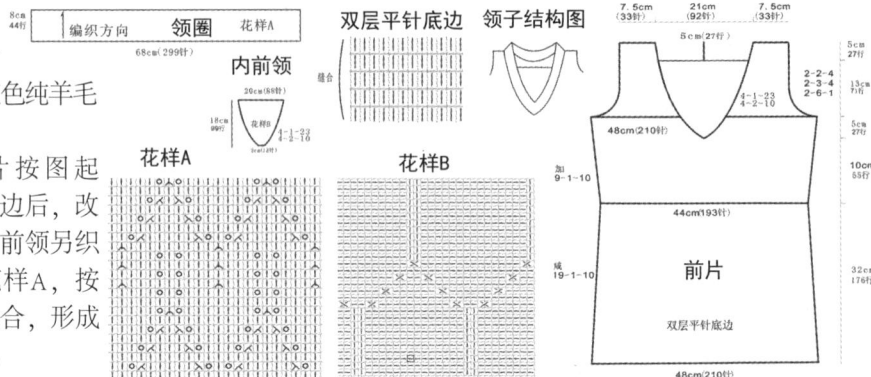

编织方向　领圈　花样A
内前领
双层平针底边　领子结构图
花样A　花样B
前片
双层平针底边

0611

【成品规格】见图
【工具】1.7mm棒针
【材料】橙色纯羊毛线 亮片和花朵若干 装饰扣1个
【制作过程】前片按图起针，织单罗纹，并间色织至完成。领圈另织5cm单罗纹，装上装饰扣，按领子结构图缝合，缝上花朵和亮片。

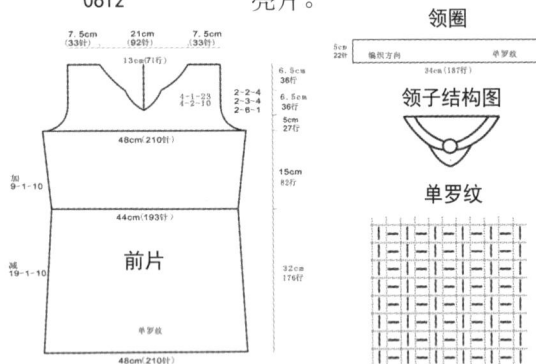

领圈
领子结构图
前片
单罗纹

0612

【成品规格】见图
【工具】1.7mm棒针
【材料】紫色、粉色纯羊毛线 拉链1条
【制作过程】前片分左、右两片编织，每片分上下两片，下片按图起105针，用粉色线织6cm双罗纹后改织全下针，织至完成。上片起97针，用紫色线织5cm双罗纹后，改织花样，并按图示加针，织15cm时平收10针，收袖窿，并同时收领窝，织至肩位余2针。上片与打皱褶的下片叠入5cm缝合。同样方法织另一片。装上拉链。

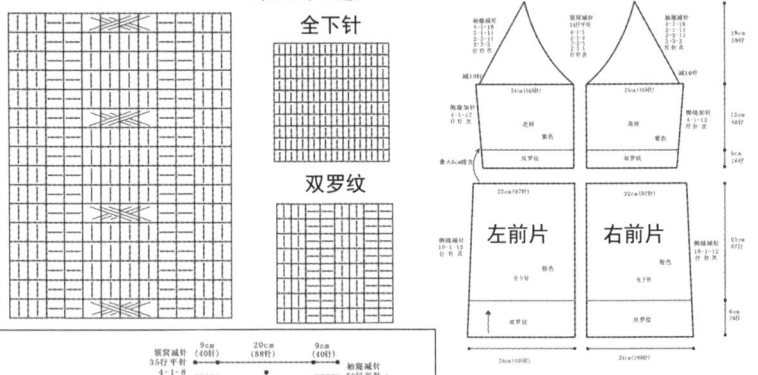

花样
全下针
双罗纹

0613

左前片　右前片

【成品规格】见图
【工具】1.7mm棒针
【材料】紫色纯羊毛线 纽扣4枚
【制作过程】前片按图示起211针，织5cm双罗纹后，改织全下针，同时侧缝按图示减针，织27cm时加针，形成收腰，织15cm时留袖窿，在两边同时各平收10针，然后按图示收成袖窿，再织5cm时留前领窝，门襟留22针不织，分两片织完。前领边另织，与前领缝合，领圈挑176针，织8cm双罗纹，形成翻领。缝上纽扣。

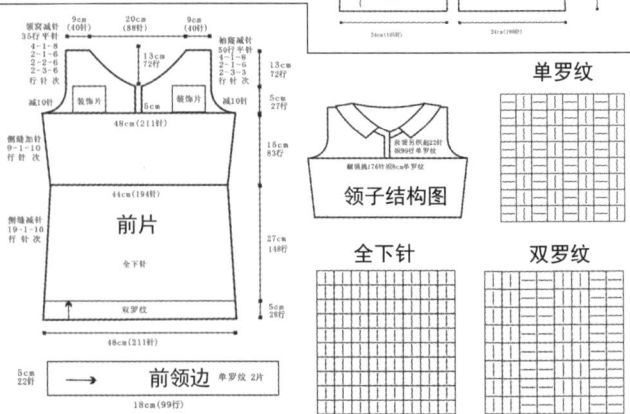

前片
领子结构图
单罗纹
全下针　双罗纹
前领边　单罗纹 2片

0614

【成品规格】 见图
【工具】 2.5mm棒针
【材料】 紫色纯羊毛线 拉链1条
【制作过程】 前片分左、右两片编织，按图起53针，织5cm双罗纹后，改织全下针，并按图示减针，织27cm时加针，形成收腰，织15cm时两边平收5针，收袖窿，再织13cm时收领窝，织至肩位余20针。同样方法织另一片。装上拉链。

0615

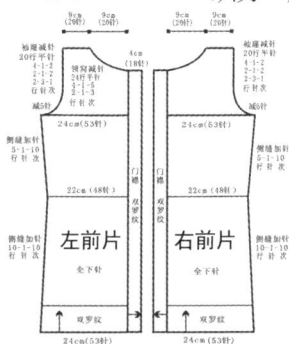

领子结构图

双罗纹　全下针

0616

【制作过程】 前片分左、右两片编织，分别按图起106针，织4cm双罗纹后改织全下针，侧缝按图示减针，在28cm时加针，形成收腰，在15cm时两边平收10针，收袖窿同时收领窝，左前片均匀开扣孔，同样方法织另一片。缝上纽扣和绣花。

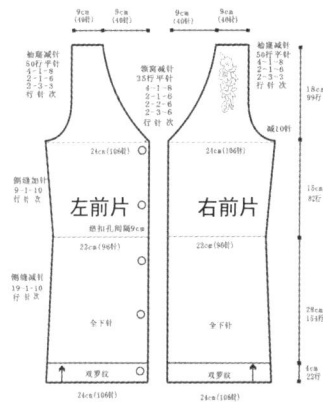

【成品规格】 见图
【工具】 1.7mm棒针
【材料】 紫色、粉色羊毛线 纽扣5枚 绣花若干

领子结构图　全下针　双罗纹

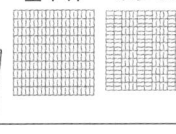

【成品规格】 见图
【工具】 1.7mm棒针 绣花针
【材料】 粉色纯羊毛线 亮珠和绣花若干
【制作过程】 前片按图示起211针，织12cm双罗纹后，改织全下针，同时侧缝按图示减针，织20cm时加针，形成收腰，织15cm时留袖窿，在两边同时各平收10针，然后按图示收成袖窿，再织5cm时留前领窝。肩位按编织方向另织，与打皱褶的前片缝合。领圈挑228针，织3cm全下针，褶边缝合，形成双层V领。缝上亮珠和绣花。

0617

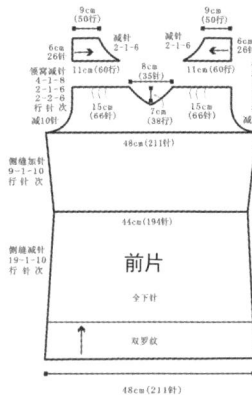

领子结构图

前片

双罗纹　全下针

【成品规格】 见图
【工具】 1.7mm棒针
【材料】 浅紫色纯羊毛线 纽扣3枚 亮珠若干
【制作过程】 前片按图示起211针，织5cm单罗纹后，改织花样，并配色，同时侧缝按图示减针，织27cm时加针，形成收腰，织全下针，织15cm时留袖窿，在两边同时各平收10针，然后按图示收成袖窿，再织5cm时留前领窝。门襟留22针不织，分两片织完。缝上纽扣和亮珠。

0618

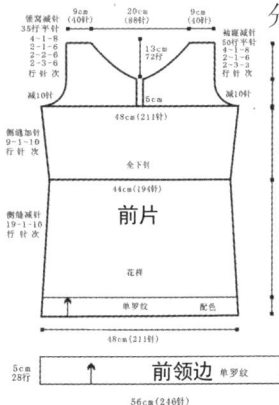

前片

全下针

领子结构图

单罗纹　花样

前领边

0619

【成品规格】 见图
【工具】 1.7mm棒针
【材料】 白色、粉红色纯羊毛线 装饰花1朵
【制作过程】 前片按图起针，织单罗纹8cm并间色，后改织下针织至完成。衣领边另织8cm单罗纹，褶边缝合，领尖缝合，按领子结构图缝合，形成双层V领，前领装饰片另织，按图缝合，缝上装饰花朵。

前片

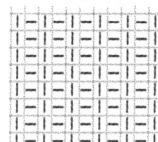

单罗纹

领子结构图

编织方向　前领装饰片

编织方向　领圈 单罗纹

【成品规格】 见图
【工具】 1.7mm棒针
【材料】 玫红色纯羊毛线
亮珠纽扣5枚
【制作过程】 前片按图起针，先织双层平针底边后，改织下针，织至完成。衣领门襟另织5cm单罗纹，按结构图褶边与领窝缝合，衣领花边另织，缝上亮珠纽扣。

0620

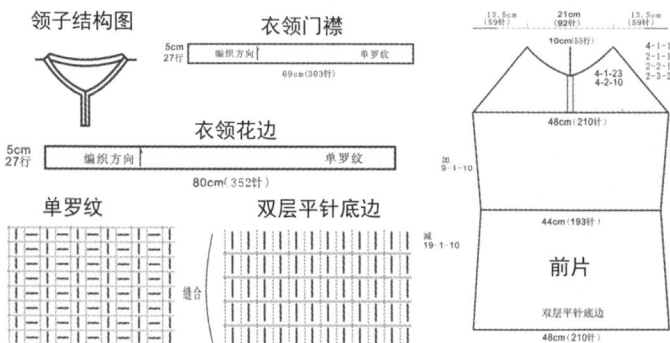

领子结构图　衣领门襟
5cm 27行　编织方向　单罗纹
69cm(303针)
衣领花边
5cm 27行　编织方向　单罗纹
80cm(352针)
单罗纹　　双层平针底边

13.5cm(59针) 21cm(92针) 13.5cm(59针)
10cm(53针)
4-1-10
2-1-11
4-2-10
48cm(210针)
9-1-10
44cm(193针)
前片
双层平针底边
48cm(210针)
10cm 56行 4行
15cm 82行
32cm 176行

【成品规格】 见图
【工具】 1.7mm棒针
【材料】 西瓜红色纯羊毛线 亮片若干
【制作过程】 前片按图起211针，织双层平针底边后改织全下针，同时侧缝按图减针，织27cm时加针，形成收腰，织15cm时留袖窿，在两边同时各平收10针，然后按图示收成袖窿，再织5cm时留前领窝，门襟留22针不织，分两片织完。领圈挑246针，织8cm单罗纹，形成翻领。缝上亮片。

0621

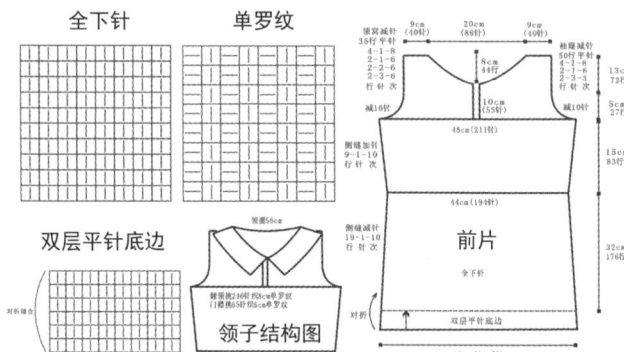

全下针　单罗纹
双层平针底边　领子结构图

0622

【工具】 1.7mm棒针
【材料】 玫红色纯羊毛线 纽扣7枚 亮珠若干
【制作过程】 前片分左、右两片编织，分别按图起针，织5cm双罗纹后，改织下针织至完成。对称织出另一片。前领片另织按结构图缝合，缝上纽扣和亮珠。

前领片
15cm66针
7cm 38行
领子结构图
双罗纹

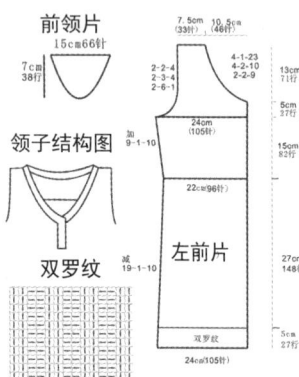

7.5cm(33行) 10.5cm(46行)
2-2-4 2-3-4 2-6-1
4-1-23 4-2-10 2-2-9
13cm 71行
5cm 27行
15cm 82行
24cm(105针)
22cm(96针)
左前片
27cm 148行
减 19-1-10
5cm 27行
24cm(105针)

【成品规格】 见图
【工具】 2.5mm棒针
【材料】 红色、白色羊毛线 门襟绳子1根
【制作过程】 前片分左、右两片编织，分别按图起106针，织双层平针底边后，改织全下针并编入花样，侧缝按图减针，在32cm时加针，形成收腰，在15cm时两边平收10针，收袖窿同时收领窝，同样方法织另一片。系上门襟绳子。

0623

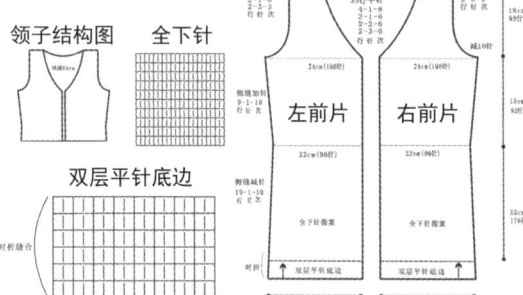

领子结构图　全下针
双层平针底边

9cm 9cm
26cm(106针) 24cm(106针)
左前片　右前片
22cm(96针) 22cm(96针)
24cm(106针) 24cm(106针)
全下针底纹　双层平针底边

花样

0624

【制作过程】 前片分左、右两片编织，分别按图起针，织20cm双罗纹后，改织花样织至完成。对称织出另一片。缝上纽扣和亮珠。

【成品规格】 见图
【工具】 1.7mm棒针
【材料】 红色纯羊毛线 纽扣4枚 亮珠若干

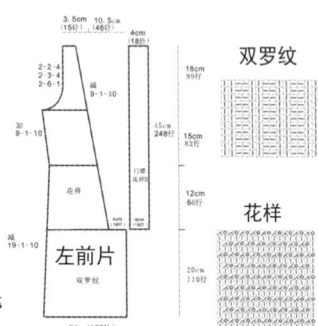

3.5cm(15针) 10.5cm(46针)
4cm
2-2-4 2-3-4 2-6-1
18cm 99行
30 9-1-30
45cm 248行
左前片
花样
24cm(105针)
双罗纹
15cm 82行
12cm 66行
20cm(119行)
双罗纹
花样

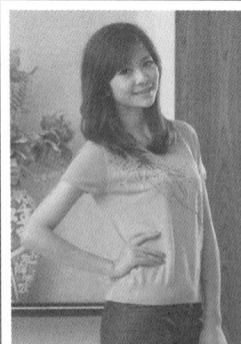

【制作过程】 前片按图起211针，织6cm双罗纹后改织全下针，同时侧缝按图示减针，织26cm时加针，形成收腰，织15cm时留袖窿，在两边同时各平收10针，然后按图示收成袖窿，再织5cm时留前领窝。领圈挑228针，织3cm全下针，褶边缝合，形成双层V领。缝上亮珠和绣花。

0625

【成品规格】 见图
【工具】 1.7mm棒针 绣花针
【材料】 橙色纯羊毛线 亮珠和绣花若干

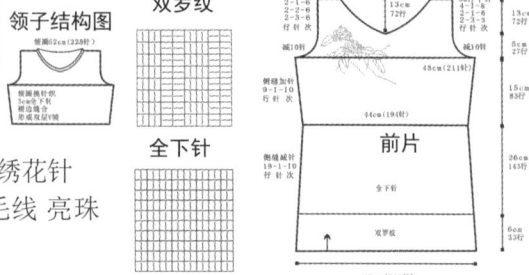

领子结构图　双罗纹
全下针

9cm 20cm 9cm
13cm 72行
48cm(211针)
44cm(194针)
前片
全下针
48cm(211针)
双罗纹
15cm 72行
32cm 176行
18cm 82行
6cm 33行

0626

领子结构图

前片

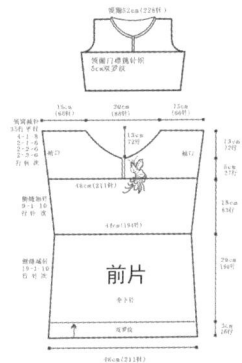

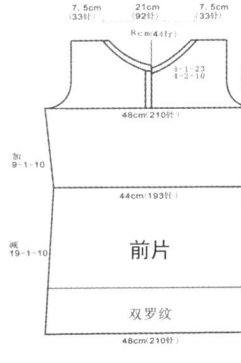

【成品规格】 见图
【工具】 1.7mm棒针 绣花针
【材料】 浅橙色纯羊毛线 亮珠和绣花若干 纽扣5枚
【制作过程】 前片按图示起211针，织3cm双罗纹后，改织全下针，同时侧缝按图示减针，织29cm时加针，形成收腰，织至肩位余66针，前领留3cm不织为门襟，然后分两片编织，再织5cm时留前领窝。领圈和门襟分别挑228针和28针，织3cm双罗纹，形成圆领，领边用布料缝制，按图缝合。缝上亮珠和绣花、纽扣。

双罗纹

全下针

0627

【成品规格】 见图
【工具】 1.7mm棒针
【材料】 橙红色纯羊毛线 纽扣4枚 丝带和蕾丝花边若干
【制作过程】 前片按图起针，织双罗纹10cm后，改织下针织至完成。门襟和衣领分别另织5cm单罗纹，按领子结构图褶边缝合，形成双层门襟和双层领圈，丝带和蕾丝花边按彩图装饰领圈，缝上纽扣。

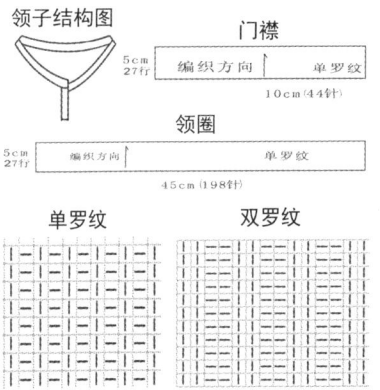

领子结构图

前片

门襟

编织方向	单罗纹

5cm 27行
10cm(44针)

领圈

编织方向	单罗纹

5cm 27行
45cm(198针)

单罗纹

双罗纹

0628

【成品规格】 见图
【工具】 1.7mm棒针
【材料】 白色、红色纯羊毛线 纽扣2枚
【制作过程】 前片按图起针，织单罗纹8cm并间色，后改织下针织至完成。门襟和衣领分别另织8cm单罗纹，按领子结构图缝合，花朵另做好，全部缝到前领片上，缝上纽扣。

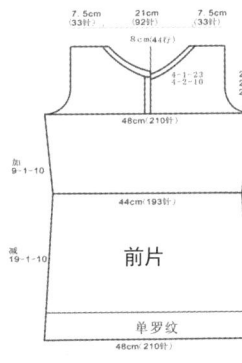

前片

门襟

编织方向	单罗纹

8cm 44行
10cm(44针)

领圈

编织方向	单罗纹

5cm 27行
45cm(198针)

领子结构图

单罗纹

0629

【成品规格】 见图
【工具】 1.7mm棒针
【材料】 橙色纯羊毛线 亮珠若干 装饰绳子1根
【制作过程】 前片按图示起211针，先织双层平针底边后，改织全下针，同时侧缝按图示减针，织32cm时加针，形成收腰，织15cm时留袖窿，在两边同时各平收10针，然后按图示收成袖窿，再织5cm时留前领窝。领子按结构图织好，缝上亮珠，前领系上装饰绳子。

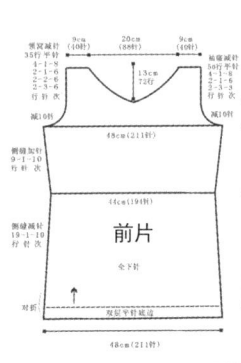

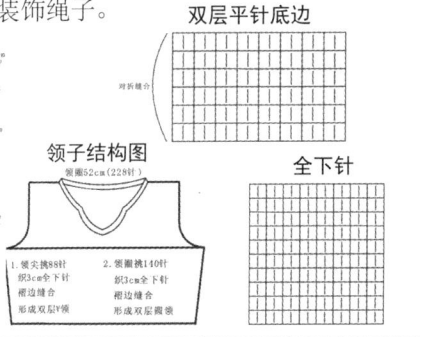

双层平针底边

前片

领子结构图

全下针

1.领尖挑88针 织3cm全下针 褶边缝合 形成双层V领

2.领圈挑140针 织3cm全下针 褶边缝合 形成双层圆领

0630

【成品规格】 见图
【工具】 1.7mm棒针 小号钩针
【材料】 橙色纯羊毛线 钩花若干
【制作过程】 前片按图示起211针，先织双层平针底边后，改织全下针，同时侧缝按图示减针，织32cm时加针，形成收腰，织15cm时留袖窿，在两边同时各平收10针，然后按图示收成袖窿，再织3cm时留前领窝，前领用钩针钩织钩花和花边。

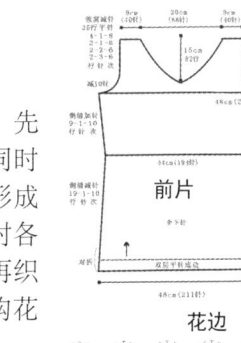

前片

钩花

全下针

双层平针底边

花边

0631

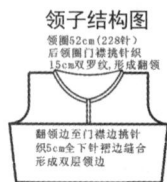

领子结构图

领圈52cm(228针)
后领圈门襟挑针
1.5cm双罗纹,形成翻领

翻领边门门襟边挑针
织5cm全下针摆缝缝合
形成双层领边

全下针　双罗纹

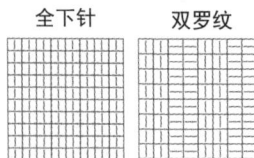

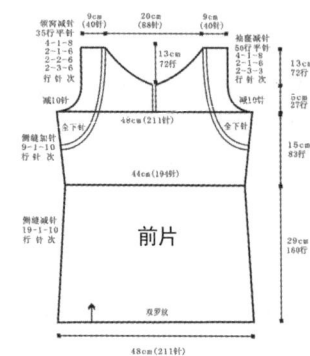

前片

48cm(211针)
44cm(194针)

【成品规格】 见图
【工具】 1.7mm棒针 绣花针
【材料】 浅蓝色纯羊毛线 金属饰品若干
【制作过程】 前片按图示起211针,织双罗纹,肩位两边织全下针,同时侧缝按图示减针,织29cm时加针,形成收腰,织15cm时留袖窿,在两边同时各平收10针,然后按图示收成袖窿,前领留3cm不织为门襟,然后分两片编织,再织5cm时留前领窝。缝上金属饰品。

0632

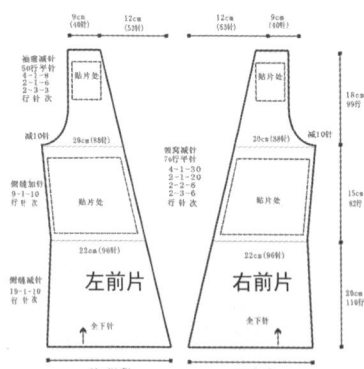

左前片　右前片

全下针

【成品规格】 见图
【工具】 1.7mm棒针
【材料】 橙色、藕色羊毛线 金属纽扣3枚

【制作过程】 前片分左、右两片编织,分别按图起114针,织织全下针,门襟即时减针,侧缝按图示减针,织20cm时加针,形成收腰,织15cm时两边平收10针,收袖窿,同时收领窝,同样方法织另一片。缝上金属纽扣。

0633

前片图样

花边图样

单元花图解

花的大小可以根据你的身型的大小增加花瓣的个数。

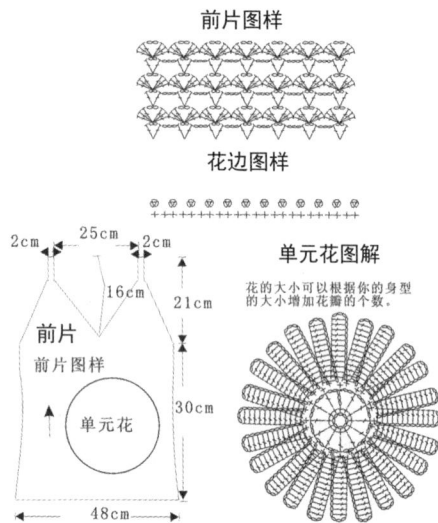

前片
前片图样
单元花
2cm 25cm 2cm
16cm 21cm
30cm
48cm

【成品规格】 见图
【工具】 2.5mm钩针
【材料】 白色毛线 灰色毛线

【制作过程】 衣服前片按照结构图尺寸由钩针编织而成。前片由一个单元花和延伸前片图解组成。按照花边花样钩领口。

0634

【成品规格】 见图
【工具】 2.5mm钩针
【材料】 白色毛线
【制作过程】 衣服前片按照结构图尺寸由钩针编织而成。前片按照基本图样钩编两片。参照外围花边图样钩编衣服外围花边。

基本图样　单元花图解

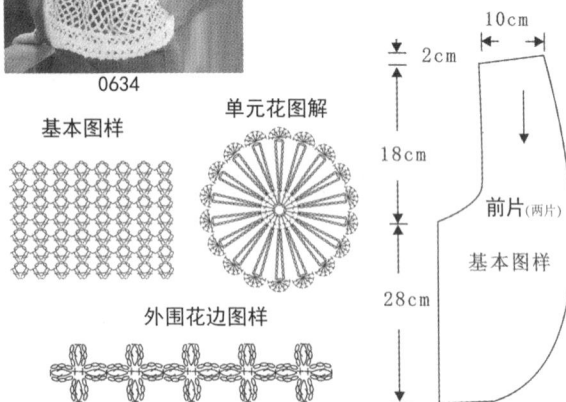

前片(两片)
基本图样
10cm
2cm
18cm
28cm

外围花边图样

网格钩编

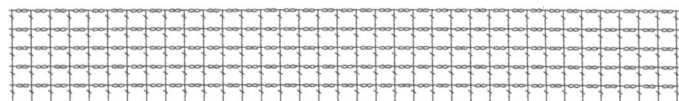

0635

【成品规格】 见图
【工具】 2.5mm钩针
【材料】 米黄色、紫色、绿色、粉红色、褐色毛线
【制作过程】 衣服前片按照结构图尺寸由棒针编织而成。前片钩片为单片,钩完后与棒针片钩合。按照单元花图解、拼花图解、网针图解、网格图解钩前片。

网针图解　前片左右两个单元花　前片

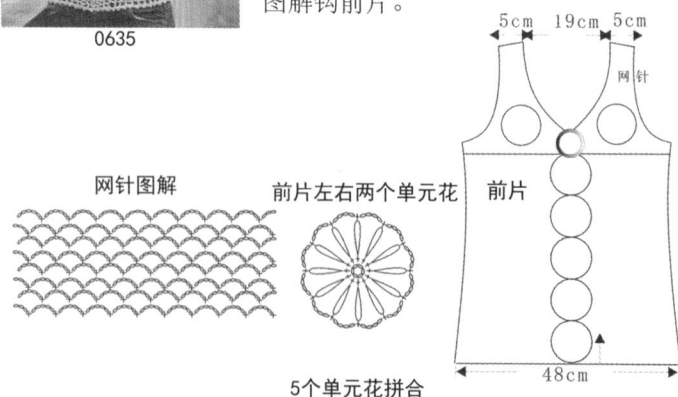

5cm 19cm 5cm
网针
前片
48cm

5个单元花拼合

0636

【成品规格】见图
【工具】2.5mm棒针 2.5mm钩针
【材料】米黄色纯羊毛线
【制作过程】前片按图示起211针，织花样A，同时侧缝按图示减针，织32cm时加针，形成收腰，并改织花样B，织15cm时留袖窿，在两边同时各平收10针，然后按图示收成袖窿，肩位剩22针。领圈和袖口用钩针钩花边。

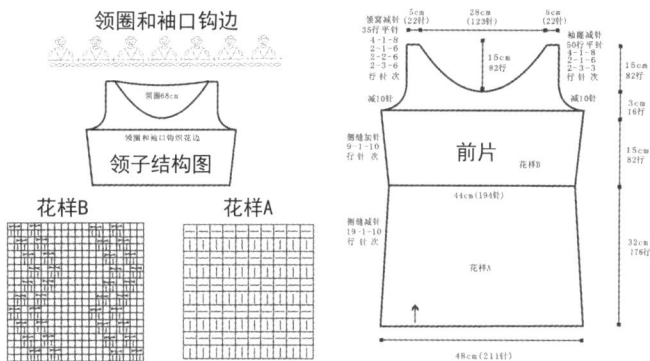

领圈和袖口钩边

领子结构图

花样B　　花样A

0637

【成品规格】见图
【工具】2.5mm钩针
【材料】米色毛线
【制作过程】前片按照结构图尺寸由钩针编织而成。前片钩片由5个布的圆圈，和10个布的四方形钩成片，用花样A连接而成。按照花样B钩领口、袖口和下摆花边。

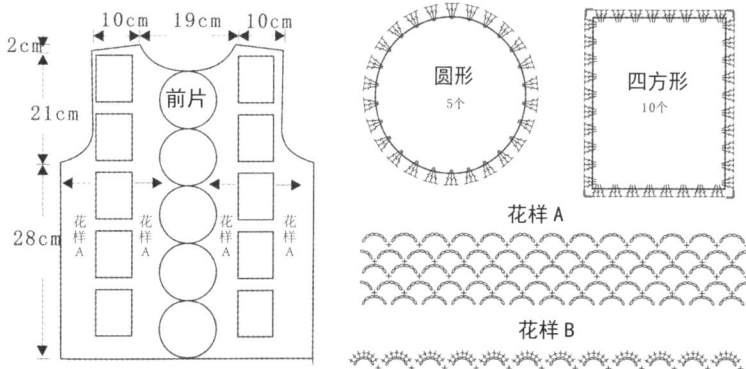

圆形 5个

四方形 10个

花样A

花样B

【材料】奶白色、灰绿色丝竹棉线
【制作过程】灰绿色线起60针织4行单罗纹针，改为奶白色线继续编织单罗纹针边，织14行，然后编织花样前片，编织到25cm时进行袖窿减针，身长共织到39cm时开始前领窝减针，按结构图减完针后收针断线。

0638

【成品规格】见图
【工具】3.0mm棒针 小号钩针

花样

单罗纹

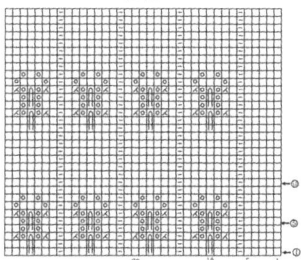

0639

【成品规格】见图
【工具】2.5mm钩针
【材料】白色毛线
【制作过程】衣服前片按照结构图尺寸由钩针编织而成。前片1片按照花样钩编而成。按照花边花样钩领口、下摆和袖口的花边。

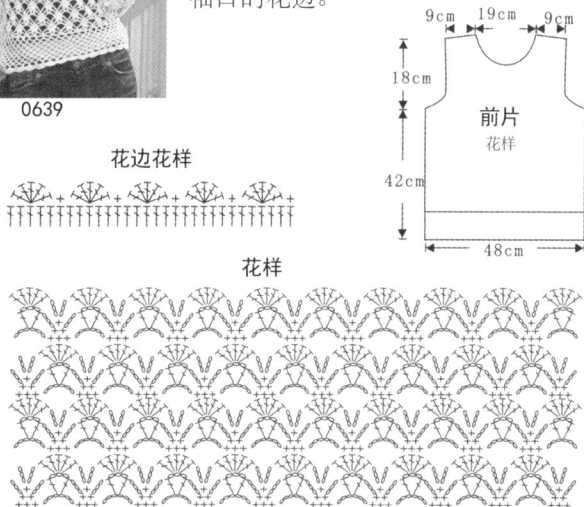

花边花样

花样

0640

【成品规格】见图
【工具】1.7mm棒针
【材料】橙色纯羊毛线
【制作过程】前片按图示起211针，织3cm双罗纹后，改织花样，同时侧缝按图示减针，织29cm时加针，形成收腰，织15cm时留袖窿，两边各平收10针，按图收成袖窿，再织8cm时全部收针，其中织3cm全下针，褶边缝合，形成双层边。

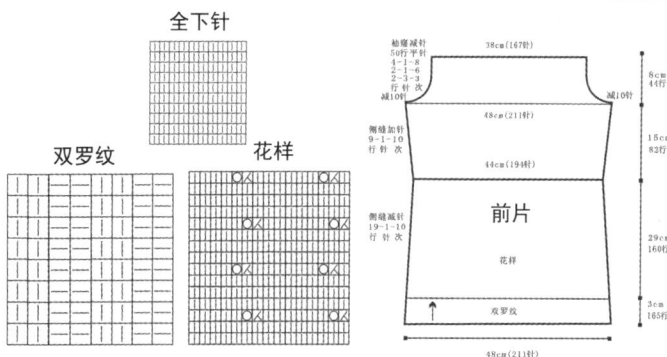

全下针

双罗纹　花样

前片

花样

0641

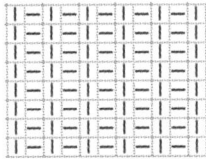

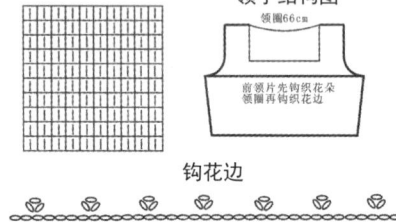

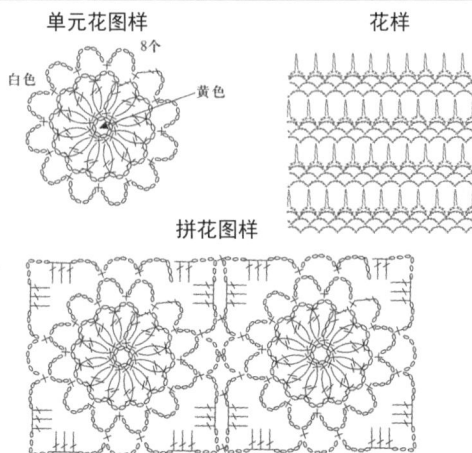

【成品规格】见图
【工具】1.7mm棒针 2.5mm钩针
【材料】米色纯羊毛线 亮珠若干
【制作过程】前片按图示起211针，先织双层平针底边后，改织全上针，同时侧缝按图示减针，织32cm时加针，形成收腰，织15cm时留袖窿，在两边同时各平收10针，然后按图示收成袖窿，再织5cm时留前领窝。领圈、袖口和前片衬边用钩针钩织花边。缝上亮珠。

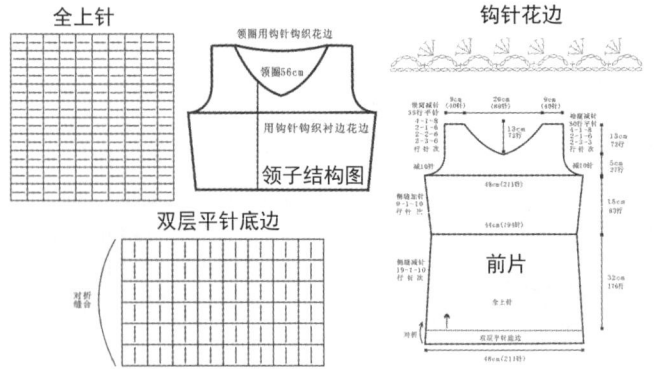

全上针

领圈用钩针钩织花边

领圈56cm

用钩针钩织衬边花边

领子结构图

钩针花边

双层平针底边

对折缝合

前片

0642

【成品规格】见图
【工具】3.0mm棒针
【材料】白色、黑色毛线
【制作过程】前片按普通法起针，起138针，按花样A编织10cm；花样B和下针按图解加减针编织，注意花样C为a部分减为一针时与旁边2针组合而成花样。前领、后领、袖片各挑86针、56针、40针，共222针。按衣领花样图解编织，织14行。

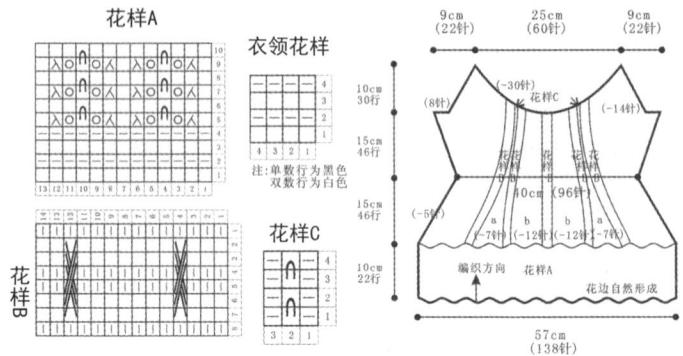

花样A

衣领花样

注：单数行为黑色
双数行为白色

花样C

花样B

57cm
(138针)

编织方向 花样A

花边自然形成

0643

领子结构图

单罗纹

【成品规格】见图
【工具】1.7mm棒针
【材料】紫色纯羊毛线
【制作过程】前片按图起针，织12cm单罗纹后改织下针，织至完成。

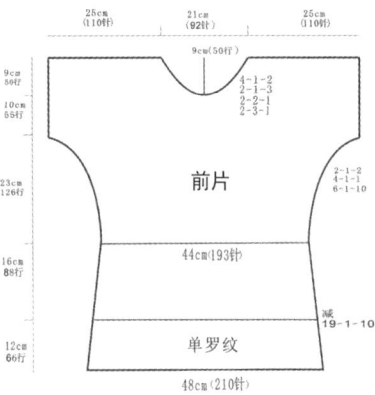

前片

44cm(193针)

单罗纹

48cm(210针)

0644

全下针

领子结构图

领圈66cm

前领片先钩织花朵
领圈再钩织花边

钩花边

【成品规格】见图
【工具】1.7mm棒针 2.5mm钩针
【材料】花色纯羊毛线
【制作过程】前片按图起211针，织全下针，同时侧缝按图示减针，织32cm时加针，形成收腰，织15cm时留袖窿，在两边同时各平收10针，然后按图收成袖窿，再织5cm时留前领窝。前领片先改织花朵，领圈再改织花边。

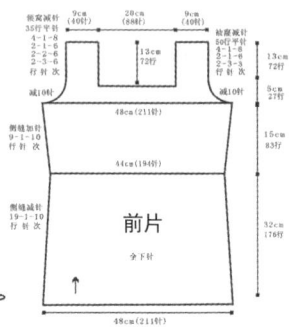

前片

48cm(211针)

44cm(194针)

全下针

48cm(211针)

0645

【成品规格】见图
【工具】2.0mm钩针

【材料】绿色、白色、黄色毛线
【制作过程】首先按照单元花的做法，钩前片和后片一共8个单元花。然后拼1行花，8个成圈，最后按照花样，钩领口、袖口和下摆的花边。

单元花图样

白色

黄色

花样

拼花图样

领口图样

前片 X1

图样

拼花图样

45cm

【成品规格】见图
【工具】1.7mm棒针
【材料】绿色纯羊毛线
【制作过程】前片按图示起211针，织8cm双罗纹后，改织全下针，同时侧缝按图示减针，织24cm时加针，形成收腰，织15cm时留袖窿，在两边同时各平收10针，然后按图示收成袖窿，再织5cm时留前领窝。领圈挑316针，织3cm全下针，褶边缝合，形成双层圆领。

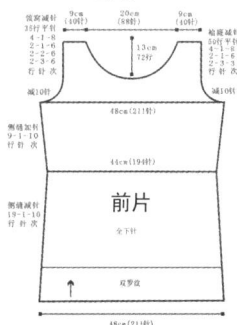

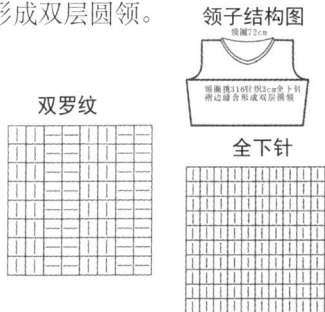

0646

双罗纹

领子结构图

全下针

【成品规格】见图
【工具】1.7mm棒针
【材料】绿色纯羊毛线
【制作过程】前片按图示起211针，织8cm单罗纹后，改织全下针，同时侧缝按图示减针，织24cm时加针，形成收腰，织15cm时留袖窿，在两边同时各平收10针，然后按图示收成袖窿，再织5cm时留前领窝。领圈挑290针，织3cm全下针，褶边缝合，形成双层圆领。

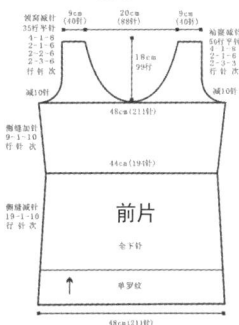

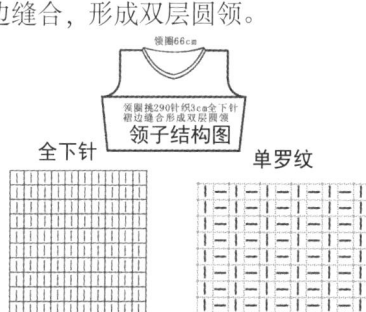

0647

全下针

领子结构图

单罗纹

【成品规格】见图
【工具】1.7mm棒针
【材料】墨绿色纯羊毛线
【制作过程】前片按图示起194针，织6cm双罗纹后，改织花样，同时侧缝按图示加针，织26cm时留袖窿，在两边同时各平收10针，然后按图示收成袖窿，再织3cm时留前领窝。

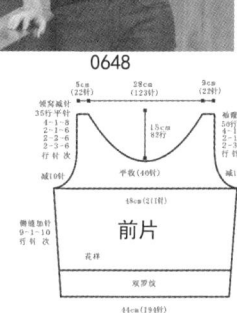

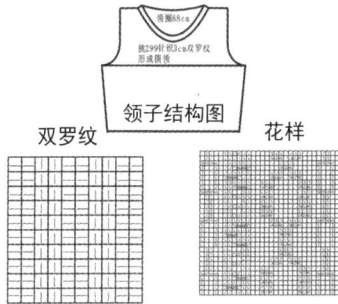

0648

领子结构图

双罗纹

花样

左前片

花样

花样

0649

【成品规格】见图
【工具】2.5mm钩针
【材料】白色毛线
【制作过程】衣服前片按照结构图尺寸由钩针编织而成。前片两片由花样钩编而成。

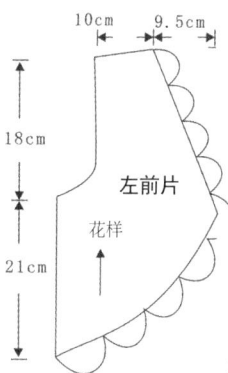

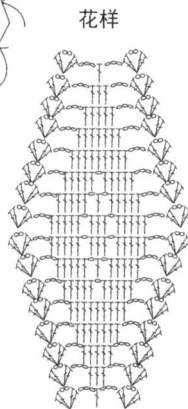

【材料】白色毛线
【制作过程】前片按照结构图尺寸由钩针编织而成。参照花样和花边图样钩编。

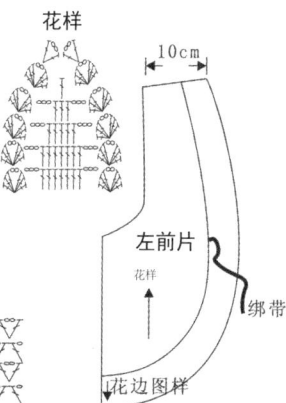

花样

0650

【成品规格】见图
【工具】2.5mm钩针

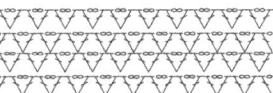

花边图样

左前片

花样

花边图样

绑带

【成品规格】见图
【工具】2.5mm钩针
【材料】白色毛线
【制作过程】衣服前片按照结构图尺寸由钩针编织而成。前片参照花样A，拼花图解和花样B钩编而成。

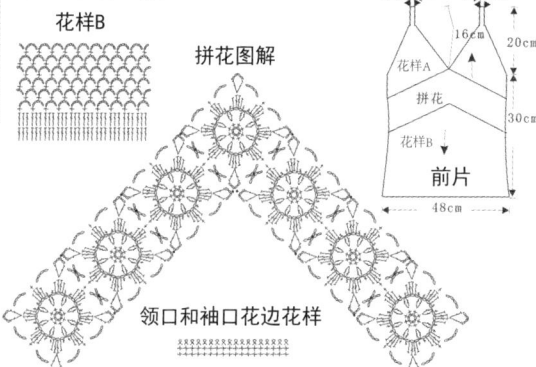

花样B

拼花图解

0651

花样A

领口和袖口花边花样

前片

花样A

拼花

花样B

0652

【成品规格】 见图
【工具】 2.0mm钩针
【材料】 白色毛线
【制作过程】 参照衣服的结构图，按照花样A，花边图样，钩前片两片然后拼肩，上袖和拼侧缝，最后按照花边图样，钩衣服领口袖口和下摆的花边。

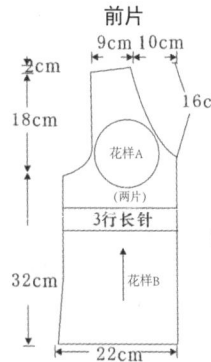

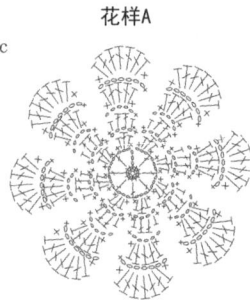

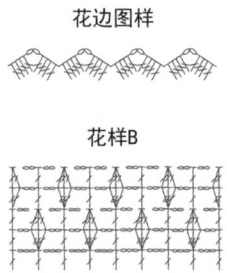

前片

2cm
9cm 10cm
18cm
16c
花样A
（两片）
3行长针
32cm
花样B
22cm

花样A

花边图样

花样B

0653

【成品规格】 见图
【工具】 2.5mm钩针
【材料】 米色、灰色毛线
【制作过程】 衣服前片按照结构图尺寸由钩针编织而成。前片两片，左、右各两个单元花，延伸基本图样。

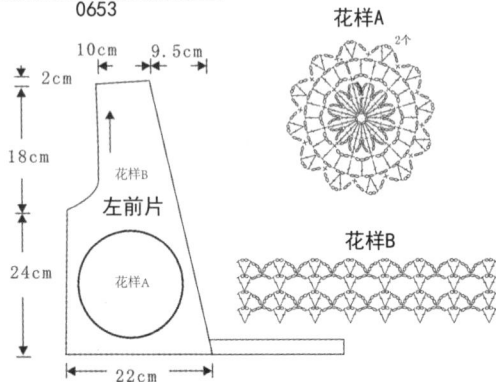

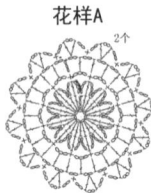

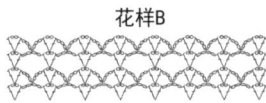

2cm
10cm 9.5cm
18cm
花样B
左前片
24cm
花样A
22cm

花样A
2个

花样B

0654

10cm 9.5cm
2cm
18cm
左前片
花样B
24cm
花样A
22cm

花样B

【成品规格】 见图
【工具】 2.5mm钩针
【材料】 米色毛线
【制作过程】 衣服前片按照结构图尺寸由钩针编织而成。上半身由按照花样B钩编而成。在上半身的基础上，下半身钩编1片。按照花边花样钩衣服外围和袖口的花边。前片中央用辫子针钩编两条。

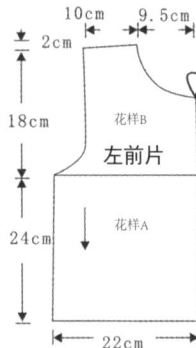

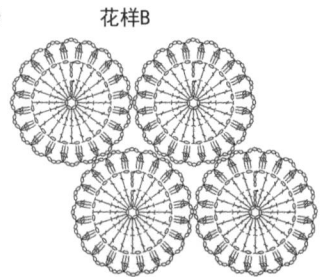

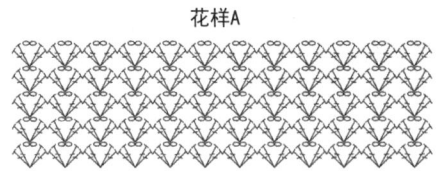

花边花样

花样A

0655

8cm 9.5cm
左前片
花样

花样

【成品规格】 见图
【工具】 2.5mm钩针
【材料】 蓝色毛线
【制作过程】 衣服前片按照结构图尺寸由钩针编织而成。前片两片参照前片花样钩编而成。参照外围花边图解钩编衣服外围花边。

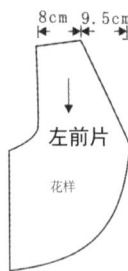

外围花边图样

0656

【成品规格】 见图
【工具】 2.5mm钩针
【材料】 绿色毛线
【制作过程】 衣服前片按照结构图尺寸由钩针编织而成。前片上半身由花样A、花样B和花样C组成。

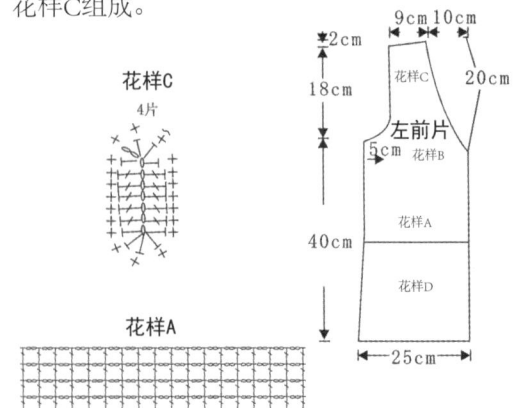

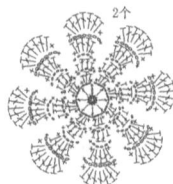

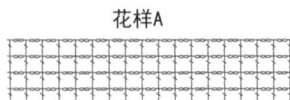

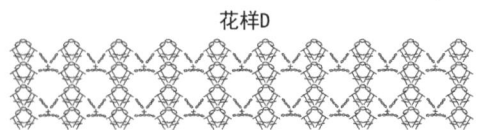

花样C
4片

花样B
2个

花样A

花样D

9cm 10cm
2cm
花样C
18cm
20cm
左前片
5cm
花样B
花样A
40cm
花样D
25cm

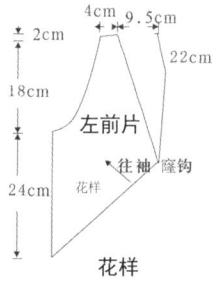

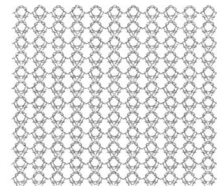

【成品规格】 见图
【工具】 2.5mm钩针
【材料】 黄色毛线
【制作过程】 衣服前片按照结构图尺寸由钩针编织而成。按照花样A钩编前片的上半部分。按照花样B钩编前片的下半部分。

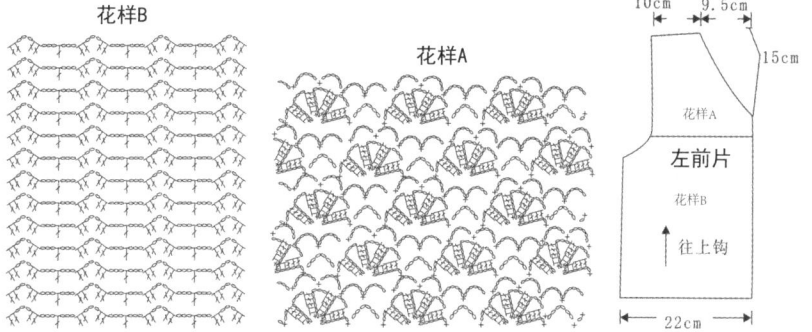

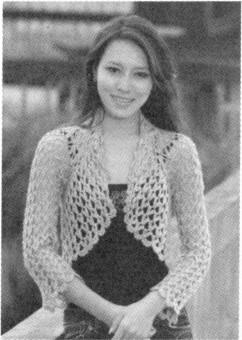

花样B

花样A

10cm 9.5cm
15cm
花样A
左前片
花样B
↑往上钩
22cm

0657

【成品规格】 见图
【工具】 2.0mm钩针
【材料】 杏色毛线
【制作过程】 先钩左、右前片，然后拼肩。再钩袖子两个，然后上袖，上完袖后，拼侧缝。

0658

4cm 9.5cm
2cm
22cm
18cm
左前片
→往袖窿钩
花样
24cm

花样

0659

【成品规格】 见图
【工具】 2.5mm钩针
【材料】 米色毛线
【制作过程】 衣服前片按照结构图尺寸由钩针编织而成。前片按照花样A和花样B钩编而成。

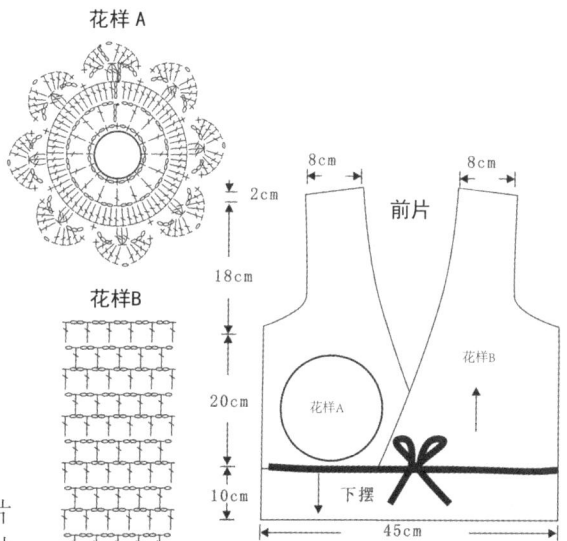

花样A

花样B

8cm 8cm
2cm
前片
18cm
花样B
20cm
花样A
10cm
下摆
45cm

【成品规格】 见图
【工具】 2.5mm钩针
【材料】 粉红色毛线
【制作过程】 衣服前片按结构图尺寸由钩针编织而成。按照基本图样先钩左、右前片两片，然后把肩拼合。

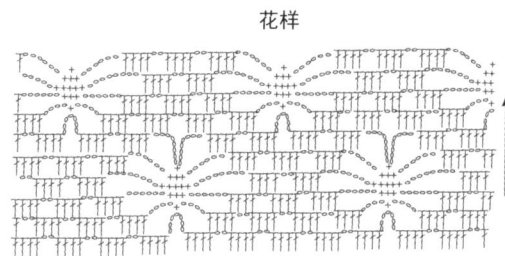

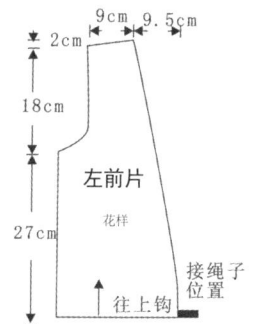

0660

花样

9cm 9.5cm
2cm
18cm
左前片
花样
27cm
接绳子位置
↑往上钩

【制作过程】 披肩按照结构图尺寸由钩针编织而成。先按照花样A钩编单元花，然后按照拼花图解拼合。按照花样B和结构图图钩编。按照外围花边钩编披肩外围一圈。

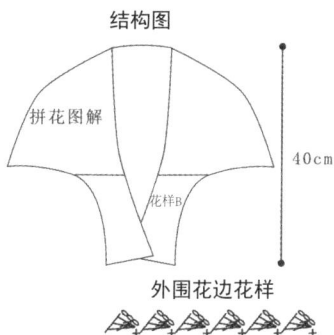

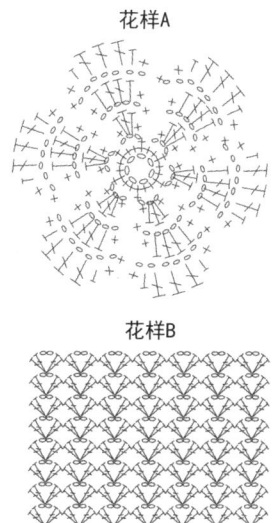

拼花图解

花样A

结构图
拼花图解
40cm
花样B

外围花边花样

花样B

0661

【成品规格】 见图
【工具】 2.5mm钩针
【材料】 杏色、白色毛线

253

0662

【成品规格】 见图
【工具】 2.0mm钩针
【材料】 灰色毛线
【制作过程】 参照衣服的结构图，按照花样A和花样B花样，首先钩衣服下摆，然后钩衣服前片两片，然后拼肩，拼侧缝，具体做法参照下图解。

花样A

花样B

花样C
2个

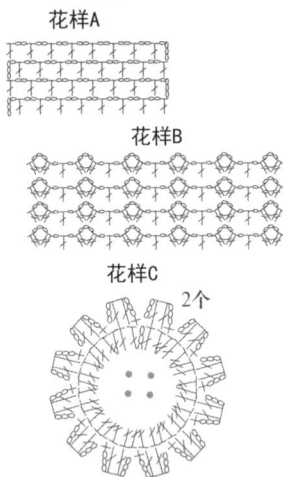

花边图解

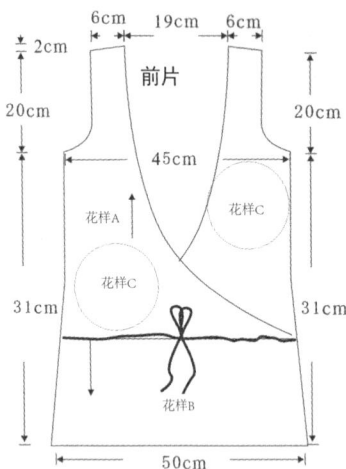

前片

6cm 19cm 6cm
2cm
20cm   20cm
45cm
花样A   花样C
花样C
31cm   31cm
花样B
50cm

【成品规格】 见图
【工具】 2.5mm钩针
【材料】 绿色毛线
【制作过程】 衣服前片按照结构图尺寸由钩针编织而成。按照基本图样先钩左、右前片两片，然后把肩拼合。最后在衣身的外围钩扇形花边，再钩袖口花边。

0664

花边图样
（衣身侧边、袖口花边）

基本图样

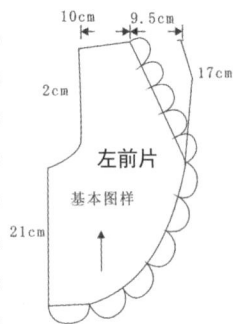

10cm 9.5cm
2cm   17cm
左前片
基本图样
21cm

0663

【成品规格】 见图
【工具】 2.0mm钩针
【材料】 浅石褐色拉绒线
【制作过程】 单元花：圈起钩织6组1针长针两个辫子针作花芯，第二圈钩6组6针扇形针，第三圈从底部钩织5组5针辫子针，第四圈在辫子针内钩6针扇形针，最后一圈钩织拼接用辫子针。共完成30个，拼接成披肩，宽处由4个单元花组成，两头渐减1个单元花。沿披肩两边挑织花样片，各织20cm，将单元花分别贴花样片缝好。沿边钩织装饰花样边。

单元花样   拼接示意图

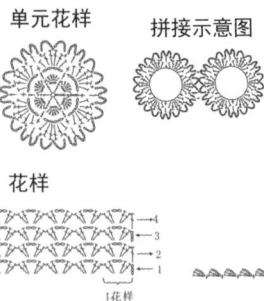

花样

披肩

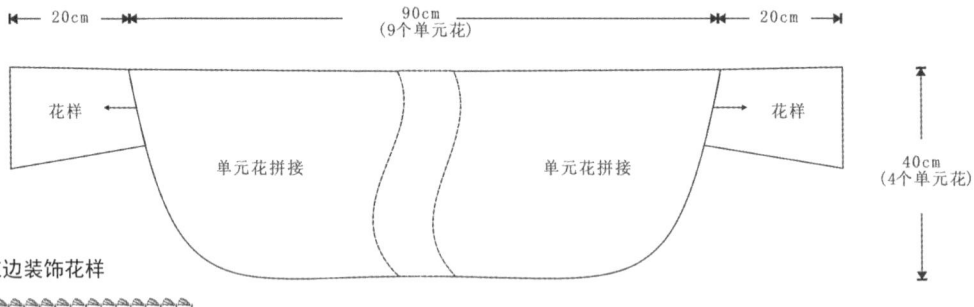

20cm
90cm
（9个单元花）
20cm
花样   花样
单元花拼接   单元花拼接
40cm
（4个单元花）

衣边装饰花样

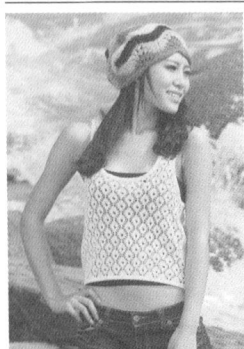

0665

【成品规格】 见图
【工具】 1.7mm棒针
【材料】 白色纯羊毛线
【制作过程】 前片按图示起211针，先织双层平针底边后，改织花样，织至27cm时留袖窿，在两边同时各平收10针，然后按图示收成袖窿，肩位剩22针。领圈挑409针，织3cm全下针，褶边缝合，形成双层圆领。

领子结构图

花样

全下针

双层平针底边

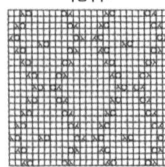

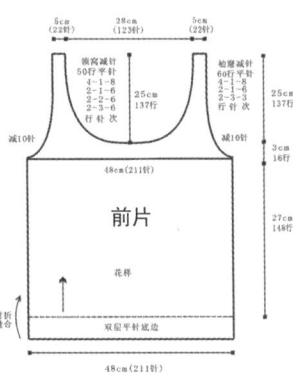

前片

0666

【成品规格】见图
【工具】2.5mm钩针
【材料】白色毛线
【制作过程】衣服前片按照结构图尺寸由钩针编织而成。按照上半身的图样钩上半身。按照基本图样钩前片的下半身。按照花边图解钩领口的花边。

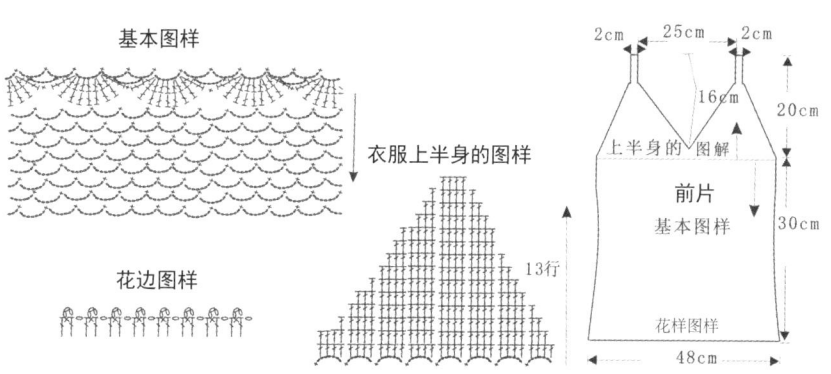

基本图样

衣服上半身的图样

花边图样

上半身的图解

2cm 25cm 2cm
16cm
20cm

前片
基本图样

花样图样

13行

30cm

48cm

0667

【成品规格】见图
【工具】2.5mm钩针
【材料】白色毛线
【制作过程】衣服前片按照结构图尺寸由钩针编织而成。前片按照花样A、花样B和花样C钩编而成。拼合侧缝线。

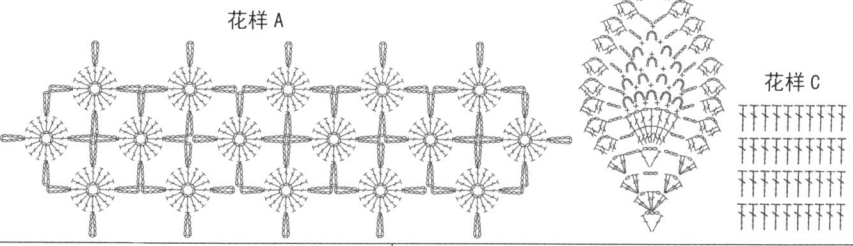

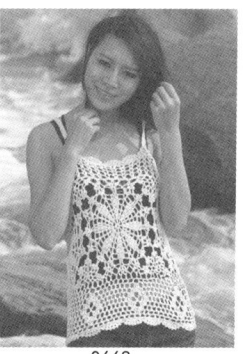

花样A

花样B

花样C

2cm 25cm 2cm

前片

花样C
20cm

花样B
29cm

花样A

48cm

0668

【成品规格】见图
【工具】2.5mm钩针
【材料】白色毛线
【制作过程】衣服前片按照结构图尺寸由钩针编织而成。先按照单元花图解，钩4个单元花拼成环状。往上钩花样A。往下钩花样B。按照吊带图解钩吊带2条。按照花边图解钩领口花边。

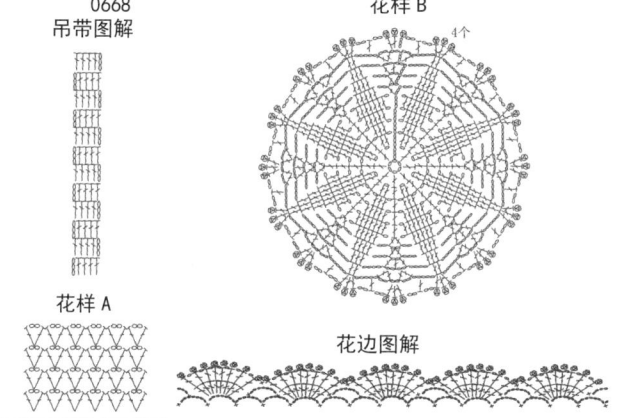

吊带图解

花样B
4个

花样A

花边图解

0669

【成品规格】见图
【工具】2.0mm棒针 1.5mm钩针
【材料】白色两股棉绒毛线 蕾丝花边
【制作过程】前片按编织方向起102针，先编织双罗纹边，织5cm，再改织花样，花样织3cm后开始两侧减针，身长共织至30cm时中间平收20针，两侧分别减针开前领，每侧减至9针时不加减针按花样织40cm，收针断线。

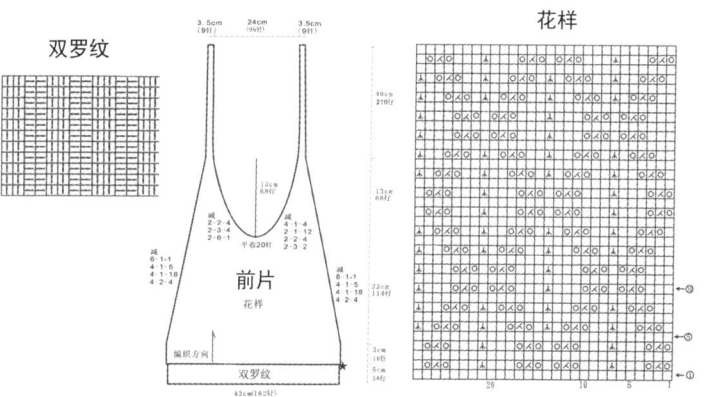

双罗纹

前片
花样

双罗纹

花样

0670

【成品规格】见图
【工具】2.0mm钩针
【材料】白色棉线
【制作过程】起46cm辫子针钩织花样A前上片，不加减针钩12cm后两侧袖窿减针，袖窿减针同时进行衣领减针，减针方法 见图示。前片共钩15cm时减出前领窝，按图减针后，收针断线。另起针沿下边向相反方向钩织花样B前下片，不加减针钩22cm，最后一行钩织装饰花边。

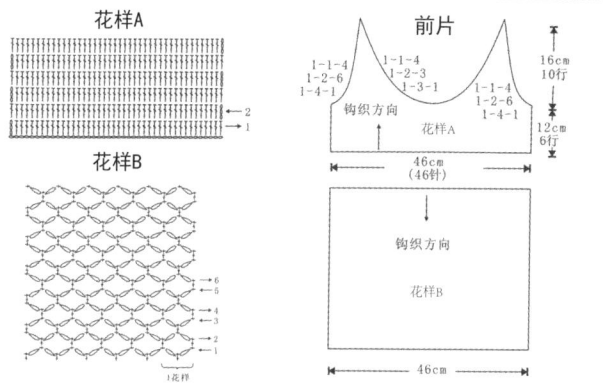

花样A

花样B

前片

1-1-4
1-1-4 1-2-3
1-4-1 1-3-1
16cm
10行

钩织方向

花样A

12cm
6行

46cm
(46针)

钩织方向

花样B

46cm

0671

【成品规格】见图
【工具】1.7mm棒针
【材料】浅灰色纯羊毛线 亮片若干
【制作过程】前片按图示起211针，先织双层平针底边后，改织花样，织至27cm时留袖窿，在两边同时各平收10针，然后按图示收成袖窿，肩位剩22针。领圈挑409针，织3cm全下针，褶边缝合，形成双层圆领。

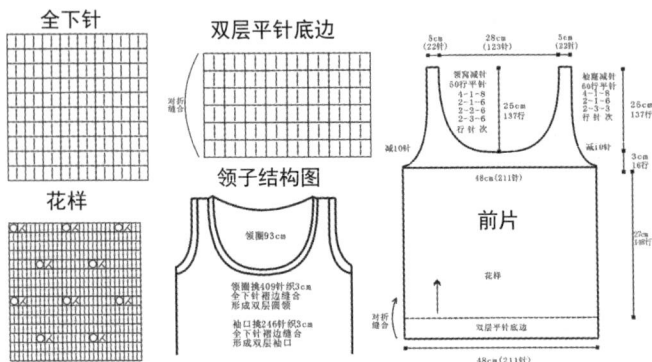

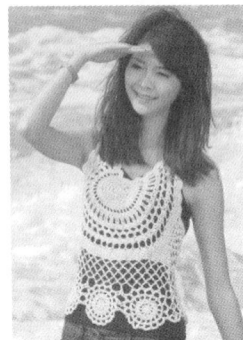

全下针

双层平针底边

花样

领子结构图

领圈93cm

领圈挑409针织3cm
令下针褶边缝合
形成双层圆领
袖口挑246针织3cm
令下针褶边缝合
形成双层袖口

前片

花样

双层平针底边

0672

【成品规格】见图
【工具】2.0mm钩针
【材料】米色线
【制作过程】首先按照前片图样钩前片并用长针补平，然后钩拼花图样连接网针5行与前片图样连接。

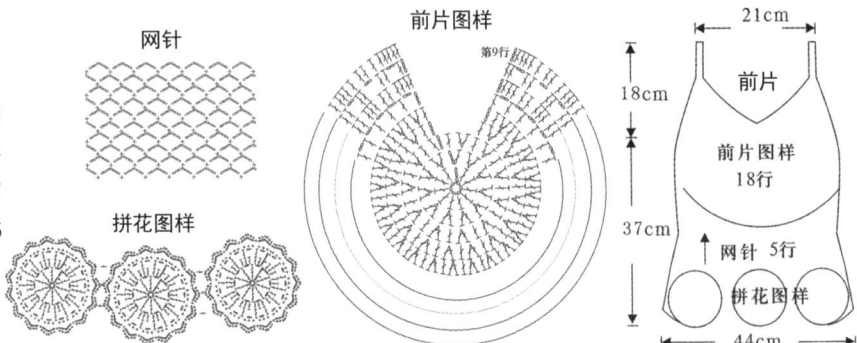

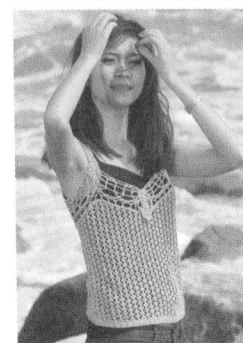

网针

前片图样

第9行

拼花图样

前片

前片图样
18行

网针 5行

拼花图样

0673

【制作过程】前下片按编织方向起90针，织双罗纹针边，后改织花样A，织至28cm时分别开始减针织袖窿及领窝，按图减针两侧各余7针。前上片沿收针边钩织花样B，与后片袖窿钩齐后减出袖窿，注意前后袖窿对齐，两肩部分别钩织。

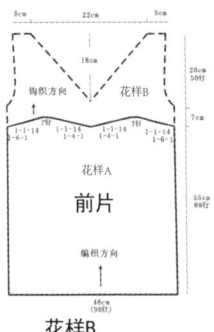

【成品规格】见图
【工具】2.3mm棒针
【材料】骆色单股棉绒毛线

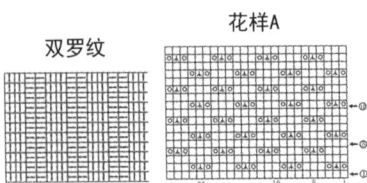

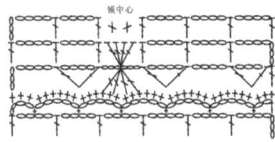

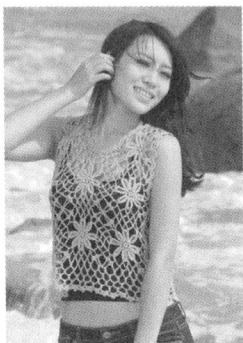

双罗纹

花样A

花样B

领中心

花样A

前片

编织方向

0674

【成品规格】见图
【工具】2.5mm钩针
【材料】黄色毛线
【制作过程】衣服前片按照结构图尺寸由钩针编织而成。按照拼花图解钩前片。按照衣领图样钩编领口。

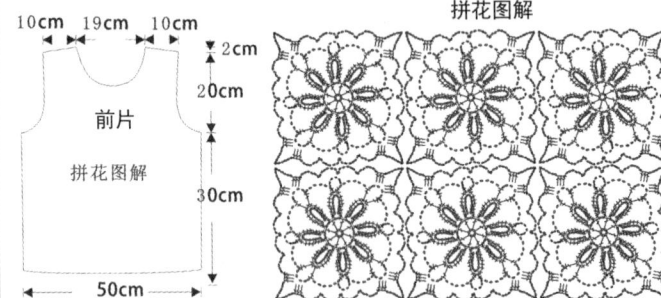

衣领图样

拼花图解

前片
拼花图解

0675

【成品规格】见图
【工具】2.5mm钩针
【材料】绿色毛线

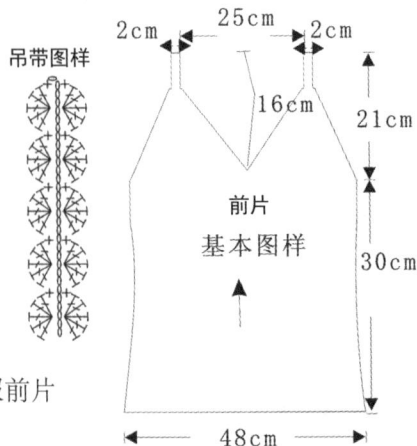

花边图样

吊带图样

基本图样

前片
基本图样

【制作过程】衣服前片按照结构图尺寸由钩针编织而成。按照基本图样，钩衣服前片1片。拼合侧缝线。按照花边图样钩领口花边。按照吊带图解钩吊带两条。

0676

【成品规格】见图
【工具】2.5mm钩针
【材料】绿色毛线
【制作过程】衣服前片按照结构图尺寸由钩针编织而成。前片1片参照菠萝花样钩编而成。

菠萝花样

前片
菠萝图样

9cm 19cm 9cm
12cm
18cm
30cm
45cm

【成品规格】见图
【工具】2.5mm钩针
【材料】紫色毛线 珠片若干
【制作过程】衣服前后片按照结构尺寸由钩针编织而成。前片1片,参照基本图样钩编。缝上珠片。

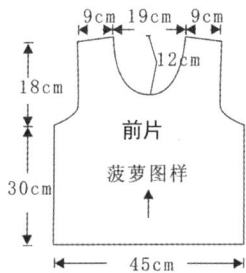

0678

花样

前片
花样

2cm 25cm 2cm
16cm
19cm
20cm
48cm

0680

【制作过程】下片(两片)钩180针锁针,按花样A钩织。上片(两片)钩46针锁针,按花样B钩织,然后每片钩上缘编织。前片和后片摆缝缝合;上片按前片图解缝合。

花样B

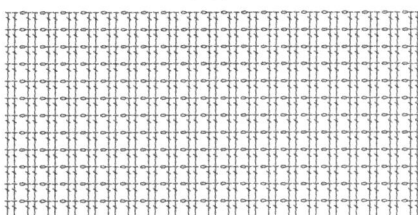

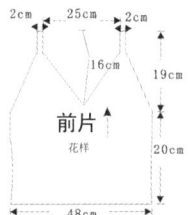

【成品规格】见图
【工具】3.25mm棒针
【材料】花色毛线

【成品规格】见图
【工具】2.5mm钩针
【材料】粉红色、白色、绿色、褐色、黄色毛线
【制作过程】衣服前片按照结构图尺寸由棒针编织而成。前片钩片为单片,钩完后与棒针片钩合。按照立体花和花样编织花样、叶子和花梗的图解,钩完放在结构图的相应位置。缝合肩线和侧缝线。用逆短针把织片和钩片拼合领口。

0677

立体花
2个

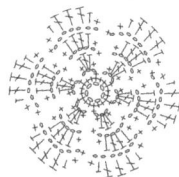

叶子
3个

前片

10cm 19cm 10cm
2cm
21cm
28cm
↑往上钩

花样1个
第4行
在第1层的下面钩一针短针,4针辫子,依次重复12次。作为第5行。
第6行
花梗

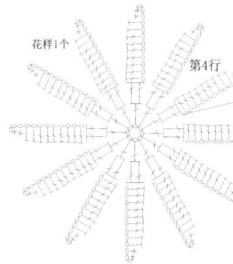
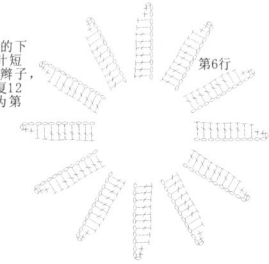

【成品规格】见图
【工具】1.7mm棒针
【材料】杏色纯羊毛线 纽扣3枚

领子结构图

领圈56cm
门襟挑35针织4cm全下针褶边缝合形成双层门襟

全下针   单罗纹   花样

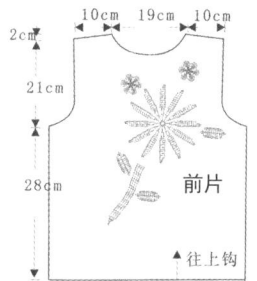

0679

【制作过程】前片按图示起211针,织单罗纹,同时侧缝按图示减针,织32cm时加针,并改织花样,形成收腰,织15cm时留袖窿,在两边同时各平收10针,然后按图示收成袖窿,并在中间分两片编织,再织8cm时留前领窝。领边挑246针,织4cm全下针,褶边缝合,形成双层圆领。缝上纽扣。

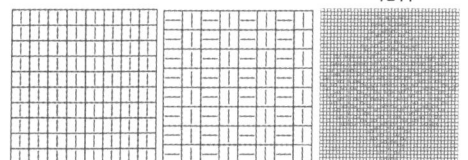

前片

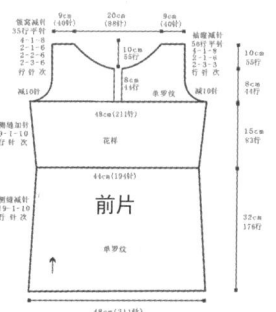

前片图解

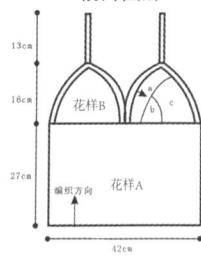

花样B
花样A
13cm
16cm
27cm
编织方向
42cm

花样A

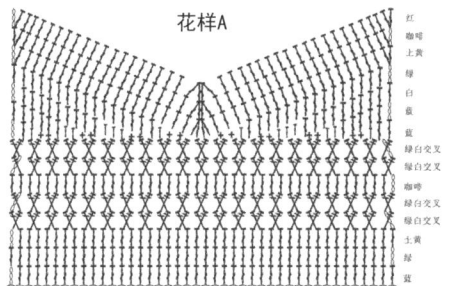

【成品规格】见图
【工具】2.5mm钩针
【材料】白色毛线
【制作过程】钩左、右前片两片，然后把肩拼合。最后在衣身外围钩扇形花边，花边总共3行，最后两行为1行长针和1行短针。

0681

【成品规格】见图
【工具】1.7mm棒针
【材料】灰色纯羊毛线
【制作过程】先从领口织起，按编织方向起352针，织单罗纹，织15cm时两边收针，剩40cm，继续编织至47cm时全部收针。图中A与BC与D缝合，形成结构图的样子。

0682

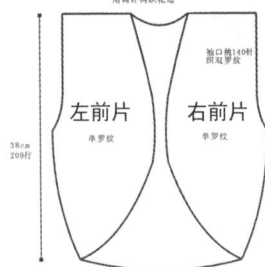

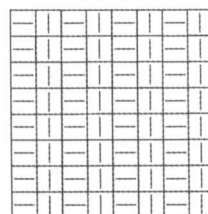

单罗纹

基本图样

10cm　9.5cm
17cm

左前片
基本图样

花边图样
（衣身外围、袖口花边）

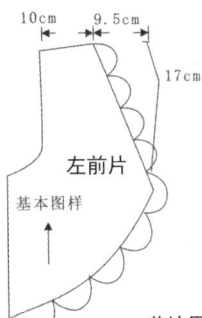

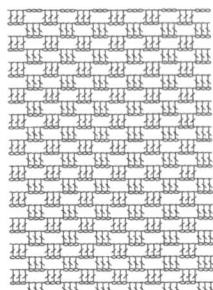

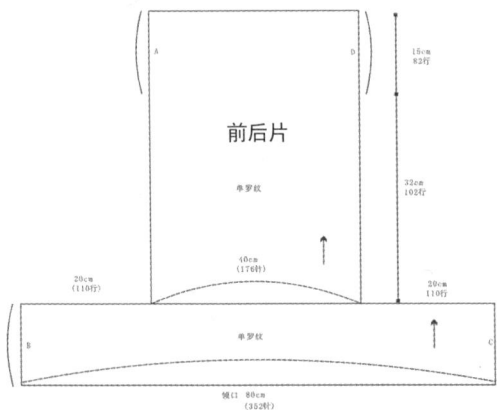

前后片
单罗纹

0683

【成品规格】见图
【工具】2.5mm、5.0mm钩针
【材料】粉红色毛线
【制作过程】衣服前片按照结构图尺寸由钩针编织而成。前片两片按照花样钩编而成。拼合肩线和侧缝线。用5.0mm钩针钩两条辫子穿在腋下到前片门襟作为绑带。

8cm 9.5cm
17cm

左前片
花样

下摆

用5.0mm钩针钩辫子

接腋下

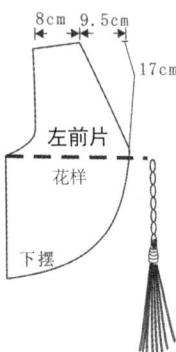

0684

【成品规格】见图
【工具】2.5mm钩针
【材料】米色毛线
【制作过程】衣服前片按照结构图尺寸由钩针编织而成。前片按花样编织完成。

花样

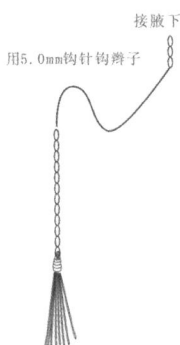

花样

0685

【成品规格】见图
【工具】2.5mm钩针
【材料】米色毛线
【制作过程】衣服前片按照结构图尺寸由钩针编织而成。前片两片，参照花样钩编而成。拼合肩线和侧缝线。

9cm
2cm
18cm
5cm
左前片
花样
22cm
浮针
25cm

浮针图样

花样

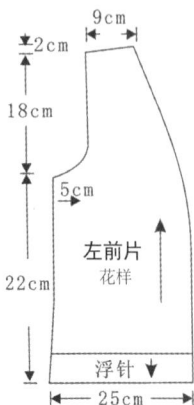

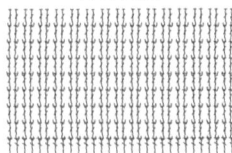

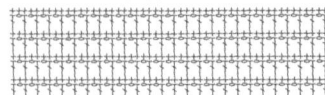

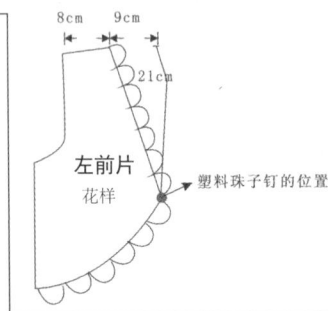

8cm 9cm
21cm
左前片
花样
塑料珠子钉的位置

258

0686

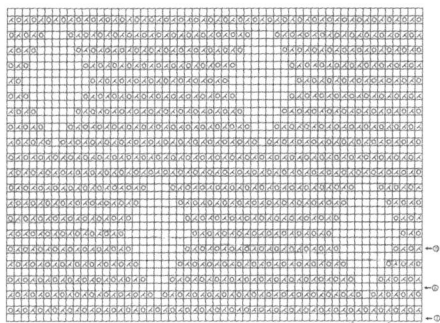

花样

【成品规格】 见图
【工具】 2.0mm棒针
【材料】 灰色细纯毛线
【制作过程】 前片起36针按花样编织前片，在一侧加出圆摆，共需加17针，编织到20m时在不加针侧进行袖窿减针，按结构图减完针后编织到肩部，完成后收针断线。同样方法完成另一侧前片，两片方向相反。

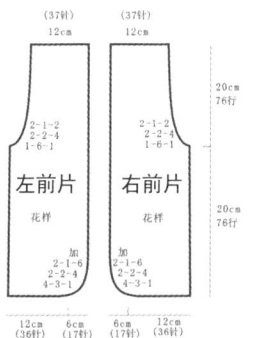

左前片
花样

右前片
花样

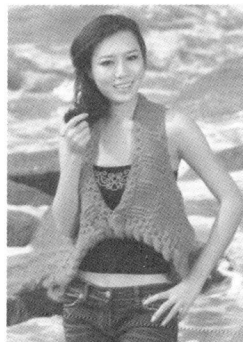

0687

【材料】 棕色毛线 包线圆形纽扣 毛绒装饰条
【制作过程】 身片按照普通起针法起20针，花样编织25cm后按袖窿领减针及袖窿加针织70cm；不加不减织25cm。第3行第2针处开扣眼，扣眼为4行。缝上纽扣和毛绒装饰条。

【成品规格】 见图
【工具】 3.5mm棒针

花样

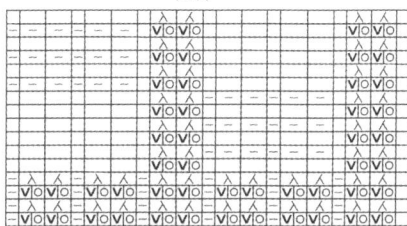

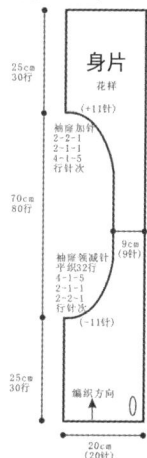

身片
花样

0688

【成品规格】 见图
【工具】 2.5mm钩针
【材料】 粉红色、白色、灰色毛线

左前片
花样

【制作过程】 衣服前片按照结构图尺寸由钩针编织而成。钩左、右前片两片，然后把肩拼合。

花样

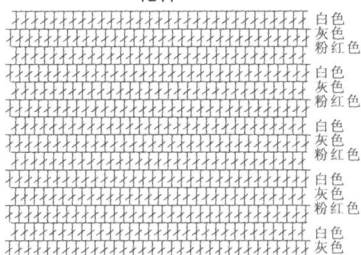

白色
灰色
粉红色
白色
灰色
粉红色
白色
灰色
粉红色
白色
灰色
粉红色
白色
灰色

0689

【成品规格】 见图
【工具】 2.5mm棒针 2.0mm钩针 环形针 U形编花器
【材料】 粉色棉线
【制作过程】 用U形编花器分别钩织完成花样A长条，长条的长度决定袖长的长度，将长条拼接完成整体袖片、身片、袖片。从袖口向内沿边缘分别缝合38cm作为袖片。

花样A

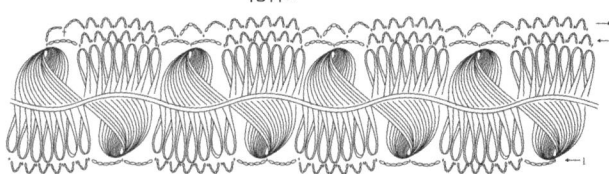

花样B

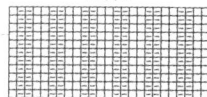

领 花样B

花样B

花样B
袖口

花样B
袖口

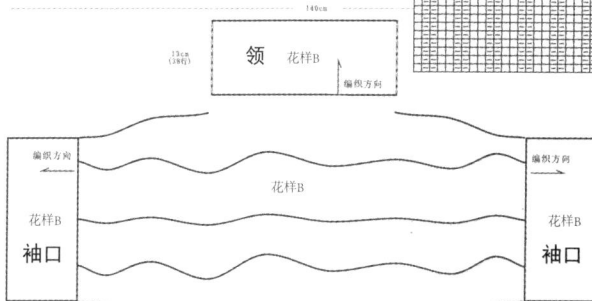

下边 花样B

0690

【成品规格】 见图
【工具】 2.5mm钩针
【材料】 粉红色毛线
【制作过程】 衣服前片按照结构图尺寸由钩针编织而成。按照基本图样钩左、右前片两片。

花样

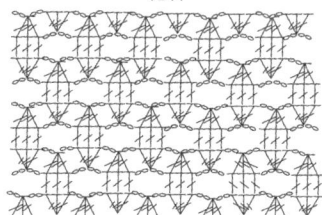

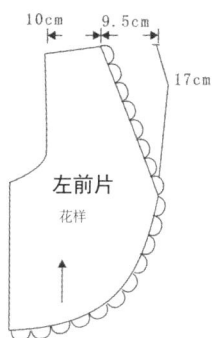

左前片
花样

259

花样

8cm 9.5cm

17cm

左前片

花样

下摆

接腋下

用5.0mm钩针钩辫子

0691

【成品规格】 见图

【工具】 2.5mm、5.0mm钩针

【材料】 粉红色毛线

【制作过程】 衣服前片按照结构图尺寸由钩针编织而成。前片两片按照基本图样钩编而成。拼合肩线和侧缝线。用5.0mm钩针钩两条辫子穿在腋下到前片门襟作为绑带。

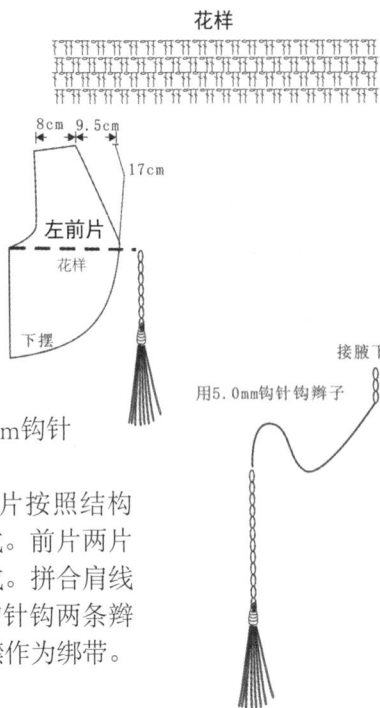

【成品规格】 见图

【工具】 2.5mm钩针

【材料】 粉红色毛线

【制作过程】 衣服前片按照结构图尺寸由钩针编织而成。按照拼花图样钩前片两片。按照外围花边花样钩衣服外围花边和袖口花边。

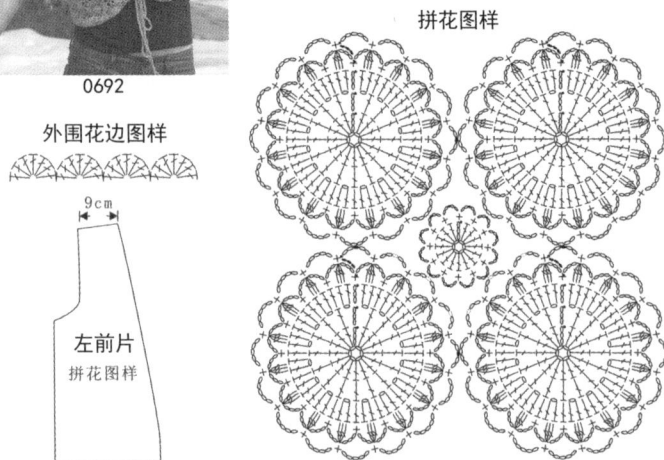

0692

拼花图样

外围花边图样

9cm

左前片
拼花图样

0693

【成品规格】 见图

【工具】 2.5mm钩针

【材料】 橙色毛线

【制作过程】 衣服前片按照结构图尺寸由钩针编织而成。按照单元花拼接方法钩衣服前片两片。缝合肩线和侧缝线，上袖。领口钩短针1行。

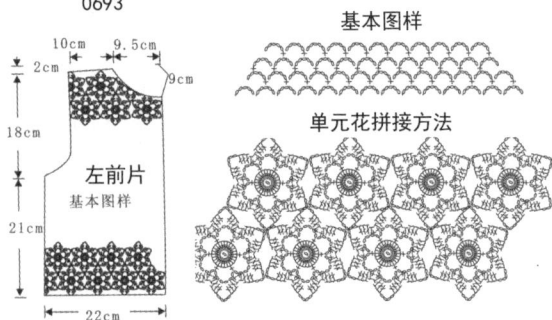

基本图样

10cm 9.5cm
2cm
9cm

18cm

左前片
基本图样

21cm

22cm

单元花拼接方法

【成品规格】 见图

【工具】 2.5mm钩针

【材料】 橙色毛线

【制作过程】 衣服前片按照结构图尺寸由钩针编织而成。前片两片，左右钩编两个太阳花，延伸基本花样。前片中心有绑带。拼合肩线和侧缝线。按照花边花样钩衣服外围花边和袖口。

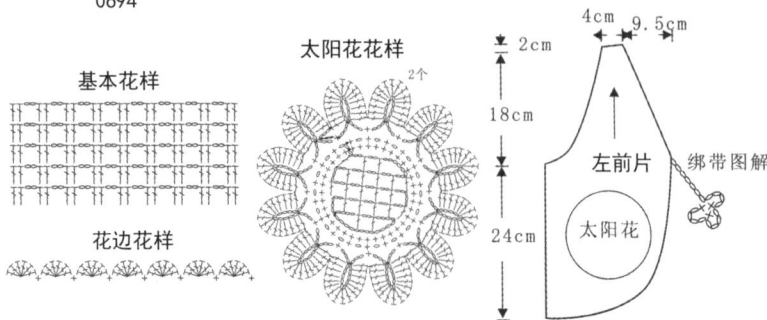

0694

基本花样

太阳花花样

2个

花边花样

4cm 9.5cm
2cm

18cm

左前片

绑带图解

24cm

太阳花

0695

【成品规格】 见图

【工具】 3.0mm棒针

【材料】 橘色真丝

【制作过程】 衣服从袖口开始起48针编织花样，并如图进行加针，织22cm后，后片一侧不加不减继续编织，前片一侧进行减针(下摆)，编织13cm后，从后片一侧数过来第79针开始往前片进行减针(前领)，后片一侧先暂时停针，前片如图示进行两侧往中间加针，织8cm后结束，然后将后片停针部分继续编织9cm后停针。编织两片。

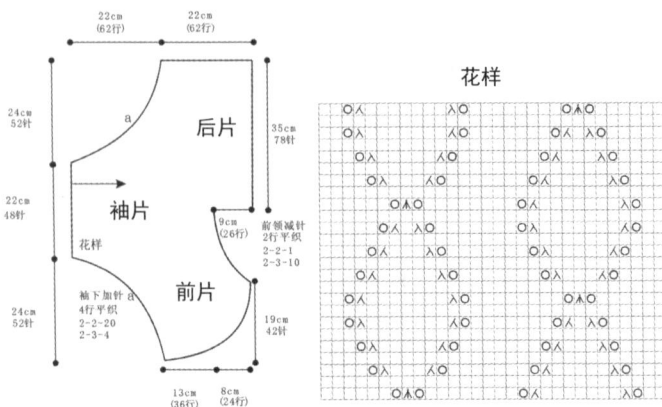

22cm
(62行)
22cm
(62行)

24cm
52针

后片

35cm
78行

22cm
48针

袖片

9cm
(26行)
前领减针
2行平织
2-2-1
2-3-10

花样

24cm
52针

前片

19cm
42针

袖下加针
4行平织
2-2-20
2-3-4

13cm
(36行)
8cm
(24行)

花样

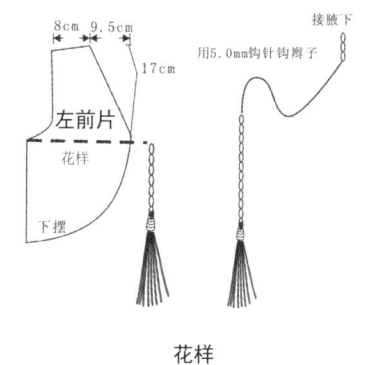

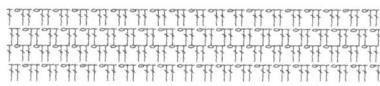

0696

花样

【成品规格】 见图
【工具】 2.5mm、5.0mm钩针
【材料】 粉红色毛线
【制作过程】 衣服前片按照结构图尺寸由钩针编织而成。前片两片按照基本图样钩编而成。拼合肩线和侧缝线。用5.0mm钩针钩2条辫子穿在腋下到前片门襟作为绑带。

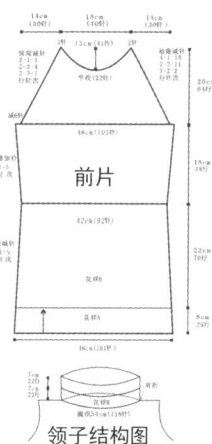

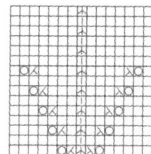

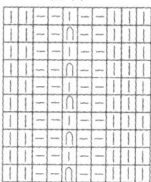

0697

领子结构图

花样A

花样B

领圈

【成品规格】 见图
【工具】 2.5mm棒针
【材料】 橙色花线 装饰绳子1根
【制作过程】 前片按图起101针,织8cm花样A后,改织花样B,同时按图示减针,织22cm时加针,形成收腰,织15cm时留袖窿,在两边同时各平收6针,然后按图示收成插肩袖窿,同时留领窝,肩位留2针。领圈另织起30针,织172行花样B,以中线为界对折,形成圆领。系上装饰绳子。

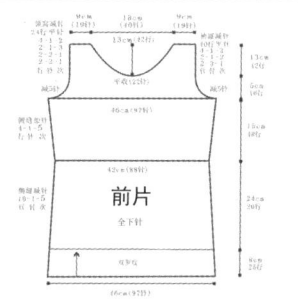

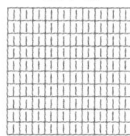

0698

全下针

双罗纹

【成品规格】 见图
【工具】 2.5mm棒针
【材料】 橙色纯羊毛线 装饰链1根
【制作过程】 前片按图示起97针,织8cm双罗纹后,改织全下针,侧缝按图示减针,织24cm时加针,形成收腰,15cm时留袖窿,在两边同时各平收5针,然后按图示收成袖窿,再织5cm时留前领窝,这时针数为71针,收肩分3份,两肩各19针,中间40针。缝上装饰链。

0699

【成品规格】 见图
【工具】 2.5mm棒针
【材料】 橙色纯羊毛线 纽扣1枚
【制作过程】 前片分左、右两片编织,按编织方向起5针,织全下针,下摆按图示加针,织至15cm时,前领减针,织至完成,下摆另织花样,与前片缝合,同样方法织另一片。缝上纽扣。

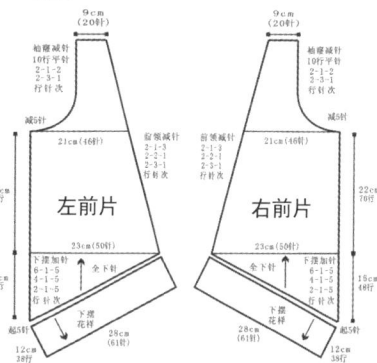

花样

全下针

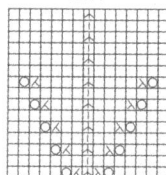

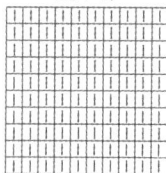

0700

【成品规格】 见图
【工具】 2.5mm棒针
【材料】 橙色、白色纯羊毛线 拉链1条
【制作过程】 前片分左、右两片编织,按图起53针,织5cm双罗纹后,改织全下针,侧缝按图示减针,织27cm时加针,形成收腰,织15cm时两边平收5针,收袖窿,再织5cm时同时收领窝,织至肩位余20针。同样方法织另一片。翻领挑针,织10cm双罗纹。

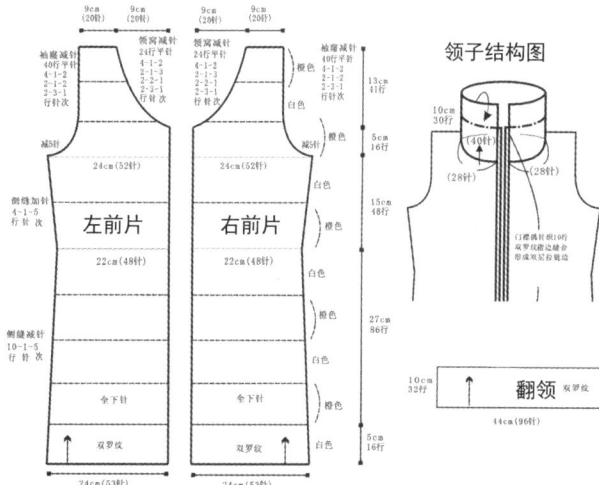

领子结构图

全下针

双罗纹

翻领

261

0701

【成品规格】见图
【工具】2.5mm棒针 小号钩针
【材料】黄色纯羊毛线 纽扣4枚
【制作过程】前片分左、右两片编织，按图起53针，织3cm双罗纹后，改织全下针，并按图示减针，织29cm时加针，形成收腰，织15cm时平收5针，收袖窿，再织3cm时同时收领窝，织至肩位余20针。同样方法织另一片。缝上纽扣。

双罗纹

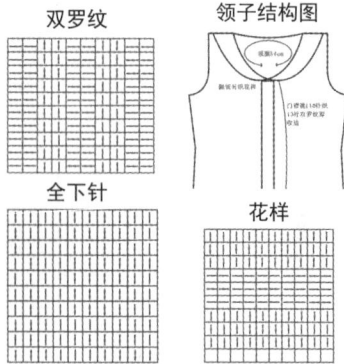

领子结构图

全下针

花样

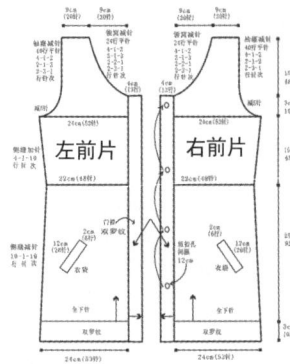

左前片　右前片

0702

【成品规格】见图
【工具】2.5mm棒针
【材料】黄色纯羊毛线 金属装饰链1条
【制作过程】前片按图起97针，织6cm双罗纹后，改织全下针，中间织花样，同时按图示减针，织26cm时加针，形成收腰，织15cm时留袖窿，在两边同时各平收5针，然后按图示收成袖窿，织26cm时中间留10cm不织，然后均匀减针。缝上金属装饰链。

全下针　双罗纹　花样

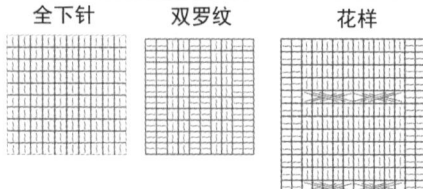

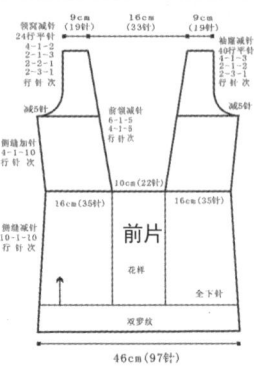

前片

花样

全下针

双罗纹

46cm(97针)

0703

【材料】花色羊毛线 装饰花1朵
【制作过程】前片分左、右两片编织，按图起5针，织花样A，门襟加针，侧缝按图示减针，织22cm时加针，形成收腰，门襟同时减针，织15cm时侧缝平收5针，收袖窿，肩位剩20针，同样方法织另一片。缝上装饰花。

【成品规格】见图
【工具】2.5mm棒针

花样A

0704

【制作过程】前片分左、右两片编织，左前片按图起105针，织8cm花样后，改织双罗纹，侧缝减针，织24cm时加针，形成收腰，织15cm时两边平收5针，收袖窿。门襟平收30针，按图减针收领窝，织至肩位余20针。右前片按图起66针，织全下针，领窝按图减针，侧缝加针，织15cm时平收5针，收袖窿，织至肩位余20针。缝上亮珠和亮片。

【成品规格】见图
【工具】2.5mm棒针
【材料】杏色纯羊毛线 亮珠和亮片若干

花样

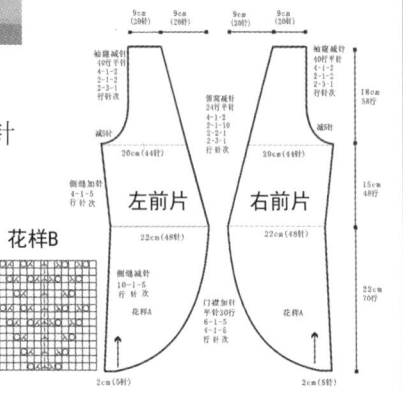

花样B

左前片　右前片

花样A　花样A

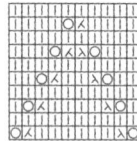

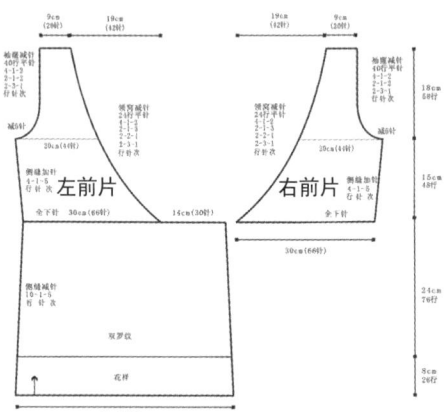

左前片　右前片

双罗纹

花样

48cm(108针)

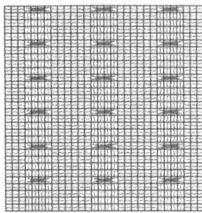

0705

【成品规格】见图
【工具】2.5mm棒针

【材料】红色纯羊毛线 纽扣3枚
【制作过程】前片分左、右两片编织，按图起53针，织2cm单罗纹后，改织全下针，门襟留9针织单罗纹，侧缝按图示减针，织30cm时加针，形成收腰，织15cm时平收5针，收袖窿，再织3cm时同时收领窝，织至肩位余20针。同样方法再织另一片。缝上纽扣。

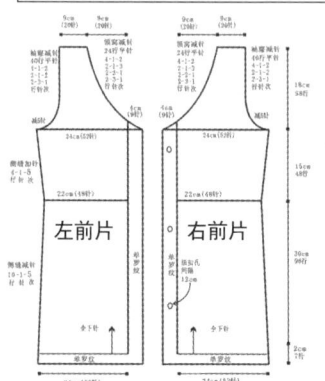

左前片　右前片

双罗纹　全下针

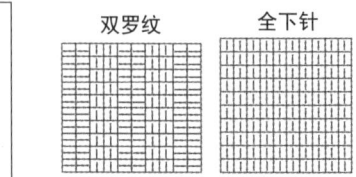

全下针　单罗纹

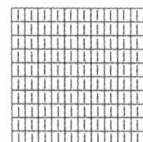

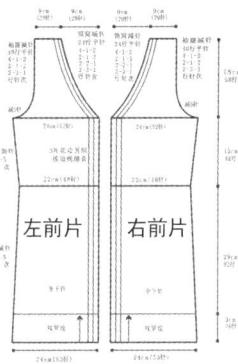

双罗纹

全下针

领子结构图

0706

【成品规格】 见图
【工具】 2.5mm棒针
【材料】 红色花线
【制作过程】 前片分左、右两片编织，按图起53针，织3cm双罗纹后，改织全下针，并按图示减针，织29cm时加针，形成收腰，织15cm时平收5针，收袖窿，并同时收领窝，织至肩位余20针。同样方法织另一片。

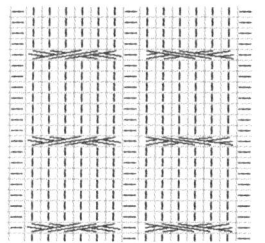
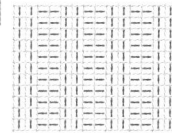

花样

双罗纹

前片

0707

【成品规格】 见图
【工具】 1.7mm棒针
【材料】 西瓜红色纯羊毛线 纽扣3枚
【制作过程】 前片分为左、右两片编织，分别按图起针，织双罗纹10cm后改织花样，织至完成。用原线做成毛毛领。缝上纽扣。

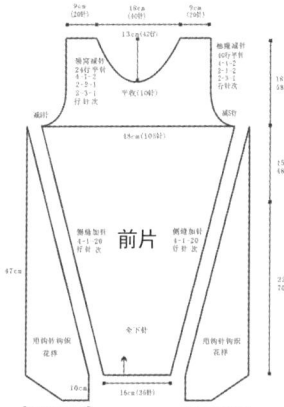

前片

0708

【成品规格】 见图
【工具】 2.5mm棒针
【材料】 花色球球线 前领装饰绳子1根
【制作过程】 前片按图起16针，织全下针，并加针，织至37cm时两边平收5针，按图示收成袖窿，并收领窝。两边侧缝用钩针，按花样钩织两片，与前片缝合。前领系上装饰绳子。

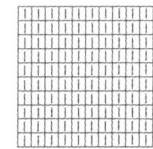
全下针

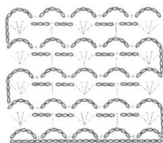
花样

0709

【材料】 红色纯羊毛线 纽扣3枚
【制作过程】 前片分左、右两片编织，按图起53针，织8cm花样后，改织全下针，侧缝按图示减针，织24cm时加针，形成收腰，织15cm时两边平收5针，收袖窿，织16cm时收领窝，织至肩位余20针。同样方法织另一片。后翻领另织全下针，与后领圈缝合，领边和门襟边用钩针钩织小花边。缝上纽扣。

【成品规格】 见图
【工具】 2.5mm棒针 小号钩针

钩织花边

领子结构图

后翻领

全下针   花样

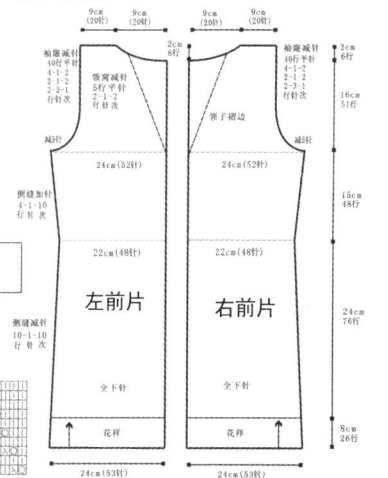

左前片   右前片

0710

【成品规格】 见图
【工具】 2.5mm棒针

【材料】 橙色、粉色纯羊毛线 纽扣4枚
【制作过程】 前片分左、右两片编织，按图起62针，织6cm双罗纹后，改织全下针，侧缝按图示减针，织26cm时加针，形成收腰，织15cm时平收5针，收袖窿，并同时收领窝，织至肩位余20针。同样方法织另一片。翻领另织，按图缝合。缝上纽扣。

全下针

领子结构图

前领片

双罗纹

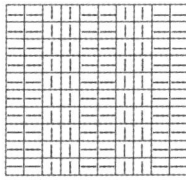
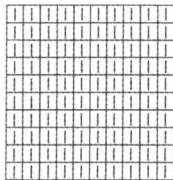

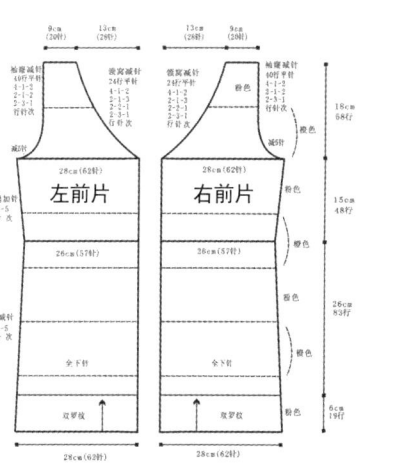

左前片   右前片

0711

【成品规格】见图
【工具】2.5mm棒针
【材料】红色花纯羊毛线 亮片若干
【制作过程】前片按图起97针，织6cm双罗纹后，改织全下针，中间织花样，同时按图示减针，织26cm时加针，形成收腰，织15cm时留袖窿，在两边同时各平收5针，然后按图示收成袖窿，织26cm时中间留10cm不织，然后均匀减针。前领片另织，按图示缝合。缝上亮片。

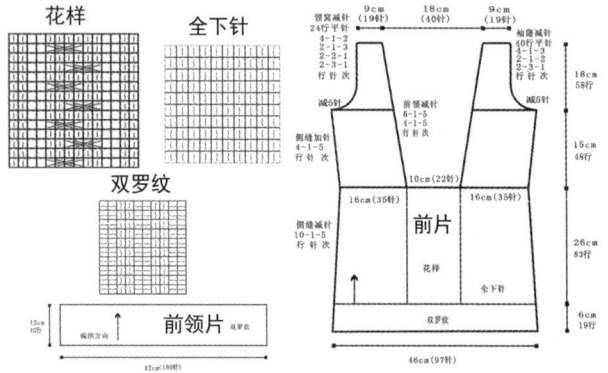

花样　全下针

双罗纹

编织方向　前领片

前片

0712

【制作过程】前片分左、右两片编织，按图起53针，织全下针，并按图示减针，织32cm时加针，形成收腰，织15cm时平收5针，收袖窿，再织3cm时同时收领窝，织至肩位余20针。同样方法织另一片。翻领另织两片，重叠后按图缝合。缝上纽扣。

【成品规格】见图
【工具】2.5mm棒针
【材料】紫色球球线 纽扣3枚

全下针　双罗纹

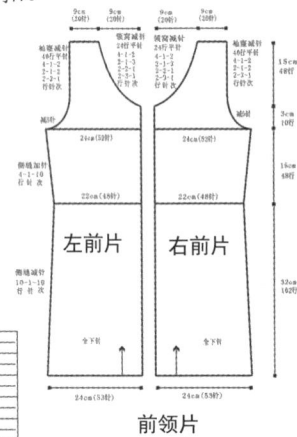

左前片　右前片

前领片

0713

【成品规格】见图
【工具】1.7mm棒针
【材料】白色纯羊毛线 纽扣7枚 蕾丝布料若干
【制作过程】前片分左、右两片编织，分别按图起105针，织10cm双罗纹，成为下摆，内前片用蕾丝布料缝制，外前片按图起62针，织全下针，并按图示减针，织19cm时加针，形成收腰，织15cm时平收5针，收袖窿，再织3cm时同时收领窝，织至肩位余22针。与内前片和下摆缝合，同样方法织另一片。缝上纽扣。

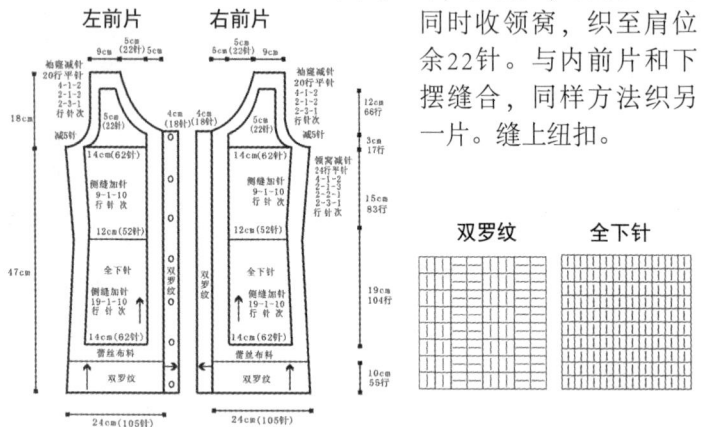

左前片　右前片

双罗纹　全下针

蕾丝布料

双罗纹

0714

【成品规格】见图
【工具】1.7mm棒针
【材料】白色、黑色纯羊毛线 亮珠若干
【制作过程】前片按图起针，织单罗纹8cm并间色，后改织花样至完成。衣领另织8cm单罗纹，按领子结构图缝合，形成圆领。缝上亮珠。

花样　单罗纹

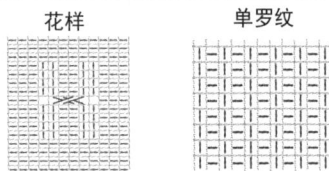

编织方向　衣领

衣领结构图

单罗纹

前片

花样

单罗纹

0715

【成品规格】见图
【工具】1.7mm棒针
【材料】灰白色纯羊毛线 装饰链带1条
【制作过程】前片按图起针，织双罗纹15cm后，改织下针，织至完成。领圈另织下针12cm，按领子结构图，与前后片领窝缝合，领圈边另织下针5cm，褶边缝合，形成双层圆领。缝上装饰链带

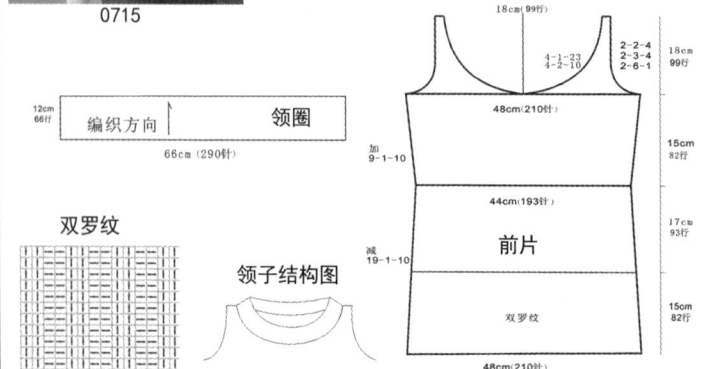

编织方向　领圈

双罗纹

领子结构图

前片

双罗纹

【成品规格】 见图
【工具】 2.5mm棒针
【材料】 粉红色纯羊毛 亮片若干
纽扣3枚

双罗纹
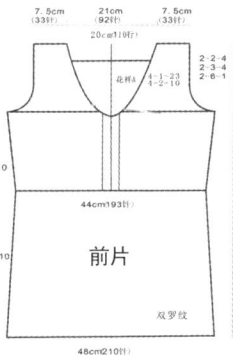

0716

【制作过程】 前片分别按图起针,织双罗纹32cm后,改织下针,并分成左、右两片编织,织至完成。缝上亮片和纽扣。

0718

【成品规格】 见图
【工具】 1.7mm棒针 小号钩针
【材料】 橙黄色、白色纯羊毛线 纽扣9枚

【制作过程】 前片分左、右两片编织,分别按图起针,先织双层平针底边后,改织下针,并按图编入花样,花样可自行设计,织至完成。对称织出另一片。缝上纽扣。

前片衬边

花样
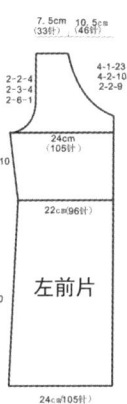

领子结构图

双层平针底边
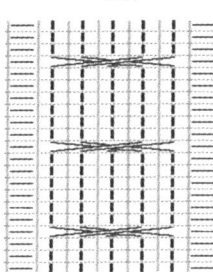

0717

单罗纹

全下针

领子结构图
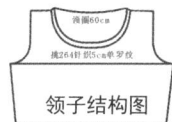

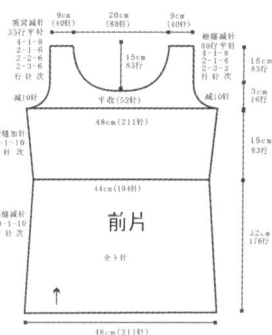

前片

【成品规格】 见图
【工具】 1.7mm棒针 绣花针
【材料】 粉色纯羊毛线 亮珠若干
【制作过程】 前片按图示起211针,织全下针,同时侧缝按图示减针,织32cm时加针,形成收腰,织15cm时留袖窿,在两边同时各平收10针,然后按图示收成袖窿,再织3cm时留前领窝。领圈挑264针,织5cm单罗纹。缝上亮珠。

0719

【成品规格】 见图
【工具】 1.7mm棒针

【材料】 黄色纯羊毛线 亮珠若干
【制作过程】 前片按图示起211针,织12cm双罗纹后,改织花样,同时侧缝按图示减针,织20cm时加针,形成收腰,织15cm时留袖窿,在两边同时各平收10针,然后按图示收成袖窿,再织5cm时留前领窝。

双罗纹

花样

领子结构图

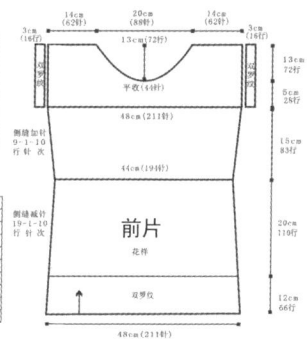

前片

0720

【成品规格】 见图
【工具】 1.7mm棒针
【材料】 黄色纯羊毛线 亮珠若干
【制作过程】 前片起针,织双罗纹15cm后,改织下针,织至完成。领圈挑针,织双罗纹24cm,形成高领。缝上亮珠。

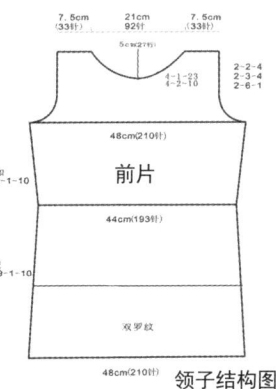

前片

领子结构图

双罗纹
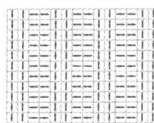

0721

【成品规格】 见图
【工具】 1.7mm棒针
【材料】 蓝色纯羊毛线
【制作过程】 前片按图示起211针,织10cm双罗纹后,分5片编织,分别织好后缝合,缝合边在外面。领边用黑色线挑246针,织3cm全下针,褶边缝合,形成双层圆领。

全下针

双罗纹

领子结构图
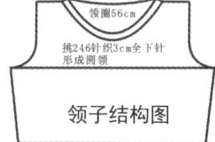

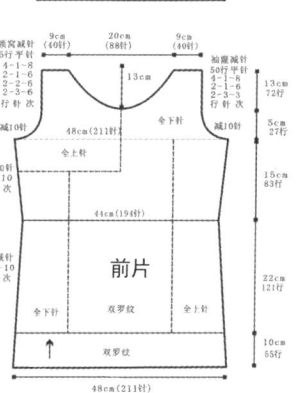

前片

265

0722

【成品规格】见图
【工具】1.7mm棒针
【材料】红色纯羊毛线 亮片若干
【制作过程】前片按图起针，织单罗纹，并间色，袖窿和领窝按图加减针，织至完成。领圈挑针，织5cm单罗纹，并间色，形成圆领。缝上亮片。

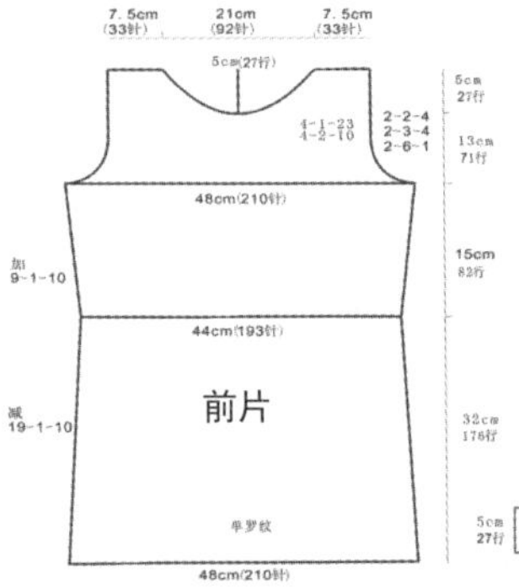

单罗纹

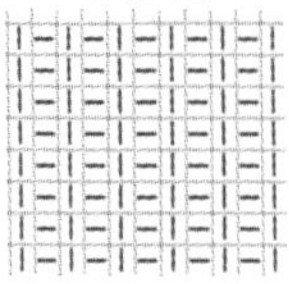

7.5cm(33针)　21cm(92针)　7.5cm(33针)
5cm(27行)
2-2-4
4-1-23
2-3-4
4-2-10
2-6-1
13cm
7行
48cm(210针)
15cm
83行
加
9-1-10
44cm(193针)
前片
减
19-1-10
32cm
176行
半罗纹
48cm(210针)

领子结构图 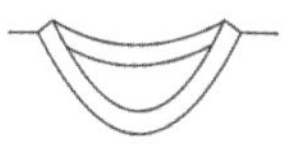
翻领
5cm
27行
编织方向
单罗纹
42cm(18针)

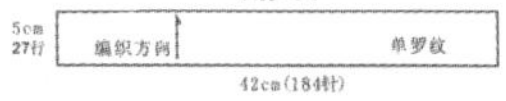

0723

【成品规格】见图
【工具】1.7mm棒针 绣花针
【材料】红色纯羊毛线 黑色线 亮片若干 装饰带1根
【制作过程】前片按图示起211针，织10cm双罗纹后，改织全下针，同时侧缝按图示减针，织22cm时加针，形成收腰，织15cm时留袖窿，在两边同时各平收10针，然后按图示收成袖窿，再织5cm时留前领窝。领边用黑色线挑246针，织3cm全下针，褶边缝合，形成双层圆领。缝上亮片并系上装饰带。

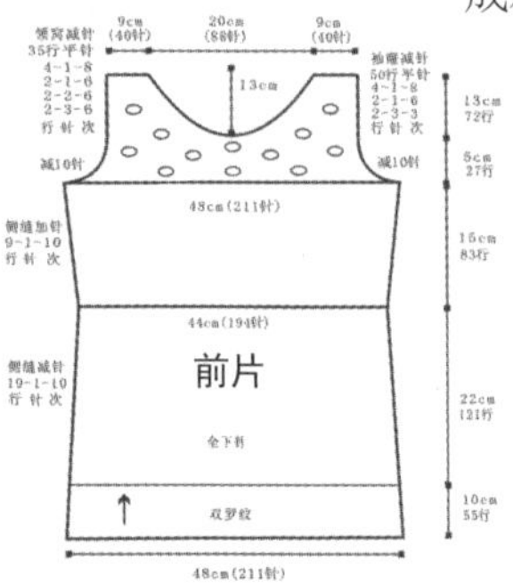

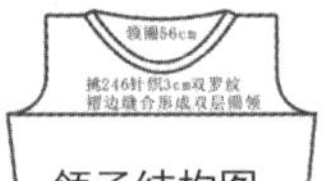

领子结构图
领圈56cm
挑圈246针织3cm全下针
褶边缝合形成双层圆领

全下针　双罗纹

9cm(40针)　20cm(88针)　9cm(40针)
领窝减针
35行平收
4-1-6
4-1-8
4-2-6
行针次
13cm
袖窿减针
50行平收
4-1-6
4-1-8
4-2-6
行针次
13cm
减10针　减10针
48cm(211针)
8cm
侧缝加针
9-1-10
行针次
15cm
83行
44cm(194针)
前片
侧缝减针
19-1-10
行针次
22cm
131行
10cm
55针
双罗纹
48cm(211针)

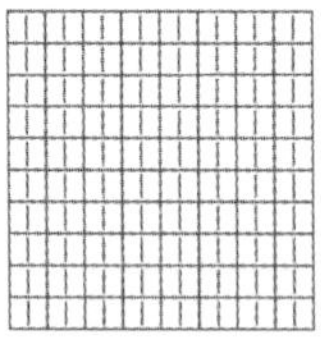

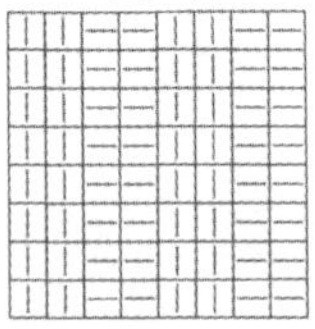

0724

【制作过程】前片按图起针，织下针，袖窿和领窝按图加减针，织至完成。缝上亮片和刺绣花朵。

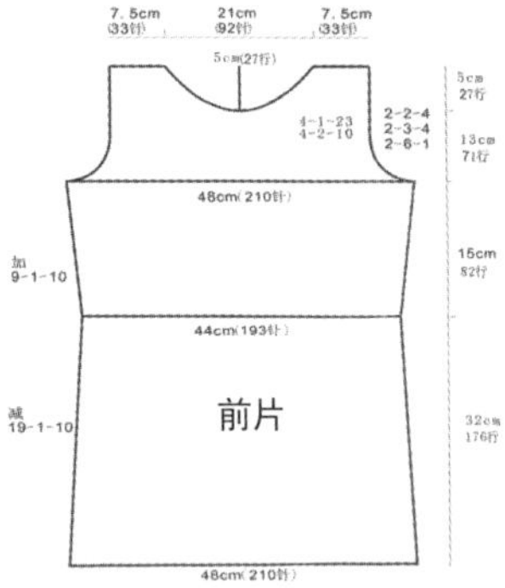

7.5cm(33针)　21cm(92针)　7.5cm(33针)
5cm(27行)
2-2-4
4-1-23
2-3-4
4-2-10
2-6-1
13cm
7行
48cm(210针)
15cm
82行
加
9-1-10
44cm(193针)
减
19-1-10
前片
32cm
176行
48cm(210针)

【成品规格】见图
【工具】1.7mm棒针
【材料】红色纯羊毛线 亮片若干 刺绣花朵若干

0726

【制作过程】前片按图起针，织单罗纹，并间色，袖窿和领窝按图加减针，织至完成。领圈挑针，织5cm单罗纹，形成圆领，前领装饰片另织，留下口子按图缝合。缝上亮片。

领子结构图 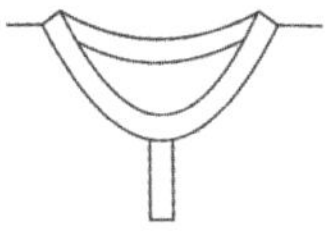
单罗纹

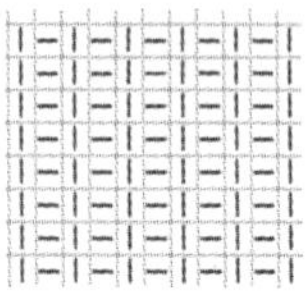

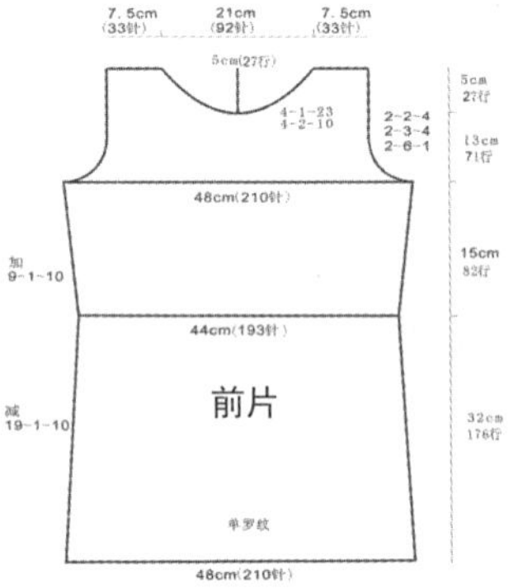

7.5cm(33针)　21cm(92针)　7.5cm(33针)
5cm(27行)
2-2-4
4-1-23
2-3-4
4-2-10
2-6-1
13cm
7行
48cm(210针)
15cm
82行
加
9-1-10
44cm(193针)
减
19-1-10
前片
32cm
176行
单罗纹
48cm(210针)

【成品规格】见图
【工具】1.7mm棒针
【材料】绿色纯羊毛线 亮片若干

0725

全下针

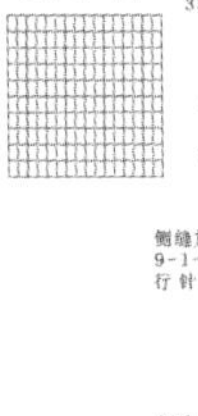

9cm(40针)　20cm(88针)　9cm(40针)
领窝减针
35行平收
4-1-6
4-1-8
4-2-6
行针次
13cm
72行
袖窿减针
50行平收
4-1-6
4-1-8
4-2-6
行针次
13cm
减10针　减10针
48cm(211针)
侧缝加针
9-1-10
行针次
15cm
83行
44cm(194针)
前片
双罗纹
侧缝减针
19-1-10
行针次
24cm
132行
对折
双罗纹
8cm
44行
双层平针底边
48cm(211针)

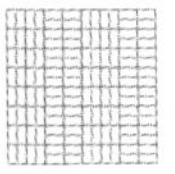

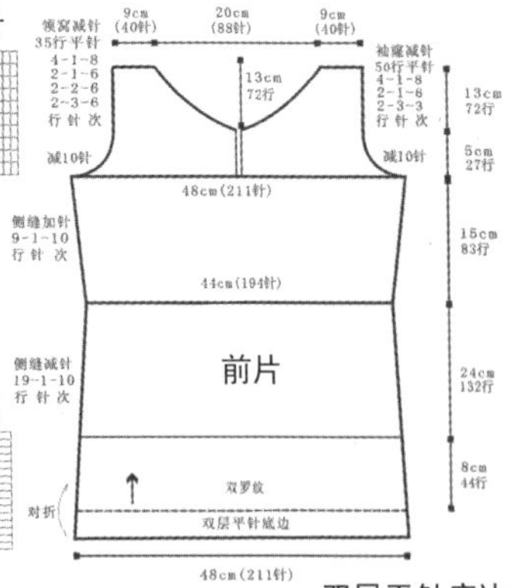

双层平针底边

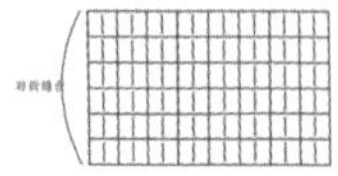

【成品规格】见图
【工具】1.7mm棒针
【材料】蓝色纯羊毛线 纽扣11枚
【制作过程】前片按图示起211针，先织双层平针底边后，改织8cm双罗纹，再织全下针，同时侧缝按图示减针，织24cm时加针，形成收腰，织15cm时留袖窿，在两边同时各平收10针，然后按图示收成袖窿，前领留3cm不织为门襟，然后分两片编织，再织5cm时留前领窝。缝上纽扣。

0727

【材料】白色、绿色纯羊毛线 亮珠若干
【制作过程】前片按图起针，织单罗纹8cm并间色，然后改织下针织至完成。衣领另织8cm单罗纹，按领子结构图缝合，形成圆领，前领装饰边另织3条，编成辫子装饰带，花朵片另织，做成花朵，全部缝到前领片上。缝上亮珠。

单罗纹

7.5cm(33针)　21cm(92针)　7.5cm(33针)
15cm(82行)
2-2-4
2-3-4
2-6-1
15cm
82行
48cm(210针)
15cm
82行
加
9-1-10
44cm(193针)
减
19-1-10
前片
24cm
132行
单罗纹
8cm
44行
48cm(210针)

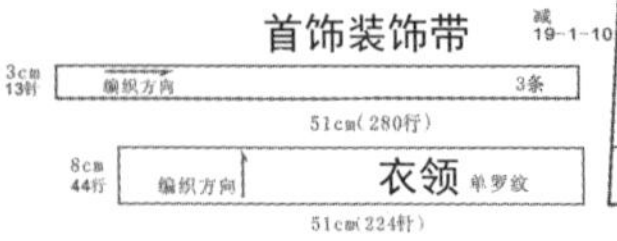

首饰装饰带
3cm
13针
编织方向
3条
51cm(280针)

衣领
8cm
44行
编织方向
单罗纹
51cm(324针)

【成品规格】见图
【工具】1.7mm棒针

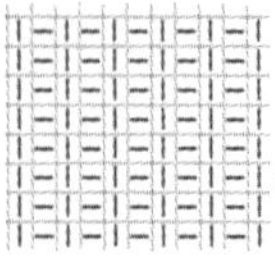

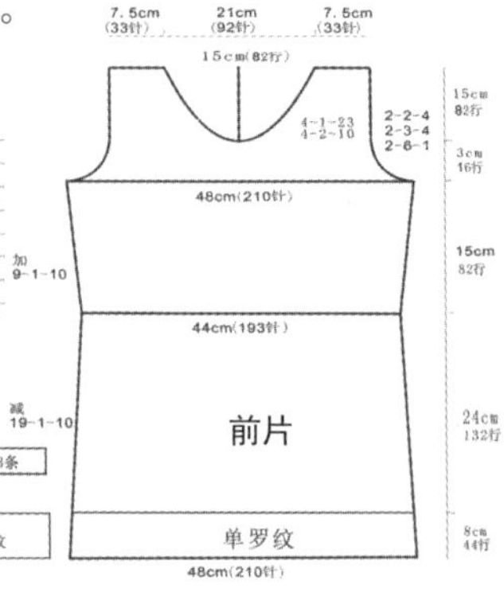

0728

【成品规格】 见图
【工具】 1.7mm棒针
【材料】 白色、绿色纯羊毛线 亮片若干
【制作过程】 前片按图示起211针，先织双层平针底边后，改织全下针，同时侧缝按图减针，织32cm时加针，形成收腰，织15cm时留袖窿，在两边同时各平收10针，然后按图示收成袖窿，再织5cm时留前领窝。领边挑246针，织5cm全下针，褶边缝合，形成双层圆领。缝上亮片。

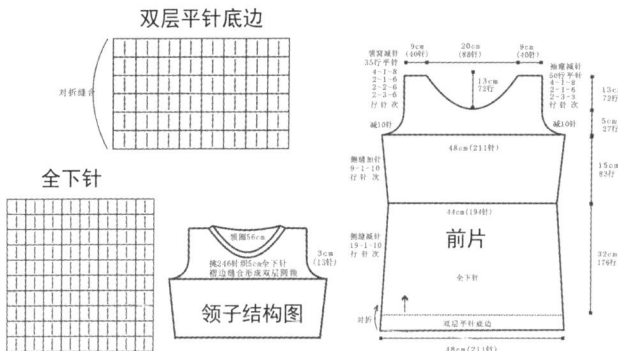

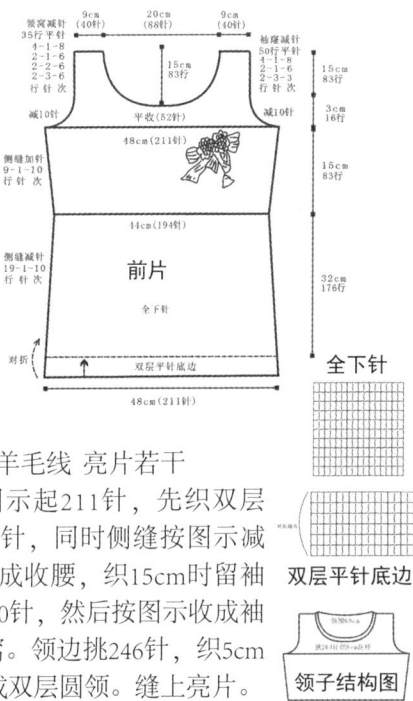

双层平针底边

全下针

领子结构图

前片

0729

【成品规格】 见图
【工具】 1.7mm棒针
【材料】 白色、绿色纯羊毛线 亮片若干
【制作过程】 前片按图示起211针，先织双层平针底边后，改织全下针，同时侧缝按图示减针，织32cm时加针，形成收腰，织15cm时留袖窿，在两边同时各平收10针，然后按图示收成袖窿，再织5cm时留前领窝。领边挑246针，织5cm全下针，褶边缝合，形成双层圆领。缝上亮片。

前片

全下针

双层平针底边

领子结构图

0730

【成品规格】 见图
【工具】 1.7mm棒针 绣花针
【材料】 浅咖啡色纯羊毛线 亮珠和绣花若干
【制作过程】 前片按图示起211针，织3cm双罗纹后，改织全下针，同时侧缝按图示减针，织29cm时加针，形成收腰，织15cm时留袖窿，在两边同时各平收10针，然后按图示收成袖窿，再织5cm时留前领窝。领圈挑228针和织3cm全下针，褶边缝合，形成双层圆领。缝上亮珠和绣花。

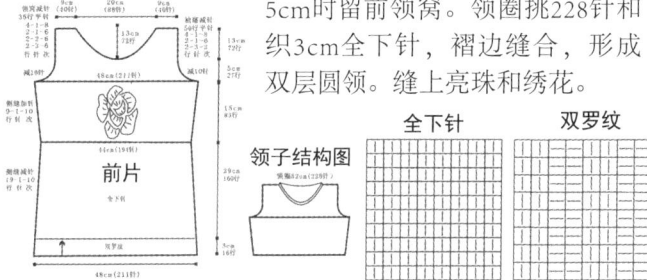

前片

全下针

双罗纹

领子结构图

0731

【成品规格】 见图
【工具】 1.7mm棒针
【材料】 灰色纯羊毛线
【制作过程】 前片分上、下两部分，上部分分别按图起针，织下针织至完成，下部分分别起针，织10cm单罗纹后，改织下针，织至完成，均匀地打皱褶与上部分缝合。领圈挑针，织单罗纹5cm，形成圆领。

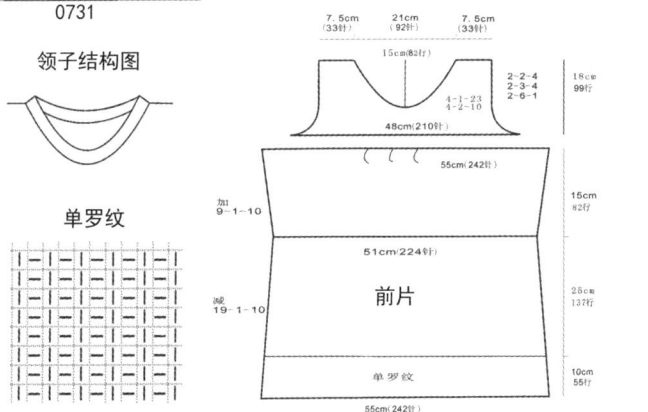

领子结构图

单罗纹

前片

0732

【成品规格】 见图
【工具】 1.7mm棒针
【材料】 深咖啡色纯羊毛线
【制作过程】 前片分上、下两部分，上部分分别按图起针，织下针织至完成，下部分分别起针，织10cm双罗纹后，改织下针，至织完成，均匀地打皱褶与上部分缝合。领圈挑针，织双罗纹5cm，形成圆领。

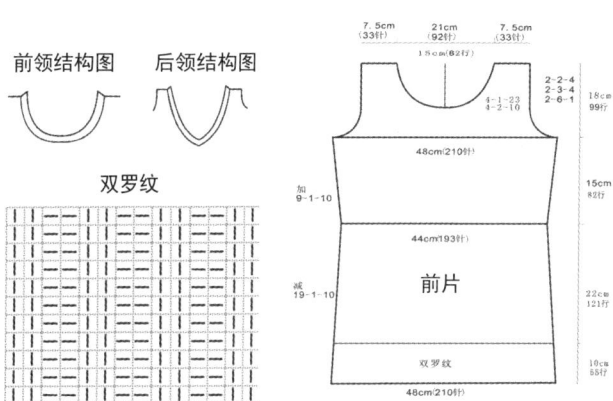

前领结构图　后领结构图

双罗纹

前片

【成品规格】 见图
【工具】 1.7mm棒针
【材料】 白色、紫色纯羊毛线 亮珠若干
【制作过程】 前片按图起211针，织3cm双罗纹后，改织花样，同时侧缝按图示减针，织27cm时加针，形成收腰，织5cm时留袖窿，在两边同时加针成袖口，再织5cm时留领窝。领圈用白色线挑228针，褶边缝合，形成双层圆领。按图缝上亮珠图案。

0733

领子结构图

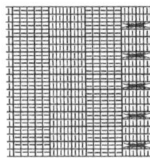

花样

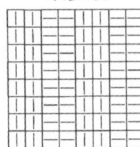

双罗纹

16cm(70针) 20cm(88针) 16cm(70针)
13cm(73行)
袖口加针 10-1-8 行针次
平收(44针)
48cm(211针)
44cm(194针)
前片
花样
侧缝减针 9-1-10 行针次
侧缝减针 19-1-10 行针次
双罗纹
48cm(211针)
13cm 72行
5cm 28行
15cm 83行
27cm 148行
5cm 28行

0734

【制作过程】 前片按图示起211针，织5cm双罗纹后，改织花样，同时侧缝按图示减针，织27cm时加针，形成收腰，15cm时留袖窿，在两边同时加针成袖口，再织5cm时留前领窝。

【成品规格】 见图
【工具】 1.7mm棒针
【材料】 白色、紫色纯羊毛线 白色衬条若干

双罗纹　花样

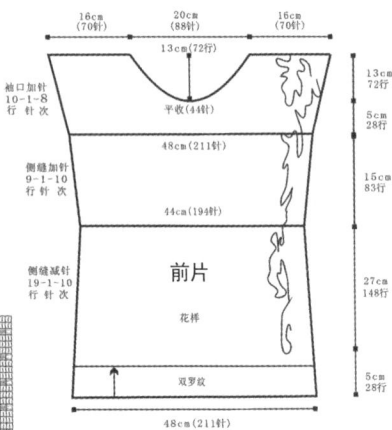

16cm(70针) 20cm(88针) 16cm(70针)
13cm(72行)
袖口加针 10-1-8 行针次
平收(44针)
48cm(211针)
44cm(194针)
前片
花样
侧缝减针 9-1-10 行针次
侧缝减针 19-1-10 行针次
双罗纹
48cm(211针)
13cm 72行
5cm 28行
15cm 83行
27cm 148行
5cm 28行

0735

【材料】 深紫色纯羊毛线 亮珠和绣花若干
【制作过程】 前片按图示起211针，织3cm双罗纹后，侧缝两边织全上针，中间织花样，同时侧缝按图示减针，织29cm时加针，形成收腰，织15cm时留袖窿，在两边同时各平收10针，然后按图示收成袖窿，再织5cm时留前领窝。缝上亮珠和绣花。

【成品规格】 见图
【工具】 1.7mm棒针

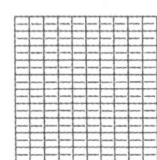

全上针

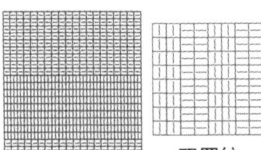

花样　双罗纹

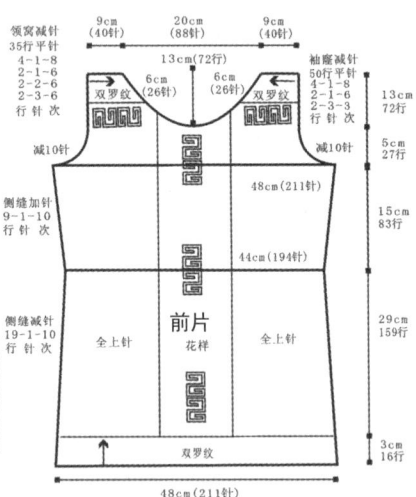

领窝减针 35行平针 4-1-8 2-1-6 2-2-6 2-3-6 行针次
9cm(40针) 20cm(88针) 9cm(40针)
13cm(72行)
袖窿减针 50行平针 4-1-8 2-1-6 2-2-6 2-3-3 行针次
6cm(26针) 6cm(26针)
双罗纹　双罗纹
减10针
48cm(211针)
减10针
侧缝加针 9-1-10 行针次
44cm(194针)
前片
全上针　花样　全上针
侧缝减针 19-1-10 行针次
双罗纹
48cm(211针)
13cm 72行
5cm 27行
15cm 83行
29cm 159行
3cm 16行

0736

【成品规格】 见图
【工具】 1.7mm棒针 绣花针
【材料】 深紫色纯羊毛线 亮珠和绣花若干
【制作过程】 前片按图示起211针，织8cm双罗纹后，侧缝两边织全下针，同时侧缝按图示减针，织24cm时加针，形成收腰，织15cm时留袖窿，在两边同时各平收10针，然后按图示收成袖窿，再织5cm时留前领窝。缝上亮珠和绣花。

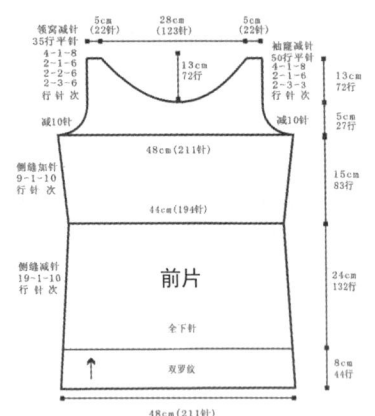

领窝减针 35行平针 4-1-8 2-1-6 2-2-6 2-3-6 行针次
5cm(22针) 28cm(123针) 5cm(22针)
13cm 72行
袖窿减针 50行平针 4-1-8 2-1-6 2-2-6 2-3-3 行针次
减10针
48cm(211针)
减10针
侧缝加针 9-1-10 行针次
44cm(194针)
侧缝减针 19-1-10 行针次
前片
全下针
双罗纹
48cm(211针)
13cm 72行
5cm 27行
15cm 83行
24cm 132行
8cm 44行

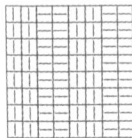

双罗纹

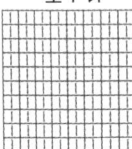

全下针

0737

【材料】 深蓝色、湖蓝色纯羊毛线
【制作过程】 前片按图起211针，织全下针并配色，同时侧缝按图示减针，织32cm时再减针，两边肩位另起5针，织全下针，两边加针，织15cm时留袖窿，在两边同时各平收10针，然后按图收成袖窿，按图收前领窝，两边肩位与前片缝合。

【成品规格】 见图
【工具】 1.7mm棒针

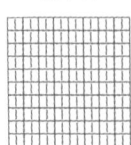

全下针

领子结构图

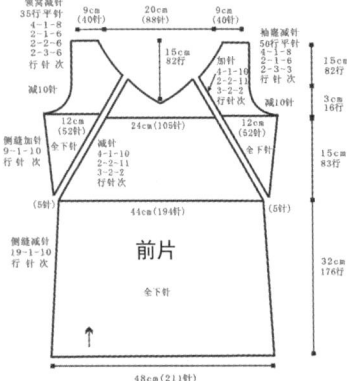

领窝减针 35行平针 4-1-8 2-1-6 2-2-6 2-3-6 行针次
9cm(40针) 20cm(88针) 9cm(40针)
15cm 82行
袖窿减针 50行平针 4-1-8 2-1-6 2-2-10 2-3-2 行针次
加针 4-1-10 4-2-10 2-3-2 行针次
减10针
领圈56cm
15cm 16行
12cm(52针) 24cm(105针) 12cm(52针)
侧缝加针 9-1-10 行针次
减针 4-1-1 4-2-10 3-2-2 行针次
(5针) (5针)
15cm 83行
44cm(194针)
前片
全下针
侧缝减针 19-1-10 行针次
32cm 176行
48cm(211针)

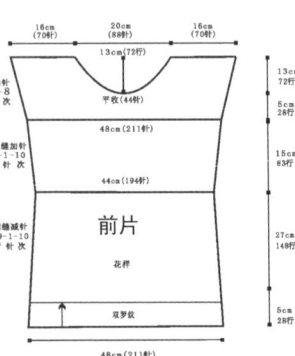

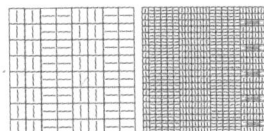

0738

【材料】 浅灰色、墨绿色纯羊毛线 纽扣5枚

【制作过程】 前片按图示用浅灰色线起211针，织8cm双罗纹后，改用墨绿色线织全下针，同时侧缝按图示减针，织24cm时加针，形成收腰，前领留3cm不织为门襟，然后分两片编织，织15cm时留袖窿，在两边同时各平收10针，然后按图示收成袖窿，再织5cm时留前领窝，右边侧缝按彩图配色。领圈用浅灰色线挑228针，织3cm双罗纹，形成圆领。缝上纽扣。

【成品规格】 见图
【工具】 1.7mm棒针

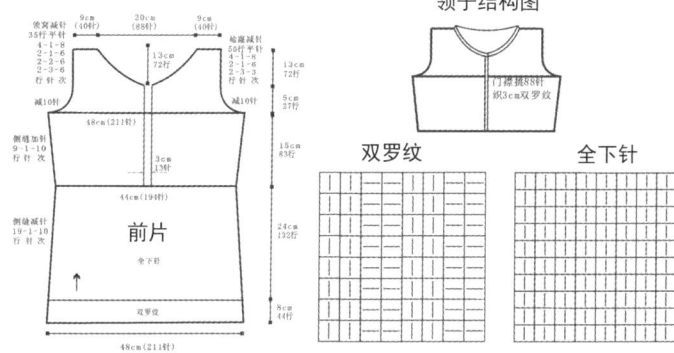

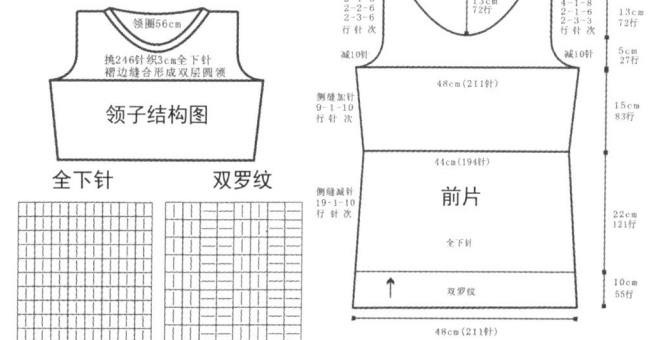

领子结构图

双罗纹　　全下针

前片

0739

【材料】 墨绿色纯羊毛线

【制作过程】 前片按图示起211针，织10cm双罗纹后，改织全下针，同时侧缝按图示减针，织22cm时加针，形成收腰，织15cm时留袖窿，在两边同时各平收10针，然后按图示收成袖窿，再织5cm时留前领窝。领边挑246针，织3cm全下针，褶边缝合，形成双层圆领。

【成品规格】 见图
【工具】 1.7mm棒针

领子结构图

全下针　　双罗纹

前片

0740

【成品规格】 见图
【工具】 1.7mm棒针
【材料】 蓝色纯羊毛线 纽扣7枚
【制作过程】 前片按图起202针，织5cm双罗纹后，改织全下针，同时按图示减针，织18cm时加针，形成收腰，织5cm时留袖窿，在两边同时各平收10针，然后按图示收成插肩袖窿，门襟留5cm不织，分两片编织，同时收领窝，肩位留5针。领圈挑228针，织5cm双罗纹，形成圆领。缝上纽扣。

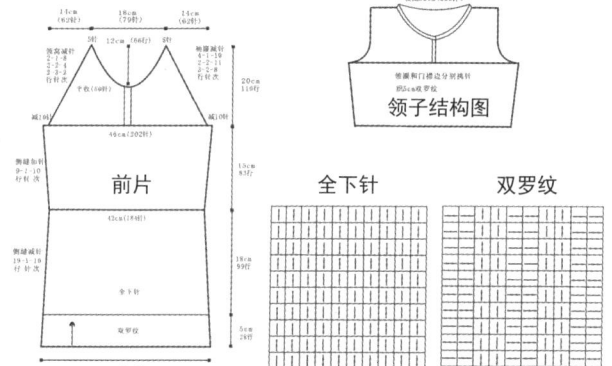

前片

领子结构图

全下针　　双罗纹

0741

【成品规格】 见图
【工具】 1.7mm棒针
【材料】 蓝色纯羊毛线 亮珠若干 装饰带1条
【制作过程】 前片按图起210针，织双罗纹12cm后，改织下针，织至完成。领圈打皱褶挑针，织双罗纹5cm，形成圆领。缝上亮珠和装饰带。

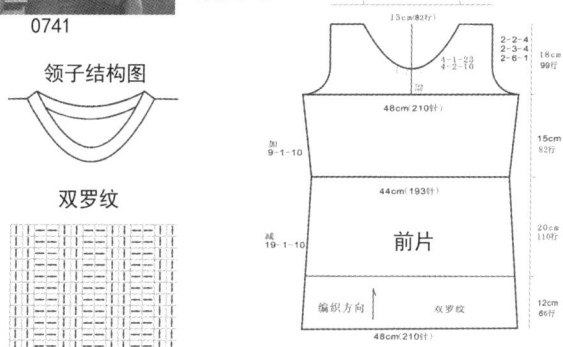

领子结构图

双罗纹

前片

编织方向　　双罗纹

0742

【成品规格】 见图
【工具】 1.7mm棒针
【材料】 蓝色纯羊毛线 纽扣3枚 装饰带1条
【制作过程】 前片按图起针，织双罗纹5cm后改织下针，袖窿和领窝按图加减针，织至完成。领圈挑针，织单罗纹5cm，褶边缝合，形成双层Y领。缝上纽扣和装饰带。

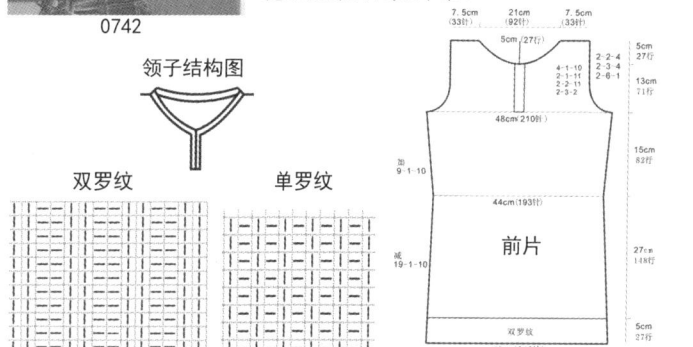

领子结构图

双罗纹　　单罗纹

前片

【成品规格】见图
【工具】1.7mm棒针
【材料】墨绿色纯羊毛线
【制作过程】前片按图起针，织双罗纹10cm后，改织下针，袖窿和领窝按图加减针，织至完成。领圈挑针。织下针5cm，形成圆领。

0743

领子结构图

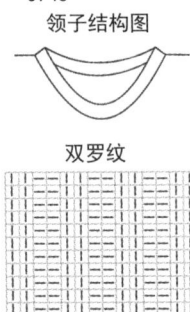

双罗纹

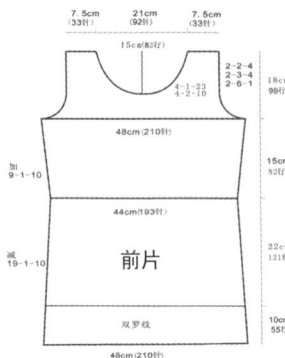

前片

48cm(210针)
15cm(82针)
7.5cm(33针)　21cm(92针)　7.5cm(33针)
2-2-4
2-3-4
2-6-1
4-1-23
4-2-10
18cm 99行
48cm(210针)
15cm 82行
加 9-1-10
44cm(193针)
22cm 121行
减 19-1-10
10cm 55行
48cm(210针)

【成品规格】见图
【工具】1.7mm棒针
【材料】黑色纯羊毛线 亮片若干 蕾丝布料若干
【制作过程】前片按图起针，织单罗纹5cm后，改织花样织至完成，蕾丝布料裁剪缝合。袖窿和领窝按图加减针。领圈挑针，织下针5cm，褶边缝合，形成双层圆领。

0744

领子结构图

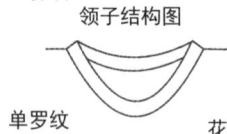

单罗纹　　　花样

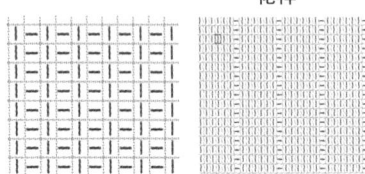

前片
花样
单罗纹
12cm(66针)
7.5cm(33针)　21cm(92针)　7.5cm(33针)
2-2-4
2-3-4
2-6-1
4-1-23
4-2-10
18cm 99行
48cm(210针)
加 9-1-10
27cm 148行
5cm 27行
44cm(193针)

【成品规格】见图
【工具】1.7mm棒针 绣花针
【材料】浅蓝色纯羊毛线 亮珠和绣花若干
【制作过程】前片按图示起211针，织3cm双罗纹后，侧缝两边织全上针，中间织花样，同时侧缝按图示减针，织29cm时加针，形成收腰，织15cm时留袖窿，在两边同时各平收10针，然后按图示收成袖窿，再织5cm时留前领窝。领圈挑228针后织3cm双罗纹，褶边缝合，形成双层V领。缝上亮珠和绣花。

0745

双罗纹

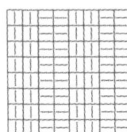

领子结构图
领圈52cm(228针)

全上针　　　花样

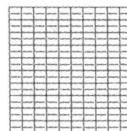 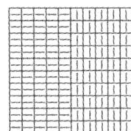

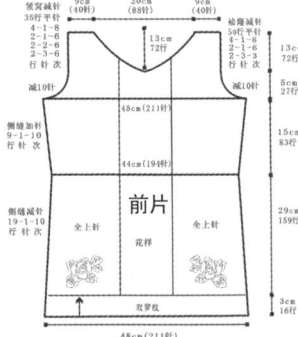

前片
全上针　　花样　　全上针
领窝减针 35行平收
9针(40针)　20cm(88针)　9cm(40针)
4-1-8
2-1-6
2-2-6
2-3-6
行 针 次
13cm 72行
袖窿减针
5针平收
4-1-6
2-1-6
2-2-3
2-3-3
行 针 次
13cm 72行
减10针
减10针
5cm 27行
48cm(211针)
侧缝加针 9-1-10 行 针 次
44cm(194针)
15cm 83行
侧缝减针 19-1-10 行 针 次
29cm 159行
双罗纹
3cm 16行
48cm(211针)

【成品规格】见图
【工具】1.7mm棒针 绣花针
【材料】浅蓝色纯羊毛线 亮片和绣花若干
【制作过程】前片按图起针，织双罗纹10cm后，改织下针织至完成。领圈挑针，织下针5cm，褶边缝合，领尖缝合，形成双层V领。缝上亮片和绣花。

0746

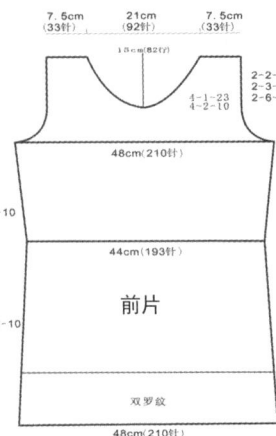

前片
48cm(210针)
15cm(82针)
7.5cm(33针)　21cm(92针)　7.5cm(33针)
2-2-4
2-3-4
2-6-1
4-1-23
4-2-10
18cm 99行
48cm(210针)
加 9-1-10
15cm 82行
44cm(193针)
22cm 121行
减 19-1-10
双罗纹
10cm 55行
48cm(210针)

领子结构图

双罗纹

【材料】浅蓝色纯羊毛线 亮珠和绣花若干 纽扣5枚
【制作过程】前片按图示起211针，织3cm双罗纹后，改织全下针，然后按图示收成袖窿，前领留3cm不织为门襟，然后分两片编织，再织5cm时留前领窝。领圈和门襟分别挑228针和28针，织3cm双罗纹，形成圆领，领边用布料缝制，按图缝合。缝上亮珠、绣花及纽扣。

0747

【成品规格】见图
【工具】1.7mm棒针 绣花针

领圈52cm(228针)

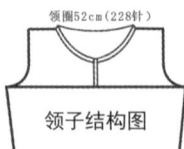

领子结构图

全下针　　双罗纹

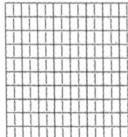 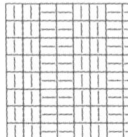

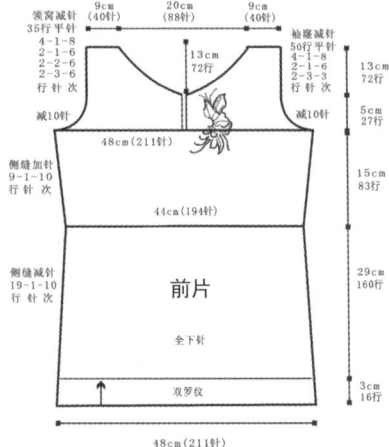

前片
全下针
领窝减针 35行平收
9cm(40针)　20cm(88针)　9cm(40针)
4-1-8
2-1-6
2-2-6
2-3-6
行 针 次
13cm 72行
袖窿减针
50行平收
4-1-8
2-1-6
2-2-3
2-3-3
行 针 次
13cm 72行
减10针
减10针
5cm 27行
48cm(211针)
侧缝加针 9-1-10 行 针 次
44cm(194针)
15cm 83行
侧缝减针 19-1-10 行 针 次
29cm 160行
双罗纹
3cm 16行
48cm(211针)

0748

【成品规格】 见图
【工具】 1.7mm棒针 小号钩针
【材料】 白色纯羊毛线 亮珠若干 钩针钩织的花朵若干
【制作过程】 前片按图起针，先织双层平针底边后，改织下针织至完成。领子另织5cm单罗纹，按结构图褶边缝合，领尖缝合，形成双层V领。缝上亮珠和花朵。

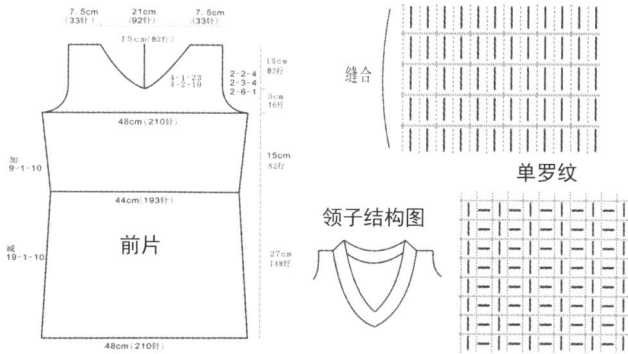

双层平针底边
缝合
单罗纹
领子结构图

前片
48cm(210针)
44cm(193针)
48cm(210针)
7.5cm(33针) 21cm(92针) 7.5cm(33针)
15cm(82行)
4-1-23 2-2-4 4-2-10 2-3-4 2-6-1 3cm 16行
加 9-1-10
减 19-1-10
15cm 82行
27cm 148行

0749

领子结构图
领子结构图

【成品规格】 见图
【工具】 1.7mm棒针
【材料】 白色纯羊毛线 纽扣7枚
【制作过程】 前片肩部按编织方向起针，织双罗纹，织至完成，下部按图起针，织2cm双罗纹后，一半改织下针，其余继续织双罗纹10cm，再织下针，腰部按图加减针织50cm时开袖窿。用同样方法织另一片，打皱褶与上片缝合。缝上纽扣。

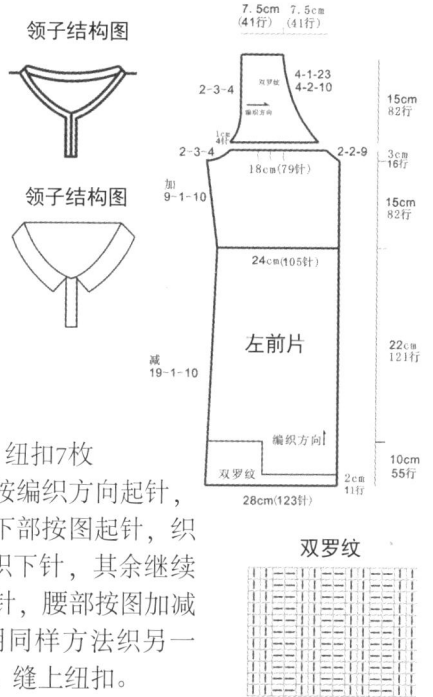

左前片
双罗纹
7.5cm(41行) 7.5cm(41行)
4-1-23 4-2-10 2-3-4 15cm 82行
18cm(79针) 2-2-9 3cm 16行
2-3-4 15cm 82行
加 9-1-10
24cm(105针)
编织方向
22cm 121行
减 19-1-10
28cm(123针)
10cm 55行
2cm 11行

0750

【成品规格】 见图
【工具】 1.7mm棒针
【材料】 米白色纯羊毛线 纽扣2枚
【制作过程】 前片分上、下部分组成，上部分分左、右两片，按图起针，织下针织至完成，同样方法织另一片。下部按图起针，织8cm双罗纹后，改织花样，织至完成。胸围衬边另织好，与下部分缝合，再按结构图与上部分缝合。领圈挑针，织12cm单罗纹，形成翻领。缝上纽扣。

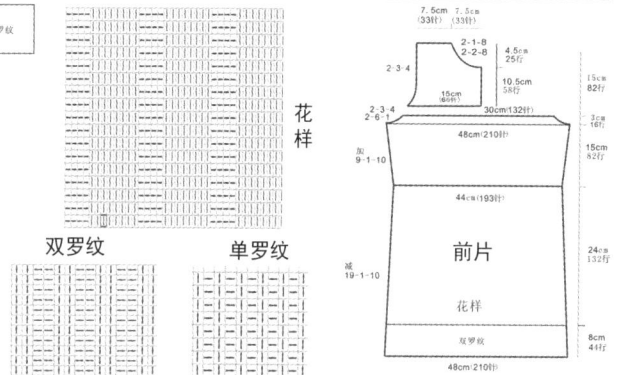

翻领 单罗纹
编织方向
12cm 66行
15cm(198针)
双罗纹
单罗纹
花样

前片
花样
双罗纹
7.5cm(33针) 7.5cm(33针)
2-1-8 2-2-8 4.5cm 25行
2-3-4 10.5cm 58行
2-3-4 2-6-1 15cm(66针)
30cm(132针)
48cm(210针)
44cm(193针)
加 9-1-10
减 19-1-10
15cm 82行
15cm 82行
24cm 132行
48cm(210针)
8cm 44行

0751

【成品规格】 见图
【工具】 1.7mm棒针
【材料】 米色纯羊毛线 亮珠若干
【制作过程】 前片按图示起211针，织5cm双罗纹后，改织全下针，同时侧缝按图示减针，织27cm时加针，形成收腰，织15cm时留袖窿，在两边同时各平收10针，然后按图示收成袖窿，再织5cm时留前领窝。领边缝上亮珠。

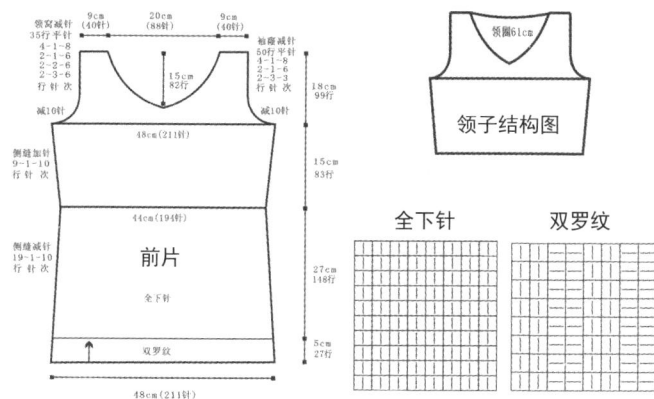

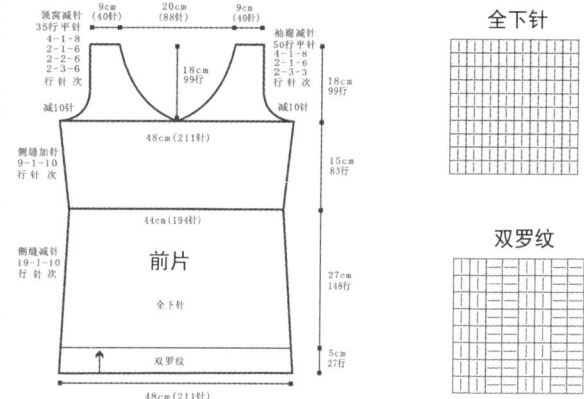

领子结构图
领圈61cm

前片
全下针
双罗纹
全下针
双罗纹
48cm(211针)
44cm(194针)
48cm(211针)
9cm(40针) 20cm(88针) 9cm(40针)
领窝减针 35行平针 4-1-8 2-1-2 2-2-6 2-3-3 行针次
袖窿减针 6行平针 4-1-1 2-1-6 行针次
15cm 82行
18cm 99行
减10针 减10针
侧缝加针 9-1-10 行针次
15cm 83行
侧缝减针 19-1-10 行针次
27cm 148行
5cm 27行

0752

【成品规格】 见图
【工具】 1.7mm棒针
【材料】 米色纯羊毛线 亮珠若干
【制作过程】 前片按图示起211针，织5cm双罗纹后，改织全下针，同时侧缝按图示减针，织27cm时加针，形成收腰，织15cm时留袖窿，在两边同时各平收10针，然后按图示收成袖窿，再织5cm时留前领窝。缝上亮珠。

全下针
双罗纹

前片
全下针
48cm(211针)
44cm(194针)
48cm(211针)
9cm(40针) 20cm(88针) 9cm(40针)
领窝减针 35行平针 4-1-8 2-1-2 2-2-6 2-3-3 行针次
袖窿减针 50行平针 4-1-1 2-1-6 行针次
18cm 99行
18cm 99行
减10针 减10针
侧缝加针 9-1-10 行针次
15cm 83行
侧缝减针 19-1-10 行针次
27cm 148行
5cm 27行

【成品规格】见图
【工具】1.7mm棒针
【材料】米色羊毛线 纽扣11枚
【制作过程】前片分左、右两片编织，分别按图起106针，织26cm双罗纹后，改织全下针，门襟按图减针，侧缝减针，织6cm时加针，形成收腰，织15cm时两边平收10针，按图示收袖窿，同样方法织另一片。缝上纽扣。

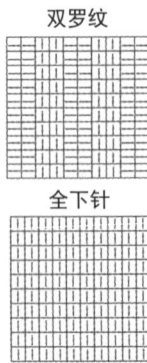

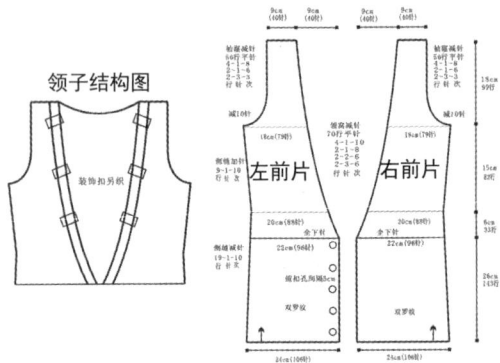

双罗纹

全下针

领子结构图

装饰扣另织

左前片　右前片

0753

【材料】米色纯羊毛线 亮珠绣花若干
【制作过程】前片按图示起211针，织5cm双罗纹后，改织全下针，同时侧缝按图示减针，织27cm时加针，形成收腰，织15cm时留袖窿，在两边同时各平收10针，然后按图示收成袖窿，同时留前领窝。领边挑268针，织5cm双罗纹，领尖缝合形成V领。缝上亮珠绣花。

【成品规格】见图
【工具】1.7mm棒针 绣花针

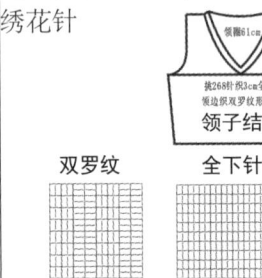

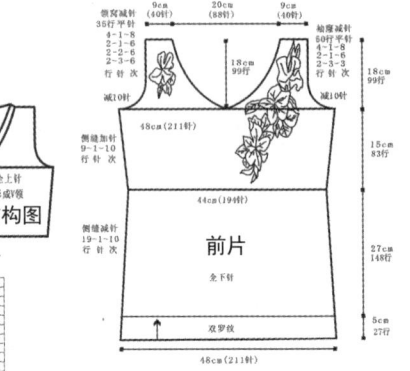

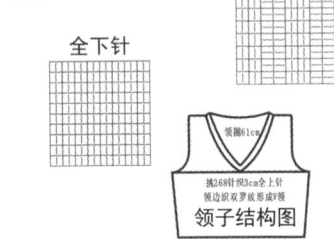

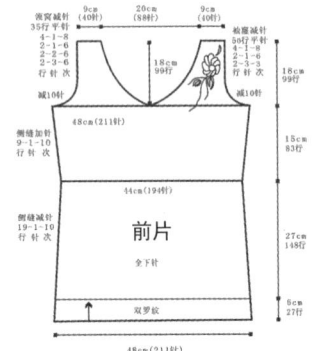

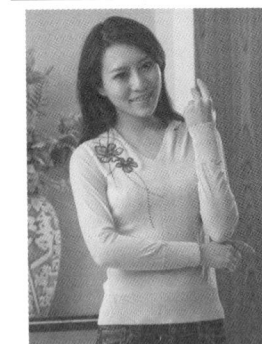

双罗纹

全下针

领子结构图
挑268针织3cm全上针
领边织双罗纹形成领

前片
全下针

0754

【材料】米色纯羊毛线 亮珠绣花若干
【制作过程】前片按图示起211针，织5cm双罗纹后，改织全下针，同时侧缝按图示减针，织27cm时加针，形成收腰，织15cm时留袖窿，在两边同时各平收10针，然后按图示收成袖窿，再织3cm时留前领窝。领边挑268针，织5cm全下针，领尖缝合，形成V领。缝上亮珠绣花。

【成品规格】见图
【工具】1.7mm棒针 绣花针

双罗纹

全下针

领子结构图
挑268针织3cm全上针
领边织双罗纹形成领

前片
全下针

0756

【工具】1.7mm棒针 绣花针
【材料】白色纯羊毛线 亮珠和绣花若干
【制作过程】前片按图示起211针，织10cm双罗纹后，改织全下针，同时侧缝按图示减针，织22cm时加针，形成收腰，织15cm时留袖窿，在两边同时各平收10针，然后按图示收成袖窿，再织5cm时留前领窝。缝上亮珠和绣花。

【成品规格】见图

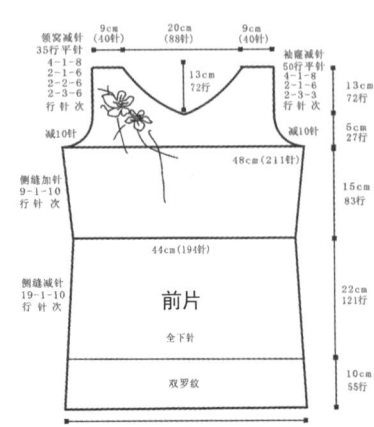

全下针

双罗纹

前片
全下针

0755

双罗纹　　花样

领子结构图　　领圈衬边
编织方向　　下针
60cm(264针)

前片
花样

0757

【成品规格】见图
【工具】1.7mm棒针
【材料】粉红色纯羊毛线 亮片若干
【制作过程】前片按图起针，织双罗纹8cm后，改织下针，前片按彩图编入花样，织至完成。领圈挑针，织双罗纹5cm，领尖缝合，形成V领，缝上领圈衬边，图案部分用亮片装饰。

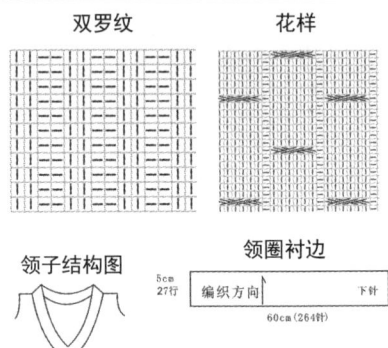

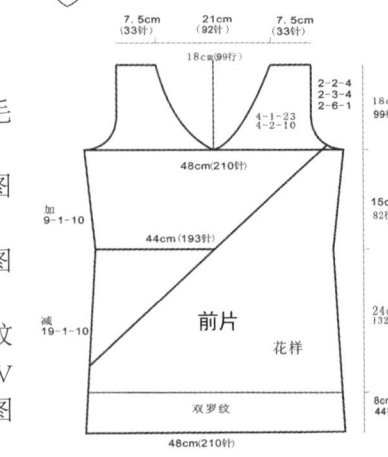

272

0758

【成品规格】 见图
【工具】 1.7mm棒针
【材料】 黄色纯羊毛线 纽扣2枚
【制作过程】 前片按图起针，织双罗纹10cm后，改织下针，袖窿和领窝按图加减针，织至完成。领圈挑针，织双罗纹5cm，领尖缝合，形成V领。前片内领另织，按图起针，织单罗纹织至完成，领子用全棉布料缝制好，与前片内领缝合，形成翻领。缝上纽扣。

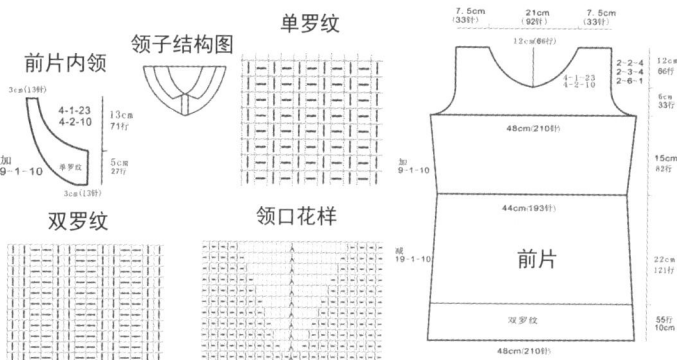

前片内领　领子结构图　单罗纹

双罗纹　领口花样

前片

0759

【成品规格】 见图
【工具】 1.7mm棒针 绣花针
【材料】 浅绿色纯羊毛线 亮珠和绣花若干
【制作过程】 前片按照图示起211针，织3cm双罗纹后，改织全下针，同时侧缝按图示减针，织29cm时加针，形成收腰，织15cm时留袖窿，在两边同时各平收10针，然后按图示收成袖窿，再织5cm时留前领窝。领圈挑228针，织3cm全下针，褶边缝合，形成双层V领。缝上亮珠和绣花。

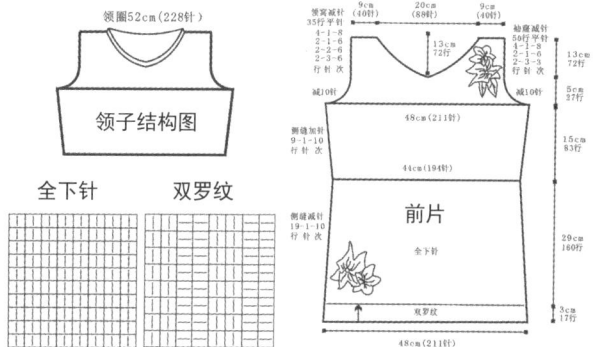

领子结构图

全下针　双罗纹

前片

0760

【材料】 黄色纯羊毛线 拉链1条
【制作过程】 前片分左、右两片编织，按图起105针，织12cm双罗纹后，改用钩针钩织花样，织至完成。门襟衬边领织花样B，与前片缝合，同样方法织另一片。装上拉链。

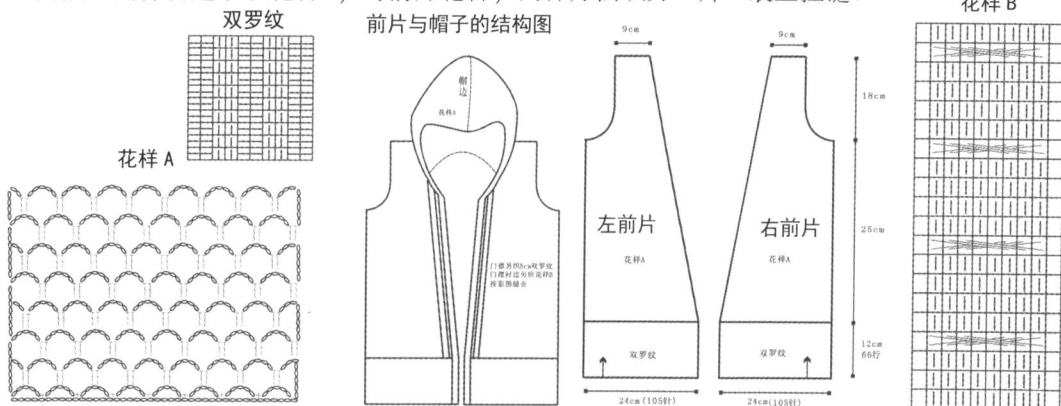

双罗纹　前片与帽子的结构图　花样B

花样A

左前片　右前片

【成品规格】 见图
【工具】 1.5mm棒针
3.5mm钩针

0761

【成品规格】 见图
【工具】 1.5mm棒针
【材料】 白色羊毛线
【制作过程】 前片分左、右两片编织，按图起27针，织花样，门襟同时加针，织至适合宽度24cm，织22cm时平收10针，收袖窿，同时收领窝，同样方法织另一片。

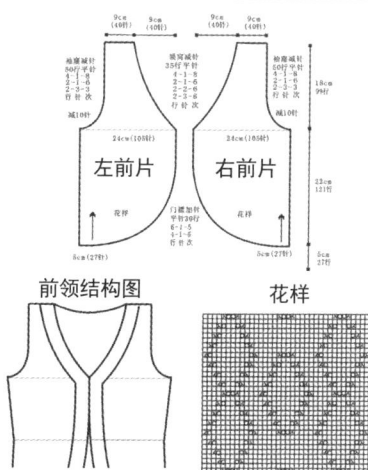

左前片　右前片

前领结构图　花样

0762

【成品规格】 见图
【工具】 2.5mm钩针
【材料】 白色毛线
【制作过程】 前片按照基本图样钩左、右前片，缝合肩线和侧缝线。按照花边花样钩衣服外围花边和袖口花边。

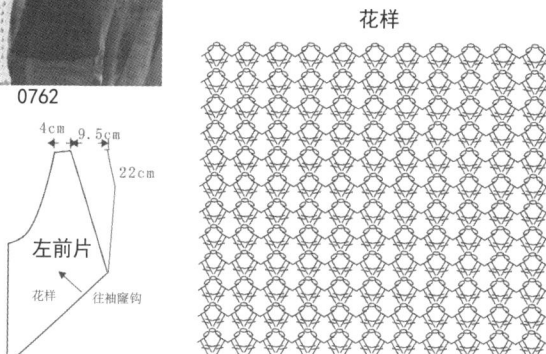

花样

左前片

0763

【成品规格】 见图
【工具】 1.7mm棒针
【材料】 浅紫色羊毛线
【制作过程】 前片分左、右两片编织，分别按图起106针，织5cm单罗纹后，改织花样，织15cm时两边各平收10针，收袖窿，同时收领窝，这时肩位剩22针，同样方法织另一片。领边另织花样，与领圈缝合。

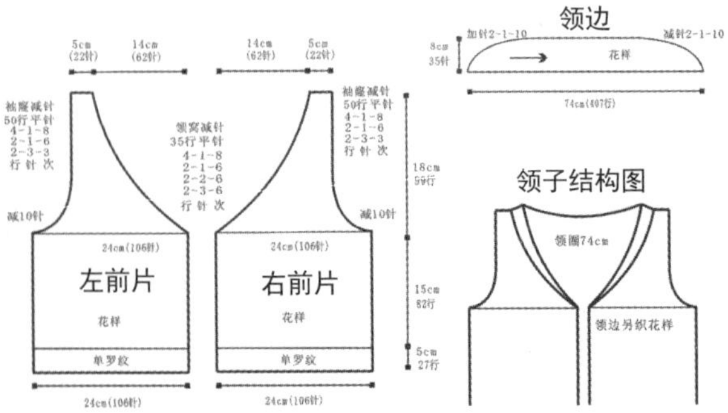

领边 单罗纹 领子结构图 花样

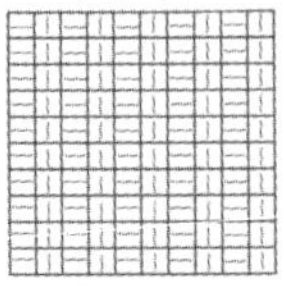

左前片 右前片

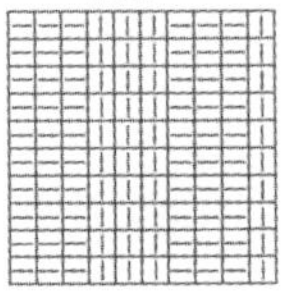

0764

【成品规格】 见图
【工具】 2.5mm棒针
【材料】 花色纯羊毛线
【制作过程】 前片分左、右两片编织，是两个相同的长方形，起52针，织58cm的全下针。

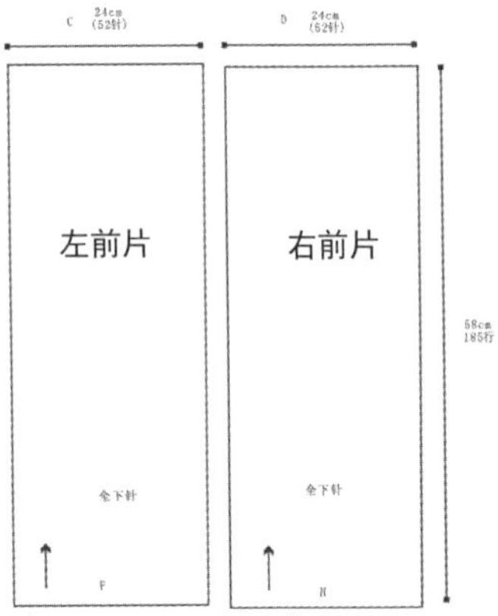

全下针

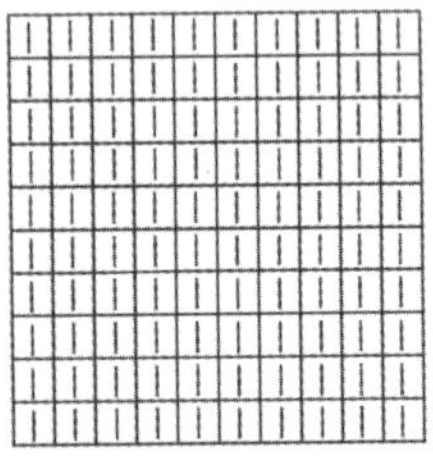

左前片 右前片

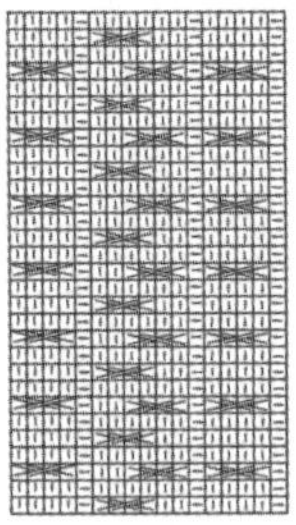

0765

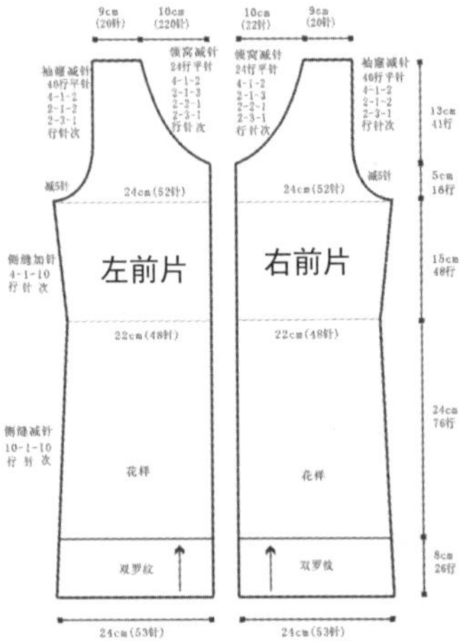

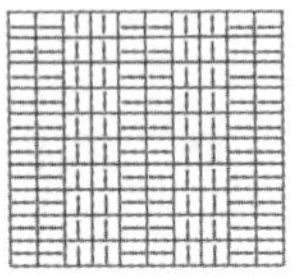

【成品规格】 见图
【工具】 2.5mm棒针
【材料】 米色纯羊毛线 纽扣5枚
【制作过程】 前片分左、右两片编织，分别按图起53针，织8cm双罗纹后，改织花样，侧缝按图示减针，织24cm时加针，形成收腰，织15cm时两边平收5针，按图收袖窿，再织5cm时同时收领窝，织至肩位余20针。同样方法织另一片。缝上纽扣。

花样 双罗纹

左前片 右前片

0766

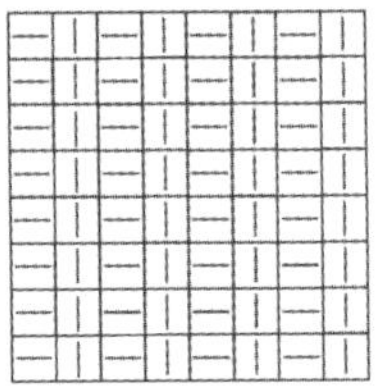

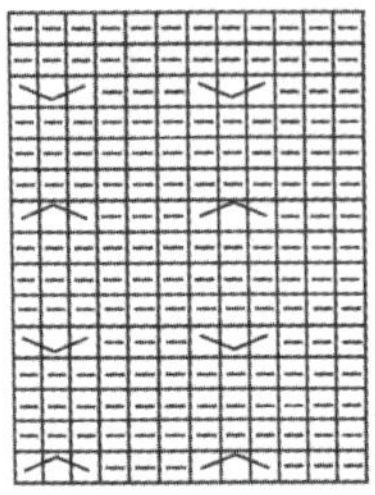

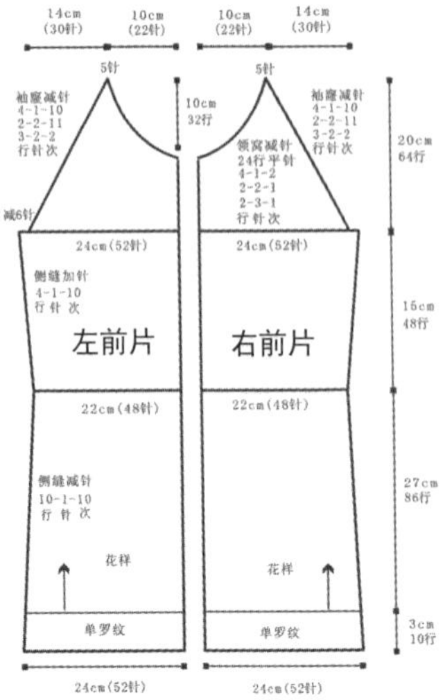

【成品规格】 见图
【工具】 2.5mm棒针
【材料】 浅灰色等纯羊毛线
【制作过程】 前片分左、右两片编织，按图起52针，织3cm单罗纹后，改织花样，侧缝减针，织27cm时加针，形成收腰，织15cm时两边平收5针，按图收插肩袖窿，再织8cm时收领窝。同样方法编织另一片。

单罗纹 花样

左前片 右前片

0767

【成品规格】 见图
【工具】 3.0mm棒针
【材料】 白色毛线 纽扣1枚 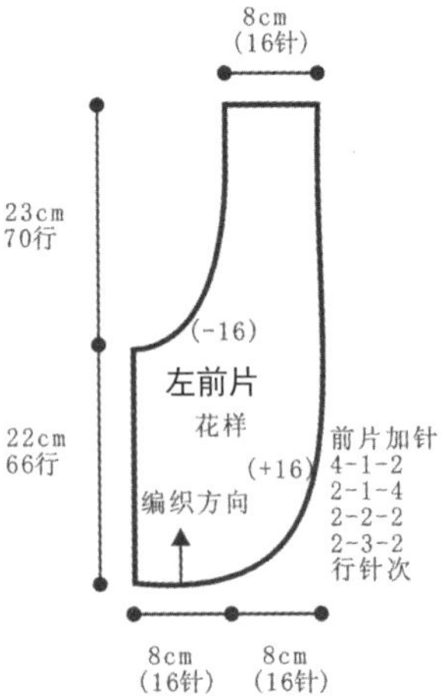
【制作过程】 前片用普通起针法起16针，按前片加针花样编织22cm后，按袖窿减针继续织23cm后收针。以上织出为左片，对称织出右片。缝上纽扣。

左前片

花样

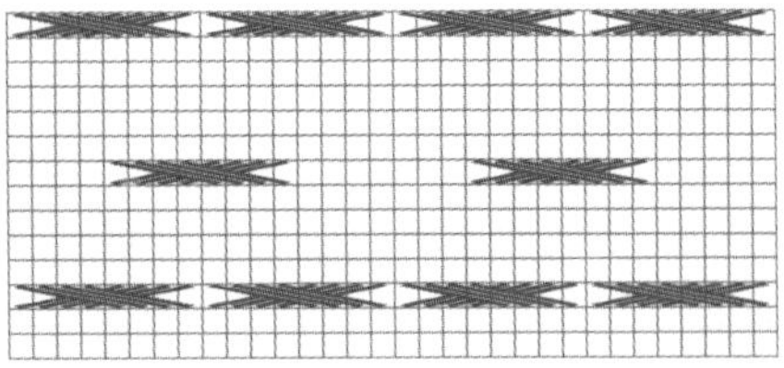

0768

【材料】 米色纯羊毛线
【制作过程】 前片分左、右两片编织，分别按图起52针，织5cm全上针后，改织花样，侧缝减针，织31cm时加针，形成收腰，织15cm时两边平收5针，并改织全上针，按图收插肩袖窿，再织11cm时，改织双罗纹，注意门襟与前片一起织全上针，同样方法编织另一片。

【成品规格】 见图
【工具】 2.5mm棒针

全上针　双罗纹

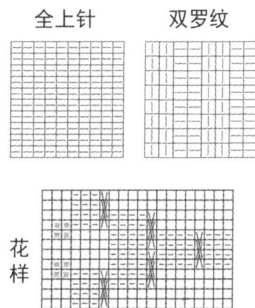

花样

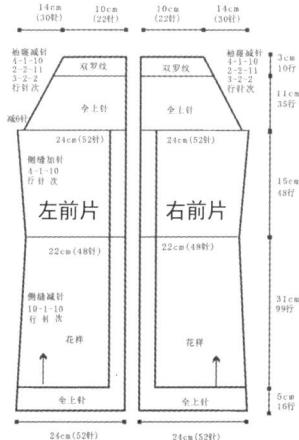

0769

【成品规格】 见图
【工具】 2.5mm棒针 缝衣针
【材料】 灰色纯羊毛线 纽扣1枚
【制作过程】 前片分左、右两片编织。左前片按图起52针，织花样，织20cm时腋下加针，织适合宽度成蝙蝠袖，19cm时不用加减针织袖口，衣长的47cm时开领窝，同样方法织右前片。领圈用缝衣针锁边，形成圆领。缝上纽扣。

花样

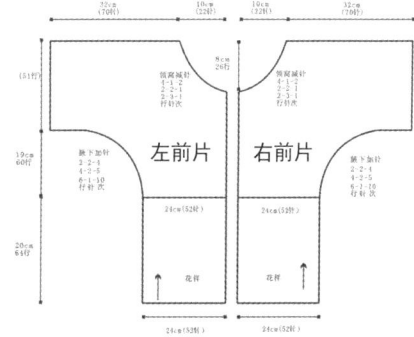

领子结构图

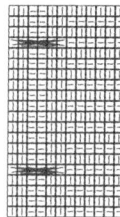

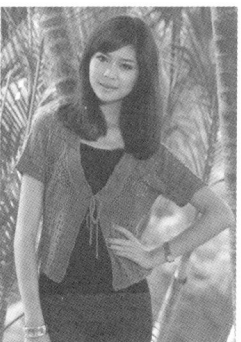

0770

【成品规格】 见图
【工具】 1.7mm棒针 2.5mm钩针
【材料】 灰色纯羊毛线 门襟绳子1根
【制作过程】 前片分左、右两片编织，按图起106针，织花样A，侧缝按图示减针，22cm时加针，并改织花样B，形成收腰，织15cm时两边平收5针，收袖窿，并同时收领窝，织至肩位余40针。同样方法织另一片。门襟缝上绳子。

领子结构图

花样A　花样B

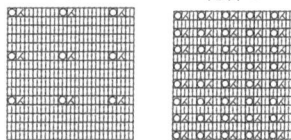

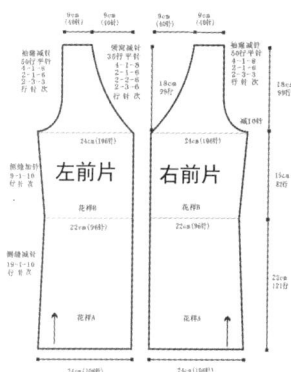

0771

【成品规格】 见图
【工具】 2.9mm棒针
【材料】 灰色细毛线
【制作过程】 锁边起针360针2下针1上针织边，编织花样20cm后，开始按图示减针编织成一个三角形。

花样

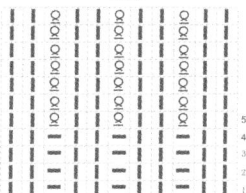

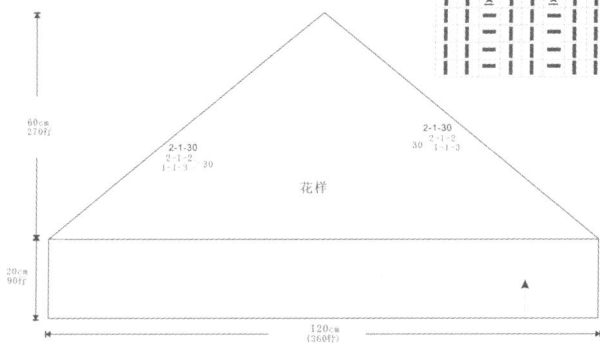

0772

【成品规格】 见图
【工具】 2.9mm棒针
【材料】 花式粗毛线
【制作过程】 前片起46针单编织平针，按图示减针织出下摆圆角、收袖窿。前片的编织方向是从侧缝线处起针编织。沿边对应相应位置缝实。

前片

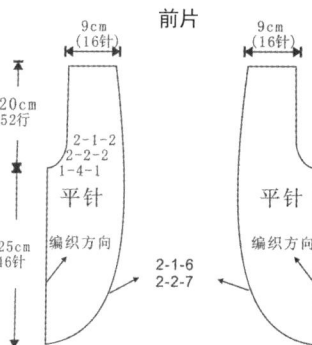

0773

【成品规格】 见图
【工具】 小号钩针
【材料】 浅石褐色拉绒线
【制作过程】 起针钩织花样披肩，共钩42cm，外侧钩织装饰花边，整体完成后沿边钩短针，沿领窝收紧挑钩11cm长针作领片。另起针单独钩织装饰花样，与前领窝钩合，花样带长短根据个人喜欢确定。

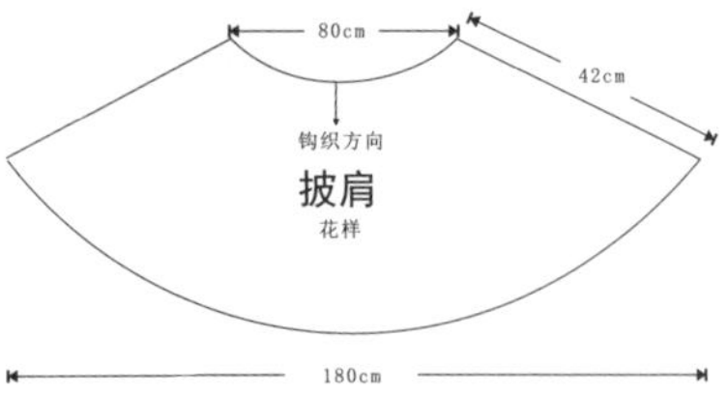

整体示意图

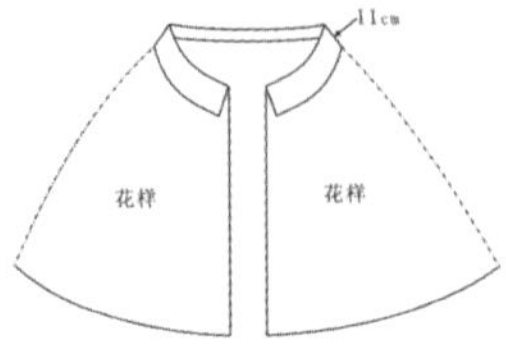

披肩
花样

80cm
钩织方向
42cm
11cm

花样
180cm

花样

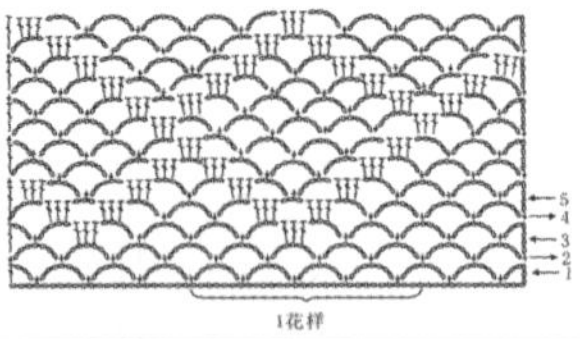

装饰带花样

花边

0774

【成品规格】 见图
【工具】 2.5mm棒针
【材料】 花色纯羊毛线
【制作过程】 前片分左、右两片编织，是两个相同的长方形，起52针，织58cm的全下针。

C 24cm (52针)   D 24cm (52针)

左前片   右前片

58cm 185行

全下针

全下针   全下针

F   H

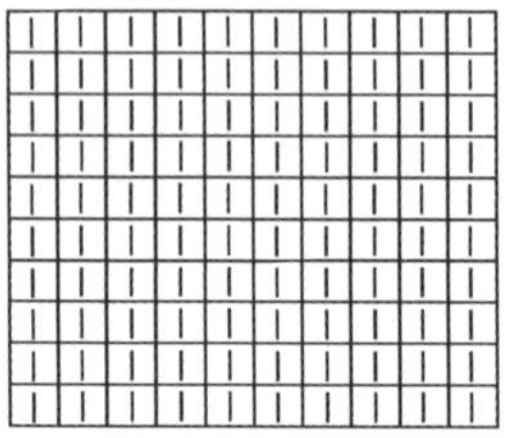

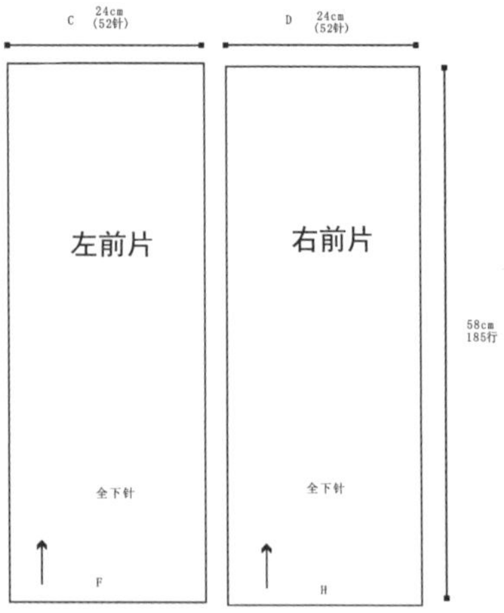

0775

【成品规格】 见图
【工具】 3.0mm棒针
【材料】 灰色毛线
【制作过程】 前片起120针，扭针单罗纹编织20cm后，织2cm下针，对折缝合后挑120针按花样编织48cm；织2cm下针，对折缝合，挑120针织扭针单罗纹，图上1，2处缝合，相应右边也缝合，留出袖片连接处。

扭针单罗纹

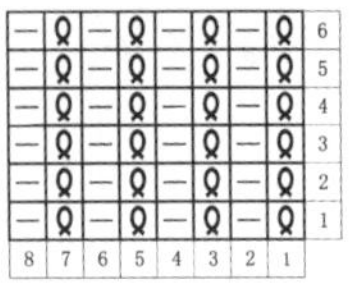

花样

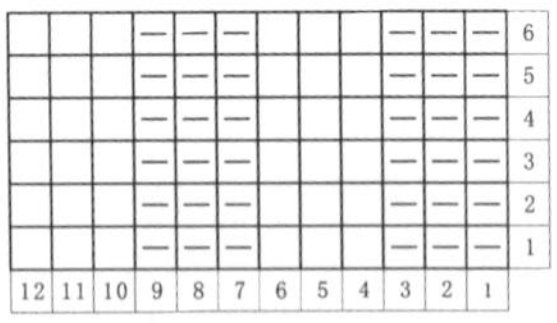

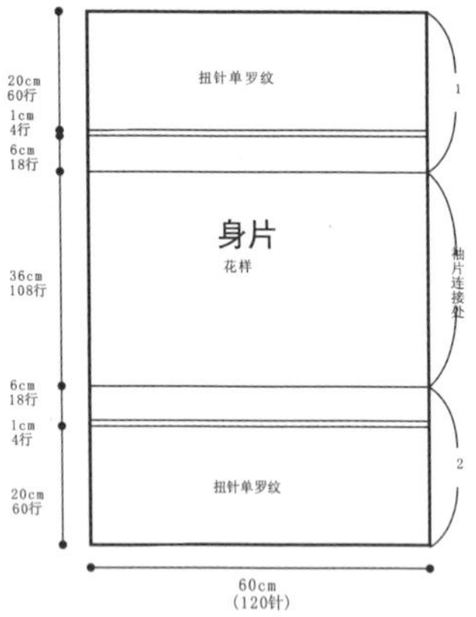

扭针单罗纹

身片
花样

扭针单罗纹

20cm 60行 / 1cm 4行 / 4cm 18行
36cm 108行
6cm 18行 / 1cm 4行 / 20cm 60行

袖片连接处

60cm (120针)

0776

【成品规格】 见图
【工具】 1.7mm、2.5mm棒针
【材料】 蓝色纯羊毛线
【制作过程】 前片分左、右两片编织，按图起106针，织5cm双罗纹后，改织全下针，侧缝按图示减针，织42cm时加针，形成收腰，同时收领口，织15cm时两边各平收10针，收袖窿，织至肩位余40针，同样方法织另一片。

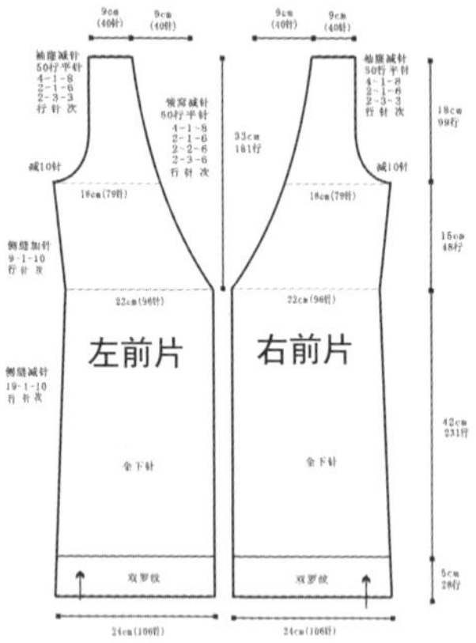

领子结构图

左前片   右前片

全下针 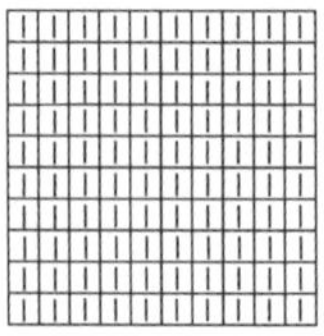   双罗纹

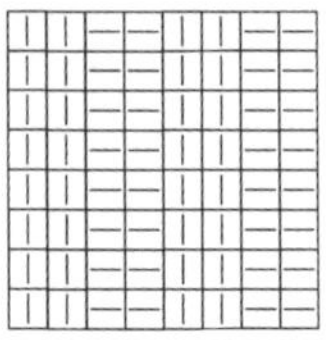

0777

【成品规格】 见图
【工具】 2.5mm钩针
【材料】 白色毛线
【制作过程】 衣服前片按照结构图尺寸由钩针编织而成。前片由单元花图解，小花图解和基本图样钩编而成。拼合肩线和侧缝线。按照花边花样钩下摆花边。

单元花图解

小花图解

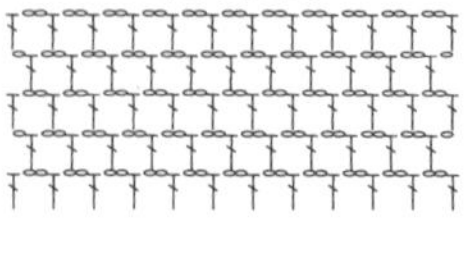

花边图样

基本图样

左前片
单元花
基本图样
单元花
单元花
小花

10cm   9.5cm
2cm
15cm
20cm
20cm
22cm

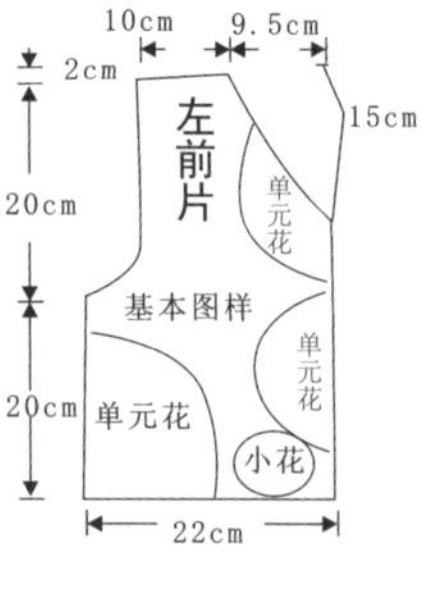

【成品规格】见图
【工具】2.5mm钩针
【材料】粉红色、白色、绿色、黄色、橙色毛线
【制作过程】衣服前片按照结构图尺寸由棒针编织而成。前片钩片为单片，钩完后与棒针片钩合。按照单元花编织花样、连接花的图解和拼花图解钩前片。缝合肩线和侧缝线。用逆短针把织片和钩片拼合领口和袖口。

0778

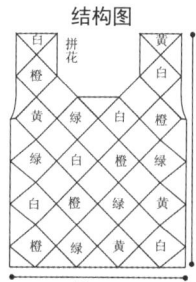

结构图

拼花图解

标颜色的花图解

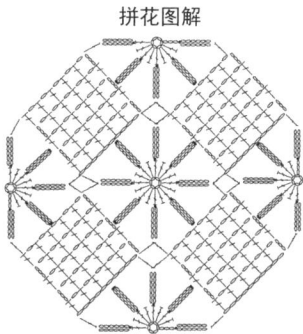

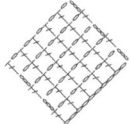

粉红色连接花图解

领口和袖口花边花样

50cm

45cm

除了标颜色的花外，其他为粉红色

【成品规格】见图
【工具】1.7mm棒针
【材料】白色纯羊毛线
【制作过程】前片按图示起211针，先织双层平针底边后，改织全下针，织至27cm时留袖窿，在两边同时各平收10针，然后按图示收成袖窿，肩位剩22针。领圈挑409针，织3cm全下针，褶边缝合，形成双层圆领。

0779

双层平针底边

全下针

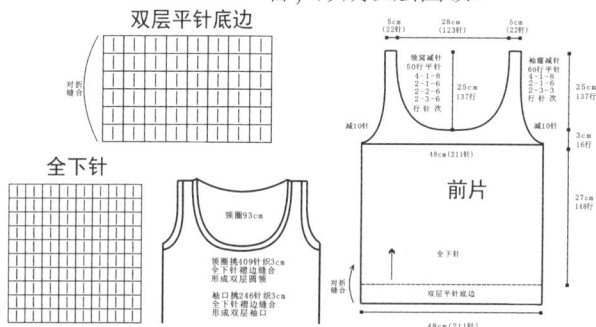

前片

0781

【成品规格】见图
【工具】2.0mm钩针
【材料】白色线
【制作过程】首先按照基本图样的图解钩前片，然后钩肩部网针，最后在领口和袖口钩1行短针。

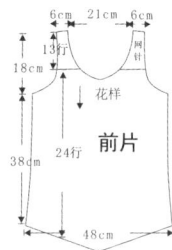

前片

花样

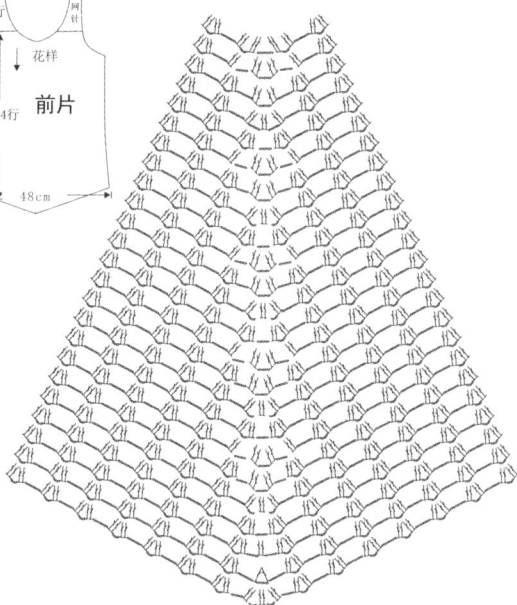

【制作过程】前片分上、下片编织，上片用蕾丝布料缝制；下片按图示起211针，先织双层平针底边后，改织全下针，同时侧缝按图示减针，织32cm时加针，形成收腰，织15cm时留袖窿，再织5cm时全部收针，与上片缝合。领边挑220针，织3cm全下针，褶边缝合，形成双层圆领。

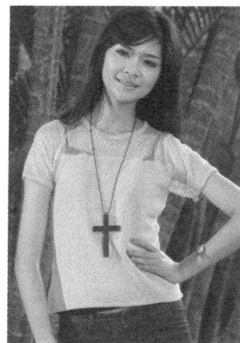

0780

【成品规格】见图
【工具】1.7mm棒针
【材料】蓝绿色纯羊毛线 蕾丝布料若干

双层平针底边

全下针

0782

【成品规格】见图
【工具】3.0mm棒针 小号钩针
【材料】奶白色丝棉线

【制作过程】起60针编织花样前片，编织到35cm时同时进行袖窿、前领窝减针，按结构图减完针后收针断线。沿边对应相应位置缝实，挑钩花样装饰领边、袖窿边。

装饰边花样

花样

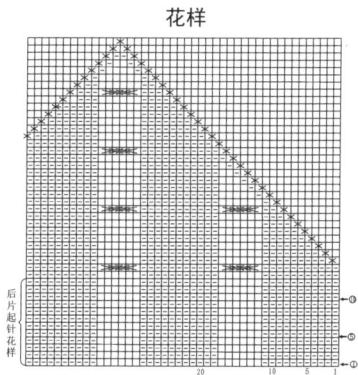

前片
花样

领子结构图

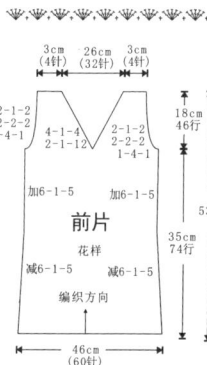

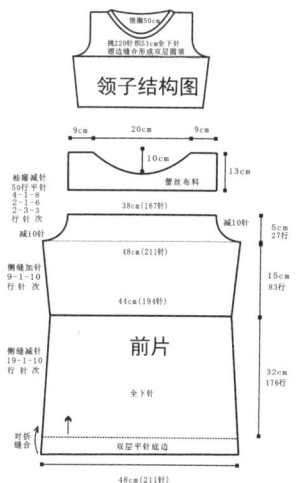

前片

0783

【成品规格】见图
【工具】1.7mm棒针
【材料】米色纯羊毛线 纽扣5枚
【制作过程】前片分左、右两片编织，按图起106针，织12cm双罗纹，改织花样，侧缝按图示减针，织15cm时加针，形成收腰，再织15cm时两边平收10针，收袖窿，织5cm时收领窝，织至肩位余40针。同样方法织另一片。领圈挑246针，织19cm全下针，帽边缝合，形成帽子。

双罗纹

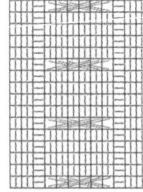

花样

全下针

领子结构图

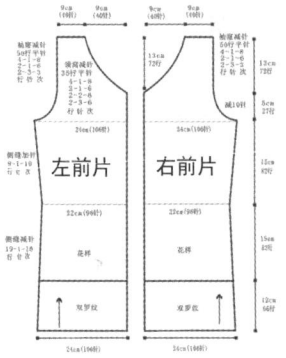

左前片　右前片

0784

【成品规格】见图
【工具】3.2mm棒针 电熨斗

双罗纹

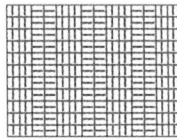

8cm
(24针)　20cm
(62针)　8cm
(24针)

6cm
(24行)

2-1-2
1-4-1　收26行　2-1-2
2-2-8

加16-1-4　前片
下针　加16-1-4

减6-1-9　减6-1-9

编织方向

加2-1-6　加2-1-6

47cm
(144针)

花样

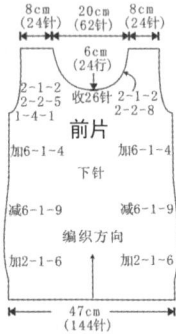

【材料】黄色、白色丝棉线 黑色银丝交织棉线 字母及花胶印图案

【制作过程】黑色线起144针双罗纹针边，白色线编织下针前片，两侧加减针收腰，身长共织55时两侧按结构图所示开始袖窿减针，袖窿减针织6行后改织配色花样，身长共织69cm时进行前领窝减针，按图所示完成减针后编织至肩部收针，肩部余24针。

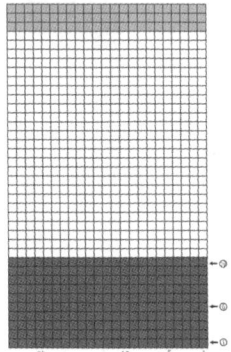

0785

【成品规格】见图
【工具】1.7mm棒针
【材料】白色纯羊毛线 纽扣5枚
【制作过程】前片分左、右两片编织，分别按图起106针，织3cm双罗纹后，改织花样，侧缝按图示减针，织19cm时加针，形成收腰，织15cm时两边平收10针，收袖窿，同时收领窝，同样方法织另一片。缝上纽扣。

花样

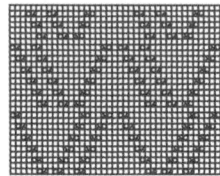

双罗纹

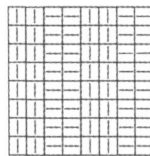

领子结构图

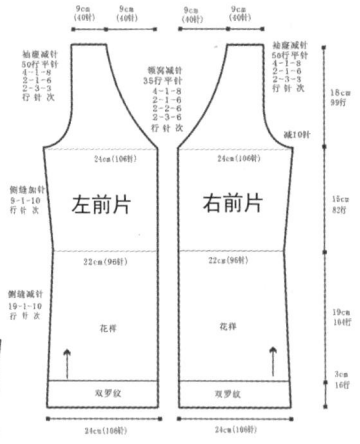

左前片　右前片

0786

【成品规格】见图
【工具】3.0mm棒针 3.0mm钩针
【材料】白色毛线

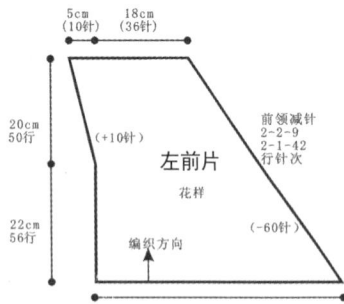

5cm
(10针)　18cm
(36针)

20cm
50行

(+10针)

左前片
花样

22cm
56行

(-60针)

编织方向

48cm
(96针)

前领减针
2-2-9
2-1-42
行针次

花样

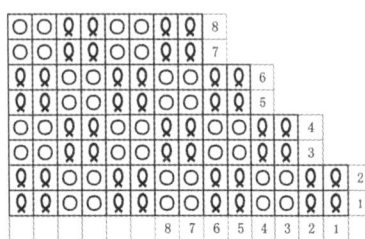

【制作过程】前片(左、右两片)，普通起针法起96针，按花样及前领减针织22cm后按袖窿加针织出袖窿，对称织出另一片前片。

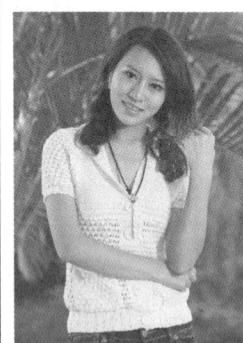

0787

【成品规格】见图
【工具】1.7mm棒针
【材料】白色纯羊毛线 纽扣5枚
【制作过程】前片分左、右两片编织，按图起106针，织5cm双罗纹后，改织花样，侧缝按图示减针，织27cm时加针，形成收腰，织15cm时两边平收5针，收袖窿，门襟织至40cm时平收14针，织至完成，同样方法织另一片。缝上纽扣。

双罗纹

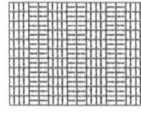

花样

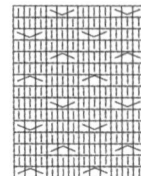

领子结构图

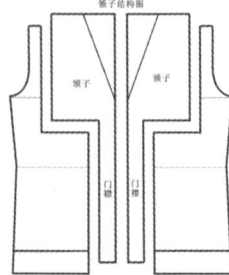

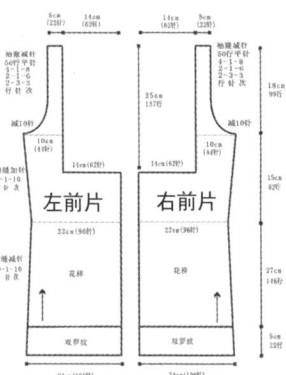

左前片　右前片

0788

【成品规格】 见图
【工具】 1.7mm棒针
【材料】 白色纯羊毛线 纽扣5枚
【制作过程】 前片分左、右两片编织，按图起105针，织5cm双罗纹后，改织花样，侧缝按图示减针，织27cm时加针，形成收腰，织15cm时两边各平收10针，收袖窿，并同时收领窝，织至肩位余40针。同样方法织另一片。缝上纽扣。

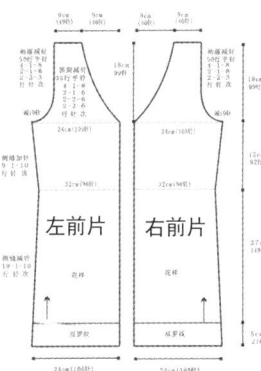

领子结构图

花样

双罗纹

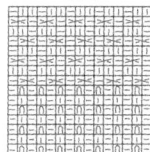

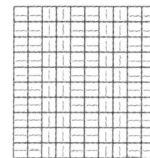

左前片　右前片

0789

【成品规格】 见图
【工具】 1.7mm棒针
【材料】 白色纯羊毛线 纽扣9枚
【制作过程】 前片分左、右两片编织，分别按图起105针，织10cm单罗纹后，改织全下针，侧缝按图示减针，织22cm时加针，形成收腰，织15cm时两边各平收10针，收袖窿，并同时收领窝，织至肩位余40针。同样方法织另一片。缝上纽扣。

0790

【成品规格】 见图
【工具】 1.7mm棒针
【材料】 白色纯羊毛线 纽扣9枚
【制作过程】 前片：分左、右两片编织，分别按图起105针，织10cm单罗纹后，改织全下针，侧缝按图示减针，织22cm时加针，形成收腰，织15cm时两边各平收10针，收袖窿，并同时收领窝，织至肩位余40针。同样方法织另一片。缝上纽扣。

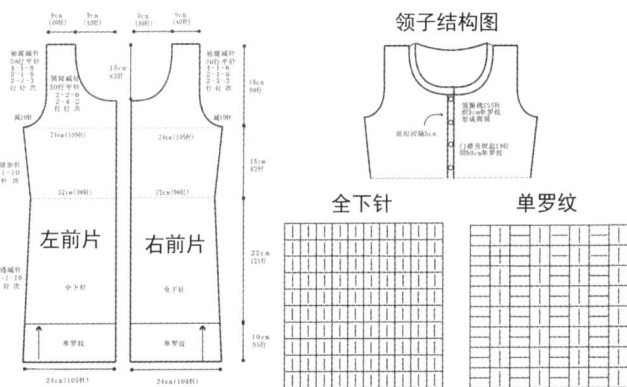

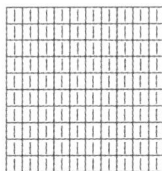

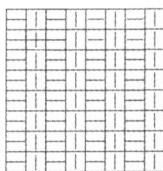

领子结构图

全下针　单罗纹

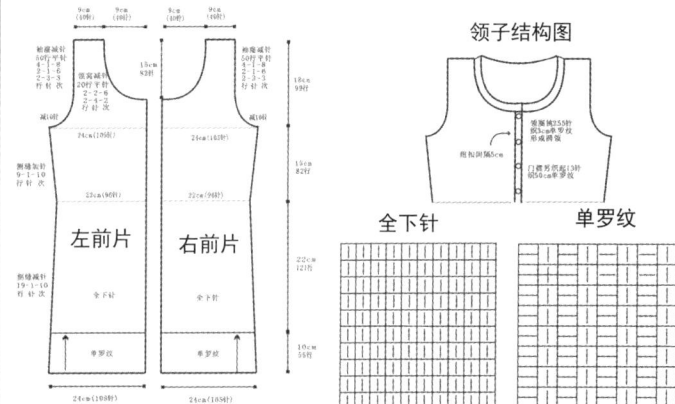

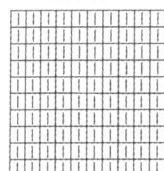

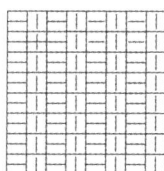

领子结构图

全下针　单罗纹

0791

【成品规格】 见图
【工具】 1.7mm棒针
【材料】 白色纯羊毛线 拉链1条 装饰金属链2条
【制作过程】 前片分左、右两片编织，每片分上、中、下片组成，下片分别按图起针，织5cm双罗纹后，按图加针，织上针，织至完成，中片是横织，按编织方向织好，上片按图织好。缝上拉链及装饰金属链。

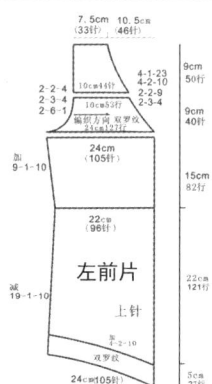

左前片
上针

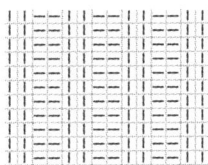

双罗纹

0792

【成品规格】 见图
【工具】 1.7mm棒针
【材料】 蓝色纯羊毛线
【制作过程】 前片按编织方向横织，从袖口织起，按图起70针，织花样，腋下加针，织至适合衣长成蝙蝠袖，织28cm时按图开领窝，织至另一袖口。下摆另织，起211针，织10cm单罗纹，与前片缝合。领圈挑246针，织3cm全上针，形成圆领。

领子结构图　全上针

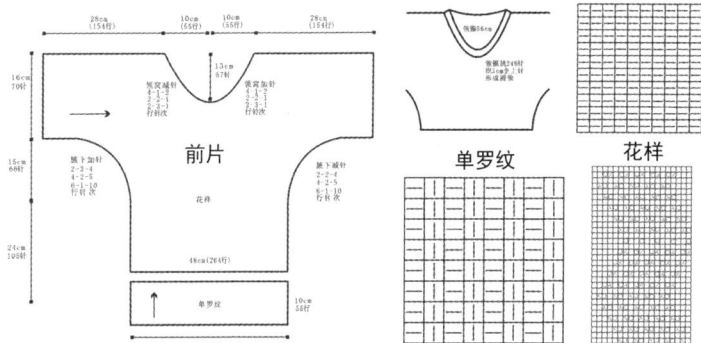

前片
花样

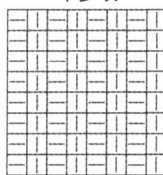

单罗纹

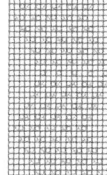

花样

0793

【成品规格】 见图
【工具】 2.5mm棒针
【材料】 墨绿色 花色纯羊毛线 亮片若干
【制作过程】 前片按图起97针，墨绿色线织8cm双罗纹后改用花色线织全上针，侧缝按图示减针，织24cm时加针，形成收腰，织15cm时留袖窿，在两边同时各平收5针，然后按图示收成袖窿同时收领窝，直至收完前领片另织，从领圈起79针，织9cm花样，按图缝合。缝上亮片。

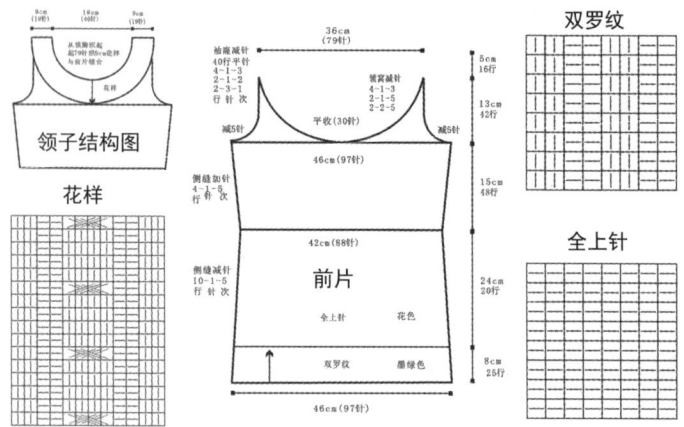

领子结构图

花样

双罗纹

全上针

前片

9cm(19针) 18cm(36针) 9cm(19针)
袖窿减针 40行平针 4-1-3 2-1-2 2-3-1 行针次
从领圈织起 起79针约9cm以
平收(30针)
36cm(79针)
领窝减针 4-1-3 2-1-2 2-2-3
5cm 16行 42行
减5针
46cm(97针) 15cm 48行
减5针
侧缝加针 4-1-5 行针次
42cm(88针)
全上针 花色
侧缝减针 10-1-5 行针次
24cm 20行
双罗纹 墨绿色
8cm 25行
46cm(97针)

0794

【成品规格】 见图
【工具】 2.5mm棒针
【材料】 花色羊毛线 纽扣3枚
【制作过程】 前片分左、右两片编织，按图起5针，织全下针，侧缝按图示减针，织22cm时加针，形成收腰，门襟同时加针，织适合宽度，织15cm时平收5针，收袖窿，同时收领窝，肩位剩20针，同样方法织另一片。缝上纽扣。

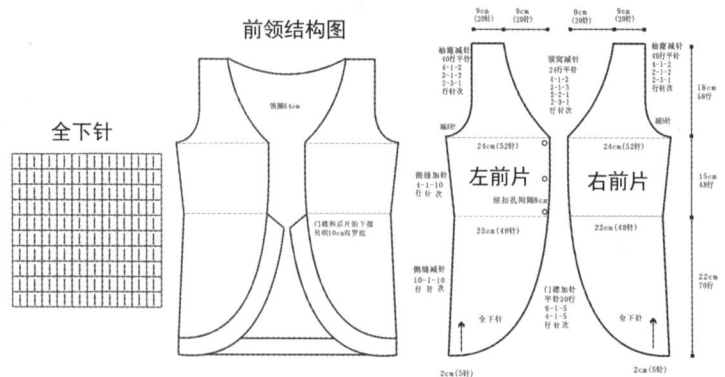

前领结构图

全下针

左前片 右前片

9cm(20针) 9cm(20针) 9cm(20针) 9cm(20针)
袖窿减针 40行平针 4-1-2 2-1-2 2-3-1 行针次
领窝减针 28行平针 4-1-2 2-1-2 2-3-1 行针次
袖窿减针 40行平针 4-1-2 2-1-2 2-3-1 行针次
领圈65cm
18cm 56行
减5针 减5针
24cm(52针) 24cm(52针) 15cm 48行
领缝减针 4-1-10 行针次
门襟加针 22cm(48针)
门襟加扣眼间隔8cm
22cm(48针)
侧缝减针 10-1-10 行针次
22cm 70行
门襟加针 30针 6-1-5 4-1-5 行针次
全下针 全下针
2cm(5针) 2cm(5针)

0795

【材料】 墨绿色球球线 金属装饰纽扣1枚
【制作过程】 前片按图起97针，织5cm双罗纹后，改织全上针，同时按图示减针，织30cm时加针，形成收腰，织15cm时留袖窿，在两边同时各平收5针，然后按图示收成袖窿，再织5cm时同时留前领窝。缝上金属装饰纽扣。

【成品规格】 见图
【工具】 2.5mm棒针

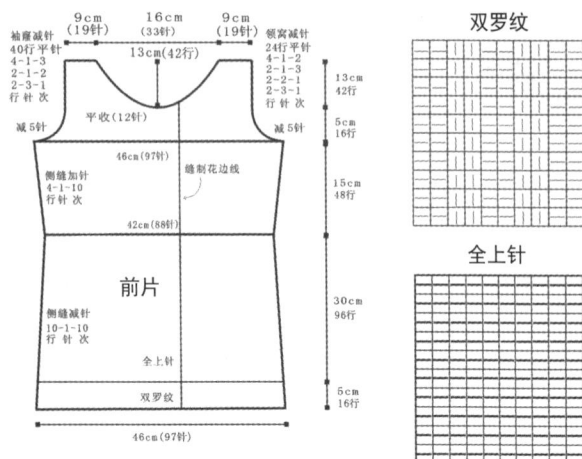

领子结构图

翻领另织

双罗纹

全上针

前片

9cm(19针) 16cm(33针) 9cm(19针)
袖窿减针 40行平针 4-1-3 2-1-2 2-3-1 行针次
13cm(42行)
领窝减针 24行平收 4-1-2 2-1-2 2-3-1 行针次
平收(12针)
13cm 42行
减5针 减5针
46cm(97针) 5cm 16行
缝制花边线
侧缝加针 4-1-10 行针次
15cm 48行
42cm(88针)
全上针
侧缝减针 10-1-10 行针次
30cm 96行
双罗纹
5cm 16行
46cm(97针)

0796

【制作过程】 前片分左、右两片编织，按图起33针，织全下针，并按图示减针，织32cm时加针，形成收腰，织15cm时平收5针，收袖窿，门襟按图加针，至32cm减针，再织3cm时同时收领窝，织至肩位余20针，左前片下摆对折缝上纽扣，同样方法织另一片。缝上纽扣。

【成品规格】 见图
【工具】 2.5mm棒针
【材料】 墨绿色球球线 纽扣4枚

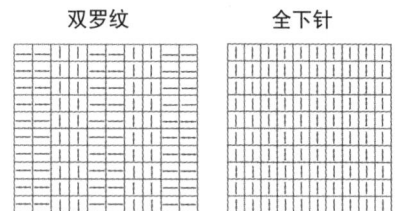

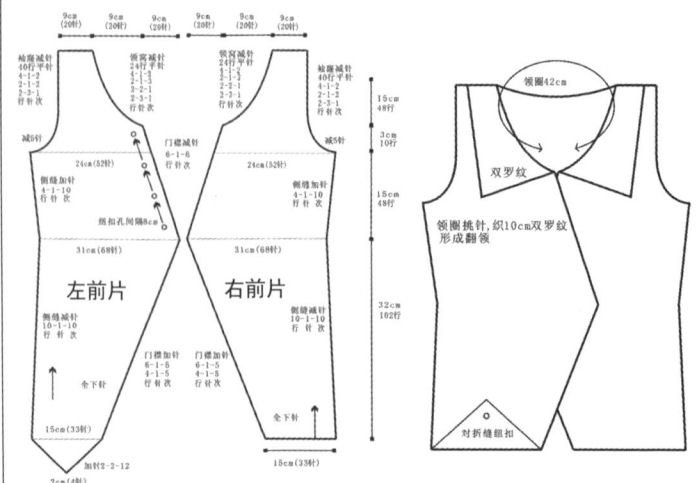

双罗纹

全下针

左前片 右前片

9cm(20针) 9cm(20针) 9cm(20针) 9cm(20针)
袖窿减针 40行平针 4-1-2 2-1-2 2-3-1 行针次
领窝减针 4-1-1 2-1-2 2-3-1 行针次
领窝减针 24行平收 4-1-2 2-1-2 2-3-1 行针次
袖窿减针 40行平针 4-1-2 2-1-2 2-3-1 行针次
15cm 48行
减5针 减5针
24cm(52针) 24cm(52针)
门襟减针 6-1-6 行针次
纽扣孔间隔8cm
侧缝减针 10-1-10 行针次
31cm(68针) 31cm(68针)
门襟加针 6-1-5 4-1-5 行针次
门襟加针 6-1-5 4-1-5 行针次
32cm 102行
全下针 全下针
15cm(33针) 15cm(33针)
加针2-2-12
2cm(4针)

领圈42cm

双罗纹

领圈挑针，织10cm双罗纹形成翻领

对折缝纽扣

【成品规格】 见图
【工具】 2.5mm棒针
【材料】 墨绿色、花色纯羊毛线 装饰绳子
【制作过程】 前片按编织方向横织，从袖口织起，起28针，织8cm双罗纹后，改织全上针，腋下侧缝按图加针，成蝙蝠袖，织40cm时加针至衣长，织14cm时开领窝。对称织至另一袖，下摆起105针，织10cm双罗纹，与衣片缝合成前片。缝上装饰绳子。

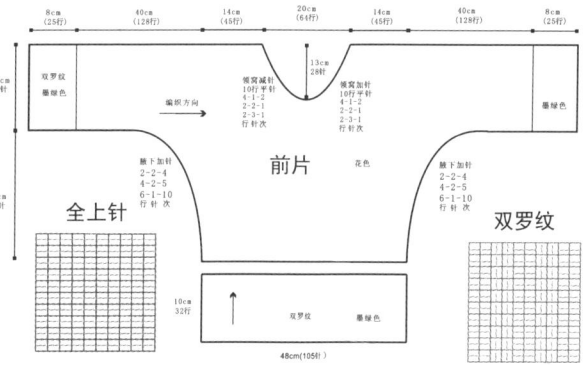

0797

【成品规格】 见图
【工具】 2.5mm棒针
【材料】 墨绿色、花色纯羊毛线
【制作过程】 前片分上、中、下三部分编织，上片分两片，分别起42针织全下针，侧缝加针，门襟减针，织15cm时留袖窿，侧缝平收5针，然后按图示收成袖窿，中片按编织方向，起22针织花样。下片起97针，织5cm双罗纹后，改织17cm全下针。领圈挑185针，织4cm双罗纹，领尖叠压缝合。前领片另织，与前领圈缝合。

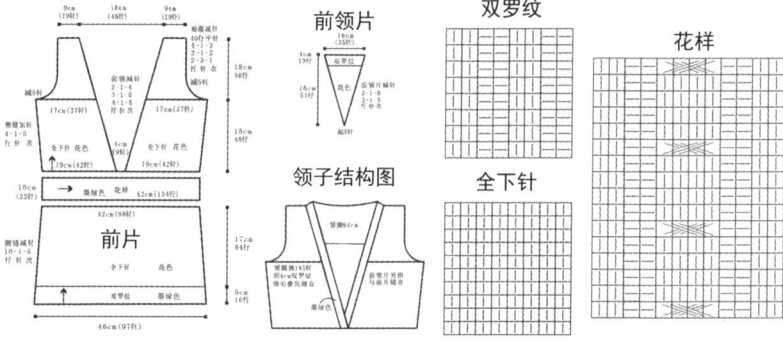

0798

0799

【成品规格】 见图
【工具】 2.5mm棒针
【材料】 墨绿色球球线
【制作过程】 前片按图起97针，织2cm双罗纹，改织全下针，同时按图示减针，织30cm时加针，形成收腰，织15cm时留袖窿，在两边同时各平收5针，然后按图示收成袖窿，再织5cm时留前领窝。领圈挑96针，圈织3cm双罗纹，形成圆领。

0800

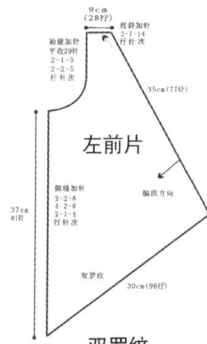

【成品规格】 见图
【工具】 2.5mm棒针
【材料】 墨绿色球球线
【制作过程】 前片按编织方向起77针，织双罗纹，同时肩位加针，织9cm时平收29针，并按图收成袖窿，然后加针织侧缝，织至适合长度。对称织出另一片。

0801

【成品规格】 见图
【工具】 2.5mm棒针
【材料】 花色球球线 纽扣2枚

【制作过程】 前片按图起105针，织6cm双罗纹后，改织全上针，并减针，织26cm时加针，形成收腰，织15cm时开领窝。领圈按图解挑118针，织5cm双罗纹，形成叠领。缝上纽扣。

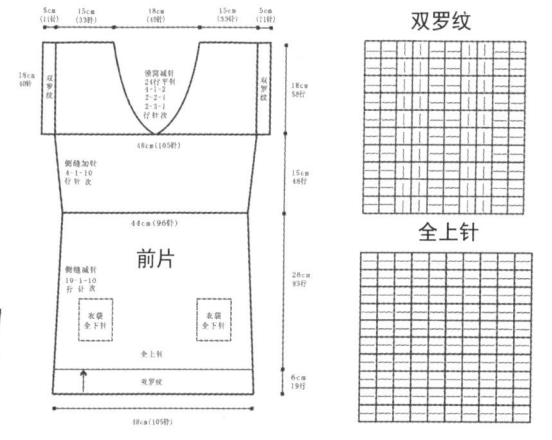

281

【成品规格】 见图
【工具】 2.5mm棒针
【材料】 花色球球线 装饰纽扣1枚
【制作过程】 前片按图起4针，织全下针，下摆加针至适合宽度，侧缝减针，织26cm时加针，形成收腰，织15cm时两边平收5针，收袖窿，并同时收领窝。领圈按图解挑92针，织12cm全下针，形成翻领。缝上纽扣。

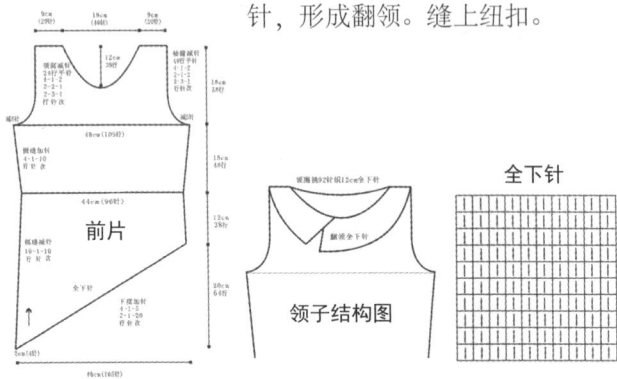

0802

【成品规格】 见图
【工具】 2.5mm棒针
【材料】 花色球球线
【制作过程】 前片按图起105针，织全上针，并减针，织32cm时加针，形成收腰，15cm时两边平收5针，收袖窿，并同时收领窝。前领片全下针另织，按图缝合。

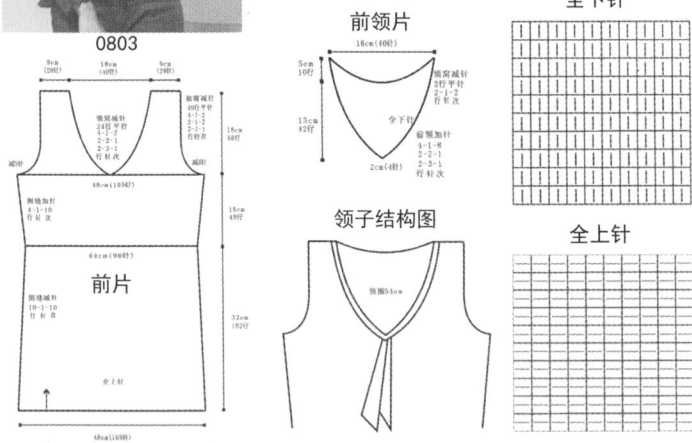

0803

前领片

领子结构图

全下针

全上针

【材料】 蓝色、橙色、绿色纯羊毛球球线
【制作过程】 前片按图起97针，织全下针，同时按图示减针，织32cm时加针，形成收腰，织15cm时留袖窿，在两边同时各平收5针，然后按图示收成袖窿，再织5cm时同时留前领窝，按图间色。领圈挑92针，圈织5cm全下针，形成圆领。

0804

【成品规格】 见图
【工具】 2.5mm棒针

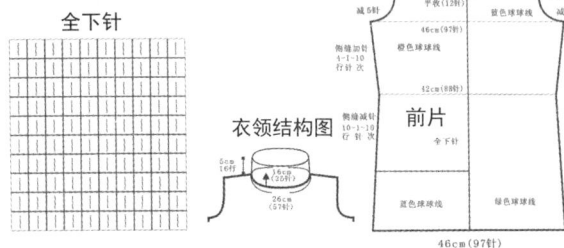

全下针

衣领结构图

前片

0805

【制作过程】 前片分左、右两片编织，按图起57针，织10cm双罗纹后，改织花样，门襟减针，侧缝按图示减针，织12cm时加针，形成收腰，织15cm时平收5针，收袖窿，织至肩位余20针。同样方法织另一片。缝上纽扣。

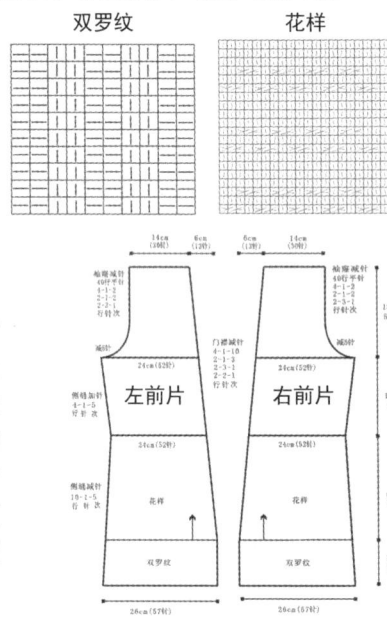

【成品规格】 见图
【工具】 2.5mm棒针
【材料】 灰色纯羊毛线 纽扣6枚

双罗纹

花样

左前片

右前片

0806

【成品规格】 见图
【工具】 2.5mm棒针
【材料】 深灰色纯羊毛线
【制作过程】 前片起97针，按图示分别编织全下针或全上针，同时侧缝按图示减针，织32cm时加针，形成收腰，织15cm时留袖窿，在两边同时各平收5针，然后按图示收成袖窿，再织5cm时留前领窝，这时针数为71针，收肩分3份，两肩各19针，中间40针。领圈挑118针，圈织18cm单罗纹，均匀加针，打对折向外翻出，形成高领。

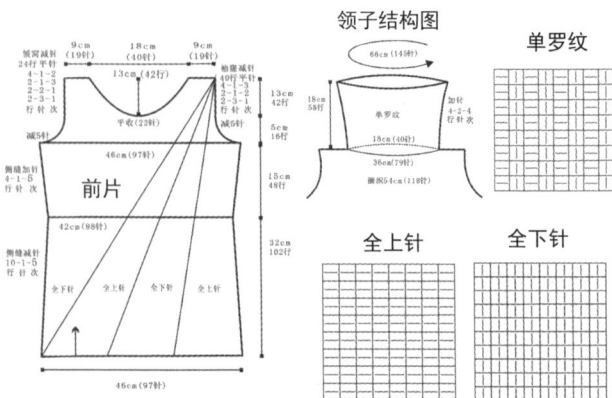

领子结构图

单罗纹

前片

全上针

全下针

0807

【成品规格】 见图
【工具】 2.5mm棒针
【材料】 深灰色纯羊毛线 腰带1根
【制作过程】 前片按图示起97针，织8cm双罗纹后，改织全下针，侧缝按图示减针，织24cm时加针，形成收腰，织15cm时留袖窿，在两边同时各平收5针，然后按图示收成袖窿，再织5cm时留前领窝，这时针数为71针，收肩分3份，两肩各19针，中间40针。领圈挑118针，圈织12cm双罗纹，均匀加针，打对折向外翻出，形成高领。缝上腰带。

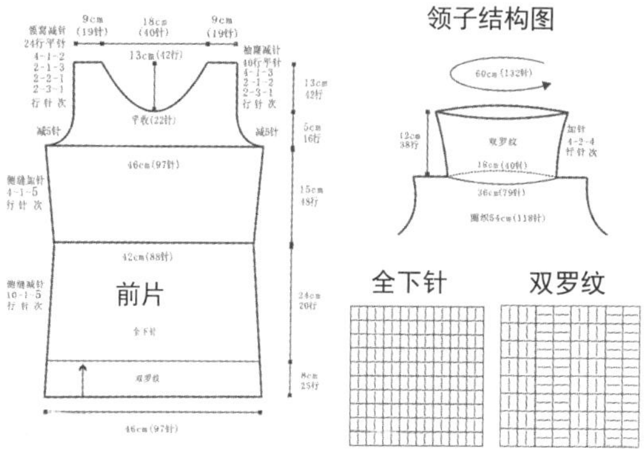

领子结构图

全下针　双罗纹

0808

【成品规格】 见图
【工具】 2.5mm棒针
【材料】 深灰色纯羊毛线
【制作过程】 前片起97针，按图示分别编织全下针或全上针或单罗纹，同时侧缝按图示减针，织32cm时加针，形成收腰，织15cm时留袖窿，在两边同时各平收5针，然后按图示收成袖窿，再织5cm时留前领窝，这时针数为79针，收肩分3份，两肩各19针，中间40针。

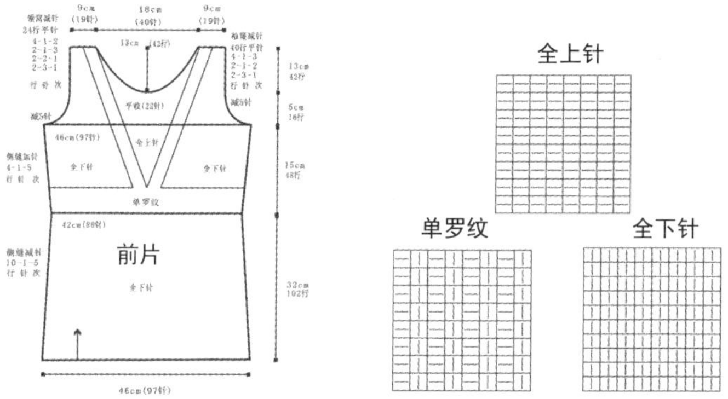

全上针

单罗纹　全下针

前片

【成品规格】 见图
【工具】 2.5mm棒针
【材料】 白色、花色纯羊毛线
【制作过程】 前片按图起101针，白色线织8cm双罗纹后，改织全下针，同时按图示减针，织22cm时加针，形成收腰，织15cm时留袖窿，在两边同时各平收6针，然后按图示收成插肩袖窿，同时留领窝，肩位留2针。

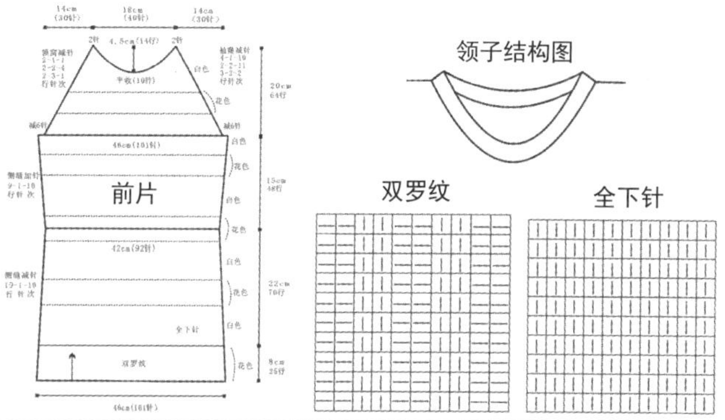

0809

领子结构图

双罗纹　全下针

前片

【成品规格】 见图
【工具】 2.5mm棒针
【材料】 花色、白色纯羊毛线
【制作过程】 前片按图起101针，织10cm双罗纹后，改织花样，同时减针，织22cm时按图示加针，形成收腰，织15cm时留袖窿，在两边同时各减5针，然后按图示收成袖窿，同时留领窝。领圈挑123针，圈织18cm双罗纹，形成堆堆领。

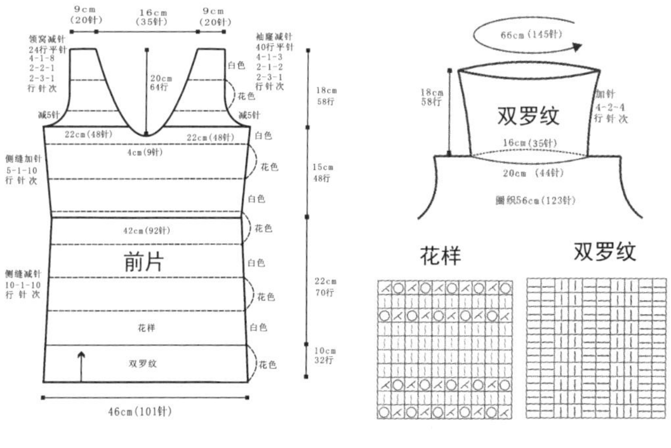

0810

双罗纹

花样　双罗纹

前片

0811

【材料】 灰色纯羊毛线 棕色毛线 长拉链1根
【制作过程】 前片分左、右两片编织，按图起53针，织5cm双罗纹后，改织全下针，衣袋处减22针不织，织2行再加22针，形成拉链衣袋，侧缝按图示减针，织27cm时加针，形成收腰，织15cm时平收5针，收袖窿，再织3cm时同时收领窝，织至肩位余20针，并间色。同样方法织另一片。装上拉链。

【成品规格】 见图
【工具】 2.5mm棒针

领子结构图

双罗纹

全下针

前领片

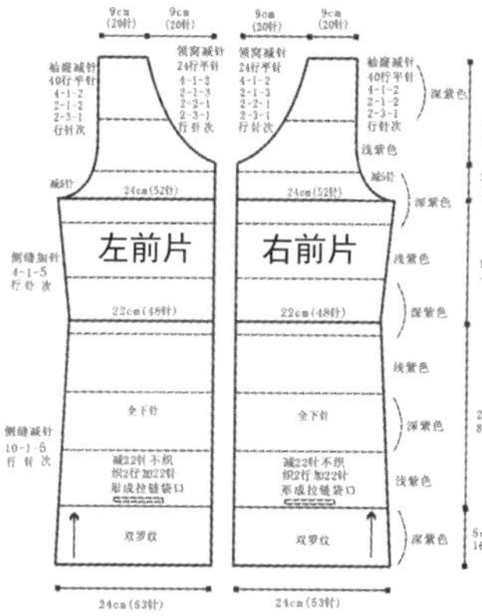

左前片　右前片

283

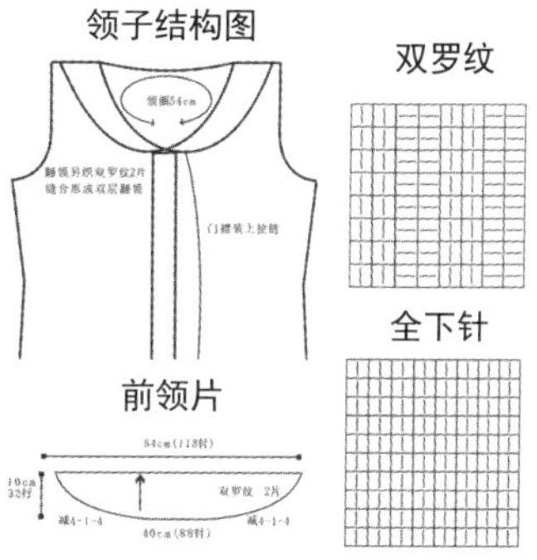

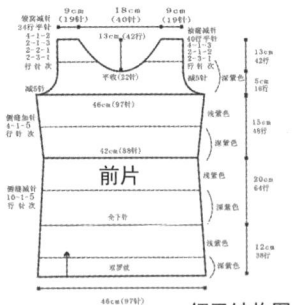
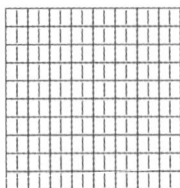
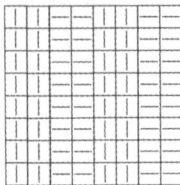

全下针

双罗纹

领子结构图

0812

【成品规格】 见图
【工具】 2.5mm棒针
【材料】 深紫色、浅紫色纯羊毛线
【制作过程】 前片按图起97针，织12cm双罗纹后改织全下针，同时按图示减针，织20cm时加针，形成收腰，织15cm时留袖窿，在两边同时各平收5针，然后按图示收成袖窿，再织5cm时留前领窝，这时针数为71针，收肩分3份，两肩各19针，中间40针，并同时间色。

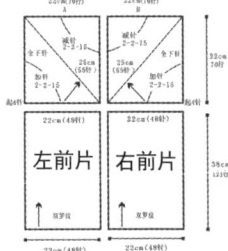
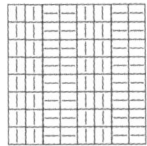
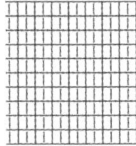

左前片　右前片

双罗纹　全下针

0813

【成品规格】 见图
【工具】 2.5mm棒针
【材料】 花色纯羊毛线 纽扣2枚
【制作过程】 前片分左、右两片编织，又分上、下两片编织，上片按编织方向先起4针，织全下针，并按图加减针形成正方形。下片起48针，织38cm双罗纹，上下片缝合。同样方法织另一片。缝上纽扣。

0814

前领片

前片

领子结构图

花样

全下针

双罗纹

【成品规格】 见图
【工具】 2.5mm棒针
【材料】 花色纯羊毛线
【制作过程】 前片按图起50针，织2cm双罗纹后，改织全下针，同时按图示减针，织30cm时加针，形成收腰，左边侧缝减针，织15cm时留袖窿，在两边同时各平收5针，然后按图示收成袖窿，织3cm时中间留10cm不织，然后均匀减针，右肩织花样，左边侧缝另织。后领窝挑针，织10cm双罗纹，前领片另织，按领子结构图缝合。

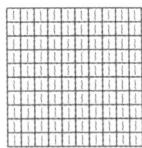
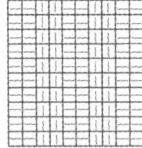

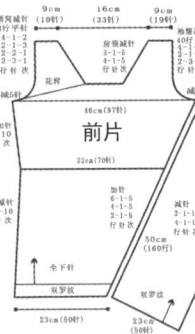

0815

前领结构图

左前片　右前片

全下针　双罗纹

【成品规格】 见图
【工具】 2.5mm棒针
【材料】 花色纯羊毛线 门襟装饰绳子1根
【制作过程】 前片分为左、右两片编织，按图起5针，织全下针，门襟加针，侧缝按图示减针，织20cm时加针，形成收腰，门襟同时减针，织15cm时侧缝平收5针，收袖窿，肩位剩20针，同样方法织另一片。门襟缝上装饰绳子。

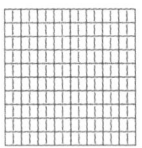
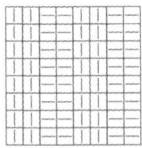

0816

【成品规格】 见图
【工具】 2.5mm棒针

【材料】 花色纯羊毛线 纽扣1枚
【制作过程】 前片按图示起97针，织6cm双罗纹后，改织全下针，同时侧缝按图示减针，织26cm时加针，形成收腰，织15cm时留袖窿，在两边同时各平收5针，然后按图示收成袖窿，再织5cm时留前领窝，这时针数为71针，收肩分3份，两肩各19针，中间40针。领圈挑118针，以左肩为中点，片织18cm双罗纹，均匀加针，打对折向外翻出，形成侧翻领，领口挑针，织5cm双罗纹，为纽扣边，并均匀开纽扣孔。缝上纽扣。

前片

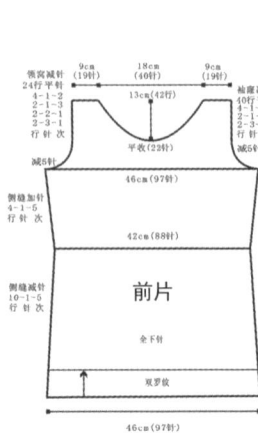

领子结构图

全下针　双罗纹

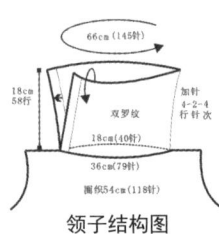
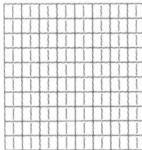
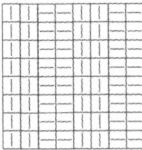

左前片 **右前片**

0817

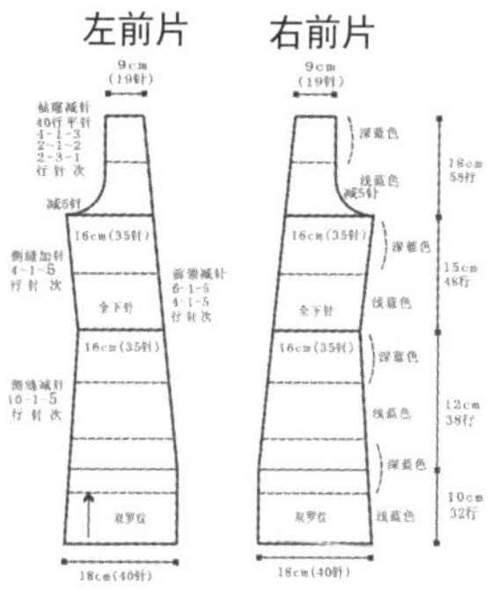

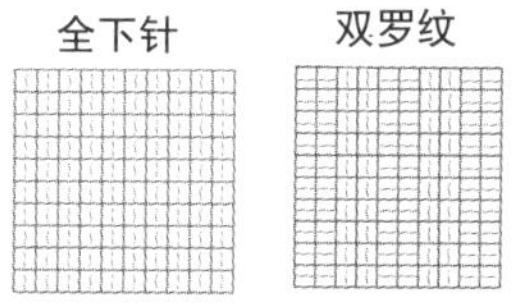

【成品规格】 见图
【工具】 2.5mm棒针
【材料】 浅蓝色、深蓝色纯羊毛线 纽扣2枚 装饰花1朵
【制作过程】 前片分左、右两片编织，按图起40针，织10cm双罗纹后，改织全下针，侧缝和门襟同时按图示减针，织12cm时加针，形成收腰，织15cm时留袖窿，在两边同时各平收5针，然后按图示收成袖窿，按图示间色，同样方法织另一片。缝上纽扣及装饰花。

全下针 双罗纹

0818

【成品规格】 见图
【工具】 2.5mm棒针
【材料】 花色纯羊毛线 金属纽扣3枚
【制作过程】 前片按图示起97针，织8cm双罗纹后，改织花样，同时侧缝按图示减针，织24cm时加针，形成收腰，织15cm时留袖窿，在两边同时各平收5针，然后按图示收成袖窿，再织5cm时留前领窝，这时针数为78针，收肩分3份，两肩各19针，中间40针。领圈另织双罗纹，与领圈合后，再编右处，按图示挑53针，织12cm双罗纹，形成翻领。缝上金属纽扣。

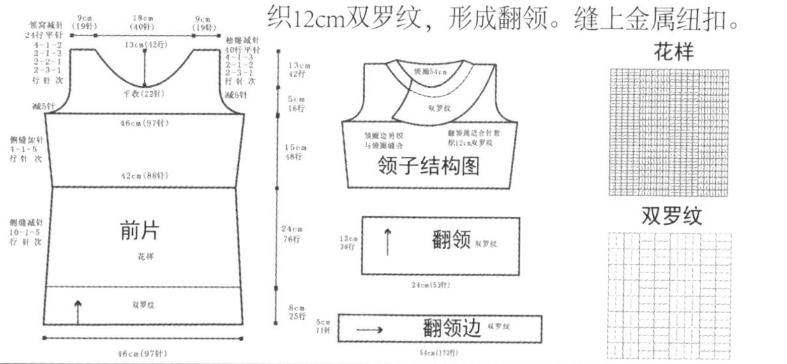

花样

领子结构图

→ 翻领

→ 翻领边

双罗纹

前片

0819

【成品规格】 见图
【工具】 2.5mm棒针
【材料】 蓝色纯羊毛线 纽扣6枚
【制作过程】 前片分左、右两片编织，按图起40针，织10cm双罗纹后改织全下针，侧缝按图示减针，织26cm时加针，形成收腰，织15cm时平收5针，收袖窿，再织15cm时同时收领窝，织至肩位余20针。同样方法织另一片。翻领另织，按图缝合，缝上纽扣。

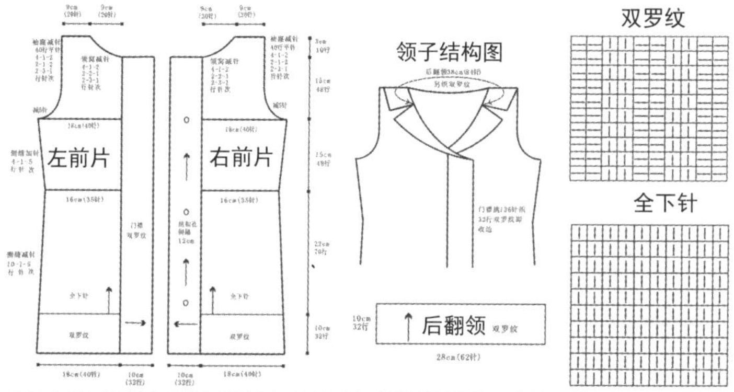

左前片 右前片

领子结构图

后翻领

双罗纹

全下针

0820

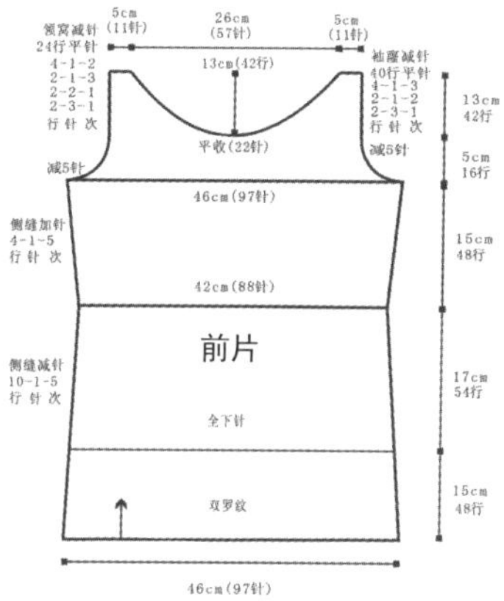

【成品规格】 见图
【工具】 2.5mm棒针
【材料】 花色纯羊毛线
【制作过程】 前片按图示起97针，织15cm双罗纹后，改织全下针，同时侧缝按图示减针，织17cm时加针，形成收腰，织15cm时留袖窿，在两边同时各平收5针，然后按图示收成袖窿，再织5cm时留前领窝，织至肩位余11针。

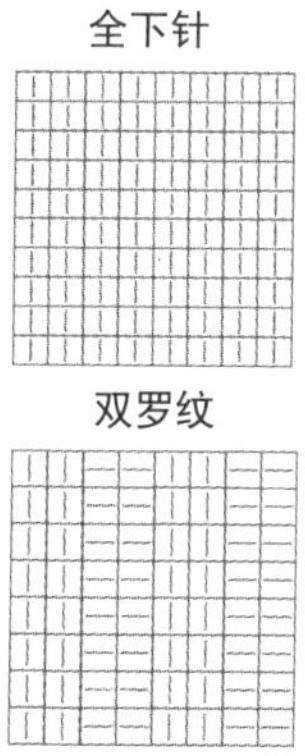

前片

全下针

双罗纹

0821

【工具】 2.5mm棒针
【材料】 蓝色长毛绒线 纽扣3枚
【制作过程】 前片分左、右两片编织，按图起2针，即加针至24cm，并按图织针法，侧缝减针，织22cm时加针，形成收腰，织15cm时两边平收5针，收袖窿，再织3cm时同时收领窝，织至肩位余20针。同样方法织另一片。缝上纽扣。

全上针 全下针

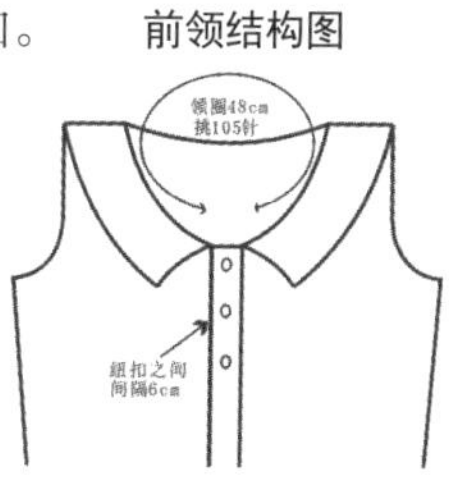

前领结构图

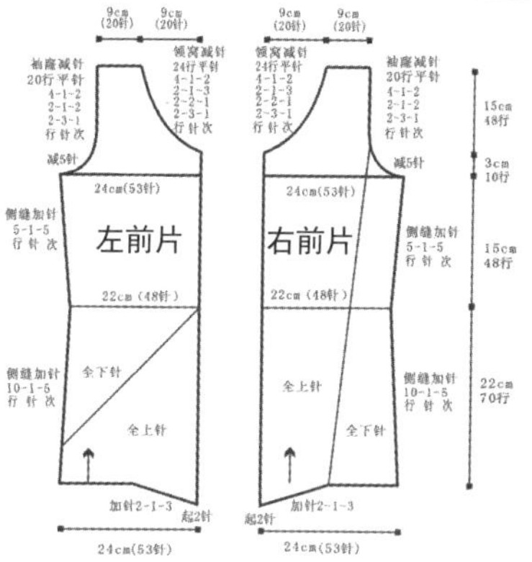

左前片 右前片

【成品规格】 见图

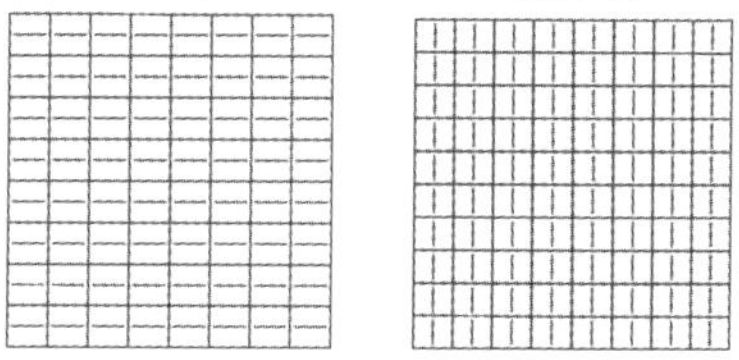

0822

【成品规格】见图
【工具】2.5mm棒针
【材料】蓝色纯羊毛线 纽扣5枚
【制作过程】前片分左、右两片编织，按图起53针，织6cm双罗纹后，改织全下针，侧缝按图示减针，织26cm时加针，形成收腰，织15cm时平收5针，收袖窿，再织3cm时同时收领窝，织至肩位余20针。同样方法织另一片。翻领另织，按图缝合。缝上纽扣。

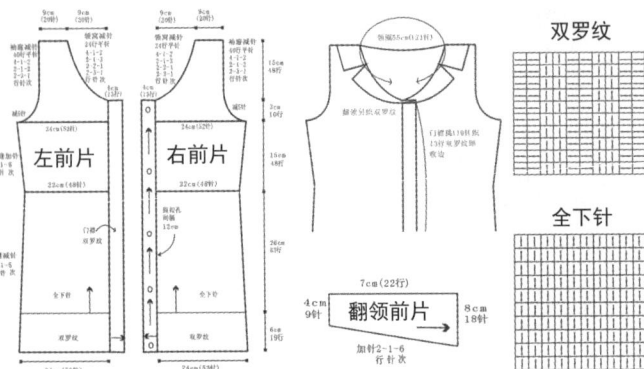

双罗纹

全下针

0823

【成品规格】见图
【工具】2.5mm棒针
【材料】花色纯羊毛线 金属装饰扣1枚
【制作过程】前片按图示起97针，织6cm双罗纹后，改织全下针，同时侧缝按图示减针，织26cm时加针，形成收腰，织15cm时留袖窿，在两边同时各平收5针，然后按图示收成袖窿，再织5cm时留前领窝，这时针数为79针，收肩分3份，两肩各11针，中间57针。领圈边另织，起13针织双罗纹，与领圈缝合，多余部分用于装上金属装饰扣。

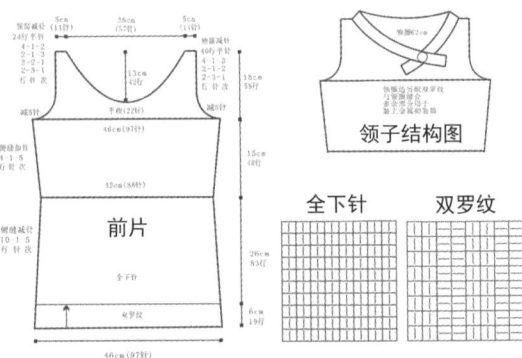

领子结构图

全下针　双罗纹

0824

【成品规格】见图
【工具】2.5mm棒针
【材料】花色纯羊毛线 纽扣10枚
【制作过程】前片分左、右两片编织，按图起57针，先织双层平针底边后，改织全下针，并按图示减针，织32cm时加针，形成收腰，织15cm时两边平收5针，收袖窿，并同时收领窝，织至肩位余20针。同样方法织另一片。缝上纽扣。

双层平针底边

领子结构图

全下针

0825

【成品规格】见图
【工具】1.7mm棒针
【材料】米色纯羊毛线 亮珠若干
【制作过程】前片按图起211针，织5cm双罗纹后改织全下针，同时侧缝按图示减针，织27cm时加针，形成收腰，织15cm时留袖窿，在两边同时各平收10针，然后按图示收成袖窿，再织3cm时留前领窝，并按图示收前领。领子按结构图织好，缝上亮珠。

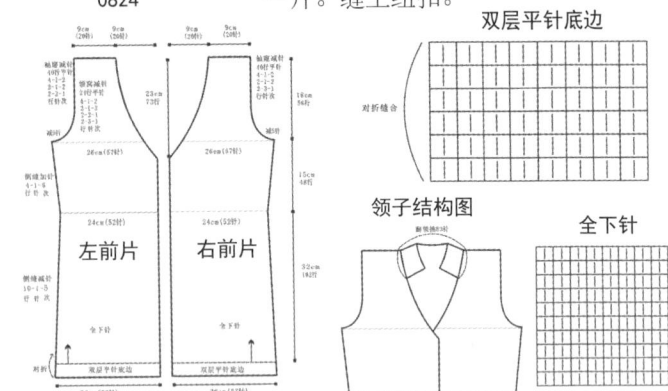

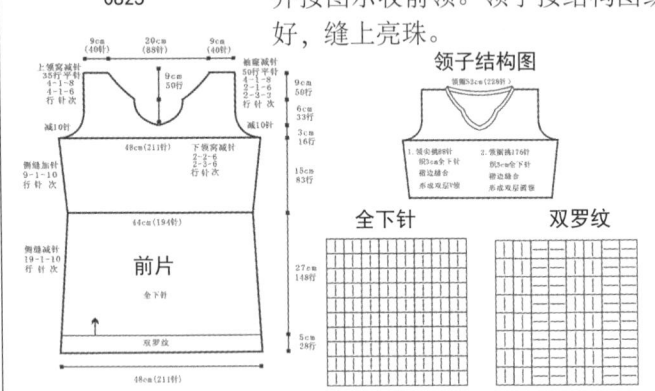

领子结构图

全下针　双罗纹

0826

【成品规格】见图
【工具】1.7mm棒针
【材料】米色纯羊毛线 纽扣3枚 亮珠若干
【制作过程】前片按图示起211针，织5cm双罗纹后，改织全下针，同时侧缝按图示减针，织27cm时加针，形成收腰，前领留4cm不织为门襟，然后分两片编织，织15cm时留袖窿，在两边同时各平收10针，然后按图示收成袖窿，再织5cm时留前领窝。缝上纽扣和亮珠。

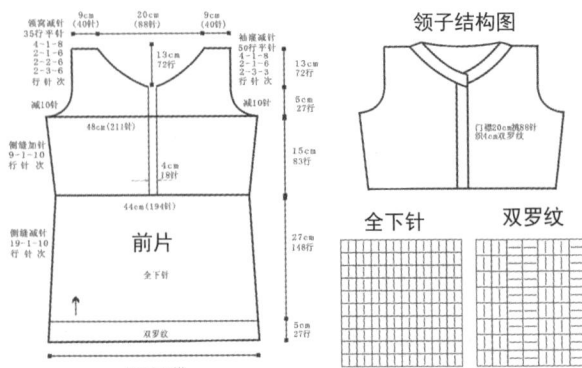

领子结构图

全下针　双罗纹

0827

【成品规格】 见图
【工具】 1.7mm棒针
【材料】 白色纯羊毛线 亮珠和绣花若干
【制作过程】 前片按图示起211针，织5cm双罗纹后，改织全下针，同时侧缝按图示减针，织27cm时加针，形成收腰，织15cm时留袖窿，在两边同时各平收10针，然后按图示收成袖窿，再织5cm时留前领窝，直至收完针。领圈另织，起334针，织10cm双罗纹，两边按图减针，织至完成，与领圈缝合。缝上亮珠和绣花。

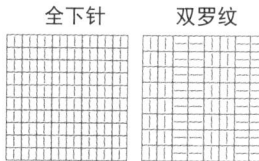

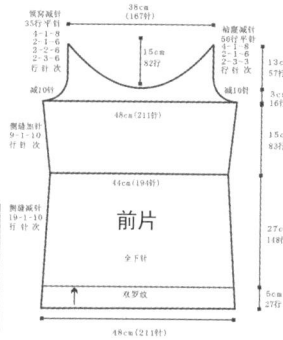

领子结构图

全下针　　双罗纹

前片

0828

【成品规格】 见图
【工具】 1.7mm棒针 2.5mm钩针
【材料】 米色纯羊毛线 亮珠和钩花若干
【制作过程】 前片按图示起211针，织5cm双罗纹后，改织全下针，同时侧缝按图示减针，织27cm时加针，形成收腰，织15cm时留袖窿，在两边同时各平收10针，然后按图示收成袖窿，同时留前领窝。领边挑264针，织5cm全下针，领尖缝合，形成V领。缝上亮珠和钩花。

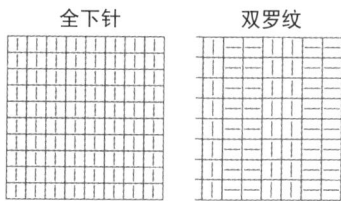

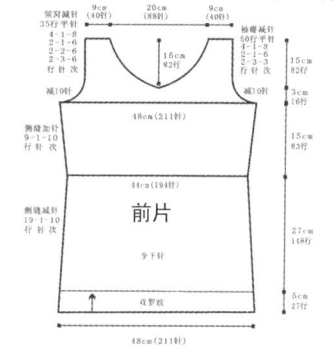

领子结构图

挑264针换全下针
领尖缝合形成
双层V领

前片

全下针　　双罗纹

0829

【成品规格】 见图
【工具】 1.7mm棒针
【材料】 灰色纯羊毛线 亮珠和丝绸花若干
【制作过程】 前片按图起针，先织双层平针底边后改织下针，织至完成。衣片袖窿和领窝按图加减针。领边另织，褶边缝合，形成双层V领，前片绣上丝绸花和亮珠。

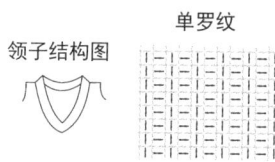

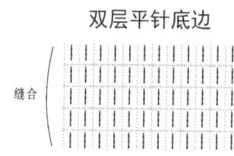

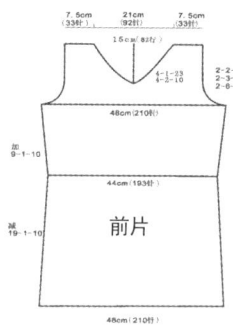

领子结构图　　单罗纹

双层平针底边

缝合

前片

0830

【材料】 灰色纯羊毛线 丝绸和尼龙花边若干
【制作过程】 前片按图起针，织双罗纹10cm后，改织下针，袖窿和领窝按图加减针，织至完成，衣袖按图起针，织双罗纹织至完成，袖山和袖片按图加减针，全部缝合。领圈挑针，织下针5cm，褶边缝合，形成双层圆领。

【成品规格】 见图
【工具】 1.7mm棒针

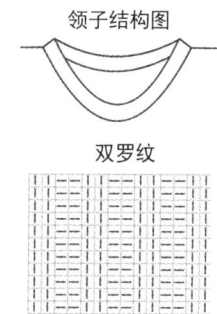

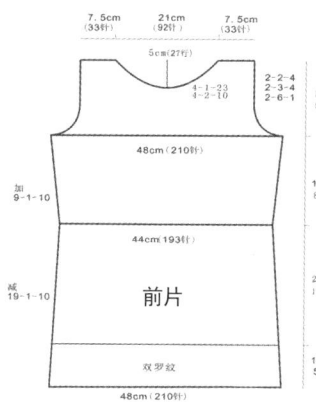

领子结构图

双罗纹

前片

0831

【成品规格】 见图
【工具】 1.7mm棒针 小号绣花针
【材料】 灰色纯羊毛线 亮珠和绣花图案若干
【制作过程】 前片按图起针，织双罗纹10cm后，改织下针，织至完成。衣片袖窿和领窝按图加减针，衣领衬边另织5cm单罗纹，与领圈缝合，前片绣上绣花图案和亮珠。

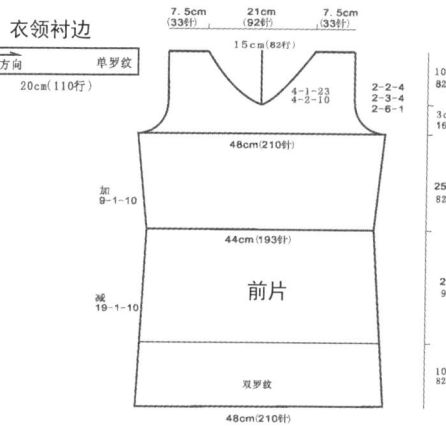

领子结构图

衣领衬边
编织方向　　单罗纹

单罗纹

双罗纹

前片

0832

【成品规格】见图
【工具】1.7mm棒针
【材料】杏色纯羊毛线 亮珠
和花边若干
【制作过程】前片起针，织
双罗纹10cm后，按图三角形
处织双罗纹，其他织下针，
织至完成。领子挑针，织5cm
下针，领尖缝合，形成双层V
领，前片缝上亮珠和花边。

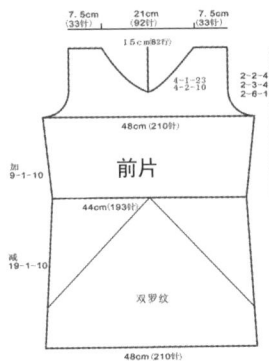

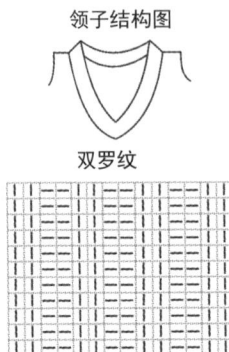

0833

【成品规格】见图
【工具】1.7mm棒针
【材料】杏色纯羊毛线 亮珠和装饰花若干
【制作过程】前片按图起针，先织双层平
针底边后，改织下针，织至完成。领子
挑针，织10cm双罗纹，领尖缝合，形成V
领。领子花边另织，与领圈缝合。缝上亮
片和装饰花。

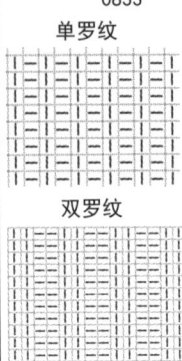

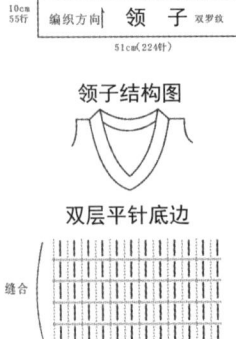

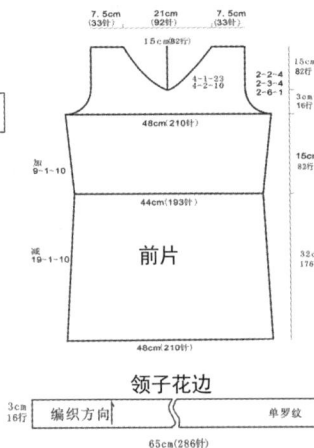

0834

【成品规格】见图
【工具】1.7mm棒针 3.5mm钩针
【材料】咖啡色纯羊毛线 纽扣5枚
【制作过程】前片分左、右两片编
织，按图起105针，先织双层平针底
边后，改织全下针，侧缝按图示减
针，织32cm时加针，形成收腰，织
15cm时平收10针，收袖窿，再织3cm
时同时收领窝，织至肩位余40针。同
样方法织另一片。缝上纽扣。

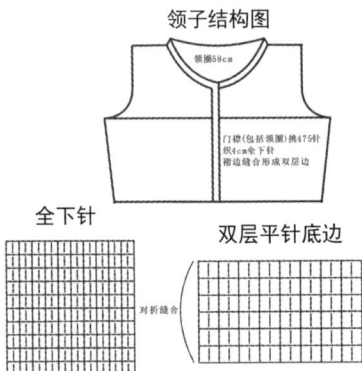

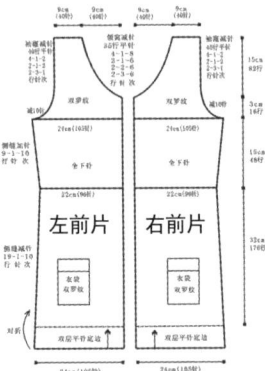

0835

【成品规格】见图
【工具】1.7mm棒针 绣花针
【材料】灰色纯羊毛线 纽扣4枚 绣花若干
【制作过程】前片按图示起211针，
织6cm单罗纹后，改织花样，同时
侧缝按图示减针，织26cm时加针，
形成收腰，织全下针，织15cm
时留袖窿，在两边同时各平收10针，然后按图
示收成袖窿，再织5cm时留前领窝，门襟留13
针不织，分两片织完。领圈（包括门襟）挑290
针，织5cm单罗纹，缝上纽扣，绣上绣花。

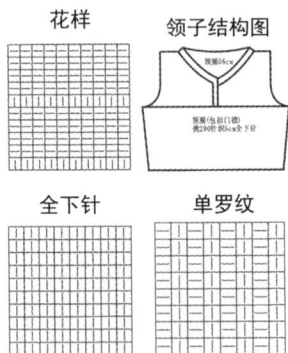

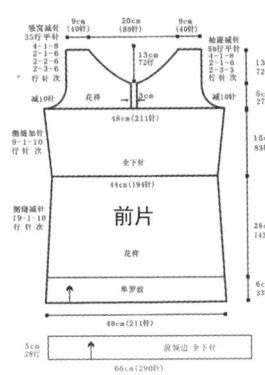

0836

【成品规格】见图
【工具】1.7mm棒针 绣花针
【材料】蓝色纯羊毛线 亮珠和绣花若干
【制作过程】前片按图起211针，织6cm双
罗纹后改织花样，同时侧缝按图示减针，
织20cm时加针，形成收腰，织15cm时留袖
窿，在两边同时各平收10针，然后按图示
收成袖窿，再织3cm时留前领窝。领圈另
织，起264针，织4cm全上针，并配色，按
结构图缝合，缝上亮珠和绣花。

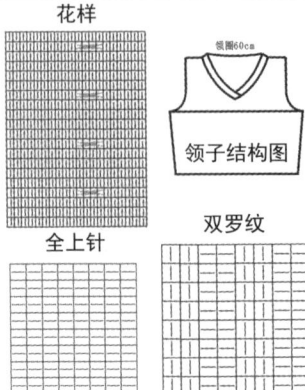

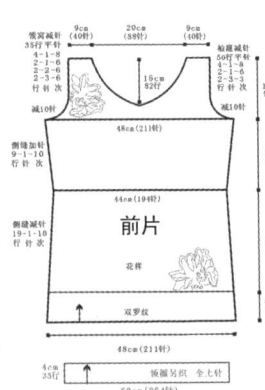

0837

【成品规格】见图
【工具】1.7mm棒针
【材料】紫色、深紫色纯羊毛线 亮珠和装饰花若干 腰带1条
【制作过程】前片按图起针，织双罗纹15cm后，改织下针3cm，用另一棒针在双罗纹处挑针，织下针3cm，再把两个3cm合起来同时织下针，形成双层的腰带套，继续织下针，织至完成。缝上亮珠和装饰花，系上腰带。

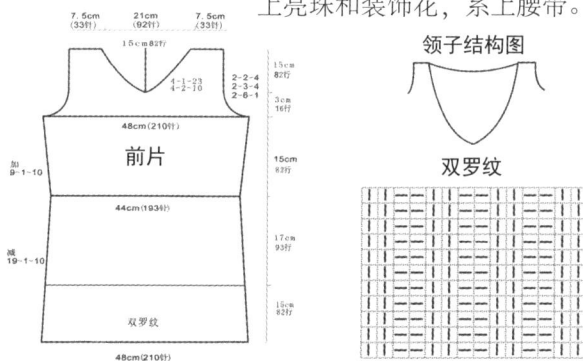

领子结构图

双罗纹

前片图：
7.5cm(33针) 21cm(82针) 7.5cm(33针)
15cm(82针)
4-1-23
4-2-10
2-2-4
2-4-2
2-6-1
82行
3cm 16行
15cm 83行
48cm(210针)
前片
44cm(193针)
加 9-1-10
15cm 83行
17cm 93行
减 19-1-10
双罗纹
18cm 82行
48cm(210针)

0838

【成品规格】见图
【工具】1.7mm棒针 绣花针
【材料】浅紫色纯羊毛线 亮珠和绣花若干
【制作过程】前片按图示起211针，织5cm双罗纹后，改织全下针，同时侧缝按图示减针，织27cm时加针，形成收腰，织15cm时留袖窿，在两边同时各平收10针，然后按图示收成袖窿，再织5cm时留前领窝。领边缝上亮珠和绣花。

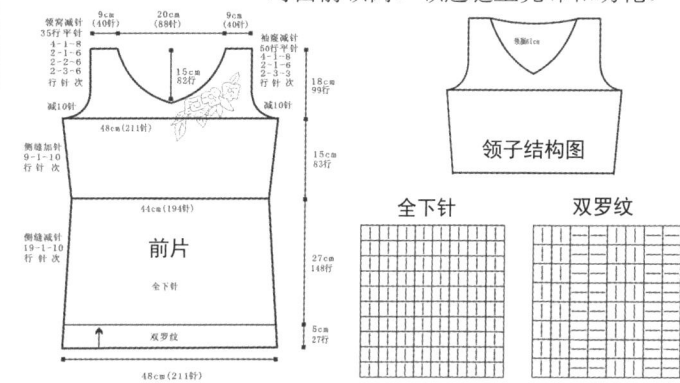

领子结构图

全下针   双罗纹

前片图：
领窝减针 35行平针 9cm(40针) 20cm(88针) 9cm(40针)
4-1-8
2-1-6
2-2-6
2-3-6
行针次
15cm 82行
袖窿减针 50行平针 4-1-8 2-1-6 2-2-3 2-3-3 次
减10针   减10针
18cm 99行
侧缝加针 9-1-10 行针次
48cm(211针)
15cm 83行
44cm(194针)
前片
全下针
侧缝减针 19-1-10 行针次
27cm 148行
48cm(211针)
5cm 27行

0839

【成品规格】见图
【工具】1.7mm棒针 绣花针
【材料】绿色长毛绒线 亮珠和装饰花若干
【制作过程】前片分左、右两片编织，按图起9针，织全下针，侧缝按图示减针，织22cm时加针，形成收腰，门襟同时加针，至适合宽度，织15cm时平收10针，收袖窿，同时收领窝，同样方法织另一片。缝上亮珠和装饰花。

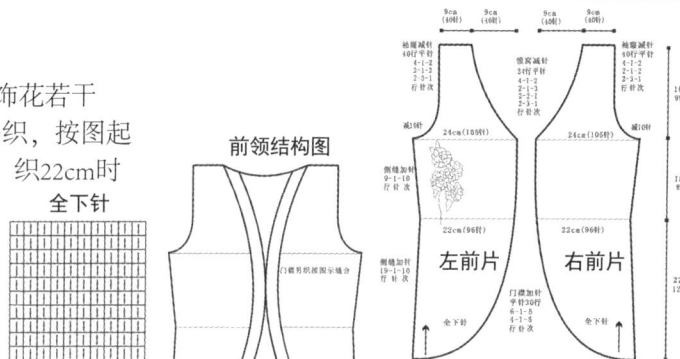

前领结构图

全下针

左前片   右前片

左右前片图：
9cm(40针) 9cm(40针)   9cm(40针) 9cm(40针)
袖窿减针 40行平针 4-1-2 2-1-4 2-2-1 行针次
领窝减针 3行平针 4-1-2 2-2-2 2-3-1 行针次
18cm 99行
减10针   减10针
24cm(105针)   24cm(105针)
侧缝加针 9-1-10 行针次
15cm 82行
22cm(96针)   22cm(96针)
侧缝减针 19-1-10 行针次
门襟加针 平针30行 6-1-5 4-1-5 行针次
全下针   全下针
22cm 121行
2cm(9针)   2cm(9针)

0840

【成品规格】见图
【工具】1.7mm棒针 绣花针
【材料】绿色纯羊毛线 亮珠和绣花若干
【制作过程】前片按图示起211针，织12cm双罗纹后，改织全下针，同时侧缝按图示减针，织20cm时加针，形成收腰，织15cm时留袖窿，在两边同时各平收10针，然后按图示收成袖窿，同时留前领窝。领边挑268针，织5cm双罗纹，领尖缝合，形成V领。缝上亮珠和绣花。

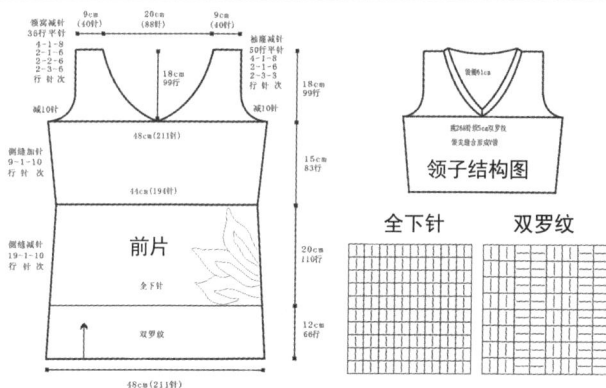

领子结构图

全下针   双罗纹

前片图：
领窝减针 35行平针 9cm(40针) 20cm(88针) 9cm(40针)
4-1-2
2-1-6
2-2-6
行针次
18cm 99行
袖窿减针 50行平针 4-1-8 2-1-6 2-3-3 行针次
减10针   减10针
48cm(211针)
18cm 99行
15cm 83行
侧缝加针 9-1-10 行针次
44cm(194针)
前片
全下针
20cm 110行
侧缝减针 19-1-10 行针次
12cm 66行
48cm(211针)

0841

【成品规格】见图
【工具】1.7mm棒针
【材料】浅紫色纯羊毛线 亮片若干
【制作过程】前片按图示起211针，织5cm双罗纹后，改织全下针，同时侧缝按图示减针，织27cm时加针，形成收腰，织15cm时留袖窿，在两边同时各平收10针，然后按图示收成袖窿，再织5cm时留前领窝。领圈挑246针，织8cm双罗纹，形成圆领。前片印制图案，缝上亮片。

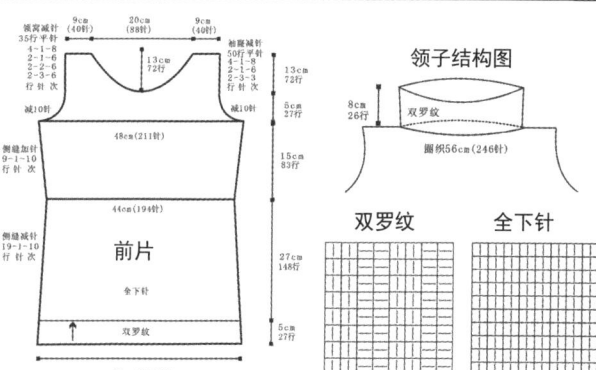

领子结构图

双罗纹

圈织56cm(246针)

双罗纹   全下针

前片图：
领窝减针 35行平针 9cm(40针) 20cm(88针) 9cm(40针)
4-1-8
2-1-6
2-2-6
2-3-6
行针次
13cm 72行
袖窿减针 50行平针 4-1-8 2-1-6 2-2-3 2-3-3 次
减10针   减10针
13cm 72行
5cm 27行
48cm(211针)
15cm 83行
侧缝加针 9-1-10 行针次
44cm(194针)
前片
全下针
侧缝减针 19-1-10 行针次
27cm 148行
双罗纹
5cm 27行
48cm(211针)

0842

【成品规格】见图
【工具】2.0mm棒针 小号钩针
【材料】粉色细毛线
【制作过程】14号棒针起针148针，织双罗纹，织28cm后按图留袖窿，及领窝，袖窿按机器袖的方法减针。领口挑148针，织双罗纹，织6cm。钩针部分按钩针图解钩两外前片，和前片一起缝合。

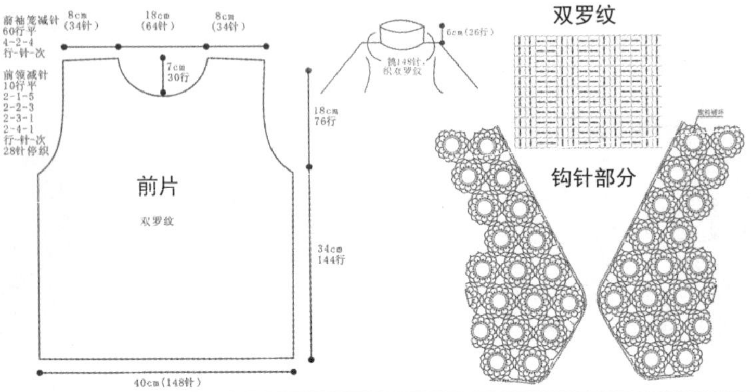

前片 双罗纹
双罗纹
钩针部分
40cm（148针）
34cm 144行
18cm 76行
7cm 30行

0843

【成品规格】见图
【工具】2.0mm棒针 1.5mm钩针
前片 织下针
40cm（148针）
领的基本花形
起针

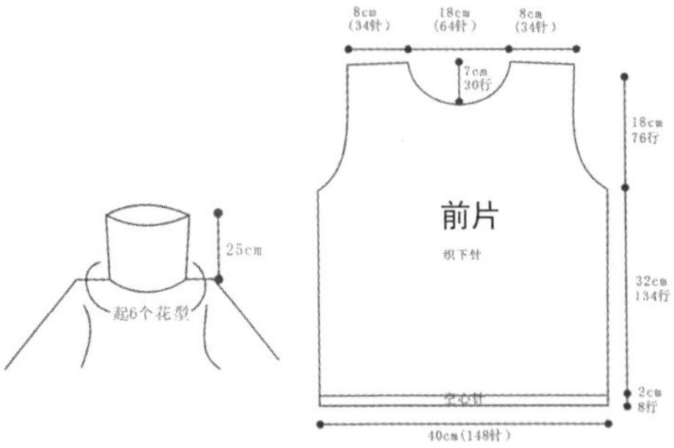

【材料】粉色细毛线
【制作过程】14号棒针起针148针，织8行下针，然后将底边挑起，逐针和棒针上对应的针对齐并织。衣身全部织下针，按图留袖窿，及领窝，袖窿按机器袖的方法减针。按图解花形钩领，领起6组花形，钩4排花。

0844

【成品规格】见图
【工具】1.7mm棒针 绣花针
【材料】粉红色纯羊毛线 亮珠若干
【制作过程】前片起针，织15cm双罗纹后，改织下针，织至完成，衣身、袖窿和领窝按图加减针。领圈挑针，织24cm双罗纹，形成高领，缝上亮珠。

前片
48cm（210针）
44cm（193针）
双罗纹
领子结构图
双罗纹

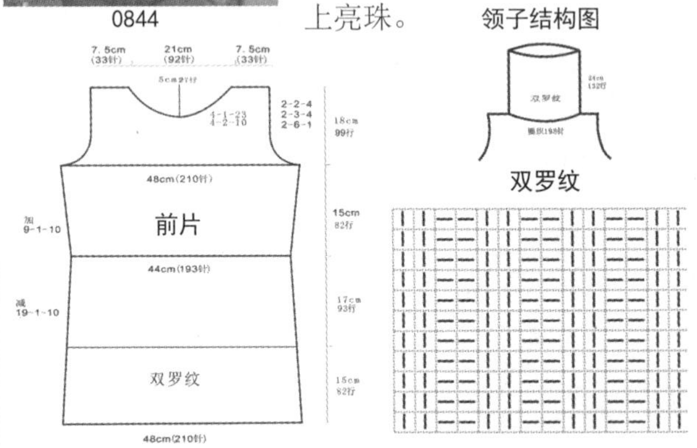

0845

【成品规格】见图
【工具】1.7mm棒针
【材料】浅紫色纯羊毛线 亮片若干
【制作过程】前片按图示起211针，织5cm双罗纹后，改织全下针，同时侧缝按图示减针，织27cm时加针，形成收腰，织15cm时留袖窿，在两边同时各平收10针，然后按图示收成袖窿，再织5cm时留前领窝。领圈挑246针，织18cm双罗纹，形成高领。前片印制图案，缝上亮片。

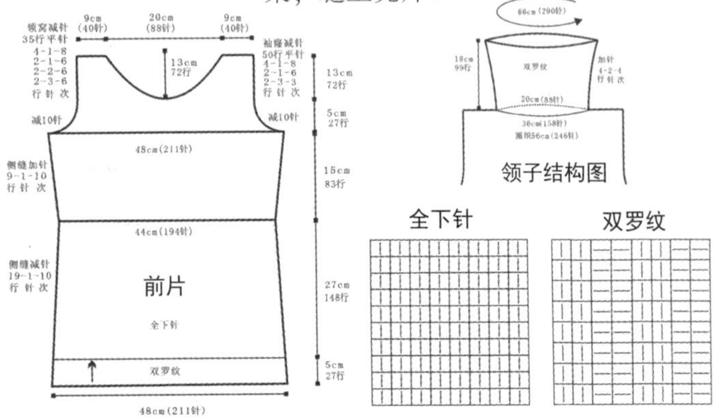

前片
全下针
48cm（211针）
44cm（194针）
全下针 双罗纹
领子结构图

0846

【工具】1.7mm棒针
【材料】黄色纯羊毛线 亮珠和装饰花若干
【制作过程】前片按图示起211针，织5cm双罗纹后，改织花样，同时侧缝按图示减针，织27cm时加针，形成收腰，织15cm时留袖窿，在两边同时各平收10针，然后按图示收成袖窿，再织5cm时留前领窝。领圈挑246针，织18cm双罗纹，形成高领，缝上亮珠和装饰花。

【成品规格】见图

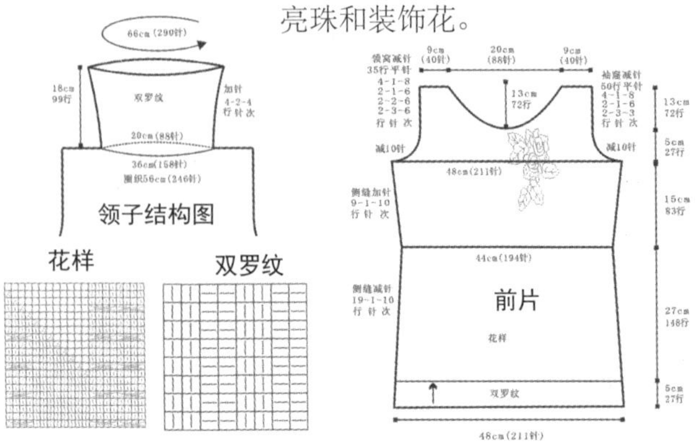

花样 双罗纹
领子结构图

前片
花样
48cm（211针）
44cm（194针）

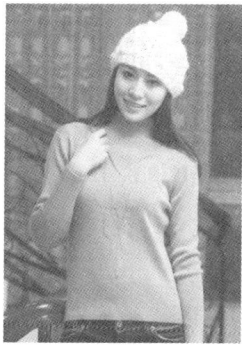

【成品规格】 见图
【工具】 1.7mm棒针
【材料】 橙黄色纯羊毛线 亮珠若干
【制作过程】 前片按图起针，织双罗纹12cm后，改织下针，织至完成。领子挑针，织5cm下针，领尖缝合，形成双层V领。前领另织双罗纹，不收针，与V领缝合后，后片挑针，一起圈织15cm双罗纹，形成半高领。缝上亮珠。

0847

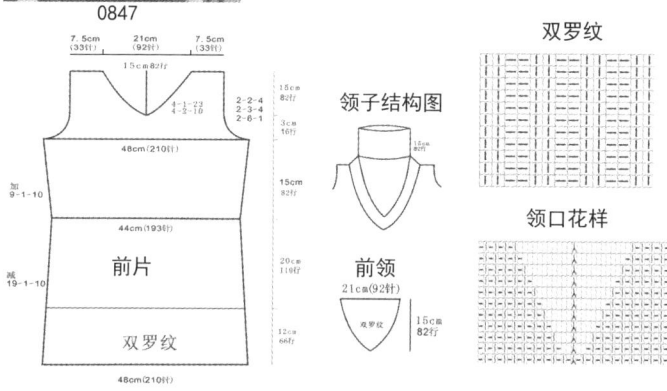

【成品规格】 见图
【工具】 1.7mm棒针
【材料】 玫红色纯羊毛线 装饰花4朵 金属扣1枚
【制作过程】 前片起针，先织双层平针底边后，改织下针，并间色，织至完成。领圈挑针，织双罗纹24cm，形成高领，缝上装饰花和金属扣。

0848

双罗纹
领子结构图
前领
领口花样
前片
双罗纹

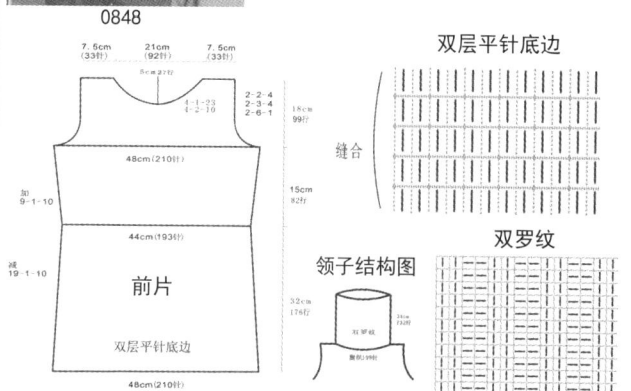
双层平针底边
缝合
双罗纹
领子结构图
前片
双层平针底边

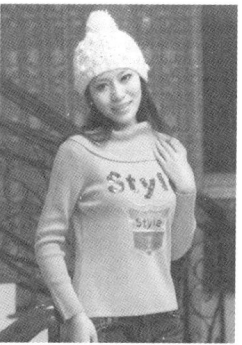

【成品规格】 见图
【工具】 1.7mm棒针
【材料】 黄色纯羊毛线 亮珠若干
【制作过程】 前片按图起针，先织双层平针底边后，改织下针，织至完成，衣片、袖窿和领窝按图加减针。领圈另织，按图缝合，缝上亮珠。

0849

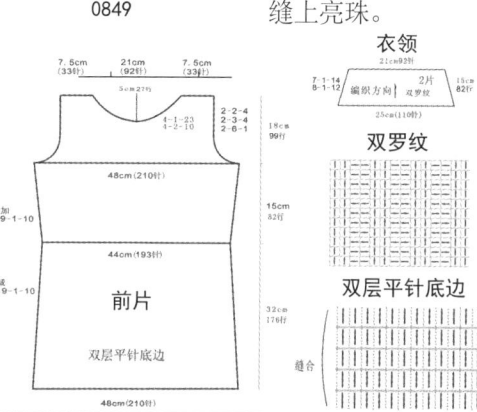

【成品规格】 见图
【工具】 1.7mm棒针
【材料】 杏色、黄色纯羊毛线 亮珠和装饰花若干
【制作过程】 前片按图起针，先织双层平针底边后，改织下针，织至完成，衣片、袖窿和领窝按图加减针。内前领另织，外领圈另织花样A，领尖缝合，形成V领。内前领与外前领，按图叠压缝合形成的领圈，挑198针织圈双罗纹24cm，形成高领，缝上亮珠和装饰花。

0850

衣领
双罗纹
双层平针底边
缝合
前片
双层平针底边

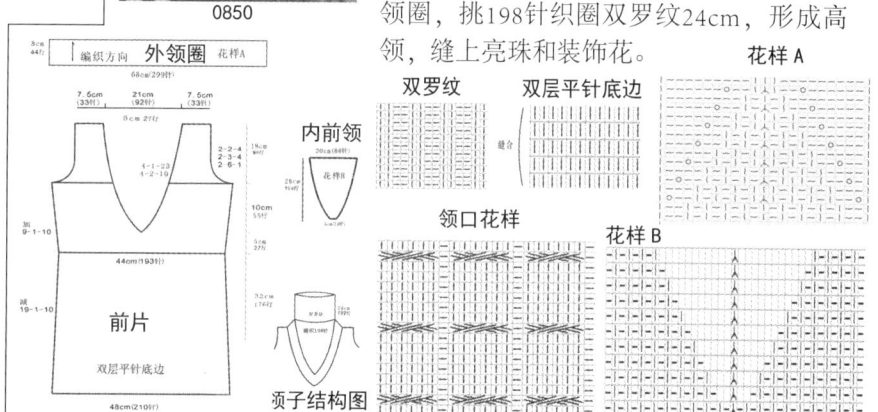
编织方向 外领圈 花样A
内前领
花样A
前片
双层平针底边
顶子结构图
双罗纹
领口花样
花样B

【成品规格】 见图
【工具】 1.7mm棒针
【材料】 杏色、橙色纯羊毛线 纽扣3枚 亮珠若干
【制作过程】 内前片按图起针，织12cm双罗纹后，改织下针，织至完成。外前片按图起针，织12cm双罗纹后，改织花样并分成左、右两片，织至完成。外前片领圈和门襟另织，与前片缝合，内前片和外前片重叠，全部缝合。缝上纽扣和亮珠。

0851

外前片
内前片
外前片领圈
编织方向 双罗纹
双罗纹
花样
领子结构图

0852

【成品规格】 见图
【工具】 1.7mm棒针
【材料】 咖啡色、橙色纯羊毛线
【制作过程】 前片按图示起211针，织10cm双罗纹后，改织全下针，同时侧缝按图示减针，织22cm时加针，形成收腰，织15cm时留袖窿，在两边同时各平收10针，然后按图示收成袖窿，再织5cm时留前领窝。领圈挑246针，织18cm双罗纹，形成高领。

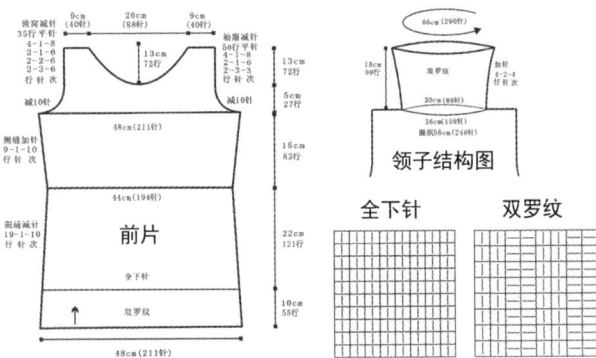

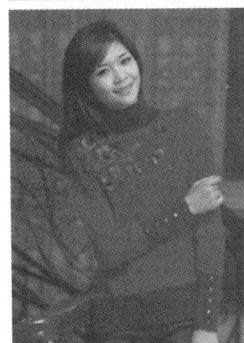

领子结构图　全下针　双罗纹

【材料】 红色纯羊毛线 花色线 亮珠和装饰花若干 袖口纽扣10枚
【制作过程】 前片按图示起211针，织10cm双罗纹后改织全下针，同时侧缝按图示减针，然后按图示收成袖窿，再织5cm时留前领窝。领圈挑246针，织18cm双罗纹，形成高领。缝上亮珠、装饰花及纽扣。

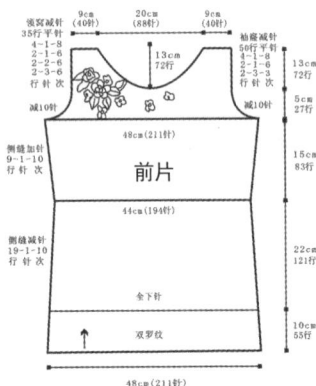

0853

【成品规格】 见图
【工具】 1.7mm棒针

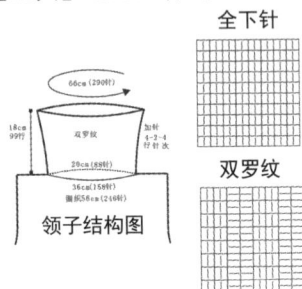

领子结构图　全下针　双罗纹

前片

【成品规格】 见图
【工具】 2.0mm、2.3mm棒针 1.5mm钩针
【材料】 绿色、灰色和红色细毛线
【制作过程】 2.0mm棒针起针148针，织双罗纹，织6cm换2.3mm棒针织下针。织28cm后按图留袖窿，及领窝，袖窿按机器袖的方法减针。在领口挑148针，织双罗纹18cm收针。

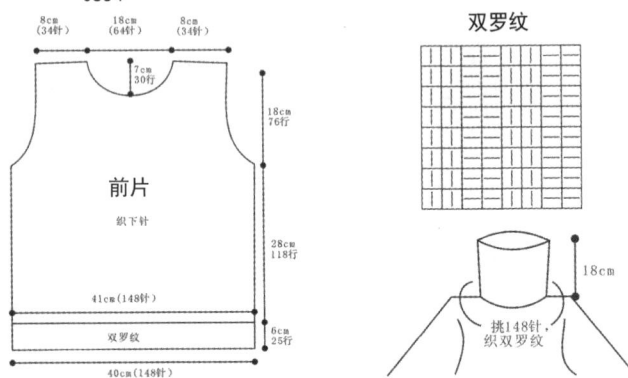

0854

双罗纹

前片 织下针

挑148针 织双罗纹

【成品规格】 见图
【工具】 1.7mm棒针
【材料】 红色、深蓝色纯羊毛线 纽扣3枚 亮珠若干
【制作过程】 前片按图起针，先织双层平针底边后，改织下针，织至完成。内前领另织，按图起针，织下针至完成，领圈按图减针，门襟另织，褶边缝合，形成双层门襟。内领圈挑198针，织20cm下针，形成高领。缝上纽扣和亮珠。

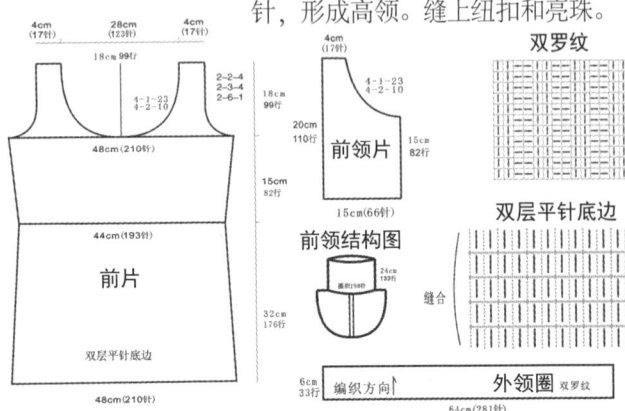

0855

前片　前领片　前领结构图　双罗纹　双层平针底边　外领圈

【成品规格】 见图
【工具】 1.7mm棒针
【材料】 红色、深蓝色纯羊毛线 纽扣6枚 装饰图案
【制作过程】 前片按图起针，先织双层平针底边后，改织下针，织至完成。领圈另织，全部缝合。内前领另织，按图起针，织下针织至完成，领圈按图减针，门襟另织，褶边缝合，形成双层门襟，内领圈挑198针，织20cm下针，形成高领。缝上纽扣和装饰图案。

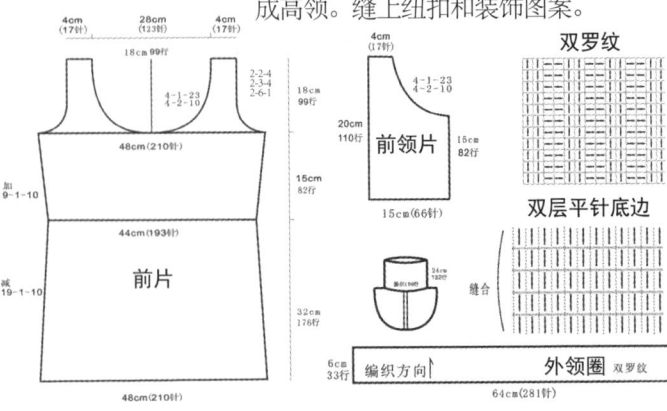

0856

前片　前领片　双罗纹　双层平针底边　外领圈

0857

【成品规格】见图
【工具】1.7mm棒针 绣花针
【材料】粉红色纯羊毛线 亮珠和绣花图案若干
【制作过程】前片起针，织双罗纹15cm后，改织下针，织至完成。后领圈另织双罗纹，前翻领片另织双罗纹，按图缝合，缝好亮珠和绣花图案。

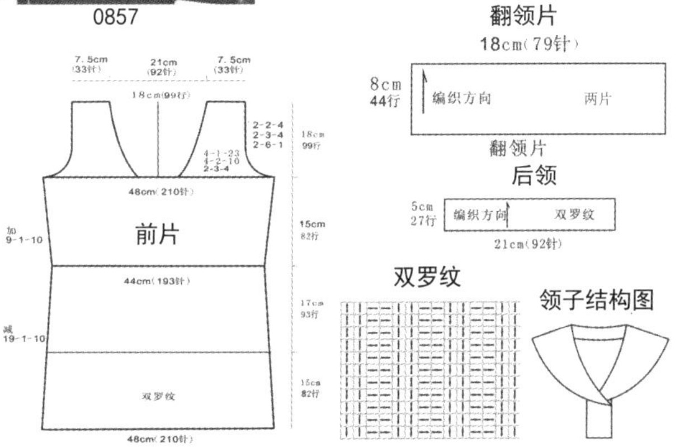

0857

翻领片
18cm（79针）
8cm 44行 编织方向 两片
翻领片
后领
5cm 27行 编织方向 双罗纹
21cm（92针）

7.5cm（33针） 21cm（92针） 7.5cm（33针）
18cm（99针）
前片
48cm（210针）
44cm（193针）
减 19-1-10
加 9-1-10
双罗纹
48cm（210针）
15cm 82行
双罗纹

0858

【成品规格】见图
【工具】1.7mm棒针
【材料】杏色纯羊毛线 亮珠若干
【制作过程】内前片按图起针，织双罗纹5cm后，改织下针，织至完成。外前片按图起针，织5cm双罗纹后，改织花样，织至完成。领圈另织双罗纹，按图缝合。缝上亮珠。

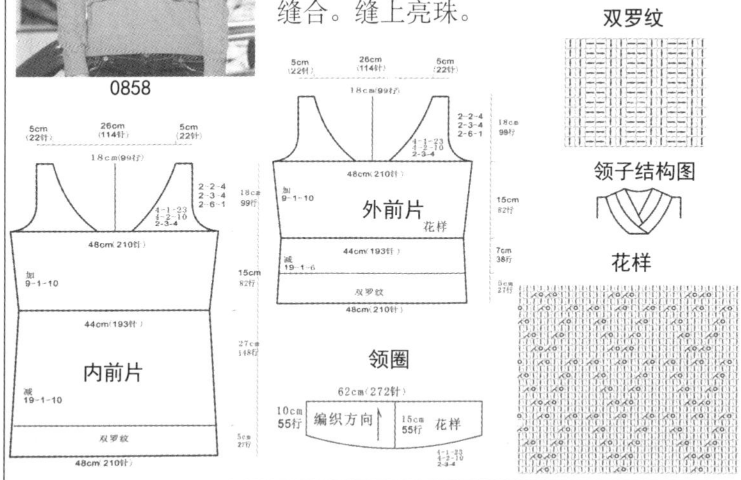

0858

双罗纹

5cm（22针） 26cm（114针） 5cm（22针）
18cm（99针）
外前片 花样
48cm（210针）
44cm（193针）
减 19 1-6
加 9-1-10
双罗纹
48cm（210针）
15cm 82行
7cm 38行

领子结构图
花样

内前片
48cm（210针）
减 19-1-10
27cm（148行）

领圈
62cm（272针）
10cm 55行 编织方向 花样
15cm 55行

0859

0859

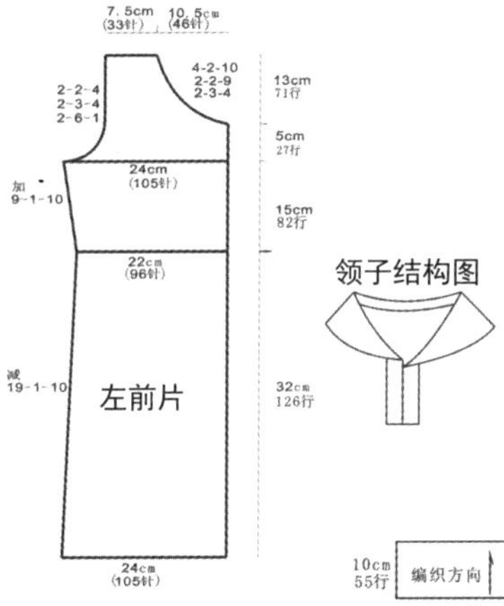

7.5cm（33针） 10.5cm（46针）
24cm（105针）
左前片
22cm（96针）
24cm（105针）
加 9-1-10
减 19-1-10
4-2-10
2-2-4
2-3-4
2-2-4
2-3-4
2-6-1
13cm 71行
5cm 27行
15cm 82行
32cm 126行

领子结构图

【成品规格】见图
【工具】1.7mm棒针
【材料】灰色纯羊毛线 门襟装饰带1条
【制作过程】前片分左、右两片编织，分别按图起针，先织双层平针底边后，改织下针，袖窿和领窝按图加减针，织至完成。对称织出另一片。领圈挑针，织10cm单罗纹，形成翻领，门襟另织5cm双罗纹，与前片缝合。缝上装饰带。

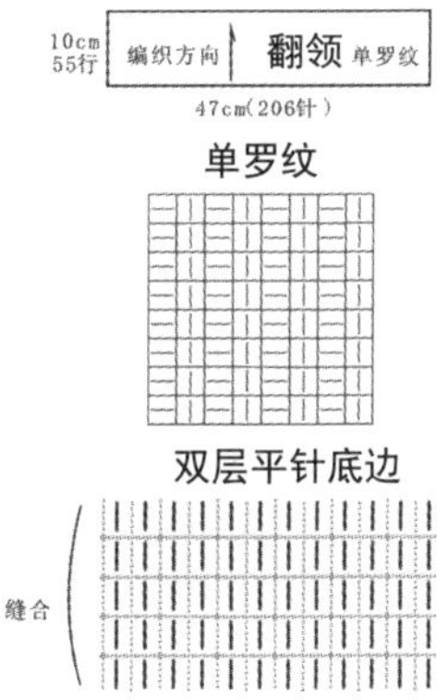

0860

【成品规格】见图
【工具】1.7mm棒针
【材料】灰色纯羊毛线
【制作过程】前片按图起针，织15cm双罗纹后改织下针，织至47cm时分成左、右两边，继续织完成，领子门襟另织，按结构图缝合。横领另织双罗纹10cm，与领窝缝合。前后片领圈叠压好，按图全部缝合。

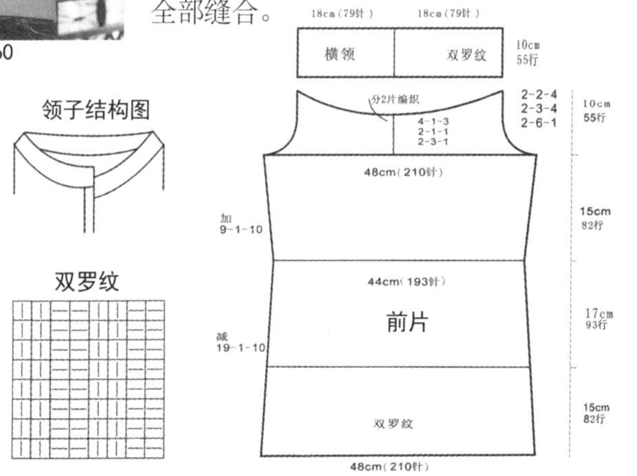

0860

10cm 55行 编织方向 翻领 单罗纹
47cm（206针）
单罗纹

领子结构图

双罗纹
双层平针底边
缝合

18cm（79针） 18cm（79针）
横领 双罗纹 10cm 55行
分2片编织
4-1-3
2-1-1
2-6-1
2-2-4
2-3-4
48cm（210针）
10cm 55行
加 9-1-10
前片
44cm（193针）
减 19-1-10
48cm（210针）
15cm 82行
17cm 93行
15cm 82行

0861

0861

【成品规格】见图
【工具】1.7mm棒针
【材料】绿色纯羊毛线 亮珠若干
【制作过程】前片按图示起211针，织12cm双罗纹后，改织全下针，同时侧缝按图示减针，织20cm时加针，形成收腰，织15cm时留袖窿，在两边同时各平收10针，然后按图示收成袖窿，再织3cm时留前领窝，并按图示收前领。领子按结构图织好，缝上亮珠。

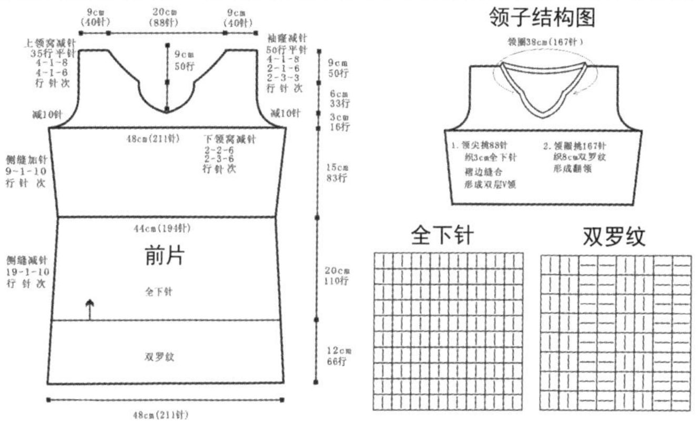

9cm（40针） 20cm（88针） 9cm（40针）
上领窝减针
35行平针
4-1-8
4-1-6
行针次
减10针
袖窿减针
50行平针
4-1-5
4-1-3
2-3-5
行针次
减10针
侧缝加针
9-1-10
行针次
48cm（211针）
下领窝减针
2-2-6
2-3-6
行针次
9cm 50行
6cm 33行
3cm 16行
44cm（19针）
前片
全下针
侧缝减针
19-1-10
行针次
48cm（211针）
双罗纹
15cm 83行
20cm 110行
12cm 66行

领子结构图
领圈38cm（167针）
1.领尖挑88针 织3cm平针 裙边缝合 形成双层领
2.领圈挑167针 织3cm平针 形成双层翻领

全下针
双罗纹

0862

【成品规格】 见图
【工具】 1.7mm棒针 绣花针
【材料】 橙色纯羊毛线 亮珠若干
【制作过程】 前片按图示起211针，织5cm双罗纹后，改织全下针，同时侧缝按图示减针，织27cm时加针，形成收腰，织15cm时留袖窿，在两边同时各平收10针，然后按图示收成袖窿，再织3cm时留前领窝，并按图示收前领。领子按结构图织好，缝上亮珠图案。

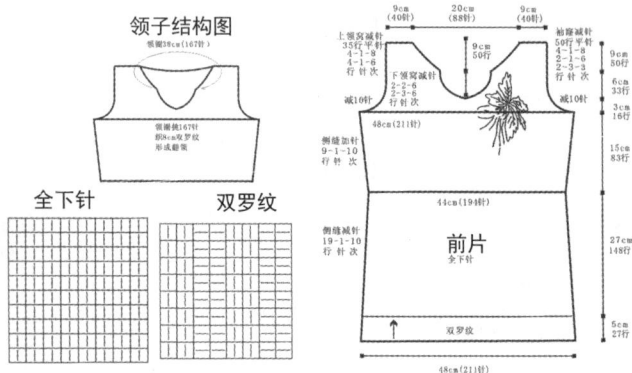

领子结构图

全下针　双罗纹

前片

0863

【成品规格】 见图
【工具】 1.7mm棒针
【材料】 深紫色纯羊毛线 纽扣2枚
【制作过程】 前片分上下部分，上部分分左、右两片，分别起针织双罗纹，织至完成。下部分起针，织3cm双罗纹后，改织下针，织完成后打皱褶与上部分缝合。前领另织好，按结构图缝好，缝上纽扣。

前领圈
90cm(396针)

双罗纹

领子结构图

双罗纹

前片

0864

【工具】 1.7mm棒针 绣花针
【材料】 深啡色纯羊毛线 纽扣3枚 亮珠和绣花若干
【制作过程】 前片按图示起211针，织10cm双罗纹后，改织全下针，中间留5cm不织，分两片编织，同时侧缝按图示减针，织22cm时加针，形成收腰，织15cm时留袖窿，在两边同时各平收10针，然后按图示收成袖窿，同时留前领窝。缝上纽扣、亮珠和绣花。

【成品规格】 见图

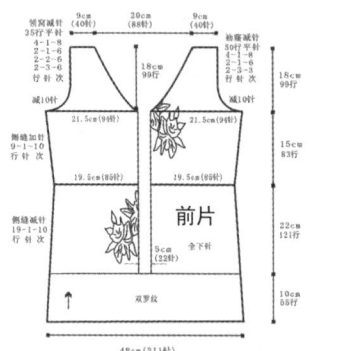

领子结构图

双罗纹　全下针

前片

0865

【成品规格】 见图
【工具】 1.7mm棒针
【材料】 橙色纯羊毛线 纽扣4枚 蕾丝花边若干
【制作过程】 前片按图示起211针，织12cm双罗纹后，改织全下针，同时侧缝按图示减针，织20cm时加针，形成收腰，织15cm时留袖窿，在两边同时各平收10针，然后按图示收成袖窿，再织5cm时留前领窝，门襟留16针不织，分两片织完。前领挑22针，织3cm双罗纹，领圈挑246针，织8cm双罗纹，形成翻领。前装饰片另织，与前片缝合。缝上纽扣和蕾丝花边。

领子结构图

装饰片

全下针　双罗纹

前片

0866

【材料】 红色纯羊毛线 装饰带1条 纽扣10枚
【制作过程】 前片按图起针，先织双层平针底边后，改织下针，织至15cm时分左、右两片，分别编织花样，袖窿和领窝按图加减针，织至完成。领圈挑针，织10cm花样，形成翻领。

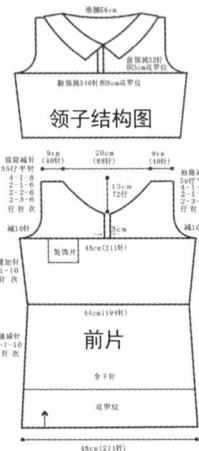

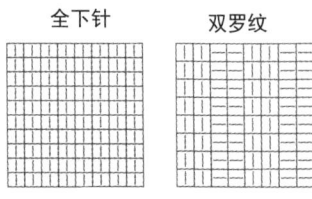

翻领 花样
47cm(206针)

花样

领子结构图

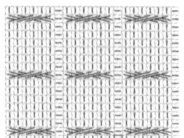

双层平针底边

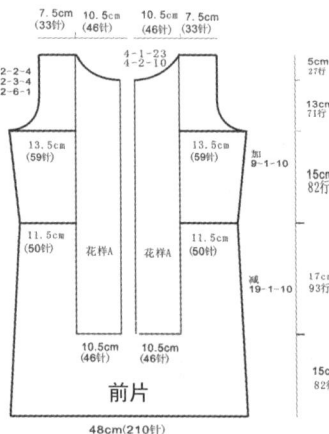

前片

【成品规格】 见图
【工具】 1.7mm棒针

0867

【成品规格】 见图
【工具】 1.7mm棒针
【材料】 深紫色纯羊毛线
拉链1条 亮珠若干
【制作过程】 前片分左、右两片编织，分别按图起针，先织双罗纹10cm后，改织下针，门襟的位置编入花样织至完成。领子另织，与领圈缝合，形成翻领。缝上拉链和亮珠。

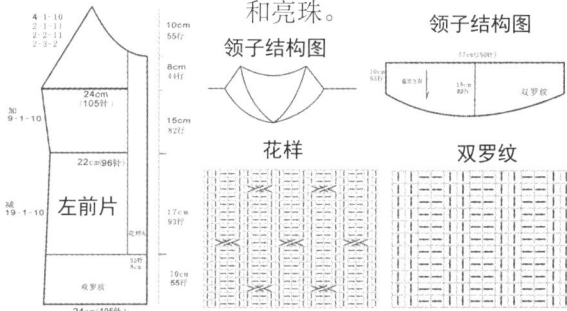

0868

【成品规格】 见图
【工具】 1.7mm棒针
【材料】 杏色、深蓝色纯羊毛线 纽扣3枚 装饰扣11枚
【制作过程】 前后片分别按图起针，织双罗纹15cm后，改织下针，织至完成。领圈另织，全部缝合。内前领另织，按图起针，织花样织至完成，领圈按图减针，门襟另织，褶边缝合，形成双层门襟。外领圈挑针，织10cm双罗纹，形成翻领。缝上装饰扣。

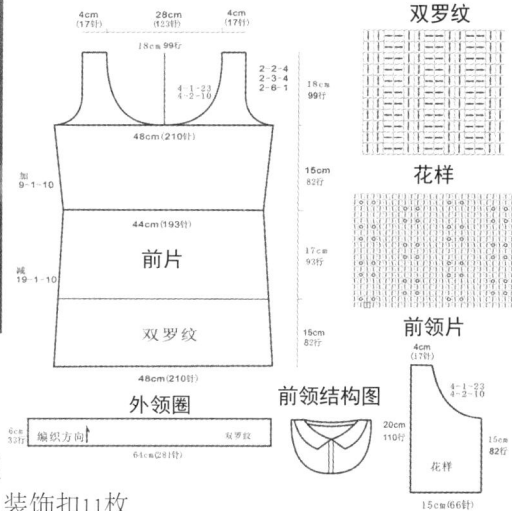

前片 · 外领圈 · 前领结构片 · 前领结构图 · 双罗纹 · 花样 · 领子结构图 · 左前片 · 花样 · 双罗纹

0869

【成品规格】 见图
【工具】 1.7mm棒针 绣花针
【材料】 橙色纯羊毛线 亮珠和绣花若干
【制作过程】 前片按图起211针，织10cm双罗纹后，改织全下针，同时按图示减针，织22cm时加针，形成收腰，织15cm时留袖窿，在两边同时各平收10针，然后按图示收成袖窿，再织3cm时中间留10cm不织，分两片编织，然后均匀减针收领窝。缝上亮珠和绣花。

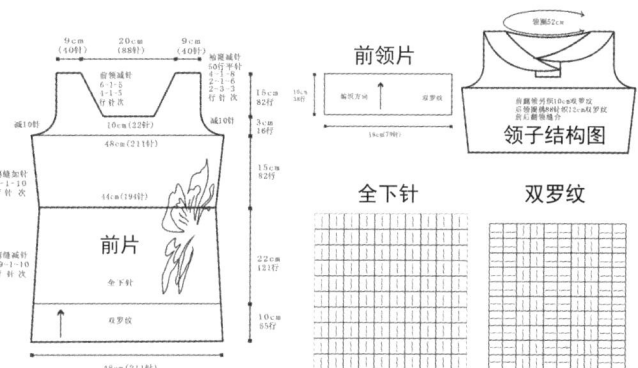

前片 · 前领片 · 领子结构图 · 全下针 · 双罗纹

0870

【成品规格】 见图
【工具】 1.7mm棒针
【材料】 红色、黑色纯羊毛线 装饰花2朵
【制作过程】 前片按图起针，先织双层平针底边后，改织下针，织至完成。领圈另织，全部缝合。内前领另织，按图起针，织下针并间色，织至完成。然后挑针，织10cm双罗纹，形成翻领。缝上装饰花朵。

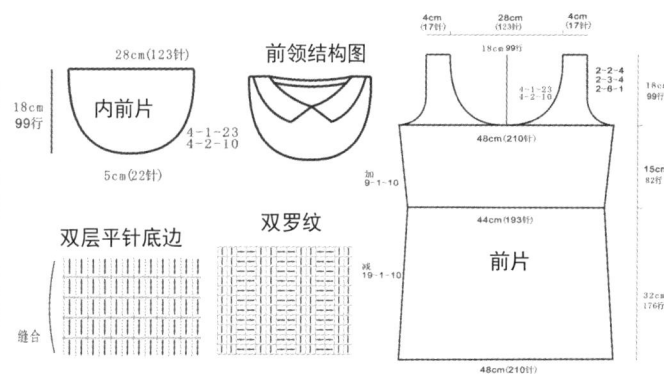

内前片 · 前领结构图 · 双层平针底边 · 双罗纹 · 前片

0871

【成品规格】 见图
【工具】 1.7mm棒针
【材料】 深紫色纯羊毛线
【制作过程】 前片按图起针，织双罗纹10cm后，改织下针，并编入图案，织至完成。领子另织单罗纹，按结构图与领圈缝合，形成翻领。外领圈另织。

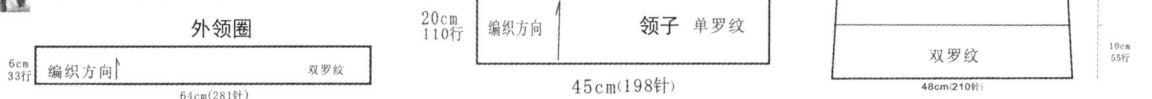

单罗纹 · 双罗纹 · 领子结构图 · 领子 单罗纹 · 前片 · 外领圈

【成品规格】见图
【工具】1.7mm棒针 2.5mm钩针
【材料】灰色、黑色纯羊毛线 亮珠若干
【制作过程】前片按图示起211针，织10cm双罗纹后，改织全下针，同时侧缝按图示减针，织22cm时加针，形成收腰，织15cm时留袖窿，在两边同时各平收10针，然后按图示收成袖窿，再织5cm时留前领窝。翻领另织，用钩针钩织8cm花样，缝上亮珠。

0872

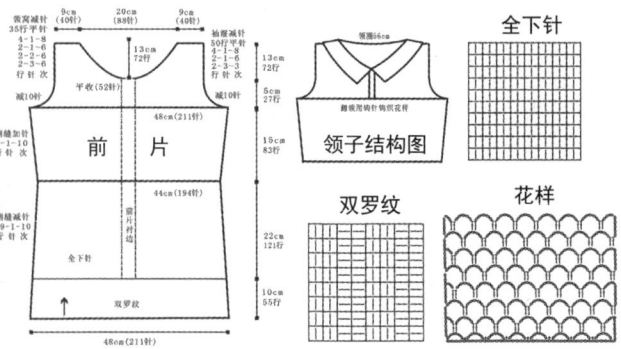

【成品规格】见图
【工具】1.7mm棒针 绣花针
【材料】杏色纯羊毛线 纽扣10枚 绣花若干
【制作过程】前片起针，织双层平针底边后，改织下针织至完成。领圈挑针，织双罗纹24cm，形成高领，绣上绣花，缝上纽扣。

0873

领子结构图

双层平针底边 双罗纹

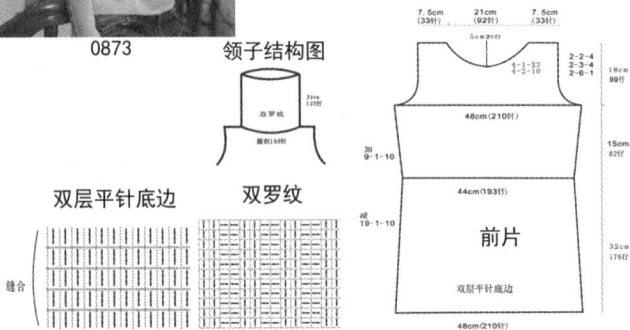

【成品规格】见图
【工具】2.0mm棒针 1.5mm钩针
【材料】灰色细毛线
【制作过程】2.0mm棒针起148针，织16行下针，将边翻起，将底边上的针逐针挑起和棒针上对应的针并织，织空心边，前片织6针下针1针上针后，织下针。织32cm后按图留袖窿及领窝，袖窿按机器袖的方法减针。

0874

前左外片 前右外片

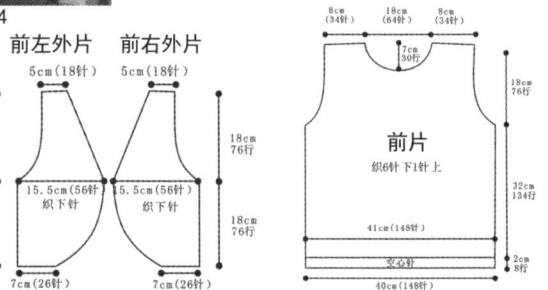

【成品规格】见图
【工具】1.7mm棒针 绣花针
【材料】杏色、橙纯羊毛线 亮珠、绣花若干
【制作过程】前片分内前片和外前片，外前片按图起针，织10cm双罗纹后，改织下针，织至8cm时分两片编织，织至完成。内前片按图起针，织10cm双罗纹后，改织下针，并间色织至完成。内前片领圈挑198针，织双罗纹15cm，形成半高领。外前片门襟和领圈另织，按图缝合。缝上亮珠和绣花。

0875

双罗纹

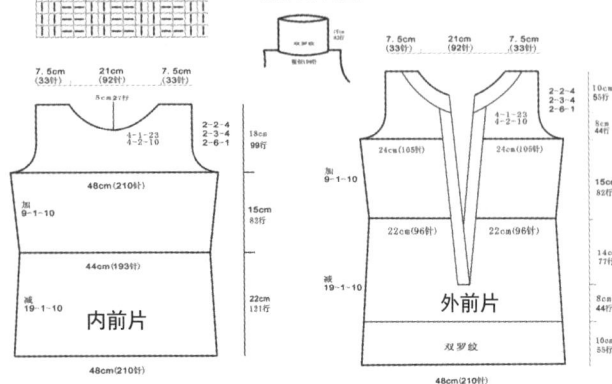

【成品规格】见图
【工具】2.0mm、2.3mm棒针 1.5mm钩针
【材料】灰色细毛线 黄色毛线
【制作过程】2.0mm棒针起148针，织双罗纹，织6cm换2.3mm棒针织下针。织28cm后按图留袖窿及领窝，袖窿按机器袖的方法减针。然后按图钩出钩针部分，叠放缝合在前片。前领片另起2针，每2行两边各加1针，加至74针，平织4行，在每2行两边各减1针减至58针，平收。

0876

双罗纹

钩针部分

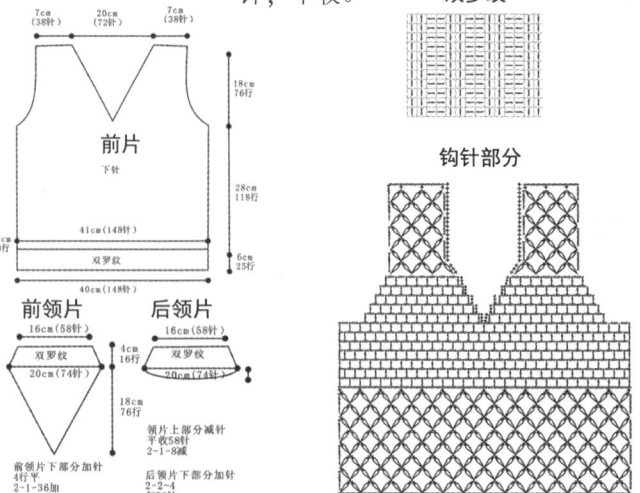

0877

【成品规格】 见图
【工具】 1.7mm棒针
【材料】 粉红色、深紫色纯羊毛线 亮珠和装饰花若干
【制作过程】 前片按图起针，先织双层平针底边后，改织下针，织至完成。挑198针织圈双罗纹24cm，形成高领。缝上亮珠和装饰花。

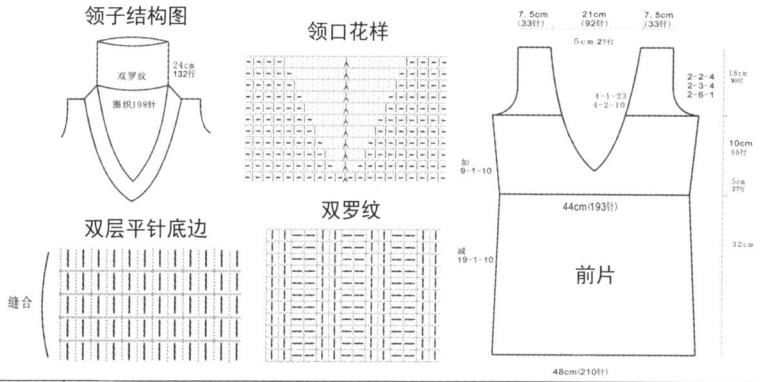

领子结构图
双罗纹
圈织198针
24cm 132行

领口花样

7.5cm (33针)　21cm (92针)　7.5cm (33针)
5cm 21针
4-1-23
4-2-10
2-2-4
2-3-4
2-6-1
18cm 99行
10cm 8行
5cm 27针
44cm(193针)
前片
32cm
48cm(210针)

双层平针底边
缝合

双罗纹

0878

【成品规格】 见图
【工具】 1.7mm棒针 绣花针
【材料】 粉红色、深紫色纯羊毛线 亮珠和绣花若干
【制作过程】 前片按图起针，先织双层平针底边后，改织下针，并间色织至完成。领圈挑198针，织24cm双罗纹，形成高领。缝上亮珠和绣花。

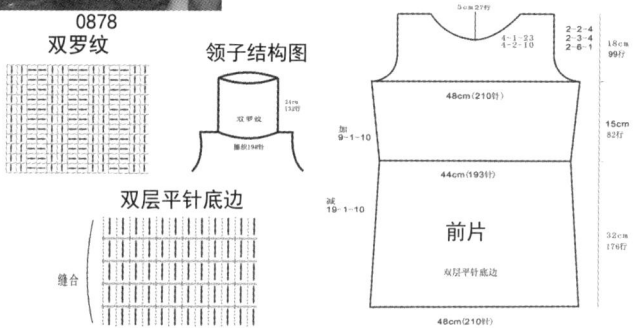

双罗纹

领子结构图
双罗纹
圈织198针
24cm 132行

7.5cm (33针)　21cm (92针)　7.5cm (33针)
5cm 21针
4-1-23
4-2-10
2-2-4
2-3-4
2-6-1
18cm 99行
48cm(210针)
加 9-1-10
15cm 82行
44cm(193针)
前片
双层平针底边
32cm 176行
减 19-1-10
双层平针底边
缝合
48cm(210针)

0879

【成品规格】 见图

7.5cm (33针)　21cm (92针)　7.5cm (33针)
5cm 27针
4-1-23
4-2-10
2-2-4
2-3-4
2-6-1
18cm 99行
48cm(210针)
15cm 82行
加 9-1-10
44cm(193针)
前片
22cm 121行
减 19-1-10
双罗纹
10cm 55行
48cm(210针)

【工具】 1.7mm棒针
【材料】 咖啡色纯羊毛线 亮珠若干 装饰花边两片
【制作过程】前后片分别按图起针，织10cm双罗纹后，改织下针，至织完成。领圈挑198针，织双罗纹24cm，形成高领。缝上亮珠和装饰花边。

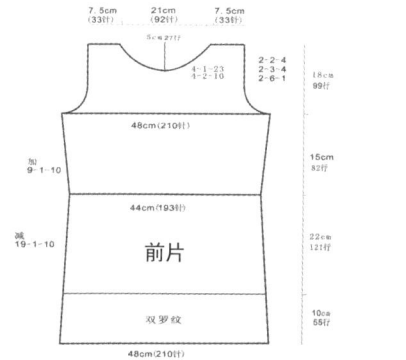

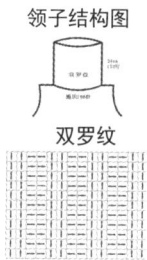

领子结构图
双罗纹
圈织198针
24cm 132行
双罗纹

0880

【材料】 灰色纯羊毛线 纽扣6枚 亮珠和绣花若干
【制作过程】 前片按图示起211针，先织双层平针底边后，改织全下针，同时侧缝按图示减针，织32cm时加针，形成收腰，织15cm时留袖窿，在两边同时各平收10针，然后按图示收成袖窿，同时门襟分两片编织，每片门襟处多挑3cm，够118针，再织5cm时留前领窝。领圈挑246针，先织5cm单罗纹，再织3cm全下针，形成翻领。缝上纽扣、亮珠和绣花。

【成品规格】 见图
【工具】 1.7mm棒针 绣花针

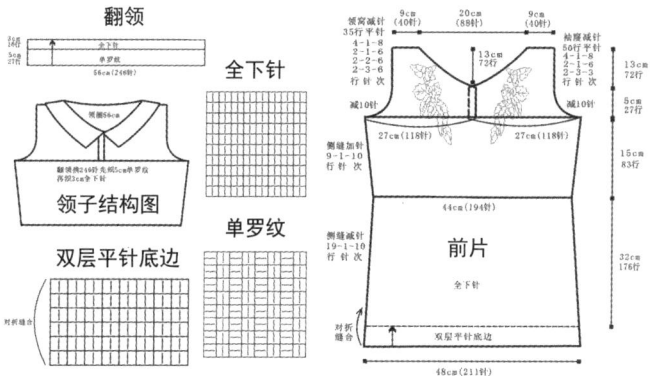

翻领
全下针
5cm 27针
56cm(246针)

全下针

领子结构图
翻领挑246针先织5cm单罗纹
再织3cm全下针
双层平针底边

单罗纹

双层平针底边
对折缝合

领窝减针
35行平针
4-1-8
1-2-6
2-3-6
行针次
9cm (40针)　20cm (88针)　9cm (40针)
袖窿减针
50行平针
4-1-8
2-3-5
2-2-9
行针次
减10针
13cm 72行
5cm 27行
15cm 83行
27cm(118针)　13cm 72行　27cm(118针)
侧缝加针
9-1-10
行针次
44cm(194针)
前片
全下针
32cm 176行
侧缝减针
19-1-10
行针次
双层平针底边
48cm(211针)

0881

【成品规格】 见图
【工具】 1.7mm棒针
【材料】 紫色纯羊毛线 纽扣8枚 装饰花若干
【制作过程】 内前片按图示起针，织单罗纹织至完成，外前片分左、右两片，按图起针，织双罗纹，织至完成。领圈挑198针，织24cm双罗纹，形成高领。缝上纽扣和装饰花。

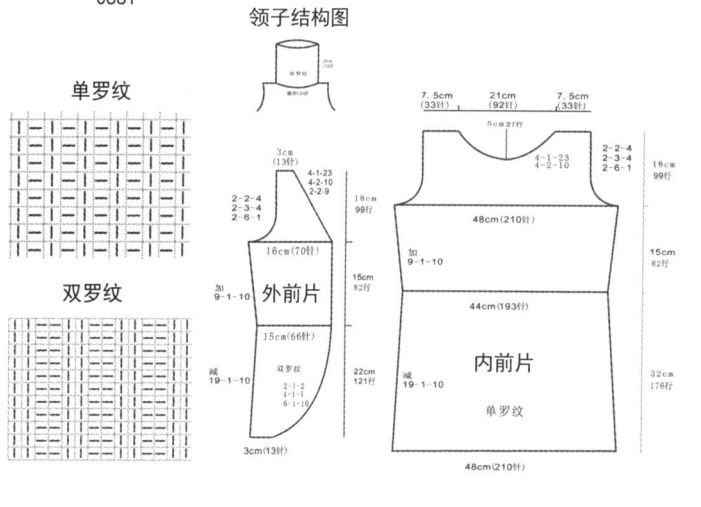

领子结构图
圈织198针

单罗纹

双罗纹

7.5cm (33针)　21cm (92针)　7.5cm (33针)
5cm 27针
4-1-23
4-2-10
2-2-4
2-3-4
2-6-1
18cm 99行

3cm 13针
4-1-23
4-2-10
2-2-9
18cm 99行
2-2-4
2-3-4
2-6-1
48cm(210针)
加 9-1-10
15cm 82行
44cm(193针)
16cm(70针)
外前片
15cm 82行
加 9-1-10
15cm(66针)
双罗纹
2-2-1
2-3-1
6-1-10
22cm 121行
内前片
单罗纹
减 19-1-10
32cm 176行
3cm(13针)
48cm(210针)

297

【材料】 紫色纯羊毛线 亮珠和编织花朵若干

【制作过程】 前片按图起针，织双罗纹10cm后，改织下针，织至完成。缝上亮珠和编织花朵。

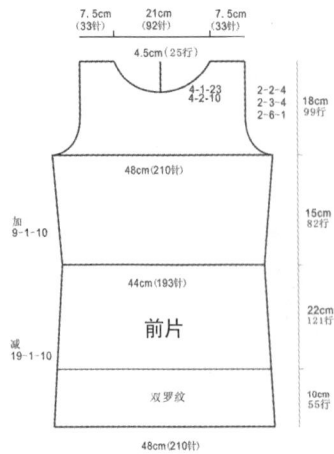

0882

【成品规格】 见图
【工具】 1.7mm棒针
双罗纹

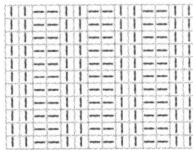

7.5cm(33针) 21cm(92针) 7.5cm(33针)
4.5cm(25行)
4-1-23
4-2-10
2-2-4
2-3-4
2-6-1
18cm 99行
48cm(210针)
加 9-1-10
15cm 82行
44cm(193针)
前片
22cm 121行
减 19-1-10
双罗纹
48cm(210针)
10cm 55行

0883

【成品规格】 见图
【工具】 1.7mm棒针 绣花针
【材料】 紫色纯羊毛线 纽扣5枚 亮珠和装饰带若干

【制作过程】 前片按图起211针，织10cm双罗纹后，改织全下针，同时侧缝按图示减针，然后按图示收成袖窿，前领留8cm不织为门襟，然后分两片编织，再织5cm时留前领窝。缝上纽扣、亮珠和装饰带。

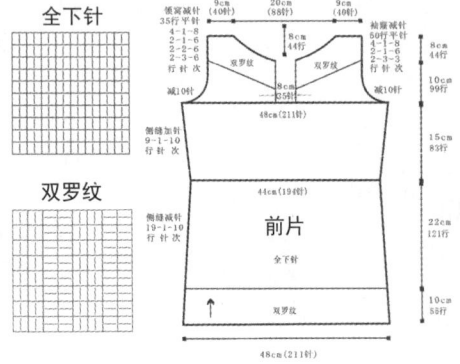

全下针
双罗纹

领窝减针 35针(40针)
9cm(40针) 20cm(8针) 9cm(40针)
袖窿减针 60针(40针)
8cm 44行
48cm(211针)
侧缝减针 9-1-10 行针次
44cm(191针)
前片
全下针
双罗纹
48cm(211针)

领子结构图

0884

【成品规格】 见图
【工具】 1.7mm棒针
【材料】 深紫色纯羊毛线 丝带花丝带若干

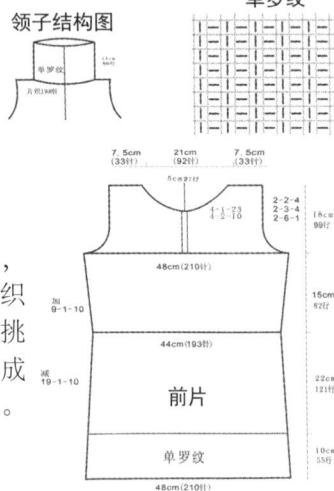

领子结构图
单罗纹

【制作过程】 前片起针，织10cm单罗纹后，改织下针，织至完成。领圈挑针，织15cm单罗纹，形成半高领，也可成为翻领。缝上丝带花和丝带。

7.5cm(33针) 21cm(92针) 7.5cm(33针)
5cm高行
2-2-4
2-3-4
2-6-1
8cm 99行
48cm(210针)
加 9-1-10
15cm 82行
44cm(193针)
前片
22cm 121行
减 19-1-10
单罗纹
48cm(210针)
10cm 55行

0885

【成品规格】 见图
【工具】 1.7mm棒针
【材料】 绿色、黄色纯羊毛线

【制作过程】 内前片和后片分别按图起针，织双罗纹织至完成。袖窿和领窝按图加减针。外前片按图起针，织下针，并间色织至完成。领圈挑针，片织10cm单罗纹，形成翻领。

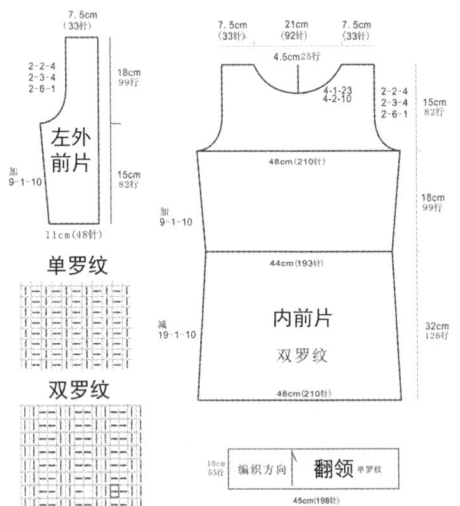

7.5cm(33针)
2-2-4
2-3-4
2-6-1
18cm 99行
左外前片
加 9-1-10
15cm 82行
11cm(48针)
单罗纹

7.5cm(33针) 21cm(92针) 7.5cm(33针)
4.5cm25行
4-1-23
4-2-10
2-2-4
2-3-4
2-6-1
15cm 82行
48cm(210针)
加 9-1-10
18cm 99行
44cm(193针)
内前片
双罗纹
32cm 126行
减 19-1-10
48cm(210针)

编织方向 翻领 单罗纹
45cm(198针)

0886

【制作过程】 前片分别按图起针，先织双层平针底边后，改织下针，织至完成。缝上亮珠和绣花。

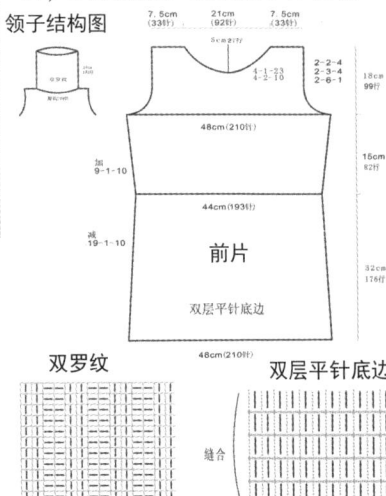

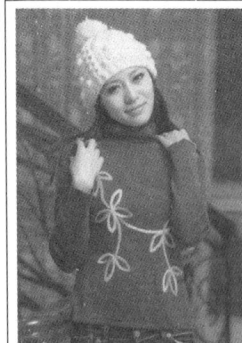

【成品规格】 见图
【工具】 1.7mm棒针 绣花针
【材料】 孔雀蓝色纯羊毛线 亮珠和绣花若干

领子结构图

7.5cm(33针) 21cm(92针) 7.5cm(33针)
5cm高行
4-1-23
4-2-10
2-2-4
2-3-4
2-6-1
18cm 99行
48cm(210针)
加 9-1-10
15cm 82行
44cm(193针)
前片
32cm 176行
减 19-1-10
双层平针底边
48cm(210针)
双罗纹   双层平针底边

0887

【成品规格】 见图
【工具】 1.7mm棒针

双层平针底边   双罗纹

领子结构图

【材料】 孔雀蓝色纯羊毛线 装饰图案

【制作过程】 前片按图起针，先织双层平针底边后，改织下针，织至完成。缝上装饰图案。

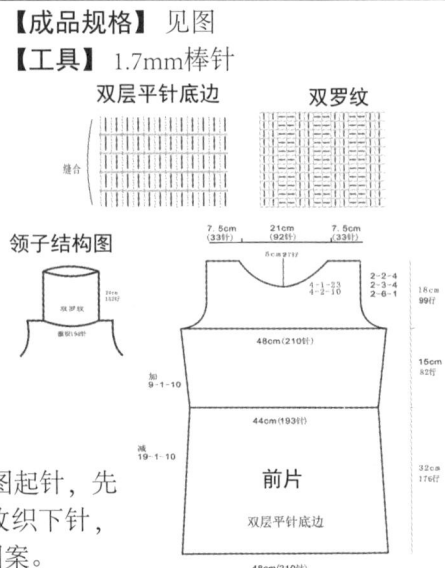

7.5cm(33针) 21cm(92针) 7.5cm(33针)
5cm高行
4-1-23
4-2-10
2-2-4
2-3-4
2-6-1
16cm 99行
48cm(210针)
加 9-1-10
15cm 82行
44cm(193针)
前片
32cm 176行
减 19-1-10
双层平针底边

0888

【成品规格】见图
【工具】1.7mm棒针
【材料】深紫色纯羊毛 亮珠若干 装饰花1朵
【制作过程】前片按图起针，织双罗纹12cm后，改织下针3cm时，用另一支棒针在织完的双罗纹的位置挑针，另织下针3cm，再合成双层下针，织至完成。领圈挑198针，织24cm双罗纹，形成高领。缝上亮珠和装饰花。

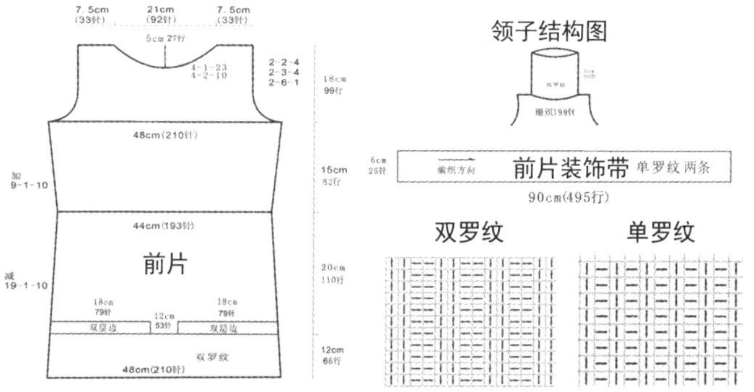

0889

【成品规格】见图
【工具】1.7mm棒针 绣花针
【材料】紫色纯羊毛线 亮珠若干
【制作过程】前片按图示起211针，织12cm双罗纹，改织全下针，同时侧缝按图示减针，织20cm时加针，形成收腰，织15cm时开领尖，同时留袖窿，在两边同时各平收10针，然后按图示收成袖窿。领圈挑290针，织5cm双罗纹，缝合领尖，形成V领，前领片另织，按图缝合。缝上亮珠。

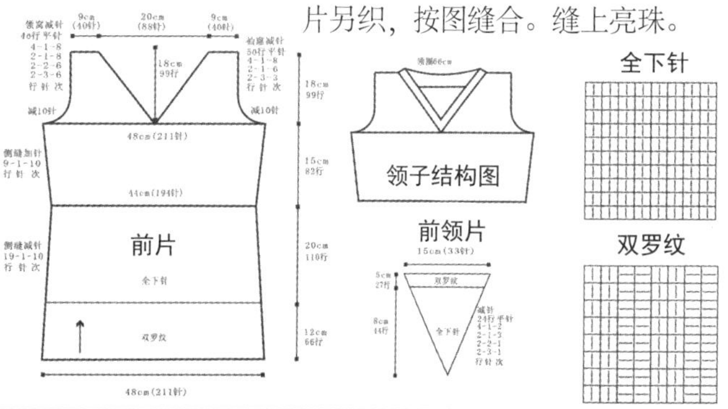

0890

【成品规格】见图
【工具】1.7mm棒针
【材料】黑色、浅紫色纯羊毛线
【制作过程】前片分左、右两片编织，分别按图示起88针，织3cm双罗纹后，改织全下针，同时侧缝按图示减针，织29cm时加针，形成收腰，织15cm时留袖窿，在两边同时各平收10针，然后按图示收成袖窿，再织3cm时留前领窝。同样方法织另一片，中间用黑色线另织两片，起18针，织374行单罗纹，打扭缆与门襟和前领窝缝合。

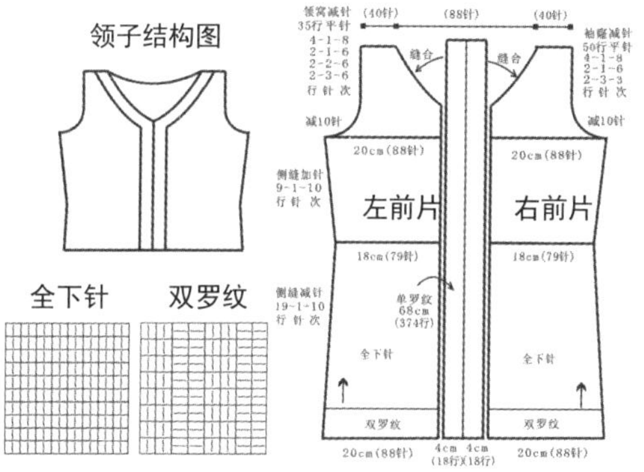

0891

【成品规格】见图
【工具】1.7mm棒针
【材料】紫色纯羊毛线 纽扣5枚
【制作过程】前片分左、右两片编织，左前片按图起158针，织4cm双罗纹后，改织全下针，门襟按图减针，侧缝减针，织28cm时加针，形成收腰，织15cm时两边平收10针，收袖窿，同时收领窝。右前片按图起52针，织4cm双罗纹后，改织全下针，门襟按图加针，侧缝减针，织28cm时加针，形成收腰，织15cm时两边平收10针，收袖窿，同时收领窝。缝上纽扣。

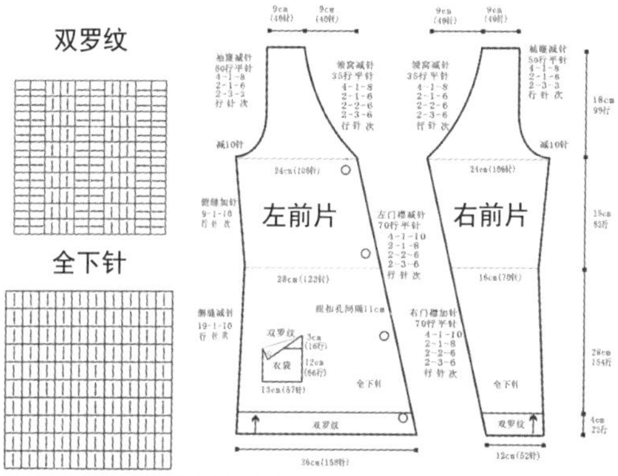

0892

【工具】1.7mm棒针
【材料】白色、深蓝色纯羊毛线 前领装饰绳子1根
【制作过程】前片按图示起211针，织12cm双罗纹，改织全下针，同时侧缝按图示减针，织20cm时加针，形成收腰，织15cm时开领尖，同时留袖窿，在两边同时各平收10针，然后按图示收成袖窿。领圈挑290针，织5cm双罗纹，缝合领尖，形成V领，前领片另织，并间色，按图缝合。前领系上装饰绳。

【成品规格】见图

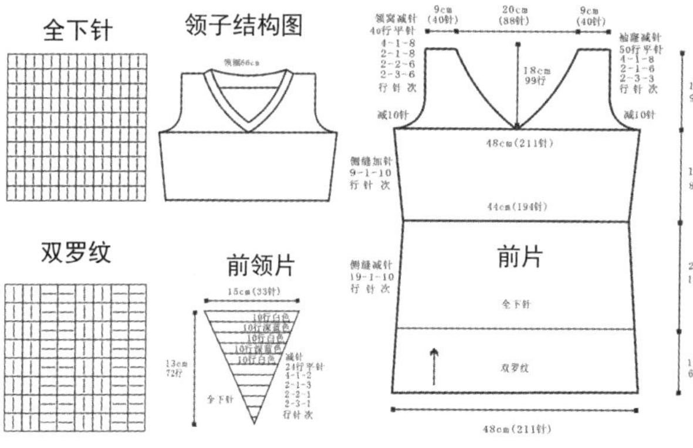

0893

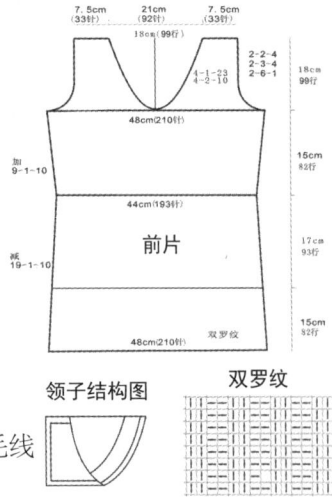

【成品规格】见图
【工具】1.7mm棒针
【材料】银灰色纯羊毛线 装饰蝴蝶3只 纽扣2枚
【制作过程】前片按图起针，织双罗纹15cm后，改织下针至织完成。领圈挑针，织下针15cm，形成翻领，领边另织5cm双罗纹，按领子结构图缝合，缝上纽扣和装饰蝴蝶。

领子结构图　双罗纹

7.5cm(33针)　21cm(92针)　7.5cm(33针)
18cm(99行)
2-2-4 2-3-4 2-6-1　4-1-23 4-2-10　18cm 99行
48cm(210针)
加 9-1-10　15cm 82行
44cm(193针)
17cm 93行
前片
减 19-1-10　15cm 82行
48cm(210针)　双罗纹

0894

【制作过程】前片按图起针，织15cm双罗纹后改织下针，袖隆和领窝按图加减针，至织完成。领圈挑针，织下针5cm，褶边缝合，领尖缝合，形成双层V领。缝上亮片。
【成品规格】见图
【工具】1.7mm棒针
【材料】杏色纯羊毛线 亮片若干

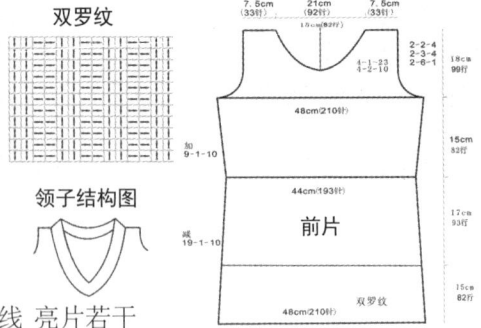

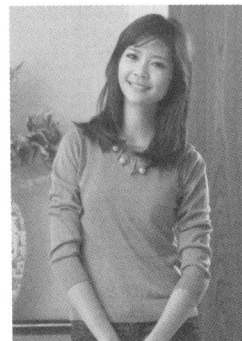

双罗纹　领子结构图

7.5cm(33针)　21cm(92针)　7.5cm(33针)
2-2-4 2-3-4 2-6-1　4-1-23 4-2-10　18cm 99行
48cm(210针)
加 9-1-10　15cm 82行
44cm(193针)
17cm 93行
前片
减 19-1-10
48cm(210针)　15cm 82行　双罗纹

0895

【成品规格】见图
【工具】1.7mm棒针
【材料】灰色纯羊毛线 装饰珠链1条
【制作过程】前片按图起210针，织双罗纹10cm后改织下针，织至完成。缝上装饰珠链。

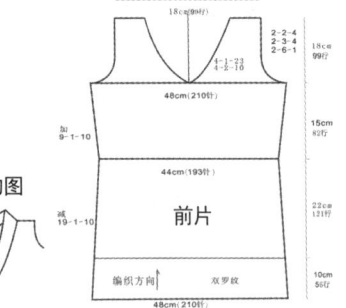

双罗纹　领子结构图

7.5cm(33针)　21cm(92针)　7.5cm(33针)
18cm(99针)
2-2-4 2-3-4 2-6-1　4-1-23 4-2-10　18cm 99行
48cm(210针)
加 9-1-10　15cm 82行
44cm(193针)
22cm 121行
前片
减 19-1-10
编织方向　双罗纹　10cm 56行
48cm(210针)

0896

【成品规格】见图
【工具】1.5mm棒针 3.5mm钩针

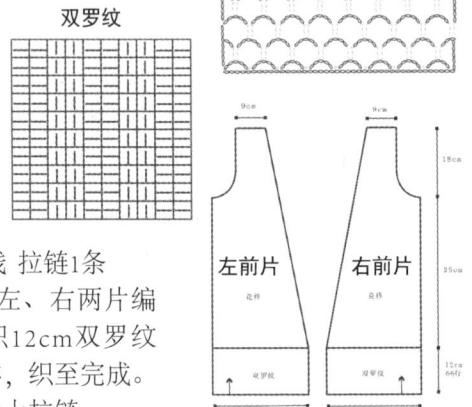

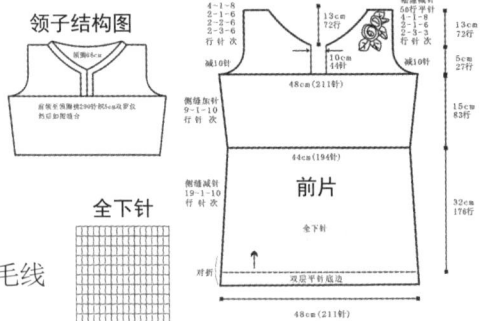

花样
双罗纹

【材料】灰色纯羊毛线 拉链1条
【制作过程】前片分左、右两片编织，按图起105针，织12cm双罗纹后，改用钩针钩织花样，织至完成。同样方法织另一片。缝上拉链。

9cm　9cm　18cm
左前片　右前片
双罗纹　双罗纹　12cm 66行
24cm(105针)　24cm(105针)

0898

【成品规格】见图
【工具】1.5mm棒针 3.5mm钩针

双层平针底边
领子结构图
全下针

【材料】咖啡色纯羊毛线 纽扣3枚 装饰花1朵
【制作过程】前片按图示起211针，先织双层平针底边后，改织全下针，同时侧缝按图示减针，织32cm时加针，形成收腰，织15cm时留袖隆，在两边同时各平收10针，然后按图示收成袖隆，中间留6cm不织，分两片编织，再织5cm时留前领窝。缝上纽扣和装饰花。

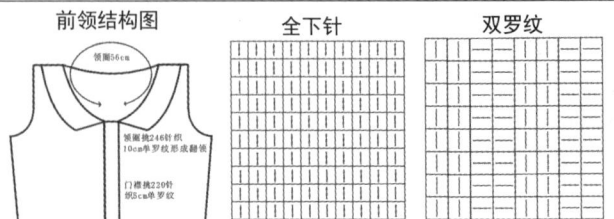

前领结构图　全下针　双罗纹

9cm(40针)　20cm(88针)　9cm(40针)
领窝减针 35行平针　袖隆减针
48cm(211针)
13cm 72行
10cm 44针
侧缝加针 9-1-10 行针次
44cm(194针)
前片
全下针
侧缝加针 19-1-10 行针次　32cm 176行
48cm(211针)
开折　双层平针底边

0897

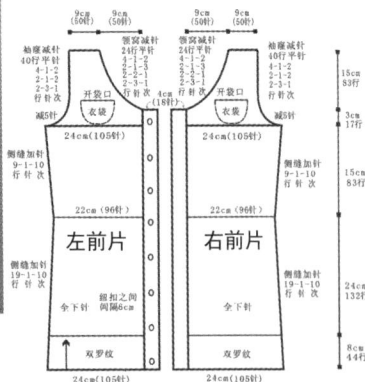

【成品规格】见图
【工具】1.7mm棒针
【材料】咖啡色纯羊毛线 纽扣12枚
【制作过程】前片分左、右两片编织，按图起105针，织8cm双罗纹后改织全下针，并按图示减针，织24cm时加针，形成收腰，织15cm时平收5针，收袖隆，再织3cm时同时收领窝，衣袋处开袋口，同样方法织另一片。缝上纽扣。

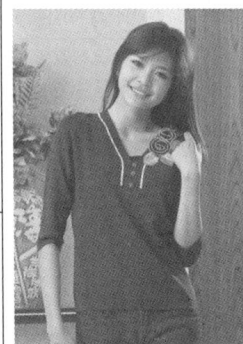

9cm(50针)　9cm(50针)　9cm(50针)　9cm(50针)
袖隆减针 40行平针　领窝减针 24行平针　领窝减针 24行平针　袖隆减针 40行平针
4-1-2 2-1-2 2-3-1 减针8行　4-1-2 2-1-2 2-3-1 行针次　15cm 83行
开袋口　开袋口
衣袋　4cm(18针)　衣袋
24cm(105针)　24cm(105针)
3cm 17行
左前片　右前片
侧缝加针 9-1-10 行针次　22cm(96针)　22cm(96针)　侧缝加针 9-1-10 行针次　15cm 83行
纽扣之间 间隔6cm
全下针　全下针
24cm 133行
侧缝加针 19-1-10 行针次
8cm 44行
双罗纹
24cm(105针)　24cm(105针)

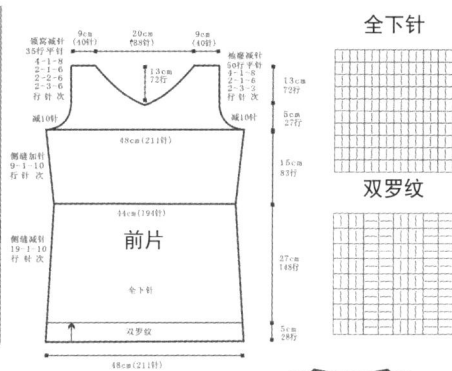

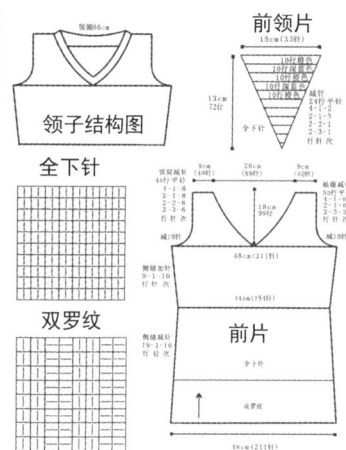

0899

0900

【成品规格】 见图
【工具】 1.7mm棒针
【材料】 咖啡色纯羊毛线 亮珠若干
【制作过程】 前片按图示起211针，织5cm双罗纹后，改织全下针，同时侧缝按图示减针，织27cm时加针，形成收腰，织15cm时留袖窿，在两边同时各平收10针，然后按图示收成袖窿，再织5cm时留前领窝。领圈用钩针钩织花边，缝上亮珠。

【成品规格】 见图
【工具】 1.7mm棒针
【材料】 橙色、深蓝色纯羊毛线 前领装饰绳子1根
【制作过程】 前片按图示起211针，织12cm双罗纹，改织全下针，同时侧缝按图示减针，织20cm时加针，形成收腰，织15cm时开领尖，同时留袖窿，在两边同时各平收10针，然后按图示收成袖窿。前领缝上装饰绳子。

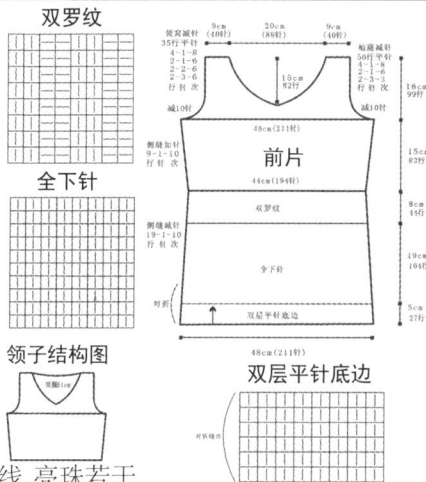

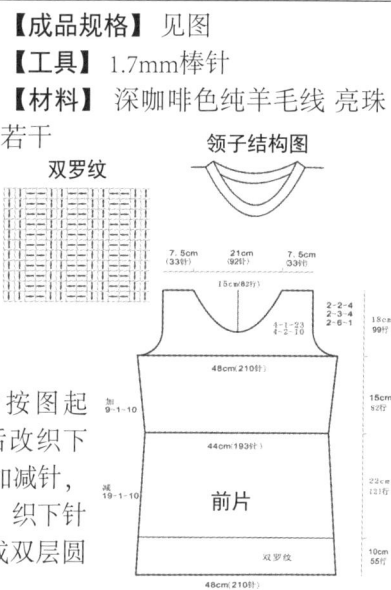

0901

0902

【成品规格】 见图
【工具】 1.7mm棒针
【材料】 咖啡色纯羊毛线 亮珠若干
【制作过程】 前片按图示起211针，先织双层平针底边后，改织全下针，同时侧缝按图示减针，织19cm时织8cm双罗纹后加针，形成收腰，织15cm时留袖窿，在两边同时各平收10针，然后按图示收成袖窿，再织3cm时留前领窝。缝上亮珠。

【成品规格】 见图
【工具】 1.7mm棒针
【材料】 深咖啡色纯羊毛线 亮珠若干
【制作过程】 前片按图起针，织双罗纹10cm后改织下针，袖窿和领窝按图加减针，织至完成。领圈挑针，织下针5cm，褶边缝合，形成双层圆领。缝上亮珠。

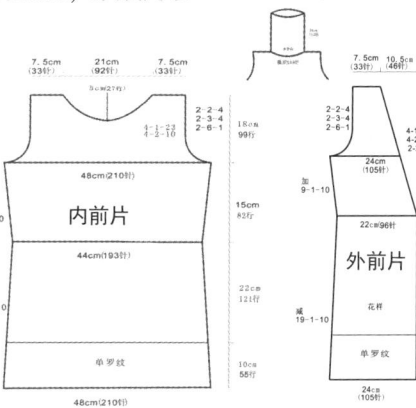

0903

【成品规格】 见图
【工具】 1.7mm棒针

【材料】 黑色纯羊毛线 拉链1条
【制作过程】 内前片按图起针，织10cm单罗纹后改织下针至织完成，外前片分左、右两片，按图起针，织10cm单罗纹后改织花样织至完成。领圈挑针，织下针24cm，形成高领。

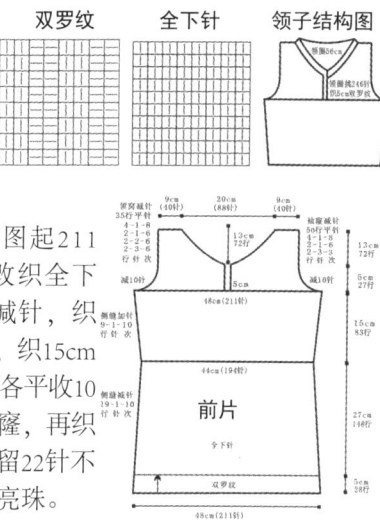

0904

【成品规格】 见图
【工具】 1.7mm棒针
【材料】 深蓝色纯羊毛线 亮珠若干
【制作过程】 前片按图起211针，织5cm双罗纹后改织全下针，同时侧缝按图示减针，织27cm时加针形成收腰，织15cm时留袖窿，在两边同时各平收10针，然后按图示收成袖窿，再织5cm时留前领窝，门襟留22针不织，分两片织完，缝上亮珠。

301

0905

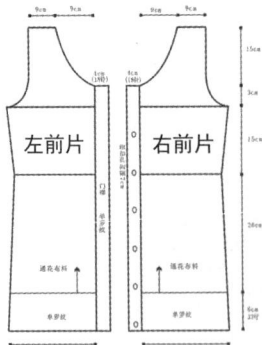

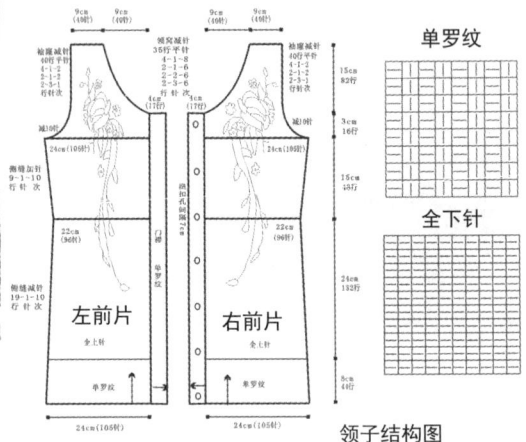

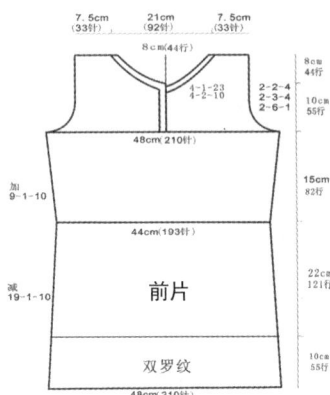

【成品规格】 见图
【工具】 1.7mm棒针
【材料】 白色纯羊毛线 纽扣6枚
【制作过程】 前片分左、右两片编织，左前片先用通花布料缝制好，下摆按图起105针，织6cm单罗纹，与左前片缝合，同样方法织另一片。领圈挑220针，织4cm单罗纹，形成圆领。缝上纽扣。

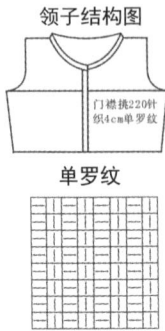

领子结构图
门襟挑220针
织4cm单罗纹

单罗纹

0906

【成品规格】 见图
【工具】 1.7mm棒针
【材料】 白色纯羊毛线 纽扣7枚 亮珠若干
【制作过程】 前片分左、右两片编织，按图起105针，织8cm单罗纹后，改织全上针，侧缝按图示减针，织24cm时加针，形成收腰，织15cm时平收10针，收袖窿，再织3cm时同时收领窝，织至肩位余40针。同样方法织另一片。缝上纽扣和亮珠。

领子结构图
门襟挑220针
织4cm单罗纹

单罗纹
全下针

0907

【成品规格】 见图
【工具】 1.7mm棒针 绣花针
【材料】 灰色纯羊毛线 纽扣3枚 装饰绣花若干
【制作过程】 前片按图起针，织10cm双罗纹后，改织下针，至47cm时，分左、右两边，织至完成。领圈至门襟挑针织5cm单罗纹，形成Y领。缝上纽扣和装饰绣花。

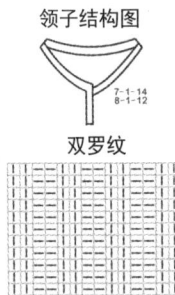

领子结构图

双罗纹

0908

【成品规格】 见图
【工具】 1.7mm棒针 绣花针
【材料】 杏色纯羊毛线 亮片和绣花若干
【制作过程】 前片按图起211针，织10cm双罗纹后改织全下针，同时侧缝按图示减针，织22cm时加针，形成收腰，织15cm时留袖窿，在两边同时各平收10针，然后按图示收成袖窿，再织5cm时留前领窝。领边挑246针，织3cm全下针，褶边缝合，形成双层圆领。

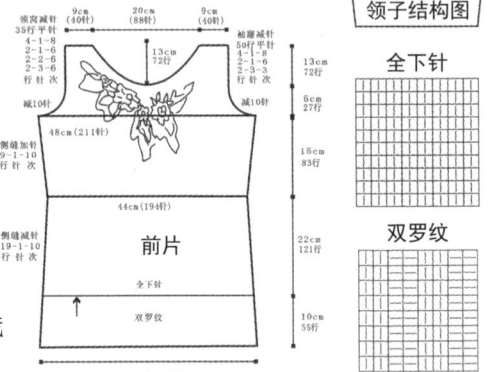

领子结构图
全下针
双罗纹

0909

【材料】 杏色纯羊毛线 绣花图案和亮珠若干
【制作过程】 前片分左、右两片编织，分别按图起针，织下针，衣摆圆角部分按图收针，织至完成。对称织出另一片。缝上绣花图案和亮珠。

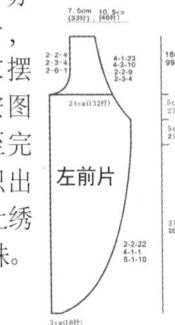

【成品规格】 见图
【工具】 1.7mm棒针 绣花针

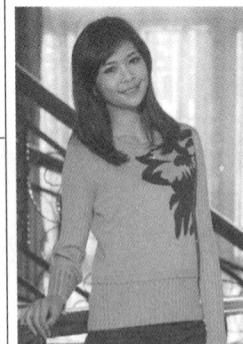

左前片

0910

【成品规格】 见图
【工具】 1.7mm棒针
【材料】 橙色纯羊毛线

领子结构图
挑246针 先织2cm双罗纹 再织2cm全下针

全下针
双罗纹

【制作过程】 前片按图起211针，织3cm双罗纹后改织全下针，并编入图案，同时侧缝按图示减针，织17cm时加针，形成收腰，织15cm时留袖窿，在两边同时各平收10针，然后按图收成袖窿，再织5cm时留前领窝。

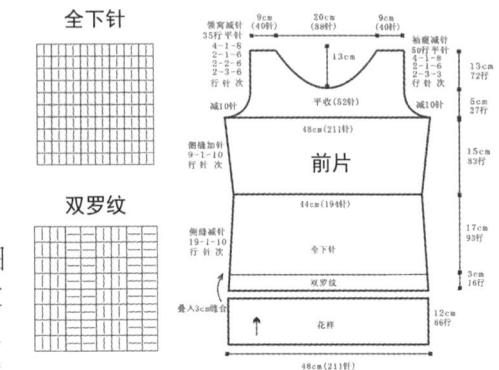

0911

【成品规格】 见图
【工具】 1.7mm棒针
【材料】 灰色、咖啡色纯羊毛线 纽扣7枚
【制作过程】 前片分左、右两片编织，按图起105针，织5cm双罗纹后，改织花样A，侧缝按图示减针，织27cm时加针，形成收腰，织15cm时平收10针，收袖窿，并改织花样B，再织3cm时同时收领窝，织至肩位余40针。同样方法织另一片。缝上纽扣。

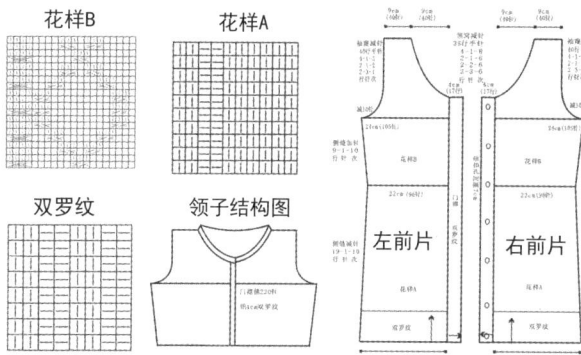

花样B 花样A

双罗纹 领子结构图

左前片 右前片

0912

【成品规格】 见图
【工具】 1.7mm棒针
【材料】 咖啡色纯羊毛线 装饰绣花和亮珠若干 绳子1根
【制作过程】 前片按图起211针，先织双层平针底边后，改织花样，同时侧缝按图示减针，然后按图收成袖窿，再织5cm时留前领窝。缝上装饰绣花和亮珠，系上绳子。

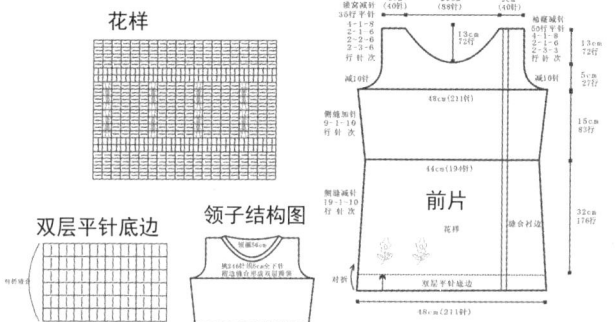

花样

双层平针底边 领子结构图

前片

0913

【材料】 紫色纯羊毛线 亮珠和装饰花若干 纽扣5枚
【制作过程】 前片按图起针，先织双层平针底边后，改织下针，织至47cm时，分左、右两边，织至完成。前领门襟边挑针，织花样，领圈挑针，织5cm花样，形成圆领。缝上亮珠和装饰花、纽扣。

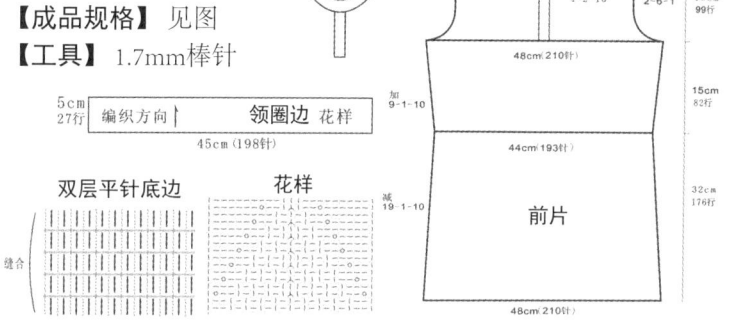

领子结构图

编织方向 领圈边 花样

双层平针底边 花样

【成品规格】 见图
【工具】 1.7mm棒针

前片

0914

【材料】 蓝色纯羊毛线 纽扣3枚 亮珠、绣花若干
【制作过程】 前片按图示起211针，织32cm双罗纹后，改织全下针，同时侧缝按图示减针，然后按图示收成袖窿，前领留4cm不织为门襟，然后分两片编织，再织5cm时留前领窝。领圈挑246针，织6cm双罗纹，形成圆领。缝上纽扣和亮珠、绣花。

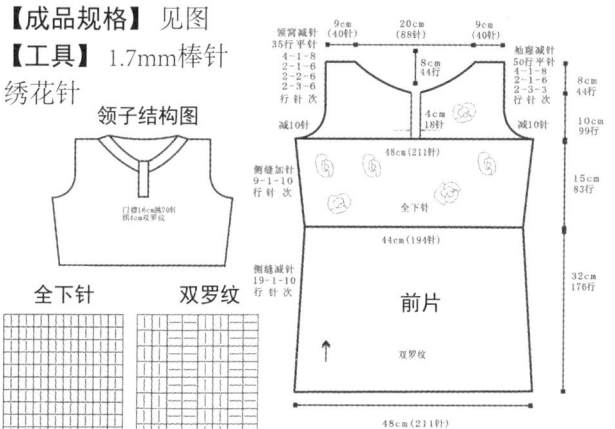

【成品规格】 见图
【工具】 1.7mm棒针 绣花针

领子结构图

全下针 双罗纹

前片

0915

【材料】 深紫色纯羊毛线 纽扣7枚 亮珠、绣花若干
【制作过程】 前片分左、右两片编织，按图起105针，先织3cm全下针，再织8cm单罗纹后，改织全下针，并按图示减针，再织3cm时收领窝，肩位余40针，同样方法织另一片。领圈挑255针，织5cm单罗纹，褶边缝合形成双层圆领。缝上纽扣、亮珠和绣花。

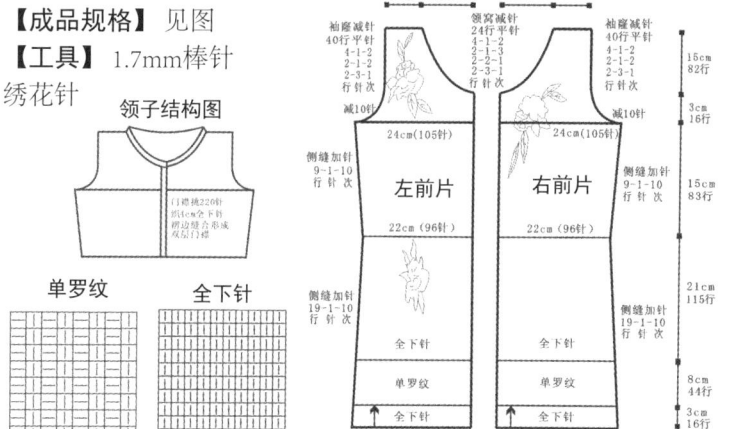

【成品规格】 见图
【工具】 1.7mm棒针 绣花针

单罗纹 全下针

左前片 右前片

0916

【成品规格】见图
【工具】1.7mm棒针 绣花针
【材料】深咖啡色纯羊毛线 亮珠和绣花若干
【制作过程】前片分上、下两片编织，上片两边各起5针，织全下针，中间加针至适合宽度，下片按图示起211针，织双罗纹，同时侧缝按图示减针，织32cm时减针，将上、下片缝合。领边挑246针，织3cm全下针，形成圆领。缝上亮珠和绣花。

领子结构图

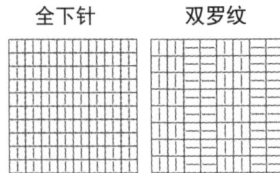

全下针　双罗纹

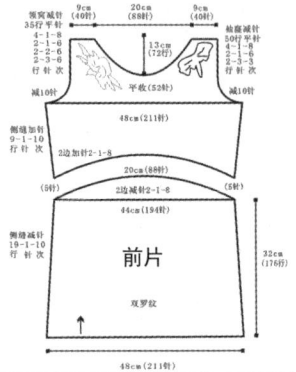

前片

双罗纹

0917

【制作过程】前片分左、中、右3片，左前片按图起70针，织10cm双罗纹后，改织全下针，同样方法织右前片。中片按图起针，织10cm双罗纹后，改织花样，织50cm收针。缝上纽扣。

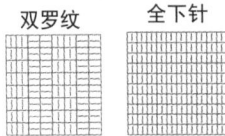

双罗纹　全下针

【成品规格】见图
【工具】1.7mm棒针
【材料】蓝色纯羊毛线
纽扣6枚

花样

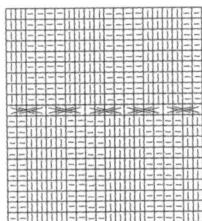

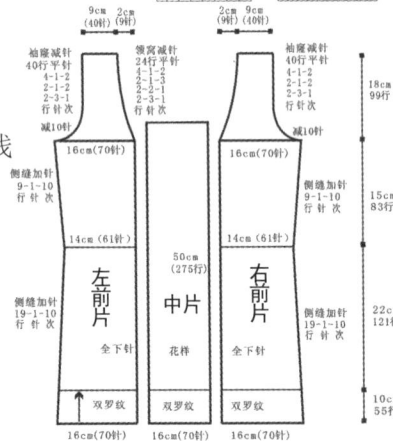

左前片 全下针
中片 花样
右前片 全下针

双罗纹 双罗纹 双罗纹

0918

【成品规格】见图
【工具】1.7mm棒针 2.0mm钩针
【材料】蓝色纯羊毛线 纽扣5枚
【制作过程】前片按图示起211针，织6cm双罗纹后，改织全下针，同时侧缝按图示减针，织26cm时加针，形成收腰，织15cm时留袖窿，在两边同时各平收10针，然后按图示收成袖窿，再织5cm时留前领窝。领边挑246针，织3cm全下针，褶边缝合，形成双层圆领。缝上纽扣。

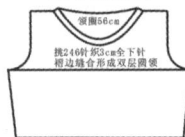

领子结构图

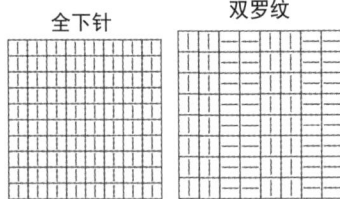

全下针　双罗纹

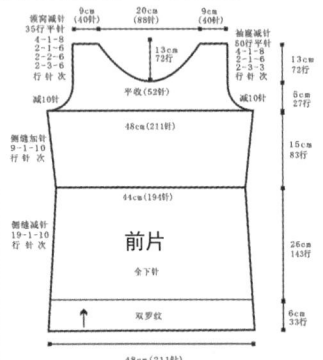

前片

全下针

双罗纹

0919

【成品规格】见图
【工具】1.7mm棒针 绣花针
【材料】绿色、深蓝色纯羊毛线 亮珠和绣花若干
【制作过程】前片按图示起211针，织12cm双罗纹后，改织全下针，同时侧缝按图示减针，然后按图示收成袖窿，再织5cm时留前领窝。领边挑246针，织3cm全下针，褶边缝合，形成双层圆领。缝上亮珠和绣花。

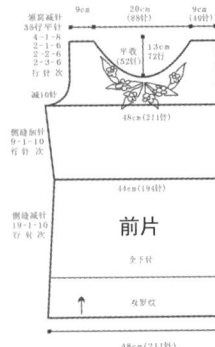

前片

全下针

双罗纹

领子结构图

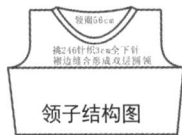

全下针　双罗纹

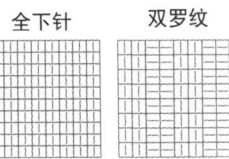

0920

【材料】深陀色纯羊毛线 金属扣42枚 金属蝴蝶7片 亮片若干
【制作过程】内前片按图起针，织单罗纹15cm后，改织下针，袖窿和领窝按图加减针，织至完成。外前片另织好。内前片和外前片重叠后，全部缝合。前领窝挑针，织单罗纹5cm，褶边缝合，形成双层领圈。外领圈挑针，织单罗纹5cm，褶边缝合，形成双层圆领。缝上金属扣、金属蝴蝶和亮片。

【成品规格】见图
【工具】1.7mm棒针

领子结构图

单罗纹

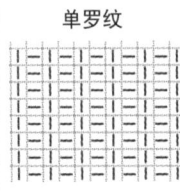

外前片
起5针

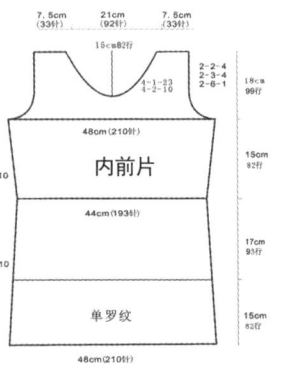

内前片

单罗纹

【成品规格】 见图
【工具】 3.0mm棒针
【材料】 灰色、米色绒线
【制作过程】 身片(两片)按普通起针法起216针，配色下针编织432行后收针。按相同方式织出另一片。按图解前片向内翻折至箭头指处缝合，后片向外翻折至箭头处缝合。

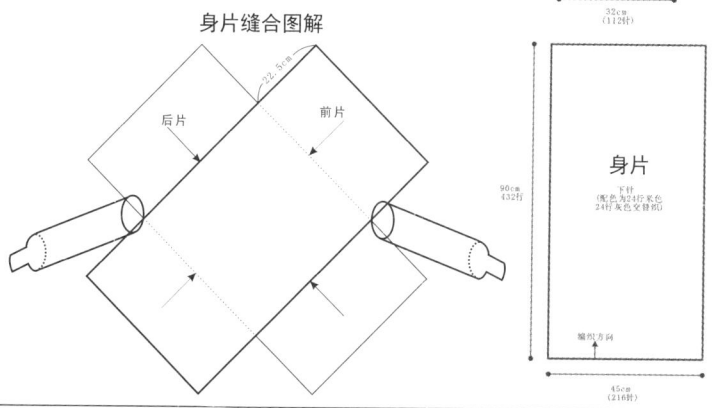

0921

身片缝合图解

后片　前片

领

下针　双螺纹　下针

14cm
(48针)

5cm
26行

20cm
100行

编织方向

32cm
(112针)

椎下减针
平织6行
6-1-1
8-1-11
行针次

身片
(配色为24行米色
24行灰色交替织)

编织方向

90cm
432行

45cm
(216针)

22.5cm

【成品规格】 见图
【工具】 3.5mm棒针
【材料】 白色、藏青色毛线
【制作过程】 前、后片起80针编织花样7cm，然后改织双罗纹针，编织5cm后如图所示进行收针，注意藏青色和白色毛线相间编织，编织两片。领，左右两侧分别和白色毛线挑100针编织花样5cm。

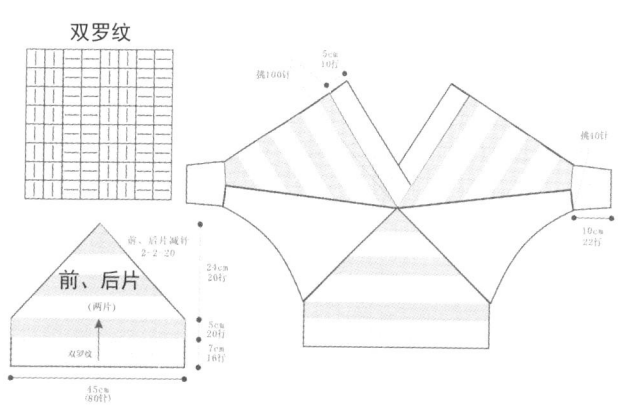

0922

双罗纹

前、后片
(两片)

前、后片减针
2-2-20

23cm
20行

5cm
20行
5cm
16行
双罗纹

45cm
(80针)

挑100针

5cm
10行

挑40针

10cm
22行

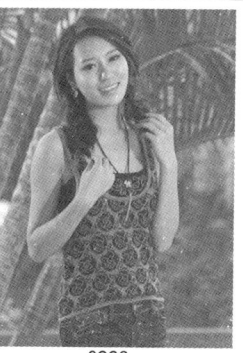

【成品规格】 见图
【工具】 1.7mm棒针
【材料】 黑色、灰色纯羊毛线
【制作过程】 前片按图示起211针，先织双层平针底边后，改织全下针，织至27cm时留袖窿，在两边同时各平收10针，然后按图示收成袖窿，肩位剩22针。领圈挑409针，织3cm全下针，褶边缝合，形成双层圆领。

0923

5cm
(22针)

28cm
(123针)

5cm
(22针)

领圈减针
50行平针
4-1-8
2-2-6
行针次

袖窿减针
50行平针
4-1-8
2-2-6
行针次

25cm
137行

28cm
137行

挑10针

48cm(211针)

前片

减10针

5cm
16行

27cm
148行

对折缝合

48cm(211针)

双层平针底边

全下针

双层平针底边

领圈挑109针80公分
全下针编织成圈
形成双层圆领

袖口挑468针80公分
全下针编织成圈
形成双层袖口

袖窿93针

【成品规格】 见图
【工具】 3.2mm棒针
【材料】 灰色、黑色丝棉线 缎质布料
【制作过程】 灰色线起148针下针双层边，织两行，然后配色编织花样前片，织30cm时袖窿减针，身长织34cm时进行前领窝减针，按图所示完成减针后编织至肩部收针，肩部余19针。

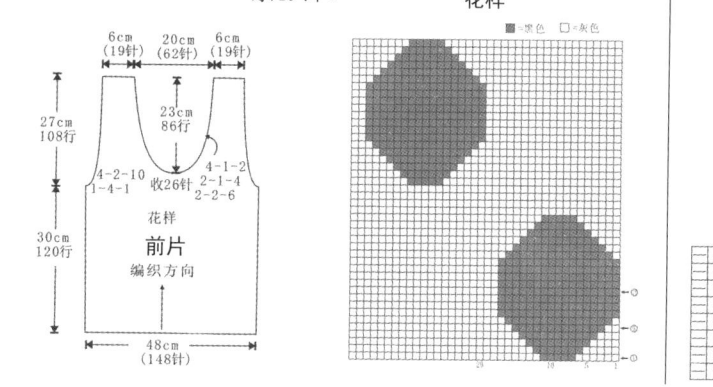

0924

花样

■=黑色　□=灰色

6cm
(19针)

20cm
(62针)

6cm
(19针)

27cm
108行

23cm
86行

4-2-10
1-4-1

收26针

4-1-2
2-1-4
2-2-6

30cm
120行

花样
前片
编织方向

48cm
(148针)

【成品规格】 见图
【工具】 1.7mm棒针
【材料】 蓝色、白色、灰色、黄色羊毛线 纽扣5枚
【制作过程】 前片分左、右两片编织，分别按图起106针，织10cm单罗纹后，改织花样，侧缝按图示减针，同样方法织另一片。缝上纽扣。

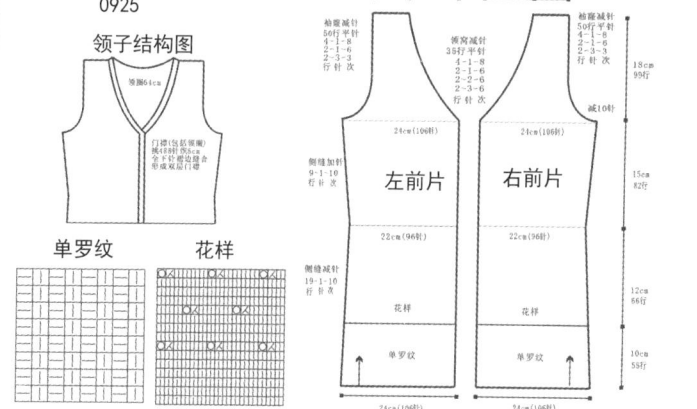

0925

领子结构图

领围64cm

门襟(包括领襟)
挑488针预留
全下针编织缝合
形成双层领口

单罗纹　花样

9cm
(40针)

9cm
(40针)

9cm
(40针)

9cm
(40针)

袖窿减针
50行平针
4-1-8
2-2-6
2-3-3
行针次

领窝减针
35行平针
4-1-8
2-1-6
2-2-6
行针次

袖窿减针
50行平针
4-1-8
2-2-6
2-3-3
行针次

18cm
99行

减10针

24cm(106针)

左前片

24cm(106针)

右前片

15cm
82行

肩缝加针
9-1-10
行针次

22cm(96针)

22cm(96针)

侧缝减针
19-1-10
行针次

12cm
86行

花样

花样

单罗纹

单罗纹

24cm(106针)

24cm(106针)

10cm
55行

305

0926

【制作过程】衣服由一个"凹"形组成。起90针编织花样37cm后，中间平收36针，两端继续编织37cm平收。编织一条宽5cm，长174cm的长条，全平针，待用。按图将a和a，b和b缝合，然后将那一长条围着领、门襟、下摆一圈缝合，编织一条细绳，从腰间穿过打结，并把兔毛围巾搭在领上。注意：花样中放开那针是指编织到一定的长定后，把针放开，让线套退到底即可。

【成品规格】 见图
【工具】 4.5mm棒针
【材料】 深灰色棉线
黑色兔毛围巾1条

花样

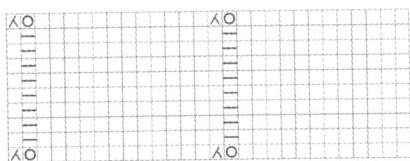

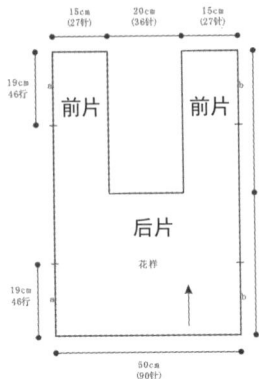

0927

花样

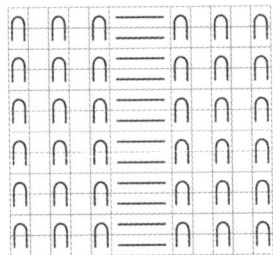

双罗纹

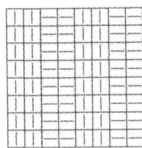

【成品规格】 见图
【工具】 6.0mm棒针
【材料】 黑色毛线
【制作过程】 前片起46针，在收袖窿的同时收前领，编织两片。沿着门襟、领一圈起480针编织双罗纹针，织4cm后收针，注意留扭洞。

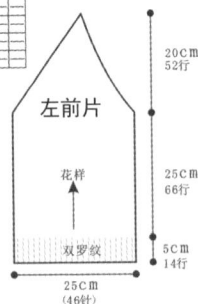

左前片

0928

双罗纹

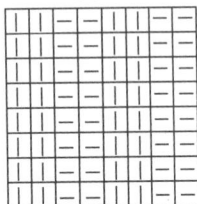

花样

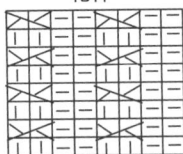

左前片

领

【成品规格】 见图
【工具】 4.0mm棒针
【材料】 灰黑花色中粗羊毛线 纽扣10枚
【制作过程】 前片起48针先织10cm长双罗纹针，然后改花样，花样织27cm长按图减针成袖窿及前领口，前右片衣襟处留8个扣眼。领口共挑80针，织花样，长20cm，收针成衣领。缝上纽扣。

0929

【成品规格】 见图
【工具】 4.0mm棒针
【材料】 天蓝色中粗羊毛线
纽扣3枚
【制作过程】 左前片起72针，织2cm长的单罗纹针后，每织2行放在眼里针，按图示减针成前片袖窿及前片领口。对称织出另一片。

花样A　　　花样B　　　单罗纹

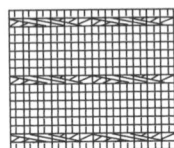 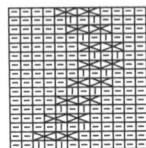 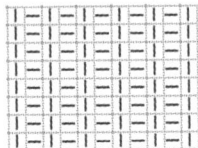

0930

【成品规格】 见图
【工具】 3.2mm棒针
【材料】 宝石蓝色银丝细毛线 纽扣2枚
【制作过程】 起128针编织下针前片，编织到34cm时同时进行袖窿、前领窝减针，按结构图减针，完成后收针断线，肩部各余8cm。

花样

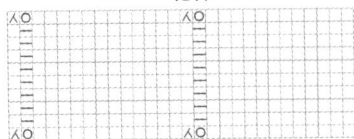

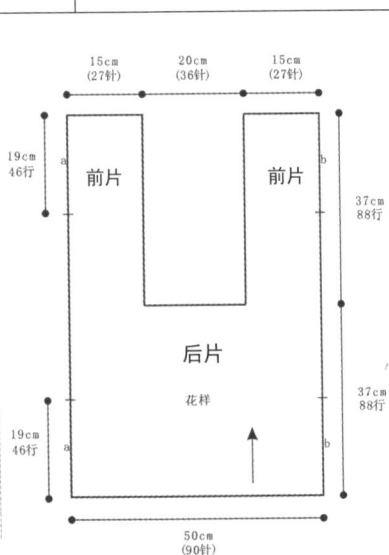

领

左前片

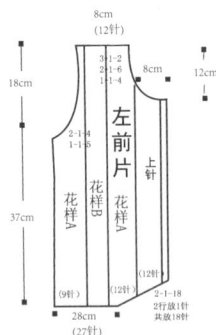

0931

【成品规格】 见图
【工具】 1.7mm棒针 2.5mm钩针
【材料】 白色、咖啡色纯羊毛线 纽扣3枚
【制作过程】 前片按图起211针，先织双层平针底边后，改织全下针，同时侧缝按图示减针，织32cm时加针，形成收腰，织15cm时留袖窿，并改织单罗纹，在两边同时各平收10针，然后按图收成袖窿，再织8cm时留前领窝。领边挑246针，织4cm全下针，褶边缝合，形成双层圆领。缝上纽扣。

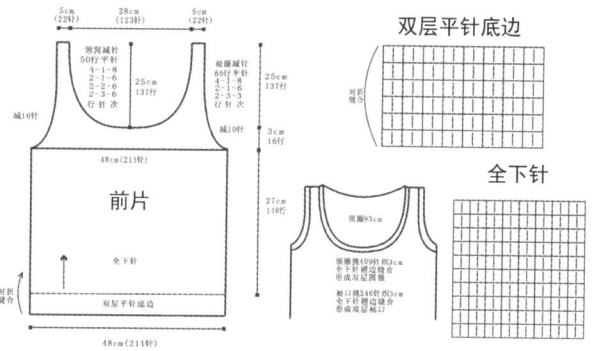

双层平针底边

全下针

前片

0932

【成品规格】 见图
【工具】 1.7mm棒针
【材料】 咖啡色纯羊毛线
【制作过程】 前片分左、右两片编织。左片按图起210针，织双罗纹，织32cm时改织花样，并开始减针收领窝，15cm时左边平收10针，按图收成袖窿，织至肩位余40针。右片按图起210针，织花样，门襟开始收针，织15cm时右边平收10针，按图收成袖窿，肩位余40针。

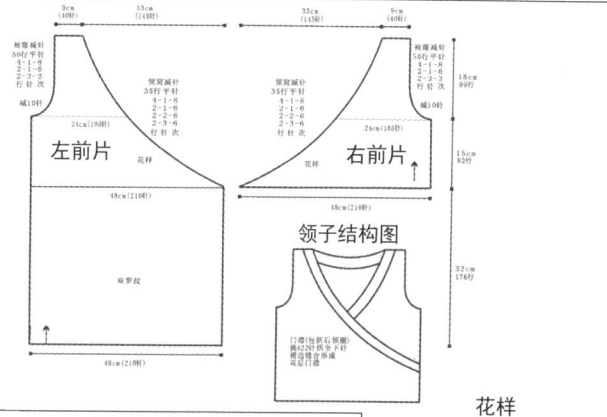

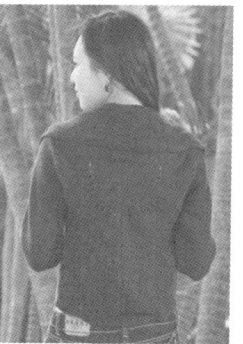

左前片

右前片

领子结构图

0933

【成品规格】 见图
【工具】 4.5mm棒针
【材料】 黑色棉线
【制作过程】 从后背正中开始起8针，并以此为加针点，隔1行在每针的旁边加1针。织12行后编织花样A中的交叉针，然后继续编织。织16行后再编织一次交叉针，继续编织，并在适合的地方如图示取第1份和第4份平留针为袖窿口哺养加针后继续织。第二圈交叉针后隔8针再编织1圈交叉针，织14行后编织花样B，编织适合的长度后改织6行双罗纹针。

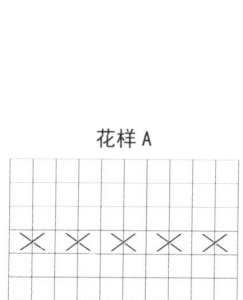

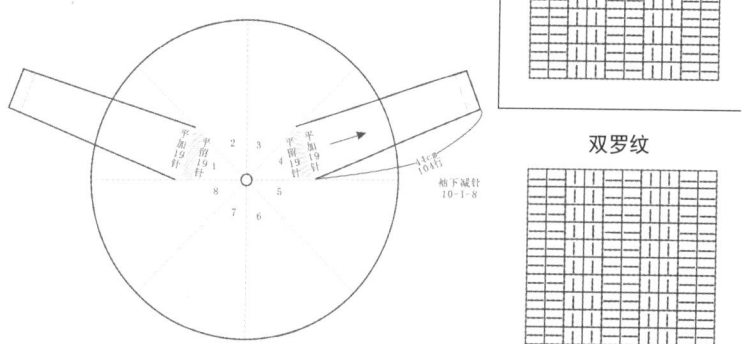

花样

双罗纹

双罗纹

花样B

花样A

0934

【成品规格】 见图
【工具】 2.5mm棒针 3号钩针
【材料】 黑色单股纯羊毛线
【制作过程】 前片起36针按花样编织前片，在一侧加出圆摆，共需加11针，编织到20m时进行袖窿减针，按结构图减完针后不加减针编织到肩部，完成后收针断线。同样方法完成另一侧前片，两片方向相反。

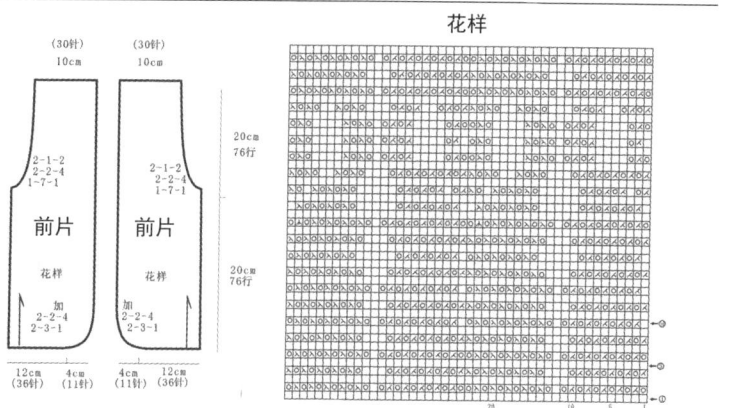

前片

前片

花样

0935

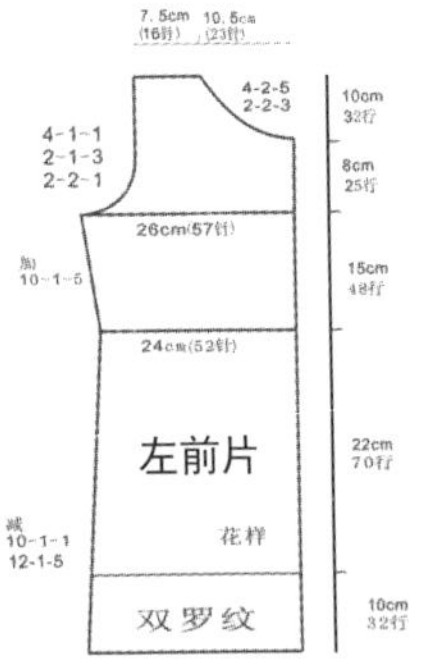

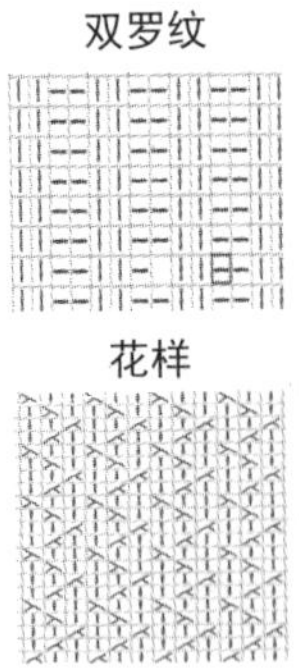

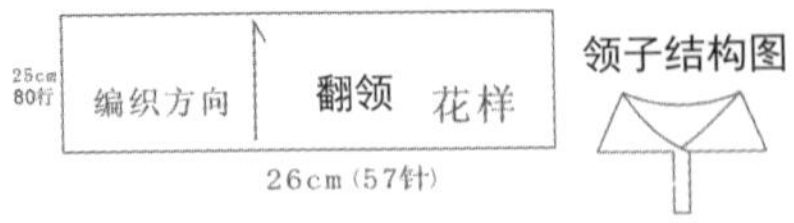

【成品规格】见图
【工具】1.7mm棒针
【材料】深蓝色纯羊毛线 纽扣12枚
【制作过程】前片分左、右两片编织，分别按图起针，织10cm双罗纹后，改织花样，织至完成，同样方法织另一片。翻领另织花样，与领窝缝合，形成翻领。

双罗纹

花样

编织方向 翻领 花样
26cm（57针）
领子结构图

0936

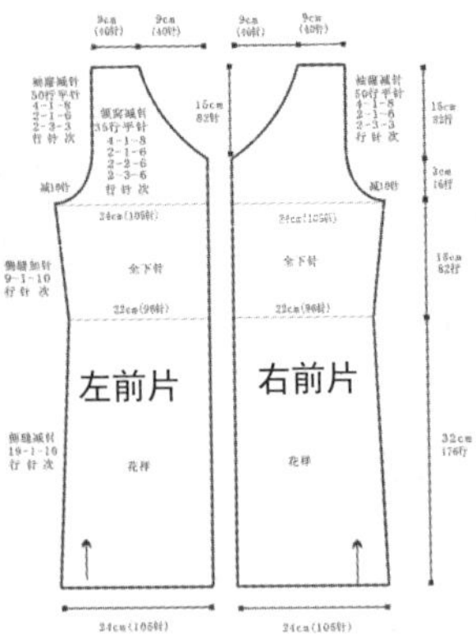

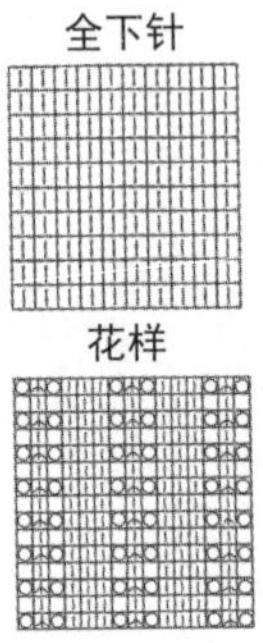

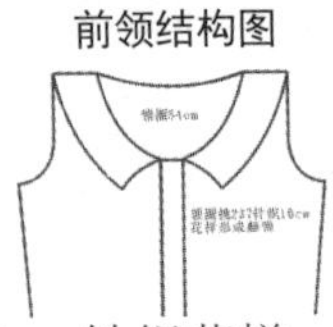

【成品规格】见图
【工具】1.7mm棒针 2.5mm钩针
【材料】深蓝色纯羊毛线 装饰扣1枚
【制作过程】前片分左、右两片编织，按图起105针织花样，侧缝按图示减针，织32cm时加针，形成收腰，织15cm时两边各平收10针，收袖窿，织3cm时收领窝，织至肩位余40针。同样方法织另一片。缝上装饰扣。

全下针

花样

左前片 右前片

前领结构图

0937

【制作过程】身片按花样编织16个花样。领、门襟如图共挑408针，扭针单罗纹编织共织6cm，收尾类似与木耳边形成袖口收针处，加一次针即可不用加两次，即上针处1针挑2针。

【成品规格】见图
【工具】2.5mm棒针
【材料】军绿色毛线

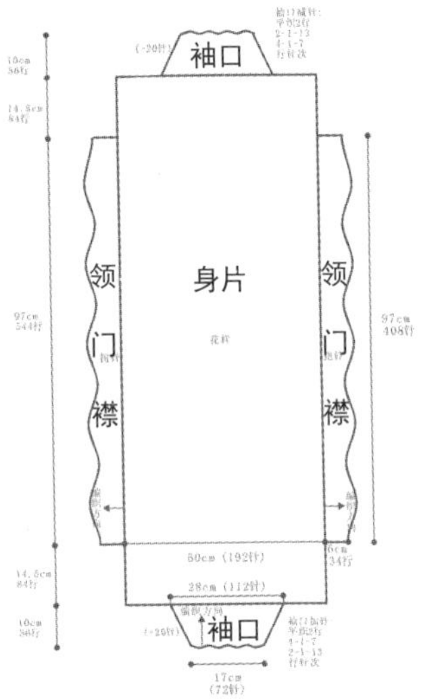

袖口
身片
领门襟
袖口

扭针单罗纹

花样

0938

【成品规格】见图
【工具】1.7mm棒针
【材料】白色、灰色纯羊毛线 纽扣2枚
【制作过程】前片按图起针，织10cm双罗纹后，改织下针，并间色织至完成。领带另织1条5cm双罗纹的长带子，与领圈缝合后，多余部分打结，作为飘带，前片衬边领织，与前片缝合后，缝上纽扣。

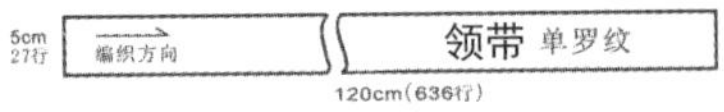

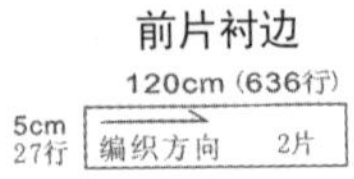

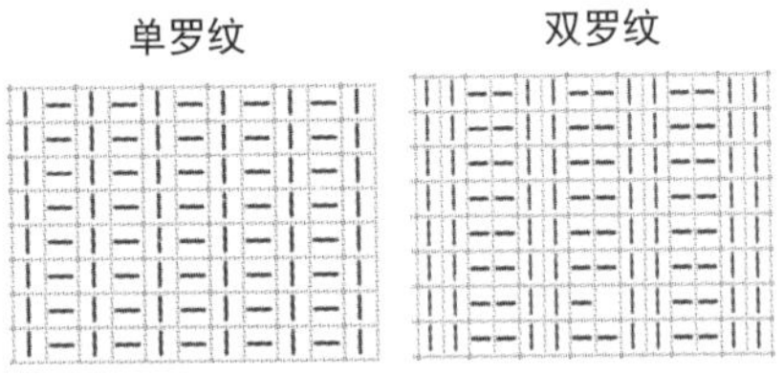

领带 单罗纹
120cm（636行）

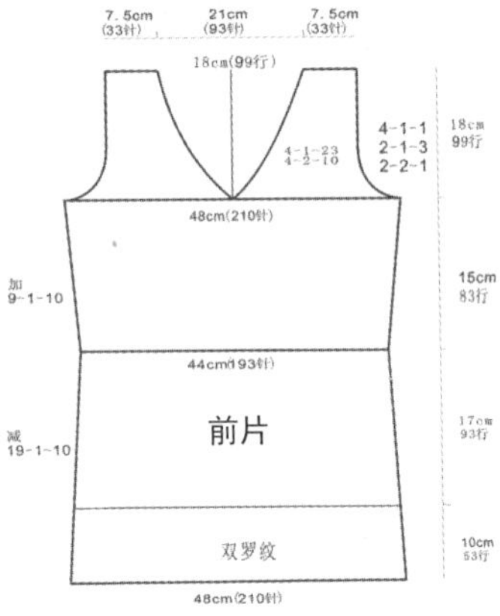

领子结构图

前片衬边
120cm（636行）
编织方向 2片

单罗纹 双罗纹

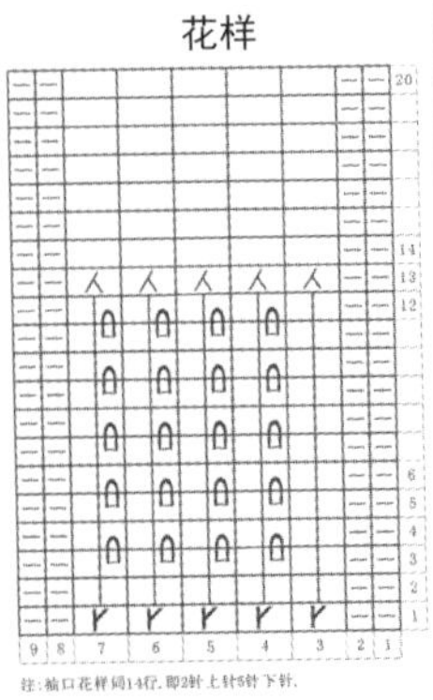

前片

双罗纹

0939

【制作过程】前片分左、右两片编织，分别按图起105针，织10cm单罗纹后，改织全下针，侧缝按图示减针，12cm时加针，形成收腰，15cm时两边各平收10针，收袖窿，并同时收领窝，织至肩位余40针。同样方法织另一片。系上装饰绳子。

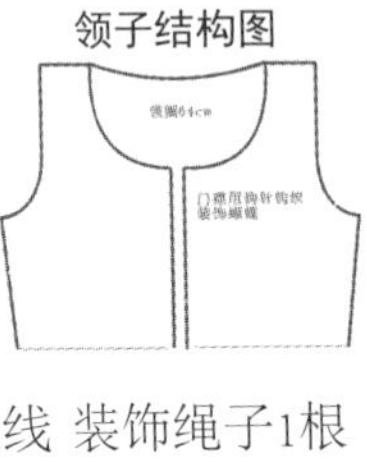

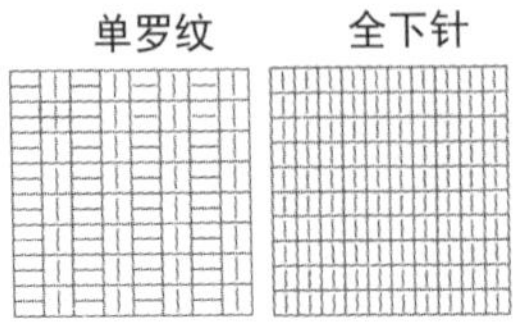

【成品规格】见图
【工具】1.7mm棒针 2.5mm钩针
【材料】灰色纯羊毛线 装饰绳子1根

领子结构图

单罗纹 全下针

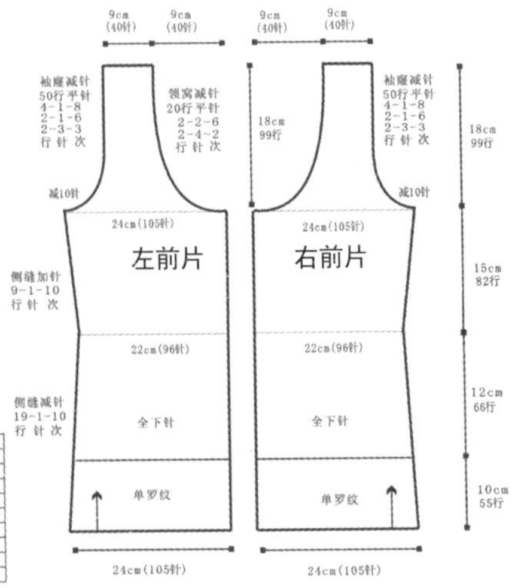

左前片 右前片

花样

0940

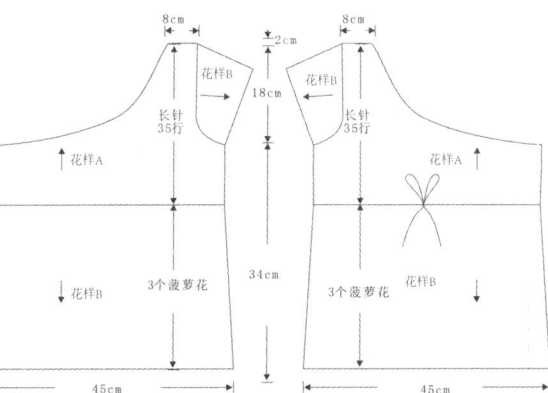

【成品规格】见图
【工具】2.5mm棒针
【材料】深蓝色纯羊毛线 纽扣10枚
【制作过程】前片分左、右两片编织，分别按图起53针，织10cm双罗纹后，改织花样，侧缝按图示减针，织22cm时加针，形成收腰，织15cm时平收5针，收袖窿，再5cm时同时收领窝，织至肩位余20针。同样方法织另一片。缝上纽扣。

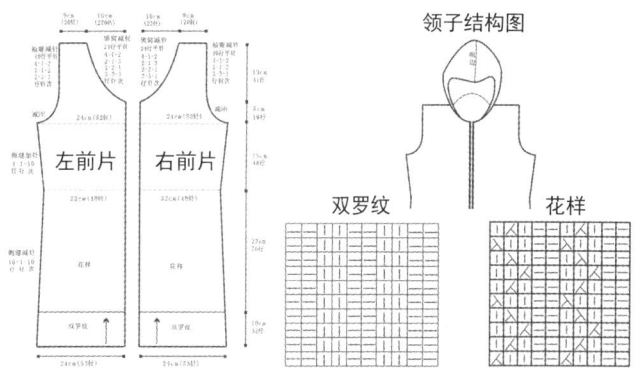

领子结构图

双罗纹   花样

左前片   右前片

0941

【成品规格】见图
【工具】1.7mm棒针
【材料】咖啡色纯羊毛线 装饰珠花1枚
【制作过程】前片按图示起211针，先织双层平针底边后，改织花样，同时侧缝按图示减针，织32cm时加针，形成收腰，织10cm时开领窝，织5cm时留袖窿，两边各平收10针，按图收成袖窿，再织8cm时全部收针，其中织3cm全下针，褶边缝合，形成双层边。前领窝挑158针，织3cm狗牙边。缝上装饰珠花。

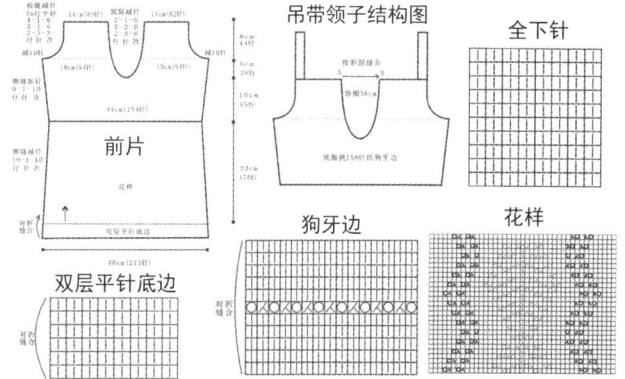

吊带领子结构图   全下针

前片

狗牙边   花样

双层平针底边

0942

【成品规格】见图
【工具】1.7mm棒针
【材料】咖啡色纯羊毛线 纽扣6枚

单罗纹

全下针

左前片   右前片

领边

【制作过程】前片分左右两片编织，左前片按图示起52针，织10cm单罗纹后，改织全下针，织至17cm时留袖窿，然后按图示收成袖窿，同时留前领窝，同样方法织右前片。缝上纽扣。

0943

【成品规格】见图
【工具】1.7mm棒针
【材料】灰色纯羊毛线
【制作过程】前片按图示起211针，先织双层平针底边后，改织花样，织至27cm时留袖窿，在两边同时各平收10针，然后按图示收成袖窿，肩位剩22针。

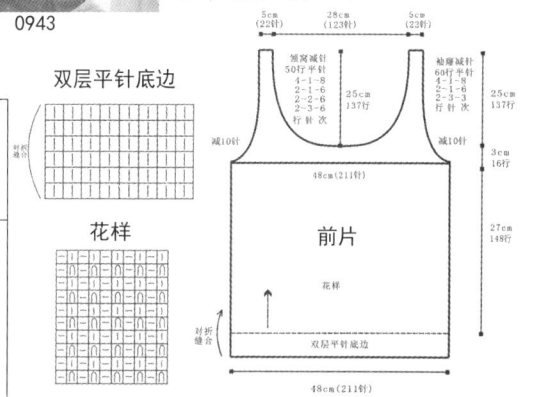

双层平针底边

花样

前片

双层平针底边

0944

【成品规格】见图
【工具】2.0mm钩针
【材料】黑色毛线
【制作过程】首先按照花样A的做法，钩长针35行，然后往下摆钩3个菠萝花的长度，最后钩袖口两个菠萝花的长度。

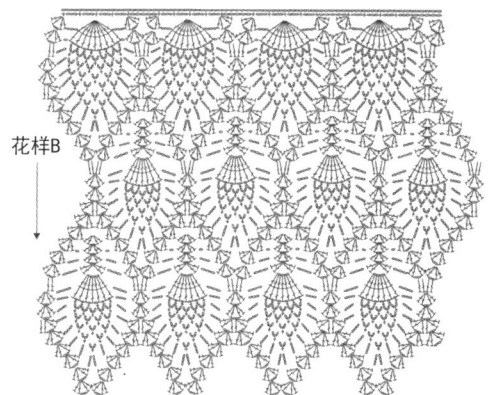

花样B   长针35行   花样B

花样A   花样A

3个菠萝花   3个菠萝花

花样A

花样B

309

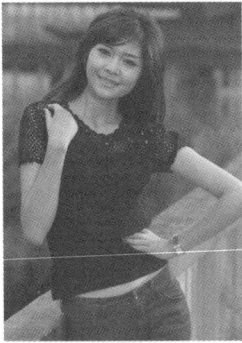

0945

圆圈图样

基本图样

前片
基本图样

9cm 19cm 9cm
12cm
18cm
24cm
45cm

【成品规格】 见图
【工具】 2.5mm钩针
【材料】 深蓝色纯羊毛线
纽扣12枚
【制作过程】 衣服前片按照结构图尺寸由钩针编织而成。前片1片由圆圈图样和基本图样钩编而成。后片1片由基本图样钩编而成。拼合肩线和侧缝线。缝上纽扣。

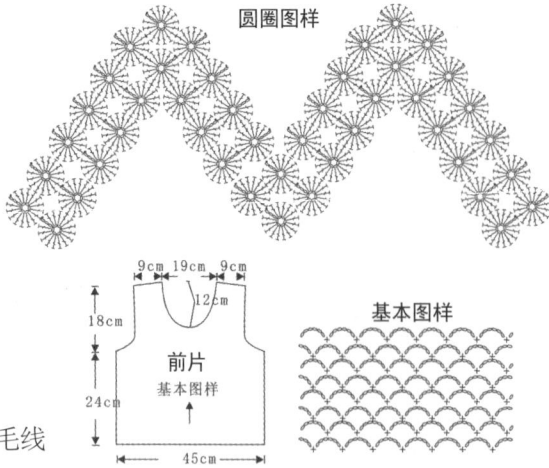

0946

8cm

左前片
拼花图样

拼花图样

【制作过程】 衣服前片按照结构图尺寸由钩针编织而成。前片两片按照拼花图解钩编而成。拼合肩线和侧缝线。按照花边图样钩领口、衣服外围和袖口花边。

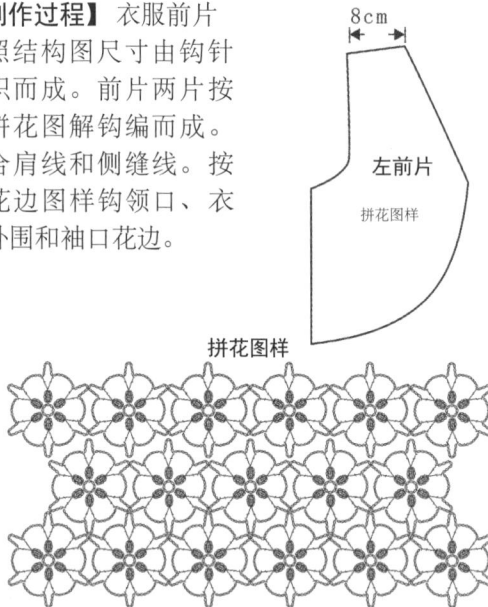

【成品规格】 见图
【工具】 2.5mm钩针
【材料】 黑色毛线

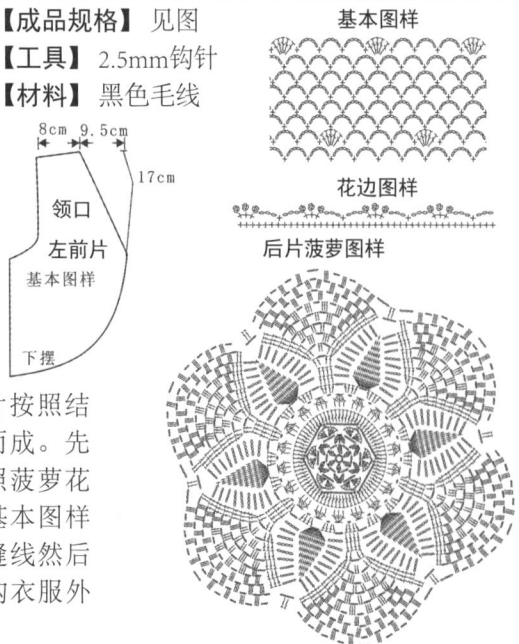

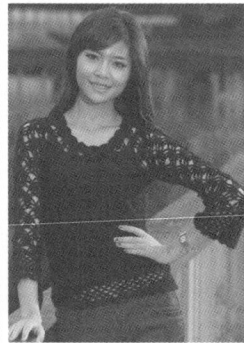

领口、衣服外围和袖口花边花样

0947

【成品规格】 见图
【工具】 2.5mm钩针
【材料】 黑色毛线

基本图样

8cm 9.5cm
17cm
领口
左前片
基本图样
下摆

花边图样

后片菠萝图样

【制作过程】 衣服前片按照结构图尺寸由钩针编织而成。先从后片中心起针，参照菠萝花样。前片两片和参照基本图样钩编。缝合肩线和侧缝线然后上袖。参照花边图解钩衣服外围和袖口。

0948

【成品规格】 见图
【工具】 2.5mm钩针
【材料】 白色毛线
【制作过程】 衣服前片按照结构图尺寸由钩针编织而成。前片1片按照基本图样钩编而成。拼合肩线和侧缝线。

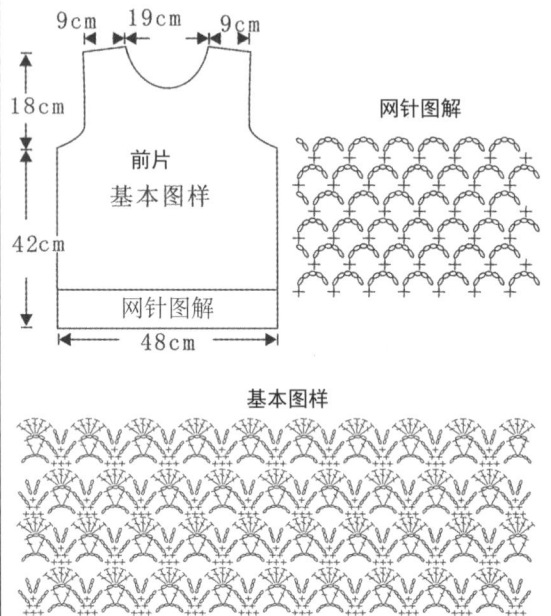

9cm 19cm 9cm
18cm
前片
基本图样
42cm
网针图解
48cm

网针图解

基本图样

0949

【工具】 1.7mm棒针
【材料】 深蓝色羊毛线
毛毛布适量 装饰扣若干
【制作过程】 前片分左、右两片编织，用毛毛布缝制好。前片按图起211针，先织双层平针底边后，改织全下针，织22cm时两边平收10针，收袖窿，并按图收领窝。缝上装饰扣。

【成品规格】 见图

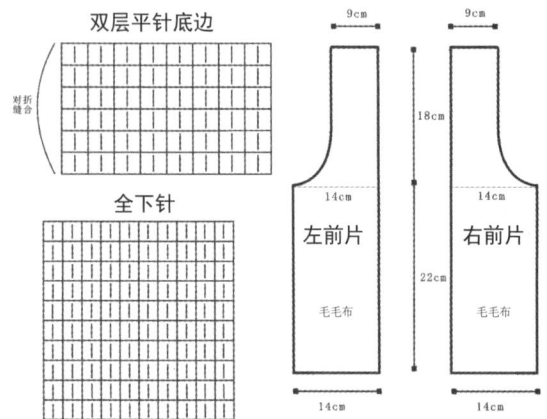

双层平针底边

全下针

9cm 9cm
对折缝合
18cm
14cm 14cm
左前片
毛毛布
右前片
毛毛布
22cm
14cm 14cm

310

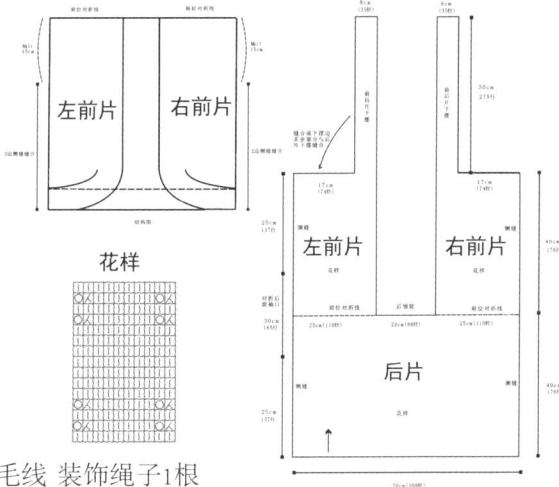

左前片　右前片

花样

左前片　右前片

后片

0950

【成品规格】见图
【工具】1.7mm棒针
【材料】深灰色纯羊毛线 装饰绳子1根
【制作过程】从后片下摆织起，起308针，织花样，织到40cm时中间留88针收针，两边各110针继续编织，织到40cm时两边平收74针，剩35针，继续编织50cm成为下摆边。侧缝对折留30cm袖口后缝合。前后片下摆与前片缝合，多余部分与后片下摆缝合。缝上装饰绳子。

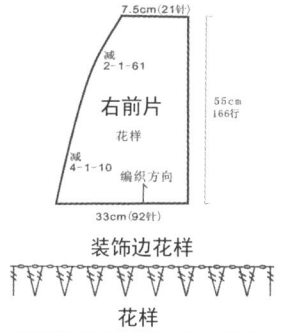

7.5cm(21针)

减2-1-61

右前片
花样

减4-1-10　编织方向

33cm(92针)

55cm
166行

装饰边花样

花样

0951

【成品规格】见图
【工具】3.0mm棒针
【材料】黑色单股纯羊毛线
【制作过程】前片分左、右两片编织，起92针，按花样编织右前片，注意一侧按图示减针一侧不加减针编织，织至55cm收针断线。同样方法完成另一片，减针方向相反。

0952

【材料】黑色棉线
【制作过程】衣服由一个"凹"形组成。起90针编织花样37cm后，中间平收36针，两端继续编织37cm平收。编织一条宽5cm，长174cm的长条，全平针，待用。按图示将a和a、b和b缝合，然后将那一长条围着领、门襟、下摆一圈缝合。

【成品规格】见图
【工具】4.5mm棒针

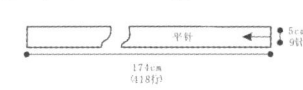

5cm
9针
平针
174cm
(418行)

花样

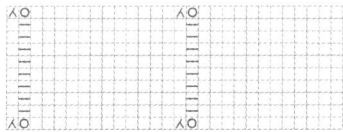

15cm
(27针)　20cm
(36针)　15cm
(27针)

前片　前片

19cm
46行

后片

花样

37cm
88行

37cm
88行

19cm
46行

50cm
(90针)

0953

【成品规格】见图
【工具】2.0mm钩针
【材料】白色、黑色毛线 流苏若干
【制作过程】参照披肩结构图，按披肩图样和中央单元花图样，钩披肩前后两片，然后拼侧缝，最后按花边图解，钩衣服领口和下摆花边，并穿流苏在下摆。

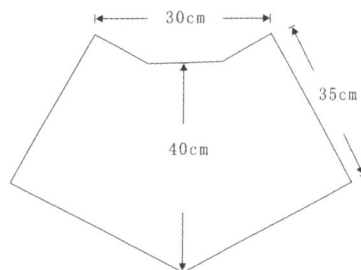

30cm

35cm

40cm

正中央的单元化图样

披肩图样

三行扇形图解

【制作过程】首先按照衣服结构图的划分，前片先钩拼花，然后往上钩网针和胸花，往下钩三行扇形花样，具体做法参照如下图解。

0954

【成品规格】见图
【工具】2.0mm钩针
【材料】杏色毛线

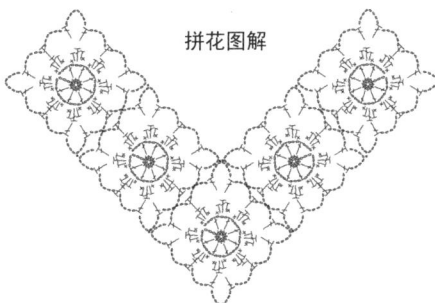

拼花图解

6cm　21cm　6cm

前片

18cm

网针
32行

38cm

拼花
48cm

三行扇形

网针图解

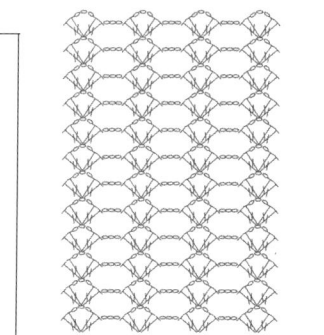

0955

【成品规格】 见图
【工具】 2.5mm钩针
【材料】 棕色毛线
【制作过程】 前片按照前片图解和单元花图解、中间圆圈图解钩编而成。按照花边花样钩领口、袖口和下摆花边。在前片领口绑带。

中间圆圈图解

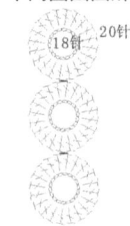

单元花图解

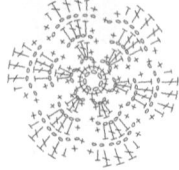

前片图解

花样花边

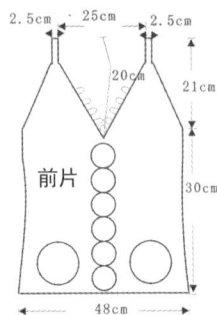

前片

0956

【制作过程】 身片用U形编花器分别钩织花样长条，拼接完成身片。沿肩部缝合，沿边钩织短针边，身片下边钩入流苏装饰。

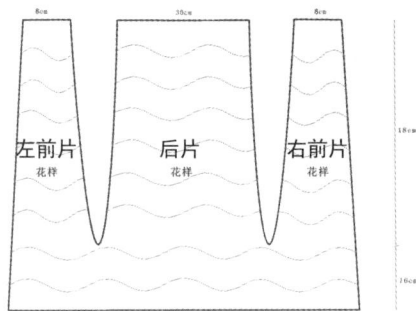

左前片 花样　后片 花样　右前片 花样

花样

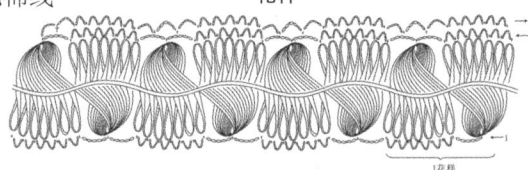

【成品规格】 见图
【工具】 2.0mm钩针 U形编花器
【材料】 深灰色棉线

0957

【成品规格】 见图
【工具】 2.5mm钩针
【材料】 白色、棕色毛线
【制作过程】 衣服前片按照结构图尺寸由钩针编织而成。前片按照单元花图解和拼花图解编织而成。按照吊带图解钩吊带2条。按照结构图穿流苏在下摆。

前片　后片

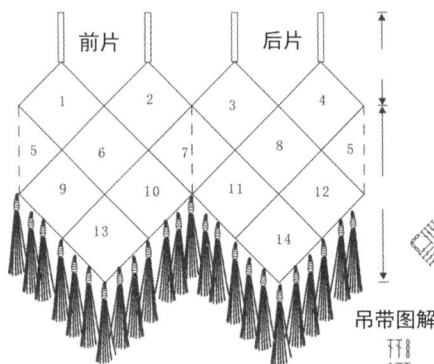

拼花图解

吊带图解

0958

【材料】 黑色、白色丝光线 纽扣5枚
【制作过程】 单元花1：白色线圈起钩织16针长针，第二圈钩16组1针长针1针辫子针，第三圈在辫子针内钩放3针长针，每3针长针加入1颗珍珠，第四圈黑色线钩16组3针玉米针，玉米针间由辫子针连接。完成18个。单元花2：白色线圈起钩12组1针辫子针1个长针，第二圈钩12组5针辫子针1个长针，第三圈在每组辫子内钩短针，隔2组改钩1组5针扇形针。完成6个。单元花3：钩织方法同单元花2，只是最后3组短针不钩。完成两个。将单元花按图示拼接完成前片。沿边前后片对接钩合。沿边用白色线钩织短针装饰，门襟边留出扣眼位置。缝好纽扣。

【成品规格】 见图
【工具】 3.0mm钩针

前片

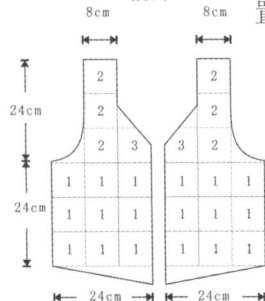

单元花1

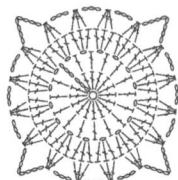

单元花2　单元花3

0959

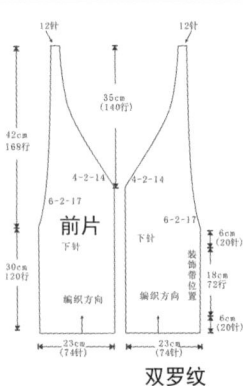

前片 下针 编织方向　前片 下针 编织方向 装饰带位置

双罗纹

【成品规格】 见图
【工具】 3.2mm棒针
【材料】 黑色丝棉线 纽扣7枚
【制作过程】 起74针双罗纹针边，编织下针前片，身长织30cm时开始袖窿减针，按结构图减完针后不加减针编织，身长共织37cm时进行前领减针，肩部余12针。衣边随前片同织，一侧留出扣眼位置。共完成两片。缝上纽扣。

披肩片

披肩连接示意图

花样

0960

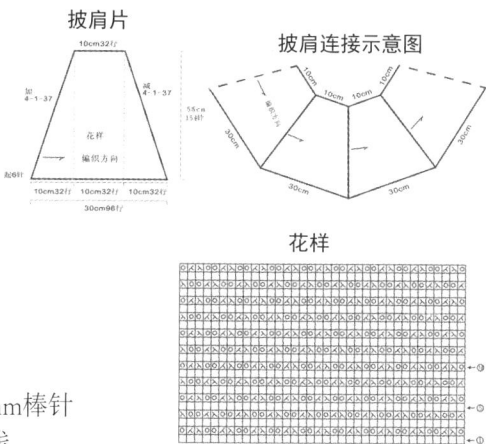

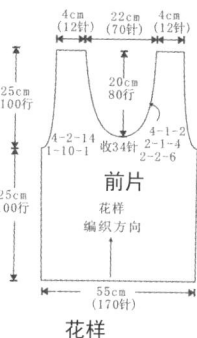

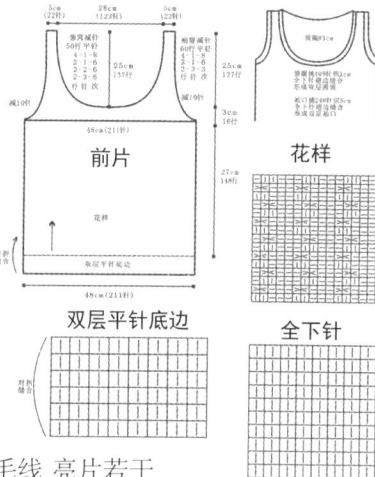

【成品规格】 见图
【工具】 1.5mm、3.0mm棒针
【材料】 黑色单股棉线
【制作过程】 单片按编织方向起6针，按花样编织，一侧均匀加针到55cm，共加37针，不加减针织32行，然后再开始均匀减针，加减针数必须相同，余6针平收后断线。同样方法共完成4片。完成后将各片加减针边连接缝合即形成披肩，沿领边、下边用细针挑织下针边，织6cm后断线，向内对折沿内侧缝合成双层边。

0961

【成品规格】 见图
【工具】 3.2mm棒针
【材料】 灰色缎染棉线
【制作过程】 起170针下针双层边，编织花样前片，织25cm时袖窿减针，身长织30cm时进行前领窝减针，按图所示完成减针后编织至肩部收针，肩部余12针。

前片
花样
编织方向

花样

0962

【成品规格】 见图
【工具】 3.2mm棒针
花样
前片
花样
编织方向

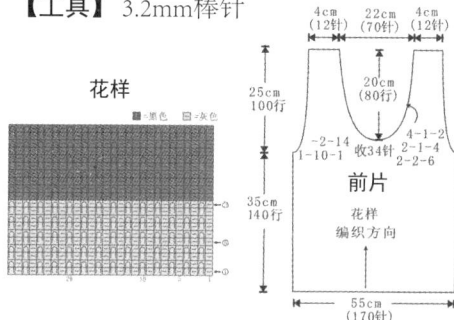

【材料】 灰色、黑色蚕丝棉绒 装饰亮片
【制作过程】 黑色线起170针下针双层边，配色编织花样前片，织35cm时袖窿减针，身长织40cm时进行前领窝减针，按图所示完成减针后编织至肩部收针，肩部余12针。缝上亮片。

0963

【成品规格】 见图
【工具】 1.7mm棒针
【材料】 深灰色纯羊毛线 亮片若干
【制作过程】 前片按图示起211针，先织双层平针底边后，改织花样，织至27cm时留袖窿，在两边同时各平收10针，然后按图示收成袖窿，肩位剩22针。缝上亮片。

前片
花样
双层平针底边
全下针

【成品规格】 见图
【工具】 1.7mm棒针
【材料】 深灰色纯羊毛线 亮片若干
【制作过程】 前片按图示起211针，先织双层平针底边后，改织花样，织至27cm时留袖窿，在两边同时各平收10针，然后按图示收成袖窿，肩位剩22针。领圈挑409针，织3cm全下针，褶边缝合，形成双层圆领。缝上亮片。

0964

前片
花样
双层平针底边
全下针

0965

菠萝花图样

【成品规格】 见图
【工具】 2.5mm钩针
【材料】 棕色毛线
【制作过程】 衣服由钩针衣身和棒针编织双罗纹领口、袖口和下摆而成。按照菠萝花的钩法，从圆心起针延伸到下摆，袖子在领口、袖口和下摆编织双罗纹。

双罗纹

前片
菠萝花图样
双罗纹 8cm

0966

【成品规格】 见图
【工具】 2.5mm钩针
【材料】 深蓝色纯羊毛线
【制作过程】 从领圈织起，起123针，织3cm单罗纹后，改织全上针，编织过程中，按图均匀分散加针，织20cm后，按图分出两个袖口，后片和前片分别继续编织下摆3cm单罗纹，然后全部收针。

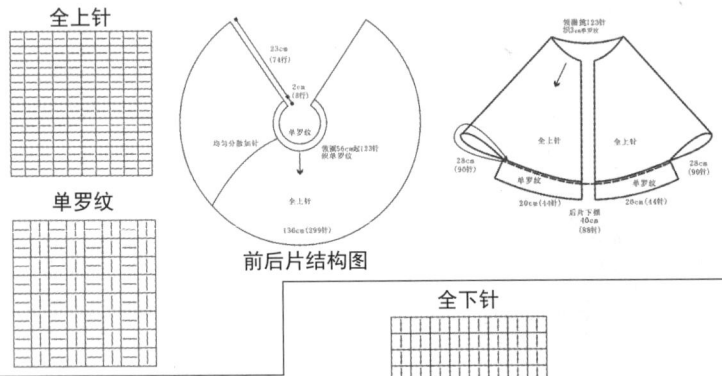

全上针

单罗纹

前后片结构图

全下针

0967

【成品规格】 见图
【工具】 1.7mm棒针
【材料】 黑色纯羊毛线
【制作过程】 先从领口织起，按编织方向起352针，织全下针，织15cm时两边收针，剩40cm，继续编织至47cm时全部收针。按结构图缝合A与B、C与D。

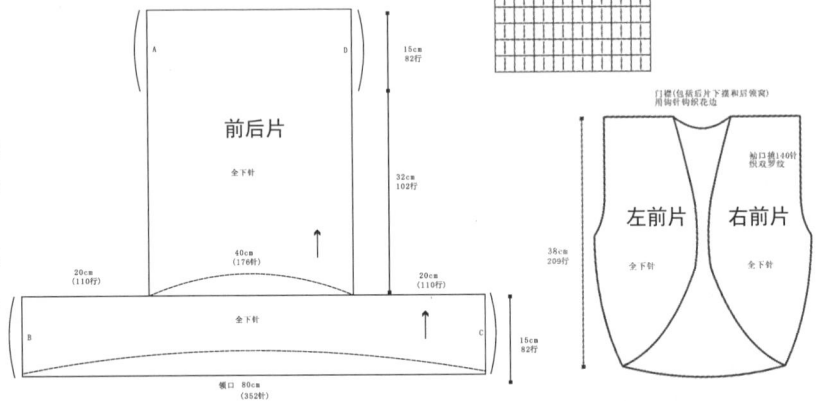

前后片
全下针

领口 80cm（352针）

左前片　右前片
全下针

0968

【材料】 米色、黑色毛线
【制作过程】 前片按单罗纹针起针法起42针，单罗纹编织2行后，下针编织29cm；按前袖窿减针和前领减针织出前袖窿和前领。

【成品规格】 见图
【工具】 3.5mm棒针

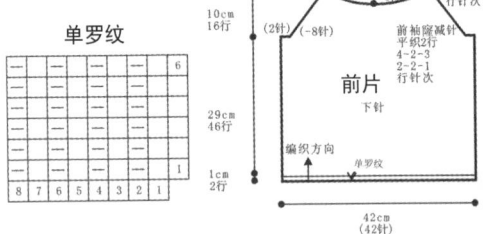

单罗纹

前片
下针

编织方向
单罗纹

0969

成袖窿，再织5cm时留前领窝。领圈挑246针，织3cm全下针，褶边缝合，形成双层圆领，左领边另织5cm双罗纹，按图缝合。缝上亮珠。

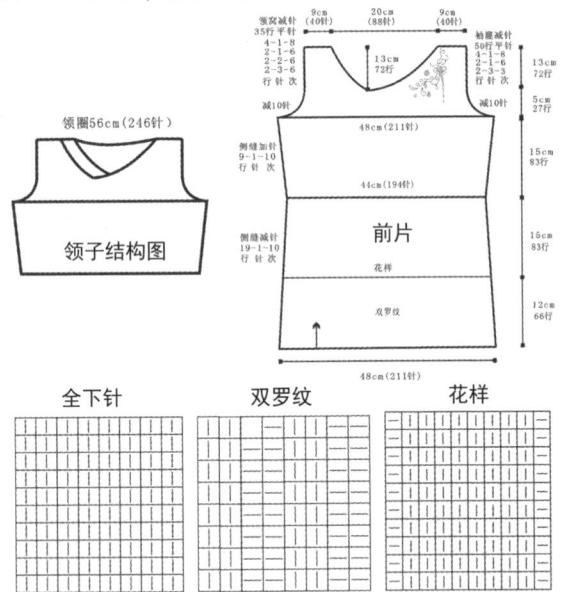

领圈56cm（246针）

领子结构图

前片
花样
双罗纹

【成品规格】 见图
【工具】 1.7mm棒针
【材料】 深蓝色纯羊毛线 亮珠若干
【制作过程】 前片按图示起211针，织12cm双罗纹后，改织花样，同时侧缝按图示减针，然后按图示收

全下针　　双罗纹　　花样

0970

【成品规格】 见图
【工具】 1.7mm棒针
【材料】 深蓝色纯羊毛线 亮片若干 腰带2条
【制作过程】 前片按图起针，织双罗纹织至完成。领圈挑针，织双罗纹织，形成圆领。前片内领另织，按图起针，织下针织至完成，领子挑针织15cm双罗纹，形成翻领。缝上亮片，系上腰带。

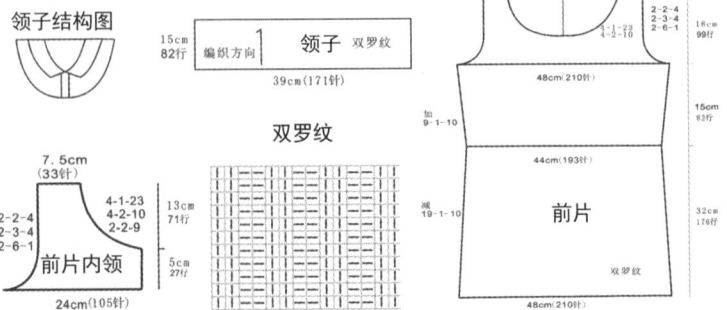

领子结构图

领子 双罗纹
编织方向

双罗纹

前片内领

前片
双罗纹

0971

【成品规格】 见图
【工具】 1.7mm棒针
【材料】 墨绿色、白色纯羊毛线 装饰花和亮珠若干
【制作过程】 前片按图起针，先织双层平针底边后，改织下针，织至完成。领圈挑针，织5cm单罗纹，再织门襟5cm，缝上装饰花和亮珠。

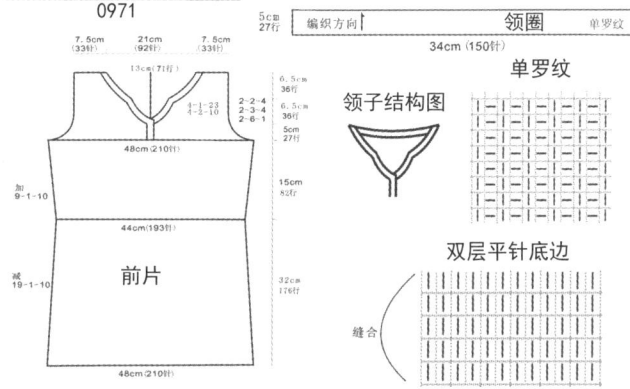

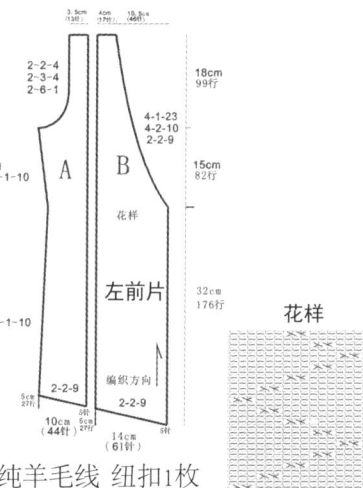

编织方向　　　领圈　　单罗纹
5cm 27行
34cm(150针)

领子结构图

单罗纹

双层平针底边

缝合

7.5cm(33针)　21cm(92针)　7.5cm(33针)
13cm(71行)
2-2-4 / 2-3-4 / 2-6-1
4-1-23 / 4-2-10
加 9-1-10
18cm 99行
48cm(210针)
15cm 82行
减 19-1-10
44cm(193针)
32cm 176行
前片
48cm(210针)

0972

【成品规格】 见图
【工具】 1.7mm棒针
【材料】 黑色、咖啡色纯羊毛线 纽扣1枚
【制作过程】 前片分A、B两片组成，A片按图起5针，织下针织至完成，并按图加减针和开袖窿。B片按图起5针，织花样织至完成，按图开领窝。将A、B片缝合后，衣脚挑针织5cm下针，褶边缝合，形成双层底边。同样方法织另一前片。

3.5cm(13针)　4cm(18针)　10.5cm(46针)
2-2-4 / 2-3-4 / 2-6-1
18cm 99行
4-1-23 / 4-2-10 / 2-2-9
15cm 82行
加 9-1-10
A　B
花样
左前片
32cm 176行
减 19-1-10
花样
5cm 27行 / 2-2-9
5cm 27行 / 2-2-9
编织方向
10cm(44针)　14cm(61针)　5cm

0973

【成品规格】 见图
【工具】 1.7mm棒针 绣花针
【材料】 黑色纯羊毛线 亮珠和绣花若干 纽扣1枚
【制作过程】 前片按图起211针，织10cm双罗纹后，改织全下针，同时侧缝按图示减针，织22cm时加针，形成收腰，织15cm时留袖窿，在两边同时各平收10针，然后按图示收成袖窿，再织5cm时留前领窝，并挑158针织5cm双罗纹。后领窝用钩针钩织一蝴蝶结，缝上亮珠、绣花和纽扣。

全下针

双罗纹

前领结构图
前领圈挑158针织双罗纹

后领结构图
领圈66针
后领圈用钩针钩织一蝴蝶结

9cm(40针)　20cm(88针)　9cm(40针)
领窝减针 35行平针
4-1-6 / 2-1-5 / 2-2-6 / 2-3-6
行针次
13cm 72行
袖窿减针 50行平针
4-1-5 / 2-1-6 / 2-2-3 / 2-3-3
行针次
13cm 72行
减10针　　　　　　　　　减10针
侧缝加针 9-1-10 行针次
48cm(211针)
5cm 27行
15cm 83行
侧缝减针 19-1-10 行针次
44cm(194针)
前片
22cm 121行
全下针
双罗纹
10cm 55行
48cm(211针)

0974

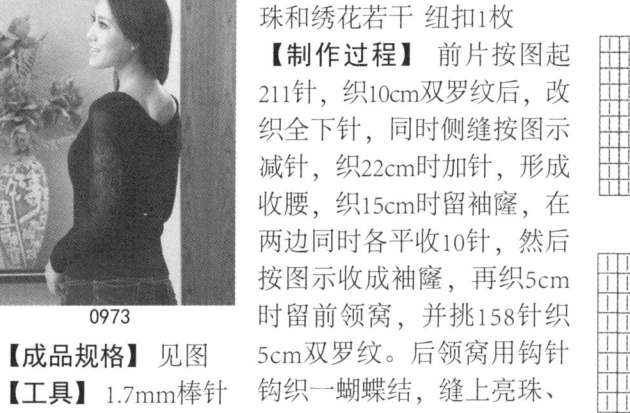

【成品规格】 见图
【工具】 1.7mm棒针
【材料】 墨绿色纯羊毛线 亮片若干
【制作过程】 前片按图起针，织单罗纹织至完成。领圈挑针，织下针5cm，褶边缝合，领尖缝合，形成双层V领。缝上亮片。

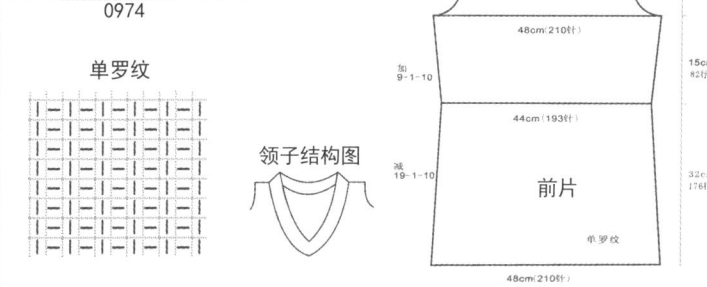

单罗纹

领子结构图

7.5cm(33针)　21cm(92针)　7.5cm(33针)
10cm(53行)
2-2-4 / 2-3-4 / 2-6-1
4-1-23 / 4-2-10
加 9-1-10
18cm 99行
48cm(210针)
15cm 82行
减 9-1-10
44cm(193针)
32cm 176行
前片
单罗纹
48cm(210针)

0975

【成品规格】 见图
【工具】 1.7mm棒针
【材料】 墨绿色纯羊毛线 亮片若干 蕾丝布料若干
【制作过程】 前片按图起针，织单罗纹15cm后，改织花样织至完成。领圈挑针，织5cm单罗纹，褶边缝合，再织领尖5cm单罗纹，褶边缝合，领尖缝合，形成V领。缝上亮片和蕾丝布料。

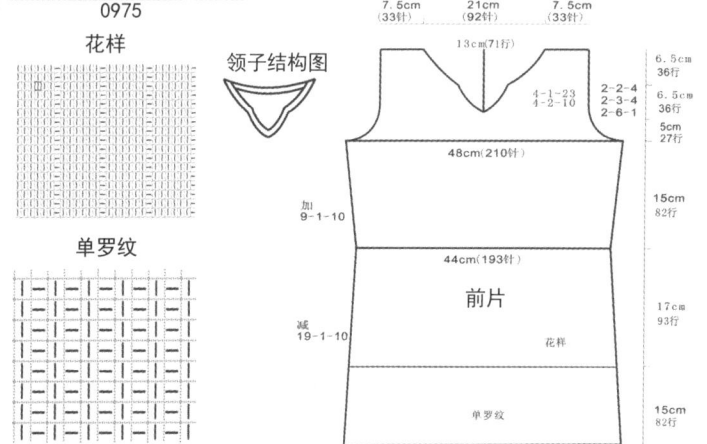

花样

领子结构图

单罗纹

7.5cm(33针)　21cm(92针)　7.5cm(33针)
13cm(71行)
2-2-4 / 2-3-4 / 2-6-1
4-1-23 / 4-2-10
6.5cm 36行
6.5cm 36行
5cm 27行
加 9-1-10
48cm(210针)
15cm 82行
减 19-1-10
44cm(193针)
17cm 93行
前片
花样
15cm 82行
单罗纹

0976

【材料】 黑色纯羊毛线 蕾丝布料若干

【制作过程】 前片毛织部分按图示起194针，织全下针，同时侧缝按图示减针，织27cm时加针，形成收腰，织15cm时留袖窿，在两边同时各平收10针，然后按图示收成袖窿，再织5cm时留前领窝。缝上蕾丝布料。

【成品规格】 见图

【工具】 1.7mm棒针

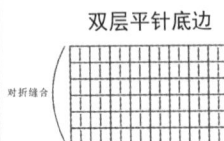

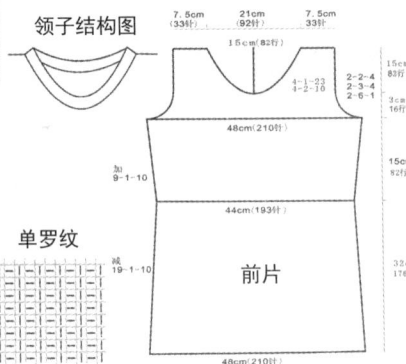

全下针

领子结构图

领窝56cm

前片

0977

【材料】 蓝黑色纯羊毛线 亮片若干 珠链若干

【制作过程】 前片按图起针，先织双层平针底边后，改织下针，袖窿和领窝按图加减针，织至完成。领圈挑针，织5cm单罗纹，褶边缝合，形成双层圆领。缝上亮片和珠链。

【成品规格】 见图

【工具】 1.7mm棒针

领子结构图

双层平针底边　单罗纹

前片

0978

【成品规格】 见图

【工具】 1.7mm棒针 绣花针

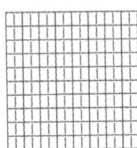

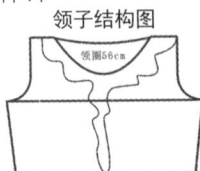

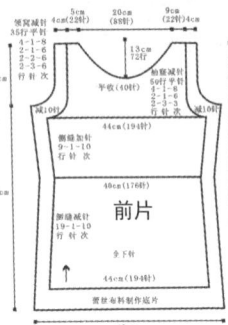

【材料】 深蓝色纯羊毛线 亮珠若干

【制作过程】 前片按图示起211针，织5cm双罗纹后，改织全下针，同时侧缝按图示减针，织27cm时加针，形成收腰，织15cm时留袖窿，在两边同时各平收10针，然后按图示收成袖窿，同时留前领窝。领边挑268针，织5cm单罗纹，领尖缝合，形成V领。缝上亮珠。

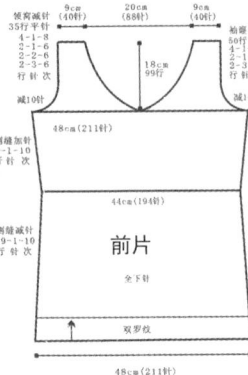

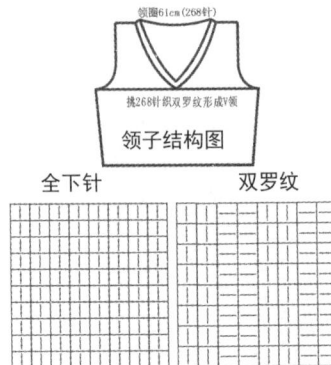

领子结构图

全下针　双罗纹

前片

0979

【成品规格】 见图

【工具】 1.7mm棒针 绣花针

【材料】 深蓝色纯羊毛线 亮片若干

【制作过程】 前片分上、下片编织，上片按图示起211针，先织双层平针底边后，改织全下针，同时侧缝按图示减针，上片两边起5针，织全下针，即时加针至211针，留袖窿，在两边同时各平收10针，然后按图示收成袖窿，再织5cm时留前领窝，将上下片缝合。领圈挑228针，织3cm全下针，褶边缝合，形成双层V领。缝上亮片。

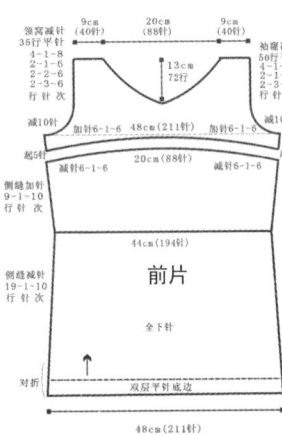

领子结构图

全下针

双层平针底边

前片

0980

【成品规格】 见图

【工具】 1.7mm棒针

【材料】 深蓝色纯羊毛线 亮珠若干

【制作过程】 前片按图示起211针，织5cm双罗纹后，改织全下针，同时侧缝按图示减针，织27cm时加针，形成收腰，织15cm时留袖窿，在两边同时各平收10针，然后按图示收成袖窿，再织5cm时留前领窝。领边缝上亮珠。

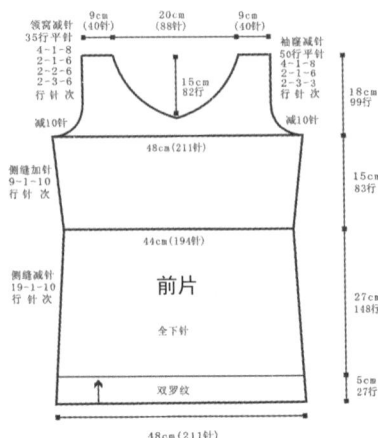

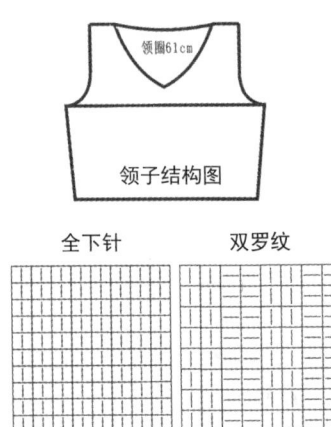

领圈61cm

领子结构图

全下针　双罗纹

前片

0981

【工具】 1.7mm棒针
【材料】 咖啡色纯羊毛线 装饰扣1条
【制作过程】 前片按图起针，织双罗纹15cm，后改织下针至织完成。衣领另织15cm双罗纹，与领圈按领子结构图缝合，形成翻领，领边另织缝合翻领，缝上装饰扣。

【成品规格】 见图

双罗纹

领子结构图

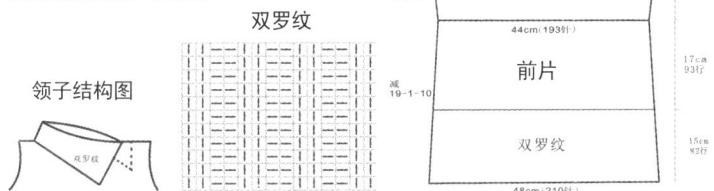

0982

【成品规格】 见图
【工具】 1.7mm棒针

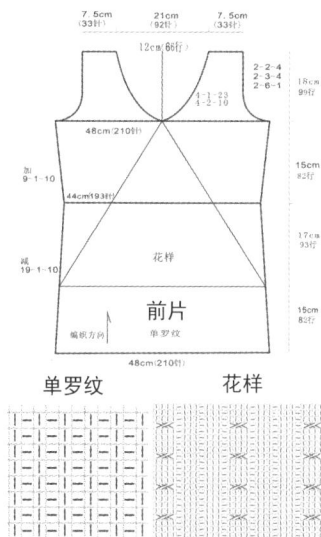

【材料】 深咖啡色纯羊毛线
【制作过程】 前片按图起210针，织单罗纹15cm后，改织下针，三角部分织花样，织至完成。

单罗纹   花样

0983

【成品规格】 见图
【工具】 1.7mm棒针 绣花针
【材料】 咖啡色纯羊毛线 亮珠和绣花若干
【制作过程】 前片按图起211针，织10cm双罗纹后改织全下针，同时侧缝按图示减针，织22cm时加针，形成收腰，织15cm时留袖窿，在两边同时各平收10针，然后按图示收成袖窿，再织5cm时留前领窝。领圈挑246针，织3cm全下针，褶边缝合，形成双层领边，前领和后领各挑80针、88针、80针，织15cm全下针，中间4针两边减10针，缝上亮珠和绣花。

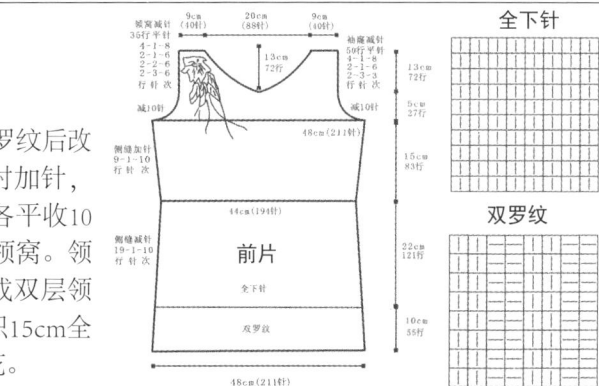

全下针

双罗纹

0984

【成品规格】 见图
【工具】 1.7mm棒针 绣花针
【材料】 咖啡色纯羊毛线 亮珠和绣花若干
【制作过程】 前片按照图示起211针，先织双层平针底边后，改织全下针，同时侧缝按图示减针，织32cm时加针，形成收腰，织15cm时留袖窿，在两边同时各平收10针，然后按照图示收成袖窿，再织5cm时留前领窝。缝上亮珠和绣花。

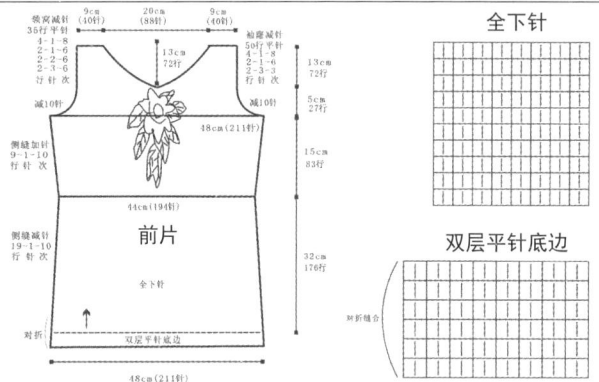

全下针

双层平针底边

0985

【成品规格】 见图
【工具】 1.7mm棒针
【材料】 白色、黄色纯羊毛花线
【制作过程】 前片分内前片和外前片组成。内前片按图示起211针，织8cm双罗纹后，改织全下针，同时侧缝按图示减针，织24cm时加针，形成收腰，织15cm时留袖窿，在两边同时各平收10针，然后按图示收成袖窿。至适合衣长后，褶边1cm，形成双层边。外前片按图起211针，织全下针，并减针，织24cm时加针，形成收腰，织15cm时留袖窿，在两边同时各平收10针，然后按图收成袖窿，同时开领窝。领圈挑290针，织全下针，褶边缝合，形成双层V领。

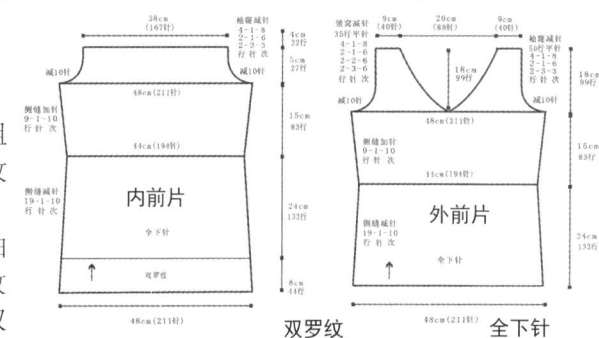

内前片   外前片

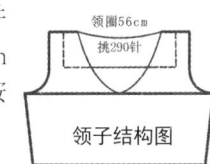

领子结构图

双罗纹   全下针

317

0986

【成品规格】见图
【工具】1.7mm棒针 2.5mm钩针
【材料】浅黄色纯羊毛线

花样

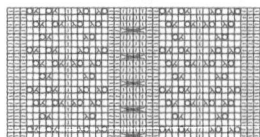

领圈56cm

领子结构图

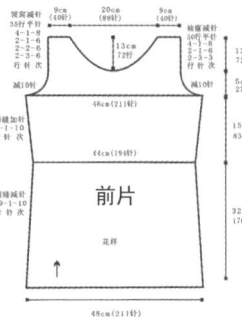

前片

【制作过程】前片按图起211针，织花样，同时侧缝按图示减针，织32cm时加针，形成收腰，织15cm时留袖窿，在两边同时各平收10针，然后按图示收成袖窿，再织5cm时留前领窝。领圈和两袖口用钩针钩花边。

0987

【成品规格】见图
【工具】1.7mm棒针
【材料】米色纯羊毛线
【制作过程】前片分左、右两片编织，按图起106针，织8cm单罗纹，改织花样，侧缝按图示减针，织24cm时加针，形成收腰，织15cm时两边平收10针，收袖窿，并同时收领窝，织至肩位余40针。同样方法织另一片。

领子结构图

花样　单罗纹

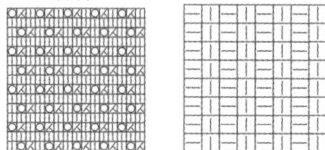

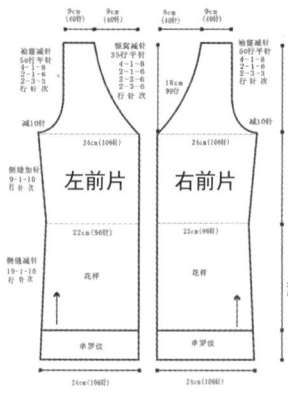

左前片　右前片

0988

【成品规格】见图
【工具】1.7mm棒针 2.5mm钩针
【材料】绿色、白色、咖啡色纯羊毛线 装饰花3朵
【制作过程】前片按图示起211针，织2cm双罗纹后，改织全下针，同时侧缝按图示减针，织30cm时加针，形成收腰，织25cm时留袖窿，在两边同时各平收10针，然后按图示收成袖窿，再织5cm时留前领窝。领圈用钩针钩织花边，缝上装饰花朵。

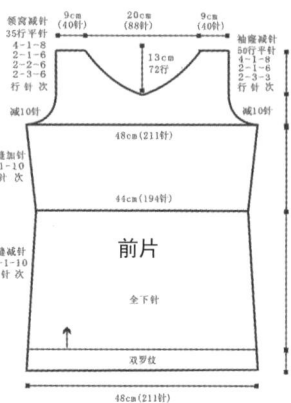

前片
全下针
双罗纹

领圈56cm

领圈钩针钩织花边

领子结构图

全下针　双罗纹

0989

【成品规格】见图
【工具】3.75mm棒针 4号钩针
【材料】驼色竹炭棉毛线 浅蓝色丝带线
【制作过程】先用驼色竹炭棉毛线起钩3圈半圈花芯前片，在一侧花样加针钩出半圆，共钩11行、24cm，共钩两片。沿袖窿侧加钩10cm辫子针，钩出花样B过肩，完成后收针断线。同样方法完成另一侧前身片，两片方向相反。

花样A

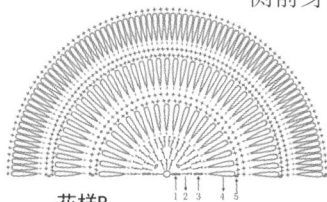

花样B

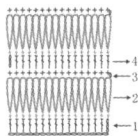

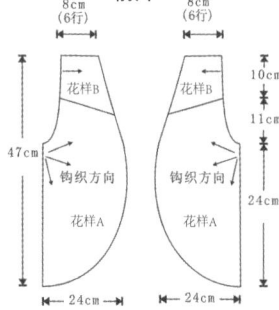

前片
花样B　花样B
钩织方向　钩织方向
花样A　花样A

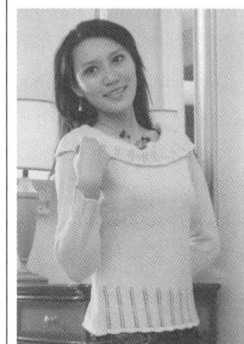

0990

【成品规格】见图
【工具】1.7mm棒针
【材料】黄色纯羊毛线
【制作过程】前片按图起针，先织双层平针底边后，改织15cm花样，再织下针，织至完成。

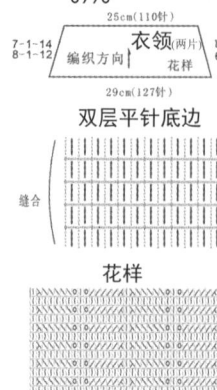

衣领　编织方向　花样

双层平针底边

花样

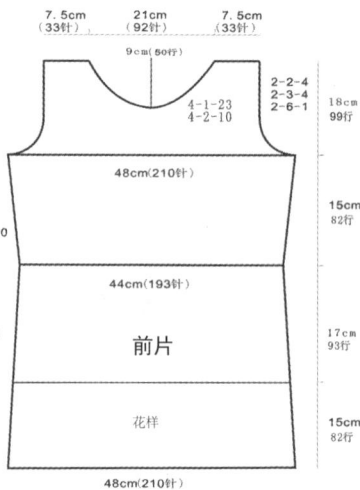

前片
花样

0991

【成品规格】见图

【工具】1.7mm棒针 2.5mm钩针

【材料】棕黄色纯羊毛线 亮珠和钩花若干 装饰带2条

【制作过程】前片按图示起211针，织1cm单罗纹后，改织花样，同时侧缝按图示减针，织31cm时加针，形成收腰，织15cm时留袖窿，在两边同时各平收10针，然后按图示收成袖窿，再织5cm时留前领窝。缝上亮珠、钩花和装饰带。

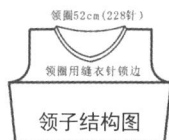

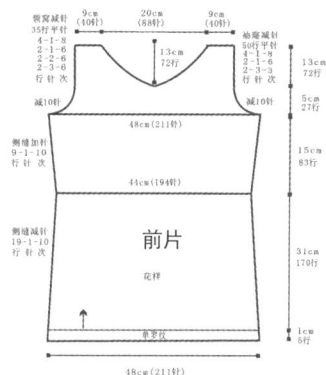

领子结构图
领圈52cm(228针)
领圈用缝衣针缝边

单罗纹　花样

前片
花样
单罗纹

0992

【成品规格】见图

【工具】2.5mm棒针

【材料】白色、黄色球球线 亮珠若干

【制作过程】前片按图示起105针，织2cm双罗纹后，改织全下针，并编入图案和配色，同时侧缝按图示减针，织30cm时加针，形成收腰，织15cm时留袖窿，在两边同时各平收5针，然后按图示收成袖窿，再织5cm时留前领窝。

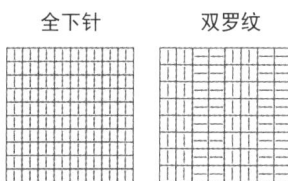

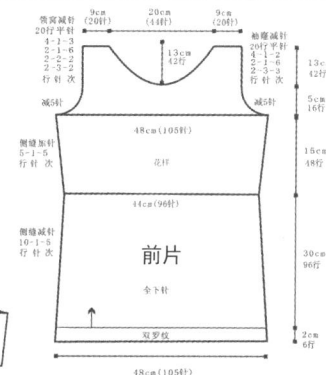

全下针　双罗纹

花样

领子结构图
领圈56cm
领圈织12时织2cm双罗纹

前片
花样
全下针
双罗纹

0993

【成品规格】见图

【工具】2.9mm棒针

【材料】黑色、红色、橘色、白色开司米线

【制作过程】黑色开司米线线起116针编织双罗纹针边，织10cm，然后配色编织花样前片，织35cm时进行袖窿减、前衣领减针，两侧相反按图所示完成减针，编织至肩部收针。

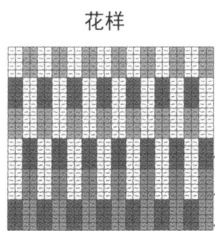

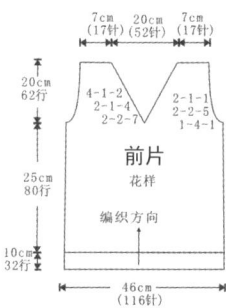

花样

双罗纹

前片
花样
编织方向

0994

【成品规格】见图

前片
花样

前片领肩

双罗纹

【工具】3.25mm棒针

【材料】红色毛线

【制作过程】前片按双罗纹起针法起58针，双罗纹针织6cm。花样织2cm后按前袖窿减针及前领减针织出前片。前片领肩按双罗纹起针法起48针，双罗纹针织4cm后收针，对折缝合，与前片领肩缝合。

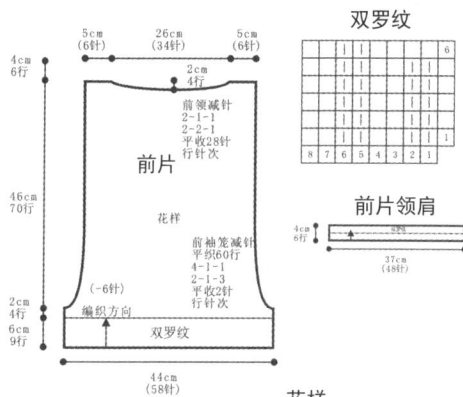

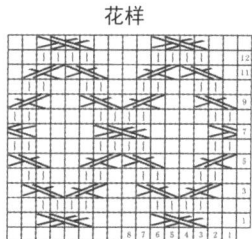

花样

0995

【工具】1.7mm棒针

【材料】红色纯羊毛线 纽扣6枚 亮片若干

【制作过程】前片分左、右两片编织，按图起105针，织12cm双罗纹后，改织全下针，侧缝按图示减针，织20cm时加针，形成收腰，织15cm时两边各平收10针，收袖窿，并同时收领窝，织至肩位余40针。同样方法织另一片。缝上纽扣和亮片。

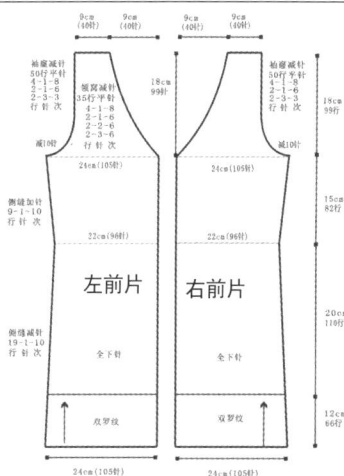

【成品规格】见图

领子结构图

左前片　右前片
全下针　全下针
双罗纹　双罗纹

双罗纹　全下针

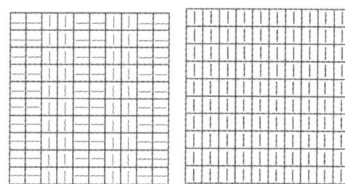

0996

【成品规格】见图
【工具】1.7mm棒针
【材料】橙红色纯羊毛线 亮珠若干
【制作过程】前片按图示起211针，织8cm双罗纹后，改织全下针，同时侧缝按图示减针，织24cm时加针，形成收腰，织15cm时留袖窿，在两边同时各平收10针，然后按图示收成袖窿，再织5cm时留前领窝。领圈挑246针，织3cm全下针，褶边缝合，领尖缝合，形成双层V领。缝上亮珠。

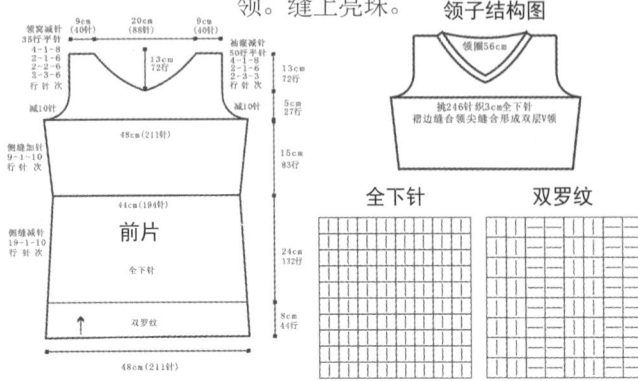

领子结构图

挑246针织3cm全下针
褶边缝合领尖缝合形成双层V领

前片

全下针 双罗纹

0997

【成品规格】见图
【工具】2.5mm棒针
【材料】黑色、黄色纯羊毛线 亮珠若干

【制作过程】前片分内前片和外前片，内前片按图起针，织10cm双罗纹后，改织花样A，至织完成。外前片按图起针，织花样B织至完成。缝上亮珠。

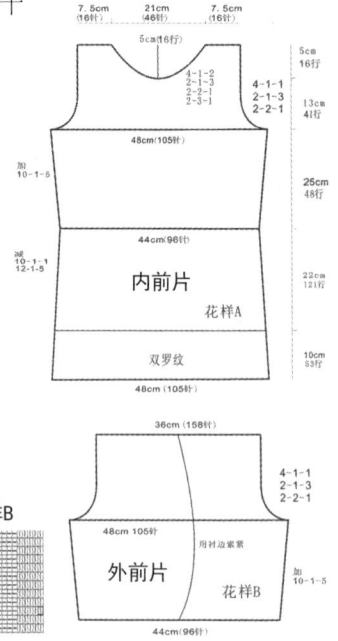

内前片

花样A

外前片

用衬边裹紧

花样B

花样A 双罗纹 花样B

领片

全下针 双罗纹

0998

【成品规格】见图
【工具】2.3mm号棒针
【材料】绿色、黄色、橙色棉毛线
【制作过程】前片起138针，织双罗纹针，织5cm后改织全下针，如结构图所示，至织46cm时，收前领，前片共织54cm长。领子沿边挑起134针织下针，织8行后与起针合并成双层边。

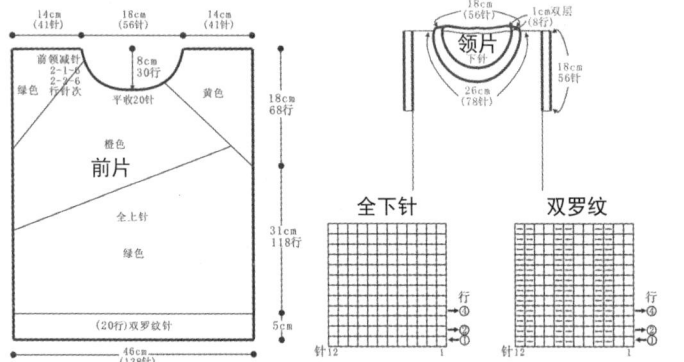

前片

橙色

绿色

（20行）双罗纹针

0999

【材料】蓝色、绿色、白色、红色纯羊毛线 装饰花朵3朵
【制作过程】前片按图示起211针，先织双层平针底边后，改织全下针，同时侧缝按图示减针，织32cm时加针，形成收腰，织5cm时留袖窿，在两边同时各平收10针，然后按图示收成袖窿，再织5cm时留前领窝。领圈用钩针钩织花边，缝上装饰花朵。

【成品规格】见图
【工具】1.7mm棒针 2.5mm钩针

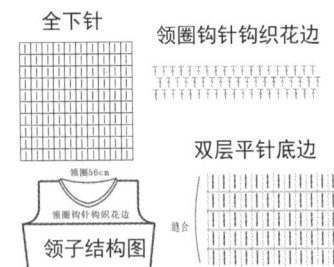

全下针

领圈钩针钩织花边

双层平针底边

领子结构图

领圈钩针钩织花边

前片

全下针

1000

【制作过程】前片按图起210针，织10cm双罗纹后，改织全下针，侧缝按图示减针，织22cm时加针，形成收腰，织15cm时留袖窿，在两边同时各平收6针，然后按图示收成插肩袖窿，同时留领窝。缝上亮珠和装饰带。

【成品规格】见图
【工具】1.7mm棒针 2.5mm钩针
【材料】孔雀蓝色纯羊毛线 装饰丝带3根 亮珠若干

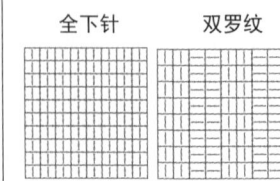

全下针 双罗纹

前片

全下针

双罗纹